U0570038

“101 计划”核心教材
物理学领域

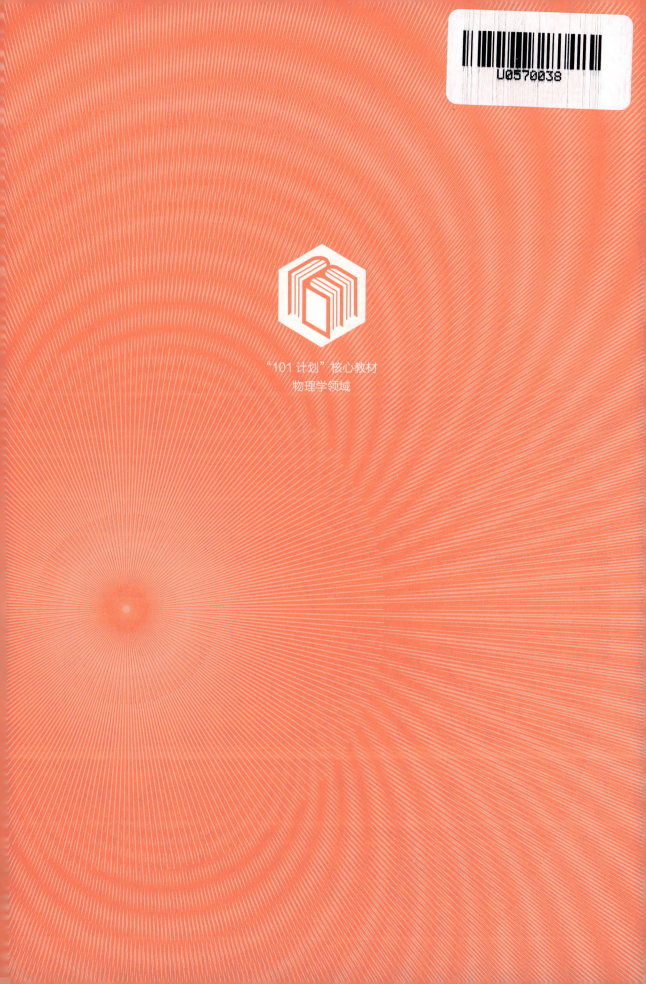

电磁学

胡友秋　程福臻
叶邦角　刘之景　编著
叶邦角　修订

科学出版社
北京

内 容 简 介

本书是在中国科学技术大学国家基础科学人才培养基地物理学丛书《电磁学与电动力学》(上册)(第二版)的基础上修订而成的，并更名为《电磁学》.

本书对经典电磁学的基本概念、基本理论和基本规律作了深入细致的阐述，并适当增加了电磁学在现代科学技术上的应用例子，并与电动力学内容适当关联. 本书编写和修订力争做到内容精练、突出重点、层次分明、易于理解. 本书精选了一些具有代表性的例题和习题，供学生阅读和课后检验对内容的理解程度.

本书可作为综合性大学、理工科大学以及师范院校的普通物理学电磁学课程的教材，也可供相关专业师生和科技工作者参考.

图书在版编目(CIP)数据

电磁学 / 胡友秋等编著. -- 北京 : 科学出版社, 2024. 10. -- ISBN 978-7-03-079527-4

Ⅰ. O441

中国国家版本馆 CIP 数据核字第 2024VU8676 号

责任编辑：窦京涛 / 责任校对：高辰雷
责任印制：师艳茹 / 封面设计：楠竹文化

科学出版社 出版
北京东黄城根北街 16 号
邮政编码：100717
http://www.sciencep.com

北京市密东印刷有限公司印刷
科学出版社发行 各地新华书店经销

*

2024 年 10 月第 一 版 开本：787×1092 1/16
2025 年 9 月第二次印刷 印张：21
字数：498 000

定价：63.00 元

(如有印装质量问题，我社负责调换)

出版说明

为深入实施科教兴国战略、人才强国战略、创新驱动发展战略，统筹推进教育科技人才体制机制一体化改革，教育部于 2023 年 4 月 19 日正式启动基础学科系列本科教育教学改革试点工作（下称“101 计划”）. 物理学领域“101 计划”工作组邀请国内物理学界教学经验丰富、学术造诣深厚的优秀教师和顶尖专家，及 31 所基础学科拔尖学生培养计划 2.0 基地建设高校，从物理学专业教育教学的基本规律和基础要素出发，共同探索建设一流核心课程、一流核心教材、一流核心教师团队和一流核心实践项目. 这一系列举措有效地提高了我国物理学专业本科教学质量和水平，引领带动相关专业本科教育教学改革和人才培养质量提升.

通过基础要素建设的“小切口”，牵引教育教学模式的“大改革”，让人才培养模式从“知识为主”转向“能力为先”，是基础学科系列“101 计划”的主要目标. 物理学领域“101 计划”工作组遴选了力学、热学、电磁学、光学、原子物理学、理论力学、电动力学、量子力学、统计力学、固体物理、数学物理方法、计算物理、实验物理、物理学前沿与科学思想选讲等 14 门基础和前沿兼备、深度和广度兼顾的一流核心课程，由课程负责人牵头，组织调研并借鉴国际一流大学的先进经验，主动适应学科发展趋势和新一轮科技革命对拔尖人才培养的要求，力求将“世界一流”“中国特色”“101 风格”统一在配套的教材编写中. 本教材系列在吸纳新知识、新理论、新技术、新方法、新进展的同时，注重推动弘扬科学家精神，推进教学理念更新和教学方法创新.

在教育部高等教育司的周密部署下，物理学领域“101 计划”工作组下设的课程建设组、教材建设组，联合参与的教师、专家和高校，以及北京大学出版社、高等教育出版社、科学出版社等，经过反复研讨、协商，确定了系列教材详尽的出版规划和方案. 为保障系列教材质量，工作组还专门邀请多位院士和资深专家对每种教材的编写方案进行评审，并对内容进行把关.

在此，物理学领域“101 计划”工作组谨向教育部高等教育司的悉心指导、31 所参与高校的大力支持、各参与出版社的专业保障表示衷心的感谢；向北京大学郝平书记、龚旗煌校长，以及北京大学教师教学发展中心、教务部等相关部门在物理学领域“101 计划”酝酿、启动、建设过程中给予的亲切关怀、具体指导和帮助表示由衷的感谢；特别要向 14 位一流核心课程建设负责人及参与物理学领域“101 计划”一流核心教材编写的各位教师的辛勤付出，致以诚挚的谢意和崇高的敬意.

基础学科系列“101 计划”是我国本科教育教学改革的一项筑基性工程. 改革，改到深处是课程，改到实处是教材. 物理学领域“101 计划”立足世界科技前沿和国家重大战略需求，以兼具传承经典和探索新知的课程、教材建设为引擎，着力推进卓越人才自主培养，激发学生的科学志趣和创新潜力，推动教师为学生成长成才提供学术引领、精神感召和人生指导. 本教材系列的出版，是物理学领域“101 计划”实施的标志性成果和重要里程碑，与其他基础要素建设相得益彰，将为我国物理学及相关专业全面深化本科教育教学改革、构建高质量人才培养体系提供有力支撑.

物理学领域“101 计划”工作组

前 言

电磁学是物理学中十分重要的一门本科生基础课. 电磁科学也是人类科学发展史上最有代表性的一门科学,电磁学的规律经过了人类几百年的实验研究逐渐形成了一个系统的科学规律,从实验现象、理论总结、新结果预言再到实验验证,体现了科学研究的基本方法和思路. 电磁学又是一门应用十分广泛的科学,从基础研究的基本粒子探测、分子和原子物理、新材料电磁特性到空间科学,从工程应用的通信技术、计算科学、信息技术到能源科学,现代科学和技术发展的各个方面几乎都涉及电磁学.

中国科学技术大学在老一辈物理学家、教育家吴有训先生、严济慈先生、钱临照先生的亲自带领和指导下,一贯重视基础物理教学,历经六十多年如一日的坚持,现已形成良好的教学传统. 特别是严济慈和钱临照两位先生在世时身体力行,多年讲授本科生的基础物理课,以他们渊博的学识、精湛的讲课艺术、高尚的师德,带领出一批又一批杰出的年轻教员,培养了一届又一届优秀的学生. 本书撰写和修订体现了我国老一辈物理学家的教育理念和教育思想.

本书是在科学出版社 2014 年 6 月《电磁学与电动力学》(上册)(第二版)(胡友秋、程福臻、叶邦角、刘之景编著)的基础上,由叶邦角负责修订. 为了使本书具有独立性,改名为《电磁学》.

本书的修订保持了原书的风格,即坚持重基本概念和重基本物理思想.《电磁学与电动力学》(上册)第一版和第二版作为中国科学技术大学本科生的“电磁学”课程教材已连续使用了 15 年,每届学生和任课老师也不断地对教材的内容逐字逐句进行推敲,本书是在此基础上进行了系统的修订. 同时还增加了独立的一章“相对论电磁学”,使全书更加完整. 本书修订时也增加了一些经典例题和习题(较难的题目用 * 标注,只作为选做题目),以方便不同层次的高校老师和学生选择和使用.

本书的修订和出版要特别感谢所有给本书的修改提出意见和建议的中国科学技术大学电磁学课程组老师和历届本科生、全国电磁学虚拟教研室的所有老师和全国高等学校电磁学教学研究会的所有老师. 尽管如此,由于作者的知识和水平有限,错误和疏漏之处在所难免,期盼读者批评指正.

叶邦角

2024 年 5 月于合肥

目 录

绪论　电磁学的建立和应用

0.1　电磁学的建立

0.1.1　宇宙的演化

根据现代宇宙学理论,目前的宇宙是由一个致密炽热的奇点于137亿年前一次大爆炸后膨胀形成的.大爆炸初期 $t\sim5.4\times10^{-44}$ s以前,必须考虑引力量子性的特征,目前没有合适的理论表达. $t\sim5.4\times10^{-44}$ s称为普朗克时间,此后,可采用广义相对论和已掌握的物理理论来研究,并得到了一些明确的宇宙演化的物理过程.最早阶段的宇宙气体应由夸克、轻子和规范粒子组成.随着宇宙温度、密度下降,约在 $t\sim10^{-4}$ s 发生从夸克到强子的相变,宇宙气体中才有了质子和中子.温度、密度继续下降,至 $t>1$s,原子核的合成开始,于是形成了原子核、原子、分子,随后复合成为通常的气体.气体逐渐凝聚成星云,星云进一步形成各种各样的星系和恒星,最终形成如今所观察到的宇宙(见图0.1).

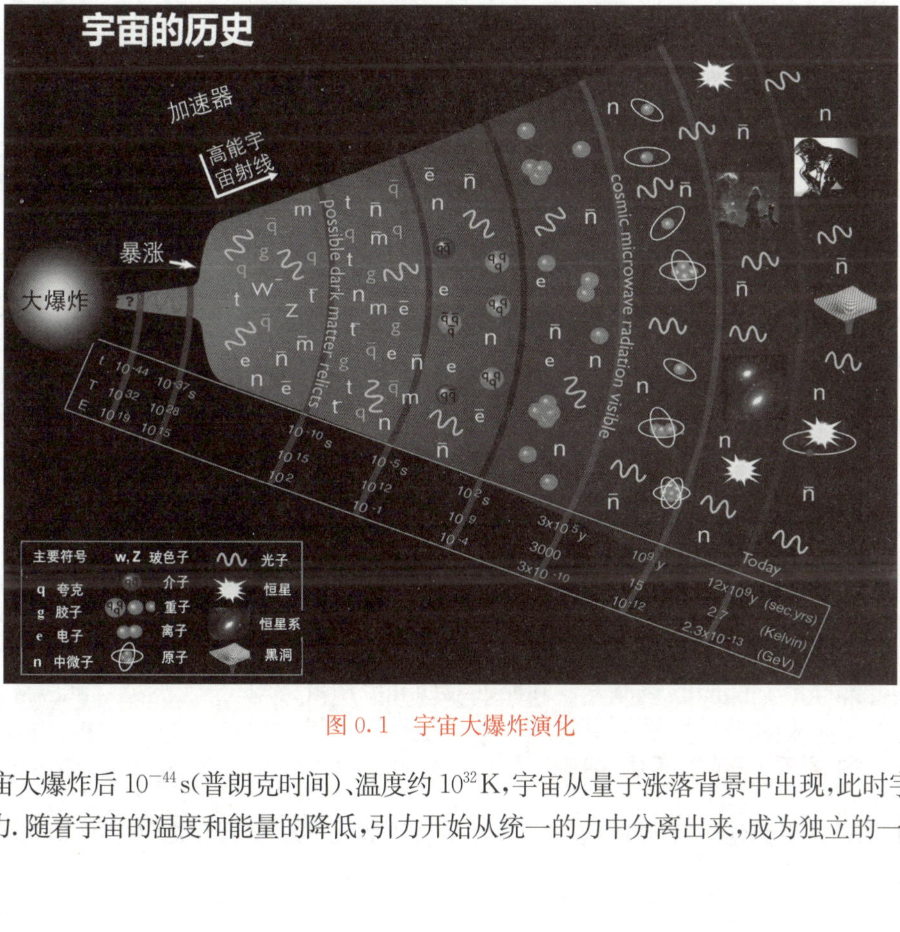

图0.1　宇宙大爆炸演化

宇宙大爆炸后 10^{-44} s(普朗克时间)、温度约 10^{32} K,宇宙从量子涨落背景中出现,此时宇宙中只有一种力.随着宇宙的温度和能量的降低,引力开始从统一的力中分离出来,成为独立的一种力,宇宙中的其他三种力(强、弱相互作用力和电磁相互作用力)仍为一种力. 随着温度进一步降低到 10^{27} K (粒子能量为 10^{14}GeV),强相互作用力独立出来,此时弱电仍为一种力. 当温度降到 10^{15}K(粒子能量 100GeV)时,电磁力和弱相互作用力分离,即距宇宙大爆炸之后约 10^{-12}s,就形成了目前宇宙中的四种基本相互作用力:万有引力、强相互作用力、电磁力、弱相互作用力(见图 0.2).

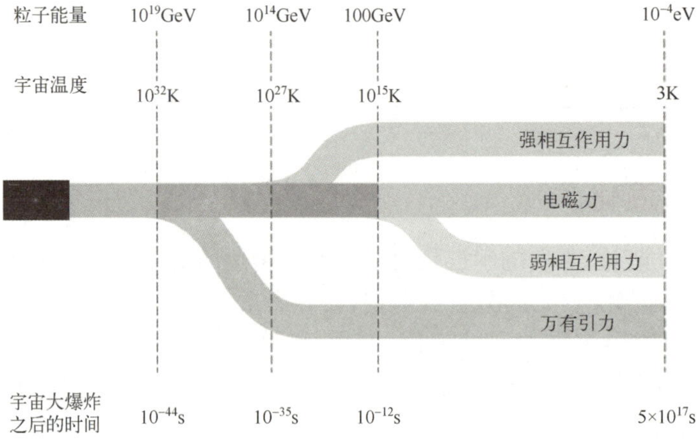

图 0.2　四种基本相互作用力的出现

宇宙中的四种相互作用力决定了宇宙中所有物质的演化过程. 其中万有引力和电磁力是长程力,而强相互作用力和弱相互作用力是短程力,即相互作用的力程都很小,在宏观上不直接出现. 电磁力与万有引力满足距离的平方反比关系,但这两种力在宇宙中扮演的角色完全不同,如图 0.3 所示. 万有引力相比电磁力,其强度非常小,但是大尺度上的宇宙演变却是由万有引力主导的,万有引力又显得如此强大! 这恰恰说明宇宙中的物质都是电中性的. 这也是人类首先发现万有引力,而电磁力的发现要迟很多的原因.

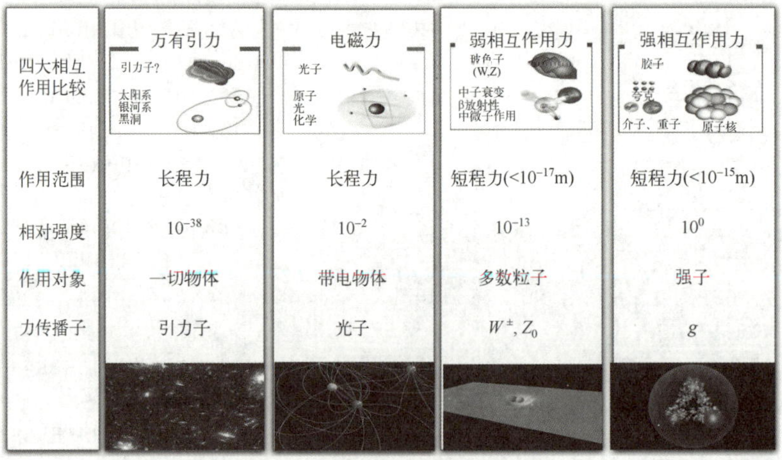

图 0.3　四种基本相互作用力的比较

0.1.2　电磁现象的历史记载

宇宙的进一步演化逐渐出现了生命,又经漫长的演化才出现了人类. 人类认识宇宙也只能从周围及现在的现象来了解宇宙，事实上与盲人摸象的故事异曲同工，人类只是通过观察、实验、分析、推理等逻辑过程逐渐形成对宇宙的认知. 早期人类也仅仅是对所观察到的自然现象做描述、记载和推测.

大约在公元前16～前11世纪，我国古代的甲骨文中就出现“雷”字，公元前11世纪的西周青铜器中出现“電”字. 春秋战国时期(公元前770—前221)著作《管子》中出现对磁石的描述：“上有慈石者，下有铜金”；我国古代《说文解字》中无“磁”字，都用“慈”字，如《鬼谷子》中的“若慈石之取针”和《吕氏春秋 · 季秋纪 · 精通篇》中的“慈石召铁，或引之也”，唐朝《广韵》中才有了“磁”字. 公元前120年西汉刘安(公元前179—前122)在《淮南子》中对雷电的描述“阴阳相薄为雷，激扬为电”. 公元86年东汉王充(27—97)《论衡》中出现“顿牟掇芥，磁石引针”，顿牟是指琥珀或玳瑁，可以摩擦起电. 公元3世纪晋朝张华(232—300)的《博物志》中也有记载：“今人梳头，脱着衣时，有随梳，解结有光者，也有咤声”，这里记载头发因摩擦起电发出的闪光和噼啪之声. 约公元530年南朝的陶弘景(456—536)在《名医别录》中写道“琥珀，惟以手心摩热拾芥为真”.

古希腊泰勒斯(Thales，公元前624—前547)发现琥珀经摩擦可以吸引细小物体. 古希腊苏格拉底(Socrates，公元前469—前399)曾提到磁石，磁石在法文 aimante 中、西班牙文 iman 中和匈牙利文 magnetko 中均有“Love stone”的意思，与古代中文“慈石”意境相似.

司马迁(公元前145—前87)《史记》多处记录极光，从公元前27世纪到16世纪，有350多次极光的记录. 西汉《淮南子》中“日中有踆乌”，描述的是太阳黑子现象.

关于古代电磁的应用也有不少记载，例如，对我国古代“四大发明”之一的指南针，《鬼谷子》(公元前4世纪)和《韩非子》(公元前3世纪)中称为“司南”.

沈括(1031—1095)《梦溪笔谈》描述了司南的4种指南法，并指出不是正南方向，亦即存在地磁偏角“方家以磁石磨针锋，则能指南，然常微偏东，不全南也”. 指南针被广泛应用于航海. 西方最早记载指南针用于航海的是英国人尼克南(Alexander Neckam，1157—1217). 北南宋和元朝时我国人民航海主要是近海，明朝郑和(约1371—约1433)下西洋，指南针已经广泛应用在航海上. 此外，磁石的应用在历史上有多处记载.《史记》记载了磁石用于治疗疫病；李时珍(1518—1593)在《本草纲目》中详细总结了磁石治疗的十种应用. 磁石在建筑上的应用有秦阿房宫以磁石为门. 另外，磁石在军事、幻术、选矿等方面均有应用.

0.1.3 电磁学的诞生

14世纪发源于意大利的文艺复兴蔓延到整个欧洲，其影响力在艺术、哲学、文学、音乐、自然科学等方面都得到了体现. 培根(Francis Bacon，1561—1626)提出“应当靠实验来弄懂自然科学”. 1600年吉尔伯特(William Gilbert，1544—1603)在《论磁》一书中，认为地球就是一个巨大的磁体，提出了电力、磁力以及相互作用，区分了电力和磁力的不同.

1660年盖利克(Otto von Guericke，1602—1686)发现电的排斥现象，发明了摩擦起电机(图0.4(a)). 1720年，英国人格雷(Stephen Gray，1666—1736)在《关于一些新电学实验的说明》中提出了摩擦带电和感应带电，并发现有些物质可以传导电，有些则不能. 他的实心木球和空心木球具有相同的电效应实验(图0.4(b))，使人们认为电是一种流体. 法国物理学家杜菲(Charles-Francois du Fay，1698—1739)在《论电》中指出：实验表明带电体与非带电体之间并无本质的区别，所有物体都可以带电. 1734年杜菲发现两类不同的电荷，一类称为玻璃电，另一类称为树脂电. 实际上他发现了正负电荷，但命名不确切.

(a)

(b)

图 0.4　盖利克摩擦起电(a)和格雷实验(b)

1745 年,德国的克莱斯特(Ewald Georg von Kleist,1700—1748)利用导线将摩擦所起的电引向装有铁钉的玻璃瓶. 当他用手触及铁钉时,受到猛烈的一击. 受此启发,1746 年荷兰莱顿大学的物理学教授马森布罗克(Pieter von Musschenbrock,1692—1761)发现玻璃瓶可以储存大量电荷, 此瓶被称为莱顿瓶(图 0.5). 1780 年意大利解剖学家伽伐尼(Luigi Galvani,1737—1798)做青蛙解剖时,无意中发现青蛙腿部的肌肉瞬间抽搐了一下,仿佛受到电流的刺激. 他认为动物躯体内部出现了一种电,称之为生物电. 1799 年伏打(Alessandro Volta,1745—1827)把一块锌板和一块锡板浸在盐水里,发现连接两块金属的导线中有电流通过. 于是,他就在许多锌片与银片之间垫上浸透盐水的绒布或纸片,平叠起来,制成了世界上第一个电池——伏打电堆.

图 0.5　莱顿瓶

富兰克林(Benjamin Franklin,1706—1790)曾用一个大风筝实验验证了天上的电与地上的电是同一种电,他还认为,电的本性是某种电液体,当内部的电液体多于外界时,呈电正性,相反则呈电负性,内外平衡时则呈电中性;正电与负电可以抵消,由于电液体总量不变,因此电荷总量不变;提出了正电和负电的概念,并提出电荷守恒定律. 在此基础上,富兰克林又发明了避雷针.

1759 年前后,德国的艾皮努斯(Franz Aepinus,1724—1802)在《电磁理论初探》中提出两电荷之间的相互作用力存在随距离的减少而增大的现象. 1766 年,普里斯特利(Joseph Priestley,1733—1804)根据带电金属球内表面没有电荷的现象,猜测电力与万有引力有相似的规律，即电荷间存在平方反比律. 1769 年，罗宾逊(John Robison，1739—1805)通过一个小球上电力与重力平衡实验，第一次直接测定了两个电荷相互作用的平方反比律($1/r^{2+\delta}$，$\delta=0.06$)，直到 1801 年才发表. 1772 年左右，卡文迪什(Henry Cavendish，1731—1810)按普里斯特利的思想设计了一个实验，发现带电导体球壳内表面不存在电荷，而且球壳空腔中任何一点都没有电的作用，用数学方法得到力与距离的关系为 $f\sim 1/r^{2+\delta}$($\delta=0.02$). 直到 100 年之后，麦克斯韦整理他的手稿时才发现.

1785 年库仑(Charles Augustin de Coulomb，1736—1806)设计了精巧的扭秤实验，直接测定了两个静止点电荷的相互作用力与它们之间距离二次方成反比，与它们的电量乘积成正比. 1811 年泊松(Siméon Denis Poisson，1781—1840)把早先力学中拉普拉斯(Pierre Simon Laplace，1749—1827)在万有引力定律基础上发展起来的势论应用于静电，发展了静电学的解析理论.

早在 1640 年，已有人观察到闪电使罗盘的磁针旋转的现象. 1750 年富兰克林已经观察到莱顿瓶放电可使钢针磁化. 但到 19 世纪初，科学界仍普遍认为电和磁是两种独立的作用. 1820 年丹麦的物理学家奥斯特(Hans Christian Oersted，1777—1851)经过多年的研究，发现了电流的磁效应，即当电流通过导线时，会引起导线近旁的磁针偏转. 电流磁效应的发现开拓了电学研究的新纪元. 1820 年 9 月法国科学家安培(André Marie Ampère，1775—1836)用实验证明了圆电流对磁针的作用和两平行导线的相互作用. 1820 年 10 月毕奥(Jean-Baptiste Biot，1774—1862)和萨伐尔(Félix Savart，1791—1841)得到长直电流对磁极的作用力与距离的关系.

1824 年阿拉果(Francois Arago，1786—1853)发现了在金属圆盘上的小磁针的摆动会受到阻尼作用，即著名的阿拉果圆盘实验. 1831 年法拉第(Michael Faraday，1791—1867，图 0.6)发现电磁感应现象，紧接着他做了许多实验来确定电磁感应的规律. 1834 年楞次(Heinrich Friedrich Emile Lenz，1804—1865)给出感应电流方向的描述，1840 年纽曼(Franz Neumann，1798—1895)概括了他们的结果，给出感应电动势的数学公式.

法拉第
(Michael Faraday, 1791—1867)

麦克斯韦
(James Clerk Maxwell, 1831—1879)

图 0.6　电磁学建立的两个代表性人物：法拉第和麦克斯韦

0.1.4　场思想的提出和电磁学科学体系的建立

电磁力是直接作用(即超距作用)还是通过一种媒介来传递的相互作用(近距作用),一直是科学界争论的核心内容之一,一些科学家曾把"以太"作为传递相互作用力的媒介."以太"虽被赋予了各种各样的性质,但是一直没有被发现.18世纪超距作用盛行的另一个原因是拉格朗日(Joseph Louis Lagrange,1736—1813)、拉普拉斯和泊松等从引力定律出发发展出数学上简洁而优美的势论.纽曼和韦伯(Heinrich Weber,1842—1913)提出超距作用的电磁理论,韦伯企图用势来统一电磁理论.

古罗马诗人卢克莱修(Titus Lucretius Carus,公元前99—前55)在其诗中曾提到"磁的吸引是通过环和链而传递的",这也许是关于近距作用最早的诗意化表述.对电磁现象的广泛研究使法拉第逐渐形成了特有的"场"的观念.他认为:力线是物质的,它弥漫在全部空间,电作用力和磁作用力不是通过空虚空间的超距作用,而是通过电力线和磁力线来传递的,甚至它们比产生或"汇集"力线的"源"更富有研究的价值.法拉第的力线的思想正是现代场的观念的雏形,法拉第场的思想为电磁现象的统一理论准备了条件.

麦克斯韦(James Clerk Maxwell,1831—1879,图0.6)精心研究法拉第的《电学实验研究》一书.1856年他发表了第一篇电磁学论文《论法拉第的力线》,把法拉第的力线概念用精确的数学表述出来,由此导出了库仑定律和高斯定律.1862年他发表了第二篇论文《论物理力线》,不但进一步发展了法拉第的场的思想,扩充到磁场变化产生电场,而且得到了新的结果:电场变化产生磁场,由此预言了电磁波的存在,并证明了这种波的速度等于光速,揭示了光的电磁本质.1865年他的第三篇论文《电磁场的动力学理论》,从几个基本实验事实出发,运用场论的观点,以演绎法建立了系统的电磁理论.

1873年麦克斯韦出版的《电磁通论》一书是集电磁学大成的划时代著作,全面地总结了19世纪中叶以前对电磁现象的研究成果,建立了完整的电磁理论体系.这是一部可以同牛顿的《自然哲学的数学原理》、达尔文(Charles Robert Darwin,1809—1882)的《物种起源》和赖尔(Charles Lyell,1797—1875)的《地质学原理》相媲美的里程碑式的著作.

"法拉第坚信,有力线贯穿于整个空间,而数学家们认为,在这个空间里只有一些超距相互吸引的力心;法拉第认为空间是一种介质,而数学家们认为空间除了距离之外什么也没有;法拉第要寻找这种介质中进行的真实作用现象的活动中心,而数学家们只要发现了加在电流体上的超距作用能够引起电现象就满足了."

"我提出的理论可以称为电磁场理论,因为这种理论关系到带电体或磁体周围的空间,它也可以称为一种动力学理论,因为它假定在这个空间存在着运动的物质,由此而产生了我们可观察到的电磁现象."

——麦克斯韦《电磁通论》

0.2　电磁学的应用

第一次工业革命指18世纪60年代从英国率先发起的技术革命,以蒸汽机作为动力机被广泛使用为标志,是技术发展史上的一次巨大革命,它开创了以机器代替手工劳动的时代.他是物理学中热力学发展所带来的一场技术革命,科学技术应用于工业生产的一项重大成就就是内燃机的发明和使用.

第二次工业革命是指 19 世纪中期开始，由欧洲国家和美国等率先进行的电力工业革命. 它是物理学中电磁学的发展所带来的一场技术革命，科学技术应用于工业生产的一项重大成就就是发电机和电动机的发明和使用，使人类进入了“电气时代”.

1832 年法国人皮克西(Hippolyte Pixii，1808—1835)发明了手摇式直流发电机，其原理是转动永磁体使线圈磁通发生变化而产生电动势. 1867 年德国发明家西门子(Ernst Werner von Siemens，1816—1892)对发电机提出了重大改进. 他认为，在发电机上不用磁铁(即永久磁铁)，而用电磁铁，这样可使磁力增强，产生强大的电流. 1869 年比利时的格拉姆(Engadiner Kulm)制成了环形电枢，可以用水力转动发电机转子. 此后，英国和美国相继建成水力发电站，1882 年 9 月 30 日爱迪生(Thomas Alva Edison，1847—1931)在美国威斯康星州阿普顿 (Appleton) 狐狸河 (Fox River) 上建造的水力发电厂开始运营(图 0.7). 特斯拉(Nikola Tesla，1856—1943)发明了两相交流发电机和电动机.

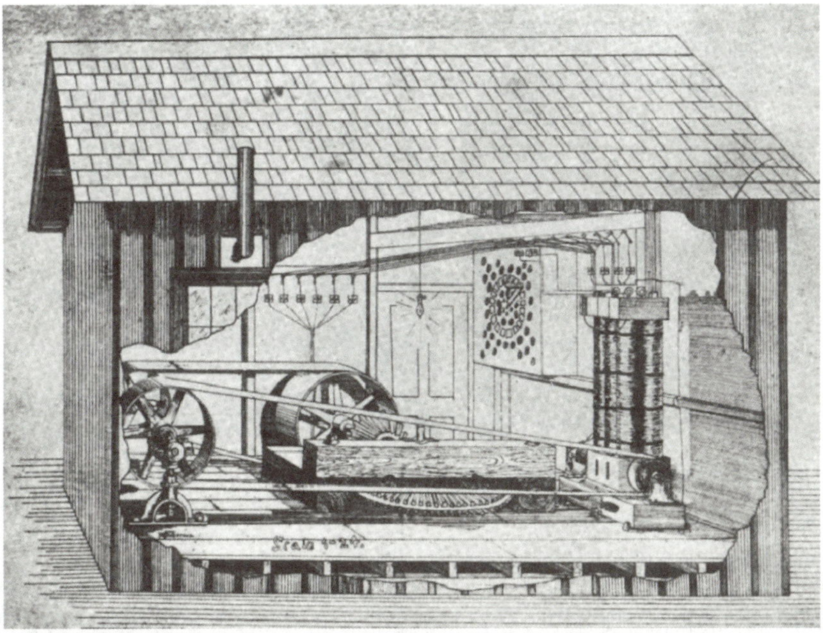

图 0.7　1882 年爱迪生在威斯康星州阿普顿建造的水力发电厂

电磁学直接推动了电力工业的发展. 1882 年英国商人开办的上海电光公司所属的乍浦路电灯厂开始发电(12kW 直流发电机)，这是我国正式发电的第一座电厂. 随后广州、北京等大城市相继购买国外发电机发电. 1949 年底，我国电力装机总容量为 1850MW. 到 2021 年全世界发电总量达 28.5 万亿千瓦时，我国发电量为 8.5 万亿千瓦时，约占全世界的 30%，成为世界发电量最大的国家. 2012 年我国在长江三峡建成了世界上规模最大的水力发电站(图 0.8).

电磁学技术的发展还为人类的通信技术带来了革命. 1837 年美国人莫尔斯(Samuel Finley Breese Morse，1791—1872)研制出世界上第一台电磁式电报机(图 0.9(a))，1875 年苏格兰人贝尔(Alexander Graham Bell，1847—1922)发明了世界上第一台电话机(图 0.9(b)).

1864 年麦克斯韦根据他的方程组预言了电磁作用以波的形式传播，电磁波在真空中的传播速度与光在真空中传播的速度相同，由此麦克斯韦预言光也是一种电磁波. 1888 年赫兹

图 0.8　世界上最大的水力发电站——三峡发电站

(a) 莫尔斯发明的电报机　　(b) 贝尔发明的电话机

图 0.9　最早的电报机(a)和电话机(b)

(Heinrich Rudolf Hertz,1857—1894)根据电容器放电的振荡性质,设计制作了电磁波源和电磁波检测器,通过实验检测到电磁波,测定了电磁波的波速,并观察到电磁波与光波一样,具有偏振性质,能够反射、折射和聚焦.

1895 年俄国的波波夫(Alexander Stepanovich Popov,1859—1906)和意大利的马可尼(Guglielmo Marconi,1874—1937)分别实现了无线电信号的传送. 后来马可尼将赫兹的振子改进为竖直的天线;德国的布劳恩(Karl Braun,1850—1918)进一步将发射器分为两个振荡电路,为扩大信号传递范围创造了条件. 因此,马可尼和布劳恩共同获得 1909 年诺贝尔物理学奖.

1901 年马可尼第一次建立了横跨大西洋的无线电联系. 电子管的发明及其在线路中的应用,使得电磁波的发射和接收都成为易事,推动了无线电技术的发展,极大地改变了人类的生活. 中华人民共和国成立初期,全国 90%的县还没有电话,到如今,通信网络覆盖全国,光纤宽带成家庭标配,手机网民规模达到 10 亿. 近年来,我国通信技术高速发展,很多技术实现了从空白到领先的跨越式发展. 在移动通信领域,我国经历了 1G 空白、2G 跟随、3G 突破、4G 同步、5G 引领的崛起历程.

1994 年美国建成全球定位系统(GPS). 我国研发的北斗卫星全球定位与通信系统(BDS)在 2012 年 12 月 27 日起向亚太大部分地区正式提供连续无源定位、导航、授时等服务. 2017 年 11 月 5 日中国第三代导航卫星顺利升空,它标志着中国正式开始建造“北斗”全球卫星导航系统.

基于电磁学发展起来的通信系统,为人类社会带来了前所未有的巨大改变,不仅改变了人类联络方式,同时也改变了人类社会的经济、政治、军事和文化等领域.

经典电磁学虽然在 19 世纪末已经系统地建立,但是 20 世纪当人类研究领域进入到微观层次时,涉及的大量的电磁学和电磁相互作用问题需要用全新的思想来研究. 20 世纪电磁学在各学科的应用,直接推动着电磁学发展,从物理学基本理论高温超导技术、量子霍尔效应、量子电子学到大量的发明应用,如热电子发射、半导体技术、超导体技术、核磁共振技术、晶体管和巨磁阻效应等,不断地出现新的电磁学问题,每一个问题的解决都标志着电磁学得到进一步发展. 电磁学在自然科学如天文学、大气科学、海洋科学、地球物理学、地质学和生物学中的应用也日趋广泛,从粒子物理到宇宙学,各种理论和实验测量都离不开电磁学及其技术.

以诺贝尔奖为例,关于电磁学理论和技术的研究已经直接或间接获得了几十次诺贝尔奖. 电磁学是一门不断发展的学科,也是一直在推动人类文明进步的学科.

第 1 章　真空中的静电场

1.1　电荷守恒

电学中最基本的概念是电荷. 早期人们是通过物质的力效应来定义它的. 人们发现许多物质，如琥珀、玻璃棒、硬橡胶棒……经过毛皮或丝绸摩擦后，能吸引轻小物质，便说这些物质带了电荷.

近代物理学的实验揭示了电荷的物理本质. 电荷是基本粒子(如电子、质子、μ 子等)的一种属性，若离开了这些基本粒子它便不能存在. 也就是说，电荷是物质的基本属性，不存在不依附物质的“单独电荷”. 1897 年，英国物理学家汤姆孙测出了阴极射线带电粒子的荷质比约为氢离子(质子)的 2000 倍，他指出这种带负电的粒子是一切原子的基本成员之一，后来被称为电子，他因此而荣获 1906 年诺贝尔物理学奖. 1909～1917 年，密立根用油滴实验，通过反复测量，测定电荷的最小单位是 1.59×10^{-19}C，他因此荣获 1923 年诺贝尔物理学奖.

就我们现今所知，电荷有如下的特点：

(1) 自然界中存在两种电荷，分别称为正(＋)电荷和负(－)电荷. 正如左和右一样，它们的定义是任意的. 现在人们都习惯沿用美国物理学家富兰克林的定义，即被丝绸摩擦过的玻璃棒所带的电荷为“＋”电荷，被毛皮摩擦过的硬橡胶棒所带的电荷为“－”电荷. 实验表明，同号电荷相斥，异号电荷相吸，根据这一性质我们可以用实验来测出物体带有哪种电荷.

(2) 电荷是量子化的，即在自然界里物质所带的电荷量不可能连续变化，而只能一份一份地增加或减小. 如前所述，这最小的一份电量是电子或正电子所带的电量，我们把这电量的绝对值记为 e，e 就是自然界中电量的基本单元，2018 年 11 月第 26 届国际计量大会一致通过了七个国际单位制基本单位中的四个被重新定义为自然物理常数，其中电子的电量为 $e=1.602176634\times10^{-19}$C，并于 2019 年 5 月 20 日起实施. 20 世纪 60 年代物理学家提出了一种更基本的粒子——夸克(quark)，有 6 种，分别带有 $-e/3$ 和 $2e/3$ 的电量. 30 多年来，借助大型加速器，采用了多种途径，这 6 种夸克在实验上先后被科学家发现，但至今还没有可靠的证据表明它们以自由状态存在，即它们被禁闭在强子内部，不能脱离强子自由运动. 带分数电荷的粒子的发现，不破坏电荷的量子性，仅仅是将现在所能测到的最小的一份电量变得更小而已.

(3) 存在所谓“电荷对称性”. 1928 年狄拉克提出了描写电子运动并满足相对论不变性的波动方程，得到一个重要结论：电子有负能值. 为了解释这个问题，1931 年狄拉克又发表了一篇论文，提出了反电子(即正电子，电子的反粒子)的概念. 我国科学家赵忠尧先生(中国科学技术大学近代物理系首任系主任)于 1929 在美国加州理工学院攻读博士学位时(导师为密立根教授)，通过实验发现了硬射线的“反常吸收”(即光子转换为正负电子对)，1930 年初又发现了一种“特殊的辐射”(即正负电子湮没产生的光子)，这是人类历史上第一次在实验中发现正反物质的产生和湮没现象. 密立根教授的另一位学生安德森知道赵忠尧先生的实验结果后，非常激动，他在 1932 年采用宇宙射线穿过铅板，并采用威尔逊云室发现了正电子，因此荣获 1936 年诺贝尔物理学奖. 一系列近代高能物理实验表明，对于每种带电的基本粒子，必然存在与之对应的、带等量异号电荷的另一种基本粒子——反粒子. 例如,有电子和正电子、质子和反质子、π 介子和反 π 介子等.

(4) 电荷守恒. 一个孤立系统(与外界不发生电荷交换的系统)的电荷总量(代数和)是保持不变的,它既不能创生,也不会消灭. 电荷只能从系统内的一个物体转移到另一个物体,系统的总电量既不随时间而变,也与参考系的选取无关,这就是电荷守恒定律. 例如,原本都是中性的丝绸和玻璃棒组成的孤立系统,电荷总量为零. 当用丝绸摩擦玻璃棒后,玻璃棒上带正电,而丝绸上带了与之等量的负电,其系统的总电量仍为零. 又如,任何化学反应前后系统的总电量相等. 电荷守恒作为自然界最普遍的规律之一,对核反应也是成立的. 如中子(n)经过 β 衰变产生一个质子、一个电子和一个反中微子

$$ {}^{1}_{0}\mathrm{n}_{1} \longrightarrow {}^{1}_{1}\mathrm{p}_{0} + \mathrm{e}^{-} + \bar{\nu}_{\mathrm{e}} $$

类似地,有氚的 β 衰变反应式

$$ {}^{3}_{1}\mathrm{H}_{2} \longrightarrow {}^{3}_{2}\mathrm{He}_{1} + \mathrm{e}^{-} + \bar{\nu}_{\mathrm{e}} $$

综合写出 β 衰变的一般反应式

$$ {}^{A}_{Z}\mathrm{X}_{N} \longrightarrow {}^{A}_{Z+1}\mathrm{Y}_{N-1} + \mathrm{e}^{-} + \bar{\nu}_{\mathrm{e}} $$

式中,A 为质量数,Z 为原子序数(即电荷数),N 为中子数. 一个强放射性元素镭,通过 α 衰变,放出一个 α 粒子(${}^{4}_{2}\mathrm{He}_{2}$)后转变为氡 222(${}^{222}_{86}\mathrm{Rn}_{136}$)

$$ {}^{226}_{88}\mathrm{Ra}_{138} \longrightarrow {}^{222}_{86}\mathrm{Rn}_{136} + {}^{4}_{2}\mathrm{He}_{2} $$

对于太阳上核聚变反应的一种可能链式过程

$$ {}^{1}_{1}\mathrm{H}_{0} + {}^{1}_{1}\mathrm{H}_{0} \longrightarrow {}^{2}_{1}\mathrm{H}_{1} + \mathrm{e}^{+} + \bar{\nu}_{\mathrm{e}} $$

$$ {}^{2}_{1}\mathrm{H}_{1} + {}^{1}_{1}\mathrm{H}_{0} \longrightarrow {}^{3}_{2}\mathrm{He}_{1} + \gamma $$

$$ {}^{3}_{2}\mathrm{He}_{1} + {}^{3}_{2}\mathrm{He}_{1} \longrightarrow {}^{4}_{2}\mathrm{He}_{2} + 2\,{}^{1}_{1}\mathrm{H}_{0} $$

其中,每一步反应都满足电荷守恒定律.

电荷守恒另一个意思是,在不同的惯性系中,电荷的总量都不变.

1.2 库仑力

1.2.1 库仑扭秤实验

库仑定律是以它的发现者之一,法国物理学家库仑的名字命名的. 它是电磁学中最基本的定律之一. 这个定律的发现过程,对于年轻读者具有很大的启迪作用,值得在此简述.

库仑早年是一名军事工程师,曾督造过防御工事. 也许正是这种经历,使他对科学产生了兴趣,开始对扭力进行系统的研究. 1781 年,由于有关扭力的论文的发表,他当选为法国科学院院士. 在 1784 年提交给法国科学院的一篇论文中,他通过实验确立了金属丝的扭力定律,发现扭力正比于扭转角度,并指出可依据该原理去测量小至 6.48×10^{-6} N 的作用力. 根据这一发现,1785 年库仑自行设计制作了一台扭秤,测量了电荷之间的相互作用力与其距离的关系,

建立了库仑定律. 图 1.1 给出了扭秤的结构及其中的 4 个关键部件. 在一个高和直径均为 30.5cm 的玻璃圆筒上,有一块直径为 33cm 的玻璃平板 AC,它使容器不受外部空气流动的影响. 平板上有两个直径约为 4.3cm 的孔 f、m,孔 f 开在中心,上面胶连一根高 61cm 的玻璃管. 管的顶端 h 处有一个测微器,它的细致结构如图 1.1 中的(1)号件所示. 其顶部有旋钮 b、指针 io,还有一个悬挂金属丝的夹钳 q,q 通过图 1.1 中的(2)号件的孔 G. (2)号件上有一个圆盘 ce,在其盘边上刻出 360°. 管 ϕ 安放在图 1.1 中(3)号件的孔洞中,而 H 则与图中玻璃管 fh 的顶端相套接. (1)号件中夹钳的形状很像一个教学圆规上的粉笔卡头,可通过滑环使它收放. 杆 P_0 的 P 端[图 1.1 中(4)号件]有一个类似 q 的夹钳,可通过滑环 ϕ 使它收放. 一根非常细的银丝,一端夹在(4)号件的 P 中,另一端夹在夹钳 q 上. P_0 用铜或银制成,直径约 0.22cm,它的重量可使银丝绷紧,但又不会使银丝变得很细. 在 R 的横向有一个小孔,孔中穿过一根绝缘物质细杆 ag,长约 20cm,a 端有一个金属小球,g 端有一个平衡球. ag 水平悬挂在图 1.1 中的玻璃容器内约一半高的地方. 另一绝缘物质小杆 md 穿过盖板 AC 上的孔 m,杆的下端固定一个与 a 端完全一样的金属小球. 玻璃容器周围有刻度 ZOQ,ZOQ 与 ag 等高,并分成 360°.

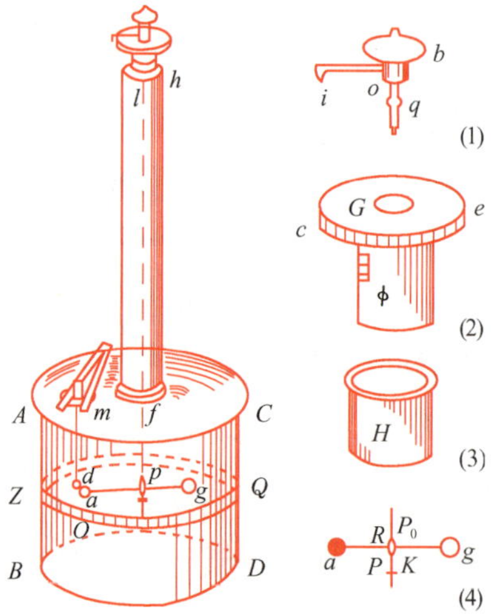

图 1.1　库仑扭秤及其主要部件

实验开始时,首先调整零点,即让指针 io 调到扭力计刻度上的零点,使 q、p 间的细丝自然下垂,大小相同的金属小球 d 与 a 相互接触. 库仑使一枚插在绝缘细棒上的大头针带上电,然后把它伸到孔 m 里,接触 d 球,d 球与 a 球接触,从大头针转移过来的电荷在两球之间等量分配,使 d 球与 a 球带上同号等量的电荷. 由于相互排斥,a、d 将离开一段距离. 转动旋钮 b,改变银丝扭转角度(即改变扭力),可改变 a、d 两球间的距离. 库仑做了三次数据记录:第一次令两小球相距 36 个刻度,第二次令两小球相距 18 个刻度,第三次令两小球相距 8.5 个刻度,三次间距之比约为 1∶1/2∶1/4. 实验结果为:第一次银丝扭转 36°,第二次银丝扭转 144°,第三次银丝扭转 575.5°,银丝扭转角之比约为 1∶4∶16. 库仑还做了一系列实验,获得类似结果. 因此,库仑得出如下结论:两个带同号电荷的小球之间的相互排斥力和它们之间的距离的平方成反比. 后来库仑利用电引力单摆实验①把这一结论推广至带异号电荷的小球间的引力情况.

① 参见:陈秉乾,舒幼生,胡望雨. 电磁学专题研究. 北京:高等教育出版社,2001,8～9.

1.2.2 库仑定律

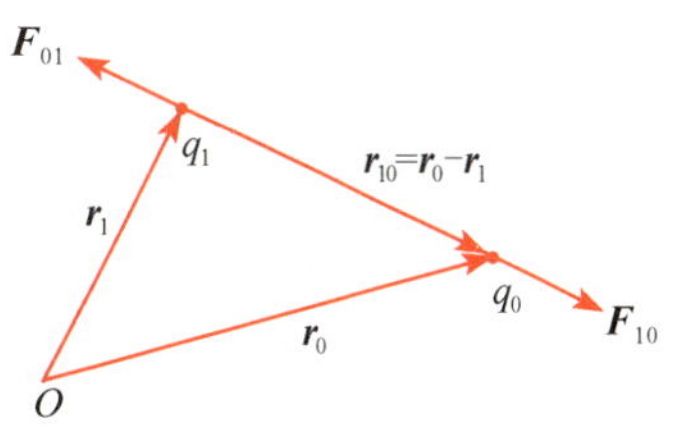

图 1.2 两静止点电荷 q_0 和 q_1 之间的相互作用力

库仑定律的精确表述是:两个静止的点电荷 q_0 和 q_1 之间的作用力的大小与两点电荷电量的乘积成正比,与它们之间距离的平方成反比,作用力的方向沿着两点电荷间的连线,同号电荷相斥,异号电荷相吸.按图 1.2 所示,可将库仑定律表达为

$$\boldsymbol{F}_{10}=k\frac{q_1q_0}{r_{10}^3}\boldsymbol{r}_{10}=-\boldsymbol{F}_{01} \tag{1.2.1}$$

式中,k 为比例常数,由实验测定并与单位制有关;$\boldsymbol{F}_{10}$ 是 q_1 作用到 q_0 上的力,$\boldsymbol{F}_{01}$ 为反作用力.我们取国际单位制(SI),或称米·千克·秒·安培(MKSA)制,即电量的单位用库[仑](C),距离的单位用米(m),力的单位用牛[顿](N).在真空中,我们将常数 k 写成 $k=1/(4\pi\varepsilon_0)$,其中 ε_0 称为真空介电常量或电容率.由实验测定已知电量的两个点电荷在真空中的相互作用力,便可得 k 或 ε_0 的值.国际科学理事会数据委员会给出的最新 ε_0 值为:$\varepsilon_0=8.8541878128(13)\times10^{-12}\,\mathrm{C^2\cdot N^{-1}\cdot m^{-2}}$.近似值可取 $\varepsilon_0\approx8.85\times10^{-12}\,\mathrm{C^2\cdot N^{-1}\cdot m^{-2}}$;相应的 k 值为 $k\approx8.99\times10^9\,\mathrm{N\cdot m^2\cdot C^{-2}}$.在解题时,还可进一步将 ε_0 和 k 分别近似为 $10^{-9}/(36\pi)$ 和 9×10^9.为了深入理解和正确应用库仑定律,我们对它作如下说明.

(1) 库仑定律适用的对象是点电荷.点电荷意即其尺度为零.自然界中并不存在这种理想的点电荷.正如前文所述,即使最小的单元电荷也为具有一定静质量的基本粒子所携带.在实际问题中,只要两带电体的尺度远小于它们之间的距离,就可忽略带电体本身的尺度,而把它们当成点电荷来处理.对本身尺度不可忽略的带电体的问题将留到下文来说明.

(2) 库仑定律与力学中的万有引力定律非常相似,都具有与距离平方成反比的特征(都是长程力),都满足牛顿第三定律.但是它们又有如下不同点:①电荷有正、负两种,异号电荷相吸,同号电荷相斥.可对质点来说,它们之间只有引力,没有斥力.②静电之间的相互作用可以屏蔽,而质点间的引力相互作用是无法屏蔽的.③带电粒子间的库仑力远大于它们间的万有引力.以电子和质子间的库仑力和万有引力为例,可算得 $F_{电}/F_{引}\approx2.3\times10^{39}$.所以,通常在讨论原子、固体、液体的结构以及化学作用时,只需考虑库仑力,忽略引力.而当讨论宇宙中天体的大尺度结构和运动问题时,又只涉及引力,因为行星、恒星、星系等都是电中性的.库仑定律给出的距离平方反比律中,距离 r 的范围相当大.虽然在库仑的实验中,r 只有几厘米,但近代物理的实验表明,r 的数量级大到 $10^7\,\mathrm{m}$ 而小到 $10^{-17}\,\mathrm{m}$ 的时候,距离平方反比律仍然成立.实际上在更大的范围内,可以找到距离平方反比律仍然成立的间接证据,只不过难以通过实验直接进行验证.

(3) 库仑定律只适用于两点电荷静止的情况,因此人们常把库仑力称为静电力.当两点电荷发生运动时,由库仑定律所预言的相互作用力应该进行修改.但以后会知道,只要它们运动的速度远低于光速,这一修改可以忽略.

(4) 电力距离平方反比律与光子静止质量 m_γ 是否为零有密切的关系.近代观点认为,各种相互作用都通过某种粒子来传递,其中电磁相互作用就是通过光子来传递的.如果电力距离平方反比律出现偏差,将导致 $m_\gamma\neq0$.现有的物理理论均以 $m_\gamma=0$ 为前提.m_γ 取非零值,即便十分微小,也会给物理学带来一系列原则问题:电磁场的规范不变性将被破坏;光子偏振态将发生变化;黑体辐射公式要修改;会出现真空色散,即不同频率的光波在真空中的传播速度不同,从而破坏光速不变等. 总之,"后果"是十分严重的[①].

1.3 叠加原理

1.3.1 叠加原理的数学表述

实验证明,两个静止点电荷之间的相互作用力不因第三个静止点电荷的存在而改变;由 N 个静止点电荷 $q_1, q_2, q_3, \cdots, q_i, \cdots, q_N$ 组成的系统,作用到静止点电荷 q_0 上的库仑力可以表示为

$$\boldsymbol{F} = \frac{1}{4\pi\varepsilon_0} q_0 \sum_{i=1}^{N} \frac{q_i}{|\boldsymbol{r} - \boldsymbol{r}_i|^3} (\boldsymbol{r} - \boldsymbol{r}_i) \tag{1.3.1}$$

这就是叠加原理. 式中,$\boldsymbol{r}$ 为 q_0 的位置矢量,$\boldsymbol{r}_i$ 为 q_i 的位置矢量. 注意,这里的求和是矢量叠加.

1.3.2 带电体系对静止点电荷的作用力

叠加原理不难由点电荷系统推广到有一定大小的带电体的情况. 设想把带电体分割为许多称为"电荷元"的小部分,在分析它们各自对点电荷 q_0 的作用时,均可当作点电荷处理. 这样,整个带电体就与一点电荷系统等效.

为求出各个电荷元的电量,需要引入电荷密度的概念. 为此,设电荷元的体积为 ΔV,电量为 Δq,定义

$$\rho_e = \frac{\Delta q}{\Delta V} \tag{1.3.2}$$

称为体电荷密度,它表示单位体积的电量. 注意 ΔV 的尺度应远大于带电体中微观带电粒子间的平均距离,但远小于电荷分布的非均匀尺度(在该尺度上,体电荷密度 ρ_e 发生显著变化),即 ΔV 应是微观大、宏观小的体积元. 如果电荷只分布在物体表面极薄的一层之中,则可把该薄层抽象为一个"带电面",相应的电荷元为面电荷元. 设面电荷元的面积为 ΔS,电量为 Δq,定义

$$\sigma_e = \frac{\Delta q}{\Delta S} \tag{1.3.3}$$

称为面电荷密度,即单位面积的电量. 这里 ΔS 应是微观大、宏观小的面积元. 最后,线径很小的线状带电体可抽象为"带电线",相应的电荷元为线电荷元. 设线电荷元的长度为 Δl,电量为 Δq,定义

$$\lambda_e = \frac{\Delta q}{\Delta l} \tag{1.3.4}$$

称为线电荷密度,即单位长度的电量. 这里 Δl 是微观大、宏观小的线元.

---

① 有关光子静止质量问题的讨论参见:陈秉乾,舒幼生,胡望雨. 电磁学专题研究. 北京:高等教育出版社,2001,562~568.

有了以上的准备，我们就可以利用叠加原理来求带电体系对点电荷 q_0 的作用力. 对体电荷密度为 $\rho_e(\boldsymbol{r})$的带电体，从式(1.3.1)出发，用电荷元的电量 $\rho_e(\boldsymbol{r}')\mathrm{d}V'$代替 q_i，并将求和改为体积分，可求得它对点电荷 q_0 的作用力为

$$\boldsymbol{F}=\frac{q_0}{4\pi\varepsilon_0}\iiint_V \frac{\rho_e(\boldsymbol{r}')}{|\boldsymbol{r}-\boldsymbol{r}'|^3}(\boldsymbol{r}-\boldsymbol{r}')\mathrm{d}V' \tag{1.3.5}$$

式中，V 为体积分区域，即带电体所占据的空间. 采取类似的方法，我们可推得带电面和带电线对点电荷 q_0 的作用力分别为

$$\boldsymbol{F}=\frac{q_0}{4\pi\varepsilon_0}\iint_S \frac{\sigma_e(\boldsymbol{r}')}{|\boldsymbol{r}-\boldsymbol{r}'|^3}(\boldsymbol{r}-\boldsymbol{r}')\mathrm{d}S' \tag{1.3.6}$$

$$\boldsymbol{F}=\frac{q_0}{4\pi\varepsilon_0}\int_L \frac{\lambda_e(\boldsymbol{r}')}{|\boldsymbol{r}-\boldsymbol{r}'|^3}(\boldsymbol{r}-\boldsymbol{r}')\mathrm{d}l' \tag{1.3.7}$$

式中，S 为面积分区域，即带电面所占据的曲面；L 为线积分区域，即带电线所占据的曲线.

1.3.3 带电体系之间的作用力

带电体对点电荷的作用力公式，可直接推广至两个带电体之间的相互作用. 设有体积为 V_1、电荷密度为 $\rho_1(\boldsymbol{r})$和体积为 V_2、电荷密度为 $\rho_2(\boldsymbol{r})$的两个带电体，则两个带电体之间的库仑力为

$$\boldsymbol{F}_{12}=\frac{1}{4\pi\varepsilon_0}\iiint_{V_1}\iiint_{V_2}\frac{\rho_1(\boldsymbol{r}_1)\rho_2(\boldsymbol{r}_2)}{|\boldsymbol{r}_2-\boldsymbol{r}_1|^3}(\boldsymbol{r}_2-\boldsymbol{r}_1)\mathrm{d}V_1\mathrm{d}V_2=-\boldsymbol{F}_{21} \tag{1.3.8}$$

式中，$\boldsymbol{F}_{12}$为带电体 1 对带电体 2 的作用力，$\boldsymbol{F}_{21}$为带电体 2 对带电体 1 的作用力，二者大小相等、方向相反. 类似公式可以推广至带电面和带电线的情形，对此不做赘述.

1.4 电场强度

1.4.1 电场强度的定义

由上两节式(1.2.1)、式(1.3.1)、式(1.3.5)～式(1.3.7)可知，比值 $\boldsymbol{F}/q_0$ 与 q_0 的大小无关，只与施力物体的电荷分布和 q_0 的位置有关，它等于处在位置 $\boldsymbol{r}$ 处的单位正电荷所受的力，定义为电场强度 $\boldsymbol{E}$

$$\boldsymbol{E}=\frac{\boldsymbol{F}}{q_0} \tag{1.4.1}$$

其单位为 $\mathrm{N\cdot C^{-1}}$. 我们一般称 q_0 为试探电荷. 引入 q_0 的目的是测量电场强度. 试探电荷除了要求是点电荷之外，还应当具有充分小的电量，以免改变被研究物体的电荷分布而降低测量精度.

引入电场强度，就可以在形式上把静电相互作用的分析分为两步：首先求施力带电体的电场强度，然后根据定义式(1.4.1)求电荷 q_0 受的力. 电场强度是空间坐标的矢量函数，$\boldsymbol{E}=\boldsymbol{E}(x,y,z)$，即矢量场. 为与其他矢量场，如速度场、引力场等相区别，我们称它

为电场. 简言之,电场就是带电体周围的一个具有特定性质的空间,位于该空间任意一点的试探电荷都会受到一定大小、方向的作用力.

1.4.2 各类带电体的电场强度

对点电荷 q 而言,一般取 q 的位置为坐标原点,于是由式(1.2.1)和式(1.4.1)求得点电荷 q 的电场表达式如下:

$$\boldsymbol{E}=\frac{q}{4\pi\varepsilon_0 \boldsymbol{r}^3}\boldsymbol{r} \tag{1.4.2}$$

从式(1.4.1)出发,由式(1.3.1)、式(1.3.5)~式(1.3.7)可分别求得点电荷系统、体电荷分布、面电荷分布和线电荷分布的电场强度为

$$\boldsymbol{E}=\frac{1}{4\pi\varepsilon_0}\sum_{i=1}^{N}\frac{q_i}{|\boldsymbol{r}-\boldsymbol{r}_i|^3}(\boldsymbol{r}-\boldsymbol{r}_i) \tag{1.4.3}$$

$$\boldsymbol{E}=\frac{1}{4\pi\varepsilon_0}\iiint_V\frac{\rho_e(\boldsymbol{r}')}{|\boldsymbol{r}-\boldsymbol{r}'|^3}(\boldsymbol{r}-\boldsymbol{r}')\mathrm{d}V' \tag{1.4.4}$$

$$\boldsymbol{E}=\frac{1}{4\pi\varepsilon_0}\iint_S\frac{\sigma_e(\boldsymbol{r}')}{|\boldsymbol{r}-\boldsymbol{r}'|^3}(\boldsymbol{r}-\boldsymbol{r}')\mathrm{d}S' \tag{1.4.5}$$

$$\boldsymbol{E}=\frac{1}{4\pi\varepsilon_0}\int_L\frac{\lambda_e(\boldsymbol{r}')}{|\boldsymbol{r}-\boldsymbol{r}'|^3}(\boldsymbol{r}-\boldsymbol{r}')\mathrm{d}l' \tag{1.4.6}$$

上述结果表明,电场强度和库仑力一样,也满足叠加原理.

上面引进的电场强度 $\boldsymbol{E}$ 是描写电场性质的物理量. 按式(1.4.1)定义,$\boldsymbol{E}$ 可以随时间变化. 不过,本章限于讨论不随时间变化的电场,它由相对观测者静止的电荷所产生,称为静电场. 式(1.4.2)~式(1.4.6)给出的正是静电场的电场强度表达式. 自然界中一些典型的电场强度数值见表 1.1.

表 1.1 一些典型的电场强度数值($\mathrm{N\cdot C^{-1}}$)

铀核表面	2×10^{21}
中子星表面	10^{14}
氢原子电子内轨道处	6×10^{11}
X射线管内	5×10^{6}
空气击穿电场强度	3×10^{6}
电视机内的电子枪	10^{5}
闪电内	10^{4}
太阳光内(平均)	1×10^{3}
晴天大气中(地面)	1×10^{2}
日光灯管内	10
无线电波内	10^{-1}
家用电路的导线内	3×10^{-2}
宇宙射线本底(平均)	3×10^{-6}

1.4.3 电场的物质性

初看起来，按式(1.4.1)引入的电场似乎只是形式的、数学的观念，其实不然. 现在人们知道电场不仅具有能量，而且和带电体相互作用，交换能量；电场的能量可以转换成其他形式的能量，如物体的机械能、电池的化学能等. 可见，电场是客观存在的一种物质，只是在形态上与由原子和分子构成的物质不同. 在往下的学习过程中，我们会逐步深刻地认识这一点. 从这个观点出发，就能很自然地理解带电体之间的相互作用. 这种作用实际上是通过电场来传递(即近距作用的观点)，而不是带电体之间的所谓"超距作用". 超距作用观点认为带电体之间的相互作用(如两电荷间的吸力或斥力)是以无限大速度在两物体间直接传递的，与存在于两物体之间的物质无关. 因此，持有超距作用观点的人认为带电体之间的相互作用无须传递时间，也不承认电场是传递相互作用的客观物质. 超距作用观点反映了人类认识客观事物的局限性. 在静电学的研究范围内，超距作用与近距作用两种观点等效，以至于在库仑定律提出之后，许多物理学家，包括库仑在内，都持有超距作用观点. 随着电磁理论的发展和完善，特别是电磁波的理论预言和实验证实，人类才逐步认清了电磁场的本质，完全接受近距作用观点，彻底抛弃了超距作用观点.

1.4.4 电场强度计算举例

下面我们举例说明电场强度的计算方法.

例 1.1

电偶极子的电场. 电偶极子为电量相等、符号相反、相隔某段微小距离的两点电荷组成的系统，如图 1.3 所示. 求：(1) 中垂面上和延长线上任意一点 A 处和 B 处的电场强度；(2)距离电偶极子为 r、与电偶极子连线为 θ 角的任一点 C 处的电场强度.

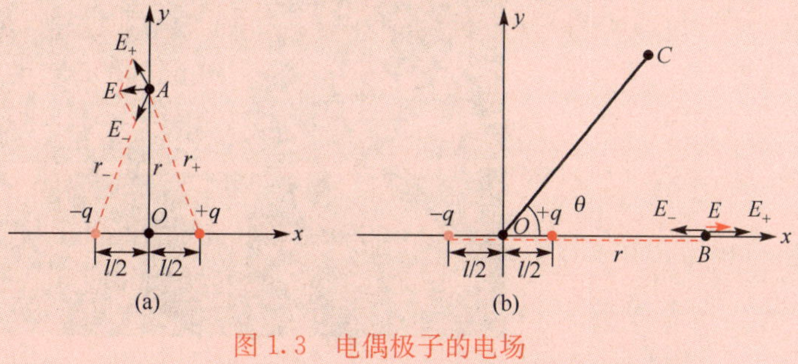

图 1.3 电偶极子的电场

解 如图 1.3 所示，取直角坐标系，O 为电偶极子的中点，y 轴位于中垂面上，通过 A 点. OA 距离为 r，E_-、E_+ 分别表示 $-q$ 和 $+q$ 在 A 点产生的电场强度. 由图中几何关系知

$$E_+ = E_- = \frac{1}{4\pi\varepsilon_0}\frac{q}{r^2+(l/2)^2}$$

$$E_y = E_{+y} + E_{-y} = 0$$

$$E_x = E_{+x} + E_{-x} = -2E_+\cos\theta = -\frac{E_+ l}{(r^2+l^2/4)^{1/2}} = -\frac{ql}{4\pi\varepsilon_0 (r^2+l^2/4)^{3/2}}$$

当 $r \gg l$ 时，有 $E_x \approx -ql/(4\pi\varepsilon_0 r^3)$. 定义电偶极矩 $\boldsymbol{p}$，其大小 $p = ql$，其方向由 $-q$ 指向 $+q$，最终将 A 点的电场强度表示为

$$E(A) = -\frac{1}{4\pi\varepsilon_0}\frac{p}{r^3}$$

同理，在电偶极子延长线上一点B处，两个点电荷产生的电场强度分别为

$$E_+ = \frac{1}{4\pi\varepsilon_0}\frac{q}{(r-l/2)^2}, \quad E_- = -\frac{1}{4\pi\varepsilon_0}\frac{q}{(r+l/2)^2}$$

利用 $r \gg l$ 的近似，得到叠加的电场为

$$\begin{aligned} E = E_+ + E_- &= \frac{1}{4\pi\varepsilon_0}\frac{q}{[r-(l/2)]^2} - \frac{1}{4\pi\varepsilon_0}\frac{q}{[r+(l/2)]^2} \\ &= \frac{q}{4\pi\varepsilon_0 r^2}\left\{\frac{1}{[1-(l/2r)]^2} - \frac{1}{[1+(l/2r)]^2}\right\} \\ &= \frac{q}{4\pi\varepsilon_0 r^2}[1+(l/r)-1+(l/r)] = \frac{2ql}{4\pi\varepsilon_0 r^3} = \frac{p}{2\pi\varepsilon_0 r^3} \end{aligned}$$

考虑到方向，其矢量表达式为

$$E(B) = \frac{1}{2\pi\varepsilon_0}\frac{p}{r^3}$$

对距离电偶极子 r 处，并与电偶极子连线成 θ 角的任意一点 C 处的电场，我们可以把电偶极子分解为两个正交分量(图 1.4)，即 $p_{/\!/} = p\cos\theta, p_\perp = p\sin\theta$，该点的总电场由两个单独的电偶极子产生的矢量叠加，即

$$\begin{aligned} \boldsymbol{E} &= \boldsymbol{E}_{p_{/\!/}} + \boldsymbol{E}_{p_\perp} \\ &= \frac{1}{2\pi\varepsilon_0}\frac{p\cos\theta}{r^3}\boldsymbol{e}_r + \frac{1}{4\pi\varepsilon_0}\frac{p\sin\theta}{r^3}\boldsymbol{e}_\theta \\ &= \frac{1}{4\pi\varepsilon_0}\frac{p}{r^3}(2\cos\theta\,\boldsymbol{e}_r + \sin\theta\,\boldsymbol{e}_\theta) \end{aligned}$$

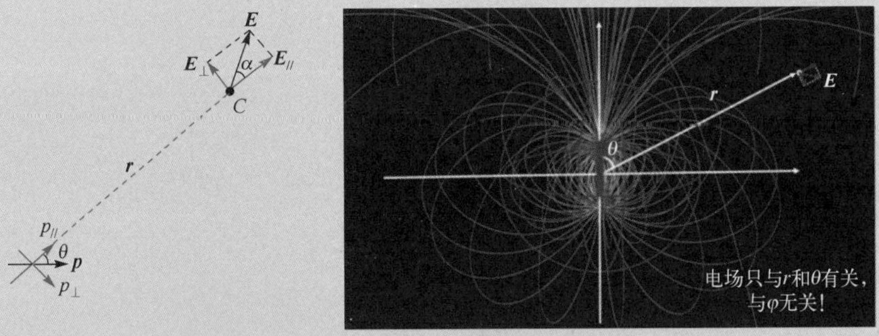

图 1.4　电偶极子在空间任意一点处产生的电场

其大小为

$$\begin{aligned} E &= \frac{p}{4\pi\varepsilon_0 r^3}\sqrt{\sin^2\theta + 4\cos^2\theta} \\ &= \frac{p}{4\pi\varepsilon_0 r^3}\sqrt{1+3\cos^2\theta} \end{aligned}$$

电场的方向与 $\boldsymbol{r}$ 方向的夹角 α 满足

$$\tan\alpha = \frac{E_\perp}{E_{/\!/}} = \frac{\tan\theta}{2}$$

也可以把电偶极子在任一点的电场强度表示为

$$\boldsymbol{E}=\frac{1}{4\pi\varepsilon_0}\left[\frac{3\boldsymbol{r}(\boldsymbol{p}\cdot\boldsymbol{r})}{r^5}-\frac{\boldsymbol{p}}{r^3}\right]$$

读者可以证明,这两种表示完全等效.

例 1.2

一半径为 R、无限细且均匀带电的圆环,环上线电荷密度为 λ_e. 求过环心垂直于环面的中轴线上的一点 $A(0,0,z)$ 的电场强度(图 1.5).

解 在圆环上任取一线电荷元 $\lambda_e dl$,它在 A 点产生的电场强度为 $d\boldsymbol{E}$. 由对称性分析可知,整个圆环在 A 点所产生的电场强度只有沿 z 轴的分量. 于是,只需要求 $d\boldsymbol{E}$ 的 z 分量

$$dE_z=\frac{\lambda_e dl(\boldsymbol{r}-\boldsymbol{r}')}{4\pi\varepsilon_0|\boldsymbol{r}-\boldsymbol{r}'|^3}\cdot\hat{z}=\frac{\lambda_e Rz\,d\varphi}{4\pi\varepsilon_0(R^2+z^2)^{3/2}}$$

这里 $\hat{z}$ 是 z 轴上的单位矢量. 积分求得 A 点的电场强度

$$E=E_z=\frac{\lambda_e Rz}{4\pi\varepsilon_0(R^2+z^2)^{3/2}}\int_0^{2\pi}d\varphi=\frac{\lambda_e Rz}{2\varepsilon_0(R^2+z^2)^{3/2}}$$

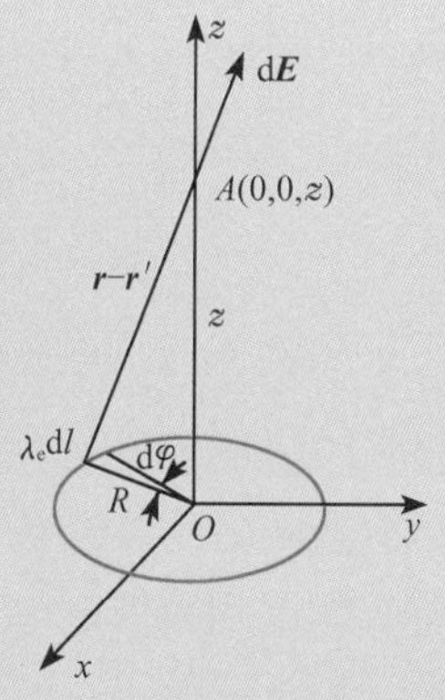

图 1.5 均匀带电圆环的电场

例 1.3

均匀带电的无穷大平板,其面电荷密度为 σ_e. 求与板距离为 z 的一点 A 处的电场强度.

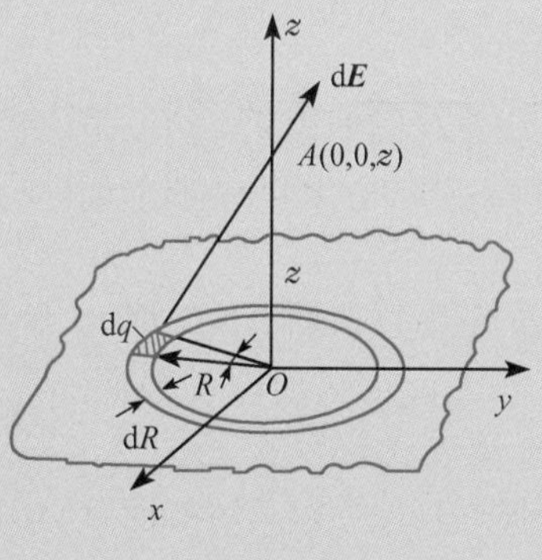

图 1.6 均匀带电无穷大平板的电场

解 过 A 作平板的垂线 AO, $AO=z$. 以 O 为圆心,将平板分割成无数个圆环. 设其中任一圆环的半径为 R,环宽为 dR,见图 1.6. 与例 1.2 的分析类似,该宽度为 dR 的环对 A 点电场强度的贡献是

$$dE=dE_z=\frac{\sigma_e Rz\,dR}{2\varepsilon_0(R^2+z^2)^{3/2}}$$

式中 R 的变化范围是$(0,\infty)$. 对 R 积分得

$$\begin{aligned}E=E_z&=\frac{\sigma_e z}{2\varepsilon_0}\int_0^{\infty}\frac{RdR}{(R^2+z^2)^{3/2}}\\&=\frac{\sigma_e z}{4\varepsilon_0}\int_0^{\infty}\frac{dR^2}{(R^2+z^2)^{3/2}}\\&=\frac{\sigma_e z}{2\varepsilon_0}\left[\frac{-1}{(R^2+z^2)^{1/2}}\right]_0^{\infty}=\frac{\sigma_e}{2\varepsilon_0}\end{aligned}$$

例 1.4

求面电荷密度为 σ、半径为 a 的均匀带电半球面在球心处的电场.

解　取球坐标，原点 O 与球心重合，如图 1.7 所示. 球坐标中的面元 $\mathrm{d}S$ 可以看成是边长为 $r\mathrm{d}\theta$ 和 $r\sin\theta\mathrm{d}\varphi$ 的矩形，其面积为 $\mathrm{d}S=r^2\sin\theta\mathrm{d}\theta\mathrm{d}\varphi$. 该面电荷元在 O 点的电场强度大小为 $\mathrm{d}E=\sigma\mathrm{d}S/(4\pi\varepsilon_0r^2)$. 当 σ 为正时，$\mathrm{d}\boldsymbol{E}$ 的方向由 $\mathrm{d}S$ 指向球心. 由于对称性，只有 $\mathrm{d}\boldsymbol{E}$ 沿 z 轴的分量 $\mathrm{d}E_z$ 才对 O 点的合电场有贡献

$$\mathrm{d}E_z=-\mathrm{d}E\cos\theta=-\frac{\sigma}{4\pi\varepsilon_0}\sin\theta\cos\theta\mathrm{d}\theta\mathrm{d}\varphi$$

将上式对 θ 和 φ 积分，求得半球在 O 点处的电场为

$$E=E_z=-\frac{\sigma}{4\pi\varepsilon_0}\int_0^{\pi/2}\sin\theta\cos\theta\mathrm{d}\theta\int_0^{2\pi}\mathrm{d}\varphi=-\frac{\sigma}{4\varepsilon_0}$$

负号表示电场沿 z 轴负向.

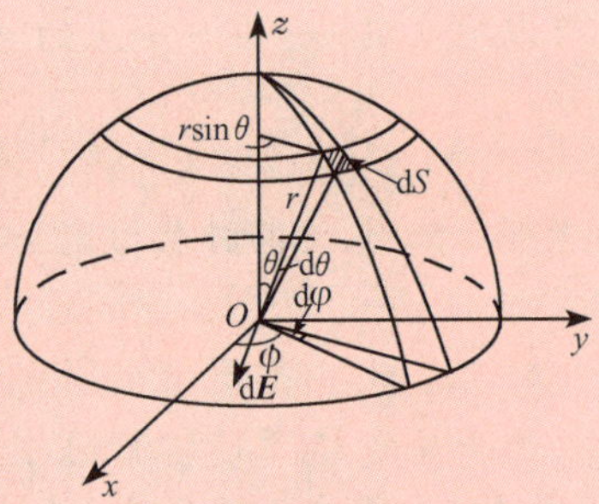

图 1.7　均匀带电半球面在球心处的电场

如果在 Oxy 平面下面还有一相同的半球面，它在 O 点产生的电场强度大小相同，但沿 z 轴正向，因此均匀带电球壳在球心处的电场强度为零.

1.5　静电场的高斯定理

静电场属于矢量场. 从数学角度，常引入“通量”和“环量”的概念来进一步揭示矢量场的性质. 对于静电场这一特定的矢量场而言，其通量和环量所具有的性质分别概括为高斯定理和环路定理，是静电学中最基本的定理. 我们将在本节和 1.6 节分别讨论这两条定理.

1.5.1　电通量

静电场的高斯定理是有关静电场性质的基本定理之一，它涉及电通量的概念. 作为类比，我们先简单回顾一下流体力学中流量这一大家熟知的力学概念，然后在它的基础上加以引申，给出电通量的定义.

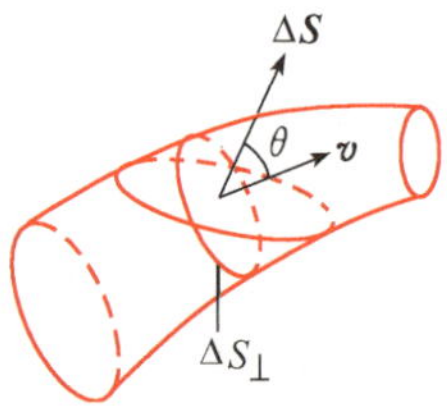

图 1.8　沿流管的流量

如图 1.8 所示的一段细流管，任取一垂直截面 $\Delta S_\perp$. 那么，单位时间流过它的流体体积即流量为 $\Delta\Phi_v=v\Delta S_\perp$. 如果所取的截面 ΔS 不与 $\Delta S_\perp$ 平行，而是成一夹角 θ，相应的流量公式应写成 $\Delta\Phi_v=v\cdot\Delta S\cdot\cos\theta=\boldsymbol{v}\cdot\Delta\boldsymbol{S}$，式中 $\Delta\boldsymbol{S}$ 为矢量，其大小等于 ΔS，方向与截面垂直. 如前所述，流量这一力学概念具有明显的物理意义，它表示单位时间流过截面 ΔS 的流体体积. 对不可压缩流体来说，流量沿同一流管处处相等. 这一结论称为流体的连续性原理，它从一个侧面反映了质量守恒定律. 有关流量的概念我们就简述到这里. 我们知道，流量是相对流体中的速度场定义的. 一个自然产生的问题是：对其他矢量场，能否定义与流量相类似的物理量呢？回答是肯定的，而且通常把这样定义的物理量称为相应矢量场的通量. 显然，通量是标量. 流量就是流体中速度场的通量. 对电场来说，这一通量称为电通量. 穿过电场中某一截面 $\Delta\boldsymbol{S}$ 的电通量 $\Delta\Phi_E$ 的表达式为

$$\Delta\Phi_E=\boldsymbol{E}\cdot\Delta\boldsymbol{S}=E\cdot\Delta S\cdot\cos\theta \tag{1.5.1}$$

通量的定义可以推广至任意大小的曲面 $\boldsymbol{S}$

$$\Phi_E = \iint_S \mathrm{d}\Phi_E = \iint_S \boldsymbol{E} \cdot \mathrm{d}\boldsymbol{S} \tag{1.5.2}$$

特别当 S 为闭合曲面时，我们规定面积元矢量 $\mathrm{d}\boldsymbol{S}$ 的方向指向曲面外部，即外法线方向.

由电场的叠加原理可推断电通量满足叠加原理. 设空间总电场 $\boldsymbol{E}$ 可表示为 $\boldsymbol{E}_1, \boldsymbol{E}_2, \cdots, \boldsymbol{E}_N$ 的叠加，则由式(1.5.2)可得

$$\Phi_E = \iint_S \boldsymbol{E} \cdot \mathrm{d}\boldsymbol{S} = \iint_S \sum_{i=1}^{N} \boldsymbol{E}_i \cdot \mathrm{d}\boldsymbol{S} = \sum_{i=1}^{N} \iint_S \boldsymbol{E}_i \cdot \mathrm{d}\boldsymbol{S} = \sum_{i=1}^{N} \Phi_{E_i} \tag{1.5.3}$$

即总电通量可表示为各分电场 $\boldsymbol{E}_i$ 电通量 Φ_{E_i} 的叠加. 电通量的物理意义不像速度场通量那样一目了然，对它的理解涉及下述高斯定理.

1.5.2　高斯定理

真空中静电场的高斯定理如下：通过任意闭合曲面(或称高斯面)S 的电通量等于该面内全部电荷的代数和除以 ε_0，与面外的电荷无关. 高斯定理的数学表述是

$$\oiint_S \boldsymbol{E} \cdot \mathrm{d}\boldsymbol{S} = \frac{1}{\varepsilon_0} \sum_{(S内)} q \tag{1.5.4}$$

先针对最简单的点电荷情况证明高斯定理. 为此，先讨论点电荷 q 位于高斯面内的情况. 当高斯面为单位半径的球面($r=1$)，q 正好位于球心所在位置时，球面上的电场强度大小为 $q/(4\pi\varepsilon_0)$，其方向与球面外法线方向(即径向)的夹角为零度. 这时，由式(1.5.2)可求得

$$\Phi_E = ES = \frac{q}{4\pi\varepsilon_0} \cdot 4\pi = \frac{q}{\varepsilon_0}$$

上式与式(1.5.4)一致. 对高斯面为任意封闭曲面 S 的情况，我们考察该面上的任一面元 ΔS，其外法线方向 $\boldsymbol{n}$ 与电场 $\boldsymbol{E}$ 方向的夹角设为 θ，与点电荷 q 的距离设为 r. 以 q 为顶点，通过 ΔS 的周线作一锥面，该锥面在单位球面上切出一面元 ΔS_1，在半径为 r 的球面上切出一面元 ΔS_2(图 1.9)，显然有

$$\Delta S_2 = \Delta S \cdot \cos\theta$$

$$\frac{\Delta S_2}{\Delta S_1} = r^2, \quad E = \frac{q}{4\pi\varepsilon_0 r^2}$$

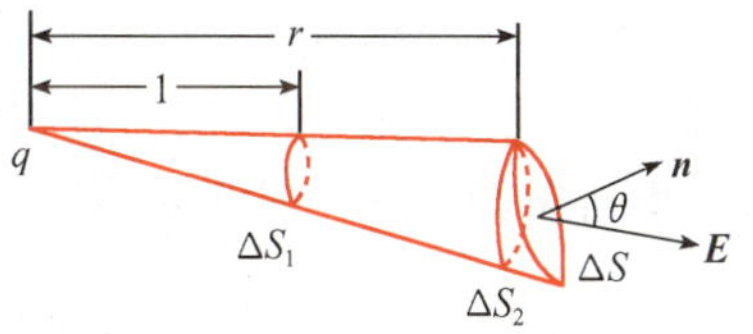

图 1.9　任意高斯面与单位球面的一一对应

将上述关系式代入式(1.5.1)得

$$\Delta\Phi_E = E \cdot \Delta S \cdot \cos\theta = \frac{q}{4\pi\varepsilon_0}\Delta S_1$$

这正好就是穿过单位球面的面元 ΔS_1 的电通量. 注意上述 ΔS 和 ΔS_1 之间存在一一对应的关系，因此穿过高斯面 S 的电通量将与穿过单位球面的电通量相等，即为 q/ε_0.

另外，对于点电荷处于高斯面外的情况，我们作另一个封闭曲面，使之包围点电荷 q 并与高斯面 S 相交，交线为封闭曲线 $ABCD$(图 1.10). 该交线将 S 分为 S_1 和 S_2 两部分，并同时将所作的封闭曲面也分成两个部分，其中处于 S 之外的部分设为 S_0. 下面我们考虑由 S_0 和 S_1 以及由 S_0 和 S_2 组成的封闭曲面，这两个封闭曲面都包含点电荷 q. 因此，由前面已经证明的结论有

$$\iint_{S_0} \boldsymbol{E} \cdot \mathrm{d}\boldsymbol{S} - \iint_{S_1} \boldsymbol{E} \cdot \mathrm{d}\boldsymbol{S} = \frac{q}{\varepsilon_0}$$

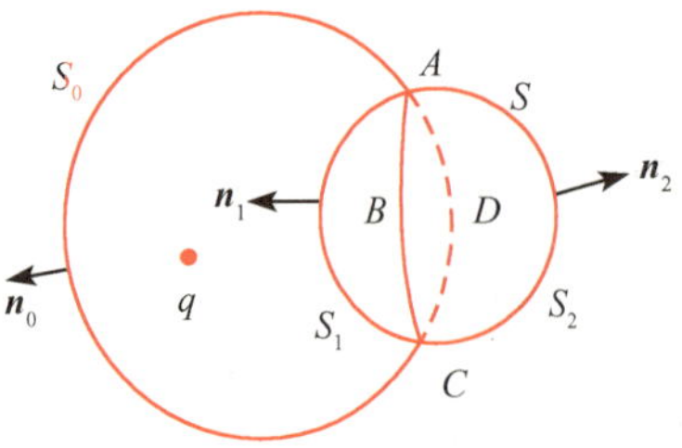

图 1.10　点电荷 q 位于高斯面 S 之外

$$\iint_{S_0} \boldsymbol{E} \cdot \mathrm{d}\boldsymbol{S} + \iint_{S_2} \boldsymbol{E} \cdot \mathrm{d}\boldsymbol{S} = \frac{q}{\varepsilon_0}$$

注意第一式左边过 S_1 的面积分的前面取负号，是因为按图 1.10 规定的法线方向 $\boldsymbol{n}_1$ 指向由 S_0 和 S_1 组成的封闭曲面的内部. 由第二式减去第一式可得

$$\iint_{S_1+S_2} \boldsymbol{E} \cdot \mathrm{d}\boldsymbol{S} = \oiint_S \boldsymbol{E} \cdot \mathrm{d}\boldsymbol{S} = 0$$

由此可见，对单个点电荷的情况，高斯定理成立.

在上述证明过程中，我们排除了点电荷正好位于高斯面上的情况，对此解释如下. 点电荷是一理想模型，它要求带电体的尺度远小于它与考察点的距离. 若点电荷处于高斯面上，在进行通量积分时将遇到考察点无限趋近该点电荷的情况，而这反过来使得点电荷模型失效. 对于跨越高斯面的电荷分布，为避免上述困难，宜以高斯面为界将电荷划分为内、外两部分分别进行讨论. 这时抽象出来的点电荷只能处于高斯面两侧，它可以十分靠近高斯面，但绝不会发生点电荷正好位于高斯面上的情况.

现在再讨论由 N 个点电荷组成的点电荷系的情况. 不妨设其中第 1 到第 n 个点电荷被高斯面 S 所包围，第 $n+1$ 个到第 N 个在高斯面以外，则由前述结果，各个点电荷产生的电场穿过 S 的电通量分别为

$$\Phi_{E_i} = \frac{q_i}{\varepsilon_0} \quad (1 \leqslant i \leqslant n), \quad \Phi_{E_i} = 0 \quad (n+1 \leqslant i \leqslant N)$$

再由电通量的叠加原理，可求得穿过 S 的总电通量为

$$\Phi_E = \sum_{i=1}^{N} \Phi_{E_i} = \frac{1}{\varepsilon_0} \sum_{i=1}^{n} q_i = \frac{1}{\varepsilon_0} \sum_{(S内)} q$$

这即是式(1.5.4).

至于连续电荷分布的情况，可把带电体划分为许多小部分，并把每部分当成点电荷处理. 这样，连续电荷分布被代之以点电荷系. 前面已证明高斯定理对点电荷系成立，故它对任何连续电荷分布（包括体电荷、面电荷和线电荷分布）成立是不言而喻的. 例如，对体电荷分布的情况，可将高斯定理的普遍形式写成

$$\oiint_S \boldsymbol{E} \cdot \mathrm{d}\boldsymbol{S} = \frac{1}{\varepsilon_0} \iiint_V \rho_e(\boldsymbol{r}) \mathrm{d}V = \frac{1}{\varepsilon_0} Q \tag{1.5.5}$$

这里我们应该指出，虽然 S 面外的电荷对 S 面的总电通量贡献为零，但对 S 面上的电场强度 $\boldsymbol{E}$ 有贡献，因而对每一个面元 $\mathrm{d}\boldsymbol{S}$ 的电通量是有贡献的. 所以，从式(1.5.4)或式(1.5.5)出发，不能作出 S 面上的 $\boldsymbol{E}$ 仅与 S 内的电荷有关的结论. 以电偶极子为例，作图 1.11，取图中球面 S 为高斯面. 根据高斯定理(1.5.5)，我们可求得穿过 S 面的总电通量 $\Phi_E = q/\varepsilon_0$. 其中，式(1.5.5)面积分中出现的 $\boldsymbol{E}$ 等于面元 $\mathrm{d}\boldsymbol{S}$ 处的电场强度，它来自高斯面内外全部电荷的贡献. 针对目前情况，$\boldsymbol{E}$ 是 $-q$ 和 $+q$ 两个点电荷贡献之和，以致 $\boldsymbol{E}$ 沿球面 S 呈非对称分布. 例如，在 C 处为

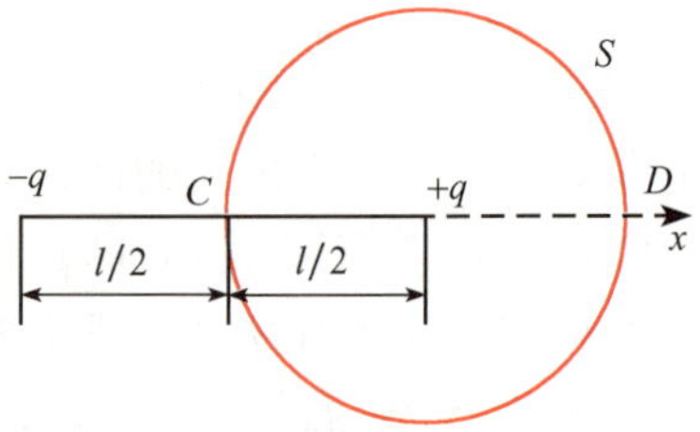

图 1.11　电偶极子电场通过球面 S 的电通量

$\boldsymbol{E}=-2q\hat{\boldsymbol{x}}/(\pi\varepsilon_0 l^2)$，在 D 处为 $\boldsymbol{E}=8q\hat{\boldsymbol{x}}/(9\pi\varepsilon_0 l^2)$，其中 $\hat{\boldsymbol{x}}$ 是沿 x 轴的单位矢量. 尽管如此，当我们算出 S 面上的 $\boldsymbol{E}$ 值，然后沿 S 面积分，将会得到总电通量为 q/ε_0，与高斯定理一致.

1.5.3 高斯定理与库仑定律的关系

我们从库仑定律及叠加原理出发，得到了电场强度 $\boldsymbol{E}$ 的表达式，并进一步导出了高斯定理. 应当强调的是，高斯定理得以成立，是库仑定律中力与距离平方成反比的结果. 我们设想库仑定律是如下形式：

$$F \propto \frac{1}{r^{2+\Delta}}$$

其中 Δ 是任意一小量，则有

$$E \propto F \propto \frac{1}{r^{2+\Delta}} \tag{1.5.6}$$

对于点电荷 q，以它为球心，作半径为 r 的球面. 取该球面为高斯面，有

$$\Phi_E = \oint\!\!\!\oint_S \boldsymbol{E}\cdot \mathrm{d}\boldsymbol{S} = \frac{1}{4\pi\varepsilon_0}\oint\!\!\!\oint_S \frac{q}{r^{2+\Delta}}\mathrm{d}\boldsymbol{S} = \frac{q}{4\pi\varepsilon_0}\oint\!\!\!\oint_S \frac{\sin\theta\,\mathrm{d}\theta\mathrm{d}\varphi}{r^{\Delta}} = \frac{q}{\varepsilon_0 r^{\Delta}} \tag{1.5.7}$$

如果 $\Delta>0$，则当 $r\to\infty$ 时，$\Phi_E(\infty)=0$，高斯定理不再成立. 因此，验证高斯定理的正确性是验证库仑定律中距离平方反比律的一种间接方法. 直接用扭秤法验证距离平方反比律的精度是非常低的，通过高斯定理验证距离平方反比律可获得非常高的精度.

高斯定理出自于库仑定律，它对静电场成立. 往后我们将会看到，它对随时间变化的电场也成立. 从这种意义上讲，高斯定理适用的范围更广，也更基本. 它寓于静电场这一特殊事物之中，却反映着一般电场的普遍性质.

高斯定理反映了库仑定律的距离平方反比律，但没有反映静电场是保守力场这一特性，后者导致静电场满足另一个重要定理，即 1.6 节即将介绍的环路定理. 因此，高斯定理只是部分反映了静电场的特性；在静电学范围内，库仑定律比高斯定理包含更多的信息.

根据数学家高斯得到的高斯定理，即任意矢量 $\boldsymbol{A}$ 对任意封闭曲面的积分等于该矢量的散度 $\nabla\cdot\boldsymbol{A}$ 对该曲面所包含的体积 V 的积分，即

$$\oint\!\!\!\oint_S \boldsymbol{A}\cdot \mathrm{d}\boldsymbol{S} = \iiint_V (\nabla\cdot\boldsymbol{A})\mathrm{d}V \tag{1.5.8}$$

因此对电场强度 $\boldsymbol{E}$，有 $\oint\!\!\!\oint_S \boldsymbol{E}\cdot \mathrm{d}\boldsymbol{S} = \iiint_V (\nabla\cdot\boldsymbol{E})\mathrm{d}V$. 此外，由于 $\oint\!\!\!\oint_S \boldsymbol{E}\cdot \mathrm{d}\boldsymbol{S} = \frac{1}{\varepsilon_0}\iiint_V \rho_e \mathrm{d}V$，因此得到高斯定理的微分表达式

$$\nabla\cdot\boldsymbol{E} = \frac{\rho_e}{\varepsilon_0} \tag{1.5.9}$$

这里 ∇ 是微分算符，关于场的散度在三个坐标系中的表示，读者可以参考本书附录. 在直角坐标系中 ∇ 可写成

$$\nabla = \frac{\partial}{\partial x}\boldsymbol{e}_x + \frac{\partial}{\partial y}\boldsymbol{e}_y + \frac{\partial}{\partial z}\boldsymbol{e}_z$$

1.5.4 高斯定理应用举例

下面我们会看到高斯定理为解决具有一维对称性（即只与一个空间坐标有关）的静电学问题提供了极为有效的方法.

例 1.5

求面电荷密度为 σ_e 的均匀带电的无限大薄平板的电场强度分布.

解 首先分析该问题是否具有一维对称性. 我们很快会发现本题待求的电场强度分布是以无限大平板 S 为镜面对称的. 由于,与平板距离相等的任意一点所处的环境都相同,因此其电场强度的大小相等. 其次,可判断电场方向也具有对称性. 为此,从带电平面外任意一点 A 引垂线与平面交于 O 点,以 O 为圆心可将平板分割成无数圆环. 由例 1.2 的结果可知,任一圆环在 A 点产生的电场都沿着 OA 方向,故整个带电平板在 A 点产生的电场将沿着 OA 方向,即垂直平板向外. 由以上对称性分析可知,这是个一维问题,可以取图 1.12 所示的柱面作为高斯面:其侧面垂直于无穷大平板 S,一底面过 A 平行于面 S,另一底面过 A 的镜像对称点 A' 且平行于面 S. 对该柱面运用高斯定理得

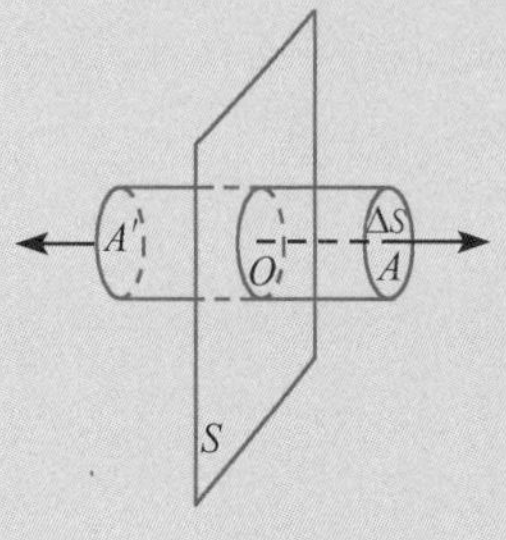

图 1.12 运用高斯定理求均匀带电无限大平板的电场

$$2\cdot\Delta S\cdot E=\frac{1}{\varepsilon_0}\cdot\Delta S\cdot\sigma_e,\quad E=\frac{\sigma_e}{2\varepsilon_0}$$

该结果与例 1.3 的结果一致,但计算过程简便得多. 由上述结果可见,均匀带电的无限大薄板在板外任意一点产生的电场强度只与其面电荷密度有关,与离板的距离无关;电场与平板垂直并指向背离平板的方向(对 $\sigma_e>0$ 的情况).

例 1.6

求线电荷密度为 η_e 的均匀带电无限长细棒所产生的电场.

解 作图 1.13,取 z 轴与细棒重合. 首先分析对称性. 与细棒距离相等的点,其环境完全一样,与其位置坐标 z、φ 无关. 显而易见,E 是以细棒为轴对称的,这也是个一维问题. 取与细棒距离为 r 的任意一点 A,$AO=r$. 对于长度无限的细棒来说,可视 O 点为棒的中点. 对于 O 点上端的任意线电荷元,总可以在 O 点下端找到与它相对 O 点对称的线电荷元,二者在 A 点产生的电场的 z 分量相互抵消,合成电场沿 OA 方向. 于是,我们可取以细棒为轴、长度为 l 的圆柱面作为高斯面. 由高斯定理可得

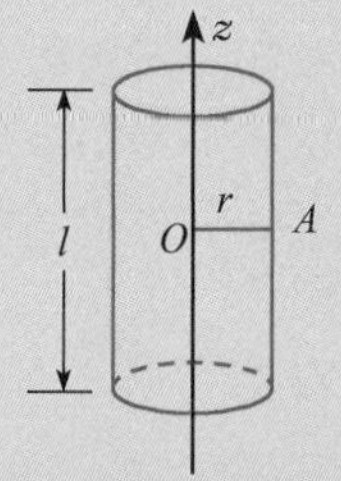

图 1.13 均匀带电无限长细棒的电场

$$2\pi r\cdot l\cdot E=\frac{1}{\varepsilon_0}\cdot l\cdot\eta_e,\quad E=\frac{\eta_e}{2\pi r\varepsilon_0}$$

即

$$\boldsymbol{E}=\frac{\eta_e}{2\pi\varepsilon_0 r^2}\boldsymbol{r}$$

对于有限长的带电细棒,问题将不再是一维的,而是二维的. 对于这类情况不便使用高斯定理,而必须根据电场叠加原理通过积分去计算.

例 1.7

求体电荷密度为 ρ_e、半径为 R 的均匀带电球的电场强度分布.

解 首先分析对称性. 与球心距离相等的点，其环境相同，与位置坐标 θ、φ 无关. 场强的大小只与到球心 O 的距离 r 有关，呈球对称的分布，属于一维问题. 与球心距离为 r 的任意一点 A，由对称性考虑可知，整个球在 A 点产生的电场只可能沿 OA 方向. 于是，可取以 O 为球心，以 $OA=r$ 为半径的球面作为高斯面，如图 1.14 所示，根据高斯定理可得

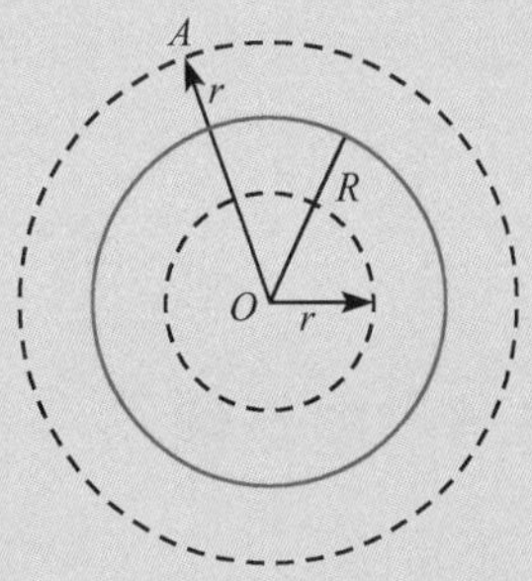

图 1.14 均匀带电球的电场

$$\oint\!\!\!\oint_S \boldsymbol{E}(\boldsymbol{r})\cdot \mathrm{d}\boldsymbol{S} = 4\pi r^2 E(r) = \frac{1}{\varepsilon_0}\sum_{(S内)} q$$

(1) 高斯面位于带电球外($r>R$). 对这种情况，S 内的电量等于带电球的总电量 $Q=4\pi R^3\rho_e/3$，据此求得

$$E(r) = \frac{Q}{4\pi\varepsilon_0 r^2} = \frac{R^3\rho_e}{3\varepsilon_0 r^2} \quad (r>R)$$

由此可见，带电均匀的球在球外一点产生的电场与全部电量集中于球心的点电荷产生的电场相同.

(2) 高斯面位于带电球内($r<R$). 对这种情况，S 内的电量等于 $4\pi r^3\rho_e/3$，据此求得

$$E(r) = \frac{\rho_e r}{3\varepsilon_0} \quad (r<R)$$

当 $r=R$ 时，两组结果一致，有 $E(R)=\rho_e R/(3\varepsilon_0)$. 球内 $E(r)$ 随径向距离线性增长，球心处电场为零.

对于面电荷密度为 σ_e 的均匀带电球壳的电场，可按例 1.7 的步骤进行类似处理. 结果为：球内电场为零，球外电场为电量 $Q=4\pi R^2\sigma_e$ 的点电荷电场. 于是，在球壳外表面附近电场强度的大小为 σ_e/ε_0，它是面电荷密度为 σ_e 的均匀带电无限大平板两侧场强的两倍.

有时一个带电系统可分解为若干个分系统，每个分系统均具有一维对称性质. 对于这种情况，可分别通过高斯定理求出各分系统的电场，然后叠加得到原带电系统的电场. 例 1.8 就属于这种情况.

例 1.8

如图 1.15 所示的带空腔的均匀带电球，其电荷密度为 ρ_e，球心到空腔中心的距离为 a. 求空腔中的电场强度.

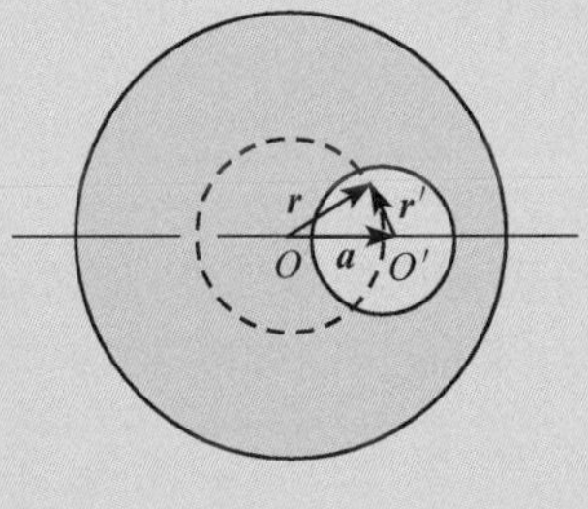

图 1.15 球形空腔内的电场

解 设想在空腔内同时填满 $+\rho_e$ 和 $-\rho_e$ 的电荷，则原电荷分布可视为电荷密度为 $+\rho_e$ 的实心大球和电荷密度为 $-\rho_e$ 的实心小球的叠加. 由例 1.7 的结果直接写出大球和小球在空腔内部的电场强度表达式

$$\boldsymbol{E}_+ = \frac{\rho_e}{3\varepsilon_0}\boldsymbol{r}, \quad \boldsymbol{E}_- = -\frac{\rho_e}{3\varepsilon_0}\boldsymbol{r}'$$

式中，$\boldsymbol{r}$ 和 $\boldsymbol{r}'$ 分别为考察点相对大、小球球心的位置矢量. 腔内电场为二者叠加，结果为

$$E = E_{+} + E_{-} = \frac{\rho_e}{3\varepsilon_0}(\boldsymbol{r} - \boldsymbol{r}') = \frac{\rho_e}{3\varepsilon_0}\boldsymbol{a}$$

式中，$\boldsymbol{a}$ 为以大球球心为起点、小球球心为终点的矢量. 上述结果表明，空腔内为均匀电场.

直接运用高斯定理求解一维静电场，不要误解为高斯定理可以完全取代库仑定律. 一维问题所固有的对称性，正是基于库仑定律做出的判断，因而在解题过程中已经用到库仑定律.

1.5.5　电场线

为给电场一种形象的几何描述，我们引入电场线(又称电力线)的概念. 所谓电场线是指电场所在空间中的一组曲线，曲线上每一点的切线方向都与该点的电场强度方向一致. 图1.15(a)、(b)、(c)、(d)绘出了4种电荷系统的电场线的示意图. 图中箭头表示电场线的方向，它与电场强度方向一致. 由图1.16可知，不同的电场线可以交于点电荷处，除此之外，电场线之间不会相交，否则将带来电场强度的多值性，而这是没有物理意义的.

为了使电场线能表示出空间中各点的电场强度的大小，我们引入电场线数密度的概念. 在空间中任取一点，过该点取小面元 ΔS 与该点场强方向垂直. 设穿过 ΔS 的电场线有 ΔN 根，则 $\Delta N/\Delta S$ 称为该点电场线数密度，也就是通过该点与电场垂直的单位截面的电场线根数. 我们可以规定，绘制电场线时，使电场中任一点的电场线数密度与该点场强大小相等，即 $E=\Delta N/\Delta S$；电场线越密的地方表示那里的电场强度越大. 因此，这样绘制出来的电场线，可以同时表示电场强度的方向和大小.

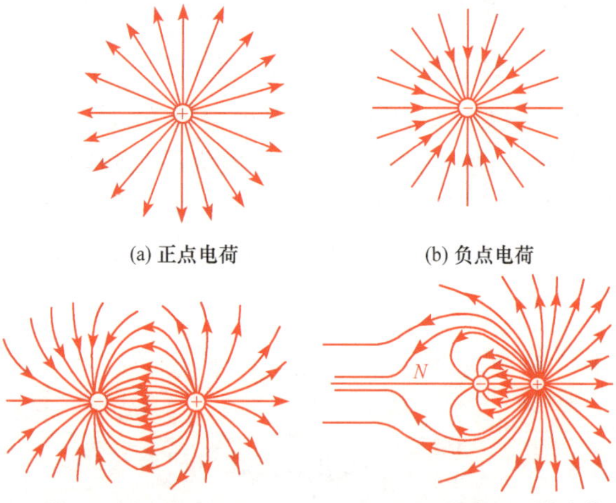

(a) 正点电荷　　(b) 负点电荷

(c) 等量异号点电荷，$+q$ 和 $-q$　　(d) $+3q$ 和 $-q$ 两点电荷

图1.16　几种电荷系统的电场线

显然，这样绘制的电场线总是起自正电荷或无穷远处，止于负电荷或无穷远处，不会在没有电荷的地方中断和相交. 注意，在某些电场中会存在电场强度为零的点，例如图1.16(d)中的点 N. 这类点称为电场的中性点. 从表面看来，电场线会在中性点处相交，但实际上，电场线只能无限逼近但却无法抵达中性点.

有了电场线的概念和关于绘制电场线的规定，我们可以将通过某曲面的电通量与穿越该曲面的电场线的根数联系起来. 为此，我们进一步规定：对于非闭合曲面，穿越方向与事先定义的曲面法向方式一致的电场线的根数为正，否则为负；对于高斯面，自高斯面向外发出的电场线根数为正，进入高斯面内的电场线根数为负. 在这种规定下，通过某曲面的电通量等于穿越该曲面的电场线的根数. 相应地，我们可以将高斯定理如下形象表述：穿越高斯面的电场线根数（正、负根数的代数和），等于高斯面内全部电荷的代数和除以 ε_0. 综上所述，高斯定理反映了静电场的一个重要的物理性质：静电场是个有源场，电荷就是电场线的源头，即电场的源头，且单位正电荷发出 $1/\varepsilon_0$ 根电场线.

1.6　静电场的环路定理

1.6.1　电场的环量

本节中我们讨论静电场的另一个重要性质，即静电场的环量（或叫环流）的性质，由此将得到环路定理. 静电场 $\boldsymbol{E}$ 的环量定义为

$$\text{环量} = \oint_L \boldsymbol{E} \cdot \mathrm{d}\boldsymbol{l} \tag{1.6.1}$$

式中，L 为一闭合曲线. 对一般矢量场，环量反映了矢量场的“旋转”程度，显得比较抽象. 然而对静电场而言，其环量具有明确的物理意义. 设想有一个电量为 q_0 的试探电荷，在静电场 $\boldsymbol{E}$ 中沿闭合路径 L 绕行一周，则电场所做的功为

$$A = \oint_L \boldsymbol{F} \cdot \mathrm{d}\boldsymbol{l} = \oint_L q_0 \boldsymbol{E} \cdot \mathrm{d}\boldsymbol{l}$$

于是有

$$\oint_L \boldsymbol{E} \cdot \mathrm{d}\boldsymbol{l} = \frac{A}{q_0} \tag{1.6.2}$$

上式表明，静电场的环量等于电场对沿闭合路径 L 绕行一周的单位正电荷所做的功.

1.6.2　环路定理

静电场的环路定理如下：静电场的环量恒等于零，即对任意闭合回路 L 有

$$\oint_L \boldsymbol{E} \cdot \mathrm{d}\boldsymbol{l} = 0 \tag{1.6.3}$$

下面给出证明. 我们先就点电荷的电场证明式(1.6.3). 为此，设 $\boldsymbol{E}$ 是由点电荷 q 所产生的静电场，则有

$$\boldsymbol{E} = \frac{q}{4\pi\varepsilon_0 r^3}\boldsymbol{r}, \quad A = \frac{qq_0}{4\pi\varepsilon_0}\oint_L \frac{\boldsymbol{r} \cdot \mathrm{d}\boldsymbol{l}}{r^3}$$

由图 1.17 可知

$$\boldsymbol{r} \cdot \mathrm{d}\boldsymbol{l} = r\cos\theta \mathrm{d}l = r\mathrm{d}r \tag{1.6.4}$$

考虑闭合曲线 L 的 PQ 段，将 q_0 沿 L 从点 P 移到点 Q，电场 $\boldsymbol{E}$ 做的功为

$$A_{PQ} = \int_{P\,(L)}^{Q} q_0 \boldsymbol{E} \cdot \mathrm{d}\boldsymbol{l} = \frac{q_0 q}{4\pi\varepsilon_0}\int_{r_P}^{r_Q} \frac{1}{r^2}\mathrm{d}r = \frac{q_0 q}{4\pi\varepsilon_0}\left(\frac{1}{r_P} - \frac{1}{r_Q}\right) \tag{1.6.5}$$

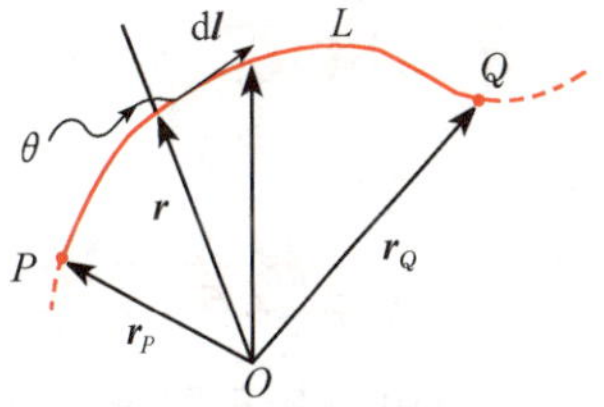

图 1.17　电场做功与路径无关

式(1.6.5)表明,单个点电荷产生的静电场对试探电荷所做的功,只与试探电荷的起点和终点的位置有关,与路径 L 无关. 由此自然得到一个推论,即环量

$$\oint_L \boldsymbol{E} \cdot \mathrm{d}\boldsymbol{l} = \frac{q}{4\pi\varepsilon_0}\oint_L \frac{1}{r^2}\mathrm{d}r = \frac{q}{4\pi\varepsilon_0}\left(\int_{(L_1)Q}^{P} \frac{1}{r^2}\mathrm{d}r + \int_{(L_2)P}^{Q} \frac{1}{r^2}\mathrm{d}r\right) = 0 \tag{1.6.6}$$

式中,$L_1+L_2=L$,即 L_1 与 L_2 构成闭合环路 L,证毕.

如果静电场不是由单个点电荷而是由电荷体系(如静止的点电荷系或带电体)所产生的,那么总可以将这种电荷体系视为许多点电荷的叠加,其中每一个点电荷产生的静电场的环量为零. 于是,由叠加原理可知整个带电体系产生的静电场的环量为零,即式(1.6.3)对任意静电场成立.

静电场的环路定理的物理意义在于电场力做功和路径无关,只与起点和终点的位置有关. 换句话说,静电场沿任何闭合环路做功为零. 这个性质来源于库仑力的保守力特性,而不是距离平方反比律. 因此,环路定理从另一个侧面反映了静电场的性质;它只有同高斯定理相配合,才能全面反映静电场的基本性质.

利用电场线的概念,可以给环路定理一个十分形象的表述. 环路定理表明,静电场是一个无旋场,在静电场中不会出现任何闭合的电场线. 但是,以后会知道,这一结论对由磁场的时间变化产生的电场(即涡旋电场)不再成立(详见第 7 章).

根据斯托克斯公式,即任意矢量 $\boldsymbol{A}$ 对任意封闭曲线做环路积分一定等于该矢量的旋度 $\nabla\times\boldsymbol{A}$ 对该封闭曲线为边界的曲面积分,即

$$\oint_L \boldsymbol{A} \cdot \mathrm{d}\boldsymbol{l} = \iint_S (\nabla\times\boldsymbol{A}) \cdot \mathrm{d}\boldsymbol{S} \tag{1.6.7}$$

因此静电场的环路定理微分形式为

$$\nabla\times\boldsymbol{E} = 0 \tag{1.6.8}$$

在直角坐标系中,$\nabla\times\boldsymbol{E} = 0$ 可以写成

$$\begin{vmatrix} \boldsymbol{e}_x & \boldsymbol{e}_y & \boldsymbol{e}_z \\ \dfrac{\partial}{\partial x} & \dfrac{\partial}{\partial y} & \dfrac{\partial}{\partial z} \\ E_x & E_y & E_z \end{vmatrix} = 0$$

展开后有

$$\frac{\partial E_y}{\partial x} = \frac{\partial E_x}{\partial y}, \quad \frac{\partial E_z}{\partial x} = \frac{\partial E_x}{\partial z}, \quad \frac{\partial E_z}{\partial y} = \frac{\partial E_y}{\partial z}$$

即在直角坐标系中静电场的三个分量必须满足上面的恒等式,这也是验证一个场是否是保守力场的微分判据. 读者可以自行给出静电场在柱坐标系和球坐标系中的类似恒等式.

1.7　电势

1.7.1　电势差与电势

由静电场的环路定理,即电场力做功与路径无关的性质,我们可以引进电势差和电势的概念. 在定义电势差和电势之前,为便于理解,先引入电势能的概念. 为此,我们可以把静电场和

引力场类比:两者都是做功与路径无关的矢量场,即保守场;都可以引进势能的概念.读者可以回忆力学中的结果:在引力场中,将质点由场中的点 P 移到点 Q 时,引力做功等于由 P 到 Q 质点引力势能的减少.类似地,在静电场中,当把试探电荷 q_0 由点 P 移到点 Q 时,我们可将电场力做的功定义为置于外电场中的试探电荷的"电势能"W(为试探电荷与外电场共有的相互作用能,见 3.3 节)的减少,即

$$W_{PQ} = W_P - W_Q \tag{1.7.1}$$

由式(1.6.5),有

$$W_{PQ} = A_{PQ} = q_0\int_P^Q \boldsymbol{E} \cdot \mathrm{d}\boldsymbol{l} \tag{1.7.2}$$

当电势能的零点(或参考点)确定后,就可以由式(1.7.2)计算电场中的某点试探电荷 q_0 的电势能.例如,取无穷远点电势能为零,将点 Q 取为无穷远点,则求得 q_0 在点 P 的电势能为

$$W_P = q_0\int_P^\infty \boldsymbol{E} \cdot \mathrm{d}\boldsymbol{l} \tag{1.7.3}$$

即电势能 W_P 等于将 q_0 从点 P 移到无穷远处电场力所做的功.

现在我们来引进电势差和电势的概念.式(1.7.2)和式(1.7.3)表明,W_{PQ} 和 W_P 与试探电荷的电量 q_0 成正比,以致比值 W_{PQ}/q_0 和 W_P/q_0 与 q_0 的大小无关,它由电场本身的性质决定.这两个量分别定义为电场中 P、Q 两点间的电势差 U_{PQ} 和 P 点的电势 U_P,记为

$$U_{PQ} = \frac{W_{PQ}}{q_0} = \int_P^Q \boldsymbol{E} \cdot \mathrm{d}\boldsymbol{l} = -\int_Q^P \boldsymbol{E} \cdot \mathrm{d}\boldsymbol{l} \tag{1.7.4}$$

$$U_P = \frac{W_P}{q_0} = \int_P^\infty \boldsymbol{E} \cdot \mathrm{d}\boldsymbol{l} = -\int_\infty^P \boldsymbol{E} \cdot \mathrm{d}\boldsymbol{l} \tag{1.7.5}$$

根据上述定义,U_{PQ} 表示将单位正电荷从点 P 移到点 Q 电场力所做的功,而 U_P 则表示将单位正电荷从点 P 移到无穷远处电场力所做的功.

由电场的环路定理,对闭合回路 $P \to Q \to \infty \to P$ 下式成立:

$$\int_P^Q \boldsymbol{E} \cdot \mathrm{d}\boldsymbol{l} + \int_Q^\infty \boldsymbol{E} \cdot \mathrm{d}\boldsymbol{l} + \int_\infty^P \boldsymbol{E} \cdot \mathrm{d}\boldsymbol{l} = 0$$

即

$$\int_P^Q \boldsymbol{E} \cdot \mathrm{d}\boldsymbol{l} = \int_P^\infty \boldsymbol{E} \cdot \mathrm{d}\boldsymbol{l} - \int_Q^\infty \boldsymbol{E} \cdot \mathrm{d}\boldsymbol{l}$$

于是有

$$U_{PQ} = U_P - U_Q \tag{1.7.6}$$

这说明,P、Q 两点间的电势差正好等于点 P 的电势减去点 Q 的电势,与"电势差"的本来意义相符.特别是当 P、Q 位于一条电场线上时(图 1.18),则由式(1.7.4)和式(1.7.6)可知,$U_{PQ} > 0$,$U_P > U_Q$.这说明电势沿电场线单调减小,或者说电场线的方向总是由高电势指向低电势.

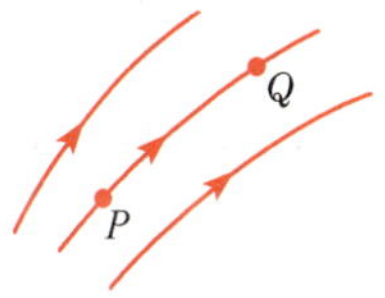

图 1.18　电势沿电场线单调减小,$U_P > U_Q$

以上把电势能的零点选在无穷远处,相应电势的零点也选在无穷远处.在实际问题中,常取大地或电器外壳的电势为零.改变零点的位置,各点的电势能和电势的数值将随之变化,但都改变一个相同量,以致不会影响两点间的电势能差和电势差.实际上,人们关心的常常不是某点的电势,而是某两点之间的电势差.由式(1.7.4)和式(1.7.5),电势差和电势的单位均为焦[耳]·库[仑]$^{-1}$,在 SI 制中称为伏[特],用英文字母 V 表示.另外,1mV $=10^{-3}$V,1 μV$=10^{-6}$V.由电势的单位可以反推出电场强度的单位为伏

[特]·米$^{-1}$($V \cdot m^{-1}$),它与前面的牛[顿]·库[仑]$^{-1}$($N \cdot C^{-1}$)完全一致,但更为常用.

1.7.2　电势的一般表达式

在掌握了电势的概念后,现在我们讨论各种带电系统所产生的电势的一般表达式. 我们还是先讨论点电荷的情况,然后转入任意带电系统. 如图 1.19 所示,点电荷 q 的位置矢量为 $\boldsymbol{r}'$,

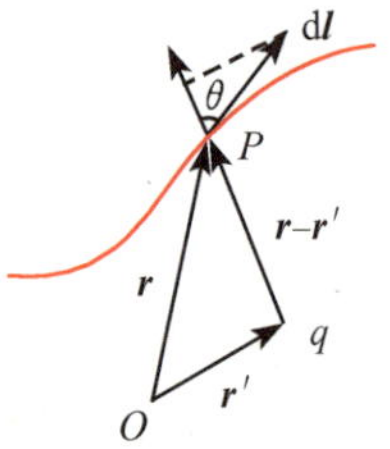

图 1.19　点电荷的电势

空间中任一点 P 的位置矢量为 $\boldsymbol{r}$,q 在点 P 产生的电势可由式(1.7.5)求得

$$U(\boldsymbol{r}) = \int_P^\infty \boldsymbol{E} \cdot \mathrm{d}\boldsymbol{l} = \int_P^\infty \frac{1}{4\pi\varepsilon_0} \frac{q}{|\boldsymbol{r}-\boldsymbol{r}'|^3}(\boldsymbol{r}-\boldsymbol{r}') \cdot \mathrm{d}\boldsymbol{l}$$

类似式(1.6.4)的推导过程可得

$$(\boldsymbol{r}-\boldsymbol{r}') \cdot \mathrm{d}\boldsymbol{l} = |\boldsymbol{r}-\boldsymbol{r}'|\,\mathrm{d}(|\boldsymbol{r}-\boldsymbol{r}'|)$$

所以

$$U(\boldsymbol{r}) = \frac{1}{4\pi\varepsilon_0} \frac{q}{|\boldsymbol{r}-\boldsymbol{r}'|} \tag{1.7.7}$$

由于电场满足叠加原理,从式(1.7.5)出发容易证明,电势也满足叠加原理. 不过电场遵从的是矢量叠加原理,电势遵从的是标量叠加原理. 这样,我们很容易将点电荷的结果[即式(1.7.7)]推广到带电系统的情况. 对 N 个静止点电荷组成的系统,有

$$U(\boldsymbol{r}) = \sum_{i=1}^N \frac{1}{4\pi\varepsilon_0} \frac{q_i}{|\boldsymbol{r}-\boldsymbol{r}_i|} \tag{1.7.8}$$

对体积为 V、电荷密度为 $\rho_{\mathrm{e}}(\boldsymbol{r}')$ 的带电体,电势为

$$U(\boldsymbol{r}) = \frac{1}{4\pi\varepsilon_0} \iiint_V \frac{\rho_{\mathrm{e}}(\boldsymbol{r}')}{|\boldsymbol{r}-\boldsymbol{r}'|} \mathrm{d}V' \tag{1.7.9}$$

对面积为 S、面电荷密度为 $\sigma_{\mathrm{e}}(\boldsymbol{r}')$ 的带电面有

$$U(\boldsymbol{r}) = \frac{1}{4\pi\varepsilon_0} \iint_S \frac{\sigma_{\mathrm{e}}(\boldsymbol{r}')}{|\boldsymbol{r}-\boldsymbol{r}'|} \mathrm{d}S' \tag{1.7.10}$$

对长度为 L、线电荷密度为 $\lambda_{\mathrm{e}}(\boldsymbol{r}')$ 的带电线有

$$U(\boldsymbol{r}) = \frac{1}{4\pi\varepsilon_0} \int_L \frac{\lambda_{\mathrm{e}}(\boldsymbol{r}')}{|\boldsymbol{r}-\boldsymbol{r}'|} \mathrm{d}l' \tag{1.7.11}$$

1.7.3　场强与电势的微分关系

式(1.7.5)表示了场强与电势的积分关系,现在我们来分析它们之间的微分关系. 考虑空间任意两邻近点 P 和 Q,其电势差为 $\Delta U = U_{PQ} = U_P - U_Q$,以 Q 为起点、P 为终点的相对位置矢量为

$$\Delta\boldsymbol{l} = \Delta x\hat{\boldsymbol{x}} + \Delta y\hat{\boldsymbol{y}} + \Delta z\hat{\boldsymbol{z}} \tag{1.7.12}$$

这里采用了直角坐标,$\hat{\boldsymbol{x}}$、$\hat{\boldsymbol{y}}$ 和 $\hat{\boldsymbol{z}}$ 为沿 3 个坐标轴的单位矢量. 由泰勒展开式可证

$$\Delta U = \frac{\partial U}{\partial x}\Delta x + \frac{\partial U}{\partial y}\Delta y + \frac{\partial U}{\partial z}\Delta z \tag{1.7.13}$$

另外由积分关系式(1.7.4)有

$$\Delta U = -\boldsymbol{E} \cdot \mathrm{d}\boldsymbol{l} = -E_x\Delta x - E_y\Delta y - E_z\Delta z \tag{1.7.14}$$

比较式(1.7.13)和式(1.7.14)，由 Δx、Δy 和 Δz 的任意性可得

$$E_x=-\frac{\partial U}{\partial x},\quad E_y=-\frac{\partial U}{\partial y},\quad E_z=-\frac{\partial U}{\partial z} \tag{1.7.15}$$

上式可写成如下矢量形式：

$$\boldsymbol{E}=-\nabla U \tag{1.7.16}$$

式中

$$\nabla U=\frac{\partial U}{\partial x}\hat{\boldsymbol{x}}+\frac{\partial U}{\partial y}\hat{\boldsymbol{y}}+\frac{\partial U}{\partial z}\hat{\boldsymbol{z}} \tag{1.7.17}$$

称为电势梯度. 电势梯度是一个矢量，它指向电势增加的方向. 由式(1.7.16)知，电场强度的方向总是指向电势减小的方向. 式(1.7.16)就是电场强度和电势之间的微分关系，式(1.7.15)和式(1.7.17)给出这一关系在直角坐标系中的表达式.

1.7.4 等势面

从上述电势的定义及其一般表达式可知，电势为空间坐标的标量函数，属于标量场. 标量场常用等值面来进行形象的几何描述. 电势的等值面称为等电势面，或简称等势面. 在同一等势面上，电势处处相等. 图 1.20(a)、(b)、(c)、(d)给出与图 1.16(a)、(b)、(c)、(d)对应的点电荷系统的等势面(实线，对应等势面与纸面的交线)，图中还用虚线画出了电场线. 应当指出，既然电场线总是由高电势指向低电势，因此一根电场线不可能与同一等势面相交两次或多次.

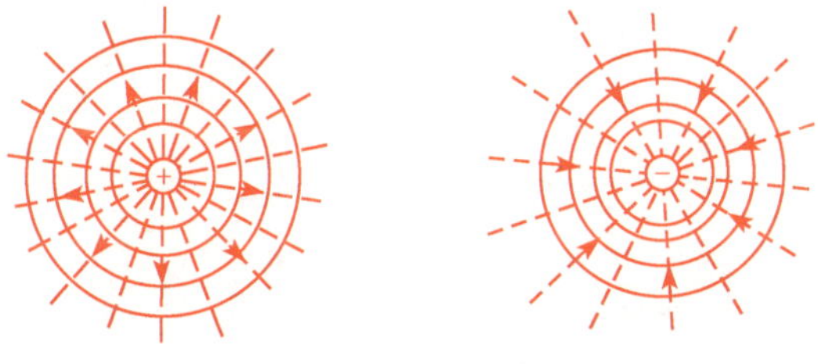

(a) 正点电荷　(b) 负点电荷

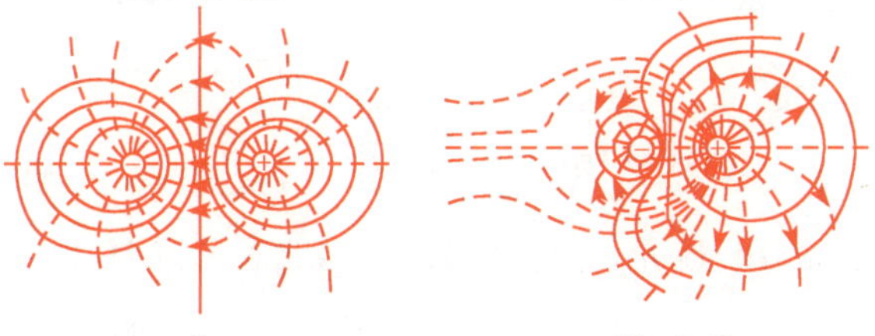

(c) +q 和 −q　(d) +3q 和 −q

图 1.20　点电荷系统的等势面(实线)和电场线(虚线)

等势面同样可用来表示电场强度的方向和大小. 首先，空间某点的电场强度应与该处的等势面垂直，且指向电势降低的方向. 我们用反证法来证明这一结论. 设该结论不真，即电场强度不垂直等势面，这时电场强度可分解为沿等势面的法向和切向的两个分量，且切向分量≠0. 再由式(1.7.4)，等势面上位于该切向方向的两点之间将存在电势差，以致与等势面的定义发生矛盾，所以原结论成立. 由这个结论可知，电场线和等势面之间将处处正交，这和图 1.20 所示的结果一致. 对于电场强度指向电势降低的方向这一结论，前面已证，不再赘述.

其次，电场强度的大小可以用等势面的疏密程度来量度. 为此，可设各相邻等势面的电

势差都一样，那么将单位正电荷沿法线方向从一个等势面移到与其相邻的等势面上，电场做功的大小会一样. 由式(1.7.2)，电场做功的大小为电场强度与相邻等势面间距离的乘积. 因此，等势面间距越小，电场强度就越大. 等势面间距的大小正反映了等势面的疏密程度. 所以，电场的大小可用等势面的疏密程度来量度.

1.7.5　应用举例

下面我们举例来说明，如何应用电势的一般表达式以及电势与电场强度的关系来求电场的分布.

例 1.9

求图 1.21 所示的电偶极子的电势及电场的分布.

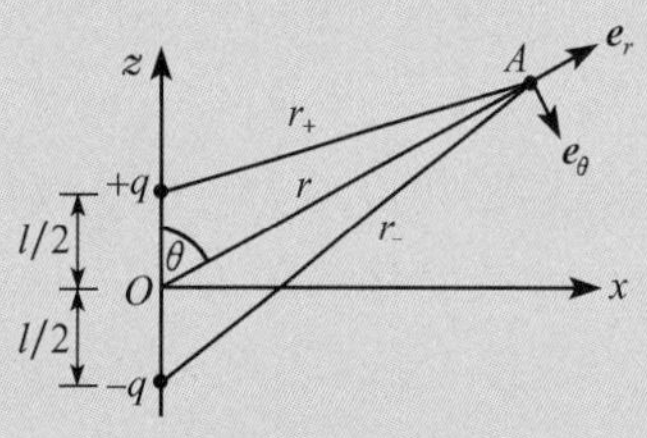

图 1.21　电偶极子的电势和电场

解　按图 1.21 配置的电偶极子，其电场和电势分布相对 z 轴旋转对称，与 φ 无关，只与 $\boldsymbol{r}$ 和 θ 有关. 由式(1.7.8)有

$$U(r)=\frac{1}{4\pi\varepsilon_0}\left(\frac{q}{r_+}-\frac{q}{r_-}\right)$$

式中

$$r_+=\left[r^2+\left(\frac{l}{2}\right)^2-rl\cos\theta\right]^{1/2}$$

$$=r\left[1+\left(\frac{l}{2r}\right)^2-\frac{l}{r}\cos\theta\right]^{1/2}\approx r-\frac{l}{2}\cos\theta$$

$$r_-\approx r+\frac{l}{2}\cos\theta$$

以上用到近似 $l\ll r$. 于是有

$$U(r)=\frac{q}{4\pi\varepsilon_0}\left[\frac{1}{r-(l/2)\cos\theta}-\frac{1}{r+(l/2)\cos\theta}\right]\approx\frac{ql\cos\theta}{4\pi\varepsilon_0 r^2}$$

由 $\boldsymbol{p}=ql\hat{z}$，可将上式写成

$$U(r)=\frac{1}{4\pi\varepsilon_0}\frac{\boldsymbol{p}}{r^3}\cdot\boldsymbol{r}\tag{1.7.18}$$

在球坐标下将式(1.7.16)展开，并将式(1.7.18)代入后求得

$$E_r=-\frac{\partial U}{\partial r}=\frac{1}{2\pi\varepsilon_0}\frac{ql\cos\theta}{r^3}=\frac{p}{2\pi\varepsilon_0}\frac{\cos\theta}{r^3}$$

$$E_\theta=-\frac{1}{r}\frac{\partial U}{\partial\theta}=\frac{1}{4\pi\varepsilon_0}\frac{ql\sin\theta}{r^3}=\frac{p}{4\pi\varepsilon_0}\frac{\sin\theta}{r^3}$$

$$E_\varphi=-\frac{1}{r\sin\theta}\frac{\partial U}{\partial\varphi}=0$$

如果采用直角坐标，式(1.7.18)化为

$$U(\boldsymbol{r})=\frac{p}{4\pi\varepsilon_0}\frac{z}{r^3}$$

在 x-z 平面($y=0$)内,按式(1.7.15)求得

$$E_x=-\frac{\partial U}{\partial x}=\frac{3p}{4\pi\varepsilon_0}\frac{xz}{r^5}=\frac{3p}{4\pi\varepsilon_0}\frac{\sin\theta\cos\theta}{r^3}$$

$$E_y=-\frac{\partial U}{\partial y}=0$$

$$E_z=-\frac{\partial U}{\partial z}=-\frac{p}{4\pi\varepsilon_0 r^3}\left(1-\frac{3z^2}{r^2}\right)=\frac{p}{4\pi\varepsilon_0}\frac{3\cos^2\theta-1}{r^3}$$

当 $\theta=90°$ 时,$E_r=0$,$E_\theta=p/(4\pi\varepsilon_0 r^3)$,$E_\varphi=0$,与例 1.1 的结果一致. 从球坐标下的结果不难看出,电偶极子的电场可以写成如下矢量形式:

$$\boldsymbol{E}=-\frac{\boldsymbol{p}}{4\pi\varepsilon_0 r^3}+\frac{3(\boldsymbol{p}\cdot\boldsymbol{r})}{4\pi\varepsilon_0 r^5}\boldsymbol{r} \tag{1.7.19}$$

请读者自行验证.

例 1.10

求面电荷密度为 σ_e、半径为 R 的均匀带电薄圆盘轴线上的电势与电场分布.

解　如图 1.22 所示,圆盘轴线上任一点 A 与盘心 O 的距离为 $OA=z$. 以 O 为圆心,取半径为 r',宽度为 $\mathrm{d}r'$ 的圆环,在环上取一小段 $\mathrm{d}l=r'\mathrm{d}\varphi$. 由式(1.7.10),求得该小段电荷在点 A 产生的电势为

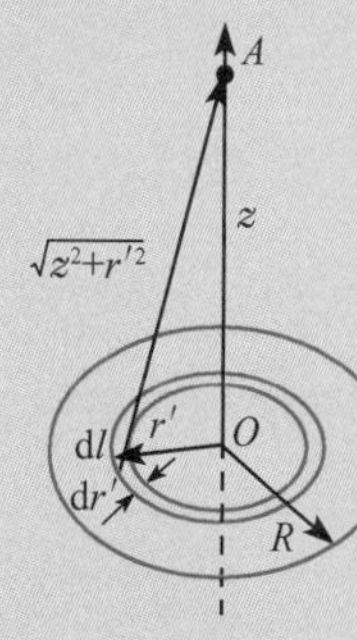

图 1.22　均匀带电薄圆盘轴线上的电势和电场

$$\mathrm{d}U=\frac{1}{4\pi\varepsilon_0}\frac{\sigma_e\mathrm{d}r'\mathrm{d}l}{(r'^2+z^2)^{1/2}}=\frac{1}{4\pi\varepsilon_0}\frac{\sigma_e r'\mathrm{d}r'\mathrm{d}\varphi}{(r'^2+z^2)^{1/2}}$$

将上式对 r' 和 φ 积分得 z 轴上的电势分布

$$U(z)=\frac{\sigma_e}{4\pi\varepsilon_0}\int_0^R\frac{r'\mathrm{d}r'}{(r'^2+z^2)^{1/2}}\int_0^{2\pi}\mathrm{d}\varphi$$

$$=\frac{\sigma_e}{2\varepsilon_0}(\sqrt{R^2+z^2}-|z|)$$

该电势分布相对圆盘为镜面对称,即 $U(z)=U(-z)$,这一结果显然是合理的. 将上式代入式(1.7.15)第三式得

$$E_z=\frac{\sigma_e}{2\varepsilon_0}\left[1-\frac{z}{(R^2+z^2)^{1/2}}\right]\quad(z>0)$$

$$E_z=\frac{\sigma_e}{2\varepsilon_0}\left[1+\frac{z}{(R^2+z^2)^{1/2}}\right]\quad(z<0)$$

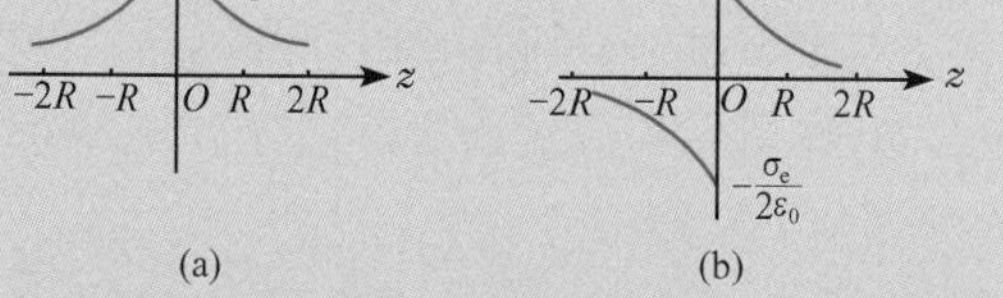

图 1.23　均匀带电薄圆盘轴线上的电势和电场强度的分布

由上述结果，我们可画出电势与电场随 z 变化的曲线，分别见图 1.23(a)和(b). 注意，由上述沿轴线的电势分布无法直接计算与轴线垂直的分量 E_x 和 E_y，后者必须在获得全空间的电势分布之后，再通过式(1.7.15)去计算. 不过，由简单的对称性分析可知，沿轴线恒有 $E_x=E_y=0$，电场严格沿着轴线方向.

例 1.11

求电荷密度为 ρ_e、内外半径分别为 R_1 和 R_2 的均匀带电球壳的电场与电势分布.

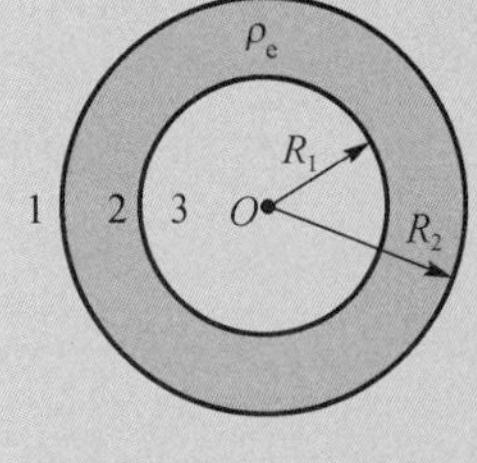

图 1.24　均匀带电球壳的电势和电场

解　本题待求电场与电势具有球对称性. 对这类问题，我们可先用高斯定理求电场，然后再求电势，这种处理方式比较简便.

由图 1.24 可见，球壳将空间分隔成 1、2、3 三个区域. 以 O 为球心，分别以 $r\geqslant R_2$，$R_1\leqslant r\leqslant R_2$，$r\leqslant R_1$ 为半径作球面为高斯面，在三个区域中分别用高斯定理可求得

$$\boldsymbol{E}_1=\frac{Q}{4\pi\varepsilon_0 r^3}\boldsymbol{r}=\frac{\rho_e(R_2^3-R_1^3)}{3\varepsilon_0 r^3}\boldsymbol{r}\quad(r\geqslant R_2)$$

$$\boldsymbol{E}_2=\frac{\boldsymbol{r}}{4\pi\varepsilon_0 r^3}\left[\frac{4\pi(r^3-R_1^3)\rho_e}{3}\right]=\frac{\rho_e}{3\varepsilon_0}\left(1-\frac{R_1^3}{r^3}\right)\boldsymbol{r}\quad(R_1\leqslant r\leqslant R_2)$$

$$\boldsymbol{E}_3=0\quad(r\leqslant R_1)$$

代入式(1.7.5)分别求得

$$U_1=-\int_\infty^r \boldsymbol{E}_1\cdot \mathrm{d}\boldsymbol{l}=-\frac{\rho_e(R_2^3-R_1^3)}{3\varepsilon_0}\int_\infty^r\frac{\mathrm{d}r}{r^2}=\frac{\rho_e(R_2^3-R_1^3)}{3\varepsilon_0 r}\quad(r\geqslant R_2)$$

$$\begin{aligned}U_2&=-\int_\infty^{R_2}\boldsymbol{E}_1\cdot\mathrm{d}\boldsymbol{l}-\int_{R_2}^r\boldsymbol{E}_2\cdot\mathrm{d}\boldsymbol{l}=U_1(R_2)-\frac{\rho_e}{3\varepsilon_0}\int_{R_2}^r\left(1-\frac{R_1^3}{r^3}\right)r\mathrm{d}r\\&=\frac{\rho_e(R_2^3-R_1^3)}{3\varepsilon_0 R_2}-\frac{\rho_e(r^2-R_2^2)}{6\varepsilon_0}-\frac{\rho_e R_1^3}{3\varepsilon_0}\left(\frac{1}{r}-\frac{1}{R_2}\right)\\&=\frac{\rho_e}{6\varepsilon_0}\left(3R_2^2-\frac{2R_1^3}{r}-r^2\right)\quad(R_1\leqslant r\leqslant R_2)\end{aligned}$$

$$\begin{aligned}U_3&=-\int_\infty^{R_2}\boldsymbol{E}_1\cdot\mathrm{d}\boldsymbol{l}-\int_{R_2}^{R_1}\boldsymbol{E}_2\cdot\mathrm{d}\boldsymbol{l}-\int_{R_1}^r\boldsymbol{E}_3\cdot\mathrm{d}\boldsymbol{l}\\&=U_2(R_1)=\frac{\rho_e(R_2^2-R_1^2)}{2\varepsilon_0}\quad(r\leqslant R_1)\end{aligned}$$

由所得结果之一，U_3 是与 r 无关的恒量，可知区域 3，即球壳内空腔的电势处处相等，其电势与壳内表面电势相同. 这一结论对任意闭合等势面内部(不含电荷)的电势分布普遍成立，在第 2 章中我们将作进一步论述.

从以上几例可以看出，求解点电荷系和非对称带电体的问题，最好先求电势(因电势是标量，便于计算)，然后用微分关系求电场. 如果带电体具有明显的对称性，可以确定是一维问题，则用高斯定理先求其电场分布，然后用积分关系求电势分布较为简便.

例 1.12

求电偶层的电势. 如图 1.25 所示，电偶层就是两个距离很近(相对于场点)的分别带正负电荷的相同形状的曲面，设其电荷密度分别为 $+\sigma$ 和 $-\sigma$，距离为 l，求任一点 r 处的电势.

解　电偶层可以看成是无数多个电偶极子的叠加，电量为 $\pm\sigma\mathrm{d}S$ 组成的电偶极子在 P 点的电势为

$$\mathrm{d}U=\frac{\mathrm{d}\boldsymbol{p}\cdot\boldsymbol{r}}{4\pi\varepsilon_0 r^3}=\frac{\sigma l\,\mathrm{d}\boldsymbol{S}\cdot(\boldsymbol{r}-\boldsymbol{r}')}{4\pi\varepsilon_0\,|\boldsymbol{r}-\boldsymbol{r}'|^3}$$

定义电偶层密度为 $\pi_s=\sigma l$．利用立体角的定义，即

$$\mathrm{d}\Omega=\frac{\mathrm{d}\boldsymbol{S}\cdot(\boldsymbol{r}-\boldsymbol{r}')}{|\boldsymbol{r}-\boldsymbol{r}'|^3}$$

则有

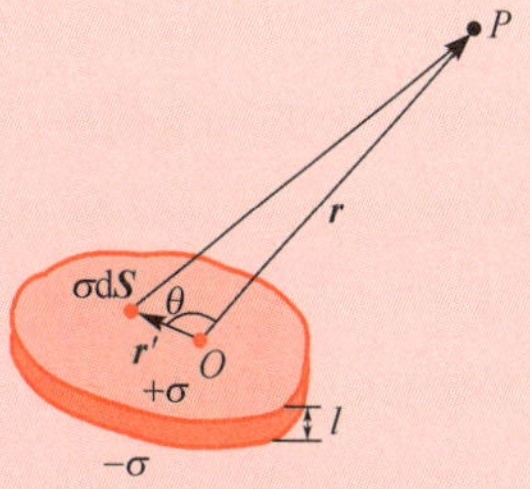

图 1.25　电偶层的电势

$$\mathrm{d}U=\frac{\pi_s}{4\pi\varepsilon_0}\mathrm{d}\Omega$$

对一定大小的电偶层，对场点所张的总立体角为 Ω，则电偶层的电势为

$$U=\frac{\pi_s}{4\pi\varepsilon_0}\Omega$$

因为若上表面对远处一点所张的立体角为 Ω_0，由于上下表面的立体角相差 4π，则下表面对该点所张的立体角必为 $-(4\pi-\Omega_0)$，因此上下表面的电势差为

$$\Delta U=\frac{\pi_s}{4\pi\varepsilon_0}\Omega_0-\frac{\pi_s}{4\pi\varepsilon_0}(\Omega_0-4\pi)=\frac{\pi_s}{\varepsilon_0}=\frac{\sigma_s l}{\varepsilon_0}$$

因此电偶层上下两个表面的电势会发生突变．

*1.7.6　电势的多极子展开

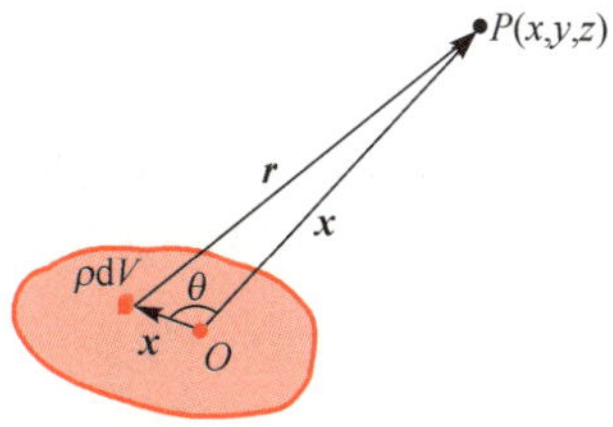

图 1.26　带电体系在远处产生的电势

一个任意形状、任意电荷分布的带电体系（图 1.26），在远处的电势为

$$\varphi(\boldsymbol{x})=\int_V\frac{\rho(\boldsymbol{x}')\mathrm{d}V'}{4\pi\varepsilon_0 r}$$

其中

$$r=|\boldsymbol{x}-\boldsymbol{x}'|=\sqrt{(x-x')^2+(y-y')^2+(z-z')^2}\tag{1.7.20}$$

利用级数展开，有

$$f(\boldsymbol{x}-\boldsymbol{x}')=f(\boldsymbol{x})-\sum_{i=1}^{3}x_i'\frac{\partial}{\partial x_i}f(\boldsymbol{x})+\frac{1}{2!}\sum_{i,j}x_i'x_j'\frac{\partial^2}{\partial x_i\partial x_j}f(\boldsymbol{x})+\cdots$$
$$=f(\boldsymbol{x})-\boldsymbol{x}'\cdot\nabla f(\boldsymbol{x})+\frac{1}{2!}(\boldsymbol{x}'\cdot\nabla)^2 f(\boldsymbol{x})+\cdots$$

因此有

$$\frac{1}{r}=\frac{1}{R}-\boldsymbol{x}'\cdot\nabla\frac{1}{R}+\frac{1}{2!}\sum_{i,j}x_i'x_j'\frac{\partial^2}{\partial x_i\partial x_j}\frac{1}{R}+\cdots$$

这里 R 即 $|\boldsymbol{x}|$

$$R=\sqrt{x^2+y^2+z^2}$$

因此电势前几项为

$$\varphi(\boldsymbol{x})=\frac{1}{4\pi\varepsilon_0}\int_V\rho(\boldsymbol{x}')\left[\frac{1}{R}-\boldsymbol{x}'\cdot\nabla\frac{1}{R}+\frac{1}{2!}\sum_{i,j}x_i'x_j'\frac{\partial^2}{\partial x_i\partial x_j}\frac{1}{R}+\cdots\right]\mathrm{d}V'\tag{1.7.21}$$

由于 $\iiint_V \rho(\boldsymbol{x}')\mathrm{d}V = q$，所以第一项为单极项，即把带电体的全部电荷等效于一个位于坐标原点 O 处的点电荷所产生的电势

$$\varphi^{(0)} = \frac{q}{4\pi\varepsilon_0 R} \tag{1.7.22}$$

由于 $\boldsymbol{p} = \int_V \rho(\boldsymbol{x}')\boldsymbol{x}'\mathrm{d}V'$，第二项为

$$\varphi^{(1)} = -\frac{1}{4\pi\varepsilon_0}\boldsymbol{p}\cdot\nabla\frac{1}{R} = \frac{\boldsymbol{p}\cdot\boldsymbol{R}}{4\pi\varepsilon_0 R^3} \tag{1.7.23}$$

所以第二项为偶极项，即把带电体等效于一个位于 O 处的电偶极子所产生的电势.

第三项比较复杂，如果引进电四极矩 $D'_{ij} = \int_V x'_i x'_j \rho(\boldsymbol{x}')\mathrm{d}V'$，这里 $x'_{i=1} = x'$，$x'_{i=2} = y'$，$x'_{i=3} = z'$，电四极矩 D'_{ij} 为张量.

$$\varphi^{(2)} = \frac{1}{8\pi\varepsilon_0}\sum_{i,j} D'_{ij}\frac{\partial^2}{\partial x_i \partial x_j}\left(\frac{1}{R}\right)$$

有时更方便地把电四极矩改写成 $D_{ij} = \int_V \rho(\boldsymbol{x}')(3x'_i x'_j - x'_i x'_j \delta_{ij})\mathrm{d}V'$，$\delta_{ij} = 0(i \neq j)$，$\delta_{ij} = 1(i = j)$，$D_{ij}$ 有 9 个分量，但由于满足 $D_{ij} = D_{ji}$ 以及 $D_{xx} + D_{yy} + D_{zz} = 0$，因此独立分量只有 5 个. 电四极矩的电势改写为

$$\varphi^{(2)} = \frac{1}{24\pi\varepsilon_0}\sum_{i,j} D_{ij}\frac{\partial^2}{\partial x_i \partial x_j}\left(\frac{1}{R}\right) \tag{1.7.24}$$

关于电四极子的内容，在本书的下册有详细介绍，这里只做简单的介绍.

因此，一个任意形状、任意电荷分布的带电体系，在远处的电势为

$$\varphi = \varphi^{(0)} + \varphi^{(1)} + \varphi^{(2)} + \cdots \tag{1.7.25}$$

更高项(比如电八极子项)实际上很少用到. 图 1.27 表示点电荷(电单极子)、电偶极子和电四极子的等势面的形状.

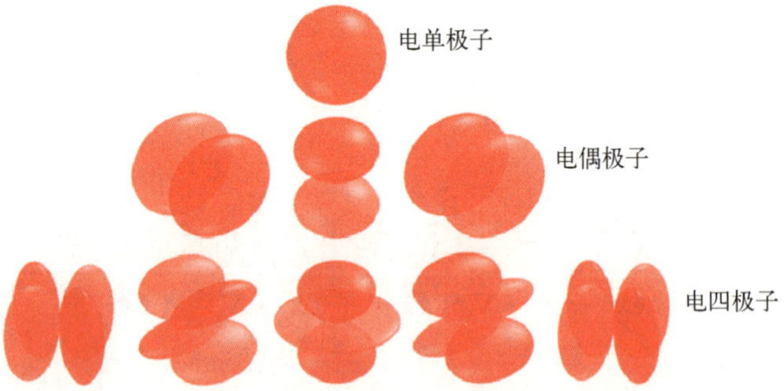

图 1.27　电单极子、电偶极子和电四极子的等势面的形状

第 2 章　静电场中的导体和电介质

在阐述了真空中静电场的基本概念、定律和定理的基础上，我们将讨论非真空中的静电场，即要研究静电场和场中的物质的相互作用问题. 事实上，物质都是由原子、分子、离子和电子等组成的电荷系统. 所以，讨论电场与物质的相互作用问题的实质就是讨论在电场的作用下物质的电荷分布如何发生变化，以及这种改变了的电荷分布又如何反过来影响电场. 对于不同的物质，电荷分布改变的难易程度不同，因而这种相互作用的程度和方式也有差别，表现出不同的规律. 人类通过不断探索，逐步掌握并广泛应用着这些相互作用规律.

2.1　物质的电性质

2.1.1　导体、半导体和绝缘体

不同的物质具有不同的电性质，这一点很早便为人们所注意. 经历几个世纪的深入研究，物理学家按照电荷在物质中移动的难易程度(即电阻率的大小)，将物质划分为两大类：导体和绝缘体. 大致说来，前者电阻率处于 $10^{-8}\sim10^{-6}\,\Omega\cdot\text{m}$(欧・米)，后者电阻率处于 $10^{6}\sim10^{18}\,\Omega\cdot\text{m}$. 导体有固态物质，如金属、合金、石墨；有液态物质，如酸、碱、盐的水溶液，即电解质的水溶液；也有气态物质，如各种电离气体——等离子体. 绝缘体也同样有固态物质，如玻璃、橡胶、一般塑料；有液态物质，如各种油类物质；也有气态物质，如非电离的空气及其他非电离气体. 像玻璃那样的绝缘体的电阻率要比普通金属这类良导体的电阻率大 10^{20} 倍. 我们可以设计一个实验来生动地说明这两类物质在导电性上的巨大差别. 如果我们将带电的金属球装在接地金属棒上，那么它能在 10^{-9} s 的时间内失去它所带的电荷；然而，若将这带电球装在玻璃棒上，那么几年后它才会失去所带的电荷. 这表明在导体内电荷是很容易移动的，它具有良好的导电性质，而绝缘体则相反. 此外，还存在着导电能力处于导体和绝缘体之间的物质，称为导电介质，半导体就是导电介质中的一种，它们的电阻率处于 $10^{-6}\sim10^{6}\,\Omega\cdot\text{m}$. 还应当指出，物质的导电能力随外界条件(如温度、压力、光照)的变化而改变. 特别有趣的是，当温度降低到某一温度 T_C 时，某些物质的电阻率会几乎突然地消失. 这种现象称为超导电性，这类物质称为超导体，温度 T_C 就称为超导体的临界温度. 不同的超导体具有不同的临界温度. 迄今我们知道有 20 多种元素、几百种合金和金属化合物是超导体，它们的临界温度的范围为 0.12～150K(如钇钡铜氧化合物).

第 1 章中已讲到，电荷不能独立于具有静止质量的粒子而存在，电荷的移动就是带电粒子的运动. 我们把这些能自由移动的带电粒子称为载流子，也称为自由电荷. 在金属导体中，载流子是电子. 金属原子中的最外层电子(价电子)可以摆脱原子的束缚，在整个导体中自由运动，形成载流子. 原子中除价电子外的其余部分叫原子实. 在固体金属中，原子实按某一规则排列成点阵，称为晶格或晶体点阵. 那些能自由运动的电子(也称自由电子)在晶格间跑来跑去，像气体中的分子那样做无规运动，并且不时地与格点上的原子实碰撞或相

互碰撞,原子实则只能在格点位置上做微小振动,这是金属微观结构的经典图像,也是我们解释金属导电性的出发点. 在电解液导体中,载流子是酸、碱、盐等溶质分子离解成的正、负离子. 在电离的气体导体中,载流子包括气体分子电离成的正、负离子,以及完全脱离分子束缚的电子. 半导体中的载流子除有电子外,还有带正电的“空穴”. 当某种半导体中主要载流子是电子时,称这种半导体为 n 型半导体;当主要载流子是“空穴”时,称它为 p 型半导体. 在低温超导体中,载流子是所谓超导电子,即一种电子对,又称库珀对;它们是在晶体这一特定环境下,当晶体温度降至临界温度时,由动量和自旋方向正好相反的一对电子束缚在一起形成的. 它们不易受晶格散射,晶体的电阻率几乎为零. 这种特殊性质的成因的研究已超出本书的内容,这里不再作详细介绍.

在绝缘体中,绝大部分电荷只能在原子或分子的范围内做微小的运动,这种电荷称为束缚电荷. 由于缺少自由电荷,且自由电荷在绝缘体中很难做宏观移动,绝缘体的导电性能很差.

本章将分别研究电场与导体和绝缘体的相互作用规律. 在此之前,我们先来分析电场对电荷系统的作用,因为它是电场与各类物质相互作用的物理本质.

2.1.2　电场对电荷系统的作用

当我们研究电场对物质的作用时,实质上是研究电场对物质内部电荷的作用. 根据 1.4 节所述,外场对点电荷的作用力可写成

$$\boldsymbol{F} = q\boldsymbol{E} \tag{2.1.1}$$

由上式可以推出外场对体电荷(即带电体)、面电荷和线电荷的作用力分别为

$$\boldsymbol{F} = \iiint_V \rho_e \boldsymbol{E} \mathrm{d}V, \quad \boldsymbol{F} = \iint_S \sigma_e \boldsymbol{E} \mathrm{d}S, \quad \boldsymbol{F} = \int_L \lambda_e \boldsymbol{E} \mathrm{d}l \tag{2.1.2}$$

应当注意,这里的电场 $\boldsymbol{E}$ 是施力带电体产生的电场,即外场,而不应包括受力带电体的电场.

实际问题中,有时施力和受力带电体的总电场 $\boldsymbol{E}_t$ 易于求得,则应有

$$\boldsymbol{E} = \boldsymbol{E}_t - \boldsymbol{E}_1 \tag{2.1.3}$$

式中,$\boldsymbol{E}_1$ 为受力带电体产生的电场. 要算出 $\boldsymbol{E}$ 还需知道 $\boldsymbol{E}_1$,有时 $\boldsymbol{E}_1$ 也很难算出. 但是,对体电荷和面电荷受力带电体这两种情况,我们只要从 $\boldsymbol{E}_t$ 中分别减去体电荷元 $\rho_e \mathrm{d}V$ 和面电荷元 $\sigma_e \mathrm{d}S$ 的贡献即可. 这样做的后果是将受力带电体各部分的内力也计入总力 $\boldsymbol{F}$ 之中. 幸运的是,由于内力相互抵消,这种做法不会影响最终结果. 于是,式(2.1.3)中的 $\boldsymbol{E}_1$ 可以认为是由 $\rho_e \mathrm{d}V$ 或 $\sigma_e \mathrm{d}S$ 产生的场. 下面我们分别讨论这两种场的估算和处理方法.

不妨视体电荷元 $\rho_e \mathrm{d}V$ 为一均匀带电球,它在自身处产生的电场为 $E_1(r) = \rho_e r/(3\varepsilon_0)$,其中,$r$ 为考察点离球心的距离(见 1.5 节例 1.7 的结果). 该场与体电荷元的线度同量级. 因此,当 $\mathrm{d}V \to 0$ 时有 $E_1 \to 0$,式(2.1.3)对受力带电体的情况变成 $\boldsymbol{E} = \boldsymbol{E}_t$,即可在式(2.1.2)的第一式中用系统的总电场取代 $\boldsymbol{E}$.

当考察面电荷元 $\sigma_e \mathrm{d}S$ 在自身处产生的电场时,可视它为无限平面. 于是,由 1.5 节例 1.5 的结果可知,在它的两侧电场出现跳变,分别为 $E_1 = \pm\sigma_e/(2\varepsilon_0)$. 系统的总电场 $\boldsymbol{E}_t$ 在面元两侧也出现同样的跳变,以致由式(2.1.3)求得的 $\boldsymbol{E}$ 将不会有上述跳变,即在 $\mathrm{d}S$ 处 $\boldsymbol{E}$ 是连续的. 将这样求得的 $\boldsymbol{E}$ 代入式(2.1.2)的第二式,即可正确地算出面电荷所受的静电力,现举例说明计算步骤.

例 2.1

将一带电量为 Q、半径为 a 的均匀带电球面切成两半，求两半球面间的静电力.

解 由高斯定理求得球面两侧的总电场(沿径向方向，下同)

$$E_t=\begin{cases}\sigma_e/\varepsilon_0 & (r=a+0)\\ 0 & (r=a-0)\end{cases}$$

式中，$\sigma_e=Q/(4\pi a^2)$. 由受作用面元在自身两侧产生的电场为

$$E_1=\begin{cases}\sigma_e/(2\varepsilon_0) & (r=a+0)\\ -\sigma_e/(2\varepsilon_0) & (r=a-0)\end{cases}$$

注意二者在球面两侧的跳变幅度相等. 于是，由式(2.1.3)求得的电场径向分量 $E=E_t-E_1=\sigma_e/(2\varepsilon_0)$ 在 $r=a$ 处连续. 下面取球坐标，使 z 轴与切割面垂直，则有 $\boldsymbol{E}=\sigma_e\hat{\boldsymbol{r}}/(2\varepsilon_0)$. 将其代入式(2.1.2)求得两半球面之间的静电力为

$$\boldsymbol{F}=\iint\frac{\sigma_e^2}{2\varepsilon_0}\hat{\boldsymbol{r}}\mathrm{d}S$$

由简单的对称性分析可知，上述作用力只有 z 分量，结果为

$$F=F_z=\frac{a^2\sigma_e^2}{2\varepsilon_0}\int_0^{\pi/2}\cos\theta\sin\theta\mathrm{d}\theta\int_0^{2\pi}\mathrm{d}\varphi=\frac{\pi a^2\sigma_e^2}{2\varepsilon_0}=\frac{Q^2}{32\pi\varepsilon_0 a^2}$$

该力为正，表明两半球间的静电力为排斥力.

对线电荷而言，$\boldsymbol{E}$ 只能直接取外场，即施力带电体的场. 理由是 $\lambda_e\mathrm{d}l$ 在自身处产生的电场 $\propto r^{-1}\to\infty$(当 $r\to 0$)，且总电场 $\boldsymbol{E}_t$ 也是无穷大(见 1.5 节例 1.6 的结果)，无法用式(2.1.3)来计算.

应予说明的是，在式(2.1.1)和式(2.1.2)中，受力带电体并非试探电荷，它改变了施力电荷的分布，因而影响施力带电体的电场分布. 与此相应，上述公式中的 $\boldsymbol{E}$ 应当是经过受力带电体影响之后的施力带电体的电场.

例 2.2

图 2.1 所示的电偶极子由一对相距为 l 的等量异号电荷 $\pm q$ 构成，两个电荷的位置分别为 $\boldsymbol{r}_\pm$，相应电偶极矩为 $\boldsymbol{p}=q\boldsymbol{l}=q(\boldsymbol{r}_+-\boldsymbol{r}_-)$. 求该电偶极子在外场 $\boldsymbol{E}$ 中所受的力 $\boldsymbol{F}$ 及所受的力矩 $\boldsymbol{L}$.

解 设在 $\boldsymbol{r}_-$ 与 $\boldsymbol{r}_+$ 处的外电场强度分别为 $\boldsymbol{E}_1$ 和 $\boldsymbol{E}_2$，则有

$$\boldsymbol{F}=q\boldsymbol{E}_2-q\boldsymbol{E}_1=q\boldsymbol{E}(\boldsymbol{r}_+)-q\boldsymbol{E}(\boldsymbol{r}_-)$$

设 $\boldsymbol{r}$ 为原点到电偶极子中点的矢径，且 $l\ll r$，则由泰勒展开取前两项得

$$\begin{aligned}\boldsymbol{F}&=q[\boldsymbol{E}(\boldsymbol{r}+\boldsymbol{l}/2)-\boldsymbol{E}(\boldsymbol{r}+\boldsymbol{l}/2)]\\&\approx q(\boldsymbol{l}\cdot\nabla)\boldsymbol{E}(\boldsymbol{r})\end{aligned}$$

即

$$\boldsymbol{F}=(\boldsymbol{p}\cdot\nabla)\boldsymbol{E}(\boldsymbol{r}) \qquad (2.1.4)$$

式(2.1.4)即电偶极子在外电场中受力的表达式. 当外场均匀时，由式(2.1.4)可知 $\boldsymbol{F}=0$，即均匀外电场中的电偶极子不受力. 若 $\boldsymbol{p}$ 与 $\boldsymbol{E}$ 同沿 x 方向，则 $F=p\partial E/\partial x$，偶极子受力指向电场强度增加的方向.

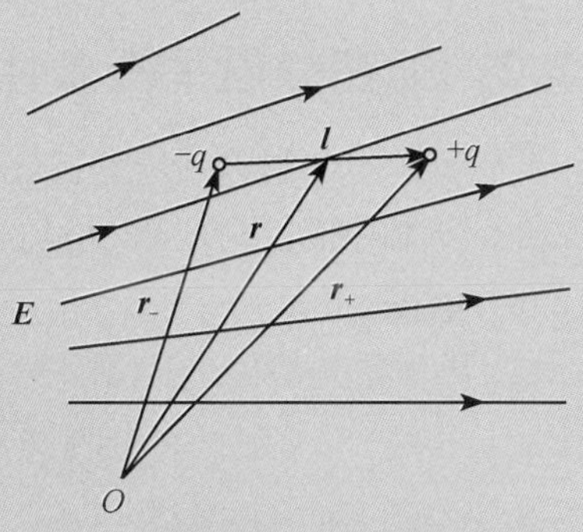

图 2.1 在外场 $\boldsymbol{E}$ 中的电偶极子

下面求电偶极子在外电场中受的力矩$\boldsymbol{L}$(以电偶极子中点为参考点)：

$$\boldsymbol{L}=(\boldsymbol{r}_{+}-\boldsymbol{r})\times q\boldsymbol{E}_2-(\boldsymbol{r}_{-}-\boldsymbol{r})\times q\boldsymbol{E}_1\approx q\boldsymbol{l}\times\boldsymbol{E}$$

即

$$\boldsymbol{L}=\boldsymbol{p}\times\boldsymbol{E} \tag{2.1.5}$$

在推导中，近似取$\boldsymbol{E}_1=\boldsymbol{E}_2=\boldsymbol{E}$，这种近似产生的误差，随$l$趋于零(且保持$\boldsymbol{p}$有限)而趋于零. 式(2.1.5)表明，在外电场力矩的作用下，$\boldsymbol{p}$总是朝着与$\boldsymbol{E}$一致的方向偏转.

如果外电场不均匀，电偶极子受到的力矩还需考虑梯度力$\boldsymbol{F}=(\boldsymbol{p}\cdot\nabla)\boldsymbol{E}$引起的力矩，即总力矩为

$$\boldsymbol{L}=\boldsymbol{p}\times\boldsymbol{E}+\boldsymbol{r}\times(\boldsymbol{p}\cdot\nabla)\boldsymbol{E} \tag{2.1.6}$$

这里$\boldsymbol{r}$是力矩参考点到电偶极子的矢径.

2.2　静电场中的导体

2.2.1　导体达到静电平衡的条件

如2.1节所述，导体内部存在着大量载流子或自由电荷. 这些自由电荷在电场的作用下运动，从而改变电荷的分布；反过来，电荷分布的改变将影响电场的分布. 显然，当这种电荷分布的改变使得导体内电场强度处处为零时，自由电荷才不再运动，这时导体内自由电荷分布以及导体内、外的电场分布不再随时间变化，我们说导体达到静电平衡. 这一过程进行得很快，大约在10^{-14}s(金属铜)的时间内即可完成. 在上述分析中，我们没有考虑导体中可能存在的其他非静电力，而在第4章将要讨论的电源的内部就存在着这类非静电力. 一旦非静电力存在，处于静电平衡的导体内部就会存在非零的电场. 其他有重要影响的非静电力都与导体的非均匀性和各向异性有关. 如果我们局限于均匀各向同性导体，或非均匀性、各向异性很小的导体，这类非静电力就不存在，或者小到可以忽略不计. 只有在这种情况下，静电平衡导体中的电场才是零. 另外，我们所讲的导体内的电场，指的是比原子尺度(10^{-8}cm)大得多的区域内的宏观平均电场. 综上所述，对于不存在非静电力的均匀、各向同性导体，达到静电平衡的条件是导体内部电场强度处处为零.

2.2.2　处在静电平衡条件下导体的性质

下面我们归纳和进一步分析处于静电平衡条件下导体的特性.

(1) 导体内部电场$\boldsymbol{E}=0$. 电场$\boldsymbol{E}$是外加静电场$\boldsymbol{E}_0$和导体感应电荷产生的附加电场$\boldsymbol{E}'$叠加后的总电场，即$\boldsymbol{E}=\boldsymbol{E}_0+\boldsymbol{E}'=0$.

(2) 导体是等势体. 导体内任意两点P、Q之间的电势差U_{PQ}为电场的路积分. 由于导体内处处$\boldsymbol{E}=0$，所以$U_{PQ}=0$，即导体是等势体，导体表面为等势面.

(3) 导体内部电荷密度处处为零. 由高斯定理，导体内任意闭合曲面内的电量正比于通过该曲面的电通量. 既然导体内部电场为零，则相应电通量恒等于零，曲面内部的电量也为零. 也就是说，导体内部电荷密度处处为零.

(4) 特性(3)的直接推论是，电荷将只能出现在导体表面. 对于空心导体壳，若空腔内无电

荷，如图 2.2 所示，则电荷只出现在导体的外表面. 下面我们可以分两步来证明这一结论. 我们首先证明空腔内电势与导体壳电势相等. 由特性(2)可知导体壳是等势体，其内表面是等势面，设其电势为 U. 当空腔内的电势不等于 U 时，我们可在空腔内作另一等势面 S'，设其电势为 $U'\neq U$. 假设 $U'>U$，则会有电场线穿出等势面 S'，指向导体内表面；根据高斯定理，可推断 S'面内有正电荷存在. 对于 $U'<U$ 的情况，通过类似分析可推断 S'面内有负电荷存在. 但是，这两种推断与空腔内无电荷的前提相矛盾，所以结果只能是 $U'=U$. 这一证明适合于空腔中的任何部位，因此腔内处处电势与导体壳的电势相等，即腔内电场强度处处为零. 然后，我们证明导体内表面的面电荷密度处处为零. 为此，我们在内表面上任取一个面元，围绕它作一个闭合曲面，该曲面在导体内的部分为 S_1，在空腔内的部分为 S_2，见图 2.2. 由于 S_1 和 S_2 上恒有 $\boldsymbol{E}=0$，故通过该闭合曲面的电通量等于零. 由高斯定理，闭合曲面内部的电量为零，亦即面元上无净电荷，其面电荷密度为零.

(5) 导体表面外侧附近的电场与表面垂直，其场强大小为 σ_e/ε_0，式中 σ_e 是表面的面电荷密度. 对该结论证明如下. 假设在导体表面外侧附近某处的电场不与表面垂直，那么在该处的电场便有一平行于导体表面的分量，该分量将延伸至导体表面内侧①，与导体内部电场处处为零的结论相矛盾. 因此结论只能是：处于静电平衡的导体表面外侧的电场与表面垂直. 为求其场强大小，作图 2.3，在导体表面取面元 ΔS，过它的周线作一柱面，使其侧面与导体表面垂直，两底面分居导体表面两侧. 其中，外底面通过考察点 A. 取上述柱面为高斯面，由于导体内 $\boldsymbol{E}=0$，该高斯面处于导体内侧部分的电通量为零. 至于高斯面的外侧部分，侧面与 $\boldsymbol{E}$ 平行，对电通量没有贡献，只有面元 ΔS 对电通量有贡献. 于是，有

$$\Phi_E=\oiint_S \boldsymbol{E}\cdot \mathrm{d}\boldsymbol{S}=\iint_{\Delta S}\boldsymbol{E}\cdot \mathrm{d}\boldsymbol{S}$$

当 ΔS 足够小时，其面上场强可以认为与过 A 点场强相等，则 $\Phi_E=\boldsymbol{E}\cdot\Delta\boldsymbol{S}$. 再利用高斯定理得

$$\boldsymbol{E}\cdot\Delta\boldsymbol{S}=\frac{1}{\varepsilon_0}\sigma_e\cdot\Delta S,\quad E=\frac{\sigma_e}{\varepsilon_0} \tag{2.2.1}$$

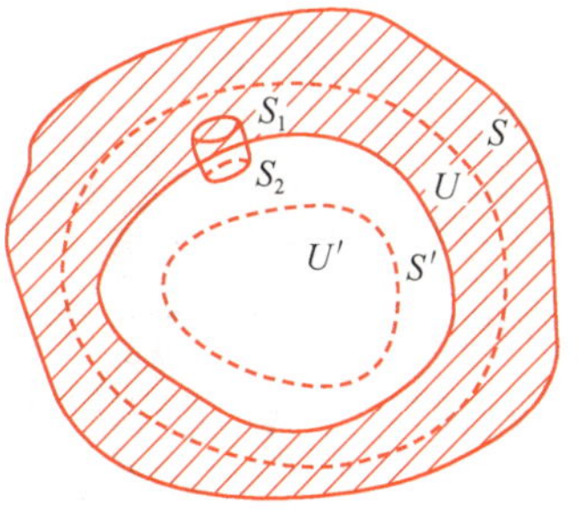

图 2.2 空腔内电势与导体电势相等

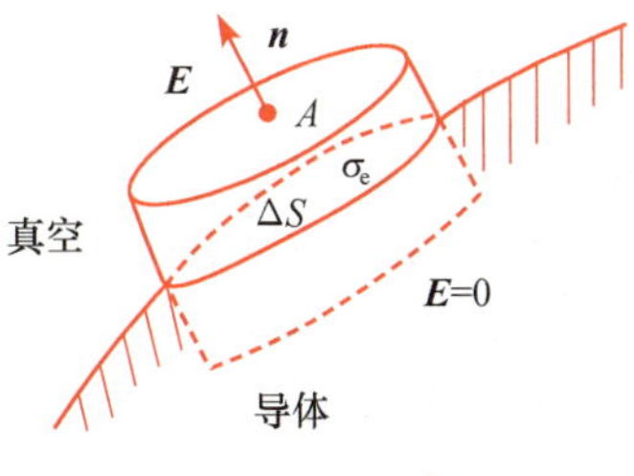

图 2.3 导体表面的电场

(6) 若导体外表面上存在电荷，则其面电荷密度 σ_e 与外表面的曲率有关. 一般说来，导体表面凸出而尖锐的地方，即曲率较大的部分，面电荷密度较大；导体表面较平坦的部分，即曲率较小的部分，面电荷密度较小；导体表面凹进去的地方，即曲率为负的部分，面电荷密度更小，甚至为零. 尽管定量地表述这个关系相当困难，但可以通过实验加以测量. 为了便于理解，这里

① 这里用到导体表面两侧电场切向分量连续的条件，参见 2.7 节.

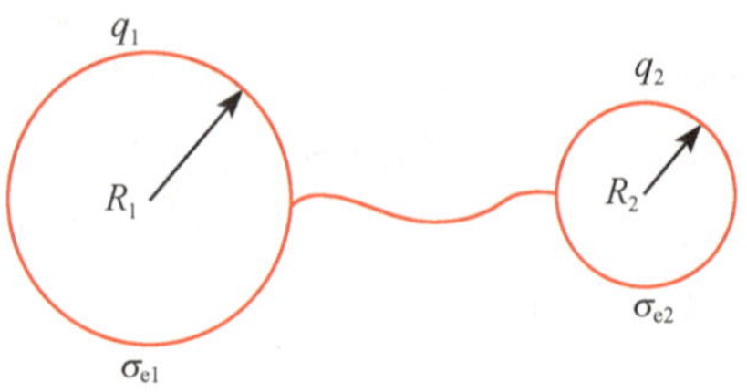

图 2.4　导体面电荷分布与表面曲率的关系

考察最规则和最简单的情况. 将半径分别为 R_1 和 R_2($R_1 > R_2$)的导体小球放置在相距无限远的两个地方,中间用导线连接起来. 使两个导体小球带电,设电量分别为 q_1 和 q_2(图 2.4). 既然两球相距无限远,可以认为两球所产生的电场互不影响. 由于用导线连接,故两球电势相等,所以

$$U = \frac{1}{4\pi\varepsilon_0}\frac{q_1}{R_1} = \frac{1}{4\pi\varepsilon_0}\frac{q_2}{R_2}, \quad \frac{q_2}{q_1} = \frac{R_2}{R_1} = \frac{\sigma_{e2}R_2^2}{\sigma_{e1}R_1^2}$$

据此推得 $\sigma_{e2}/\sigma_{e1} = R_1/R_2$. 这说明面电荷密度与曲率半径成反比,即面电荷密度与曲率成正比. 应该指出,这一定量关系并不适用于一般的导体表面. 如果导体外有其他带电体存在,情况就更为复杂,这时导体表面电荷分布既与本身形状有关还与外电场有关,必须通过严格求解导体外的静电场的边值问题才能解决. 图 2.5 是正方形导体板和立方导体板上电荷分布的计算机模拟结果.

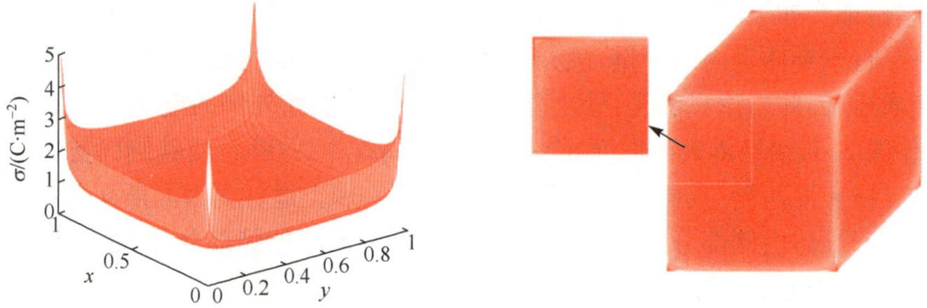

(a)正方形导体板上的电荷分布　　(b)立方导体板上的电荷分布

图 2.5　计算机模拟计算得到的电荷在正方形导体板和立方导体板上的分布

例 2.3

如图 2.6 所示,半径为 R 的中性导体球壳,放入均匀电场 $\boldsymbol{E}_0$ 中,设想该球被垂直于 $\boldsymbol{E}_0$ 平面分割成两个半球,则右半球受到的静电力为多少?

解　金属球在外电场中的感应电荷可以等效为一个电偶极矩. 设想导体球是由正负电荷球重叠而成,在无外场时,两球重叠,显示为电中性. 但在外场中,带负电的球(电子)与到正电子的球(原子实)错位一个距离 r,考察此时带正电球的受力,一个力是外电场的作用力 $\boldsymbol{F}_1 = q\boldsymbol{E}_0$,另一个力是带负电球对它的作用力. 由高斯定理,一个电量为 $-q$ 的球在内部电场强度为 $\boldsymbol{E} = -\frac{\rho}{3\varepsilon_0}\boldsymbol{r}$,因此带正电球受到的作用力为 $F_2 = -\frac{q\rho}{3\varepsilon_0}r$,由于 $\boldsymbol{F}_1 + \boldsymbol{F}_2 = 0$,所以有

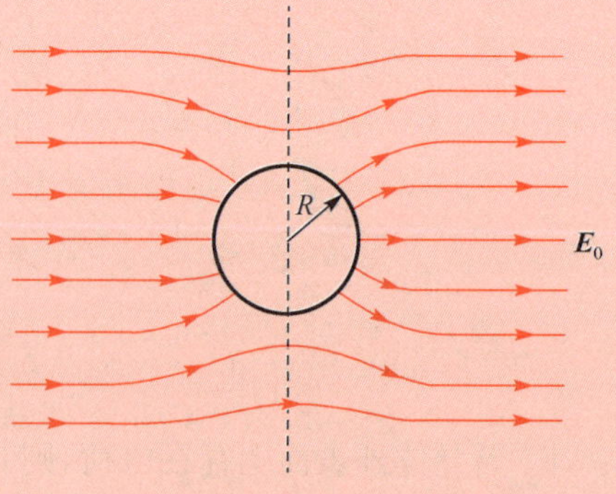

图 2.6　均匀电场中的导体球

$$qE_0 = \frac{q\rho}{3\varepsilon_0}r$$

把感应电荷等效成一个电偶极子 p，则

$$\boldsymbol{p} = q\boldsymbol{r} = 4\pi\varepsilon_0 R^3 \boldsymbol{E}_0$$

球面的总电场为两部分叠加，一个是球心感应电偶极子产生，另一个是均匀电场在球面产生，球面 θ 处法线方向的总电场为

$$E_n = E_{pn} + E_{0n} = \frac{1}{2\pi\varepsilon_0}\frac{p\cos\theta}{R^3} + E_0\cos\theta$$
$$= \frac{1}{2\pi\varepsilon_0}\frac{4\pi\varepsilon_0 R^3 E_0\cos\theta}{R^3} + E_0\cos\theta = 3E_0\cos\theta$$

因此球面 θ 处的感应电荷面密度为

$$\sigma_e = \varepsilon_0 E_n = 3\varepsilon_0 E_0\cos\theta$$

由于球内电场强度为零，球面总电场的平均值为

$$\boldsymbol{E} = \frac{1}{2}(\boldsymbol{E}_{内} + \boldsymbol{E}_{外}) = \frac{3}{2}E_0\cos\theta\boldsymbol{e}_r$$

在球面 θ 处取一个面元 $\mathrm{d}S$，该面元的电荷受力沿法线方向，整个半球的受力需要矢量叠加，最终合力沿水平方向(外电场方向)，即

$$F_{水平} = \iint_{半球面}\sigma(\boldsymbol{E}\cdot\mathrm{d}\boldsymbol{S})\cos\theta = \iint_{半球面}(3\varepsilon_0 E_0\cos\theta)\left(\frac{3}{2}E_0\cos\theta\right)\boldsymbol{e}_r\cdot\mathrm{d}\boldsymbol{S}\cos\theta$$
$$= -9\pi\varepsilon_0 R^2 E_0^2\int_0^{\pi/2}\cos^3\theta\mathrm{d}\cos\theta = \frac{9}{4}\pi\varepsilon_0 R^2 E_0^2$$

2.2.3 导体在静电场中性质的应用

导体的上述各种性质得到广泛的应用，如避雷针、场致发射显微镜、静电屏蔽、感应起电机等，现分别加以说明.

高层建筑物上避雷针利用了导体尖锐部分因表面曲率大而 σ_e 大的性质. 由导体表面外侧电场公式 $E=\sigma_e/\varepsilon_0$ 可知，电场随 σ_e 增加而变强，且垂直于导体表面. 强大的电场加速空气中残留的自由电荷(电子或离子)，使之获得足够高的运动速度. 被电场加速后的高速运动粒子与空气分子碰撞并使之电离，产生大量新的离子和电子，空气由绝缘体变为导体. 上述现象称为空气击穿. 在雷雨时节，云的顶部带正电，底部带负电，地面因感应带上正电. 当云底部与地面距离为 3～4km 时，其电荷大到足以使云与地面之间产生一个 20MV 以上，甚至高达 100MV 的电势差. 如果没有避雷针，地面与云间累积电荷产生的强电场会把空气击穿，产生大规模的放电，这就是雷击. 如果装上避雷针，则避雷针尖端 σ_e 比其他地方大许多，便率先击穿周围空气，使云与地面电荷不断中和，避免电荷累积和大规模的放电所带来的危害.

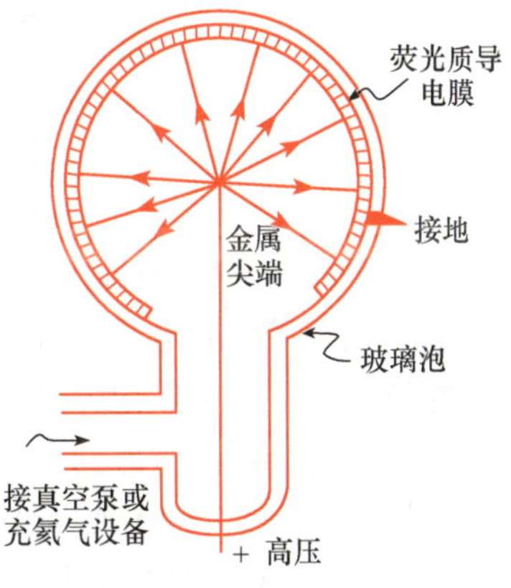

图 2.7　场致发射显微镜

场致发射显微镜也是依赖金属尖端上所产生的强电场，原理示于图 2.7 中. 一根细小的金属针，尖端直径约为 1000Å，被置于一个先抽真空后充进少量氦气的玻璃泡中. 泡

内壁敷上一层十分薄的荧光质导电膜，在荧光膜与金属针之间加上高电压. 当氦原子与针尖碰撞时，该处的强电场会把氦原子中一个电子剥去，形成带正电的氦离子. 随即氦离子沿着场线运动，撞击荧光膜引起发光. 上述发光过程与示波器、电视机的显像管中的情况类似，差别仅在于显像管中是电子撞击荧光膜引起发光. 那些到达荧光膜某特定点上的氦离子，发自径向场线的另一端即金属针尖，由荧光膜发光点的位置就可以诊断金属尖端单个原子的位置. 利用这一装置，将待测金属做成针状样品置入其中，便可在荧光膜上获得斑点图样，分析出样品的原子排列. 用这种正离子场致发射显微镜，有可能获得高达 200 万倍的放大率，比最好的电子显微镜的放大率还要高.

下面介绍静电屏蔽及其应用. 在实验室中，我们看到许多仪器的金属外壳都用导线接地. 为实现高精度电学实验和测量，甚至整个实验室的墙壁、天花板和地板都埋上接地的金属网，或在实验室中用金属网隔出一个小间，称为屏蔽室. 这些举措都是为了将实验室和外界隔绝开来，使实验不受外界电场的干扰，也防止实验室内电场对外界的影响.

静电屏蔽的原理在于利用接地导体空腔的性质. 先来讨论腔内没有电荷的情况，参见图 2.8(a). 在前面的性质(4)中已经提到，静电平衡下的导体空腔(腔内无电荷)有如下两点性质：①腔内处处 $\boldsymbol{E}=0$，空腔与导体壳等电势；②电荷只分布在外表面上，内表面无电荷分布. 因此，腔外电场 $\boldsymbol{E}_0$ 对腔内毫无影响.

对于腔内有电荷的情形见图 2.8(b)，设其总电量为 $+q$，则内表面将出现感应面电荷，其总量等于腔内电荷总量，符号相反，即为 $-q$. 这一结论可借助高斯定理进行证明. 为此，在导体壳内表面取一闭合曲面 S，将整个内表面包在其中. 因 S 面上场强 $\boldsymbol{E}=0$，穿过它的电通量为零. 由高斯定理，S 内的总电量为零，从而内表面上的总电量等于腔内电荷总量，符号相反. 如果导体壳本身不带电，则导体外表面上的面电荷总量应为 $+q$. 如果在腔外再取一闭合曲面 S' 作为高斯面[见图 2.8(b)]，其电通量将等于 q/ε_0，说明 S' 面上或腔外存在电场，该电场显然与腔内出现带电体有关. 也就是说，孤立导体壳内的电荷($q\neq0$)会影响壳外部的电场分布.

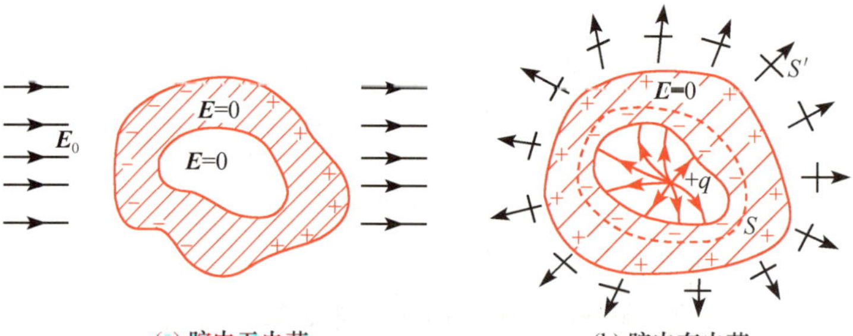

图 2.8　处在静电平衡下的不接地导体空腔

现在我们让导体壳接地. 当腔内无电荷时，外部电场同样不会影响腔内，因为腔内电场仍然恒等于零. 对于腔内有电荷的情形，如图 2.9(a)所示，可以证明腔内的带电体不会影响腔外. 以下为叙述方便，将腔内区域记为 A，导体壳和大地之间的区域，即导体壳的外部区域记为 B，并设 B 区不存在其他带电体. 考虑到 B 区远离导体壳的地方应和大地等电势，故不妨把大地看成一个包围 B 区的导体壳. 这样，大地、导体壳和接地导线一道构成一个新的封闭导体壳；对该导体壳而言，B 成为腔内，A 成为腔外，见图 2.9(b). 于是我们得出结论：B 区的电场 $\boldsymbol{E}=0$，它不受 A 区带电体的影响. 换句话说，导体壳接地可以消除腔内(A 区)带电体对腔外(B 区)电场的影响.

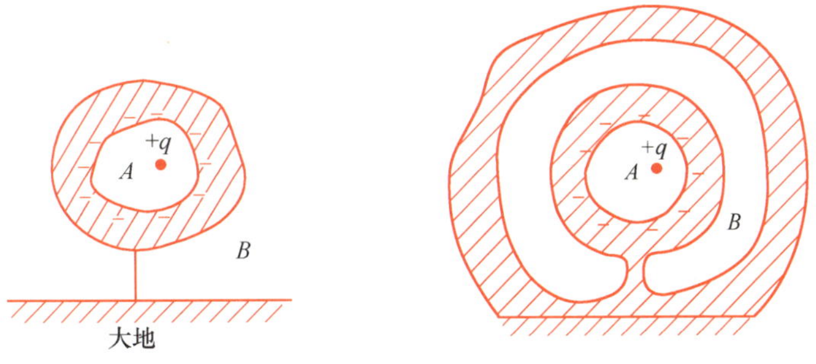

(a) 腔内有电荷、腔体接地　　(b) 与 (a) 等效的图

图 2.9 接地导体壳消除了腔内带电体对外部的影响

综上所述，接地导体壳既防止了外部带电体的电场对腔内空间电场的影响，又消除了腔内带电体的电场对外部空间电场的影响. 注意，当导体壳的外部和腔内空间中同时存在带电体时，上述结论也是正确的，不过其证明要用到静电场的唯一性定理(见 2.7 节).

若图 2.8(b)中的电荷 $+q$ 与空腔内表面接触，则内表面的电荷被中和，仅剩下外表面上的 $+q$. 于是，电荷 $+q$ 便转移到空腔外表面上，这便是中学已经提到过的法拉第圆筒的原理. 范德格拉夫于 1931 年发明的起电机也利用了这一原理，其基本结构见图 2.10. 图中 S 为外表面十分光滑的空心导体球壳，它被支撑在绝缘柱 C 上. 一条丝织带 D 套在滑轮 A 和 B 上，由电动机带动. 通过 N 的尖端放电效应，空气中的正离子自尖端附近射到丝带上，再由运动的丝带携带至针 M 附近. 由于静电感应，M 带上负电，球壳外表面带上正电. M 上的负电与丝带上的正电通过尖端放电不断中和，使得球壳外表面的正电荷不断累积，球壳对地的电势不断升高. 该电势存在一个上限 U_m，由空气的击穿电场强度 E_m 决定. 为导出 U_m 和 E_m 的关系，设球壳半径为 R，电量为 Q，则其电势为 $U=Q/(4\pi\varepsilon_0 R)$，表面电场强度为 $E=Q/(4\pi\varepsilon_0 R^2)$，$U=ER$ 成立. 令 $E=E_m$，求得 U_m 和 E_m 有如下关系：$U_m=RE_m$. E_m 与温度有关，一般在 $2\times10^6\sim3\times10^6\,\text{V}\cdot\text{m}^{-1}$ 的量级. 如果 R 做成 0.5m 左右，则 U_m 可达百万伏的量级. 范德格拉夫起电机产生的高电势可以加速带电离子，在核物理研究及半导体集成电路制造工艺中有着广泛应用.

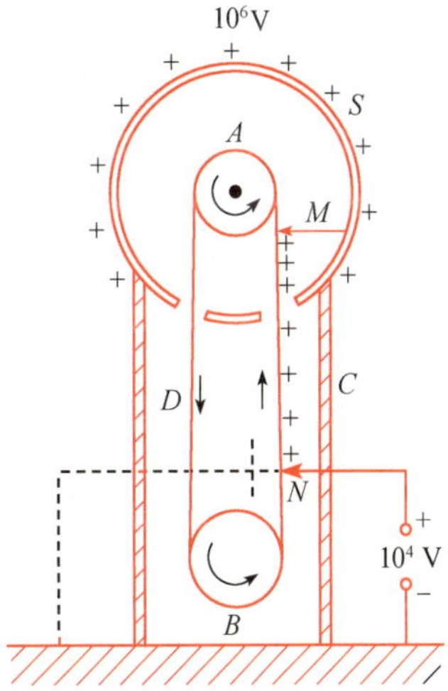

图 2.10 范德格拉夫起电机原理图

直线加速器(图 2.11)也是利用静电屏蔽原理使一个带电粒子在交变电场中始终得到加速. 通常直线加速器采用交变电源(即交变电势或交变电场)，一个带正电量的带电粒子进入加速电场区域时，受电场力作用加速，当交变电场变为负的半个周期时，带电粒子就进入一个导体圆筒中，此时导体圆筒屏蔽了外场，带电粒子在圆筒内部做匀速运动，当带电粒子从圆筒出来时，外场正好变化到正的半个周期，继续加速，依次往复，带电粒子不断地在半个周期内得到加速，速度越来越快，因此作为屏蔽的导体圆筒对应的长度也越来越长，成本也越来越高，所以直线加速器通常只作为高能粒子加速器的前级加速使用.

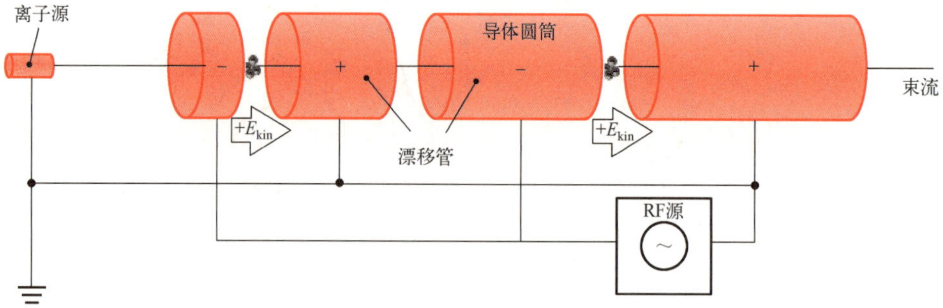

图 2.11　直线加速器原理示意图

2.2.4　高斯定理和库仑定律的精确验证

库仑定律中的距离平方反比律，是由库仑通过扭秤实验建立的. 显然，这种实验得到的结果的精确度是不高的. 该实验的最大困难在于把带电体做得足够小以实现点电荷条件. 因此，人们一直希望通过某种间接方法去验证库仑定律. 如前所述，从库仑定律导出了高斯定理，从高斯定理出发又进一步得出结论：导体壳的电荷只能分布在壳的外表面上，壳的内表面上将不带电荷. 因此，从实验上精确测定带电导体壳内表面是否存在电荷，便成为精确验证高斯定理和库仑定律的方法之一. 最早采用这种方法并设计出巧妙实验装置的物理学家是英国物理学家卡文迪什.

从卡文迪什未公开发表的手稿中，得知他于 1773 年曾设计过一个实验，间接地确定了电力的距离平方反比律. 其实验装置如图 2.12 所示. 该装置由一个导体球壳和位于壳内的导体球组成. 内球固定在绝缘支柱上，外球壳由两个半球壳拼接而成，它们分别被固定在绝缘支架上. 支架间用铰链连接，可使两个半球合拢时成为与内球同心的外球壳. 实验时，先使内球带电，然后用导线将内球与外球壳连接，使球壳带电，再抽走导线. 经上述操作之后，将两半球壳打开，用精确的验电器检测内球上的电量. 卡文迪什按照自己的推导得出，如果内球上没有电荷，那么电力将与距离的平方成反比. 根据验电器测量的精度，他得出结论：$F\propto 1/r^{2\pm\Delta}$，其中 $\Delta\leqslant 0.02$. 后来麦克斯韦重新做了卡文迪什实验，精确度更高，结论是 $\Delta\leqslant 5\times10^{-5}$. 1936 年，普里姆顿和洛顿①又做了这个实验，他们采用灵敏的静电计进行测定，证明 $\Delta\leqslant 2\times10^{-9}$. 1971 年，威廉士②等又把精确度再次提高，证明 $\Delta\leqslant(2.7\pm3.1)\times10^{-16}$. 由于库仑定律是电学的基石，所以物理学家一直重视着它的精确验证. 1.2 节一开始提到的普里斯特利的猜想在此得到了理论和实验上的证明.

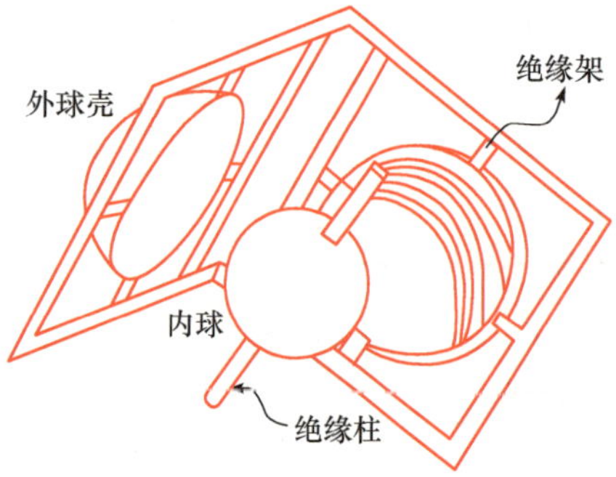

图 2.12　卡文迪什的实验装置

2.3　电容和电容器

理论和实验表明，导体还有一个非常重要的性质，就是它的电势和它所带的电量之间存在某种

---

① Plimpton S J, Lawton W E. Phys. Rev., 1936, 50: 1066.

② Williams E R, et al. Phys. Rev. Lett., 1971, 26: 721.

比例关系.为描述这一性质,下面我们引入"电容"的概念.为简单起见,先讨论孤立导体的情形.

2.3.1 孤立导体的电容

从实验和理论中可以发现,一个孤立导体的电量 Q 和其电势 U 的比值只与导体的形状和大小有关,记为

$$C=\frac{Q}{U} \tag{2.3.1}$$

称为该孤立导体的电容.下面以孤立导体球为例,来证明这一结论.设导体球半径为 R,电量为 Q.易算得该球的电势 $U=Q/(4\pi\varepsilon_0 R)$,从而由式(2.3.1)算得孤立导体球的电容为

$$C=4\pi\varepsilon_0 R \tag{2.3.2}$$

它的确只与导体的几何性质有关.

由式(2.3.1)可见,电容表示导体每升高单位电势所需的电量,其单位为库[仑]·伏[特]$^{-1}$,简称"法[拉]",用英文字母 F 表示.电工电子学中还常用到微法[拉](μF)和皮法[拉](pF),大小分别为 1 μF$=10^{-6}$F,1pF$=10^{-12}$F.引入法拉之后,真空介电常量 ε_0 的单位可改为法[拉]·米$^{-1}$(F·m^{-1}),这可由式(2.3.2)推出.孤立导体的电容越大,则维持一给定的电势所储存的电量也越多.由式(2.3.2)可知,孤立导体球的半径越大,电容也越大.

实际上,严格的孤立导体是不存在的.只要一个导体的大小远小于它到其他导体的距离,就可以把它当成孤立导体来处理.

2.3.2 电容器

利用导体的电容特性,便能做成电容器.电容器是常用的一种电路元件,它的功能是储存电量或储存电能.用孤立导体作电容器是不现实的.一方面,实际的电容器附近总会存在其他导体,这使得孤立导体的近似难以满足.实际上,当一个导体附近存在其他导体时,则比值 Q/U 不仅与该导体本身的几何性质有关,而且与周围其他导体的位置和形状有关.另一方面,孤立导体的电容一般很小,不能满足使用要求.就是大到像地球那样的孤立导体球($R\approx 6.4\times 10^6$m),其电容也不过 7×10^{-4}F.

实际电容器由两块十分靠近而彼此绝缘的导体板(称为极板)构成.这种结构一方面可使电容值增大,另一方面又可利用静电屏蔽效应消除外界和电容器之间的相互影响.电容器的电容仍按式(2.3.1)定义,不过两极板分别带电$\pm Q$,而 U 则为两极板之间的电势差.以下介绍几种典型的电容器及其电容.

(1) 两金属平行板,板面积为 S,板间距为 d,两板均匀带电,电量分别为$\pm Q$,电荷面密度分别为$\pm\sigma_e=\pm Q/S$,且 $S\gg d^2$.略去边缘效应,用高斯定理我们容易求得电容器内部 $E=\sigma_e/\varepsilon_0$,方向从正极板指向负极板.两极板间电势差为 $U_{AB}=Ed=\sigma_e d/\varepsilon_0$,于是有

$$C=\frac{Q}{U_{AB}}=\frac{\sigma_e S\varepsilon_0}{\sigma_e d}=\frac{\varepsilon_0 S}{d} \tag{2.3.3}$$

这就是中学里已学过的平行板电容器的公式.

(2) 两同心导体球壳,其半径分别为 R_A 和 R_B($R_B>R_A$),分别带电$\pm Q$.由高斯定理易得球壳间电场强度 $E=Q/(4\pi\varepsilon_0 r^2)$,方向沿径向,由 A 指向 B.两球壳间的电势差为

$$U_{AB}=\int_A^B \boldsymbol{E}\cdot \mathrm{d}\boldsymbol{l}=\int_A^B \frac{1}{4\pi\varepsilon_0}\frac{Q}{r^2}\mathrm{d}r=\frac{Q}{4\pi\varepsilon_0}\left(\frac{1}{R_A}-\frac{1}{R_B}\right)$$

于是

$$C=\frac{Q}{U_{AB}}=\frac{4\pi\varepsilon_0 R_A R_B}{R_B-R_A} \tag{2.3.4}$$

当令 $R_A=R, R_B\to\infty$ 时，式(2.3.4)回到孤立导体球电容表达式(2.3.2). 这说明孤立导体球的电容相当于外球壳半径趋于无限时同心球壳系统的电容.

(3) 两同轴圆柱形导体壳，其半径分别为 R_A 和 $R_B(R_B>R_A)$，柱长度为 l，且 $l\gg(R_B-R_A)$，单位长柱面所带电荷为 λ. 内柱面带电总量为 $+Q=+\lambda l$，外柱面带电总量为 $-Q$. 略去边缘效应，按高斯定理，易求得两柱面间电场强度为 $E=\lambda/(2\pi\varepsilon_0 r)$，沿径向方向. 于是

$$U_{AB}=\int_A^B \boldsymbol{E}\cdot \mathrm{d}\boldsymbol{l}=\int_A^B \frac{\lambda}{2\pi\varepsilon_0 r}\mathrm{d}r=\frac{\lambda}{2\pi\varepsilon_0}\ln\frac{R_B}{R_A}=\frac{Q}{2\pi\varepsilon_0 l}\ln\frac{R_B}{R_A}$$

$$C=\frac{Q}{U_{AB}}=\frac{2\pi\varepsilon_0 l}{\ln(R_B/R_A)} \tag{2.3.5}$$

每单位长度的电容为

$$C_{\mathrm{u}}=\frac{2\pi\varepsilon_0}{\ln(R_B/R_A)} \tag{2.3.6}$$

按照上述方式，可做成各种各样容量不同的电容器. 电容器有两个主要指标，一个是电容量，另一个是耐电压能力. 使用时，电容器两极所加的电压不能超过它的标定耐压值，否则电容器内填充的电介质会被击穿，导致电容器损坏.

2.3.3 电容器的连接

电容器的基本连接方式有两种：串联与并联. 复杂连接是这两种连接方式的组合. 下面分别研究串联与并联情况.

图 2.13 给出了 N 个电容器串联的情况. 由静电感应原理知，每一个电容器上带电量大小都是 Q，只是一板为正电荷，另一板为负电荷. 由

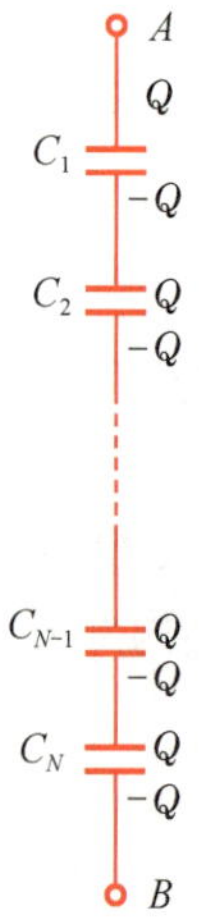

图 2.13 电容器的串联

$$Q=C_1U_1=C_2U_2=\cdots=C_{N-1}U_{N-1}=C_NU_N$$

$$U=U_1+U_2+\cdots+U_N=\sum_{i=1}^{N}U_i=Q\sum_{i=1}^{N}\frac{1}{C_i}$$

得

$$\frac{U}{Q}=\sum_{i=1}^{N}\frac{1}{C_i}$$

设 A、B 两端总电容为 C，则 $C=Q/U$，故有

$$\frac{1}{C}=\sum_{i=1}^{N}\frac{1}{C_i} \tag{2.3.7}$$

图 2.14 给出了 N 个电容器并联的情况. A、B 两端电势差为 U，总电量大小为 Q，则

$$\begin{aligned}Q&=Q_1+Q_2+\cdots+Q_{N-1}+Q_N\\&=C_1U+C_2U+\cdots+C_{N-1}U+C_NU\end{aligned}$$

设总电容为 C，于是得

$$C=\frac{Q}{U}=C_1+C_2+\cdots+C_{N-1}+C_N$$
$$=\sum_{i=1}^{N}C_i \qquad (2.3.8)$$

由式(2.3.8)可知，并联可增加系统的电容值. 相反，式(2.3.7)表明，串联会减小电容值，但可提高整个电容器的耐压性能.

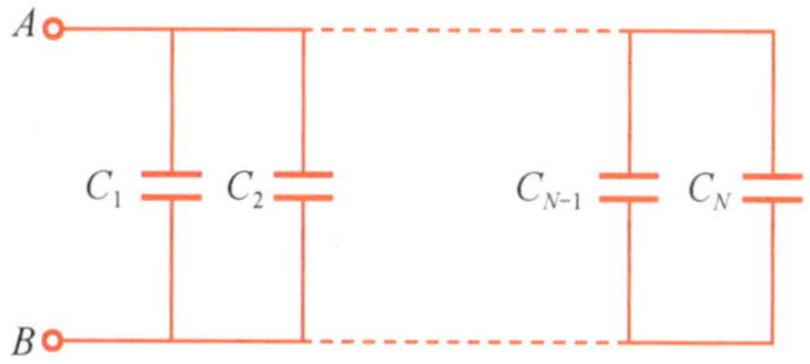

图 2.14 电容器的并联

2.4 电介质

电介质是一种可以被极化的绝缘材料. 这类物质是否会与电场发生相互作用呢？法拉第对此作了肯定的回答. 他将已充电的电容器两板用导线分别接到静电计的金属球和金属外壳上，静电计的指针便显示出电容器两板间的电势差. 保持一切条件不变，在极板间插入电介质，可以看到，静电计记录的电势差减小. 由 $C=Q/U$ 知，电容器插入电介质后，电势差减小表示电容增大. 电势差的变化来自电容器内部的电场变化. 设电介质插入前电场强度为 $\boldsymbol{E}_0$，插入后为 $\boldsymbol{E}$，则 $\boldsymbol{E}-\boldsymbol{E}_0\neq 0$. 令 $\boldsymbol{E}-\boldsymbol{E}_0=\boldsymbol{E}'$，即 $\boldsymbol{E}=\boldsymbol{E}_0+\boldsymbol{E}'$，其中 $\boldsymbol{E}'$ 体现了电介质的影响. 实验表明 $E<E_0$，所以 $\boldsymbol{E}'$ 应该与 $\boldsymbol{E}_0$ 反向. $\boldsymbol{E}'$ 是电介质在外场 $\boldsymbol{E}_0$ 中产生的附加场. 我们已经知道，电场源于电荷. 如果将导体板插入平行板电容器中，并使之与电容器极板绝缘，则由于静电感应，导体板的两个表面将会出现正、负电荷. 该感应电荷在导体板内产生的电场与 $\boldsymbol{E}_0$ 方向相反、大小相等，使得导体板内 $\boldsymbol{E}=0$. 与此相应，电容器的电势差减小，电容增加. 这一结果与将电介质插入电容器产生的效应十分类似. 通过类比，可以设想在外场 $\boldsymbol{E}_0$ 的作用下，电介质表面也会出现电荷，参见图 2.15. 区别在于，由这些表面电荷产生的电场不足以抵消外电场 $\boldsymbol{E}_0$. 我们把上述现象称为极化，所出现的电荷称为极化电荷或束缚电荷. 介质的极化体现了电场对介质的影响，而极化了的介质又反过来影响电场. 当然，介质中出现的电荷，除了由极化产生的极化电荷之外，还可能来自其他因素. 例如，摩擦可使介质带上电荷. 由摩擦或其他因素产生的电荷尽管不能在介质内部自由移动，但有时也称为“自由电荷”，以与上述极化电荷相区别. 下面我们首先讨论电场中介质的极化，然后再讨论极化介质引起的电场变化.

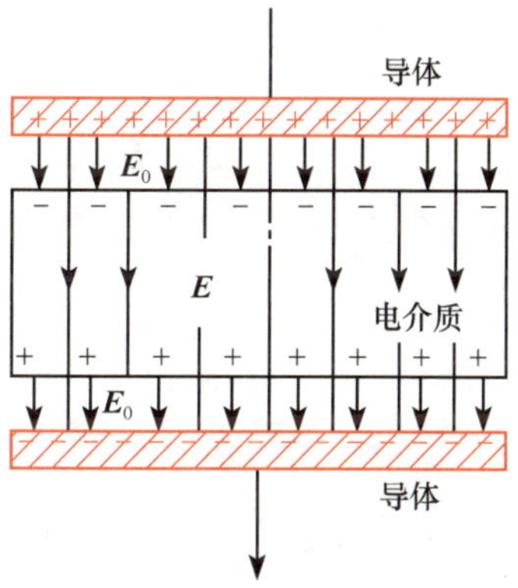

图 2.15 平行板电容器中电介质的束缚电荷

为了解极化的原因和规律，必须从介质的微观结构入手. 电介质是由许多电中性的原子或分子组成的. 在这些原子或分子内部，带负电的电子(或负离子)与带正电的原子核(或正离子)之间，由于相互作用而束缚得很紧，不像导体中的载流子那样能在导体中自由运动. 但这绝不是说，介质的分子、原子中的电荷不受外电场的影响. 研究单个原子、分子中电荷分布受外来电场的影响是研究极化的第一步.

自然界中组成电介质的分子有两种类型：一种是电偶极矩为零的分子，它们被称为无极分子；另一种是电偶极矩不为零的分子，它们被称为有极分子. 为便于理解，可以设想在每个分子中正、负电荷分别有自己的“中心”. 如果分子中的正、负电荷中心重合，相应电偶极矩为零，则属于无极分子. 如果正、负电荷中心分开一段距离，存在电偶极矩，则属于有极分子. 以上提到的电荷分布和正、负电荷“中心”，是对时间进行宏观平均的结果. 以氢原子为例，它以质子为核，并包含一个绕核运动的电子. 在经过宏观平均之后，由电子贡献的负电荷相对质子呈对称分布，其中心与质子重合，以致氢原子的电偶极矩为零.

我们先来讨论无极分子的极化. H_2、O_2、N_2、CH_4 等气体的分子属于无极分子. 在外电场作用下，无极分子中的正、负电荷的中心发生相对位移，分子将出现电偶极矩，见图 2.16(a). 介质中大量无极分子同时具有电偶极矩，将会带来如下两个后果：①每个分子的电偶极矩都沿着外电场的方向，结果在和外电场垂直的电介质的两个表面上分别出现了未被抵消的正、负电荷，如图 2.16(b)所示，这就是极化电荷. 它与导体中的自由电荷不一样，既不能离开电介质而转移到其他物体，也不能在电介质内自由运动，是束缚电荷微观运动的宏观结果. ②该极化电荷在电介质中产生的电场对外场起抵消作用，使介质中实际电场减弱. 上述无极分子的极化通常称为位移极化.

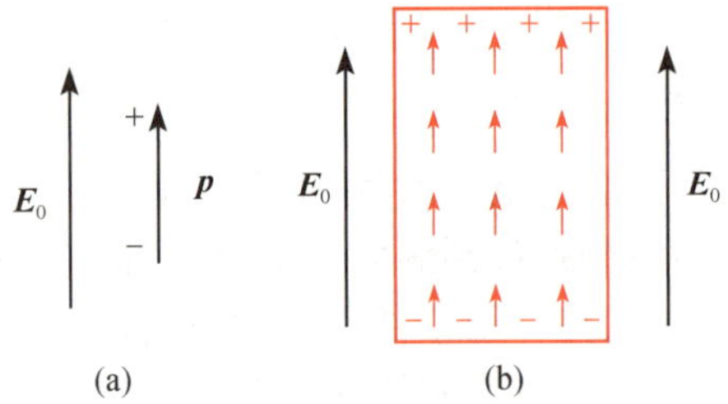

图 2.16　位移极化

下面我们讨论有极分子的极化. 像 H_2O、NH_3、CH_3OH 等一类分子，由于分子内部结构上的特点，正、负电荷中心不重合，具有电偶极矩. 在不存在外场的情况下，分子处于不规则的热运动状态，它们的电偶极矩的方向是混乱的，如图 2.17(a)所示. 电介质中所有分子的电偶极矩相消，即 $\sum \boldsymbol{p}_{分子}=0$，不产生电场. 如果加上外电场 $\boldsymbol{E}_0$，则每个分子的电偶极矩都受到力矩作用，如图 2.17(b)所示. 电偶极矩方向有转向外电场 $\boldsymbol{E}_0$ 方向的趋势，导致 $\sum \boldsymbol{p}_{分子}\neq 0$，见图 2.17(c). 外场 $\boldsymbol{E}_0$ 越强，分子电偶极矩排列得就越整齐. 最终结果与无极分子极化结果类似：有序排列的有极分子产生电场，与外电场垂直的电介质表面上出现极化电荷. 这种有极分子的极化又称取向极化. 应该指出，有极分子在出现取向极化的同时，也存在位移极化，只是取向极化的效应比位移极化效应强得多，约大一个数量级. 因此，对有极分子的电介质一般只考虑取向极化.

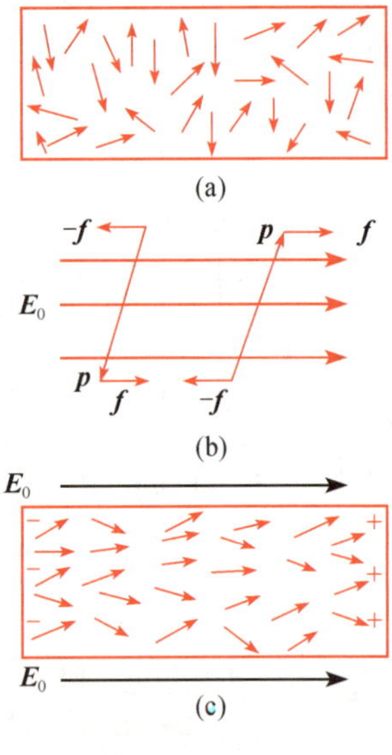

图 2.17　取向极化

2.5　极化强度矢量

如何定量描述电介质内的极化状态呢？由 2.4 节分析可知，电介质极化的实质是在其内部任意一宏观体积元 ΔV 内 $\sum \boldsymbol{p}_{分子}\neq 0$. 于是，我们可引入矢量 $\boldsymbol{P}$，将其定义为单位体积内分子的电偶极矩的矢量和，即

$$P = \frac{\sum p_{分子}}{\Delta V} \tag{2.5.1}$$

用它来表述电介质极化状态，$\boldsymbol{P}$ 称为极化强度矢量，它的单位是库[仑]·米$^{-2}$($\mathrm{C\cdot m^{-2}}$).

如果在电介质中 $\boldsymbol{P}$ 处处相同，则说介质为均匀极化，否则为非均匀极化. 极化的宏观表现是产生极化电荷，而极化电荷的出现会削弱外场. 下面分别叙述极化强度与极化电荷的关系，以及极化强度和电场之间的关系.

2.5.1 P 与极化电荷的关系

不管是位移极化还是取向极化，电介质内部都会出现宏观电偶极矩. 根据叠加原理，我们不妨将宏观电偶极矩转嫁到单个分子，假定在外场中，单个分子的平均电偶极矩为 $\boldsymbol{p}_{分子}=q\boldsymbol{l}$，单位体积内分子的数目为 n(数密度). 于是，按定义式(2.5.1)求得 $\boldsymbol{P}=n\,\boldsymbol{p}_{分子}=nq\boldsymbol{l}$. 现在我们进一步分析，由于介质极化，在介质内部以 S 为边界的体积 V 中究竟有多少极化电荷. 显然，正、负电荷的中心全部处于 S 内或 S 外的分子对 V 中的极化电荷没有贡献，只有那些正、负电荷中心分居 S 面两侧，即跨越 S 面的分子才有贡献. 考虑 S 上的面元 $\mathrm{d}S$，该处的极化强度 $\boldsymbol{P}$ 和面元外法向 $\boldsymbol{n}$ 的夹角为 θ. 对 $\theta<\pi/2$ 的情况，每个跨越 $\mathrm{d}S$ 的分子将在 V 中贡献极化电荷 $-q$. 所有这类负电荷处于底面积为 $\mathrm{d}S$、长度为 l 的斜柱体中，如图 2.18 所示. 该斜柱体的体积为 $l\mathrm{d}S\cos\theta$，所贡献的极化电荷总量为 $-nql\mathrm{d}S\cos\theta=-\boldsymbol{P}\cdot\mathrm{d}\boldsymbol{S}$. 对于 $\theta>\pi/2$ 的情况，通过类似的分析可求得同样的结果，只是这时 $\cos\theta<0$，贡献的极化电荷为正. 这样，跨越 S 的全部分子对 V 中极化电荷的总贡献应为

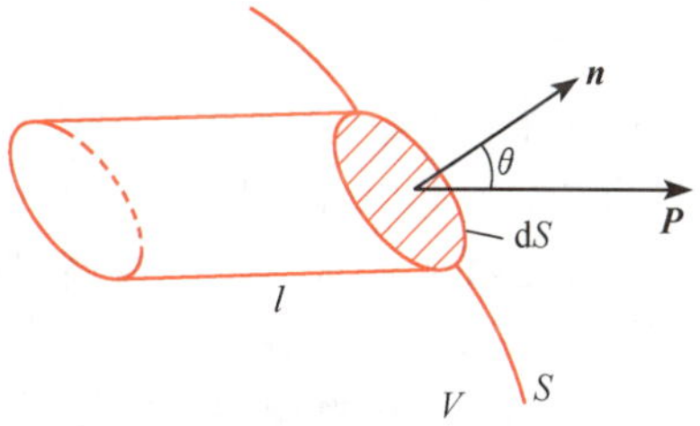

图 2.18 跨越面元 dS 的分子对 V 中极化电荷的贡献

$$Q' = -\oint\!\!\!\!\oint_S \boldsymbol{P}\cdot\mathrm{d}\boldsymbol{S} \tag{2.5.2}$$

令 ρ_e' 为上述 S 面所围体积 V 内的极化电荷密度，则有

$$Q' = \iiint_V \rho_e'\mathrm{d}V \tag{2.5.3}$$

由式(2.5.2)和式(2.5.3)得

$$\oint\!\!\!\!\oint_S \boldsymbol{P}\cdot\mathrm{d}\boldsymbol{S} = -\iiint_V \rho_e'\mathrm{d}V \tag{2.5.4}$$

利用数学中的高斯公式，式(2.5.4)变成

$$\iiint_V \nabla\cdot\boldsymbol{P}\mathrm{d}V = -\iiint_V \rho_e'\mathrm{d}V \tag{2.5.5}$$

对电介质内任意闭合曲面 S 及所围体积 V，式(2.5.4)及式(2.5.5)都成立，所以

$$\rho_e' = -\nabla\cdot\boldsymbol{P} \tag{2.5.6}$$

式(2.5.4)是 $\boldsymbol{P}$ 与极化体电荷的积分关系，而式(2.5.6)是其微分关系. 由式(2.5.6)可知，对于均匀极化介质，即 $\boldsymbol{P}=$恒量，有 $\rho_e'=0$. 这说明均匀极化的电介质内部无极化体电荷，极化体电荷的出现与介质极化的非均匀性有关.

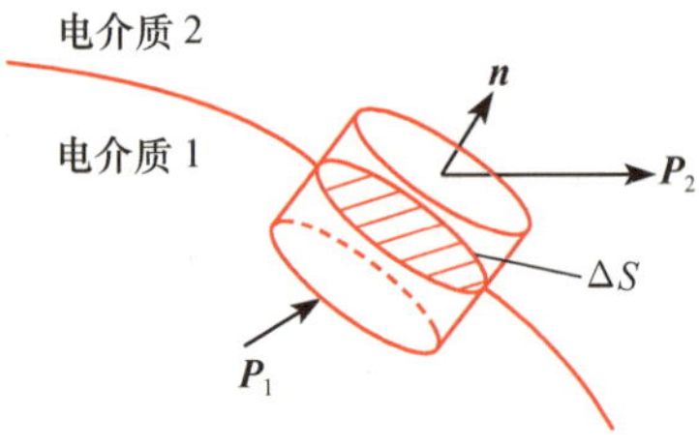

图 2.19　电介质界面上的极化面电荷

作为非均匀极化的极端情况是两种电介质界面的情况，在界面上会出现极化面电荷. 设在介质 1 和介质 2 的分界面上取一面元 ΔS，过 ΔS 作一扁盒状的高斯面，其两底分别位于界面两侧并与界面平行，如图 2.19 所示. 图中 $\boldsymbol{n}$ 为面元 ΔS 的单位法向量，由介质 1 指向介质 2；$\boldsymbol{P}_1$ 和 $\boldsymbol{P}_2$ 分别表示介质 1 和 2 中的极化强度矢量. 对上述高斯面应用式(2.5.4)，令扁盒的厚度趋于零，可得

$$\sigma_e'\Delta S = -(\boldsymbol{P}_2 - \boldsymbol{P}_1)\cdot\boldsymbol{n}\Delta S$$

式中，σ_e' 为 ΔS 上的极化面电荷密度. 因此

$$\sigma_e' = -(\boldsymbol{P}_2 - \boldsymbol{P}_1)\cdot\boldsymbol{n} \tag{2.5.7}$$

上式给出电介质界面上的极化面电荷密度与界面两侧极化强度的关系. 特别当 $\boldsymbol{P}_1 = \boldsymbol{P}$，$\boldsymbol{P}_2 = 0$（即电介质 2 为真空）时，由式(2.5.7)得

$$\sigma_e' = \boldsymbol{P}\cdot\boldsymbol{n} = P_n \tag{2.5.8}$$

式(2.5.8)给出位于真空中的电介质表面的极化面电荷密度与介质极化强度的关系.

当电介质在外场 $\boldsymbol{E}_0$ 作用下极化之后，介质中便会出现极化电荷，该极化电荷将会产生电场 $\boldsymbol{E}'$. 于是，空间中任一点的电场 $\boldsymbol{E}$ 应是 $\boldsymbol{E}_0$ 和 $\boldsymbol{E}'$ 的矢量和，即

$$\boldsymbol{E} = \boldsymbol{E}_0 + \boldsymbol{E}' \tag{2.5.9}$$

一般说来，极化电荷在电介质以外空间中产生的电场 $\boldsymbol{E}'$ 是很复杂的，应根据不同的情况具体分析. 但是，在电介质体内，极化电荷产生的电场 $\boldsymbol{E}'$ 总是与外场 $\boldsymbol{E}_0$ 方向相反，或大体相反，以至于总电场 $\boldsymbol{E}$ 较原来的外场 $\boldsymbol{E}_0$ 要弱，极化强度 $\boldsymbol{P}$ 也随之减弱. 因此，$\boldsymbol{E}'$ 总是起着减弱极化的作用，故称为退极化场. 这便从理论上解释了 2.4 节中所讲述过的法拉第的实验.

下面我们举例说明退极化场的计算和特性分析.

例 2.4

沿轴均匀极化的电介质圆棒，棒长为 $2l$，半径为 R，极化强度矢量为 $\boldsymbol{P}$，求极化电荷的分布以及体内轴线上任意一点的退极化场，参见图 2.17.

解　由于电介质均匀极化，故

$$\rho_e' = -\nabla\cdot\boldsymbol{P} = 0$$

$\boldsymbol{P}$ 沿轴向，设其为 z 轴方向，则在圆柱侧面上 $\boldsymbol{n}\perp\boldsymbol{P}$ 不会出现极化面电荷. 两端面法向指向体外，右端面 $\boldsymbol{n}_1 /\!/ \boldsymbol{P}$，左端面 $\boldsymbol{n}_2$ 与 $\boldsymbol{P}$ 反平行. 所以，在右端面上有 $\sigma_{e1}' = \boldsymbol{P}\cdot\boldsymbol{n}_1 = P$，在左端面上有 $\sigma_{e2}' = \boldsymbol{P}\cdot\boldsymbol{n}_2 = -P$. 这时的退极化场 $\boldsymbol{E}'$ 由面电荷密度分别为 σ_{e1}' 和 σ_{e2}' 的两圆盘产生(图 2.20). 取 A 点，它与原点 O(位于棒中心)距离为 z. 根据 1.7 节例 1.10 的结果，$\boldsymbol{E}_A'$ 与 z 轴反向，大小为

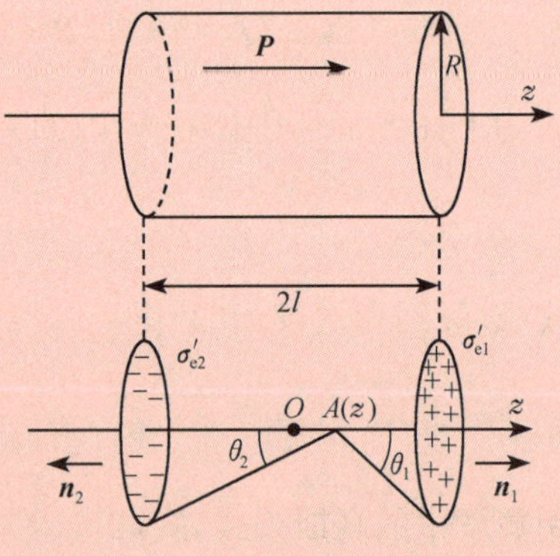

图 2.20　均匀极化的电介质圆棒

$$E_A' = \frac{P}{2\varepsilon_0}\left[1 - \frac{l-z}{\sqrt{(l-z)^2+R^2}}\right] + \frac{P}{2\varepsilon_0}\left[1 - \frac{l+z}{\sqrt{(l+z)^2+R^2}}\right]$$
$$= \frac{P(2-\cos\theta_1-\cos\theta_2)}{2\varepsilon_0}$$

可将上式写成矢量形式为

$$\boldsymbol{E}'(z)=-\frac{\boldsymbol{P}(2-\cos\theta_1-\cos\theta_2)}{2\varepsilon_0}$$

当 $\theta_1=\theta_2\to\pi/2$ 时，相应电介质圆棒变成半径 $R\gg 2l$ 的薄电介质圆盘，盘内轴线上一点的 $\boldsymbol{E}'=-\boldsymbol{P}/\varepsilon_0$；当 $\theta_1=\theta_2\to 0$ 时，对应电介质圆棒被视为无限长的细电介质棒，其棒内的 $\boldsymbol{E}'=0$，有 $\boldsymbol{E}=\boldsymbol{E}_0$.

例 2.5

一个半径为 R 的均匀极化的介质球，其电极化强度矢量为 $\boldsymbol{P}$，求表面上的极化电荷分布和球心处的退极化场.

解 如图 2.21 所示，取球心为原点 O，z 轴沿 $\boldsymbol{P}$ 的方向，介质球表面法向矢量 $\boldsymbol{n}$ 位于径向方向. 于是有

$$\boldsymbol{P}=P\hat{\boldsymbol{z}},\quad \rho'_e=-\nabla\cdot\boldsymbol{P}=0$$

$$\sigma'_e=\boldsymbol{P}\cdot\boldsymbol{n}=P\cos\theta$$

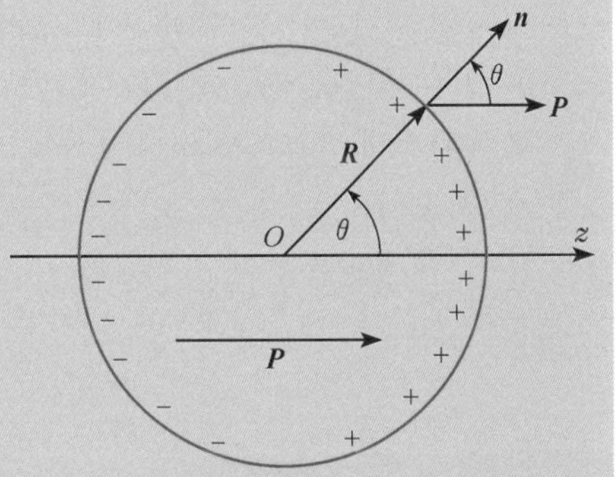

图 2.21 均匀极化的介质球

下面由求得的极化电荷的分布计算退极化场 $\boldsymbol{E}'$. 取球面上任一宏观无穷小面元 $\mathrm{d}S$，所带的极化电量为 $\mathrm{d}q'=\sigma'_e\mathrm{d}S$，在球心产生的电场为 $\mathrm{d}\boldsymbol{E}'$，其大小为

$$\begin{aligned}\mathrm{d}E'&=\frac{1}{4\pi\varepsilon_0}\frac{\sigma'_e\mathrm{d}S}{R^2}\\&=\frac{1}{4\pi\varepsilon_0R^2}P\cos\theta R^2\sin\theta\,\mathrm{d}\theta\,\mathrm{d}\varphi\\&=\frac{P}{4\pi\varepsilon_0}\cos\theta\sin\theta\,\mathrm{d}\theta\,\mathrm{d}\varphi\end{aligned}$$

由于 $\mathrm{d}\boldsymbol{E}'$ 相对 z 轴对称分布，经合成得到的退极化场 $\boldsymbol{E}'$ 只有 z 分量，结果为

$$E'_z=\int_0^{\pi}\int_0^{2\pi}\frac{P}{4\pi\varepsilon_0}\cos\theta\sin\theta\cos(\pi-\theta)\,\mathrm{d}\theta\,\mathrm{d}\varphi=-\frac{P}{3\varepsilon_0}$$

$$\boldsymbol{E}'=E'_z\hat{\boldsymbol{z}}=-\frac{P}{3\varepsilon_0}\hat{\boldsymbol{z}}=-\frac{\boldsymbol{P}}{3\varepsilon_0}$$

从上面例子可以看到，均匀极化的介质球的球心处的 $\boldsymbol{E}'$ 与 $\boldsymbol{P}$ 反向. 应用电动力学知识可证明，处于均匀外电场中的均匀电介质球将被均匀极化，极化强度与外场 $\boldsymbol{E}_0$ 同向，球内退极化场均匀且与 $\boldsymbol{E}_0$ 反向. 将介质球换成介质椭球，有同样的结论成立. 至于电介质体具有任意几何形状，或电介质处于非均匀极化状态，则介质体内的 $\boldsymbol{E}'$ 只是大体上与外场 $\boldsymbol{E}_0$ 的方向相反.

2.5.2 $\boldsymbol{P}$ 与电场 $\boldsymbol{E}$ 的关系

电介质内任一点的极化强度 $\boldsymbol{P}$ 是由在该点的总电场 $\boldsymbol{E}=\boldsymbol{E}_0+\boldsymbol{E}'$ 决定的，而不单单来自外场 $\boldsymbol{E}_0$ 的作用. $\boldsymbol{P}$ 与 $\boldsymbol{E}$ 的关系就是极化规律. 不同的电介质，极化规律不同，可由实验测定. 按照 $\boldsymbol{P}$ 与 $\boldsymbol{E}$ 的关系，电介质大体可分为下面几种.

(1) 各向同性电介质. 这种电介质被极化之后，体内 $\boldsymbol{P}$ 与 $\boldsymbol{E}$ 方向相同，并且有简单的正比

关系

$$\boldsymbol{P}=\chi_e\varepsilon_0\boldsymbol{E} \tag{2.5.10}$$

式中，比例系数 χ_e 称为极化率，由电介质的性质决定. 例如，氢气、氧气、氮气、水、氨、液态苯等都属于各向同性电介质. 当场强不大时，χ_e 与 $\boldsymbol{E}$ 无关，则介质属于"线性"介质；当场强很大时，χ_e 与 $\boldsymbol{E}$ 有关，介质变为非线性的. 另外，对取向极化电介质，如水、氨等，它们的 χ_e 还与温度有关.

如上节所述，分子的极化主要有两种形式：

(a)具有固有电偶极矩的有极分子，在电场作用下使其从杂乱无章的状态变成排列整齐的状态，即为取向极化.

(b)无固有电偶极矩的无极分子，在电场作用下是每个分子感生出电偶极矩，即为位移极化.

对有极分子，每个分子的电偶极矩为 $\boldsymbol{p}_0$，并不一定沿电场方向，电偶极矩在电场 $\boldsymbol{E}$ 中的电势能为 $W=-\boldsymbol{p}_0\cdot\boldsymbol{E}=-p_0E\cos\theta$，分子热运动使分子趋于与电场方向相反，1905 年，朗之万采用经典系统研究极化分子在电场存在时的平均取向，分子电偶极矩在空间的取向满足玻尔兹曼分布规律，$\mathrm{d}n(\theta)=C\mathrm{e}^{\frac{p_0E\cos\theta}{kT}}\sin\theta\mathrm{d}\theta$，其中 T 是热力学温度，k 是玻尔兹曼常量，C 是归一化系数，对全空间积分的总分子数为 n_0，则 $C=n_0/2$，通常 $W=-p_0E\cos\theta\ll kT$，采用一阶近似，即 $\mathrm{e}^x\approx1+x$，则有

$$\mathrm{d}n(\theta)=\frac{n_0}{2}\left(1+\frac{p_0E\cos\theta}{kT}\right)\sin\theta\mathrm{d}\theta$$

则分子系统的平均电偶极矩为

$$\bar{p}=\int p_0\cos\theta\mathrm{d}n(\theta)\approx\frac{p_0^2}{3kT}E$$

极化强度即为单位体积的电偶极矩，即

$$P=n\bar{p}=\frac{np_0^2}{3kT}E$$

式中 n 为单位体积的分子数，如果写成 $P=\chi_e\varepsilon_0E$，则有 $\chi_e=\dfrac{np_0^2}{\varepsilon_0 3kT}\sim\dfrac{1}{T}$，即极化率与温度成反比.

对无极分子，一个电中性的原子或分子在外场 $\boldsymbol{E}_0$ 作用下使其正负电荷分布不再对称，以球模型为例，一个半径为 R 的球型原子或分子在外场中的感生电偶极矩为 $\boldsymbol{p}=\alpha\boldsymbol{E}_0$，其中 $\boldsymbol{\alpha}$ 是极化性(微观极化率)，$\alpha=4\pi\varepsilon_0R^3$. 均匀极化球在内部产生的场 $\boldsymbol{E}'=-\dfrac{P}{3\varepsilon_0}$，总电场为

$$\boldsymbol{E}=\boldsymbol{E}'+\boldsymbol{E}_0=-\frac{\boldsymbol{P}}{3\varepsilon_0}+\boldsymbol{E}_0$$

所以外场可以总场表示为 $\boldsymbol{E}_0=\dfrac{\boldsymbol{P}}{3\varepsilon_0}+\boldsymbol{E}$，因此 $\boldsymbol{P}=n\boldsymbol{p}=\alpha n\boldsymbol{E}_0=\alpha n\left(\boldsymbol{E}_0+\dfrac{\boldsymbol{P}}{3\varepsilon_0}\right)$. 解得

$$\boldsymbol{P}=\frac{n\alpha}{1-n\alpha/3\varepsilon_0}\boldsymbol{E}$$

与 $\boldsymbol{P}=\varepsilon_0\chi\boldsymbol{E}$ 比较得到

$$\chi_e = \frac{n\alpha/\varepsilon_0}{1 - n\alpha/3\varepsilon_0}$$

也可以改写成

$$\frac{\varepsilon_r - 1}{\varepsilon_r + 2} = \frac{n\alpha}{3\varepsilon_0}$$

这个式子称为克劳修斯-莫索提方程. 在多种分子的情况下,上式改写为

$$\frac{\varepsilon_r - 1}{\varepsilon_r + 2} = \sum_i \frac{n_i\alpha_i}{3\varepsilon_0}$$

(2) 各向异性电介质. 一些晶体材料(如石英)被极化之后,$\boldsymbol{P}$ 与 $\boldsymbol{E}$ 不平行,关系较为复杂. 在直角坐标系中,可将这一关系写为

$$\begin{cases} P_x = (\chi_e)_{xx}\varepsilon_0 E_x + (\chi_e)_{xy}\varepsilon_0 E_y + (\chi_e)_{xz}\varepsilon_0 E_z \\ P_y = (\chi_e)_{yx}\varepsilon_0 E_x + (\chi_e)_{yy}\varepsilon_0 E_y + (\chi_e)_{yz}\varepsilon_0 E_z \\ P_z = (\chi_e)_{zx}\varepsilon_0 E_x + (\chi_e)_{zy}\varepsilon_0 E_y + (\chi_e)_{zz}\varepsilon_0 E_z \end{cases} \tag{2.5.11}$$

这时极化率有 9 个分量,通常称它为极化率张量. 对线性介质,极化率张量与 $\boldsymbol{E}$ 无关,且为对称张量,即 $(\chi_e)_{xy} = (\chi_e)_{yx}$,$(\chi_e)_{xz} = (\chi_e)_{zx}$,$(\chi_e)_{yz} = (\chi_e)_{zy}$.

若极化率 χ_e 与 $\boldsymbol{E}$ 无关,且可忽略介质损耗,如可忽略其发热损耗,则以上两种介质统称为线性无损耗介质.

(3) 铁电体. 钛酸钡($BaTiO_3$)一类电介质属于铁电体,应用十分广泛. 铁电体的极化规律如图 2.22 所示. 当电场 E 从 0 开始向正方向增大,极化强度 P 随着增大,其关系由 OA 曲线表示,A 点为饱和点. 自 A 点开始,使 E 逐渐减小到零,P 将沿着 AB 曲线所指示的方向减小,至 B 点处取非零值,称为剩余电极化强度. 如果让 E 反向增幅,至点 C 处才有 $P=0$. 当 E 继续反向增幅,P 达到反向饱和点 A'. 自 A' 点开始,让 E 沿正方向变化返回 A 点,则 P 的变化由曲线 $A'B'C'A$ 表示. 上述极化过程得到的一条闭和曲线,称为电滞回线.

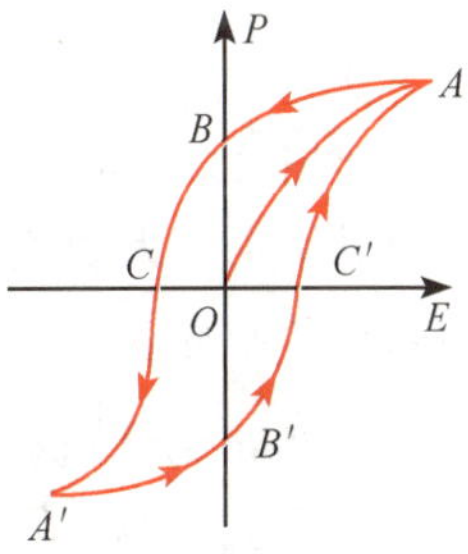

图 2.22　电滞回线

铁电体的极化性质与温度有一独特关系. 任何铁电体存在一个转变温度,称为居里温度或居里点. 当温度高于居里点时,铁电体便和普通电介质性质一样;只有在温度低于居里点时,铁电体才具有特有的极化性质. 对不同的铁电体,存在各自的居里点,如 $BaTiO_3$ 的居里点为 120℃.

(4) 压电体. 铁电体同时也是压电体,但压电体不一定是铁电体,如石英是压电体但不是铁电体. 当铁电体或者其他压电体发生机械形变(如压缩或伸长)时,会在与形变方向垂直的两个面上产生异号电荷. 这种没有外电场存在时,仅由形变而引起极化的现象称为压电效应. 图 2.23(a)和(b)分别表示纵向压电效应和横向压电效应. 由于两面上出现符号相反的极化电荷,便产生了电势差. 利用压电晶体可将机械振动转变为电振动信号,设计出测量各种机件上承受压力的仪器,以及制造晶体式话筒、电唱头、扬声器等.

压电效应还有逆效应:当在晶体两面上加电场时,晶体会发生机械形变,即伸长或缩短. 逆压电效应也有广泛的应用. 例如,石英和其他压电晶体薄片,在交变电压的作用下引起的振动有极稳定的频率,可以用来制造钟表、受话器的耳机和激发超声波(频率大于 2×10^4 Hz 的声波).

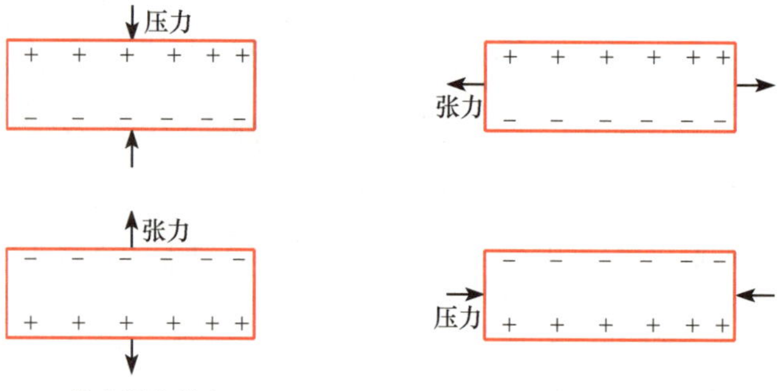

图 2.23　压电效应

我国科学家严济慈先生(曾任中国科学技术大学校长)1923 年赴法国留学,师从著名物理学家莫里斯·法布里教授,他用单色光测到了石英片通电后在 0.1 μm 数量级上下的细微变化. 严济慈先生的博士论文《石英在电场下的形变和光学特性变化的实验研究》,由导师法布里在出席的法国科学院院士例会上宣读,引起了法国科学界的轰动.

(5) 永电体或驻极体. 石蜡属于永电体. 将石蜡熔解为液态,然后加上外电场使其极化,并让其凝固. 当撤去外电场后,固态石蜡将保留极化特性,处于永恒极化状态. 类似这样的固体都称永电体或驻极体.

例 2.6

如图 2.24 所示,平行板电容器两极板间充满极化率为χ_e的均匀电介质. 充电后两极板上的自由电荷面密度分别为$\pm\sigma_{e0}$,求电介质的极化面电荷密度、电介质内的极化强度、电场和电容器的电容.

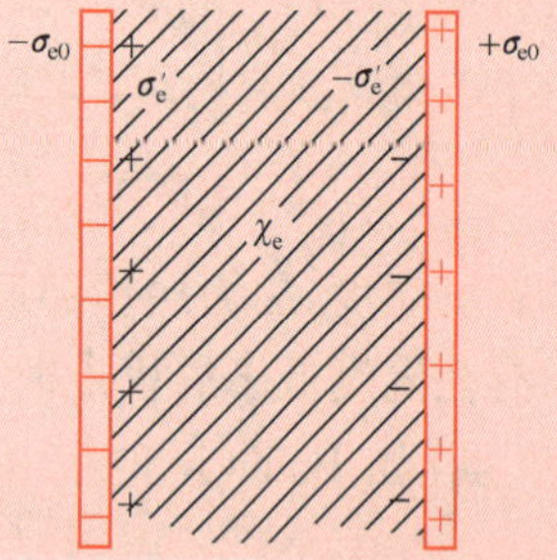

图 2.24　充满均匀电介质的平行板电容器

解　在电容器内部,极化强度与电场同向,介质表面的极化面电荷与极板自由面电荷反号,如图 2.24 所示. 设极化面电荷密度大小为σ_e'. 由对称性可知,电容器内的极化强度$\boldsymbol{P}$、退极化场$\boldsymbol{E}'$和电场$\boldsymbol{E}$均与极板垂直,有

$$E = E_0 + E', \quad E_0 = \sigma_{e0}/\varepsilon_0$$

$$E' = -\sigma_e'/\varepsilon_0 = -P/\varepsilon_0 = -\chi_e E$$

从中解得

$$E = \frac{\sigma_{e0}}{(1+\chi_e)\varepsilon_0}, \quad \sigma_e' = \chi_e\varepsilon_0 E = \frac{\chi_e\sigma_{e0}}{1+\chi_e}$$

相应求得电容器的电容为

$$C = \frac{Q}{U} = \frac{\sigma_{e0}S}{Ed} = \frac{(1+\chi_e)\varepsilon_0 S}{d} = (1+\chi_e)C_0$$

式中,C_0为真空平行板电容器电容. 定义$\varepsilon_r = 1+\chi_e$,则有$C=\varepsilon_r C_0$. 我们将ε_r称为相对介电常量,将$\varepsilon \equiv \varepsilon_r\varepsilon_0$称为介电常量. 由此可知,通过测量含介质的电容器的电容,可以确定相应介质的介电常量.

电介质不仅能使电容增大到ε_r倍,而且通过选用合适的电介质材料,可以显著提高电容器的耐压性能. 在通常情况下,电介质是不导电的. 但在很强的电场中,它们的绝缘性能会遭受破坏,称为介质的击穿. 一种电介质所能承受的最大电场强度,称为这种介质的介电强度,它表征电容器的耐压能力. 在表 2.1 中,我们列出了一些常见电介质的相对介电常量和介电强度.

表 2.1 电介质的相对介电常量和介电强度

电介质	相对介电常量 ε_r	介电强度/$(kV \cdot mm^{-1})$
干燥的空气	1.0006	4.7
蒸馏水	81	30
硬纸	5	15
蜡纸	5	30
普通玻璃	7	15
石英玻璃	4.2	25
云母	6	80
石蜡	2.1	40
瓷	5.7～6.8	6～20
变压器油	2.4	20
电木	5～7.6	10～20
聚乙烯	2.3	18
聚苯乙烯	2.6	20～28
聚四氟乙烯	2.0	35
硬橡胶	2.7	10
二氧化钛	100	6
钛酸钡	10^3～10^4	3
氧化钽	11.6	15

2.6 电介质中静电场的基本定理

2.6.1 高斯定理

从 2.5 节可知,电介质的特点是在外场中会被极化,出现极化电荷,并产生退极化场. 从静电学角度分析,介质的作用就是提供附加的极化电荷. 因此,真空中静电场的高斯定理可以直接推广到电介质中的静电场. 令 ρ_e 为总电荷密度,它等于自由电荷密度 ρ_{e0} 和极化电荷密度 ρ'_e 之和,即

$$\rho_e = \rho_{e0} + \rho'_e \tag{2.6.1}$$

则由高斯定理可得

$$\oint\!\!\!\oint_S \boldsymbol{E} \cdot d\boldsymbol{S} = \frac{1}{\varepsilon_0}\iiint_V \rho_e dV = \frac{1}{\varepsilon_0}\iiint_V (\rho_{e0} + \rho'_e) dV \tag{2.6.2}$$

式中

$$\boldsymbol{E} = \boldsymbol{E}_0 + \boldsymbol{E}' \tag{2.6.3}$$

为总电场. 式(2.6.2)的微分形式为

$$\nabla \cdot \boldsymbol{E} = \frac{\rho_e}{\varepsilon_0} = \frac{1}{\varepsilon_0}(\rho_{e0} + \rho'_e) \tag{2.6.4}$$

将 2.5 节的式(2.5.6)代入式(2.6.2)可得

$$\oiint_S \boldsymbol{E}\cdot \mathrm{d}\boldsymbol{S} = \frac{1}{\varepsilon_0}\iiint_V \rho_{e0}\,\mathrm{d}V - \frac{1}{\varepsilon_0}\oiint_S \boldsymbol{P}\cdot \mathrm{d}\boldsymbol{S}$$

$$\oiint_S (\varepsilon_0 \boldsymbol{E} + \boldsymbol{P})\cdot \mathrm{d}\boldsymbol{S} = \iiint_V \rho_{e0}\,\mathrm{d}V \tag{2.6.5}$$

引入辅助矢量

$$\boldsymbol{D} = \varepsilon_0 \boldsymbol{E} + \boldsymbol{P} \tag{2.6.6}$$

称为电位移矢量，可将式(2.6.5)改写为

$$\oiint_S \boldsymbol{D}\cdot \mathrm{d}\boldsymbol{S} = \iiint_V \rho_{e0}\,\mathrm{d}V = Q_0 \tag{2.6.7}$$

式中，Q_0 为 S 内全部自由电荷的电量. 式(2.6.7)就是电介质中的高斯定理，注意式中不显含极化电荷. 该式的微分形式为

$$\nabla\cdot \boldsymbol{D} = \rho_{e0} \tag{2.6.8}$$

对线性各向同性介质，2.5 节的式(2.5.10)成立，将它代入式(2.6.6)得

$$\boldsymbol{D} = \varepsilon \boldsymbol{E} \tag{2.6.9}$$

式中

$$\varepsilon = (1+\chi_e)\varepsilon_0 = \varepsilon_r \varepsilon_0 \tag{2.6.10}$$

即前面提到过的介电常量. 若介质均匀，即 ε 为常数，则将式(2.6.9)代入式(2.6.8)，并利用式(2.6.4)可得

$$\nabla\cdot \boldsymbol{E} = \frac{\rho_{e0}}{\varepsilon} = \frac{\rho_e}{\varepsilon_0} = \frac{\rho_{e0}+\rho_e'}{\varepsilon_0}$$

据此导出

$$\rho_e = \frac{\varepsilon_0}{\varepsilon}\rho_{e0} = \frac{1}{\varepsilon_r}\rho_{e0},\quad \rho_e' = -\frac{\varepsilon-\varepsilon_0}{\varepsilon}\rho_{e0} = -\frac{\varepsilon_r - 1}{\varepsilon_r}\rho_{e0} \tag{2.6.11}$$

这说明均匀线性各向同性介质中的电荷密度为自由电荷密度的 ε_r^{-1} 倍，而极化电荷密度则为自由电荷密度的 $-(\varepsilon_r-1)/\varepsilon_r$ 倍；极化电荷总是伴随自由电荷一起出现，且符号相反.

极化电荷也是满足电荷守恒定理的，假设一个任意形状的电介质被外场极化，则这个介质的总极化电荷为体极化电荷和面极化电荷之和，则

$$\begin{aligned} Q' = Q_S' + Q_V' &= \oiint_S \sigma' \mathrm{d}S + \iiint_V \rho' \mathrm{d}V \\ &= \oiint_S \boldsymbol{P}'\cdot \boldsymbol{n}\mathrm{d}S + \iiint_V (-\nabla\cdot \boldsymbol{P})\mathrm{d}V \\ &= \iiint_V (\nabla\cdot \boldsymbol{P})\mathrm{d}V + \iiint_V (-\nabla\cdot \boldsymbol{P})\mathrm{d}V \\ &= 0 \end{aligned}$$

注意，真正描写电场的物理量仍是 $\boldsymbol{E}$，不是 $\boldsymbol{D}$. 由式(2.6.7)和式(2.6.8)可见，引进辅助量 $\boldsymbol{D}$ 的好处是，高斯定理中只出现自由电荷，不直接涉及极化电荷. 对于线性各向同性介质且具有一维对称性的情况，可从式(2.6.8)出发，由给定的自由电荷分布直接计算 $\boldsymbol{D}$，再利用式(2.6.9)求 $\boldsymbol{E}$，利用式(2.6.6)求 $\boldsymbol{P}$，最终由 $\boldsymbol{P}$ 确定极化电荷的分布，从而简化计算过程. 下面举一个例子来说明式(2.6.7)的应用.

例 2.7

如图 2.25 所示，一个半径为 R_1 的导体球，所带电量为 Q_0，由介电常量为 ε 的均匀电介质球壳所包围，壳的外半径为 R_2. 求空间的电场分布、介质的极化电荷分布以及导体球的电势.

解　将全空间分为三个区域，如图 2.25 中罗马数所示. 由于带电体及均匀介质的球对称性，我们可以判知电场分布具有一维对称性. 因此，可以分别在Ⅰ、Ⅱ、Ⅲ区域中，取以 O 为球心的球面为高斯面. 应用高斯定理(2.6.7)，我们有

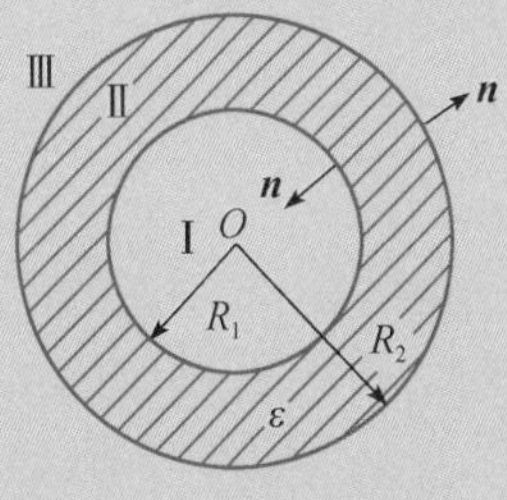

图 2.25　导体球和电介质球壳

$$\oiint_S \boldsymbol{D}\cdot \mathrm{d}\boldsymbol{S} = 4\pi r^2 D = Q_0$$

分别得到

$$\boldsymbol{D}=0,\quad \boldsymbol{E}_{\mathrm{I}}=0\quad (r<R_1, \mathrm{I}\ 区)$$

$$\boldsymbol{D}=\frac{Q_0}{4\pi r^3}\boldsymbol{r},\quad \boldsymbol{E}_{\mathrm{II}}=\frac{Q_0}{4\pi\varepsilon r^3}\boldsymbol{r}\quad (R_1\leqslant r\leqslant R_2, \mathrm{II}\ 区)$$

$$\boldsymbol{D}=\frac{Q_0}{4\pi r^3}\boldsymbol{r},\quad \boldsymbol{E}_{\mathrm{III}}=\frac{Q_0}{4\pi\varepsilon_0 r^3}\boldsymbol{r}\quad (r>R_2, \mathrm{III}\ 区)$$

在介质中，有

$$\boldsymbol{P}=\chi_e\varepsilon_0\boldsymbol{E}=\frac{(\varepsilon-\varepsilon_0)Q_0}{4\pi\varepsilon r^3}\boldsymbol{r}$$

在 $r=R_1$ 的介质面上，有

$$\sigma'_{e1}=\boldsymbol{P}(R_1)\cdot\boldsymbol{n}=-\frac{(\varepsilon-\varepsilon_0)Q_0}{4\pi\varepsilon R_1^2}=-\frac{\varepsilon-\varepsilon_0}{\varepsilon}\sigma_{e0}$$

在 $r=R_2$ 的介质面上，有

$$\sigma'_{e2}=\boldsymbol{P}(R_2)\cdot\boldsymbol{n}=\frac{(\varepsilon-\varepsilon_0)Q_0}{4\pi\varepsilon R_2^2}=\frac{(\varepsilon-\varepsilon_0)R_1^2}{\varepsilon R_2^2}\sigma_{e0}$$

在介质中，有

$$\rho'_e=-\nabla\cdot\boldsymbol{P}=0$$

导体球是个等势体，则

$$U=\int_{R_1}^{\infty}\boldsymbol{E}\cdot\mathrm{d}\boldsymbol{l}=\int_{R_1}^{R_2}\boldsymbol{E}_{\mathrm{II}}\cdot\mathrm{d}\boldsymbol{l}+\int_{R_2}^{\infty}\boldsymbol{E}_{\mathrm{III}}\cdot\mathrm{d}\boldsymbol{l}=\frac{Q_0}{4\pi\varepsilon}\left(\frac{1}{R_1}-\frac{1}{R_2}\right)+\frac{Q_0}{4\pi\varepsilon_0 R_2}$$

直接从 $\boldsymbol{D}$ 出发利用高斯定理求解一维问题，容易给人留下一个印象，似乎 $\boldsymbol{D}$ 完全由自由电荷分布决定. 其实这是一种误解. 实际上，从式(2.6.7)和式(2.6.8)出发，只能说 $\boldsymbol{D}$ 穿过高斯面的通量或它的散度由自由电荷分布决定，不能做出 $\boldsymbol{D}$ 本身完全由自由电荷分布决定的结论. 对不属于一维对称的情况，$\boldsymbol{D}$ 不仅与自由电荷有关，而且与电介质的介电常量的空间分布，以及介质极化产生的极化电荷有关，问题比较复杂.

2.7 节我们将分析一些特定的分区均匀介质问题，从中可进一步体会 $\boldsymbol{D}$ 的引入所带来的简化. 总之，从分析电介质性能入手，给出 $\boldsymbol{D}$ 和 $\boldsymbol{E}$ 的确定关系式，对分析解决电介质中的电场问题具有十分重要的意义.

2.6.2　环路定理

因为 $\boldsymbol{E}_0$ 和 $\boldsymbol{E}'$ 都是保守场，均满足环路定理(1.6.3)(见 1.6 节)，所以 $\boldsymbol{E}=\boldsymbol{E}_0+\boldsymbol{E}'$ 也满足环

路定理，即

$$\oint_L \boldsymbol{E}\cdot \mathrm{d}\boldsymbol{l}=0 \tag{2.6.12}$$

或者

$$\nabla\times\boldsymbol{E}=0 \tag{2.6.13}$$

这表明有介质存在时，静电场仍是一个无旋场，即保守场，从而仍可以用电势 U 描写，即仍有 $\boldsymbol{E}=-\nabla U$.

在结束本节之前，我们简单提一下电位移线的概念和它的基本性质. 所谓电位移线，是指电场空间中的一组曲线，沿曲线每点的切线和该点的电位移矢量平行. 为叙述简便起见，以下简称 $\boldsymbol{D}$ 线. 类比电场线数密度的概念，我们可以定义 $\boldsymbol{D}$ 线的数密度，它在数值上等于 $\boldsymbol{D}$ 的大小. 由 $\boldsymbol{D}$ 满足的高斯定理(2.6.7)，可推断 $\boldsymbol{D}$ 线只能起止于自由电荷或无穷远，不能起止于没有自由电荷的电介质或真空之中. 对各向同性电介质而言，$\boldsymbol{D}$ 与 $\boldsymbol{E}$ 处处平行，且方向相同. 若电场线不能闭合，则电位移线也不能闭合；若电场线自高电势指向低电势，则 $\boldsymbol{D}$ 线也由高电势指向低电势；若同一根电场线不能与同一等势面相交两次或多次，则 $\boldsymbol{D}$ 线也不能与同一等势面相交两次或多次. 在 2.7 节中将用 $\boldsymbol{D}$ 线的上述性质来证明静电场的唯一性定理.

特别需要强调的是，在驻极体情况下，由于极化是固有的，不是由外场引起的，因此只能使用定义式 $\boldsymbol{D}=\varepsilon_0\boldsymbol{E}+\boldsymbol{P}$，公式 $\boldsymbol{D}=\varepsilon_0\varepsilon_r\boldsymbol{E}$ 和 $\boldsymbol{P}=\varepsilon_0(\varepsilon_r-1)\boldsymbol{E}$ 在此情况不成立. 例如，一个半径为 R，相对介电常量为 ε_r 的固有极化球，极化强度为 $\boldsymbol{P}$，则球内的电场为 $\boldsymbol{E}_{内}=-\dfrac{\boldsymbol{P}}{3\varepsilon_0}$，即球内 $\boldsymbol{E}$ 线与 $\boldsymbol{P}$ 线方向相反，球内的电位移矢量为 $\boldsymbol{D}_{内}=\varepsilon_0\boldsymbol{E}_{内}+\boldsymbol{P}=\dfrac{2\boldsymbol{P}}{3}$，即球内 $\boldsymbol{D}$ 线与 $\boldsymbol{P}$ 线方向相同；球外的电场强度为 $\boldsymbol{E}_{外}=\dfrac{1}{4\pi\varepsilon_0}\left[\dfrac{3(\boldsymbol{p}\cdot\boldsymbol{e}_r)\boldsymbol{e}_r-\boldsymbol{p}}{r^3}\right]$，这里等效电偶极矩为 $\boldsymbol{p}=\dfrac{4}{3}\pi R^3\boldsymbol{P}$，由于球外为真空，不会极化，因此球外的电位移矢量为 $\boldsymbol{D}_{外}=\varepsilon_0\boldsymbol{E}_{外}+\boldsymbol{P}=\varepsilon_0\boldsymbol{E}_{外}$. 该固有极化球内外的 $\boldsymbol{P}$ 线、$\boldsymbol{E}$ 线和 $\boldsymbol{D}$ 线如图 2.26 所示.

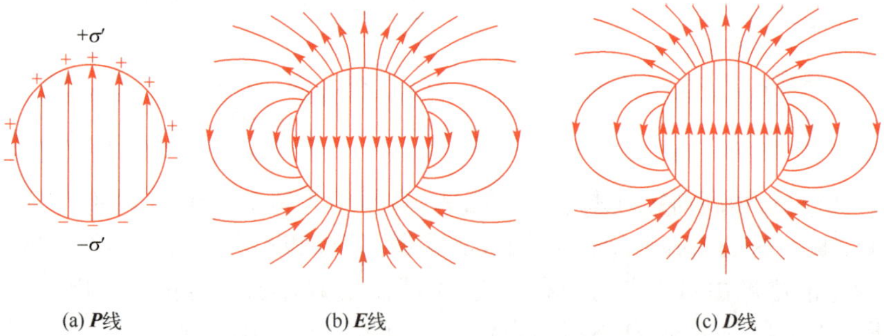

(a) **P**线　(b) **E**线　(c) **D**线

图 2.26　固有极化球的 $\boldsymbol{P}$ 线、$\boldsymbol{E}$ 线和 $\boldsymbol{D}$ 线

2.7　边值关系和唯一性定理

当我们研究电介质中的电场分布时，常常会遇到两种介质的交界面. 穿过交界面时，电场强度就会突变. 界面两侧电场满足的关系称为“边值关系”. 在遇到由几种不同介质所组成的区域中的电场问题时，要用到这些边值关系.

2.7.1 电场强度

图 2.27 表示由介电常量分别为 ε_1 和 ε_2 两种介质构成的交界面.我们首先研究界面两侧电场强度切向分量的关系.为此,我们跨越界面选取一扁状矩形回路(见图 2.27),长边为 $L_1=L_2$,短边为 $L_3=L_4$,对该回路使用环路定理.当 $L_3=L_4\to 0$ 时,因电场强度在界面附近的法向分量为有限值,故两条短边对环量的贡献为零,只需考虑两条长边的贡献,结果如下:

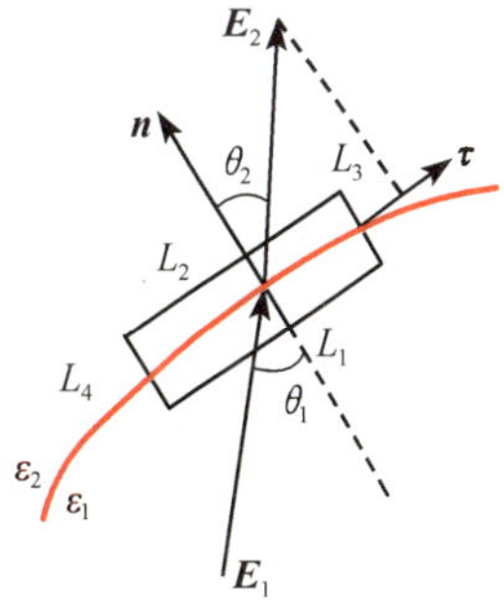

图 2.27 电场切向分量连续

$$0=\oint_L \boldsymbol{E}\cdot \mathrm{d}\boldsymbol{l}\approx L_1E_{\tau 1}-L_2E_{\tau 2} \tag{2.7.1}$$

式中,$E_{\tau 1}$、$E_{\tau 2}$分别是电场在界面两侧与 L_1 或 L_2 平行的切向分量,分别在长边 L_1 和 L_2 的中心处取值.当 $L_1=L_2\to 0$ 时,式(2.7.1)精确成立,即 $E_{\tau 1}=E_{\tau 2}$.由 L_1 和 L_2 取向的任意性,可推断

$$\boldsymbol{E}_{\tau 1}=\boldsymbol{E}_{\tau 2} \quad 或 \quad \boldsymbol{n}\times(\boldsymbol{E}_2-\boldsymbol{E}_1)=0 \tag{2.7.2}$$

式中,$\boldsymbol{E}_{\tau 1}$和 $\boldsymbol{E}_{\tau 2}$分别是电场在界面两侧的切向电场(仍为矢量).式(2.7.2)表明,界面两侧的切向电场强度相等,或者说切向电场强度连续.

2.7.2 电位移矢量

跨越界面作柱形高斯面,如图 2.28 所示.当柱面高 $h\to 0$ 时,侧面积趋于零,通过侧面的电通量等于零,且有 $\Delta S_1\to\Delta S_2\equiv\Delta S$.由高斯定理得

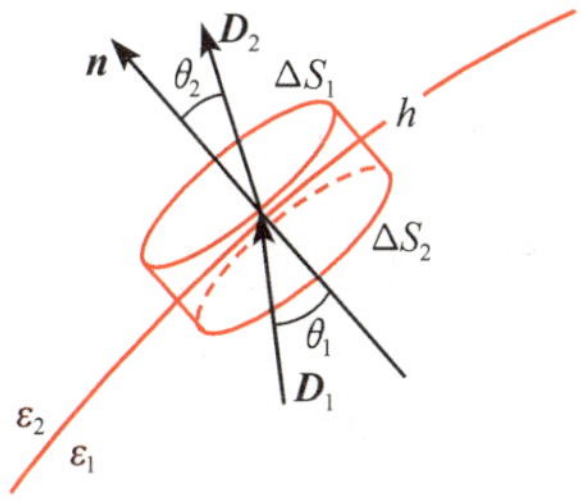

图 2.28 电位移法向分量边值关系

$$\sigma_{e0}\Delta S=\oiint_S \boldsymbol{D}\cdot \mathrm{d}\boldsymbol{S}\approx(D_{n2}-D_{n1})\Delta S \tag{2.7.3}$$

式中,D_{n1}和 D_{n2}分别在 ΔS_1 和 ΔS_2 中心处取值.进一步让 ΔS 趋于零,则式(2.7.3)成立,求得如下边值关系:

$$D_{n2}-D_{n1}=\sigma_{e0} \quad 或 \quad \boldsymbol{n}\cdot(\boldsymbol{D}_2-\boldsymbol{D}_1)=\sigma_{e0} \tag{2.7.4}$$

在电介质的界面上,一般 $\sigma_{e0}=0$,即无自由电荷,式(2.7.4)化为

$$D_{n2}=D_{n1} \quad 或 \quad \boldsymbol{n}\cdot(\boldsymbol{D}_2-\boldsymbol{D}_1)=0 \tag{2.7.5}$$

意即电介质界面上电位移矢量的法向分量连续.

从式(2.5.7)即$(\boldsymbol{P}_1-\boldsymbol{P}_2)\cdot\boldsymbol{n}=\sigma'_e$和式(2.7.4)出发,可证

$$(\boldsymbol{E}_2-\boldsymbol{E}_1)\cdot\boldsymbol{n}=\frac{\sigma_e}{\varepsilon_0} \tag{2.7.6}$$

上式常用来计算界面上的总面电荷密度 σ_e.

如果电介质是线性各向同性的,则通过式(2.6.9)可将式(2.7.5)写成 $\varepsilon_1E_{n1}=\varepsilon_2E_{n2}$,即

$$\frac{E_{n1}}{E_{n2}}=\frac{\varepsilon_2}{\varepsilon_1} \tag{2.7.7}$$

利用式(2.7.2)和式(2.7.7),便得

$$\frac{E_{\tau1}/E_{n1}}{E_{\tau2}/E_{n2}}=\frac{\varepsilon_1}{\varepsilon_2},\quad \frac{\tan\theta_1}{\tan\theta_2}=\frac{\varepsilon_1}{\varepsilon_2} \tag{2.7.8}$$

式(2.7.8)说明，电场线在穿过电介质界面时会产生类似光线折射的现象.

2.7.3 电势

如图 2.29 所示，点 1 和点 2 分别位于界面两侧，与界面距离均为 h，其连线平行于法线 $\boldsymbol{n}$. 根据电势差的定义

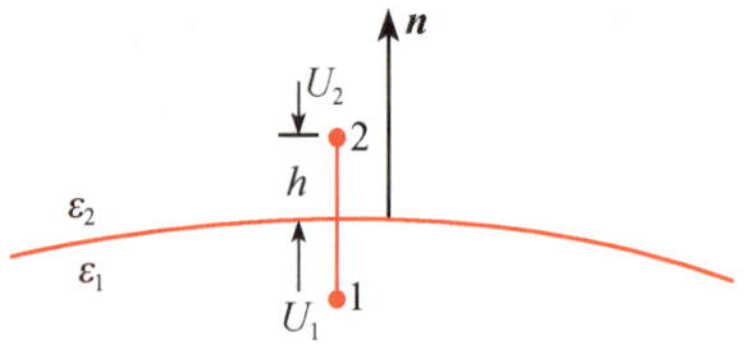

图 2.29 电势连续

$$U_1-U_2=\int_1^2 \boldsymbol{E}\cdot \mathrm{d}\boldsymbol{l}=h(E_{n1}+E_{n2})$$
$$=h\left(1+\frac{\varepsilon_1}{\varepsilon_2}\right)E_{n1}$$

其中用到式(2.7.7). 因为 E_{n1} 取有限值，故当 $h\to 0$ 时得

$$U_1=U_2 \tag{2.7.9}$$

式(2.7.9)说明，介质界面两侧电势连续. 其实，式(2.7.9)与式(2.7.2)是等价的. 由界面两侧电势的连续性，可推出电势沿界面的切向导数的连续性，从而界面两侧的切向电场也是连续的.

例 2.8

一个半径为 R 的均匀介质球，相对介电常量为 ε_r，放置在均匀外电场 E_0 中，求球内外的电场强度和球面的极化电荷面密度.

解 因为介质球在外电场中将被极化，球表面出现极化面电荷，极化电荷在球内和球外均会产生电场. 由于一个极化强度为 $\boldsymbol{P}$ 的极化球在球内产生的退极化强度是均匀的，其大小为

$$\boldsymbol{E}'=-\frac{\boldsymbol{P}}{3\varepsilon_0}$$

球内的总电场为

$$\boldsymbol{E}_{内}=\boldsymbol{E}_0+\boldsymbol{E}'=\boldsymbol{E}_0-\frac{\boldsymbol{P}}{3\varepsilon_0}=\boldsymbol{E}_0-\frac{\varepsilon_0(\varepsilon_r-1)}{3\varepsilon_0}\boldsymbol{E}=\boldsymbol{E}_0-\frac{\varepsilon_r-1}{3}\boldsymbol{E}$$

解之得

$$\boldsymbol{E}_{内}=\frac{3}{\varepsilon_r+2}\boldsymbol{E}_0$$

因此

$$\boldsymbol{P}=\frac{3\varepsilon_0(\varepsilon_r-1)}{\varepsilon_r+2}\boldsymbol{E}_0$$

等效电偶极矩为

$$\boldsymbol{p}=\boldsymbol{P}V=\boldsymbol{P}\,\frac{4}{3}\pi R^3=\frac{4\pi\varepsilon_0(\varepsilon_r-1)}{\varepsilon_r+2}\boldsymbol{E}_0R^3$$

球外电场为球心电偶极矩和均匀电场 E_0 的叠加，即

$$\begin{aligned}\boldsymbol{E}_{外}&=\boldsymbol{E}_0+\frac{p}{4\pi\varepsilon_0 r^3}(2\cos\theta\boldsymbol{e}_r+\sin\theta\boldsymbol{e}_\theta)\\&=E_0\cos\theta\boldsymbol{e}_r-E_0\sin\theta\boldsymbol{e}_\theta+\frac{(\varepsilon_r-1)R^3}{(\varepsilon_r+2)r^3}(2E_0\cos\theta\boldsymbol{e}_r+E_0\sin\theta\boldsymbol{e}_\theta)\\&=\left[\frac{2(\varepsilon_r-1)}{\varepsilon_r+2}\left(\frac{R}{r}\right)^3+1\right]E_0\cos\theta\boldsymbol{e}_r+\left[\frac{\varepsilon_r-1}{\varepsilon_r+2}\left(\frac{R}{r}\right)^3-1\right]E_0\sin\theta\boldsymbol{e}_\theta\end{aligned}$$

球面极化电荷面密度为

$$\sigma' = \boldsymbol{n} \cdot \boldsymbol{P} = \frac{3\varepsilon_0(\varepsilon_r - 1)}{\varepsilon_r + 2} E_0 \cos\theta$$

当 $\varepsilon_r \to \infty$ 时

$$\sigma = \lim_{\varepsilon_r \to \infty} \frac{3\varepsilon_0(\varepsilon_r - 1)}{\varepsilon_r + 2} E_0 \cos\theta = \lim_{\varepsilon_r \to \infty} \frac{3\varepsilon_0(1 - 1/\varepsilon_r)}{1 + 2/\varepsilon_r} E_0 \cos\theta = 3\varepsilon_0 E_0 \cos\theta$$

这正是导体球置于均匀电场中球面的感应电荷面密度.

2.7.4 静电场的唯一性定理

静电场满足高斯定理 $\nabla \cdot \boldsymbol{D} = \rho$，利用电场与电势的关系 $\boldsymbol{E} = -\nabla U$，我们得到

$$\nabla \cdot (\nabla U) = -\nabla \cdot \boldsymbol{E} = -\frac{1}{\varepsilon} \nabla \cdot \boldsymbol{D} = -\frac{\rho}{\varepsilon}$$

或改写为

$$\nabla^2 U = -\frac{\rho}{\varepsilon} \tag{2.7.10}$$

此即电势的泊松方程,若空间处处无自由电荷,则方程改写为

$$\nabla^2 U = 0 \tag{2.7.11}$$

此即电势的拉普拉斯方程.

若空间有一定的电荷分布,但在没有电荷之处,电势满足拉普拉斯方程,因此电势在这些点不可能取极值.若在这些点另外放置一个点电荷,则该点电荷也不可能处于稳定平衡状态. 1842 年英国数学家恩肖证明了该结论,称为恩肖定理:只受静电力作用的电荷不可能处于静止的平衡状态.所以求解静电场问题时,若给定了空间的自由电荷分布和边界条件,则本质上就是一个求解泊松方程或拉普拉斯方程的数学问题.

为了简单起见,我们下面讨论导体系统,对介质系统中的导体,也可以推广.

唯一性定理的表述:满足泊松方程或拉普拉斯方程及所给的全部边界条件的解是唯一的.

设求解空间的体积为 V,边界为 S,内部有若干个导体,导体的边界为 S_i,导体系统的边界条件分为三类:①所有边界包括导体的电势值 U_i 给定(即为常数),称为第一类边界问题;②所有边界处的电势的法线方向导数值 $\frac{\partial U_i}{\partial n}$ 给定,称为第二类边界问题;③一部分导体电势值给定,剩余导体的边界处的电势的法线方向导数值给定,称为混合边界问题.

我们采用反证法,假定有两组解 U_1 和 U_2 都满足区域 V 内的泊松方程及所给的边界条件,则我们构造一个新解 $U = U_1 - U_2$,在 V 内必满足拉普拉斯方程 $\nabla^2 U = 0$,在所有边界必满足 $U_i = 0$ 或 $\frac{\partial U_i}{\partial n}$，根据数学的格林公式

$$\iiint_V [\Phi \nabla^2 \varphi + (\nabla\Phi \cdot \nabla\varphi)] \mathrm{d}V = \oint\!\!\!\oint_S (\Phi \nabla\varphi) \cdot \mathrm{d}\boldsymbol{S}$$

令

$$\Phi = \varphi = U$$

格林公式改写为

$$\iiint_V (\nabla U)^2 \mathrm{d}V = \oiint_S \left(U \frac{\partial U}{\partial n}\right)\boldsymbol{n} \cdot \mathrm{d}\boldsymbol{S}$$

对第一类边界问题，在所有边界上 $U=0$，对第二类边界问题，在所有边界上 $\frac{\partial U}{\partial n}=0$，对第三类边界问题，一部分边界上 $U=0$，另一部分边界上 $\frac{\partial U}{\partial n}=0$，这三种边界条件均有 $\oiint_S \left(U \frac{\partial U}{\partial n}\right)\boldsymbol{n} \cdot \mathrm{d}\boldsymbol{S}=0$，因此得到

$$\iiint_V (\nabla U)^2 \mathrm{d}V = 0$$

亦即

$$\nabla U = 0$$

或 $U=U_1-U_2=c$，即两组解 U_1 和 U_2 都满足区域 V 只差一个常数 c，由于电势差一个常数电场是相同的，因此解是唯一的.

唯一性定理对静电学问题的分析和求解具有重要意义：它确保合理的尝试解或猜解就是待求的解，舍此别无其他.

运用唯一性定理，我们能够更清楚、确切地解释静电屏蔽现象. 见图 2.30(a)，当导体壳接地时，其电势 $U=0$，它把整个空间分成内、外两部分：内部以壳的内表面为边界；外部以壳的外表面及无穷远为边界. 对内部区域，图 2.30(b)与(a)给定的电荷分布及边界条件完全一样，所以它们的电场是唯一的，必须完全一样，与导体壳外部情况无关. 同理，图 2.30(c)中壳外部区域，由边界即导体球壳及无穷远处电势为 0，它的电场分布也是唯一的，与壳内状态无关. 因此，接地导体壳将内部与外部的电场完全隔离开来，互不影响，达到理想屏蔽.

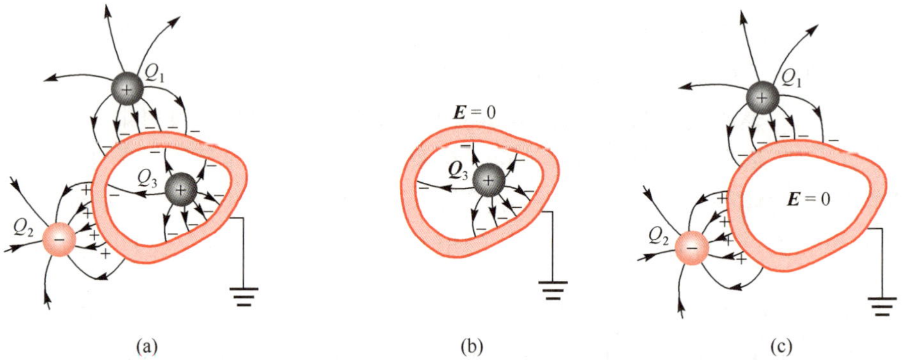

图 2.30　静电屏蔽

静电场问题的一些特殊解法，例如本节要介绍的分区均匀介质问题的解法和 2.8 节将要讨论的电像法，也都是以静电场的唯一性定理为基础的.

2.7.5　应用举例

下面我们研究分区均匀介质的电场求解问题，分三种情况讨论. 应强调的是，在这三种特殊情况下，都暗中假定待解的静电场定解问题满足前述唯一性定理.

(1)介质界面与电场线重合的情况(参看例 2.7 以便于理解). 我们限于讨论带电体为导体的情况，这时导体表面就是等势面，电场线与导体表面垂直. 这里我们将由一束电场线围成的管状区域

称为电场管. 从导体表面发出的这类电场管，或延伸至无穷远，或抵达另一导体表面. 设在每根电场管中充满均匀介质，不同电场管中包含的介质可具有不同的介电常量. 这就属于我们要讨论的介质界面与电场线重合的情况.

在这种情况下，由于介质界面与电场平行，因而 $\boldsymbol{P}$ 在介质界面上没有法向分量. 由式(2.5.8)可知，界面上极化面电荷为零，极化面电荷只可能存在于介质与导体的边界面上. 由于不同电场管中的介质可以不同，因而极化面电荷密度也会出现差别. 但是，导体静电平衡条件要求导体内电场恒为零. 为实现这一要求，我们假定介质和导体边界上的总电荷面密度的分布形式维持不变. 换句话说，我们设想导体表面上的自由电荷分布会自动调整，以对极化面电荷密度的差别进行补偿，从而维持总电荷面密度分布形式不变. 当然，总电荷面密度的分布形式不变并不意味着总电量正好等于导体所带的自由电荷量，前者可以是后者的 α 倍，因子 α 待定. 对有多个带电导体的情形，我们进一步假定诸带电导体的 α 因子相同. 这样一来，有介质存在时的电场可表示为

$$\boldsymbol{E} = \alpha \boldsymbol{E}_0 \tag{2.7.12}$$

式中，$\boldsymbol{E}_0$ 为撤掉全部介质后，带电导体在真空中产生的电场. $\boldsymbol{E}$ 和 $\boldsymbol{E}_0$ 一样满足静电场的环路定理，并能实现导体静电平衡条件.

为确定因子 α，我们要用到高斯定理

$$\oint\!\!\!\oint_S \boldsymbol{D} \cdot \mathrm{d}\boldsymbol{S} = \sum_i \alpha \iint_{S_i} \varepsilon_i \boldsymbol{E}_0 \cdot \mathrm{d}\boldsymbol{S} = \alpha \sum_i \iint_{S_i} \varepsilon_i \boldsymbol{E}_0 \cdot \mathrm{d}\boldsymbol{S} = Q_0 \tag{2.7.13}$$

式中，S 为包含某导体面的高斯面；S_i 是 S 的一部分，它位于第 i 种介质之中；Q_0 为该导体所带的自由电荷量. 根据式(2.7.13)，只需知道 $\boldsymbol{E}_0$，就可定出因子 α. 若解域中包含多个导体，应当按式(2.7.13)分别计算各个导体的 α 因子；只有当这些 α 因子全部相同时，才能使用这里介绍的解法. 以下介绍一种经常遇到的简单情况：解域中只含两个导体，带有等量异号电荷. 对于这种情况，所有电场线发自带正电的导体表面，终止于带负电的导体表面. 在其中任何一根电场管中填满均匀介质，将导致电场管两端出现等量异号极化电荷，且极化电荷与相应导体表面的自由电荷符号相反. 读者不难自行证明，对于这种情况，按式(2.7.13)算得的两个导体的 α 因子相同，恰好满足本部分解法的使用条件. 于是，问题归结为计算 $\boldsymbol{E}_0$，即撤掉全部介质后带电导体在真空中产生的电场. 这一电场可采用第 1 章的办法进行处理，比直接计算实际电场 $\boldsymbol{E}$ 要简单得多.

对于具有对称性的一维问题，$\boldsymbol{E}_0$ 具有对称性，可运用高斯定理进行计算. 这时，由式(2.7.12)可知，$\boldsymbol{E}$ 也具有对称性. 因此，我们不用引入因子 α，而是直接利用 $\boldsymbol{E}$ 的对称性将式(2.7.13)改写成

$$\sum_i \iint_{S_i} \varepsilon_i \boldsymbol{E} \cdot \mathrm{d}\boldsymbol{S} = E \sum_i \varepsilon_i S_i = Q_0 \tag{2.7.14}$$

然后由给定的 Q_0 直接算得实际电场强度 $\boldsymbol{E}$.

按上述步骤求得的静电场显然是我们所要解决问题的一个解. 不过，我们在求解过程中，曾经作过各导体表面的总电荷面密度的分布形式不变以及与各导体有关的总电荷量改变因子 α 相同的假定. 读者自然会问：若不作这些假定，或换成另外一种假定，是否会得出另一种解呢？由静电场唯一性定理可知，这是不可能的. 问题的解只有一个，而我们找到的解正好就是.

例 2.9

如图 2.31 所示的带电量为 Q_0 的球形电容器，两极之间充满介电常量分别为 ε_1 和 ε_2 的两种介质，介质界面与球心共面，求介质中的 $\boldsymbol{D}$ 和 $\boldsymbol{E}$ 的分布.

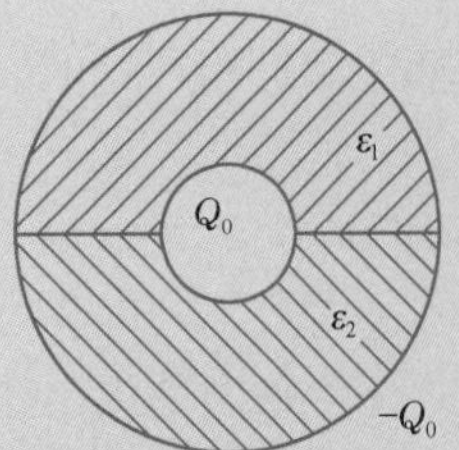

图 2.31　填满两种介质的球形电容器

解　据题意分析，可断定介质界面与电场线重合，且去掉介质之后属于一维对称问题，电场强度沿径向方向. 因此，我们可从式(2.7.14)出发直接计算电场

$$(\varepsilon_1+\varepsilon_2)E\cdot 2\pi r^2=Q_0$$

式中，r 为到球心的距离. 于是，介质中的电场为

$$\boldsymbol{E}=\frac{Q_0}{2\pi r^3(\varepsilon_1+\varepsilon_2)}\boldsymbol{r}$$

在两个介质区中的电位移矢量分别为

$$\boldsymbol{D}_1=\varepsilon_1\boldsymbol{E}=\frac{\varepsilon_1 Q_0}{2\pi r^3(\varepsilon_1+\varepsilon_2)}\boldsymbol{r},\quad \boldsymbol{D}_2=\varepsilon_2\boldsymbol{E}=\frac{\varepsilon_2 Q_0}{2\pi r^3(\varepsilon_1+\varepsilon_2)}\boldsymbol{r}$$

例 2.10

如图 2.32 所示，一平行板电容器带电量为 Q_0，极板间距为 d，长度为 a，宽度为 b，其间充满介电常量为 ε_1 和 ε_2 的两种介质，宽度分别为 b_1、b_2，$b=b_1+b_2$. 求电容器电容和极板面电荷分布.

解　根据题意分析，可断定介质界面与电场线重合，且去掉介质之后属于一维对称情况. 因此，由式(2.7.14)可得

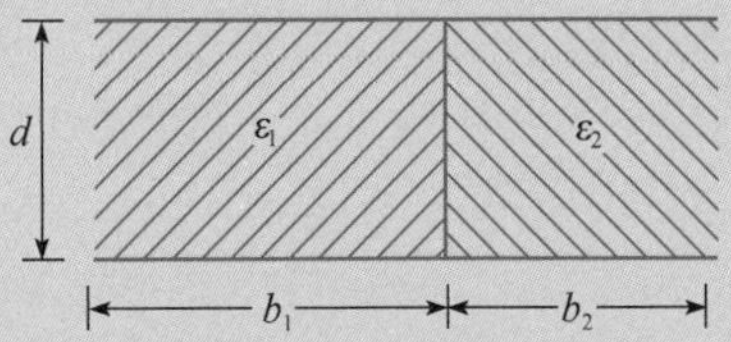

图 2.32　填满两种介质的平行板电容器

$$E=\frac{Q_0}{\sum_i \varepsilon_i S_i}=\frac{Q_0}{(\varepsilon_1 b_1+\varepsilon_2 b_2)a}$$

从上述结果出发，依次求得电容器的电容和极板面电荷密度如下：

$$C=\frac{Q_0}{Ed}=\frac{(\varepsilon_1 b_1+\varepsilon_2 b_2)a}{d}$$

$$\sigma_{e01}=D_1=\varepsilon_1 E=\frac{\varepsilon_1 Q_0}{(\varepsilon_1 b_1+\varepsilon_2 b_2)a}$$

$$\sigma_{e02}=D_2=\varepsilon_2 E=\frac{\varepsilon_2 Q_0}{(\varepsilon_1 b_1+\varepsilon_2 b_2)a}$$

注意，有 $\sigma_{e01}\neq\sigma_{e02}$，即自由电荷在极板上的分布是不均匀的. 这种不均匀性正好为极化电荷所补偿，以至于总面电荷密度和电容器内的电场均维持均匀分布. 这一点请读者自行检验.

(2) 介质界面与等势面重合的情况，即介质界面与电场线垂直. 可以证明，在这种情况下有

$$\boldsymbol{D}=\varepsilon_0\boldsymbol{E}_0 \tag{2.7.15}$$

式中，$\boldsymbol{E}_0$ 为自由电荷的电场，其计算完全等同于真空中的静电场. 为证明上述结论，关键是证明 $\boldsymbol{D}$ 和 $\varepsilon_0\boldsymbol{E}_0$ 满足同一高斯定理和环路定理，以至于可应用静电场的唯一性定理断定 $\boldsymbol{D}=\varepsilon_0\boldsymbol{E}_0$. 下面我们来证明这一点. 由

$$\oiint_S \boldsymbol{D}\cdot \mathrm{d}\boldsymbol{S}=Q_0$$

$$\oiint_S \boldsymbol{E}_0 \cdot d\boldsymbol{S} = \frac{Q_0}{\varepsilon_0}$$

即

$$\oiint_S \varepsilon_0 \boldsymbol{E}_0 \cdot d\boldsymbol{S} = Q_0$$

可知 $\boldsymbol{D}$ 与 $\varepsilon_0\boldsymbol{E}_0$ 满足同一高斯定理. 由 $\boldsymbol{E}_0$ 满足环路定理可知 $\varepsilon_0\boldsymbol{E}_0$ 也满足环路定理,即

$$\oint_L \varepsilon_0 \boldsymbol{E}_0 \cdot d\boldsymbol{l} = 0$$

但是,就一般情况来说,$\boldsymbol{D}$ 不满足环路定理,这就是通常 $\boldsymbol{D}\neq\varepsilon_0\boldsymbol{E}_0$ 的原因. 然而,对介质分区均匀且介质界面为等势面的情况,可以证明 $\boldsymbol{D}$ 满足环路定理. 下面给出证明.

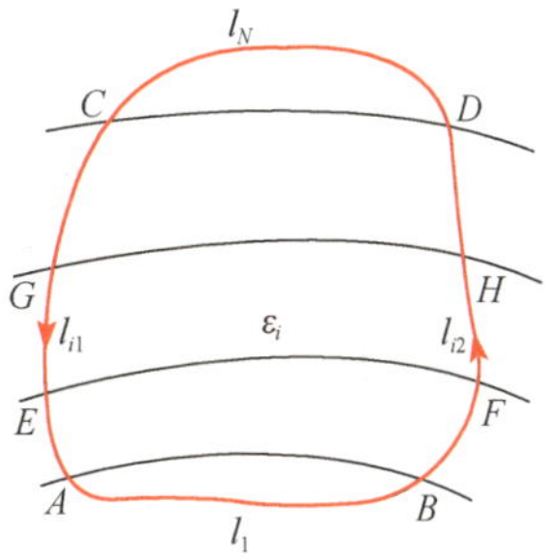

图 2.33 穿过各种均匀介质的闭合回路

如图 2.33 所示,在 N 种均匀介质组成的区域中任取一闭合回路 L,则

$$\oint_L \boldsymbol{D} \cdot d\boldsymbol{l} = \sum_{i=1}^{N}\int_{l_i} \boldsymbol{D}_i \cdot d\boldsymbol{l} = \sum_{i=1}^{N}\varepsilon_i\int_{l_i} \boldsymbol{E}_i \cdot d\boldsymbol{l}$$

式中,l_i 表示 L 位于第 i 种介质中的部分. 由于介质界面为等势面,有

$$\int_{l_1} \boldsymbol{E}_1 \cdot d\boldsymbol{l} = U_{AB} = 0, \quad \int_{l_N} \boldsymbol{E}_N \cdot d\boldsymbol{l} = U_{DC} = 0$$

$$\begin{aligned}\int_{l_i} \boldsymbol{E}_i \cdot d\boldsymbol{l} &= \int_{l_{i1}} \boldsymbol{E}_i \cdot d\boldsymbol{l} + \int_{l_{i2}} \boldsymbol{E}_i \cdot d\boldsymbol{l} = U_{GE} + U_{FH} \\ &= U_F - U_H + U_G - U_E = U_{FE} + U_{GH} = 0\end{aligned}$$

亦即

$$\oint_L \boldsymbol{D} \cdot d\boldsymbol{l} = 0$$

证毕. 至此,我们证明 $\boldsymbol{D}$ 和 $\varepsilon_0\boldsymbol{E}_0$ 满足同一高斯定理和环路定理,由静电场的唯一性定理可导出式(2.7.15).

这类问题的处理步骤是,首先去掉介质,计算自由电荷产生的电场 $\boldsymbol{E}_0$,再由 $\boldsymbol{D}=\varepsilon_0\boldsymbol{E}_0$ 求得实际电位移矢量 $\boldsymbol{D}$,然后由 $\boldsymbol{D}=\varepsilon_i\boldsymbol{E}_i$ 求得第 i 个介质区中的电场强度,结果为

$$\boldsymbol{E}_i = \frac{\varepsilon_0\boldsymbol{E}_0}{\varepsilon_i} \tag{2.7.16}$$

介质界面是否为等势面,可根据对称性去判断. 通常对任一真空中的静电场,若在每两个等势面之间各填满不同的均匀介质,则其结果肯定属于介质界面与等势面重合的情况,可按上述步骤处理.

例 2.11

如图 2.34 所示,一无限大平面($z=0$)将介电常量分别为 ε_1 和 ε_2 的介质隔开,在 z 轴上 $z=\pm d$ 的位置分别放置点电荷$\mp q$,求空间电场分布.

解 当去掉介质时,平面 $z=0$ 恰好为两点电荷的电场的等势面. 因此,本题属于介质界面与等势面重合的情况. 当去掉介质,求得两点电荷的电场 $\boldsymbol{E}_0$ 的空间分布如下:

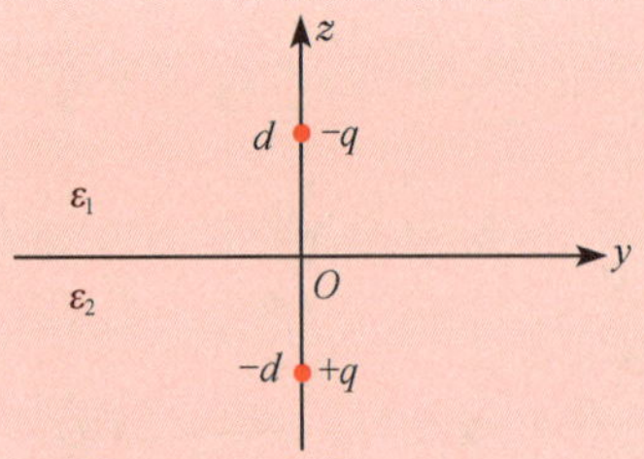

图 2.34　点电荷 $\pm q$ 在两半无限介质中的电场

$$E_{0x}=\frac{qx}{4\pi\varepsilon_0}\left\{\frac{1}{[x^2+y^2+(z+d)^2]^{3/2}}-\frac{1}{[x^2+y^2+(z-d)^2]^{3/2}}\right\}$$

$$E_{0y}=\frac{qy}{4\pi\varepsilon_0}\left\{\frac{1}{[x^2+y^2+(z+d)^2]^{3/2}}-\frac{1}{[x^2+y^2+(z-d)^2]^{3/2}}\right\}$$

$$E_{0z}=\frac{q}{4\pi\varepsilon_0}\left\{\frac{z+d}{[x^2+y^2+(z+d)^2]^{3/2}}-\frac{z-d}{[x^2+y^2+(z-d)^2]^{3/2}}\right\}$$

于是求得实际电位移矢量为 $\boldsymbol{D}=\varepsilon_0\boldsymbol{E}_0$，进而分别求得上半空间（$z>0$）的电场为 $\boldsymbol{E}=\boldsymbol{D}/\varepsilon_1=(\varepsilon_0/\varepsilon_1)\boldsymbol{E}_0$，下半空间（$z<0$）的电场为 $\boldsymbol{E}=\boldsymbol{D}/\varepsilon_2=(\varepsilon_0/\varepsilon_2)\boldsymbol{E}_0$，解毕. 本题也可利用 2.8 节将介绍的电像法（见例 2.13），分别计算 q 和 $-q$ 单独存在时的电场，然后叠加，将会获得同样的结果，但计算过程要复杂得多.

（3）其他情况. 当介质界面与电场线及等势面均不重合时，一般要用电动力学的方法处理. 但是，在某些特定的情况下仍可用普通物理学的方法求解. 一种是题目给定了极化强度分布 $\boldsymbol{P}$，从而等于给定了极化电荷分布；另一种是根据题意设定某种极化电荷分布，再根据这种分布去计算电场，最终确定一种满足题意的“自洽”的极化电荷分布. 极化电荷分布一旦求得之后，就可以采用第 1 章介绍的方法去计算退极化场，然后与自由电荷产生的电场叠加，获得最终结果. 对于某些具有特定几何形状的介质界面问题，还可用所谓“电像法”求解，这就是 2.8 节我们要讨论的内容.

*2.8　电像法

有一类问题仅涉及单个或多个点电荷，介质界面或导体表面具有较好的对称性，其静电场可以用电像法求解. 电像法的关键是在考察区外部设定一个或多个虚拟电荷（称为像电荷），使它（们）与给定的点电荷（又称源电荷）在考察区共同产生的电场满足介质界面上的边值关系或导体表面电势等于给定电势的条件. 如果这些条件满足的话，则按静电场的唯一性定理，由源电荷和像电荷在考察区产生的电场就是待求的解. 所虚设的像电荷，实际上代表了考察区边界上的面电荷（极化电荷或感应电荷）对电场的贡献. 电像法的局限性在于难于找到满足上述要求的像电荷，这使得电像法具有尝试性质，往往只适合少数极为简单的情况. 一旦成功，问题便简化为求点电荷系所产生的电场问题. 现举例说明如下.

例 2.12

如图 2.35 所示，一个电量为 q_0 的点电荷，与一个无穷大接地导体表面的距离为 d，求点电荷所在空间的电场分布，导体表面上的面电荷分布和点电荷 q_0 所受的力.

解　如图 2.35 所示，取直角坐标，导体表面位于 y-z 平面，其电势为零，即 $U(0,y,z)=0$. 设想将一个像电荷 $q'=-q_0$ 置于与 q_0 成镜面对称的位置 $(-d,0,0)$，则源电荷 q_0 与像电荷 q' 在考察区（$x\geqslant 0$）产生的电势和电场表达式如下：

$$U(x,y,z)=\frac{1}{4\pi\varepsilon_0}\left\{\frac{q_0}{[(x-d)^2+y^2+z^2]^{1/2}}-\frac{q_0}{[(x+d)^2+y^2+z^2]^{1/2}}\right\}$$

$$E_x=-\frac{\partial U}{\partial x}=\frac{q_0}{4\pi\varepsilon_0}\left\{\frac{x-d}{[(x-d)^2+y^2+z^2]^{3/2}}-\frac{x+d}{[(x+d)^2+y^2+z^2]^{3/2}}\right\}$$

$$E_y=-\frac{\partial U}{\partial y}=\frac{q_0 y}{4\pi\varepsilon_0}\left\{\frac{1}{[(x-d)^2+y^2+z^2]^{3/2}}-\frac{1}{[(x+d)^2+y^2+z^2]^{3/2}}\right\}$$

$$E_z=-\frac{\partial U}{\partial z}=\frac{q_0 z}{4\pi\varepsilon_0}\left\{\frac{1}{[(x-d)^2+y^2+z^2]^{3/2}}-\frac{1}{[(x+d)^2+y^2+z^2]^{3/2}}\right\}$$

容易验证，该解满足条件$U(0,y,z)=0$，它就是待求的解．导体表面的面电荷密度为

$$\sigma_{e0}=\varepsilon_0 E_n=\varepsilon_0 E_x|_{x=0}=-\frac{q_0 d}{2\pi(d^2+y^2+z^2)^{3/2}}$$

它由源电荷q_0的感应所产生，其分布相对Ox轴对称，在O点密度绝对值最大，$\sigma_{e0}(0,0,0)=-q_0/(2\pi d^2)$．板上的总电量为

$$-\frac{q_0 d}{2\pi}\int_{-\infty}^{\infty}\int_{-\infty}^{\infty}\frac{\mathrm{d}y\mathrm{d}z}{(d^2+y^2+z^2)^{3/2}}$$
$$=-\frac{q_0 d}{\pi}\int_{-\infty}^{\infty}\frac{\mathrm{d}z}{d^2+z^2}=-q_0=q'$$

像电荷q'正好代表了上述感应面电荷对导体右侧空间电场的贡献．

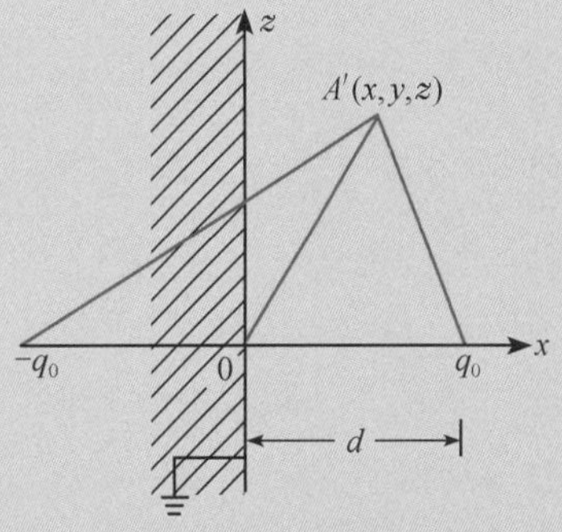

图 2.35 无穷大接地导体平板的电像法

为求作用在q_0上的力，需计算在q_0处的电场，但要扣除q_0自身对电场的贡献．经扣除之后的结果就是像电荷q'在$(d,0,0)$处的电场．因此，该力等于q'对q_0的静电力为

$$\boldsymbol{F}=\frac{q_0 q'}{4\pi\varepsilon_0(2d)^2}\hat{\boldsymbol{x}}=-\frac{q_0^2}{16\pi\varepsilon_0 d^2}\hat{\boldsymbol{x}}$$

该力为负，q_0所受的力垂直指向导体表面．

例 2.13

如图 2.36 所示，介电常量分别为ε_1和ε_2半无限介质的界面为一无限平面，在介质 2 中置入点电荷q，它与界面的垂直距离为h，求界面极化电荷的分布．

解 我们尝试用电像法来解，即用像电荷来代表界面上极化电荷对电场的贡献．设对ε_2区$(z\leqslant 0)$，这一贡献可用像电荷q'代表；而对ε_1区$(z\geqslant 0)$，可用像电荷q''代表．它们的位置示于图 2.36 中，q'位于q的镜像位置，而q''则与q重合．注意，q'和q''均处于它们对应的考察区$(z\leqslant 0$和$z\geqslant 0)$之外．所求得两区域电势的表达式为

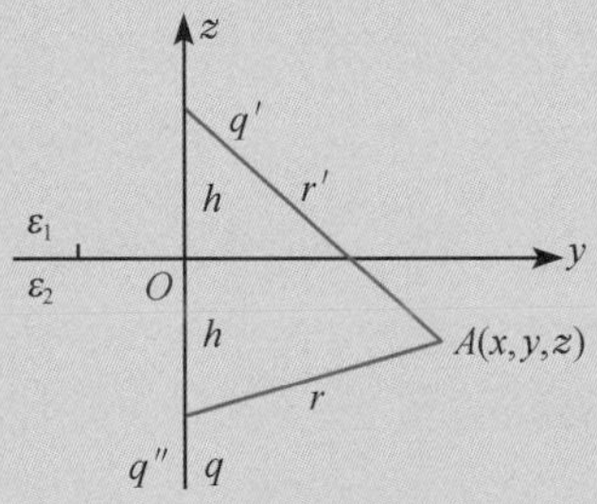

图 2.36 半无限介质平面的电像法

$$U_1=\frac{1}{4\pi r}\left(\frac{q}{\varepsilon_2}+\frac{q''}{\varepsilon_0}\right)\quad(z\geqslant 0)$$

$$U_2=\frac{1}{4\pi}\left(\frac{q}{\varepsilon_2 r}+\frac{q'}{\varepsilon_0 r'}\right)\quad(z\leqslant 0)$$

注意上述表达式中，源电荷的贡献应被所在介质中的介电常量ε_2除，这相当于计入了源电荷周围的极化电荷的贡献；而像电荷的贡献则采用真空中的电势计算公式．上述电场应满足如下边界条件：

$$U_1\big|_{z=0}=U_2\big|_{z=0},\quad \varepsilon_1\frac{\partial U_1}{\partial z}\bigg|_{z=0}=\varepsilon_2\frac{\partial U_2}{\partial z}\bigg|_{z=0}$$

将U_1和U_2的表达式代入上面两式分别求得

$$q''=q',\quad \varepsilon_1\left(\frac{q}{\varepsilon_2}+\frac{q''}{\varepsilon_0}\right)=\varepsilon_2\left(\frac{q}{\varepsilon_2}-\frac{q'}{\varepsilon_0}\right)$$

从中可解出

$$q'=q''=\frac{\varepsilon_0(\varepsilon_2-\varepsilon_1)}{\varepsilon_2(\varepsilon_1+\varepsilon_2)}q$$

在界面上,束缚面电荷密度可由式(2.5.7)求得,结果为

$$\begin{aligned}\sigma'_e&=(P_{2z}-P_{1z})_{z=0}=[(\varepsilon_2-\varepsilon_0)E_{2z}-(\varepsilon_1-\varepsilon_0)E_{1z}]_{z=0}\\&=\varepsilon_0(E_{1z}-E_{2z})_{z=0}=\frac{q'h}{2\pi r^3}=\frac{\varepsilon_0(\varepsilon_2-\varepsilon_1)hq}{2\pi\varepsilon_2(\varepsilon_1+\varepsilon_2)r^3}\end{aligned}$$

当取$\varepsilon_1\to\infty$,$\varepsilon_2=\varepsilon_0$时,我们得到如下结果:

$$q'=q''=-q,\quad U_1=0,\quad U_2=\frac{q}{4\pi\varepsilon_0}\left(\frac{1}{r}-\frac{1}{r'}\right)$$

上述结果和例2.12一致.因此,在静电学范围内,导体可当成介电常量趋于无穷的电介质的极限.

例 2.14

如图2.37所示,半径为R的导体球壳接地,球外有一个电量为q_0的点电荷,q_0与球心的距离为d.求空间的电场分布,球壳表面的电荷分布,以及点电荷q_0受到的力.

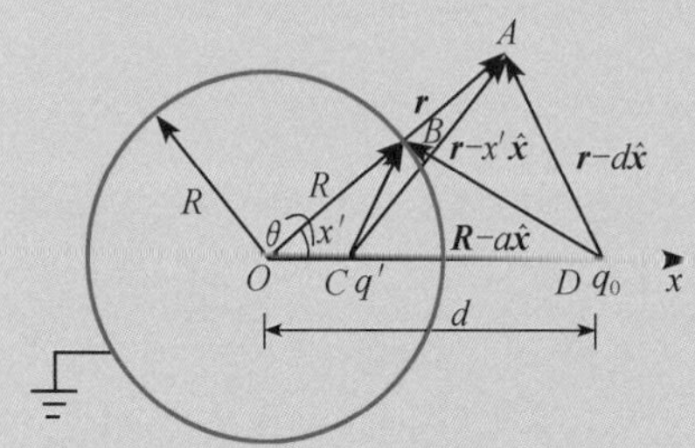

图2.37　接地导体球壳的电像法

解　因导体球壳接地,故球壳电势为零,即$U\big|_{r=R}=0$.解决本题的关键是找到一个像电荷q',使得q'与q_0在球壳上产生的电势之和为0.q'的大小和位置不能明显看出,但根据对称性可猜测q'一定在球心O与q_0的连线上,设其与O的距离为x',如图2.37所示.由源电荷q_0和像电荷q'共同产生的电势为

$$U=\frac{1}{4\pi\varepsilon_0}\left(\frac{q_0}{|\boldsymbol{r}-d\hat{\boldsymbol{x}}|}+\frac{q'}{|\boldsymbol{r}-x'\hat{\boldsymbol{x}}|}\right)$$

利用边界条件

$$U\big|_{r=R}=\frac{1}{4\pi\varepsilon_0}\left(\frac{q_0}{|\boldsymbol{R}-d\hat{\boldsymbol{x}}|}+\frac{q'}{|\boldsymbol{R}-x'\hat{\boldsymbol{x}}|}\right)=0$$

式中$\boldsymbol{R}=R\hat{\boldsymbol{r}}$,$q_0$、$R$、$d$均为已知量.由上式导出

$$\frac{q_0/R}{\left|\hat{\boldsymbol{r}}-\dfrac{d}{R}\hat{\boldsymbol{x}}\right|}=-\frac{q'/x'}{\left|\dfrac{R}{x'}\hat{\boldsymbol{r}}-\hat{\boldsymbol{x}}\right|}$$

该式成立的充分条件是分子、分母分别相等,亦即

$$\frac{q_0}{R}=-\frac{q'}{x'},\quad \left|\hat{\boldsymbol{r}}-\frac{d}{R}\hat{\boldsymbol{x}}\right|=\left|\frac{R}{x'}\hat{\boldsymbol{r}}-\hat{\boldsymbol{x}}\right|$$

其中第二个等式化为

$$1-\frac{2d}{R}(\hat{\boldsymbol{r}}\cdot\hat{\boldsymbol{x}})+\left(\frac{d}{R}\right)^2=1-\frac{2R}{x'}(\hat{\boldsymbol{r}}\cdot\hat{\boldsymbol{x}})+\left(\frac{R}{x'}\right)^2$$

从中解得 $d/R=R/x'$，将其代入第一个等式，求得像电荷的位置和电量，结果为

$$x'=\frac{R^2}{d},\quad q'=-\frac{R}{d}q_0$$

于是，我们最终求得球壳外($r\geqslant R$)的电势和电场表达式如下：

$$U=\frac{q_0}{4\pi\varepsilon_0}\left[\frac{1}{(r^2+d^2-2dr\cos\theta)^{1/2}}-\frac{R}{(r^2d^2+R^4-2rdR^2\cos\theta)^{1/2}}\right]$$

$$E_r=\frac{q_0}{4\pi\varepsilon_0}\left[\frac{r-d\cos\theta}{(r^2+d^2-2dr\cos\theta)^{3/2}}-\frac{Rd(rd-R^2\cos\theta)}{(r^2d^2+R^4-2rdR^2\cos\theta)^{3/2}}\right]$$

$$E_\theta=\frac{q_0d\sin\theta}{4\pi\varepsilon_0}\left[\frac{1}{(r^2+d^2-2dr\cos\theta)^{3/2}}-\frac{R^3}{(r^2d^2+R^4-2rdR^2\cos\theta)^{3/2}}\right]$$

不难验证 $E_\theta\big|_{r=R}=0$，即导体壳表面电场切向分量为零. 导体表面的面电荷密度为

$$\sigma_e(R,\theta)=\varepsilon_0E_n=\varepsilon_0E_r(R,\theta)=-\frac{q_0(d^2-R^2)}{4\pi R(R^2+d^2-2Rd\cos\theta)^{3/2}}$$

导体壳上的总电量为

$$\begin{aligned}q_i&=\int_0^{2\pi}\int_0^{\pi}\sigma_e(R,\theta)\cdot R^2\sin\theta\mathrm{d}\theta\mathrm{d}\varphi\\&=-\frac{q_0(d^2-R^2)R}{2}\int_0^{\pi}\frac{\sin\theta\mathrm{d}\theta}{(R^2+d^2-2Rd\cos\theta)^{3/2}}=-\frac{R}{d}q_0\end{aligned}$$

即 $q_i=q'$，导体壳上的总电量与像电荷的电量相等. 当 R 越大，或 d 越小时，q_i 的绝对值越大.

作用到 q_0 上的力，也就是像电荷 q' 对它的库仑力，即

$$\boldsymbol{F}=\frac{q_0q'\hat{\boldsymbol{x}}}{4\pi\varepsilon_0(d-x')^2}=-\frac{q_0^2(R/d)\hat{\boldsymbol{x}}}{4\pi\varepsilon_0[d-(R^2/d)]^2}=-\frac{Rdq_0^2\hat{\boldsymbol{x}}}{4\pi\varepsilon_0(d^2-R^2)^2}$$

该力为引力.

例 2.15

在上例中，如果导体不接地而带电荷 Q_0，求球外电势，并求 q_0 所受的力.

解 由例 2.14 的结果可知，对接地导体球壳的情况，在球内 x' 处设置像电荷 q'，球壳上带电量为 $q_i=q'$. 对带电量为 Q_0 的孤立导体球壳，应当在球内设置另一个像电荷 $q''=Q_0-q'$，才能保证球壳的总电量为 Q_0. 将该像电荷置于球心，则不会破坏导体壳表面为等势面的条件. 现在我们一共设置了两个像电荷，q' 和 q''；球外电势将由这两个像电荷和源电荷 q_0 共同产生，其结果为

$$U=\frac{1}{4\pi\varepsilon_0}\left(\frac{q_0}{|\boldsymbol{r}-d\hat{\boldsymbol{x}}|}+\frac{q'}{|\boldsymbol{r}-x'\hat{\boldsymbol{x}}|}+\frac{Q_0-q'}{r}\right)$$

式中，$q'=-Rq_0/d$，$x'=R^2/d$，参见例 2.14. 作用在 q_0 上的力等于像电荷 q' 和 q'' 对它的库仑力，即

$$\boldsymbol{F}=\frac{q_0q''\hat{\boldsymbol{x}}}{4\pi\varepsilon_0d^2}+\frac{q_0q'\hat{\boldsymbol{x}}}{4\pi\varepsilon_0(d-x')^2}=\frac{q_0}{4\pi\varepsilon_0}\left[\frac{Q_0+(R/d)q_0}{d^2}-\frac{Rdq_0}{(d^2-R^2)^2}\right]\hat{\boldsymbol{x}}$$

当接地导体球内部有一个电荷 q 时，球内表面的总感应电荷为 $-q$，但是为不均匀分布，也可以用电像法，即在球外设置一个像电荷；与点电荷在球内时，球外设置一个像电荷的结论正好满足互易关系，即像电荷和原电荷位置满足 $dd'=R^2$，像电荷电量仍为 $q'=-\frac{R}{d}q$，但此时 $d<R$. 用电像法结果并用计算机编程计算可以得到球面电像法的电场线分布，如图 2.38 所示.

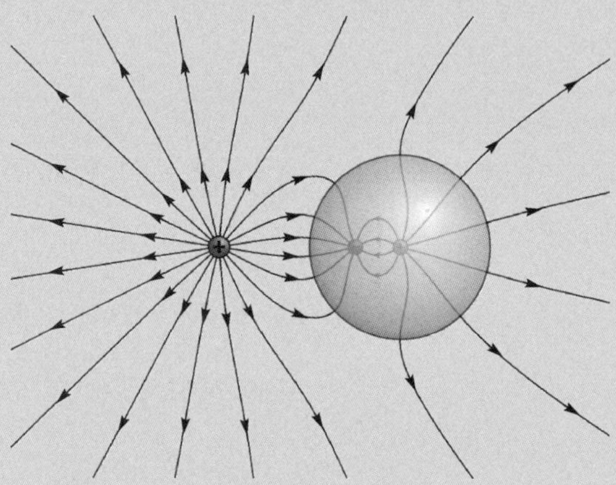

(a)不接地导体外部有一个点电荷时的电场线，球内两个像电荷和电场线是虚构的

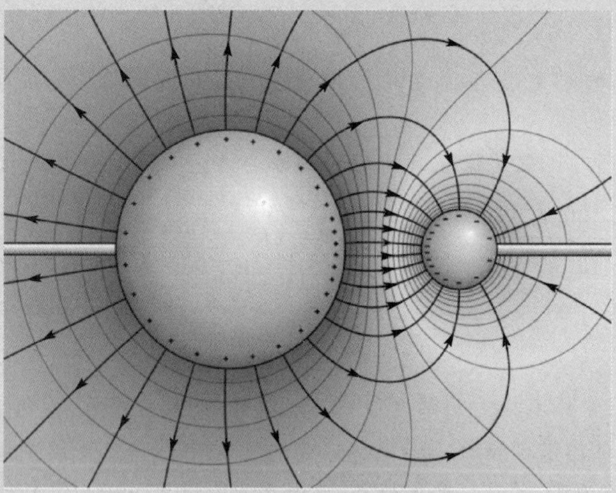

(b)两个导体球之间的电场线和等势面，此时两个球需设计无数多个像电荷才能满足边界条件

图 2.38　球面电像法的电场线分布

第3章 静 电 能

能量是物质运动的一种普遍量度，适用于各种运动形态. 能量所反映的是物质在一定运动状态下所具有的特征，因此它必定是状态的单值函数. 不同形式的能量可以相互转换，同一形式的能量可以在不同物体之间相互传递. 在上述转换和传递过程中，能量总是守恒的. 这样，引入能量的概念有助于我们对物质不同运动形态之间的转换以及同一运动形态在不同物体之间的传递进行定量研究. 反过来，对一种特定形式的能量(如力学中的动能和势能)，也正是通过上述能量的转换和传递过程我们才得以认识并定义其具体表达式的. 由于做功是能量转换和传递的一种方式，功是被转换和传递的能量的量度，在物理学中常通过功来引入能量的定义.

对一个带电系统而言，其带电过程总伴随着电荷相对运动. 在这个过程中，外力必须克服电荷间的相互作用而做功. 外界做功所消耗的能量将转换为带电系统的能量，该能量定义为带电系统的静电能. 显然，静电能应由系统的电荷分布决定. 在1.7节中曾引入的点电荷在外电场中的电势能就是静电能，也就是静电场储存的场能. 本章我们将对带电系统的静电能作进一步分析，并介绍由静电能求静电力的方法.

3.1 真空中点电荷间的相互作用能

我们先来讨论处于真空中的点电荷系统的情况. 设有 N 个点电荷，电量分别为 $q_1, q_2, \cdots, q_N$，位置矢量分别为 $\boldsymbol{r}_1, \boldsymbol{r}_2, \cdots, \boldsymbol{r}_N$. 令

$$r_{ij} = |\boldsymbol{r}_i - \boldsymbol{r}_j| = r_{ji}$$

它表示第 i 个点电荷和第 j 个点电荷之间的距离；全部 r_{ij} 决定了各点电荷之间的相对位置. 所谓点电荷之间的相互作用能，指的是与点电荷间的相对位置有关的静电能. 换句话说，在讨论点电荷间的相互作用能的时候，相关的状态量取为 $r_{ij}(i,j=1,2,\cdots,N)$，各点电荷的电量 q_i 则应固定不变. 对相互作用能来说，通常选择相互作用消失的状态作为零能态. 由库仑定律可知，当点电荷间距离无限远，即 $r_{ij}\to\infty$ 时，它们之间的静电相互作用消失，因此我们很自然地取这时的相互作用能为零. 当把这些点电荷由无限远离状态即零能态移到各自的指定位置时，外界必须克服静电力做功，该功就被定义为指定位置下点电荷间的相互作用能，或简称点电荷系统的静电能. 下面我们就来计算外界所做的功，并证明它与各点电荷的移入次序和路径无关，即与点电荷系统由零能态进入指定态的过程无关.

为简单起见，先分析两个点电荷的情形. 将两个相距无限远的点电荷 q_1 和 q_2 分别移到指定位置 $\boldsymbol{r}_1$ 和 $\boldsymbol{r}_2$，可通过两种方式实现：一种是先将 q_1 移到 $\boldsymbol{r}_1$，然后将 q_2 移到 $\boldsymbol{r}_2$；另一种是反过来，先将 q_2 移到 $\boldsymbol{r}_2$，然后将 q_1 移到 $\boldsymbol{r}_1$. 不管按哪种方式，第一步总是不需要外界做功的，因为所移入的点电荷仍与另一个点电荷保持无限远离状态，不受静电力的作用. 对于第二步，外界

则需要做功，因为先移入的电荷对随后移入的另一个电荷会产生静电力. 按第一种方式，固定 q_1 于 $\boldsymbol{r}_1$（这不需要做功，因为 q_1 不发生位移），将 q_2 移到 $\boldsymbol{r}_2$，外界需要克服静电力 $\boldsymbol{F}_{12}=q_2\boldsymbol{E}_1$ 做功，其做功量为 W_{12}. 据 1.7 节分析，W_{12} 与 q_2 的移入路径无关，它等于 q_2 乘以 q_1 在 $\boldsymbol{r}_2$ 处的电势

$$U_{12}=-\int_{\infty}^{r_2}\boldsymbol{E}_1\cdot \mathrm{d}\boldsymbol{l}=\frac{q_1}{4\pi\varepsilon_0 r_{12}}$$

即

$$W_{12}=q_2U_{12}=\frac{q_1q_2}{4\pi\varepsilon_0 r_{12}} \tag{3.1.1}$$

按第二种方式，固定 q_2 于 $\boldsymbol{r}_2$（同样不需要做功），将 q_1 移到 $\boldsymbol{r}_1$，外界做功为

$$W_{21}=q_1U_{21}=\frac{q_1q_2}{4\pi\varepsilon_0 r_{12}} \tag{3.1.2}$$

式中，$U_{21}=q_2/(4\pi\varepsilon_0 r_{12})$ 表示 q_2 在 $\boldsymbol{r}_1$ 处的电势. 由式(3.1.1)和式(3.1.2)可知

$$W_{12}=W_{21} \tag{3.1.3}$$

这表明，外界做功与 q_1、q_2 移入的次序和路径无关. 因此，我们把 W_{12} 或 W_{21} 定义为点电荷 q_1 和 q_2 的相互作用能. 根据式(3.1.1)和式(3.1.2)，我们还可将 W_{12} 写成如下对称形式：

$$W_{12}=\frac{1}{2}(q_1U_{21}+q_2U_{12}) \tag{3.1.4}$$

式中，当交换下标 1 和 2 时右边的项不变，使式(3.1.3)自动成立. 式(3.1.1)和式(3.1.4)关于下标的对称性质，恰好表明外界做功与点电荷的移入次序和路径无关的物理结果. 在以下推导中我们将要用到这一结论.

现在回到 N 个点电荷的情形. 将表述两个点电荷相互作用能的式(3.1.4)推广，尝试地将 N 个点电荷的相互作用能写成如下形式：

$$W_{互}=\frac{1}{2}\sum_{i=1}^{N}q_iU_i \tag{3.1.5}$$

式中，U_i 为除 q_i 外其余所有点电荷在 $\boldsymbol{r}_i$ 处产生的电势，其表达式为

$$U_i=\sum_{\substack{j=1\\(j\neq i)}}^{N}U_{ji}=\frac{1}{4\pi\varepsilon_0}\sum_{\substack{j=1\\(j\neq i)}}^{N}\frac{q_j}{r_{ij}} \tag{3.1.6}$$

式(3.1.5)中的系数 1/2 可理解为：当对 q_iU_i 求和时，任何一对点电荷之间的相互作用能无形中计算了两次. 当 $N=2$ 时，有 $U_1=U_{21}$，$U_2=U_{12}$，则式(3.1.5)回到两个点电荷情形的结果，即式(3.1.4). 将式(3.1.6)代入式(3.1.5)得

$$W_{互}=\frac{1}{8\pi\varepsilon_0}\sum_{\substack{i,j=1\\(i\neq j)}}^{N}\frac{q_iq_j}{r_{ij}} \tag{3.1.7}$$

式(3.1.7)关于下标 i 和 j 对称，表明外界做功与电荷移入次序无关. 上述结果是推测所得，式(3.1.7)还有待严格证明. 下面我们运用数学归纳法来完成这一证明. 对两个点电荷($N=2$)的情形，前面已说明式(3.1.5)和式(3.1.4)一致，即式(3.1.7)成立. 设对 N 个点电荷的情形式

(3.1.7)成立,将此时的相互作用能取为W_N.下面要证明,对$N+1$个点电荷的情形式(3.1.7)也成立,即证明

$$W_{N+1}=\frac{1}{8\pi\varepsilon_0}\sum_{\substack{i,j=1\\(i\neq j)}}^{N+1}\frac{q_iq_j}{r_{ij}} \tag{3.1.8}$$

为此,设把第$N+1$个电荷q_{N+1}移到$\boldsymbol{r}_{N+1}$处,外界为克服已移入的N个电荷对q_{N+1}的静电力所做的功为A'.按1.7节的分析,应有

$$A'=q_{N+1}U_{N+1}=\frac{q_{N+1}}{4\pi\varepsilon_0}\sum_{i=1}^{N}\frac{q_i}{r_{i,N+1}}$$

式中,U_{N+1}为除q_{N+1}外其余所有点电荷在$\boldsymbol{r}_{N+1}$处产生的电势.于是,$N+1$个点电荷间的相互作用能W_{N+1}应为

$$W_{N+1}=W_N+A'=\frac{1}{8\pi\varepsilon_0}\sum_{\substack{i,j=1\\(i\neq j)}}^{N}\frac{q_iq_j}{r_{ij}}+\frac{1}{4\pi\varepsilon_0}\sum_{i=1}^{N}\frac{q_iq_{N+1}}{r_{i,N+1}}$$

考虑到

$$\begin{aligned}\frac{1}{8\pi\varepsilon_0}\sum_{\substack{i,j=1\\(i\neq j)}}^{N+1}\frac{q_iq_j}{r_{ij}}&=\frac{1}{8\pi\varepsilon_0}\left(\sum_{\substack{i,j=1\\(i\neq j)}}^{N}\frac{q_iq_j}{r_{ij}}+\sum_{i=1}^{N}\frac{q_iq_{N+1}}{r_{i,N+1}}+\sum_{j=1}^{N}\frac{q_jq_{N+1}}{r_{j,N+1}}\right)\\&=\frac{1}{8\pi\varepsilon_0}\sum_{\substack{i,j=1\\(i\neq j)}}^{N}\frac{q_iq_j}{r_{ij}}+\frac{1}{4\pi\varepsilon_0}\sum_{i=1}^{N}\frac{q_iq_{N+1}}{r_{i,N+1}}\end{aligned}$$

则式(3.1.8)成立,从而式(3.1.7)得证.

例 3.1

在边长为a的正四边形各顶点有固定的点电荷,它们的电量分别为q和$-q$.如图所示.

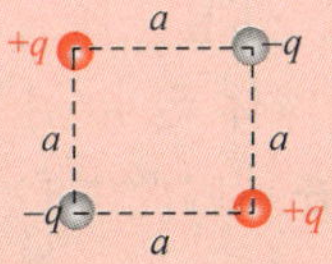

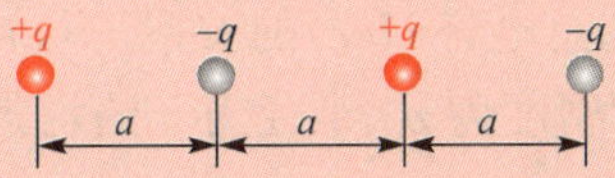

(1)求系统的静电能;(2)若外力将这四个电荷从正方形排列变成一条直线排列,相邻的两个点电荷距离仍为a,外力需做多少功?

解 (1)四个电荷正方形排列,其中$+q$电荷处的电势为

$$U_+=\frac{1}{4\pi\varepsilon_0}\left(2\frac{-q}{a}+\frac{q}{\sqrt{2}a}\right)=\frac{q}{4\pi\varepsilon_0a}\left(\frac{1}{\sqrt{2}}-2\right)$$

根据电荷分布的对称性,两个正电荷处的电势相同,另两个负电荷处的电势为

$$U_-=-U_+$$

系统的静电能(即点电荷之间的相互作用能)为

$$W_0=\frac{1}{2}(2qU_++2(-q)U_-)=\frac{1}{2}(4qU_+)=\frac{q^2}{2\pi\varepsilon_0a}\left(\frac{1}{\sqrt{2}}-2\right)=\frac{q^2}{4\pi\varepsilon_0a}(\sqrt{2}-4)$$

（2）正方形电荷排列的静电能为系统初态的静电能，末态静电能即为直线排列的静电能，有

$$\begin{aligned} W &= \frac{1}{4\pi\varepsilon_0}\left(q_1\left(\frac{q_2}{r_{12}}+\frac{q_3}{r_{13}}+\frac{q_4}{r_{14}}\right)+q_2\left(\frac{q_3}{r_{23}}+\frac{q_4}{r_{24}}\right)+q_3\,\frac{q_4}{r_{34}}\right) \\ &= \frac{q^2}{4\pi\varepsilon_0}\left(\left(-\frac{1}{a}+\frac{1}{2a}-\frac{1}{3a}\right)-\left(\frac{1}{a}-\frac{1}{2a}\right)+\left(-\frac{1}{a}\right)\right) \\ &= -\frac{7q^2}{12\pi\varepsilon_0 a} \end{aligned}$$

外力所做的功为

$$A = W - W_0 = -\frac{7q^2}{12\pi\varepsilon_0 a}-\frac{q^2}{4\pi\varepsilon_0 a}(\sqrt{2}-4)=\frac{q^2}{4\pi\varepsilon_0 a}\left(\frac{5}{3}-\sqrt{2}\right)$$

外力做正功.

3.2　连续电荷分布的静电能

本节从点电荷相互作用能公式(3.1.5)出发推导连续电荷分布的静电能公式.我们首先讨论空间只有自由电荷的情形，存在介质和极化电荷的情形将在本节末尾加以分析.这意味着电场空间中只允许导体和介电常量恒等于 ε_0 的物体(包括真空)存在.以下为简便起见，略去自由电荷密度的下标“0”，只是在本节末尾讨论介质中的静电能时才恢复该下标，以区别于同时出现的极化电荷密度.

先考虑体电荷分布的情况，电荷密度设为 $\rho_e(\boldsymbol{r})$.将该体电荷无限分割并把每一小部分当成点电荷处理，则由式(3.1.5)可推得

$$W_e = \frac{1}{2}\iiint_V \rho_e(\boldsymbol{r})U_1(\boldsymbol{r})\mathrm{d}V \tag{3.2.1}$$

式中，体积分遍及全部带电体的空间 V，$U_1(\boldsymbol{r})$为除 $\rho_e(\boldsymbol{r})\mathrm{d}V$ 外其余所有电荷在 $\boldsymbol{r}$ 处产生的电势.下面分析 $U_1(\boldsymbol{r})$和总电势 $U(\boldsymbol{r})$的关系.不妨设 $\mathrm{d}V$ 为一球体元.由例 1.11 的结果，取 $R_1=0$，$R_2=a$，可求得电荷密度为 ρ_e、半径为 a 的均匀带电球体在球内产生的电势为

$$U' = \frac{\rho_e}{3\varepsilon_0}\left(\frac{3}{2}a^2-\frac{1}{2}r^2\right)$$

它在球心处取极大值 $U'_m=\rho_e a^2/2\varepsilon_0$，故当 $a\to 0$ 时有 $U'_m\to 0$，即 $U'\to 0$.因此，我们得出结论，$\rho_e(\boldsymbol{r})\mathrm{d}V$ 在 $\boldsymbol{r}$ 处产生的电势将随 $\mathrm{d}V\to 0$ 而趋于零，即 $U_1(\boldsymbol{r})$(从总电势中除去体电荷元的贡献)和总电势 $U(\boldsymbol{r})$的差别可以忽略.于是，式(3.2.1)可以写成

$$W_e = \frac{1}{2}\iiint_V \rho_e(\boldsymbol{r})U(\boldsymbol{r})\mathrm{d}V \tag{3.2.2}$$

上式就是体电荷分布的静电能.

对于面电荷分布的情形，设面电荷密度为 $\sigma_e(\boldsymbol{r})$.类似地，将该面电荷无限分割为圆状面电荷元 $\sigma_e(\boldsymbol{r})\mathrm{d}S$，它在自身产生的电势不会大于 $\sigma_e a/2\varepsilon_0$($a$ 为面元半径，见例 1.10)，该电势随 $\mathrm{d}S\to 0(a\to 0)$而趋于零.因此，我们也可以忽略 $U_1(\boldsymbol{r})$(从总电势中除去面电荷元的贡献)和总电

势 $U(\boldsymbol{r})$的差别,相应求得面电荷分布的静电能为

$$W_e = \frac{1}{2}\iint_S \sigma_e(\boldsymbol{r})U(\boldsymbol{r})\mathrm{d}S \tag{3.2.3}$$

式中,积分域 S 为所有带电面.

能否采用类似步骤,将线电荷分布的静电能写为

$$W_e = \frac{1}{2}\int_L \lambda_e(l)U(l)\mathrm{d}l$$

呢? 回答是否定的,因为 $\lambda_e(l)\mathrm{d}l$ 在自身所在处产生的电势不仅不趋于零,而且会按 $\ln r$(r 为离线元 $\mathrm{d}l$ 的垂直距离)趋于无穷. 进一步,能否从总电势 $U(l)$ 中减去$\lambda_e(l)\mathrm{d}l$的贡献求得 $U_1(l)$,然后将线电荷分布的静电能写成

$$W_e = \frac{1}{2}\int_L \lambda_e(l)U_1(l)\mathrm{d}l$$

呢? 回答也是否定的. 实际上,$U_1(l)$也会趋于无穷大(可严格证明,但已超出本书范围),以至于按上式算得的 W_e 为无穷大. 这在物理上意味着:要把电荷从极端分散状态压缩到一条几何线上,外界需要做无穷大的功. 这显然是办不到的. 对点电荷来说,按式(3.2.2)计算的静电能同样会发散(见例 3.2). 这说明要把电荷从极端分散状态压缩到一个几何点上,外界需要做无穷大的功,而这也是不可能的. 其实,第 1 章引入的点电荷只是一种理想模型,它并非尺寸为零的几何点,而是尺寸有限但远小于考察距离的带电体. 在计算静电能时,我们必须计算带电体上的电势,这使得考察距离和带电体的尺寸相当,显然这时的带电体不再能看成是我们早先引入的点电荷. 换句话说,在计算静电能时,无论怎样小的带电体均不能当成点电荷处理. 对线电荷情况也可作类似分析,即在计算静电能时,无论线径怎样小的带电体均不能当成线电荷处理.

读者可能会产生疑问:我们明明是从点电荷间的相互作用能公式导出连续电荷分布的静电能表达式(3.2.2),为什么在计算静电能时作为出发点的点电荷近似却反被式(3.2.2)所否定呢?

为了回答这个问题,我们先从式(3.2.2)出发来分析多个带电体组成的系统的静电能. 设有 N 个带电体,体积分别为 $V_1, V_2, \cdots, V_N$. 将空间的总电势 $U(\boldsymbol{r})$分为两部分

$$U(\boldsymbol{r}) = U_i(\boldsymbol{r}) + U^{(i)}(\boldsymbol{r}) \tag{3.2.4}$$

式中,$U_i(\boldsymbol{r})$表示除第 i 个带电体外其余所有带电体在 $\boldsymbol{r}$ 处产生的电势,$U^{(i)}(\boldsymbol{r})$则表示第 i 个带电体在 $\boldsymbol{r}$ 处产生的电势. 对任意指标 i,均可按式(3.2.4)将总电势进行分解. 将式(3.2.4)代入式(3.2.2)得

$$\begin{aligned} W_e &= \frac{1}{2}\sum_{i=1}^{N}\iiint_{V_i}\rho_e(\boldsymbol{r})U(\boldsymbol{r})\mathrm{d}V = \frac{1}{2}\sum_{i=1}^{N}\iiint_{V_i}\rho_e(\boldsymbol{r})[U_i(\boldsymbol{r}) + U^{(i)}(\boldsymbol{r})]\mathrm{d}V \\ &= \sum_{i=1}^{N}\frac{1}{2}\iiint_{V_i}\rho_e(\boldsymbol{r})U^{(i)}(\boldsymbol{r})\mathrm{d}V + \sum_{i=1}^{N}\frac{1}{2}\iiint_{V_i}\rho_e(\boldsymbol{r})U_i(\boldsymbol{r})\mathrm{d}V \end{aligned}$$

即

$$W_e = W_{\text{自}} + W_{\text{互}} \tag{3.2.5}$$

式中

$$W_{自} = \sum_{i=1}^{N} W_{自}^{(i)} = \sum_{i=1}^{N} \frac{1}{2} \iiint_{V_i} \rho_e(\boldsymbol{r}) U^{(i)}(\boldsymbol{r}) \mathrm{d}V \tag{3.2.6}$$

$$W_{互} = \sum_{i=1}^{N} \frac{1}{2} \iiint_{V_i} \rho_e(\boldsymbol{r}) U_i(\boldsymbol{r}) \mathrm{d}V \tag{3.2.7}$$

我们将 $W_{自}^{(i)}$ 称为第 i 个带电体的静电能，简称自能，相应 $W_{自}$ 为全部带电体的自能之和；$W_{互}$ 称为带电体间的静电相互作用能，简称互能. 在按式(3.2.6)分别计算各个带电体的自能时，对相应的带电体不能采用点电荷或线电荷近似，因为这会导致积分发散，自能变为无穷大而失去物理意义. 对此，前面已作过说明. 但在按式(3.2.7)计算带电体间的互能时，只要某个(例如第 i 个)带电体的尺寸远小于它和其他带电体的距离，就可以当成点电荷处理. 这时，第 i 个带电体的位置用 $\boldsymbol{r}_i$ 表示，式(3.2.7)右边和式中的第 i 项积分中的 $U_i(\boldsymbol{r}) \approx U_i(\boldsymbol{r}_i) = U_i$，它可从积分号下提出，有

$$\frac{1}{2} \iiint_{V_i} \rho_e(\boldsymbol{r}) U_i(\boldsymbol{r}) \mathrm{d}V \approx \frac{1}{2} U_i \iiint_{V_i} \rho_e \mathrm{d}V = \frac{1}{2} q_i U_i$$

式中，q_i 为第 i 个带电体所带的电量，U_i 为除第 i 个带电体之外，其他带电体在 $\boldsymbol{r}_i$ 处的电势. 特别地，当所有带电体的尺寸均远小于它们之间的距离时，式(3.2.7)化为

$$W_{互} = \frac{1}{2} \sum_{i=1}^{N} q_i U_i$$

上式和式(3.1.5)一致，即代表 N 个点电荷间的相互作用能. 这里的点电荷指的是尺寸远小于考察距离的宏观带电体. 对于线电荷的情形，由式(3.2.7)可得如下互能公式：

$$W_{互} = \frac{1}{2} \sum_{i=1}^{N} \int_{L_i} \lambda_e(l) U_i(l) \mathrm{d}l \tag{3.2.8}$$

综上所述，在考虑几个带电体间的相互作用能的时候，点电荷和线电荷近似有效且可简化互能的计算. 本节开始视 $\rho_e \mathrm{d}V$ 为点电荷，而由式(3.1.5)推得普遍公式(3.2.2). 这种推导之所以成立，是因为小带电体元 $\rho_e \mathrm{d}V$ 的自能随 $\mathrm{d}V \to 0$ 而趋于零(见例 3.2).

相互作用能满足对易关系，设所考察的电荷体系位于体积 V_1 中，在 $\boldsymbol{r}_1$ 处的电荷密度为 $\rho_{e1}(\boldsymbol{r}_1)$. 又设外电场由位于体积 V_2 中的电荷体系所产生，在 $\boldsymbol{r}_2$ 处的电荷密度为 $\rho_{e2}(\boldsymbol{r}_2)$. 则按式(3.2.7)，这两个电荷体系的互能为

$$W_{互} = \frac{1}{2} \iiint_{V_1} \rho_{e1}(\boldsymbol{r}_1) U_1(\boldsymbol{r}_1) \mathrm{d}V_1 + \frac{1}{2} \iiint_{V_2} \rho_{e2}(\boldsymbol{r}_2) U_2(\boldsymbol{r}_2) \mathrm{d}V_2 \tag{3.2.9}$$

式中，$U_1(\boldsymbol{r}_1)$为外电场在 $\boldsymbol{r}_1$处的电势，$U_2(\boldsymbol{r}_2)$为所考察的电荷体系在 $\boldsymbol{r}_2$处的电势，其表达式分别为

$$U_1(\boldsymbol{r}_1) = \frac{1}{4\pi\varepsilon_0} \iiint_{V_2} \frac{\rho_{e2}(\boldsymbol{r}_2)}{|\boldsymbol{r}_1 - \boldsymbol{r}_2|} \mathrm{d}V_2, \quad U_2(\boldsymbol{r}_2) = \frac{1}{4\pi\varepsilon_0} \iiint_{V_1} \frac{\rho_{e1}(\boldsymbol{r}_1)}{|\boldsymbol{r}_1 - \boldsymbol{r}_2|} \mathrm{d}V_1$$

于是，相互作用能右边的第一项和第二项分别为

$$\frac{1}{8\pi\varepsilon_0} \iiint_{V_1} \iiint_{V_2} \frac{\rho_{e1}(\boldsymbol{r}_1) \rho_{e2}(\boldsymbol{r}_2)}{|\boldsymbol{r}_1 - \boldsymbol{r}_2|} \mathrm{d}V_2 \mathrm{d}V_1, \quad \frac{1}{8\pi\varepsilon_0} \iiint_{V_2} \iiint_{V_1} \frac{\rho_{e2}(\boldsymbol{r}_2) \rho_{e1}(\boldsymbol{r}_1)}{|\boldsymbol{r}_1 - \boldsymbol{r}_2|} \mathrm{d}V_1 \mathrm{d}V_2$$

它们大小相等.

因此，我们可将式中两个带电体系的相互作用能改写成

$$W_{互} = \iiint_{V_1} \rho_{e1}(\boldsymbol{r}) U_1(\boldsymbol{r}) \mathrm{d}V = \iiint_{V_2} \rho_{e2}(\boldsymbol{r}) U_2(\boldsymbol{r}) \mathrm{d}V \tag{3.2.10a}$$

式中为简便起见，略去了 $\boldsymbol{r}$ 和 $\mathrm{d}V$ 的下标. 既然积分域已分别用 V_1 和 V_2限定，这一省略不会引

起误解.

当两个带电体系既有体电荷分布又有面电荷分布时，相互作用能的对易关系可以改写为

$$\frac{1}{2}\iiint_{V_1}\rho_{e1}(\boldsymbol{r})U_1(\boldsymbol{r})\mathrm{d}V+\frac{1}{2}\oiint_{S_1}\sigma_{e1}U_1(\boldsymbol{r})\mathrm{d}S=\frac{1}{2}\iiint_{V_2}\rho_{e2}(\boldsymbol{r})U_2(\boldsymbol{r})\mathrm{d}V+\frac{1}{2}\oiint_{S_2}\sigma_{e2}U_2(\boldsymbol{r})\mathrm{d}S \tag{3.2.10b}$$

下面举一例来说明式(3.2.2)的应用.

例 3.2

求体电荷密度为 ρ_e、半径为 R 的均匀带电球的静电能(带电体的介电常量设为 ε_0).

解 以球心为原点，取球坐标(r,θ,φ). 根据例 1.11 的结果取 $R_1=0,R_2=R$，可知球内某点的电势为

$$U(\boldsymbol{r})=\frac{\rho_e}{6\varepsilon_0}(3R^2-r^2)$$

将其代入式(3.2.2)积分可求得静电能为

$$W_e=\frac{1}{2}\iiint_{r\leqslant R}\rho_e\cdot\frac{\rho_e}{6\varepsilon_0}(3R^2-r^2)r^2\sin\theta\,\mathrm{d}r\mathrm{d}\theta\,\mathrm{d}\varphi=\frac{4\pi\rho_e^2R^5}{15\varepsilon_0}$$

上式表明，当 ρ_e 固定时，W_e 将随 $R\to0$ 而趋于零. 如果用总电量 $q=4\pi R^3\rho_e/3$ 表示，上述结果可写成

$$W_e=\frac{3}{5}\left(\frac{q^2}{4\pi\varepsilon_0R}\right)$$

这时若固定 q，令 $R\to0$，则 $W_e\to\infty$，即点电荷的自能发散.

对带电导体，静电能公式(3.2.3)可进一步简化. 导体的特点是电荷分布在外表面，整个导体是等势体. 当求 N 个带电导体组成的体系的静电能时，应用式(3.2.3)可得如下结果：

$$W_e=\frac{1}{2}\sum_{i=1}^{N}\iint_{S_i}\sigma_eU\mathrm{d}S=\frac{1}{2}\sum_{i=1}^{N}U_i\iint_{S_i}\sigma_e\mathrm{d}S=\frac{1}{2}\sum_{i=1}^{N}q_iU_i \tag{3.2.11}$$

式中，q_i 和 U_i 分别为第 i 个导体的电量和电势. 式(3.2.9)在形式上与点电荷间相互作用能公式(3.1.5)一致，但它表示的是带电导体系的总静电能.

例 3.3

一孤立带电导体球电量为 q，半径为 R，求其静电能.

解 对孤立导体球有 $U=q/C,C=4\pi\varepsilon_0R$. 应用式(3.2.11)得

$$W_e=\frac{1}{2}qU=\frac{1}{2C}q^2=\frac{1}{2}\left(\frac{q^2}{4\pi\varepsilon_0R}\right)$$

与例 3.2 的结果比较可知，对电量及半径相同的带电球，其静电自能与电荷分布有关. 集中分布于球面的自能比均匀分布于整个球体的自能要小，但大体与 $q^2/(4\pi\varepsilon_0R)$同量级. 如果假设电子的能量 $W=mc^2$ 全部来自静电自能 W_e，并取 $W_e\approx e^2/(4\pi\varepsilon_0r_e)$，则可求得电子的半径

$$r_e=\frac{e^2}{4\pi\varepsilon_0mc^2}\approx2.8\times10^{-15}\,\mathrm{m}$$

r_e 称为电子的经典半径. 当然，电子的实际半径比 r_e 小得多，因此不能作上述假设.

最后，我们简单提一下空间存在电介质的情形. 限于线性无损耗介质，即电位移矢量或极化强度与电场强度具有线性关系(包括各向异性介质)，且各种介质损耗均可忽略. 对于这种情形，随着自由电荷的搬运和电场的建立，介质将会产生极化并出现极化电荷. 这时我们怎样来定义系统的静电能呢？一种简单而自然的办法是把极化电荷和自由电荷同等看待，将 $\rho_e(\boldsymbol{r})$ 看成是总电荷密度，即自由电荷密度 $\rho_{e0}(\boldsymbol{r})$ 和极化电荷密度 $\rho'_e(\boldsymbol{r})$ 之和，然后按式(3.2.2)定义系统的能量，即

$$W_{e0}=\frac{1}{2}\iiint_{V_0}\rho_{e0}(\boldsymbol{r})U(\boldsymbol{r})\mathrm{d}V+\frac{1}{2}\iiint_{V'}\rho'_e(\boldsymbol{r})U(\boldsymbol{r})\mathrm{d}V \tag{3.2.12}$$

式中，V_0 和 V' 分别为自由电荷和极化电荷所在的空间区域. 为叙述方便，我们已将上面定义的能量记为 W_{e0}，并把它称为系统的“宏观静电能”，它可以理解为在建立宏观电荷分布 $\rho_{e0}(\boldsymbol{r})$ 和 $\rho'_e(\boldsymbol{r})$ 过程中系统所储存的静电能. 从另一个角度来分析，系统的能量 W_e 应等于在建立该指定状态过程中外界对系统所做的功 A'，即

$$W_e=A' \tag{3.2.13}$$

下面我们自然要问：W_{e0} 是否等于 W_e 呢？或者说，系统宏观静电能的增加是否等于外界所做的功呢？对这个问题的回答是否定的. 理由在于，在介质中建立电场时，外界需要克服宏观电荷(包括自由电荷和极化电荷)之间的静电力做功，所建立起来的电场则需要克服分子内部(对位移极化情形)或分子之间(对取向极化情形)的相互作用做功. 第一部分功转化为系统的宏观静电能 W_{e0}；第二部分功称为“极化功”，它使介质极化. 对线性无损耗介质，通过极化功转换到介质的能量称为极化能，记为 $W_{极}$. 例如，填充了均匀介质的平行板电容器(见图 3.1)，极板自由面电荷 σ_{e0} 和介质极化面电荷 σ'_e 对宏观静电能 W_{e0} 都有贡献，而介质体内 $\rho'_e=0$，虽然对 W_{e0} 无贡献，但介质内部那些因极化发生变形或改变排列状态的原子、分子也储存了一部分能量，它们相当于极化能 $W_{极}$. 我们知道，介质的极化状态由介质的电磁性能方程决定，一定的电场对应于一定的介质极化状态. 与此相应，宏观静电能与极化能存在着密切的关系. 习惯上我们把 W_{e0} 即系统的宏观静电能与介质的极化能 $W_{极}$ 之和定义为系统的静电能

$$W_e=W_{e0}+W_{极} \tag{3.2.14}$$

在这种定义下，外界做功正好等于系统静电能的变化. 现举一实例加以说明.

例 3.4

求平行板电容器的静电能公式.

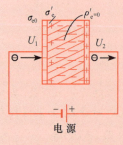

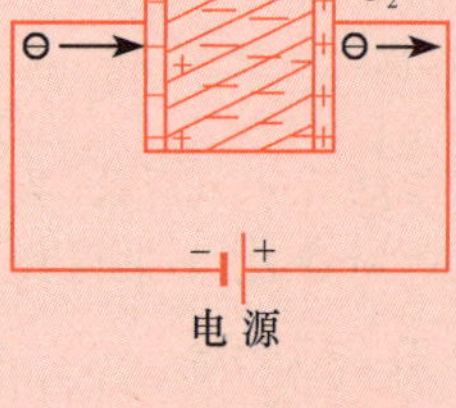

图 3.1　电容器充电时电源做功

解　如图 3.1 所示，极板间的均匀各向同性电介质的介电常量为 ε，极板面积为 S，两极板间的间距为 d. 接通电源后，极板带电分别为 Q_1 和 Q_2，且 $Q_2=-Q_1=Q$；两极板电势分别为 U_1 和 U_2，电势差为 $U=U_2-U_1$.

下面我们从式(3.2.13)出发，通过分析电容器充电过程中电源做功来推出平行板电容器的静电能公式. 图 3.1 表示电子从电容器的一个极板被拉到电源正极，并由电源负极推到另一个极板上，这样便使电容器带正电的极板的电量逐渐增至 Q. 在上述过程中，电源对电容器做功，使电源能量转化为电容器的静电能.

设在充电过程中某一时刻电容器的电量为 q,电压为 u;当电源将电荷 $-\mathrm{d}q$ 从电容器带正电的极板搬运到带负电的极板时,电源所做的功为 $u\mathrm{d}q$. 在 q 由 0 增至 Q 的过程中,电源做功为

$$A' = \int_0^Q u\,\mathrm{d}q = \int_0^Q \frac{q}{C}\mathrm{d}q = \frac{1}{2C}Q^2$$

在上述积分过程中,电容 $C=\varepsilon S/d$ 视为与 q 无关的常数. 由于 q 的变化直接影响到极板间介质中的电场强度,故 C 与 q 无关,即 C 与电场强度无关. 而 C 与介质的介电常量有关,因此要求介电常量与外加电场强度无关. 这样的介质只能是线性介质. 与此同时,还必须要求介质损耗可以忽略,电源所做的功才会全部转换为电容器的静电能. 也就是说,我们限于讨论线性无损耗介质. 在这种情况下,由式(3.2.13)求得电容器的静电能如下:

$$W_e = A' = \frac{1}{2C}Q^2 = \frac{1}{2}QU$$

或写成

$$W_e = \frac{1}{2}Q(U_2 - U_1) = \frac{1}{2}(Q_1U_1 + Q_2U_2)$$

这一特例启发我们,系统的静电能可用自由电荷与总电势来表示. 可以证明,按式(3.2.13)定义的静电能的表达式为

$$W_e = \frac{1}{2}\iiint_{V_0} \rho_{e0}(\boldsymbol{r})U(\boldsymbol{r})\mathrm{d}V \tag{3.2.15}$$

它正好是式(3.2.10)右边的第一项. 于是,由式(3.2.14)可推出极化能的表达式

$$W_{极} = W_e - W_{e0} = -\frac{1}{2}\iiint_{V_0} \rho'_e(\boldsymbol{r})U(\boldsymbol{r})\mathrm{d}V \tag{3.2.16}$$

注意上式右边有一负号. 对上述结果可作如下物理解释. 式(3.2.15)表示,外界在移动自由电荷过程中克服静电力做功,即对电场做功,转化为系统的静电能. 该静电能中的一部分转化为系统的"宏观静电能"W_{e0},另一部分通过电场对极化电荷做功,转化为介质的极化能 $W_{极}$,由式(3.2.16)表示. 式中右边的负号正好表示系统(即电场)对极化电荷做功,而不是外界克服静电力做功. 式(3.2.15)和式(3.2.16)右边出现的因子 1/2,是由于电场并非事先就有的,而是随着电荷的移入逐步建立的. 另外,该两式的被积式中的 $U(\boldsymbol{r})$ 为总电势,自由电荷和极化电荷对它都有贡献. 因此,我们不能从式(3.2.15)作出静电能只与自由电荷有关的结论,同样也不能由式(3.2.16)认为极化能与自由电荷无关.

应当再次强调的是,以上分析和有关结论仅适用于线性无损耗介质,非线性或有损耗介质的情形必须另作分析,请看 3.5 节.

在实际问题中常遇到这样的情形:自由电荷只分布在导体上,介质本身不带自由电荷. 例 3.4 讨论的电容器就属于这种情况. 如果介质是线性无损耗的,则式(3.2.13)适用,且可简化为式(3.2.12). 于是,我们可按式(3.2.11)计算系统的静电能. 当然,这样算得的静电能计入了介质本身的极化能. 请读者运用式(3.2.12)重解例 3.4,会得到同样的结果,而且解法简便.

3.3 电荷体系在外电场中的电势能

一个点电荷 q 处在外电势 U 中，定义该电荷的电势能为

$$W_{势} = qU \tag{3.3.1}$$

电势能本质上是从无限远处移动这个点电荷到电势为 U 处，外力所做的功. 电势能与静电能的差别是，静电能是整个系统由外力从无限远处移动电荷在空间建立起一种电荷分布所做的功；而电势能是系统已经建立起一种电势分布，外力从无限远处移动一个电荷 q 至电势为 U 处，外力所做的功. 即电势能计算不需要考虑原初空间已有的电势的建立所需的能量，也不需要考虑电荷移动过程对原电势分布的影响！

上面已经讨论空间只有两个电荷时，两个电荷的相互作用能恰好等于其中一个电荷的电势能，但当空间有多个电荷时，这种关系并不成立.

当考察两个点电荷 q_1 和 q_2 时，相互作用能为

$$\begin{aligned} W_{互} &= \frac{1}{2}q_1U_1 + \frac{1}{2}q_2U_2 = \frac{1}{2}q_1\left(\frac{q_2}{4\pi\varepsilon_0 r_{12}}\right) + \frac{1}{2}q_2\left(\frac{q_1}{4\pi\varepsilon_0 r_{21}}\right) \\ &= \frac{q_1q_2}{4\pi\varepsilon_0 r_{12}} = q_1U_1 = q_2U_2 \end{aligned}$$

但是当有多个点电荷时，比如空间有三个点电荷时，相互作用能为

$$\begin{aligned} W_{互} &= \frac{1}{2}q_1U_1 + \frac{1}{2}q_2U_2 + \frac{1}{2}q_3U_3 \\ &= \frac{1}{2}q_1\left(\frac{q_2}{4\pi\varepsilon_0 r_{12}} + \frac{q_3}{4\pi\varepsilon_0 r_{13}}\right) + \frac{1}{2}q_2\left(\frac{q_1}{4\pi\varepsilon_0 r_{12}} + \frac{q_3}{4\pi\varepsilon_0 r_{23}}\right) \\ &\quad + \frac{1}{2}q_3\left(\frac{q_1}{4\pi\varepsilon_0 r_{13}} + \frac{q_2}{4\pi\varepsilon_0 r_{23}}\right) \\ &= \frac{q_1q_2}{4\pi\varepsilon_0 r_{12}} + \frac{q_1q_3}{4\pi\varepsilon_0 r_{13}} + \frac{q_2q_3}{4\pi\varepsilon_0 r_{23}} \end{aligned}$$

此时第一个电荷的电势能为

$$q_1U_1 = q_1\left(\frac{q_2}{4\pi\varepsilon_0 r_{12}} + \frac{q_3}{4\pi\varepsilon_0 r_{13}}\right) = \frac{q_1q_2}{4\pi\varepsilon_0 r_{12}} + \frac{q_1q_3}{4\pi\varepsilon_0 r_{13}}$$

即 $W_{互} \neq q_1U_1$.

对带电体系在外电势中的电势能为

$$W_{势} = \iiint_V \rho_e(\boldsymbol{r})U(\boldsymbol{r})\mathrm{d}V \tag{3.3.2}$$

如果把外场当成已存在并且是不变的，把空间一系列点电荷或带电体当成一个整体，则系统的总电势能为

$$W_{势} = \sum_{i=1}^{n} q_iU_i + \sum_{j=1}^{m}\iiint_V \rho_jU_j\mathrm{d}V \tag{3.3.3}$$

式中，U_i、U_j 仅仅是外场在点电荷或带电体处的电势. 这个结果很像重力场中多个质点处于不同的位置时，总重力势能是各质点势能的叠加，这个能量并不包含重力场(引力场)本身的能量，甚至不考虑各质点之间引力的相互作用能量！

特别注意，计算静电能和电势能时，电势的参考点要选在无限远处. 当使用虚功原理计算

带电体系受力时(见 3.6 节),需要采用静电能计算,只有在外场不变,并且外场不受电荷移动影响时,才可以用电势能计算.

例 3.5

求电偶极子在外电场中的电势能.

解 设电偶极子的电偶极矩为 $\boldsymbol{p}=q\boldsymbol{l}$,则由式(3.3.1)可算得它在外电场 $\boldsymbol{E}$ 中的电势能为

$$W_{势}=-qU_{-}+qU_{+}=q(U_{+}-U_{-})=q\boldsymbol{l}\cdot\nabla U$$

即

$$W_{势}=\boldsymbol{p}\cdot\nabla U=-\boldsymbol{p}\cdot\boldsymbol{E} \tag{3.3.4}$$

3.4 电场的能量和能量密度

前面导出的静电能公式都与电荷相联系.这给人一种印象,似乎静电能只储存在电荷上;对没有电荷的空间,即使有电场存在,其静电能也为零.在这种理解下,电场只不过是一种不具有能量的抽象概念,它不可能作为电能传递的媒介.两个带电体可以通过不包含能量的空间发生相互作用,这就是所谓"超距作用"的观点.迄今得到的静电能公式均与超距作用观点一致.

大量实验事实表明,超距作用的观点是错误的.与超距作用观点对立的是"近距作用"观点.按这种观点,静电能应该为电场所具有,电荷的相互作用是通过具有能量的电场来传递的.在静电场范围内,人们没有办法通过实验证明静电能究竟是与电荷相联系还是与电场相联系.但只要回忆一下初等物理中学过的电磁波,就不难理解电能储存于电场中的物理概念.一台二极管装的简单收音机,无须任何电源,就能从耳机中发出声音.那么,使耳机振荡发声的能量来自何方呢?我们知道它来自无线电台发射的电磁波.电磁波是电磁场在空间的传播,它使耳机发声的事实表明电磁场具有能量.因此,可以推测电场作为电磁场的组成部分也是具有能量的.在第 10 章讨论电磁波时,我们将对此进行更加细致的分析.

为与近距作用观点一致,下面我们设法将有关静电能的公式用电场强度表示出来.让我们先从平行板电容器的静电能公式入手

$$W_{e}=\frac{1}{2}QU$$

该式是用极板带电量 Q 来表示静电能的.设电容器极板间填满均匀各向同性介质,则有 $Q=\sigma_{e0}S=DS$ 和 $U=Ed$,从而上述静电能公式可改用电场强度表示

$$W_{e}=\frac{1}{2}DSEd=\frac{1}{2}DEV \tag{3.4.1}$$

式中,$V=Sd$ 为两极板间的体积,也就是电场空间的体积.定义单位体积的静电能 $w_{e}=W/V$ 为电能密度,则有

$$w_{e}=\frac{1}{2}DE \tag{3.4.2}$$

对各向异性介质,$\boldsymbol{D}$ 一般与 $\boldsymbol{E}$ 的方向不同,式(3.4.2)应换成

$$w_e = \frac{1}{2}\boldsymbol{D}\cdot\boldsymbol{E} \tag{3.4.3}$$

上式对各向同性介质也适用，因为这时有 $\boldsymbol{D}/\!/\boldsymbol{E}$，$\boldsymbol{D}\cdot\boldsymbol{E}=DE$，式(3.4.3)化为式(3.4.2).

式(3.4.3)表明，原认为局限于极板表面电荷之中的静电能，实际上是以电能密度 $w_e=\boldsymbol{D}\cdot\boldsymbol{E}/2$ 储存于电场之中. 当空间电场不均匀时，总静电能应当是电能密度的体积分，即

$$W_e = \iiint_V w_e \mathrm{d}V = \frac{1}{2}\iiint_V \boldsymbol{D}\cdot\boldsymbol{E}\,\mathrm{d}V \tag{3.4.4}$$

式中，积分遍及电场所在的全部空间 V.

例 3.6

从电场的能量公式(3.4.4)出发，重新计算孤立带电导体球(电量为 q，半径为 R)的静电能.

解 由高斯定理可求得孤立带电导体球的电场强度大小为

$$E = \frac{q}{4\pi\varepsilon_0 r^2} \quad (r \geqslant R), \qquad E = 0 \quad (r < R)$$

于是

$$w_e = \frac{1}{2}\boldsymbol{D}\cdot\boldsymbol{E} = \frac{1}{2}\varepsilon_0 E^2 = \frac{q^2}{32\pi^2\varepsilon_0 r^4} \qquad (r \geqslant R)$$

$$W_e = \iiint_V w_e \mathrm{d}V = \frac{q^2}{32\pi^2\varepsilon_0}\int_0^{2\pi}\mathrm{d}\varphi\int_0^{\pi}\sin\theta\,\mathrm{d}\theta\int_R^{\infty}\frac{1}{r^2}\mathrm{d}r = \frac{q^2}{8\pi\varepsilon_0 R}$$

上述结果与例 3.3 所得结果一致. 这说明在静电场范围内，式(3.2.13)和式(3.4.4)完全等效，用它们计算静电能会得到同样的答案. 理论和实验表明，对随时间变化的电场来说(将介质设为线性无损耗介质)，式(3.4.4)仍然有效，但式(3.2.13)不再适用，或只是在一定近似程度之下适用于随时间缓慢变化的电场. 事实上，一个随时间变化的电场不再是一个势场(保守场)了，从而电势 U 失去意义.

最后我们由式(3.4.4)写出宏观静电能和介质极化能的表达式. 将 $\boldsymbol{D}=\varepsilon_0\boldsymbol{E}+\boldsymbol{P}$ 代入式(3.4.4)得

$$W_e = W_{e0} + W_{极} \tag{3.4.5}$$

式中

$$W_{e0} = \frac{1}{2}\iiint \varepsilon_0 E^2 \mathrm{d}V \tag{3.4.6}$$

$$W_{极} = \frac{1}{2}\iiint \boldsymbol{P}\cdot\boldsymbol{E}\,\mathrm{d}V \tag{3.4.7}$$

在静电学范围内，上述两式分别与式(3.2.10)和式(3.2.14)等效，即按式(3.4.6)算得的 W_{e0} 为宏观静电能，按式(3.4.7)算得的 $W_{极}$ 为极化能. 因此，$\varepsilon_0 E^2/2$ 为宏观静电能密度，$\boldsymbol{P}\cdot\boldsymbol{E}/2$ 为极化能密度，二者之和等于静电能密度 $w_e=\boldsymbol{D}\cdot\boldsymbol{E}/2$.

例 3.7

一个半径为 R 的均匀介质球，相对介电常量为 ε_r，球内均匀分布有总电量为 Q_0 的自由电荷，球外为真空. 求：(1)球体内的极化电荷和球面的极化电荷；(2)系统的总静电能. (3)系统的宏观静电能和极化能.

解 (1)由高斯定理，球内的电场强度为

$$\boldsymbol{E} = \frac{\rho_0}{3\varepsilon_0\varepsilon_r}\boldsymbol{r}$$

极化强度为

$$\boldsymbol{P} = \varepsilon_0(\varepsilon_r - 1)\boldsymbol{E} = \frac{(\varepsilon_r - 1)\rho_0}{3\varepsilon_r}\boldsymbol{r}$$

极化电荷体密度为

$$\rho' = -\nabla\cdot\boldsymbol{P} = -\frac{(\varepsilon_r - 1)\rho_0}{3\varepsilon_r}\nabla\cdot\boldsymbol{r}$$

因为 $\nabla\cdot\boldsymbol{r} = \dfrac{\partial x}{\partial x} + \dfrac{\partial y}{\partial y} + \dfrac{\partial z}{\partial z} = 3$，所以

$$\rho' = -\frac{(\varepsilon_r - 1)\rho_0}{\varepsilon_r}$$

球内极化电荷为

$$Q'_V = \frac{4}{3}\pi R^3\rho' = -\frac{4\pi R^3(\varepsilon_r - 1)\rho_0}{3\varepsilon_r} = -\frac{(\varepsilon_r - 1)}{\varepsilon_r}Q_0$$

球表面极化电荷面密度

$$\sigma' = P_n = \frac{(\varepsilon_r - 1)\rho_0}{3\varepsilon_r}R$$

球面的面极化电荷

$$Q'_S = 4\pi R^2\sigma' = \frac{4\pi R^3(\varepsilon_r - 1)\rho_0}{3\varepsilon_r} = \frac{(\varepsilon_r - 1)}{\varepsilon_r}Q_0$$

球的总极化电荷

$$Q' = Q'_V + Q'_S = 0$$

(2)球内的静电能为

$$W_{静球内} = \iiint_V \frac{1}{2}\varepsilon_0\varepsilon_r E^2\mathrm{d}V = \frac{1}{2}\varepsilon_0\varepsilon_r 4\pi\int_0^R\left(\frac{\rho_0}{3\varepsilon_0\varepsilon_r}r\right)^2 r^2\mathrm{d}r = \frac{2\pi\rho_0^2}{9\varepsilon_0\varepsilon_r}\frac{1}{5}R^5 = \frac{Q_0^2}{40\pi\varepsilon_0\varepsilon_r R}$$

球外任一点的电场强度为

$$\boldsymbol{E} = \frac{Q_0}{4\pi\varepsilon_0 r^3}\boldsymbol{r}$$

球外的静电能为

$$W_{静球外} = \iiint_V \frac{1}{2}\varepsilon_0 E^2\mathrm{d}V = \frac{1}{2}\varepsilon_0 4\pi\int_R^\infty\left(\frac{Q_0}{4\pi\varepsilon_0 r^2}\right)^2 r^2\mathrm{d}r = \frac{Q_0^2}{8\pi\varepsilon_0}\int_R^\infty\frac{1}{r^2}\mathrm{d}r = \frac{Q_0^2}{8\pi\varepsilon_0 R}$$

系统的总静电能为

$$W_{静} = W_{静球内} + W_{静球外} = \frac{Q_0^2}{40\pi\varepsilon_0\varepsilon_r R} + \frac{Q_0^2}{8\pi\varepsilon_0 R} = \frac{Q_0^2}{8\pi\varepsilon_0 R}\left(1 + \frac{1}{5\varepsilon_r}\right)$$

(3)宏观静电能密度为

$$w_{e0}=\frac{1}{2}\varepsilon_0 E^2$$

因为球外 $D=\varepsilon_0 E$，因此球外的宏观静电能就是静电能

$$W_{e0球外}=\frac{Q_0^2}{8\pi\varepsilon_0}\int_R^{\infty}\frac{1}{r^2}\mathrm{d}r=\frac{Q_0^2}{8\pi\varepsilon_0 R}$$

球内的宏观静电能为

$$W_{e0球内}=\iiint_V\frac{1}{2}\varepsilon_0 E^2\mathrm{d}V=\frac{1}{2}\varepsilon_0 4\pi\int_0^R\left(\frac{\rho_0}{3\varepsilon_0\varepsilon_r}r\right)^2 r^2\mathrm{d}r=\frac{2\pi\rho_0^2}{9\varepsilon_0\varepsilon_r^2}\frac{1}{5}R^5=\frac{Q_0^2}{40\pi\varepsilon_0\varepsilon_r^2 R}$$

系统的总宏观静电能为

$$W_{e0}=W_{e0球内}+W_{e0球外}=\frac{Q_0^2}{40\pi\varepsilon_0\varepsilon_r^2 R}+\frac{Q_0^2}{8\pi\varepsilon_0 R}=\frac{Q_0^2}{8\pi\varepsilon_0 R}\left(1+\frac{1}{5\varepsilon_r^2}\right)$$

因为

$$W_{静}=W_{e0}+W_{极}$$

所以极化能为

$$W_{极}=W_{静}-W_{e0}=\frac{Q_0^2}{8\pi\varepsilon_0 R}\left(1+\frac{1}{5\varepsilon_r}\right)-\frac{Q_0^2}{8\pi\varepsilon_0 R}\left(1+\frac{1}{5\varepsilon_r^2}\right)$$

$$=\frac{Q_0^2}{40\pi\varepsilon_0\varepsilon_r R}\left(1-\frac{1}{\varepsilon_r}\right)=\frac{(\varepsilon_r-1)Q_0^2}{40\pi\varepsilon_0\varepsilon_r^2 R}$$

极化能也可以直接用极化能密度计算，即

$$W_{极}=\frac{1}{2}\iiint_V\boldsymbol{P}\cdot\boldsymbol{E}\mathrm{d}V=\frac{1}{2}\frac{(\varepsilon_r-1)\rho_0}{3\varepsilon_r}\cdot\frac{\rho_0}{3\varepsilon_0\varepsilon_r}\int_0^R r^2 4\pi r^2\mathrm{d}r$$

$$=\frac{2\pi(\varepsilon_r-1)\rho_0^2}{9\varepsilon_0\varepsilon_r^2}\frac{1}{5}R^5$$

$$=\frac{2\pi(\varepsilon_r-1)9Q_0^2}{9\varepsilon_0\varepsilon_r^2(4\pi R^3)^2}\frac{1}{5}R^5=\frac{(\varepsilon_r-1)Q_0^2}{40\pi\varepsilon_0\varepsilon_r^2 R}$$

两种计算结果相同.

*3.5 非线性介质及电滞损耗

前几节我们一再强调，所导出的静电能公式仅适用于线性无损耗介质. 下面自然要问：对非线性有损耗介质又该作何处理呢？

为简单起见，我们仍限于讨论平行板电容器填满均匀介质的情况. 在例 3.4 中，我们曾对电容器充电过程中电源所做的元功作过分析，结果为

$$\mathrm{d}A'=u\,\mathrm{d}q \tag{3.5.1}$$

式中，u 为电容器的电压，$\mathrm{d}q$ 为电源从电容器负极板搬运到正极板的电荷微量. 由于电介质被假定为均匀，则极板间的电场也应当是均匀的；再由极板内部 $\boldsymbol{E}=0$ 和极板内、外侧电场强度切向分量连续的条件，可推断 $\boldsymbol{E}$ 只有垂直于极板的分量. 因此，如下关系式成立：

$$u=El,\quad q=\sigma_{e0}S=D_n S$$

式中，l 和 S 分别为极板间距和极板面积，D_n 为电位移矢量垂直于极板面积的分量. 注意，与 $\boldsymbol{E}$ 不同，$\boldsymbol{D}$ 可以不与极板垂直，例如对各向异性介质就是如此. 将上述关系式代入式(3.5.1)得

$$dA' = (E dD_n)Sl = \boldsymbol{E} \cdot d\boldsymbol{D}V \tag{3.5.2}$$

于是对单位面积的电介质，电源所做的元功为

$$da' = \frac{dA'}{V} = \boldsymbol{E} \cdot d\boldsymbol{D} \tag{3.5.3}$$

进一步由 $\boldsymbol{D}=\varepsilon_0\boldsymbol{E}+\boldsymbol{P}$，可将上式改写为

$$da' = d\left(\frac{\varepsilon_0}{2}E^2\right)+\boldsymbol{E} \cdot d\boldsymbol{P} \tag{3.5.4}$$

式中，右边第一项为宏观静电能密度的变化，第二项表示电场对单位体积电介质所做的极化元功. 因此，式(3.5.4)的物理意义是：电源所做的功一部分用来增加宏观静电能，另一部分为对介质所做的极化功. 这一结论既适用于线性无损耗介质，又适用于非线性有损耗介质，因为我们只用到均匀介质的条件，并未涉及介质本身的极化规律.

要分析极化功的具体形式及其结果，必须考虑介质的极化规律，即 $\boldsymbol{P}$ 和 $\boldsymbol{E}$ 的函数关系. 对线性无损耗介质，可将极化规律写成如下形式：

$$P_i = \sum_{j=1}^{3} \chi_{ij}\varepsilon_0 E_j, \quad \chi_{ij} = \chi_{ji} \tag{3.5.5}$$

式中，$i,j=1,2,3$ 表示三个坐标方向. 特别地，对各向同性介质有 $\chi_{11}=\chi_{22}=\chi_{33}=\chi_e$，$\chi_{12}=\chi_{13}=\chi_{23}=0$. 由式(3.5.5)可证

$$\boldsymbol{E} \cdot d\boldsymbol{P} = \sum_{i=1}^{3}\sum_{j=1}^{3}\chi_{ij}\varepsilon_0 E_i dE_j = \sum_{j=1}^{3}\left(dE_j\sum_{i=1}^{3}\chi_{ji}\varepsilon_0 E_i\right) = \sum_{j=1}^{3}P_j dE_j = \boldsymbol{P} \cdot d\boldsymbol{E}$$

于是有

$$d(\boldsymbol{P} \cdot \boldsymbol{E}) = \boldsymbol{E} \cdot d\boldsymbol{P} + \boldsymbol{P} \cdot d\boldsymbol{E} = 2\boldsymbol{E} \cdot d\boldsymbol{P}$$

或

$$E \cdot d\boldsymbol{P} = d\left(\frac{1}{2}\boldsymbol{P} \cdot \boldsymbol{E}\right) \tag{3.5.6}$$

上式表明，极化功全部转换为介质的极化能. 将式(3.5.6)代入式(3.5.4)，并由静电能密度表达式 $w_e=\boldsymbol{D} \cdot \boldsymbol{E}/2=\varepsilon_0 E^2/2+\boldsymbol{P} \cdot \boldsymbol{E}/2$ 推得如下关系式：

$$da' = dw_e \tag{3.5.7}$$

即电源做功全部转化为电容器的静电能. 这一结论与 3.2 节和 3.4 节的结论一致.

对非线性有损耗介质，显然不会有上述简单结果. 当介质为非线性时，极化能密度的表达式将会发生变化，这时一般不再把宏观静电能和极化能合在一起考虑. 当存在介质损耗时，极化功中只有一部分转化为极化能，另一部分则转化为热量. 例如铁电体就属于这种情况.

铁电体的 $\boldsymbol{P}$ 和 $\boldsymbol{E}$ 的关系不仅是非线性的，而且是非单值的，一定的 $\boldsymbol{E}$ 所对应的 $\boldsymbol{P}$ 依赖于极化过程. 当电场强度在 E_0 和 $-E_0$ 之间反复变化时，铁电体的极化状态将沿图 3.2 所示的电滞回线做周期变化. 上述极化过程是不可逆过程，图中用箭头标出了过程进行的方向. 当从某点 A 出发沿着电滞回线循环一周回到 A 点时，电源对单位体积铁电体所做的功可由式(3.5.4)求得

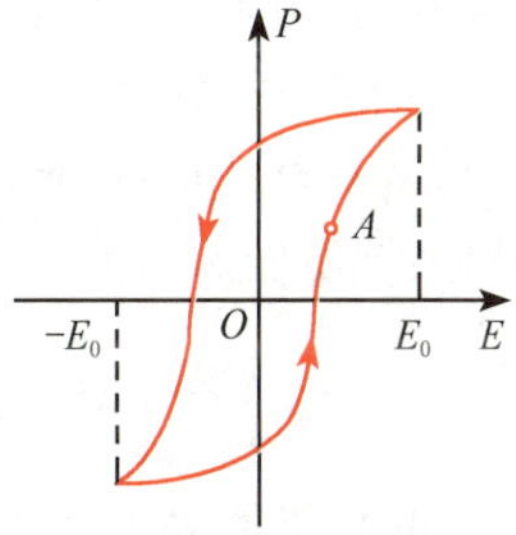

图 3.2 电滞损耗

$$a' = \oint da' = \oint E dP \tag{3.5.8}$$

式中,右边沿电滞回线的闭路积分正好等于电滞回线所围的“面积”. 这部分功既不改变电场,又不改变介质的极化状态,而是转化为热量,使介质发热. 这部分因电滞现象而消耗的能量,称为电滞损耗.

*3.6 利用静电能求静电力

如2.1节所述,只要给定带电体的电荷分布,或者施力带电体的电场分布和受力带电体的电荷分布,就可以根据库仑定律求得电场力. 但是,在某些情况下,这样求力要进行复杂的积分运算. 特别当电荷分布或电场分布有待确定而又难于确定时,直接从库仑定律出发求力就更不可取了. 为此,我们介绍通过静电能求静电力的方法. 只要带电系统的静电能事先知道或易于求得,这种方法将十分简便.

让我们先来分析由 N 个彼此绝缘的带电导体组成的带电系统,从中选定一个导体作为受力导体,其余 $N-1$ 个导体作为施力导体,要求确定作用在该受力导体上的静电力 $\boldsymbol{F}$. 为此,我们设所有施力导体静止,假想让受力导体有一小位移 $\delta\boldsymbol{r}$,则静电力 $\boldsymbol{F}$ 所做的功为

$$\delta A = \boldsymbol{F} \cdot \delta\boldsymbol{r} = F_x \delta x + F_y \delta y + F_z \delta z \tag{3.6.1}$$

下面我们分析 δA 和系统静电能变化之间的关系.

首先,假定系统是孤立(封闭)的,即当受力导体位移 $\delta\boldsymbol{r}$ 时,外界不以任何方式给系统提供能量. 在这种情况下,各导体所带电量 $Q_i(i=1,2,\cdots,N)$ 应保持恒定,位移 $\delta\boldsymbol{r}$ 只是改变各导体的电势,并同时使系统的静电能发生变化. 设静电能的变化为 $(\delta W_e)_Q$,则由能量守恒可知

$$(\delta W_e)_Q = -\delta A \tag{3.6.2}$$

即静电力所做的功等于静电能的减少量. 由式(3.6.1)和式(3.6.2)可得

$$F_x = -\left(\frac{\partial W_e}{\partial x}\right)_Q \quad \text{或} \quad \boldsymbol{F} = -(\nabla W_e)_Q \tag{3.6.3}$$

式中,下标 Q 表示在求 W_e 的偏导数或梯度时 W_e 表达式中的全部 Q_i 应视为常数. 只要给定 W_e 的表达式,就可以根据式(3.6.3)求出静电力 $\boldsymbol{F}$ 或它的某个分量.

如果系统不是孤立的,如外界(电源)通过给该系统的导体提供电荷而做功 $\delta A'$,则系统的静电能变化应为

$$\delta W_e = -\delta A + \delta A' \tag{3.6.4}$$

上式表明,由于 $\delta A'$ 的出现,δA 和 δW_e 的关系复杂化了. 下面我们分析一特例,设通过外接电源使各个导体的电势的 U_i 保持恒定. 在这一特例下,当受力导体有一小位移 $\delta\boldsymbol{r}$ 时,各导体的电量 Q_i 不再是常数,而是会出现一微小变化 δQ_i. 显然,这一变化来自电源的作用,相应的电源对系统所做的功为

$$dA' = \sum_{i=1}^{N} U_i \delta Q_i \tag{3.6.5}$$

与此同时,系统静电能也会发生变化. 设这一变化为 $(\delta W_e)_U$,则由式(3.2.9)求得它的表达式为

$$(\delta W_e)_U = \frac{1}{2}\sum_{i=1}^{N} U_i \delta Q_i \tag{3.6.6}$$

比较式(3.6.5)和式(3.6.6)可以看出，维持所有导体电势不变，外界(电源)所做的功正好是系统静电能变化的两倍，即

$$\delta A' = 2(\delta W_e)_U \tag{3.6.7}$$

将式(3.6.7)代入式(3.6.4)右边，并将该式左边的 δW_e 代之以 $(\delta W_e)_U$ 得

$$(\delta W_e)_U = \delta A \tag{3.6.8}$$

它表示当维持各导体的电势不变时，静电力做功等于系统静电能的增加. 这一结论并不违反能量守恒定律，因为式(3.6.8)本来就是由能量守恒关系式(3.6.4)导出的. 之所以有这种结论，完全是由于外接电源也参与做功，且所做的功正好等于静电力做功的两倍. 由式(3.6.8)立刻可以写出由静电能求静电力的如下表达式：

$$F_x = \left(\frac{\partial W_e}{\partial x}\right)_U \quad 或 \quad \boldsymbol{F} = (\nabla W_e)_U \tag{3.6.9}$$

式中，下标 U 表示在求 W_e 的偏导数或梯度时 W_e 表达式中全部 U_i 应视为常数. 注意和式(3.6.3)不同，式(3.6.9)右边不出现负号.

综上所述，对孤立系统(即各导体的电量不变)的情况，可按式(3.6.3)由静电能求静电力；而当系统各导体的电势不变时，则可按式(3.6.9)由静电能求静电力. 下一步我们自然会问：若在受力导体出现位移 $\delta\boldsymbol{r}$ 的过程中，各导体的电量 Q_i 不全为常数，各导体的电势 U_i 也不全为常数，又该用什么办法来由静电能求静电力呢？当然，我们完全可以从能量守恒关系式(3.6.4)出发，结合实际情况对 $\delta A'$ 作一番具体分析之后，去确定 δW_e 和 δA 之间的关系，然后再导出静电力的表达式. 显然，这类表达式数量相当多，它们既不同于式(3.6.3)，也不同于式(3.6.9)，我们不可能把它们一一写出. 其实，完全没有必要那样做. 理由在于，所有这类由静电能求静电力的表达式，包括已经得到的式(3.6.3)和式(3.6.9)，是彼此等效的，即对同一个静电力计算问题会给出同一答案. 下面我们就来说明这一点.

我们知道，对于任何给定的带电系统，其中某个带电导体所受的静电力是由当时系统的电荷分布状态通过库仑定律唯一决定的，它与系统状态以后的变化无关. 既然如此，我们在引入受力导体的位移时就可以随意设想一种系统状态的变化，然后分析在该状态下静电力做功和系统静电能变化的关系. 所设想的状态变化可以是实际系统状态的真实变化，也可以不是，因为它仅仅影响静电力表达式的形式，不会改变静电力的最终计算结果. 究竟设想什么样的状态变化，主要以静电力表达式的形式是否简单而定. 前面我们就电量不变、电势可变的孤立系统导出式(3.6.3)，以及就电势不变、电量可变的非孤立系统导出式(3.6.9)，只是为了作物理说明，便于大家理解. 现在，当我们把这两种特殊的状态变化方式看成是设想的状态变化之后，就不难理解式(3.6.3)并不限于孤立系统，式(3.6.9)也不限于电势不变的非孤立系统，它们适用于任何系统，而且彼此等效. 在由静电能求静电力时，我们可选用其中任何一个. 顺便说一点，既然系统的状态变化是设想的，作为引起这种变化的原因即位移 $\delta\boldsymbol{r}$ 也应当是虚拟的. 它不一定代表受力导体的实际位移，因为这种实际位移所带来的系统的实际状态变化可能和设想的状态变化不一样. 从这个意义上讲，我们可称 $\delta\boldsymbol{r}$ 为“虚位移”，与它相应的功 δA 则称为“虚功”.

下面我们举例说明式(3.6.3)和式(3.6.9)的应用以及它们之间的等效性.

例 3.8

如图 3.3 所示的真空平行板电容器电路，当开关 K 闭合后充电至电压 $U=V$. 设电容器极板面积为 S，相距为 x，求带正电极板所受的力.

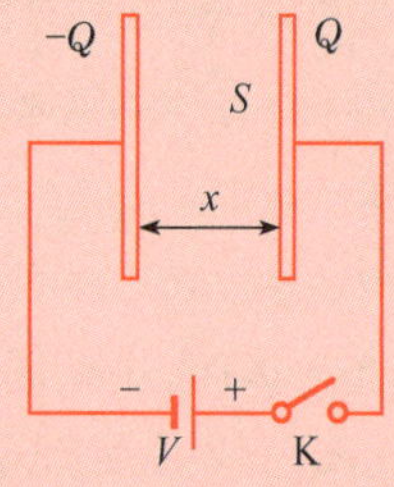

图 3.3　真空平行板电容器极板间的引力

解　由例 3.4 的结果，电容为 C 的电容器的静电能为

$$W_e = \frac{CU^2}{2} = \frac{Q^2}{2C}$$

式中，$Q=CU$ 为极板所带电量的绝对值.

题目并未告诉我们充电之后开关 K 是断开还是闭合. 若 K 断开，则极板的电量维持不变，这时由式(3.6.3)可求得正极板受的静电力为

$$\boldsymbol{F}_x = -\left(\frac{\partial W_e}{\partial x}\right)_Q = -\left[\frac{\partial}{\partial x}\left(\frac{Q^2}{2C}\right)\right]_Q = \frac{Q^2}{2C^2}\frac{\mathrm{d}C}{\mathrm{d}x} \tag{3.6.10}$$

若 K 闭合，则极板的电压即电势差不变. 这时不妨取负极板的电势为 0，正极板的电势为 U，则电势差不变表示正、负极板的电势不变. 由式(3.6.9)可求得正极板受的静电力为

$$F_x = \left(\frac{\partial W_e}{\partial x}\right)_U = \left[\frac{\partial}{\partial x}\left(\frac{CU^2}{2}\right)\right]_U = \frac{U^2}{2}\frac{\mathrm{d}C}{\mathrm{d}x} \tag{3.6.11}$$

考虑到 $U=Q/C$，式(3.6.11)和式(3.6.10)给出同一结果. 这说明式(3.6.3)和式(3.6.9)等效. 下面将平行板电容器公式 $C=\varepsilon_0 S/x$ 代入式(3.6.10)或式(3.6.11)，并取 $U=V$，最终求得

$$F_x = -\frac{\varepsilon_0 SV^2}{2x^2}$$

负号表示正极板受到的力是负极板对它的引力. 本例题中如果给定的是极板自由面电荷密度 σ_e，则由 $V=Ex=\sigma_e x/\varepsilon_0$，可将上式改写为用 σ_e 表达的形式

$$F_x = -\frac{\varepsilon_0 S(\sigma_e x/\varepsilon_0)^2}{2x^2} = -\frac{\sigma_e^2 S}{2\varepsilon_0}$$

如果我们将位移 $\delta \boldsymbol{r}$ 换成角位移 $\delta\theta$，则式(3.6.1)应代之以

$$\delta A = L_\theta \delta\theta \tag{3.6.12}$$

式中，L_θ 为作用在受力导体上的静电力矩的分量. 这时，与式(3.6.3)和式(3.6.9)相应，有如下由静电能计算静电力矩的公式：

$$L_\theta = -\left(\frac{\partial W_e}{\partial \theta}\right)_Q \tag{3.6.13}$$

$$L_\theta = \left(\frac{\partial W_e}{\partial \theta}\right)_U \tag{3.6.14}$$

显然，它们是等效的，即对同一个静电力矩计算问题给出同样的结果.

迄今我们只讨论了由带电导体组成的带电系统. 其实，对于同时还存在线性无损耗电介质的情形，式(3.6.3)和式(3.6.13)仍然成立，只是下标 Q 应理解为求偏导数时视所有带电体的电量为常数. 理由在于，在推导式(3.6.3)和式(3.6.13)的过程中，我们并不要求带电体为导体. 设想在位移过程中 Q 不变，是为了避免外界使导体充电或使介质带电做功，从而保证式(3.6.2)成立，并由它导出式(3.6.3)和式(3.6.13). 至于式(3.6.9)和式(3.6.14)，由于在推导

过程中用到式(3.2.9)，即暗中假定介质不带自由电荷，因此它们只适用于由带电导体和不带自由电荷的线性无损耗介质组成的系统. 最后，在应用式(3.6.3)、式(3.6.9)、式(3.6.13)和式(3.6.14)时，受作用物体可以是导体，也可以是介质物体.

例 3.9

平行板电容器极板面积为 S，极板间距为 d，其间充满介电常量为 ε 的介质. 在下列两种情况下，讨论将介质从电容器极板间完全取出时外力所做的功：(1)固定电容器的电压 U 不变；(2)固定电容器的电量 Q 不变.

解　如图 3.4 所示，x 表示介质从极板间移出的距离，此时电容器的电容为 C. 电容器的起始电容(对应 $x=0$)为 $C_1=\varepsilon S/d$，介质全部抽出后的电容为 $C_2=\varepsilon_0 S/d$. 介质抽出时，外力 $\boldsymbol{F}'$ 反抗静电力 $\boldsymbol{F}$ 做功，应有 $\boldsymbol{F}'=-\boldsymbol{F}$. 由于介质不带自由电荷，式(3.6.3)和式(3.6.9)均可用来求介质受的静电力 $\boldsymbol{F}$.

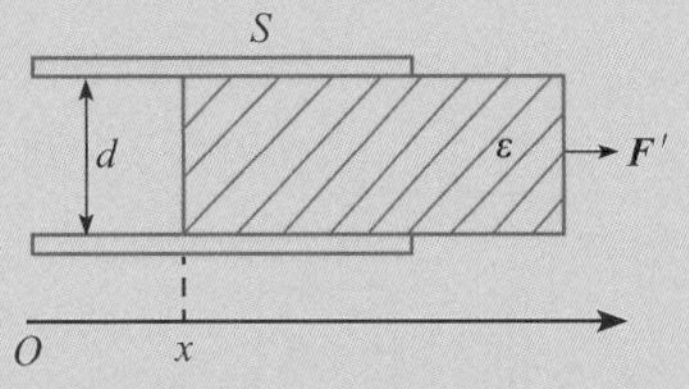

图 3.4　将介质从电容器中取出时外力做功

(1) 固定电容器的电压 U 不变.

由式(3.6.9)得

$$F=\left(\frac{\partial W}{\partial x}\right)_U=\frac{1}{2}U^2\frac{\mathrm{d}C}{\mathrm{d}x}$$

外力做功为

$$A_1'=\int F'\mathrm{d}x=-\int F\mathrm{d}x=-\int_{C_1}^{C_2}\frac{1}{2}U^2\mathrm{d}C=\frac{1}{2}U^2(C_1-C_2)=\frac{(\varepsilon-\varepsilon_0)S}{2d}U^2$$

(2) 固定电容器的电量 Q 不变.

由式(3.6.3)得

$$F=-\left(\frac{\partial W}{\partial x}\right)_Q=\frac{Q^2}{2C^2}\frac{\mathrm{d}C}{\mathrm{d}x}$$

上式可化成 $F=U^2(\mathrm{d}C/\mathrm{d}x)/2$，即与情况(1)的结果相同，再次表明式(3.6.3)和式(3.6.9)等效. 外力做功为

$$A_2'=-\int F\mathrm{d}x=-\int_{C_1}^{C_2}\frac{Q^2}{2C^2}\mathrm{d}C=\frac{Q^2(C_1-C_2)}{2C_1C_2}=\frac{(\varepsilon-\varepsilon_0)d}{2\varepsilon\varepsilon_0 S}Q^2$$

注意上式中的 Q 与电容器的初始电压(即介质填满电容器时的电压)U 有关系 $Q=C_1U=\varepsilon SU/d$，以至于

$$A_2'=\frac{(\varepsilon-\varepsilon_0)d}{2\varepsilon\varepsilon_0 S}\left(\frac{\varepsilon SU}{d}\right)^2=\frac{\varepsilon(\varepsilon-\varepsilon_0)S}{2\varepsilon_0 d}U^2$$

有 $A_1'\neq A_2'$. 这说明，由于两种情况的物理过程不同，外力做功的大小也不一样. 不仅如此，两种情况下电容器的静电能变化也不一样. 第一种情况为 $\Delta W_{e1}=(C_2-C_1)U^2/2=-A_1'<0$，静电能减小；第二种情况为 $\Delta W_{e2}=[(1/C_2)-(1/C_1)]Q^2/2=A_2'>0$，静电能增加，且增加的量正好等于外力做功. 对第一种情况，外力做正功，电容器的静电能反而减小，这是何缘故呢？原来，当固定电压不变时，拉出介质将导致电容变小，极板电量变小，从而给电源充电.

当将介质全部拉出时,极板减小的总电量为 $\Delta q=U(C_1-C_2)$,由此对电源充电做功为 $U\Delta q=U^2(C_1-C_2)=2A_1'$. 该功转化为电源的储能,其转化数量正好是外力做功的两倍,以至于电容器的静电能减小,且减小的数量正好等于外力做功. 换句话说,外力做的功和电容器减小的静电能都转化为电源的储能了. 对上述解释我们并不陌生,其实我们在论证式(3.6.8)时已就一般情况得出过同样的结论.

例 3.10

一平行板空气电容器垂直插入介电常量 ε、密度 ρ 的液体电介质中. 设极板面积为 S,间距为 d,维持电容器的电压 U 不变,求液面在电容器中上升的高度 h(图 3.5).

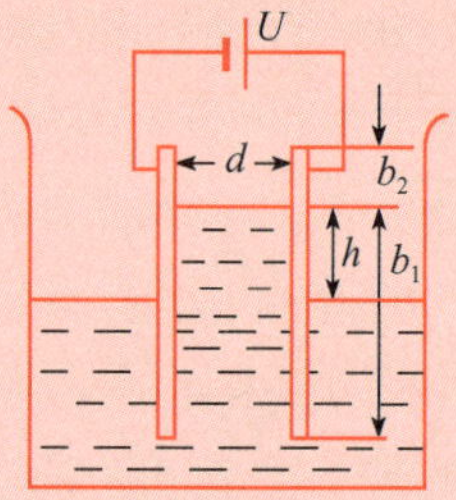

图 3.5　液体在电容器中上升的高度

解　设极板高为 $b=b_1+b_2$,宽为 a(图 3.5 中未标出),则 $S=ab$,其中 b_1 是电容器中液柱的高度,b_2 是电容器中空气柱的高度. 电容器的电容为

$$C=\frac{(b_1\varepsilon+b_2\varepsilon_0)a}{d}=\frac{[b\varepsilon_0+b_1(\varepsilon-\varepsilon_0)]a}{d}$$

由式(3.6.9)得

$$F=\left(\frac{\partial W_e}{\partial b_1}\right)_U=\frac{U^2}{2}\frac{\partial C}{\partial b_1}=\frac{(\varepsilon-\varepsilon_0)aU^2}{2d}$$

平衡时 $F=mg$,其中 $m=ahd\rho$,g 为重力加速度. 因此,有

$$h=\frac{m}{ad\rho}=\frac{F}{ad\rho g}=\frac{(\varepsilon-\varepsilon_0)U^2}{2d^2\rho g}$$

注意在最终答案中,一开始引入的极板宽度 a 被消掉.

在前面所有由静电能求静电力的表达式中,W_e 指的是系统的总的静电能,它包括受力带电体和施力带电体的自能以及它们之间的互能. 在某些情况下,受力带电体和施力带电体之间的互能已知或易于求得,从它出发能否求静电力呢? 回答是肯定的. 为推出由互能求力的最简表达式,只要设想受力带电体位移过程中受力带电体和施力带电体各自的电荷分布不变就行了. 这样不仅消除了外界通过提供电荷而做功的可能,而且避免了受力带电体和施力带电体的自能变化. 由能量守恒,静电场做功应等于互能的减少,即

$$(\delta W_{互})_{\rho_e}=-\delta A' \tag{3.6.15}$$

由上式出发,可求得静电力和静电力矩的表达式分别为

$$F_x=-\left(\frac{\partial W_{互}}{\partial x}\right)_{\rho_e}\quad 或 \quad \boldsymbol{F}=-(\nabla W_{互})_{\rho_e} \tag{3.6.16}$$

$$L_\theta=-\left(\frac{\partial W_{互}}{\partial \theta}\right)_{\rho_e} \tag{3.6.17}$$

式中,下标 ρ_e 表示对 $W_{互}$ 求偏导数或梯度时,各带电体的电荷分布应维持不变. 对于外电场中的电荷体系,3.3 节给出了它的静电能(即互能)的一般表达式,从而可利用式(3.6.16)和式(3.6.17)计算外电场对考察电荷体系的静电力和静电力矩. 如果带电体处在外电场中,且外电场不受带电体的影响,也可用电势能求静电力和静电力矩.

例 3.11

求在电场 $\boldsymbol{E}(\boldsymbol{r})$ 中，电偶极子 $\boldsymbol{p}$ 所受的力和力矩.

解 式(3.3.6)给出了电偶极子在外电场中的电势能

$$W_{势} = -\boldsymbol{p}\cdot\boldsymbol{E} = -pE\cos\theta$$

式中，θ 为 $\boldsymbol{p}$ 和 $\boldsymbol{E}$ 之间的夹角，计算方向由 $\boldsymbol{E}$ 至 $\boldsymbol{p}$，如图 3.6(a)所示. 先来计算电偶极子所受的力. 为此，设电偶极子做一平移 $\delta\boldsymbol{r}$，由 A 点移到 B 点[如图 3.6(a)所示]. 由于是平移(即平行移动)，$\boldsymbol{p}$ 的方向应保持不变. 另外，在平移过程中维持电偶极子内部电荷分布不变，即 $\boldsymbol{p}$ 的大小也应保持不变. 于是，由式(3.6.16)有

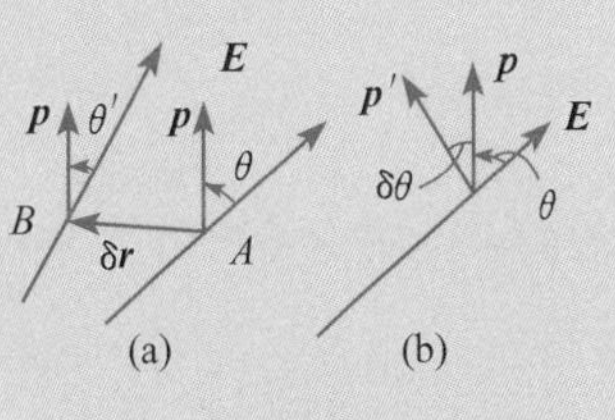

图 3.6 电偶极子在外电场中的平移和旋转

$$\boldsymbol{F} = -(\nabla W_{势})_p = [\nabla(\boldsymbol{p}\cdot\boldsymbol{E})]_p \qquad (3.6.18)$$

式中，下标 p 表示在进行梯度运算时应视 $\boldsymbol{p}$ 为常矢量. 根据矢量微分公式

$$\nabla(\boldsymbol{p}\cdot\boldsymbol{E}) = (\boldsymbol{p}\cdot\nabla)\boldsymbol{E} + (\boldsymbol{E}\cdot\nabla)\boldsymbol{p} + \boldsymbol{p}\times(\nabla\times\boldsymbol{E}) + \boldsymbol{E}\times(\nabla\times\boldsymbol{p})$$

因此有

$$[\nabla(\boldsymbol{p}\cdot\boldsymbol{E})]_p = (\boldsymbol{p}\cdot\nabla)\boldsymbol{E} + \boldsymbol{p}\times(\nabla\times\boldsymbol{E})$$

考虑到 $\nabla\times\boldsymbol{E}=0$，有

$$\boldsymbol{F} = (\boldsymbol{p}\cdot\nabla)\boldsymbol{E}$$

上式与例 2.2 得到的结果一致.

应当引起注意的是，$\boldsymbol{p}$ 为常矢量并不意味着 θ 为常量. 实际上，在偶极子平移过程中，由于 $\boldsymbol{E}$ 的方向随空间变化，θ 也会发生相应变化. 例如，由图 3.6(a)可见，当电偶极子由 A 点平移到 B 点时，一般会有 $\theta'\neq\theta$. 基于上述分析，当将式(3.6.18)中的 $\boldsymbol{p}\cdot\boldsymbol{E}$ 代以 $pE\cos\theta$ 时，$\cos\theta$ 不能从梯度运算符号中提出，即下式不成立：

$$[\nabla(pE\cos\theta)]_p = p\cos\theta\nabla E$$

而应写成

$$[\nabla(pE\cos\theta)]_p = p(\cos\theta\nabla E - E\sin\theta\nabla\theta)$$

下面求电偶极子所受的力矩. 为此，设电偶极子有一角位移 $\delta\theta$，如图 3.6(b)所示. 此时 $\boldsymbol{p}$ 的大小不变，但方向显然会发生变化. 于是由式(3.6.17)得

$$L_\theta = -\left(\frac{\partial W_{势}}{\partial\theta}\right)_p = \frac{\partial}{\partial\theta}(pE\cos\theta) = -pE\sin\theta$$

注意电偶极子的位置并未挪动，故 E 被当成"常数"从微分号下提出. 上式表明，在 L_θ 作用下，θ 角减小，写成矢量形式有

$$\boldsymbol{L}_\theta = -\boldsymbol{E}\times\boldsymbol{p} = \boldsymbol{p}\times\boldsymbol{E}$$

以上结果也与第 2 章 2.1 节的例 2.2 给出的结果一致.

例 3.12

求相距 r，电偶极矩为 $\boldsymbol{p}_1$ 和 $\boldsymbol{p}_2$ 的两电偶极子相互作用力(图 3.7).

解 由第 1 章 1.7 节例 1.9 的结果，$\boldsymbol{p}_1$ 在 $\boldsymbol{p}_2$ 处产生的电场强度为

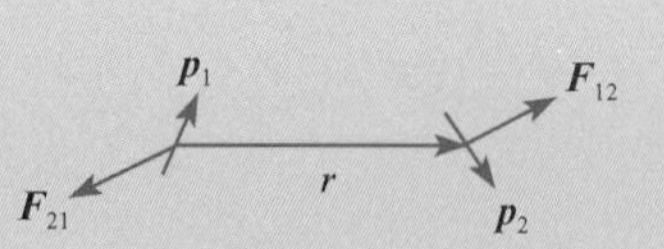

图 3.7 两电偶极子的相互作用

$$\boldsymbol{E}_1=-\frac{\boldsymbol{p}_1}{4\pi\varepsilon_0 r^3}+\frac{3(\boldsymbol{p}_1\cdot\boldsymbol{r})}{4\pi\varepsilon_0 r^5}\boldsymbol{r}$$

于是 $\boldsymbol{p}_1$ 和 $\boldsymbol{p}_2$ 之间的相互作用能为

$$W_{\text{互}}=-\frac{1}{2}\boldsymbol{p}_1\cdot\boldsymbol{E}_2-\frac{1}{2}\boldsymbol{p}_2\cdot\boldsymbol{E}_1$$

$$=-\boldsymbol{p}_2\cdot\boldsymbol{E}_1=\frac{\boldsymbol{p}_1\cdot\boldsymbol{p}_2}{4\pi\varepsilon_0 r^3}-\frac{3(\boldsymbol{p}_1\cdot\boldsymbol{r})(\boldsymbol{p}_2\cdot\boldsymbol{r})}{4\pi\varepsilon_0 r^5}$$

在按式(3.6.16)求 $\boldsymbol{p}_1$ 对 $\boldsymbol{p}_2$ 的静电力 $\boldsymbol{F}_{12}$ 时,应视 $\boldsymbol{p}_1$ 和 $\boldsymbol{p}_2$ 为常矢量,即

$$\boldsymbol{F}_{12}=-(\nabla W_{\text{互}})_{\boldsymbol{p}_1,\boldsymbol{p}_2}=\frac{3\hat{\boldsymbol{r}}}{4\pi\varepsilon_0 r^4}(\boldsymbol{p}_1\cdot\boldsymbol{p}_2-5p_{1r}p_{2r})+\frac{3}{4\pi\varepsilon_0 r^4}(p_{2r}\boldsymbol{p}_1+p_{1r}\boldsymbol{p}_2) \tag{3.6.19}$$

式中,$p_{1r}=\boldsymbol{p}_1\cdot\hat{\boldsymbol{r}}$,$p_{2r}=\boldsymbol{p}_2\cdot\hat{\boldsymbol{r}}$,$\hat{\boldsymbol{r}}=\boldsymbol{r}/r$. 同理,可求得 $\boldsymbol{p}_2$ 对 $\boldsymbol{p}_1$ 的静电力为

$$\boldsymbol{F}_{21}=-\frac{3\hat{\boldsymbol{r}}}{4\pi\varepsilon_0 r^4}(\boldsymbol{p}_1\cdot\boldsymbol{p}_2-5p_{1r}p_{2r})-\frac{3}{4\pi\varepsilon_0 r^4}(p_{2r}\boldsymbol{p}_1+p_{1r}\boldsymbol{p}_2)$$

它们满足 $\boldsymbol{F}_{12}=-\boldsymbol{F}_{21}$,但是这两个力一般不沿两偶极子的连线方向. 例如,对 $\boldsymbol{p}_1/\!/\hat{\boldsymbol{r}}$,$\boldsymbol{p}_2\perp\hat{\boldsymbol{r}}$ 的情况,有

$$\boldsymbol{F}_{12}=\frac{3}{4\pi\varepsilon_0 r^4}p_1\boldsymbol{p}_2,\quad \boldsymbol{F}_{21}=-\frac{3}{4\pi\varepsilon_0 r^4}p_1\boldsymbol{p}_2$$

两个力均位于连线的垂直方向. 这说明两偶极子之间的静电力并不完全满足牛顿第三定律. 原因在于,$\boldsymbol{p}_1$ 和 $\boldsymbol{p}_2$ 之间并不存在超距作用,因而 $\boldsymbol{F}_{12}$ 和 $\boldsymbol{F}_{21}$ 并不构成一对作用力和反作用力. 按照近距作用观点,$\boldsymbol{p}_2$ 所受的力 $\boldsymbol{F}_{12}$ 是 $\boldsymbol{p}_1$ 产生的电场 $\boldsymbol{E}_1$ 施加给 $\boldsymbol{p}_2$ 的. 如果我们要谈论静电力与牛顿第三定律的关系的话,也应当在 $\boldsymbol{p}_2$ 和它所在处的电场 $\boldsymbol{E}_1$ 之间进行,即在 $\boldsymbol{E}_1$ 对 $\boldsymbol{p}_2$ 施加作用的同时,$\boldsymbol{p}_2$ 也施一反作用于电场 $\boldsymbol{E}_1$,二者满足牛顿第三定律. 不过,当涉及场和物体相互作用时,我们一般不再提及牛顿第三定律,而运用更为普遍的动量守恒定律(见第 10 章),即场和物体在相互作用过程中发生动量交换,场和物体的动量之和即总动量是守恒的.

本书静电学部分至此基本告一段落. 回忆在整个静电学的叙述中,我们曾交替采用超距作用和近距作用两种观点. 例如,当谈论带电体的相互作用及其静电能时,实际上用的是超距作用观点;而当引入电场概念,讨论电场对电荷的作用及电场的能量时,则采用了近距作用观点. 读者会问,我们明明说这两种观点在物理上是对立的,而且只有近距作用观点才是正确的,却为何在静电学的阐述中同时使用这两种观点呢? 归纳起来,有两方面的原因. 一方面是基于这两种观点在静电学范围内等效. 这种等效在数学上体现为库仑定律和静电场基本规律之间的等效,而在物理上则体现为不可能通过静电学的实验来区分两种观点谁对谁错. 但是,当研究变化的电磁场时,我们便会深刻认识到只有近距作用观点才是正确的,超距作用观点不能描述变化的电磁场,或至多只能近似描述那些随时间缓慢变化的电磁场(似稳近似或准静态近似). 另一方面是为了叙述方便,遵循电磁学发展的历史,从介绍库仑定律入手,由此引入电场的概念并导出静电场的基本规律,非常自然. 如果一开始就坚持近距作用观点,则必须换一种叙述方式,即先引入电荷和场的概念,研究场和电荷的相互作用,再通过点电荷的电场表达式介绍库仑定律,显然前一种方式便于叙述和理解. 认识到以上两个方面有助于我们了解超距作用观点的历史作用和适用范围,以及近距作用观点取代超距作用观点的必然趋势,从而深刻理解电磁场的物质性.

第 4 章　稳 恒 电 流

在 2.2 节中，我们分析了处于静电平衡的导体，其主要性质是导体中的自由电荷的分布保持恒定，不随时间变化；导体内电场强度处处为零，导体外的电场为静电场. 一旦导体中存在电荷运动即电流，导体将脱离静电平衡状态. 一般来说，随时间变化的电流有可能改变导体中自由电荷的分布，从而使电场随时间变化，这种情况比较复杂. 如果限于讨论不随时间变化的电流即稳恒电流，则问题就大为简化. 在这种情况下，导体中自由电荷的分布也不会随时间变化，所产生的电场也不随时间变化，称为稳恒电场. 对于静电场情况，处于静电平衡的导体显示出彻底的“抗电性”，表现为导体内电场强度必须处处为零. 对于稳恒电场情况，导体内存在着非零的电场，它与电流之间的依赖关系满足一定的实验规律，该规律反映了导体的导电性质. 既然稳恒电场本质上属于静电场，同样满足静电场的基本规律，以下不加区别地将稳恒电场称为静电场. 另外，电流既然是电荷的运动，就应当满足电荷守恒定律，而本质上属于静电场的稳恒电场本身也具有特定的规律，前几章我们对此已作过讨论. 本章将从导体的导电规律、电荷守恒定律和静电场的规律出发来分析导体中稳恒电流的规律及有关的静电场问题.

4.1　稳恒电路

本节将给出电流的定量描述，并根据电荷守恒定律分析电流与电荷之间的普遍关系. 从这一普遍关系出发，我们立刻得到稳恒电流应满足的条件，即所谓的稳恒条件.

4.1.1　电流强度和电流密度

电流由电荷的运动所产生. 回忆我们在中学阶段接触到直流电路的时候，曾引入电流强度这一物理量来描述导体内电流的大小. 电流强度即单位时间内通过导体任一横截面的电量. 设在小的时间间隔 Δt 内通过某一横截面的电量为 Δq，则电流强度为

$$I = \frac{\Delta q}{\Delta t} \tag{4.1.1}$$

电流强度的单位为库[仑]·秒$^{-1}$，称为安[培]，符号为 A. 电流强度常用单位还有毫安(10^{-3}安[培])和微安(10^{-6}安[培])，符号为 mA 和μA.

不过，用电流强度这个物理量描述导体中电荷的宏观流动性质似乎太“粗糙”. 首先，电流强度只表示导体中某一截面的总电流大小，而不能描述电流沿截面的分布情况. 其次，电流是有方向的，它指向正电荷运动的方向. 导体中各点的电流不仅强弱有别，而且方向也可能不一致. 为了描述导体中各点电流的大小和方向，人们引入一个更“精细”的物理量——电流密度.

为给出电流密度的定义，考虑导体中某一给定点 P，在该点沿电流方向作一单位矢量 $\boldsymbol{n}_0$，并取一面元 ΔS_0 与 $\boldsymbol{n}_0$ 垂直，如图 4.1 所示. 设通过 ΔS_0 的电流强度为 ΔI，则定义 P 点处电流密度的大小为

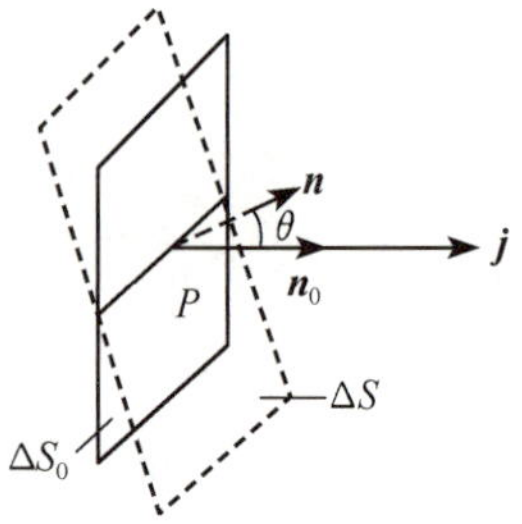

图 4.1　电流密度的定义

$$j=\frac{\Delta I}{\Delta S_0} \tag{4.1.2}$$

由上式可知,所定义的电流密度的单位为安[培]·米$^{-2}$($A\cdot m^{-2}$).进一步,为了使电流密度能同时表示出 P 点处电流的方向,可将电流密度定义为一个矢量,其大小由式(4.1.2)表示,方向与 $\boldsymbol{n}_0$ 同向,即

$$\boldsymbol{j}=\frac{\Delta I}{\Delta S_0}\boldsymbol{n}_0 \tag{4.1.3}$$

由上述定义可见,电流密度是一个矢量,它的方向表示导体中某点电流的方向,数值等于通过垂直于该点电流方向的单位面积的电流强度.这样定义的电流密度是空间位置的函数,它细致地描述了导体中的电流分布,称为电流场.为形象地描述电场,我们曾引入电场线的概念.类似地,对电流场也可以通过引入"电流线"来进行形象描述.电流线即电流所在空间的一组曲线,其上任一点的切线方向和该点的电流密度方向一致.一束这样的电流线围成的管状区域称为电流管.

已知导体中某点 P 的电流密度,可以求得通过该点任一面元的电流强度.如图 4.1 所示的面元 ΔS,其法向 $\boldsymbol{n}$ 与 $\boldsymbol{n}_0$ 的夹角为 θ,则通过该面元的电流强度等于电流密度和该面元在 $\boldsymbol{n}_0$ 的垂面上的投影 $\Delta S_0=\Delta S\cos\theta$ 之积,即

$$\Delta I=j\Delta S_0=j\Delta S\cos\theta$$

考虑到 $\boldsymbol{j}=j\boldsymbol{n}_0$,$\Delta\boldsymbol{S}=\Delta S\boldsymbol{n}$,$\cos\theta=\boldsymbol{n}\cdot\boldsymbol{n}_0$,有

$$\Delta I=\boldsymbol{j}\cdot\Delta\boldsymbol{S}$$

要计算过导体任一有限截面 S 的电流强度,可对上式作面积分,结果为

$$I=\iint_S\boldsymbol{j}\cdot d\boldsymbol{S} \tag{4.1.4}$$

4.1.2　电流连续方程

电流连续方程反映电流分布和电荷分布之间存在的普遍关系,它是电荷守恒定律的数学表示.按照电荷守恒定律,电荷的代数和保持不变,电荷只能由一个物体转移到另一个物体,或由物体的某一部分转移到其他部分.因此,如果在导体内任取一闭合曲面 S,所围区域为 V,则某段时间内流出该曲面 S 的电量应当等于同一段时间内区域 V 中电量的减少.若在 S 面上规定面积元矢量 $d\boldsymbol{S}$ 指向外法线方向,则单位时间内由 S 面流出的电量应为

$$\oiint_S\boldsymbol{j}\cdot d\boldsymbol{S}$$

与此同时,单位时间内 V 中电量的减少为

$$-\frac{dq}{dt}=-\frac{d}{dt}\iiint_V\rho_e dV=-\iiint_V\frac{\partial\rho_e}{\partial t}dV$$

式中,q 为 V 中的总电量,ρ_e 为电荷密度.根据电荷守恒定律,应有

$$\oiint_S\boldsymbol{j}\cdot d\boldsymbol{S}=-\frac{dq}{dt} \tag{4.1.5}$$

上式即为电流连续方程的积分形式.

类比静电场的高斯定理，我们可借助电流线对式(4.1.5)作如下形象解释. 该式表明，电流线只能起、止于电荷随时间变化的地方. 在电流线的起点附近的区域中，由式(4.1.5)有 $\mathrm{d}q/\mathrm{d}t<0$，会出现负电荷的不断累积，即电荷密度不断减小；而在电流线的终点附近的区域中则有 $\mathrm{d}q/\mathrm{d}t>0$，会出现正电荷的不断累积，即电荷密度不断增加. 对于电荷密度不随时间变化的地方，电流线既无起点又无终点，即电流线不可能中断.

利用高斯公式

$$\oiint_S \boldsymbol{j}\cdot\mathrm{d}\boldsymbol{S}=\iiint_V \nabla\cdot\boldsymbol{j}\mathrm{d}V$$

可将式(4.1.5)化为如下形式：

$$\iiint_V\left(\nabla\cdot\boldsymbol{j}+\frac{\partial\rho_{\mathrm{e}}}{\partial t}\right)\mathrm{d}V=0$$

鉴于 V 的任意性，上式中被积式应处处为零，即恒有

$$\nabla\cdot\boldsymbol{j}+\frac{\partial\rho_{\mathrm{e}}}{\partial t}=0 \tag{4.1.6}$$

上式即电流连续方程的微分形式.

应当强调指出，由于电荷守恒定律的普遍性，上述电流连续方程(4.1.5)或方程(4.1.6)也是普遍成立的，与载流导体的物理性质无关.

4.1.3 稳恒条件

从电流连续方程出发，立刻可导出稳恒电流应满足的条件. 对稳恒电流来说，导体内各点电流密度应与时间无关. 这时由式(4.1.5)可知，对任意区域 V，其总电量随时间的变化率 $\mathrm{d}q/\mathrm{d}t$ 应为与时间无关的常量. 下面我们指出，该常量必为零，即 $\mathrm{d}q/\mathrm{d}t=0$. 如若不然，则会在 V 中出现正电荷($\mathrm{d}q/\mathrm{d}t>0$)或负电荷($\mathrm{d}q/\mathrm{d}t<0$)的不断累积. 从两方面考虑，这种累积是不可能的. 一方面，导体中的电流及伴随的电荷分布变化是通过载流子的运动实现的. 导体中载流子的数目虽然很大，但毕竟有限. 有限的载流子数目必然会给任一区域 V 所累积的正电荷或负电荷的总量加上限制，即 q 不可能无止境地随时间线性增加，也不可能无止境地随时间线性减小. 另一方面，电荷在 V 中不断累积，将导致周围的电场随时间不断变化，且电场强度的大小会随时间趋于无穷. 从物理上我们很难设想一种机制能与不断增长的静电力抗衡，以维持导体内的电流不随时间变化. 也就是说，电荷的累积过程将必然导致电流的变化，从而破坏电流的稳恒性. 因此，唯一可能的是对任何区域 V，其总电量不随时间变化，即 $\mathrm{d}q/\mathrm{d}t$ 恒等于零. 于是由式(4.1.5)，可推得稳恒电流应满足如下条件：

$$\oiint_S \boldsymbol{j}\cdot\mathrm{d}\boldsymbol{S}=0 \tag{4.1.7}$$

上式称为稳恒条件的积分形式. 相应稳恒条件的微分形式可由式(4.1.6)令 $\partial\rho_{\mathrm{e}}/\partial t=0$ 求得

$$\nabla\cdot\boldsymbol{j}=0 \tag{4.1.8}$$

上述稳恒条件表明，电荷分布将不会因稳恒电流的存在而随时间变化，所以由它产生的电场必然是静电场.

只要是稳恒电流，就应当满足稳恒条件，而不取决于载流导体本身的具体性质. 借助于电流线和电流管的概念，我们可以对稳恒条件(4.1.7)作如下形象解释. 首先，电流线不可

能有起点和终点，即稳恒电流的电流线或电流管一定是闭合的. 其次，沿任一电流管各截面的电流强度都相等. 为证明这一结论，任取一段电流管，两端截面分别为 S_1 和 S_2. 设通过这两个截面的电流强度分别为 I_1 和 I_2，如图 4.2 所示. 由 S_1、S_2 和电流管的侧面构成一闭合曲面，其中流出侧面的电流强度为零，流出 S_1 和 S_2 的电流强度分别为 $-I_1$ 和 I_2. 于是由稳恒条件式(4.1.7)可得 $-I_1+I_2=0$，即 $I_1=I_2$. 通常的直流电路由导线连接而成，电流线沿着导线分布，从而导线本身就是一个电流管. 由上述结论可知，直流电路(或者说稳恒电路)应当是闭合的，且沿一段没有分支的电路，各处的电流强度必定相等.

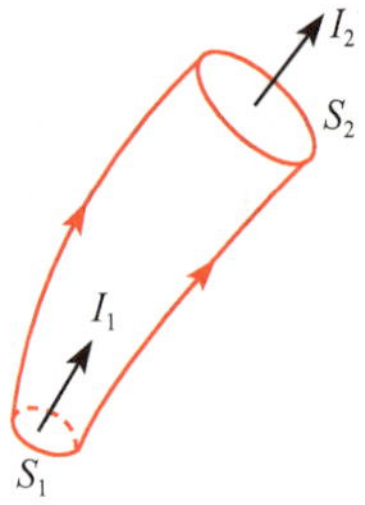

图 4.2　沿电流管的电流强度相等

4.2　稳恒电流规律

前面我们从电荷守恒定律出发，指出非稳恒电流和稳恒电流分别满足电流连续方程和稳恒条件. 当然，单纯从这些普遍性质出发还不能唯一确定导体中的电流分布. 实验表明，这一电流分布还和导体中的电场分布密切相关. 现在我们就来分析导体中电流和电场的关系.

4.2.1　欧姆定律

在导体中，载流子的定向运动会受到阻碍(超导体例外). 因此，要维持载流子的定向运动，即在导体内产生电流，导体内必须有电场才行. 对稳恒电流来说，该电场为静电场.

我们先来分析一段载有稳恒电流的导体. 由于导体内存在着静电场，导体两端就存在一定的电势差或电压. 实验表明，在稳恒条件下，通过该段导体的电流强度 I 和导体两端的电压 U 成正比，即

$$I=\frac{U}{R}\quad 或\quad U=IR \tag{4.2.1}$$

式中，比例系数 R 由导体的性质决定，与电流强度的大小无关，称为该段导体的电阻. 实验规律(4.2.1)是德国物理学家欧姆于 1826 年最先建立的，故称为欧姆定律. 在国际单位制下，电阻的单位为伏[特]·安[培]$^{-1}$，称为欧[姆]，符号为 Ω. 电阻的倒数称为电导，用 G 表示

$$G=\frac{1}{R} \tag{4.2.2}$$

电导的单位为(欧[姆])$^{-1}$，称为西[门子]，符号为 S.

导体电阻的大小与导体的材料、大小和形状有关，还与电流沿导体截面的分布有关，通常通过实验测定. 实验表明，对于横截面均匀的各向同性导体，且电流沿导体截面均匀分布，其电阻 R 与长度 l 成正比，与横截面积 S 成反比，即

$$R=\rho\frac{l}{S} \tag{4.2.3}$$

式中，比例系数 ρ 称为电阻率，与导体的性质有关，与导体的尺寸无关. 电阻率的单位为欧·米(Ω·m). 电阻率的倒数称为电导率，用 σ 表示

$$\sigma=\frac{1}{\rho} \tag{4.2.4}$$

电导率的单位为(欧·米)$^{-1}$或$(\Omega\cdot\mathrm{m})^{-1}$.

形如式(4.2.1)的欧姆定律描述了一段长度和截面积有限的导体的导电规律,它广泛用于分析直流电路(见4.3节和4.4节)和交流电路(见第9章)的电流和电压的关系.然而在某些情况下,我们需要详细研究导体中的电流分布和电场分布,这时用式(4.2.1)来描述导体的导电规律就显得过于粗糙.为了更细致地描述导体的导电规律,我们应当逐点分析电流密度 $\boldsymbol{j}$ 和电场强度 $\boldsymbol{E}$ 之间的关系.下面证明,对于各向同性导体,这一关系可从式(4.2.1)导出.

为此,在载有稳恒电流的各向同性导体内取一长为 Δl,一端垂直截面积为 ΔS 的小电流管.只要 Δl 和 ΔS 取得足够小,就可以忽略垂直截面积沿电流管的微小变化,把该电流管当成一均匀截面的柱体看待.另外,对足够小的一段电流管来说,管内的电流场和导体均可近似视为均匀的.将式(4.2.1)用于这段电流管,有

$$\Delta I=\frac{\Delta U}{R}$$

式中

$$\Delta I=j\Delta S,\quad R=\rho\,\frac{\Delta l}{\Delta S}=\frac{\Delta l}{\sigma\Delta S}$$

分别为电流管的电流强度和电阻,ΔU 为电流管两端的电势差.为计算 ΔU,必须知道电场强度的方向.在各向同性导体中,电场强度和电流密度处处同向,即电场强度与电流管的方向一致.在这种情况下有 $\Delta U=E\Delta l$,于是有

$$j\Delta S=\frac{E\Delta l}{\Delta l/(\sigma\Delta S)}=\sigma E\Delta S,\quad j=\sigma E$$

既然 $\boldsymbol{j}$ 和 $\boldsymbol{E}$ 同向,上式可写成矢量形式,即

$$\boldsymbol{j}=\sigma\boldsymbol{E}\tag{4.2.5}$$

上述关系式就是关于电流密度的欧姆定律.在一些教科书中常称它为欧姆定律的微分形式,而把式(4.2.1)称为欧姆定律的积分形式.

欧姆定律的微分形式更为细致地描述了导体的导电规律.下面我们会陆续看到,从它出发便于说明金属导电的微观机制,便于用场的观点阐述稳恒电路的基本原理,也便于研究大块导体中电流和电场的分布规律.总而言之,微分形式的欧姆定律使得我们对稳恒电流的研究更为细致、更加深入.除此之外,欧姆定律的微分形式比积分形式适用范围更广.例如,对非稳恒情况,稳恒条件一般不再满足,同一段导体不同截面处的电流强度可能出现差别,无法统一用一个电流强度 I 表示.非稳恒情况下的电场不再是静电场,两点间的电势差有可能失去意义.如果是这样,欧姆定律的积分形式就会失去意义.然而,实验证明,欧姆定律的微分形式仍在一定范围内适用于这类非稳恒情况.

在导电材料中,如果电流分布比较复杂,则任意两点之间的电阻可以表示为

$$R=\frac{U}{I}=\frac{\int\boldsymbol{E}\cdot\mathrm{d}\boldsymbol{l}}{\iint\boldsymbol{j}\cdot\mathrm{d}\boldsymbol{S}}=\frac{\int\boldsymbol{E}\cdot\mathrm{d}\boldsymbol{l}}{\iint\sigma\boldsymbol{E}\cdot\mathrm{d}\boldsymbol{S}}\tag{4.2.6}$$

一个导体材料的电阻与电流的流动方式有关,如图4.3所示,一块正方形的导体板,四种电流流动方式,其电阻都不一样.

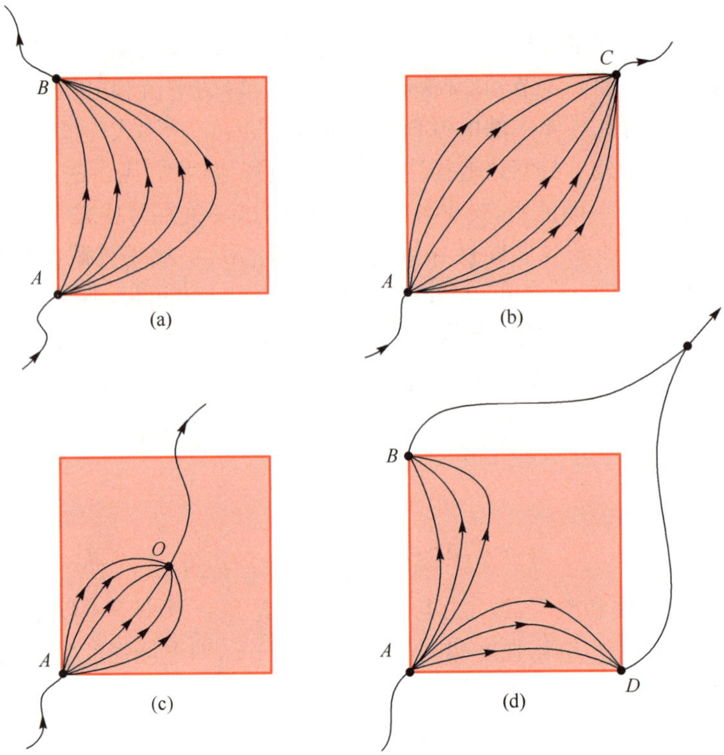

图 4.3　一块正方形的导体板不同的两点之间的电阻与电流流动方式有关

例 4.1

很多科学研究装置需要良好的接地系统. 如图 4.4 所示，一个接地装置由一个半径为 a 的球形电极和另一个内径为 a、外径为 b 的电导率为 σ_1 半球形导体组成，设大地的导电率为 σ_2，求该接地装置的接地电阻.

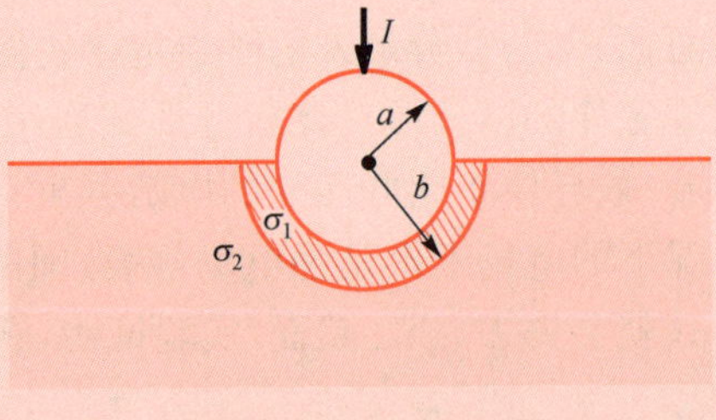

图 4.4　接地装置

解　先求两个半球之间的电阻，a 球接入电流强度为 I，则 a 球和 b 球之间的电流密度为

$$\boldsymbol{j}=\frac{I}{2\pi r^2}\boldsymbol{e}_r$$

根据欧姆定律，电场强度为

$$\boldsymbol{E}=\frac{I}{2\pi\sigma_1 r^2}\boldsymbol{e}_r$$

电势差为

$$U_1=\int_a^b \boldsymbol{E}\cdot \mathrm{d}\boldsymbol{r}=\frac{I}{2\pi\sigma_1}\left(\frac{1}{a}-\frac{1}{b}\right)$$

因此等效电阻为

$$R_{ab}=\frac{U_1}{I}=\frac{1}{2\pi\sigma_1}\left(\frac{1}{a}-\frac{1}{b}\right)$$

再求 b 球与大地之间的电阻，同理大地中的电流密度为

$$\boldsymbol{j}=\frac{I}{2\pi r^2}\boldsymbol{e}_r$$

大地中的电场强度为

$$\boldsymbol{E}=\frac{I}{2\pi\sigma_2 r^2}\boldsymbol{e}_r$$

b 球与无限远处的电势差为(电流从大地流到无限远处)

$$U_2=\int_b^\infty \boldsymbol{E}\cdot \mathrm{d}\boldsymbol{r}=\frac{I}{2\pi\sigma_2 b}$$

因此 b 球与大地的电阻为

$$R=\frac{U_2}{I}=\frac{1}{2\pi\sigma_2 b}$$

两个电阻串联，因此总电阻即系统的接地电阻为

$$R=R_{ab}+R_2=\frac{1}{2\pi\sigma_1}\left(\frac{1}{a}-\frac{1}{b}\right)+\frac{1}{2\pi\sigma_2 b}$$

4.2.2 焦耳定律

在导体中存在电流即电荷的定向运动时，电场将对运动的电荷做功. 设一段导体的电阻为 R，电压为 U，电流为 I，则在 Δt 时间内，有电荷 $\Delta q=I\Delta t$ 从导体的一端流进，并从导体的另一端流出. 根据电压的定义，电场所做的功应为

$$\Delta A=U\Delta q=UI\Delta t \tag{4.2.7}$$

在单位时间内电场所做的功为

$$P_{\mathrm{e}}=\frac{\Delta A}{\Delta t}=UI \tag{4.2.8}$$

P_{e} 称为电功率. 根据欧姆定律，电功率还可以表示为

$$P_{\mathrm{e}}=I^2R=U^2/R \tag{4.2.9}$$

相应电场所做的功也可以写成

$$\Delta A=I^2R\Delta t=\frac{U^2}{R}\Delta t \tag{4.2.10}$$

实验证明，由式(4.2.10)表示的电场的功全部转化为热量，即

$$Q=\Delta A=I^2R\Delta t=\frac{U^2}{R}\Delta t \tag{4.2.11}$$

相应单位时间转化的热量即热功率为

$$P=\frac{Q}{\Delta t}=I^2R=\frac{U^2}{R} \tag{4.2.12}$$

式(4.2.11)或式(4.2.12)称为焦耳定律. 对比式(4.2.9)可知电功率与热功率相等. 当然，这一结论只

对纯电阻的情况成立. 当电流通过扩音器、电动机、电解槽等一类装置时,电功除了一部分按式(4.2.11)转化为热之外,相当部分转化为其他形式的能量,以至于电功率会大于或远远大于热功率.

单位体积的热功率称为热功率密度,用 p 表示,有 $p=P/V=I^2R/V$. 类似推导欧姆定律的微分形式式(4.2.5)的做法,考虑一段长 Δl、截面积 ΔS 的电流管,由

$$I = j\Delta S,\quad R = \frac{\Delta l}{\sigma\Delta S},\quad V = \Delta S\Delta l$$

容易证明

$$p = \boldsymbol{j}\cdot\boldsymbol{E} \tag{4.2.13}$$

也可以写成

$$p = \frac{j^2}{\sigma} = \sigma E^2 \tag{4.2.14}$$

上式即焦耳定律的微分形式.

4.2.3　从经典电子论观点解释欧姆定律和焦耳定律

下面我们以金属导体为例,对欧姆定律和焦耳定律进行经典的微观解释.

我们先来定性地描绘一下金属的微观结构. 金属中的原子倾向于失去部分电子而成为正离子. 全部正离子在金属中周期有序排列,形成所谓"晶体点阵"或"晶格". 脱离原子的电子称为自由电子,它们不再为某一特定的正离子所束缚,而是为全体正离子所共有. 在无外电场或其他原因(如温度梯度、数密度梯度等)时,金属中的自由电子好像气体中的分子一样不停地做无规热运动,朝任一方向运动的概率都一样,不会发生定向运动,因而 $\boldsymbol{j}=0$. 当有外电场时,自由电子将受力而获得一加速度 $\boldsymbol{a}=-e\boldsymbol{E}/m$. 但是电子不会无限制地加速,而会与晶格碰撞发生散射,从而改变运动方向和速率,并将部分能量转移给晶格上的正离子,使其热振动加剧. 以上就是金属具有电阻和金属发热的原因. 在电场力和碰撞力的共同作用下,自由电子的总体运动为一逆着外电场方向的漂移运动,最终产生沿电场方向的宏观电流.

现在我们来定量分析电子的漂移速度. 为此,我们假设,经碰撞后电子对原来的运动方向完全丧失"记忆",即沿各个方向等概率散射,其宏观定向速度 $\boldsymbol{u}_0=0$. 此后,电子在电场力作用下定向加速,直到下一次碰撞为止. 在这期间电子获得的宏观定向速度 $\boldsymbol{u}_1=\boldsymbol{a}\cdot\bar{\tau}=-e\bar{\tau}\boldsymbol{E}/m$, $\bar{\tau}$ 为电子在相邻两次碰撞之间的平均自由飞行时间. 若电子的平均自由程为 $\bar{\lambda}$,平均热运动速率为 $\bar{v}$,一般情况下 $\bar{v}\gg u_1$,则 $\bar{\tau}=\bar{\lambda}/\bar{v}$. 电子的漂移速度 $\boldsymbol{u}$ 应是碰撞前后宏观定向速度的平均,即

$$\boldsymbol{u} = \frac{1}{2}(\boldsymbol{u}_0+\boldsymbol{u}_1) = \frac{1}{2}\boldsymbol{u}_1 = -\frac{e\bar{\lambda}}{2m\bar{v}}\boldsymbol{E} \tag{4.2.15}$$

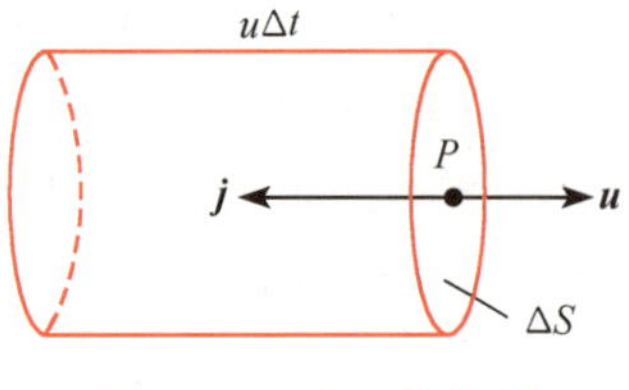

图 4.5　$\boldsymbol{j}$ 和 $\boldsymbol{u}$ 的关系

下面我们来分析电流密度 $\boldsymbol{j}$ 和电子漂移速度 $\boldsymbol{u}$ 的关系. 为此,在导体中某点 P 作一面元 ΔS 与 $\boldsymbol{u}$ 垂直. 经过 Δt 时间后,电子漂移的距离为 $u\Delta t$. 以 ΔS 为底,$u\Delta t$ 为高,逆着 $\boldsymbol{u}$ 的方向作一柱体(图 4.5),则在 Δt 时间内,柱体中的电子将全部通过 ΔS. 设电子的数密度为 n. 因柱体的体积为 $u\Delta t\Delta S$,故共有 $nu\Delta t\Delta S$ 个电子. 因此,通过 ΔS 的电流强度为

$$\Delta I = \frac{\Delta q}{\Delta t} = neu\Delta S$$

相应电流密度的大小为

$$j=\frac{\Delta I}{\Delta S}=neu$$

由于电流密度的方向与正电荷运动的方向一致,故 $\boldsymbol{j}$ 应与电子的漂移速度 $\boldsymbol{u}$ 反向. 把上式写成矢量形式,应有

$$\boldsymbol{j}=-ne\boldsymbol{u} \tag{4.2.16}$$

将式(4.2.15)代入式(4.2.16)得

$$\boldsymbol{j}=\frac{ne^2\bar{\lambda}}{2m\bar{v}}\boldsymbol{E} \tag{4.2.17}$$

与欧姆定律 $\boldsymbol{j}=\sigma\boldsymbol{E}$ 比较,可求得电导率的表达式如下:

$$\sigma=\frac{ne^2\bar{\lambda}}{2m\bar{v}} \tag{4.2.18}$$

这样,我们不仅解释了欧姆定律,而且导出了电导率与微观量平均值的关系. 这一关系从定性上讲是对的. 例如,从式(4.2.18)出发可进一步定性分析电导率和温度之间的关系. 由分子动力论的结果可知 $\bar{\lambda}$ 与温度无关,$\bar{v}\propto\sqrt{T}$. 若温度上升,电导率就会下降,即电阻率变大,这与实验结果是定性符合的. 当然,要对金属的导电规律进行严格定量的处理,需要用到量子理论. σ 的表达式(4.2.18)在下面讨论欧姆定律的失效问题时还要用到.

4.2.4 欧姆定律的失效问题

欧姆定律在某些情况下会失效,其主要表现是 $\boldsymbol{j}$ 与 $\boldsymbol{E}$ 或者说 I 与 U 的比例关系遭到破坏,而代之以非线性关系. 下面就几种重要的情况进行讨论.

(1) 电场很强时,如在金属中 $E>10^3\,\mathrm{V\cdot m^{-1}}$,则按式(4.2.15),$u$ 会很大,大到与 $\bar{v}$ 可以相比拟. 这时,电子的平均自由飞行时间 $\bar{\tau}$ 不能简单地按 $\bar{\tau}=\bar{\lambda}/\bar{v}$ 来估算,它必然会受到 u 即电场 E 的影响. 于是 $\bar{\tau}=\bar{\tau}(E)$,$\sigma=\sigma(E)$,从而 $\boldsymbol{j}$ 与 $\boldsymbol{E}$ 的关系是非线性的. 另外,高速运动的电子与晶格的正离子碰撞将使正离子进一步电离,这时自由电子的数密度将随 E 的增强而变大,即有 $n=n(E)$. 由式(4.2.17)可知,这将加剧 $\boldsymbol{j}$ 和 $\boldsymbol{E}$ 之间的非线性关系.

(2) 低气压下的电离气体,平均自由程 $\bar{\lambda}$ 很长,即使电场强度不很高时 u 也很大,从而导致欧姆定律失效,其理由同前.

(3) 晶体管、电子管等器件,I 与 U 的关系也是非线性的,在电子学中会讨论它们的导电特性.

除了上述非线性关系导致欧姆定律失效之外,还会出现其他情况. 例如,超导介质就很特别,它内部的电流一经激发就能长期维持,而电场强度却处处为零. 不能简单地把超导介质视为 $\sigma\to\infty$ 的导体,因为它的导电规律与通常的导体完全不同. 另一个例子是对某些晶体和处于磁场中有碰撞的等离子体,其导电特性与电流的方向有关,表现出各向异性. 这时 $\boldsymbol{j}$ 和 $\boldsymbol{E}$ 一般不同向,相应电导率为张量.

例 4.2

一个介电常量为 ε 的材料,长为 L,横截面积为 S 的圆柱形材料,一端接地(并设该处的电场强度为零),另一端接电压为 U;内部有均匀分布的自由电荷,自由电荷的运动速度与电场强度成正比,即 $v=\mu E$,其中 μ 为迁移率为常数. 求稳定时的电流强度与电压 U 的关系.

解　设圆柱形材料内部一点 x 处的电势为 φ，电荷体密度为 ρ,一维情况下泊松方程为

$$\frac{d^2\varphi}{dx^2}=-\frac{\rho}{\varepsilon}$$

由于电流密度 $j=nqv=\rho v=\rho\mu E=-\rho\mu\frac{d\varphi}{dx}$，消去 ρ，有

$$\frac{d^2\varphi}{dx^2}\frac{d\varphi}{dx}=\frac{j}{\varepsilon\mu}$$

设 $y=\frac{d\varphi}{dx}$，则方程简化为 $y\frac{dy}{dx}=\frac{j}{\varepsilon\mu}$，两边积分有

$$\frac{y^2}{2}=\frac{j}{\varepsilon\mu}x+C$$

考虑到 $x=0$ 处，$E=-\frac{d\varphi}{dx}=0$，则 $C=0$，因此

$$d\varphi=\sqrt{\frac{2j}{\varepsilon\mu}}x^{1/2}dx$$

考虑到 $x=0$ 处，$\varphi=0$，积分得

$$\varphi=\frac{2}{3}\sqrt{\frac{2j}{\mu\varepsilon}}x^{3/2}$$

当 $x=L$ 时,$\varphi=U$，因此

$$U=\frac{2}{3}\sqrt{\frac{2j}{\mu\varepsilon}}L^{3/2}$$

则有

$$I=jS=\frac{9}{8}\mu\varepsilon S\frac{U^2}{L^3}$$

这就是材料中的电流与电压的关系，即半导体材料中的 Mott-Gurney 定律.

4.3　电源及稳恒电路

4.3.1　电源及其电动势

下面说明仅仅有静电场是不可能实现和维持稳恒电流的.

我们知道，稳恒电流必须是闭合的. 显然，闭合电流意味着电荷沿一闭合回路运动. 当沿闭合回路绕行一周后，所经历的总的电势改变量为零. 这就是说，在闭合回路中，如果有电势下降的路段，就必有电势上升的路段. 下面不妨就载流子为正电荷的情形进行具体分析. 当正电荷沿电势下降的路段运动时，电荷的电势能减小，静电力做功. 如 4.2 节所述，这部分电功将全部转化为热或其他形式的能量. 而当正电荷沿电势上升的路段运动时，电荷的电势能增加，静电力将对电荷的运动起阻碍作用. 与此同时，电荷的运动还受到导体内部的阻碍. 在这种双重阻碍下，正电荷沿电势上升路段的定向运动将逐步减速. 所以，在闭合回路中，正电荷无法回到电

势能较高的原来位置. 其后果是:电荷出现堆积,电流随时间变化,电流的闭合性遭到破坏. 也就是说,稳恒电流无法维持. 因此我们得出结论,在稳恒电路中,一定还有一种非静电本质的力作用于电荷. 人们把提供非静电力的装置称为电源. 可见,要维持稳恒电流,电源是必不可少的.

为了解电源对电荷的闭合运动所起的作用,可以打一个很浅显的比喻. 父亲带领未满周岁的婴儿乘坐公园滑梯,重力只能使孩子从高处滑下. 在滑下的过程中,重力克服滑板的摩擦力做功并转化为热. 滑到地面的孩子无法再返回高处,只有靠身边父亲帮忙才能返回高处,重复下滑运动. 这里,父亲就提供给孩子一个非重力本质的力,使孩子的滑梯运动得以反复循环,尽兴游戏. 电源对电荷的闭合运动也起着类似的作用:当正电荷在静电力作用下由高电势运动到低电势之后,只有通过电源提供的非静电力,才能逆着电场方向运动,由低电势返回高电势.

通常电源有正负两极,电势高的叫正极,电势低的叫负极. 当把一外电路与电源的两极相接时,电源的作用包括两个方面:一方面,它通过极板及外电路各处累积的电荷在外电路中产生静电场 $\boldsymbol{E}$,使电流经外电路由正极指向负极;另一方面,在电源内部除了有静电力之外,还存在非静电力. 在二者的联合作用下,电流经电源内部由负极流向正极. 上述两部分电流一起形成了闭合的稳恒电流.

为了定量描述电源提供的非静电力特性,我们引进两个物理量:$\boldsymbol{K}$ 和 $\mathscr{E}$,它们分别对应于描述静电力的物理量 $\boldsymbol{E}$(电场强度)和 U(电压). $\boldsymbol{K}$ 表示电源内部单位正电荷受到的非静电力. 电荷除受非静电力作用之外,还会受到静电力作用. 因此,电荷 q 受到的总力应当是静电力 $q\boldsymbol{E}$ 和非静电力 $q\boldsymbol{K}$ 之和,即 $q(\boldsymbol{E}+\boldsymbol{K})$. 很自然,这种情况下的欧姆定律应为

$$\boldsymbol{j}=\sigma(\boldsymbol{E}+\boldsymbol{K}) \tag{4.3.1}$$

上式是欧姆定律向稳恒电流电源部分的推广,它表明电流是静电力和非静电力共同作用的结果.

对通常的电源,在连接它的外电路中只有静电力,$\boldsymbol{K}=0$,于是式(4.3.1)还原为通常的欧姆定律 $\boldsymbol{j}=\sigma\boldsymbol{E}$. 但在电源内部 $\boldsymbol{K}\neq 0$,应使用欧姆定律的推广形式,即式(4.3.1).

从实际应用的角度,要描述电源的性质即它所提供的非静电力的性质,更常用的不是 $\boldsymbol{K}$,而是 $\mathscr{E}$,它定义为将单位正电荷从负极经电源内部移到正极时非静电力所做的功,即

$$\mathscr{E}=\int_{-\atop(\text{电源内})}^{+}\boldsymbol{K}\cdot \mathrm{d}\boldsymbol{l} \tag{4.3.2}$$

称为电动势. 显而易见,电动势和电压单位相同,即"伏特". 一个电源的电动势反映了电源中非静电力做功的本领,它反映的是电源本身的特性,与外电路的性质以及是否接通无关. 有些电源无法区分电源内部与外部,$\boldsymbol{K}$ 分布于回路各处,这时我们把电动势定义为 $\boldsymbol{K}$ 沿闭合回路的线积分,即

$$\mathscr{E}=\oint_L \boldsymbol{K}\cdot \mathrm{d}\boldsymbol{l} \tag{4.3.3}$$

称它为整个闭合回路 L 的电动势. 对通常电源而言,$\boldsymbol{K}$ 仅限于电源内部,则式(4.3.3)回到式(4.3.2).

4.3.2 常见的几种电源

1. 化学电池

各类干电池和蓄电池都属于化学电池，它将化学反应释放的能量转换为电能，即通过化学反应提供非静电力，使正、负电荷分离并在两极板上累积，形成两极间的电势差. 最先发明的电源之一——伏打电池，由浸在稀硫酸溶液中的一块铜片和一块锌片组成. 由于化学反应，铜片带正电形成正极，锌片带负电形成负极. 伏打电池的实用价值不高，后来改进为丹聂耳电池. 它由浸在硫酸锌溶液中的锌板和浸在硫酸铜溶液中的铜板构成，两种溶液用多孔的瓷板隔开，使金属阳离子和酸根阴离子能自由穿过，而不让两种溶液混合，如图 4.6 所示. 由于锌板上的正离子 Zn^{++} 移入溶液，锌板出现多余的电子带负电；硫酸铜溶液中的正离子 Cu^{++} 移至铜板，铜板带正电. 上述化学反应过程使得锌板和硫酸锌溶液之间形成一电偶极层，铜板和硫酸铜溶液之间也形成一电偶极层，电偶极层中的电场将阻止 Zn^{++} 继续移入溶液和 Cu^{++} 向铜板的沉积. 当达到平衡时，穿过两个电偶极层的电势跃变分别为

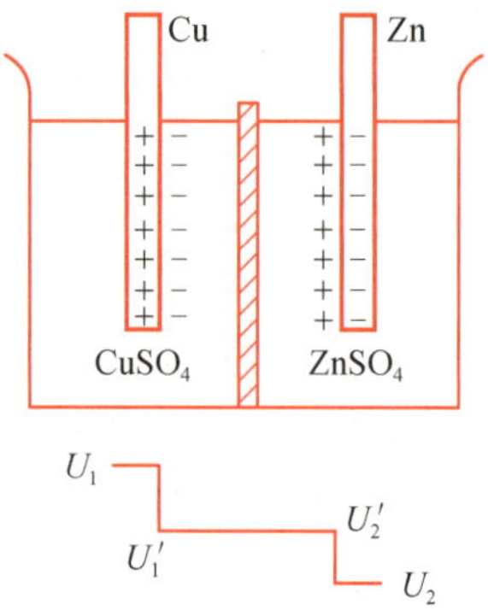

图 4.6 丹聂耳电池

$$U_1 - U_1' = 0.5\text{V}, \quad U_2' - U_2 = 0.6\text{V}$$

丹聂耳电池的电动势基本上是由上述两个电势跃变组成的，故它的电动势为 $\mathscr{E} = U_1 - U_1' + U_2' - U_2 = 1.1\text{V}$. 图 4.6 下方示出的是外电路断开时的电势分布，其中 $U_1' = U_2'$，表示溶液内各处电势相等；U_1 和 U_2 分别为铜板和锌板的电势，因此有 $U_1 - U_2 = \mathscr{E}$.

当电池通过外电路放电时，由溶液组成的“内电路”和“外电路”的电势分布示于图 4.7 中，图中用箭头表示电流的方向. 在放电过程中，内、外电路衔接处电势跃变量不变，即电池的电动势不变. 由于溶液有一定电阻，内电路有一定电压 $U_2' - U_1' > 0$，于是有 $U_1 - U_2 < \mathscr{E}$. 当一电动势 $\mathscr{E}' > \mathscr{E}$ 的外电源通过外电路给丹聂耳电池充电时，其内、外电路的电势分布如图 4.8 所示，其中内、外电路衔接处的电势跃变仍保持不变，但电流反向，有 $U_2' - U_1' < 0$，$U_1 - U_2 > \mathscr{E}$. 外电源的存在使得外电路中电源所在处出现电势跃变($U_3 - U_4$). 当忽略外电源的内阻时，有 $U_3 - U_4 = \mathscr{E}'$.

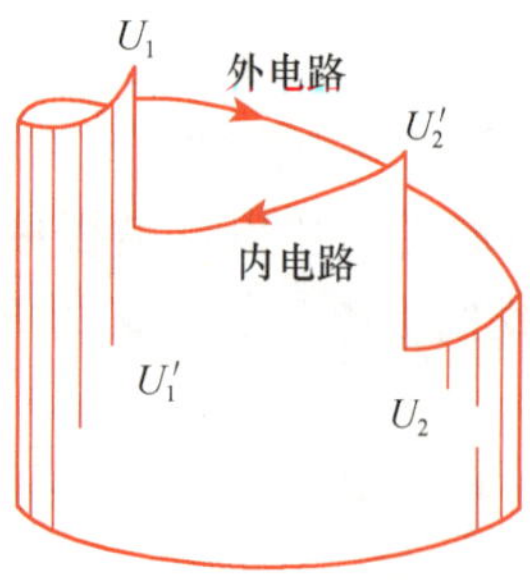

图 4.7 放电时的电势分布

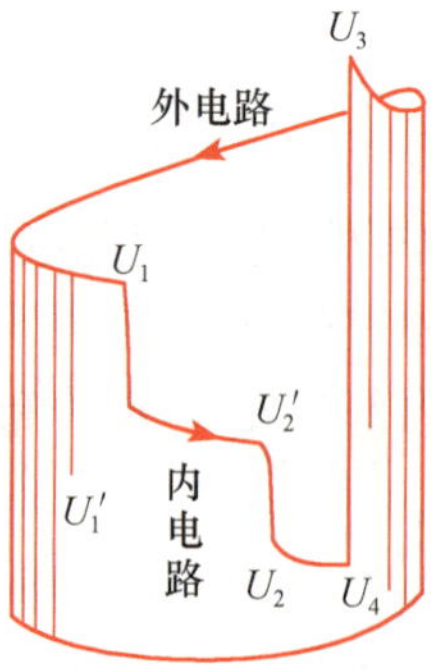

图 4.8 充电时的电势分布

当丹聂耳电池放电时，化学反应按照上述 Zn^{++}→溶液，Cu^{++}→铜板的方向进行，这时电池的化学能转化成电能，并最终在内、外电路转化成热. 当通过外电源给丹聂耳电池充电时，化

学反应逆向进行，即 Cu^{++}→溶液，Zn^{++}→锌板，这时外电源的能量转化成为电能，其中一部分用于电路本身的焦耳热耗散，另一部分转化为丹聂耳电池的化学能.

日常使用的各种型号的干电池、银锌纽扣电池、锂电池等都是化学电池. 蓄电池也是一种化学电池，它在放电（使用）后可通过充电恢复其再放电（使用）的能力. 蓄电池按电解液的性质分为酸性蓄电池（以硫酸溶液为电解液）和碱性蓄电池（以氢氧化钾、氢氧化钠为电解液）两大类. 酸性蓄电池中最常见的是铅蓄电池，它被广泛用于汽车和实验室中. 按电极材料不同，碱性蓄电池又可分为铁镍蓄电池、锌银蓄电池等. 铁镍蓄电池中铁是负极、二氧化镍是正极；锌银蓄电池中二氧化锌是负极，银是正极. 这两种蓄电池中的电解质都是氢氧化钾溶液，其电动势分别为 1.1～1.4V 和 1.5V. 在酸性的铅蓄电池中，负极为海绵状的灰色纯铅（Pb），正极为棕色的二氧化铅（PbO_2），电解质是浓度为 27%～28%的硫酸溶液，其电动势为 1.9～2.0V. 当放电（使用）时，Pb 板和 PbO_2 板上的物质和硫酸（H_2SO_4）起化学反应，释放的化学能转换成电能，结果在两块板上出现了 $PbSO_4$. 反之，在蓄电池充电时，外电源的电流沿与蓄电池电动势相反的方向流过蓄电池，将电能转化为化学能储存起来，这时化学反应逆向进行，即

$$2PbSO_4 + 2H_2O \longrightarrow PbO_2 + Pb + 2H_2SO_4$$

该反应吸收能量，使蓄电池充电.

2. 光电池

这类电池将光能转变为电能. 最常见的如太阳能电池，它将太阳的光能转化为电能，常用于人造卫星、宇宙飞船、空间站，并广泛用于日常生活之中. 其简单原理是，若太阳光照到一对光敏感的金属表面，通过光电效应，金属表面发射电子，这些电子被收集到另一邻近的金属表面，造成正、负电荷分离，产生电动势. 若接通外电路，便会产生电流. 这一类电池主要有硅、硫化镉、碲化镉和砷化镓等太阳能电池.

3. 温差发电器

这类发电器利用温差电效应把热直接转化成电能. 如图 4.9 所示，两种不同导体连接成闭合回路，当连接的两个结点处于不同温度时，在回路中将产生电动势. 这一现象由德国物理学家塞贝克于 1821 年首先发现，称为塞贝克效应，即温差电效应. 图 4.7 所示的回路装置称为温差电偶，所产生的电动势称为温差电动势. 在一定的温度范围内，温差电动势在数值上正比于两结点处的温度差，即 $\mathscr{E}=a(T_1-T_2)$，其中 a 为塞贝克系数，在数值上等于单位温度差所引起的电动势. 金属的温差电效应较小，a 为 0～80 $\mu V \cdot K^{-1}$，常用于测量温度. 半导体的温差电效应较大，a 为 50～10^3 $\mu V \cdot K^{-1}$，可用来制造温差发电器. 图 4.10 给出的温差发电器称为温差电堆，由多个温差电偶串联而成，以便在输出端 A 和 B 之间获得足够大的电动势，达到实用目的.

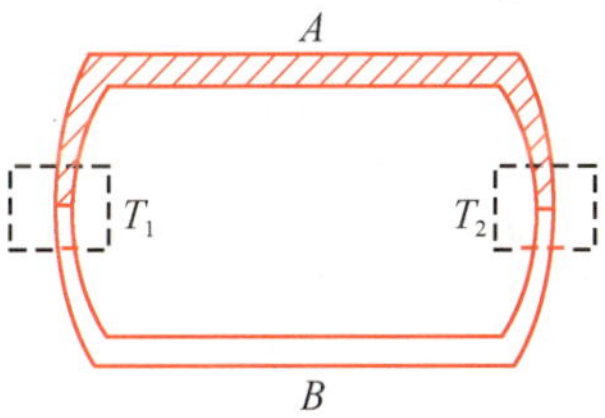

图 4.9 温差电效应

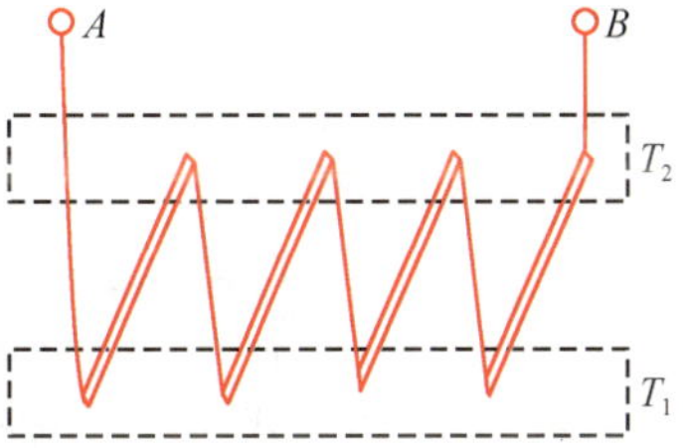

图 4.10 温差电堆

4. 核能电池

这种电池将核能直接转化为电能，示意于图 4.11 中. 将一放射源置入金属铅盒 A 中，该

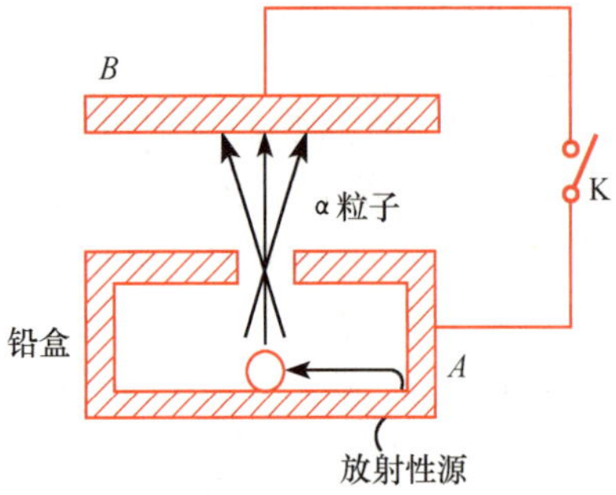

图 4.11　核能电池

辐射源发射的 α 粒子(带+2e 电量的氦核)穿过盒孔抵达收集板 B 上. 于是,铅盒 A 带上负电,收集板 B 带上正电,构成电源. 设 α 粒子经放射源内部核力的作用,所获取的动能为 5.0MeV,则板 B 将不断收集 α 粒子,直到 B 相对于铅盒 A 的电势上升到 2.5×10^6V 为止. 这时,α 粒子从 A 运动至 B 反抗静电力所做的功,正好等于它的动能,因此板 B 将无法继续收集到 α 粒子. 这时,我们说系统达到核力与静电力的平衡点. 核力即非静电力,对应的作用在单位正电荷上的非静电力用 $\boldsymbol{K}$ 表示. 在平衡点处,$\boldsymbol{K}$ 对每个为板 B 收集的 α 粒子所做的功等于它的动能,即

$$2e\int_A^B \boldsymbol{K}\cdot \mathrm{d}\boldsymbol{r} = \frac{1}{2}m_\alpha v^2 = 5\times10^6\,\mathrm{eV}$$

$$\mathscr{E} = \int_A^B \boldsymbol{K}\cdot \mathrm{d}\boldsymbol{r} = 2.5\times10^6\,\mathrm{V}$$

核能电池的特点是能给负载提供稳恒电流. 当这种电池与外电路接通时,电路中的电流 I_0 只取决于放射源的性质,与负载电阻无关. 例如,放射性源每秒发射 10^6 个 α 粒子到达 B 板,则 $I_0=2e\times10^6=3.2\times10^{-13}$A.

5. 直流发电机

它通过电磁感应(见第 7 章)将机械能(如水的势能和风的动能)转换为电能.

4.3.3　路端电压、电动势和全电路欧姆定律

当电源两极断开、电源内部处于平衡状态时,有

$$\boldsymbol{E}+\boldsymbol{K}=0 \tag{4.3.4}$$

当外电路接通时,电路中将出现电流,这时式(4.3.4)应代之以

$$\boldsymbol{E}+\boldsymbol{K}=\frac{\boldsymbol{j}}{\sigma} \tag{4.3.5}$$

现在我们来计算电源两端的电压,即所谓路端电压. 电源的路端电压等于静电力把单位正电荷从正极移到负极所做的功,即

$$U=U_+-U_-=\int_+^- \boldsymbol{E}\cdot \mathrm{d}\boldsymbol{l} \tag{4.3.6}$$

这里积分路径是任意的. 将式(4.3.5)经电源内部积分可得

$$\int_{\underset{(内)}{+}}^{-} \boldsymbol{E}\cdot \mathrm{d}\boldsymbol{l} = \int_{\underset{(内)}{-}}^{+} \boldsymbol{K}\cdot \mathrm{d}\boldsymbol{l} + \int_{\underset{(内)}{+}}^{-} \frac{\boldsymbol{j}}{\sigma}\cdot \mathrm{d}\boldsymbol{l} \tag{4.3.7}$$

将式(4.3.2)和式(4.3.6)代入式(4.3.7)得

$$U=\mathscr{E}-I\int_{\underset{(内)}{-}}^{+}\frac{\rho}{S}\mathrm{d}l=\mathscr{E}-Ir \tag{4.3.8}$$

式中,r 为电源内阻. 式(4.3.8)就是全电路欧姆定律. 式中第二项取负号意味着电流的正向在

电源内部由负极指向正极，外电路中的电流则由电源正极指向负极(图 4.12). 对外电路有

$$U=\int_{+\,(外)}^{-}\frac{\boldsymbol{j}}{\sigma}\cdot \mathrm{d}\boldsymbol{l}=IR$$

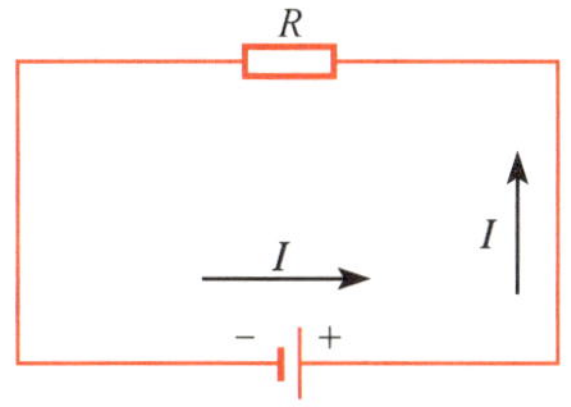

图 4.12 电源和电阻构成的闭合电路

R 是外电路电阻. 将上式代入式(4.3.8)得

$$\mathscr{E}=IR+Ir=I(R+r) \qquad (4.3.9)$$

注意，电动势 $\mathscr{E}$ 和内阻 r 是电源的两个特征量，由电源的性质确定，与外电路无关.

由式(4.3.8)可以看出，路端电压与电路中的电流 I 有关. 放电($I>0$)时$U<\mathscr{E}$，充电($I<0$)时 $U>\mathscr{E}$，开路时($I=0$)时 $U=\mathscr{E}$，后者表示电源电动势等于开路路端电压. 上述这些结论，我们在叙述丹聂尔电池充电、放电过程中的电势分布时曾定性地提过(见图 4.5 和图 4.6)，而这里则作了严格定量的分析. 为提高电动势的测量精度，我们可以用内阻 R 较大的伏特计或万用表去测量电源的电动势. R 越大，I 便越小，测得的路端电压 U 越接近电源的电动势 $\mathscr{E}$，这便是我们使用大内阻的伏特计或万用表测量电源电动势的理由. 当短路时，即 $R=0$，由式(4.3.9)知，$\mathscr{E}=Ir$，$I=\mathscr{E}/r$. 一般电源内阻 r 不大，短路时 I 将很大，往往会烧坏电源. 因此，我们应避免使电源短路.

4.3.4 稳恒电路的特点

研究稳恒电路的出发点是稳恒条件，即$\nabla\cdot\boldsymbol{j}=0$. 利用欧姆定律$\boldsymbol{j}=\sigma\boldsymbol{E}$，则可得$\nabla\cdot(\sigma\boldsymbol{E})=0$. 如果导体均匀，即 σ 为常量，则 $\sigma\nabla\cdot\boldsymbol{E}=0$，得$\nabla\cdot\boldsymbol{E}=0$. 另外，我们有$\nabla\cdot\boldsymbol{E}=\rho/\varepsilon_0$，因此便有$\nabla\cdot\boldsymbol{E}=\rho/\varepsilon_0=0$，$\rho=0$. 由此得出如下结论：①在稳恒电流的情况下，均匀导体内部的宏观电荷密度等于零，即没有净电荷出现. 净电荷只能分布在导体表面以及导体内的非均匀部分，如丹聂耳电池的电偶极层中. ②在外电路中，电流线和电场线方向一致(因为 $\boldsymbol{j}=\sigma\boldsymbol{E}$)，且在导体表面附近平行于导体表面，否则会造成导体表面上的电荷不断积累，从而破坏电流的稳恒性. ③在电源内部，$\boldsymbol{j}$ 的方向由推广的欧姆定律 $\boldsymbol{j}=\sigma(\boldsymbol{E}+\boldsymbol{K})$决定. 以丹聂耳电池为例，非静电力 $\boldsymbol{K}$ 只存在于两个极板(锌板和铜板)有电势跃变的极薄的电偶极层中，该处 $\boldsymbol{K}$ 的方向和电场$\boldsymbol{E}$ 的方向相反，且$|\boldsymbol{K}|>|\boldsymbol{E}|$. 因此，在锌板和铜板附近的电偶极层中，电流 $\boldsymbol{j}$ 的方向和$\boldsymbol{K}$ 一致，与 $\boldsymbol{E}$ 相反. 在从锌板到铜板之间的溶液中，非静电作用已不存在，当 $\boldsymbol{K}=0$时，只有静电作用. 在溶液中，电场 $\boldsymbol{E}$ 的方向由锌板指向铜板，即由电池负极指向正极. 由 $\boldsymbol{j}=\sigma\boldsymbol{E}$ 可知，电流 $\boldsymbol{j}$ 也由负极向正极流动，这一流动是受静电力而不是非静电力所驱动的.

4.3.5 稳恒电路中静电场的作用

在稳恒电路中，静电场的作用是非常重要的，主要体现在以下两个方面.

(1) 调节电荷分布的作用. 在电流达到稳恒的过程中，静电场担负着重要的调节作用. 这种调节作用不仅表现在导线表面上的电荷分布的变化，还包括非均匀导体内部体电荷分布的变化，以及在两种不同导体交界面上电荷分布的变化. 当电路中的电流已经达到稳定后，回路形状的变化又会破坏电流的稳定性，但导线上电荷分布的变化能调节电场分布，使电流重新达到稳定. 当然调节作用仅发生在非常短的时间内，整个调节过程几乎与回路形状变化同步.

(2) 静电场起着能量的中转作用. 在整个闭合电路中，静电场做的总功为零. 但是在电源

外部以及电源内部不存在非静电力的地方，如前面提到的丹聂耳电池两极板之间的溶液中，静电场将正电荷从高电势处送到低电势处，所做的功为正，以消耗电场能为代价. 存在非静电力的地方，非静电力把正电荷从低电势处送到高电势处，反抗静电场做功，消耗非静电能，使电场能增加. 在绕闭合电路一周的过程中，静电场做的总功为零，静电能变化的总和等于零. 电路上消耗的能量归根到底是非静电力提供的. 静电场起着能量的中转作用，它把电源内部的非静电能传送到外电路上.

4.4　基尔霍夫定律

在稳恒电路的计算中，常采用欧姆定律 $I=U/R$ 或者全电路欧姆定律 $I=\mathscr{E}/(R+r)$. 按照欧姆定律，已知 I、R、U 中的 2 个，或者 I、$\mathscr{E}$、R 和 r 中的 3 个，就可算得余下的 1 个未知量. 对于简单的电路，如串、并联电路，我们就是这样做的. 但是对于一个如图 4.13 所示的多回路电路，无法直接通过上述简单方法求解. 本节将要介绍的基尔霍夫定律，就是用来解决这类多回路电路问题的.

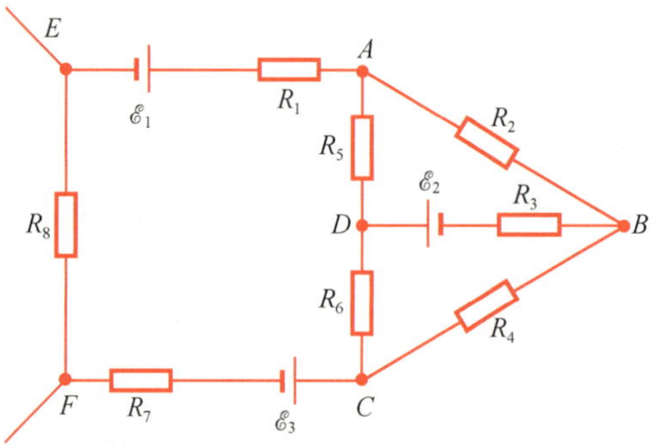

图 4.13　多回路直流电路

4.4.1　节点、支路和回路

在介绍基尔霍夫定律之前，我们先引进几个与之相关的概念.

(1) 节点：在电路中，3 条或 3 条以上导线的汇合点，如图 4.13 中的点 A、B、C、D、E、F 等.

(2) 支路：两相邻节点间，由电源和电阻串联而成且不含其他节点的通路，如图 4.13 中的 AB、BD、DC 等.

(3) 回路：起点和终点重合在一个节点的环路，如图 4.13 中的 $ABDA$、$ABCA$、$ACFEA$ 等. 对于每一个回路均可列出相应的回路电压方程；回路电压方程彼此独立的回路，称为独立回路. 独立回路有各种取法. 一种简单易行的办法是取各回路互不包含，这样取定的回路肯定相互独立. 例如，图 4.13 中的 $ABDA$、$ACFEA$、$BCDB$ 等，都是各自独立的回路. 注意，独立回路的数目减 1 正好等于支路的数目减去节点的数目，这给独立回路选择的正确与否提供了一个重要判据(参见例 4.1).

4.4.2　基尔霍夫第一和第二定律

基尔霍夫定律包括两个部分，分别为基尔霍夫第一定律和基尔霍夫第二定律.

1) 基尔霍夫第一定律

汇合于任一节点处的各电流的代数和等于零，即

$$\sum I = \sum I_{入} - \sum I_{出} = 0 \tag{4.4.1}$$

称为基尔霍夫第一定律，又称节点电流方程. 式(4.4.1)中的 $I_{入}$ 和 $I_{出}$ 分别为流入和流出考察节点的电流. 对于一个具有 n 个节点的多回路电路，便可写出 $n-1$ 个独立的节点电流方程. 我们常把这 $n-1$ 个节点电流方程称为基尔霍夫第一方程组. 式(4.4.1)是稳恒电流条件的必然结果，它本质上反映了电荷守恒定律：为使节点处不出现电荷随时间的堆积，单位时间流入节点的电量与流出节点的电量必须相等.

2) 基尔霍夫第二定律

电路中的任一闭合回路的全部支路上的电压的代数和等于零，即

$$\sum U = \sum (\pm \mathscr{E} \pm Ir \pm IR) = 0 \tag{4.4.2}$$

称为基尔霍夫第二定律，又称回路电压方程. 式(4.4.2)中的 $\mathscr{E}$ 和 r 分别为某条支路所含电源的电动势和内阻，R 和 I 分别为该支路的负载电阻和电流强度. 基尔霍夫第二定律是静电场环路定理的必然结果. 式(4.4.2)中 $\mathscr{E}$ 和 I 前面的正负号取法如下. 先任意规定所考察回路的绕行方向，然后根据绕行方向来决定 $\mathscr{E}$ 和 I 前的符号：当回路绕行方向经电源内部由正极指向负极时，$\mathscr{E}$ 前取正号，反之取负号；当回路绕行方向与 I 的流向一致时，I 前取正号，反之取负号. 按上述规定，就能由式(4.4.2)正确写出各回路的电压方程，独立方程的数目等于独立回路的数目. 这些方程称为基尔霍夫第二方程组.

在使用基尔霍夫定律时，对多回路电路的计算处理有两种方法：支路电流法和回路电流法. 下面举例说明.

4.4.3 支路电流法

先对每个支路设定电流的方向和取值(为代数值，由计算决定)，对每个独立回路设定绕行方向，然后利用基尔霍夫定律写出方程组. 设节点数目为 n，可列出 $n-1$ 个独立的节点电流方程；独立回路数目为 m，可列出 m 个独立的回路电压方程. 于是，全部独立方程的数目为 $n-1+m$，它应当等于待求支路电流的数目 l，即

$$n-1+m=l \tag{4.4.3}$$

式(4.4.3)即表示独立回路的数目 m 减 1 正好等于支路的数目 l 减去节点的数目 n，与前面提到的结论一致.

例 4.3

如图 4.14 所示电路，求各支路中的电流.

解 本电路的节点数为 $n=2$，独立回路数为 $m=2$，支路数为 $l=3$，满足式(4.4.3). 利用基尔霍夫定律列出如下 3 个独立方程：

节点电流方程($n-1=1$)

$$I_2 + I_3 - I_1 = 0$$

回路电压方程($m=2$)

$$-U + I_1R + I_3R = 0, \quad 2I_2R + U - I_3R = 0$$

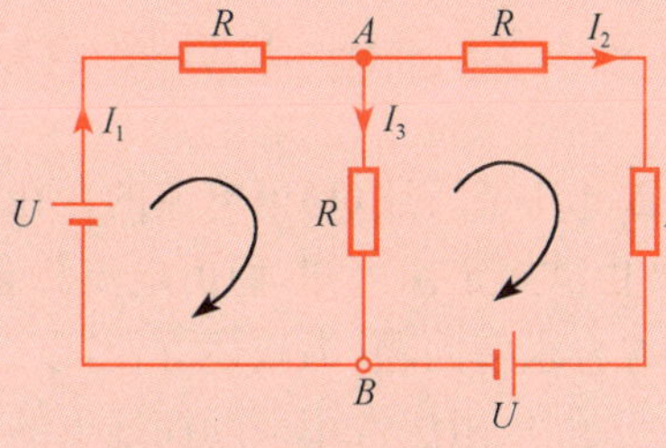

图 4.14 支路电流法

将上述 3 个方程写成便于求解的形式

$$I_1 - I_2 - I_3 = 0$$
$$I_1R + I_3R = U$$
$$2I_2R - I_3R = -U$$

从中解得各支路电流，结果如下：

$$I_1 = \frac{2U}{5R},\quad I_2 = -\frac{U}{5R},\quad I_3 = \frac{3U}{5R}$$

注意，以上算得 I_1、$I_3>0$，相应支路的电流的实际方向与图 4.14 规定的一致；$I_2<0$，相应支路的电流的实际方向与图 4.14 规定的相反.

4.4.4　回路电流法

先设定独立回路的电流的方向（该方向通常取为相应回路的绕行方向）和取值（为代数值，由计算决定），只需用基尔霍夫第二定律，便可解出各回路电流；然后再由所求得的回路电流计算各支路电流，这样算得的各支路电流将自动满足基尔霍夫第一定律. 下面仍用例 4.1 的问题为例，说明回路电流法的解题步骤.

按回路电流法的要求选择图 4.14 电路中的独立回路，结果示于图 4.15 中，共计 2 个独立回路，电流分别为 I_1 和 I_2，方向如图所示. 列回路电压方程

$$-U + I_1R + (I_1 - I_2)R = 0,\quad 2I_2R + (I_2 - I_1)R + U = 0$$

将上述 2 个方程化简为

$$2I_1R - I_2R = U,\quad I_1R - 3I_2R = U$$

从中解得

$$I_1 = \frac{2U}{5R},\quad I_2 = -\frac{U}{5R}$$

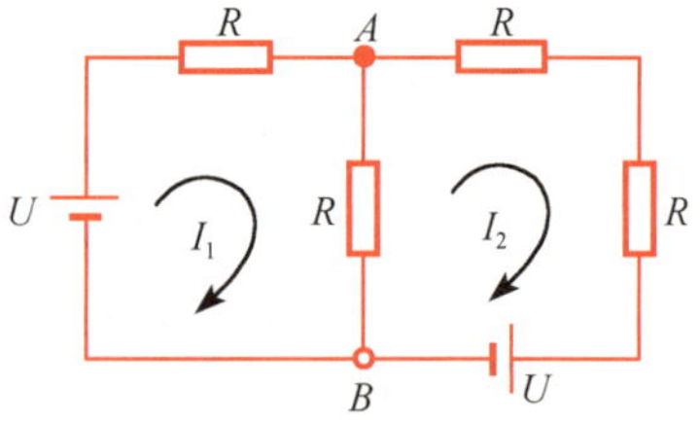

图 4.15　回路电流法

注意 $I_2<0$，故对应回路电流的实际方向与图 4.13 规定的相反. 流经支路 ARB 的电流为 $I=I_1-I_2=3U/(5R)$，与 I_1 方向一致. 类似地，可以算得流经其他两个支路的电流大小和流向，全部结果与例 4.1 的支路电流法所得结果相同，说明两种方法完全等效. 不过，因回路电流法的未知量和方程数目低于支路电流法，求解过程自然简单一些，在多回路电路的计算中应予优先使用.

*4.5　稳恒电流和静电场的综合求解

如 4.1 节所述，稳恒电流的存在不会改变空间电荷的分布，以至于与它有关的电场仍为静电场. 由欧姆定律可知，稳恒电流总会伴随静电场的出现，所以我们常会遇到稳恒电流和静电场的综合求解问题（为叙述方便，以下简称“综合求解问题”）. 例如，在电阻法勘探中，就要遇到这类问题. 电阻法常用来勘探地下的地质构造和矿藏分布，它的原理简述如下. 将两个插入地面并相隔一定距离的电极加上电压，在大地中形成稳恒电流. 电流和电场的分布与大地的电阻率分布有关，而电场的分布情况必然影响到地面的电势分布. 通过调节电极的位置和距离，并

对每种电极配置下的地表面的电势分布进行测量，就可以估算地下电阻率的分布情况，从而从一个侧面提供有关地质构造和矿藏分布的信息.

综合求解问题要求同时确定导体内的电流分布和电场分布，而不像前面的电路分析问题，只是去估算各支路的电流强度和节点的电势. 也就是说，电路分析只是反映稳恒电路中电流和电场的整体特征，而综合求解则要求描述导体中电流和电场的精细结构. 综合求解问题也不同于静电平衡条件下的静电场问题（为叙述方便，以下简称“纯静电场问题”）. 在静电平衡条件下，导体变得十分简单：导体内恒有 $\boldsymbol{j}=0$，$\boldsymbol{E}=0$，导体为等势体. 因此，纯静电场问题在于分析导体外的静电场分布. 在存在稳恒电流的情况下，导体内的电流和电场都不为零，且具有一定的分布规律. 确定载流导体内的电流和电场的分布规律恰好是综合求解的目的所在. 下面我们将会看到，这两类问题的基本方程不同，在物理上属于不同性质的问题；然而在数学上，两组基本方程之间存在密切的对应关系. 通过这种对应关系，我们往往能够借用纯静电场问题的解题技巧和已有结论，去处理相应的综合求解问题.

4.5.1 基本方程

稳恒电流和静电场的综合求解问题的基本方程包括静电场环路定理、稳恒条件和欧姆定律

$$\oint_L \boldsymbol{E}\cdot \mathrm{d}\boldsymbol{l} = 0 \tag{4.5.1}$$

$$\oiint_S \boldsymbol{j}\cdot \mathrm{d}\boldsymbol{S} = 0 \tag{4.5.2}$$

$$\boldsymbol{j} = \sigma\boldsymbol{E} \tag{4.5.3}$$

式中，L 为任意闭合回路，S 为任意闭合曲面. 前两个方程分别描述静电场和稳恒电流场的普遍性质，第三个方程反映了静电场和稳恒电流场之间的关系，它与导体的导电性质有关. 这里我们假定非静电力只存在于电源内部的局部区域之中，如丹聂耳电池极板附近的电偶极层中，对这些区域应当使用欧姆定律的推广形式(4.3.1). 在我们感兴趣的区域中不存在任何非静电力，因此写下式(4.5.3).

当碰到导体界面时，从式(4.5.1)和式(4.5.2)出发可证明界面两侧的电场强度的切向分量连续，电流密度的法向分量连续，即

$$\boldsymbol{n}\times(\boldsymbol{E}_1-\boldsymbol{E}_2)=0,\quad \boldsymbol{n}\cdot(\boldsymbol{j}_1-\boldsymbol{j}_2)=0 \tag{4.5.4}$$

式中，$\boldsymbol{n}$ 为界面的单位法向矢量.

4.5.2 基本方程的闭合性

对以上列出的基本方程，大家很可能会提出疑问. 我们知道，静电场除了满足环路定理(4.5.1)之外，还得满足如下高斯定理：

$$\oiint_S \boldsymbol{D}\cdot \mathrm{d}\boldsymbol{S} = Q \tag{4.5.5}$$

式中，$\boldsymbol{D}$ 为电位移矢量，Q 为闭合曲面 S 内的自由电荷总量. 此外，若导体具有各向同性极化性质，其介电常量为 ε，则 $\boldsymbol{D}$ 和 $\boldsymbol{E}$ 之间存在关系

$$\boldsymbol{D} = \varepsilon\boldsymbol{E} \tag{4.5.6}$$

注意，以下我们将具有有限 $\varepsilon(\varepsilon\neq\infty)$ 的导体称为导电介质，如大地等. 既然如此，为什么我们不把式(4.5.5)和式(4.5.6)列为综合求解问题的基本方程呢?

要回答这个问题,先要回答基本方程(4.5.1)～方程(4.5.3)是否“闭合”的问题,即从它们出发,是否能完全确定导体中的静电场和稳恒电流场.通过与纯静电场问题的基本方程在数学形式上的类比,我们不难得出结论:基本方程(4.5.1)～方程(4.5.3)是闭合的.事实上,综合求解问题研究的对象是 $\boldsymbol{E}$ 和 $\boldsymbol{j}$,而纯静电场问题研究的对象是 $\boldsymbol{E}$ 和 $\boldsymbol{D}$.其中,$\boldsymbol{E}$ 同为静电场,同满足环路定理(4.5.1).不同的是 $\boldsymbol{j}$ 和 $\boldsymbol{D}$,它们分别满足式(4.5.2)和式(4.5.5).其中,式(4.5.2)就是稳恒条件,有时我们也称它为稳恒电流场的“高斯定理”.还有,$\boldsymbol{j}$ 通过式(4.5.3)与 $\boldsymbol{E}$ 相联系,而 $\boldsymbol{D}$ 则通过式(4.5.6)与 $\boldsymbol{E}$ 相联系.不容置疑,$\boldsymbol{j}$ 和 $\boldsymbol{D}$ 这两个矢量场本身,以及它们满足的高斯定理和它们与电场的关系,都具有各自特定的物理内容,它们是性质不同的物理量.但单纯从数学形式上考虑,二者之间的确存在着密切对应关系:式(4.5.2)和式(4.5.5)对应,式(4.5.3)和式(4.5.6)对应.既然将式(4.5.5)和式(4.5.6)与式(4.5.1)联立能完全确定 $\boldsymbol{E}$ 和 $\boldsymbol{D}$(静电场的唯一性定理,见 2.7 节),那么就不难理解式(4.5.1)～式(4.5.3)完全确定了 $\boldsymbol{E}$ 和 $\boldsymbol{j}$,即它们是闭合的.由于从式(4.5.1)～式(4.5.3)出发能够完成综合求解的任务,我们就没有必要把式(4.5.5)和式(4.5.6)列入基本方程了.

不把式(4.5.5)和式(4.5.6)列入综合求解问题的基本方程,并不表示这两个方程不成立,只是在求解 $\boldsymbol{E}$ 和 $\boldsymbol{j}$ 的过程中用不着罢了.其实这两个方程也不是没用,“事后”还是有所用处的.例如,一旦求得 $\boldsymbol{E}$ 之后,就可以由它们计算载流导电介质中的自由电荷密度和导电介质界面上的自由电荷面密度,这些计算我们在第 2 章中已作过详细讨论.

综上所述,我们可以从物理上得出如下几个结论.

(1) 载流导电介质中的稳恒电流和静电场的分布规律取决于导电介质的导电性质,即与导电介质的电导率有关,而与导电介质的极化性质即导电介质的介电常量无关.

(2) 由静电场 $\boldsymbol{E}$ 可根据高斯定理确定载流导电介质的总电荷分布,这一分布也只取决于导电介质的导电性质,而与导电介质的极化性质即导电介质的介电常量无关.

(3) 导电介质中的自由电荷和极化电荷在总电荷中所占的份额与导电介质的极化性质有关,即与导电介质的介电常量有关.

只要稍加思考,读者就不难从前面的分析中找到这些结论的依据,对此我们不再赘述.下面我们举几个例子来说明综合求解问题的处理步骤.

例 4.4

如图 4.16 所示,一平板电容器极板间距为 d,填充两层导电介质.第一层介质厚度为 d_1,介电常量为 ε_1,电导率为 σ_1;第二层介质的相应参量为 d_2,ε_2 和 σ_2,$d=d_1+d_2$.设电容器两端电压为 U.

(1) 忽略边缘效应,求介质 1 和介质 2 中的电流密度和电场强度;

(2) 求介质分界面上的总电荷面密度;

(3) 求介质分界面上的自由电荷面密度.

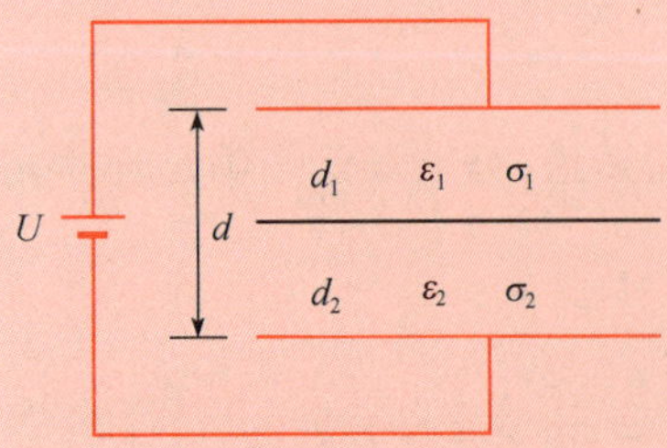

图 4.16　双层介质平板电容器

解　根据问题的对称性,可知电流密度方向垂直极板向下.再由稳恒电流密度法向分量连续的条件[见式(4.5.4)],可推断两介质中电流密度相等,设其大小为 j.进一步由欧姆定律(4.5.3),在介质 1 和 2 中的电场强度与电流密度同向,且存在如下数值关系:

$$E_1=\frac{j}{\sigma_1},\quad E_2=\frac{j}{\sigma_2}$$

于是有

$$U=E_1d_1+E_2d_2=\left(\frac{d_1}{\sigma_1}+\frac{d_2}{\sigma_2}\right)j$$

该式本质上源自式(4.5.1).从上述式子求得

$$j=\frac{\sigma_1\sigma_2}{\sigma_1d_2+\sigma_2d_1}U,\quad E_1=\frac{\sigma_2}{\sigma_1d_2+\sigma_2d_1}U,\quad E_2=\frac{\sigma_1}{\sigma_1d_2+\sigma_2d_1}U$$

两介质分界面上的总电荷面密度为

$$\sigma_e=\varepsilon_0(E_2-E_1)=\frac{\varepsilon_0(\sigma_1-\sigma_2)}{\sigma_1d_2+\sigma_2d_1}U$$

其中用到静电场的边值关系.两介质分界面上的自由电荷面密度为

$$\sigma_{e0}=D_2-D_1=\varepsilon_2E_2-\varepsilon_1E_1=\frac{\varepsilon_2\sigma_1-\varepsilon_1\sigma_2}{\sigma_1d_2+\sigma_2d_1}U$$

其中用到式(4.5.5)和式(4.5.6).

由本题结果可见,j、E_1、E_2 和 σ_e 只与介质的电导率有关,而 σ_{e0} 不仅与电导率有关,还与介电常量有关.这些结果与刚才总结的三点结论一致.注意,我们直到最后两步计算界面自由电荷面密度时才涉及电位移矢量 $\boldsymbol{D}$ 及与之相关的式(4.5.5)和式(4.5.6).如果我们把本题误作纯静电场问题处理,并毫无根据地判定 $\boldsymbol{D}$ 的法向分量在介质界面两侧连续,就会导致错误的结果.

例 4.5

如图 4.17 所示,一块状电极全部埋入大地,电流为 I,大地电阻率为 ρ,介电常量为 ε.求电极上的自由电荷量 Q.

解 取电极表面(外侧)为高斯面,其中接线端部分为 ΔS,其余部分为 S.由稳恒条件

$$\oiint_{S+\Delta S}\boldsymbol{j}\cdot\mathrm{d}\boldsymbol{S}=\iint_S\boldsymbol{j}\cdot\mathrm{d}\boldsymbol{S}+\iint_{\Delta S}\boldsymbol{j}\cdot\mathrm{d}\boldsymbol{S}=0$$

式中,右边第二项为 $-I$,于是有

$$\iint_S\boldsymbol{j}\cdot\mathrm{d}\boldsymbol{S}=I$$

应用欧姆定律得

$$\iint_S\boldsymbol{j}\cdot\mathrm{d}\boldsymbol{S}=\frac{1}{\rho}\iint_S\boldsymbol{E}\cdot\mathrm{d}\boldsymbol{S}=I,\quad \iint_S\boldsymbol{E}\cdot\mathrm{d}\boldsymbol{S}=\rho I$$

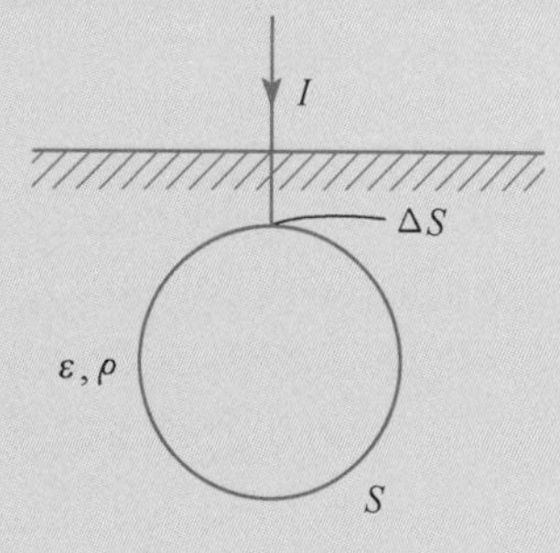

图 4.17 埋入大地的块状电极

由式(4.5.5)和式(4.5.6)得

$$Q=\oiint_{S+\Delta S}\boldsymbol{D}\cdot\mathrm{d}\boldsymbol{S}=\varepsilon\iint_S\boldsymbol{E}\cdot\mathrm{d}\boldsymbol{S}+\iint_{\Delta S}\boldsymbol{D}\cdot\mathrm{d}\boldsymbol{S}=\varepsilon\rho I+\iint_{\Delta S}\boldsymbol{D}\cdot\mathrm{d}\boldsymbol{S}$$

由于 ΔS 处于接线之中,通常接线的电导率远大于大地电导率,以至于 $\boldsymbol{E}$ 很小,相应 $\boldsymbol{D}$($\boldsymbol{D}\approx\varepsilon_0\boldsymbol{E}$,对稳恒电场情况,接线的介电常量近似为 ε_0)也很小,加上 ΔS 也很小,故可近似认为上式中第二项为零.最后得到

$$Q=\varepsilon\rho I$$

4.5.3 与纯静电场问题类比

在物理学中,尽管不同的物理对象满足不同的物理规律,但这些规律的数学表达式有时会具有完全类似的形式. 一旦遇到这种情况,往往可以用同一种方法处理性质不同的物理问题,这是我们应该掌握的一种技巧. 在电磁学中,这种情况就相当多. 这里,我们以综合求解问题和纯静电场问题为例来介绍这类技巧.

对纯静电场问题的解法我们已经相当熟悉了. 我们不妨作一个设想:如果能借用纯静电场问题的解题技巧和已有结论来处理相应的综合求解问题的话,势必会收到事半功倍的效果. 让我们看看,这种设想是否现实. 如前所述,综合求解问题的基本方程和纯静电场问题的基本方程具有密切的对应关系. 两类问题都满足静电场的环路定理,欧姆定律和极化规律也具有完全类似的数学形式. 剩下的问题是:综合求解问题对应的稳恒条件(4.5.2)和纯静电场问题对应的高斯定理(4.5.5),一个右方为零,一个右方为 Q,在数学形式上并不完全类似. 下面我们设法结合实际情况将式(4.5.2)变形,使之与式(4.5.5)具有完全类似的形式.

从上两例中可以看出,为实现稳恒电流,需要在导电介质中插入一些电极,然后通过绝缘引线与外部电源相连接,以维持一定电势或电流. 下面假设:

(1) 电极和引线的电导率远远大于导电介质的电导率,因此可近似将它们当成“理想”导体($\sigma\to\infty$),其内部 $\boldsymbol{E}\approx 0$.

(2) 电源通过引线给电极注入电流 I;若 $I<0$,则表示该电流经引线流出电极后通向电源.

(3) 设引线很细,它所积累的微量电荷对导电介质中的电流和电场分布的影响可以略去,其作用仅仅在于给电极注入电流 I. 因此,我们可以采取如下等效做法:假想把引线“去掉”,视电极为电流的“源头”,由它发出“源电流”I. 这时,若取任一闭合曲面 S 将电极包围,则根据稳恒条件,通过 S 向外流出的总电流应当等于 S 内电极发出的“源电流”,即

$$\oiint_S \boldsymbol{j}\cdot \mathrm{d}\boldsymbol{S} = I \tag{4.5.7}$$

当 S 内包含若干个电极时,上式右边的 I 应理解为所含电极的“源电流”的代数和;当 S 内不包含电极时,则应取 $I=0$. 另外,我们旨在分析导电介质内的电流和电场分布,故规定 S 全部处于导电介质之中,而不会出现 S 穿过电极本身所带来的不确定性. 这样,变形后的稳恒条件(4.5.7)与静电场的高斯定理(4.5.5)就具有完全类似的数学形式了.

让我们用变形后的稳恒条件(4.5.7)取代原稳恒条件(4.5.2),并将综合求解问题的基本方程写在一起

$$\oiint_S \boldsymbol{j}\cdot \mathrm{d}\boldsymbol{S} = I,\quad \oint_L \boldsymbol{E}\cdot \mathrm{d}\boldsymbol{l} = 0,\quad \boldsymbol{j} = \sigma\boldsymbol{E} \tag{4.5.8}$$

然后,与纯静电场问题的基本方程

$$\oiint_S \boldsymbol{D}_\mathrm{i}\cdot \mathrm{d}\boldsymbol{S} = Q_\mathrm{i},\quad \oint_L \boldsymbol{E}_\mathrm{i}\cdot \mathrm{d}\boldsymbol{l} = 0,\quad \boldsymbol{D}_\mathrm{i} = \varepsilon_\mathrm{i}\boldsymbol{E}_\mathrm{i} \tag{4.5.9}$$

进行比较. 为以下叙述方便,式(4.5.9)中的电学量均加上下标“i”. 经过比较之后,我们很快发现两组基本方程形式完全类似,有关物理量之间存在表 4.1 所列的对应关系. 只要按该表的对应关系将一组量换成另一组,则相应的基本方程和解答也换成另一组. 上述对应关

系启发我们将已知的纯静电场问题的解转换为相应的综合求解问题的解. 也就是说，如果我们已知一(组)电量为 Q_i 的导体(系统)在介电常量为 ε_i 的电介质中的纯静电场解 $\boldsymbol{D}_i$ 和 $\boldsymbol{E}_i$，则根据表 4.1 所给的对应关系，将 $\boldsymbol{D}_i$、$\boldsymbol{E}_i$、Q_i、ε_i 分别换成 $\boldsymbol{j}$、$\boldsymbol{E}$、I 和 σ 之后，就简单地求得一(组)同样几何形状、"源电流"为 I 的电极(系统)在电导率为 σ 的导电介质中产生的稳恒电流 $\boldsymbol{j}$ 和静电场 $\boldsymbol{E}$. 注意，上述 $\boldsymbol{D}_i$、$\boldsymbol{E}_i$、Q_i 和 ε_i 并不表示综合求解问题中的电位移矢量、电场强度、自由电荷量和介电常量，而只是与综合求解问题对应的纯静电场问题的相应电学量，故加上下标"i"以示区别. 换句话说，从一实际的综合求解问题出发，我们按表 4.1 的对应关系转换到一个"虚拟"的纯静电场问题，相应的全部电学量也是"虚拟"的. 将虚拟纯静电场问题的解转换为综合求解问题的解 $\boldsymbol{j}$ 和 $\boldsymbol{E}$ 之后，我们就"忘掉"这些虚拟量，再按式(4.5.6)去求实际的电位移矢量 $\boldsymbol{D}$，按式(4.5.5)去求实际的自由电荷分布，等等. 为此，当然必须事先给定导电介质的实际介电常量 ε.

表 4.1　方程(4.5.8)和方程(4.5.9)的对应关系

综合求解问题	$\boldsymbol{j}$	$\boldsymbol{E}$	I	σ(导电介质)	$\sigma\to\infty$(电极:$\boldsymbol{E}=0$)
纯静电场问题	$\boldsymbol{D}_i$	$\boldsymbol{E}_i$	Q_i	ε_i(电介质)	$\varepsilon_i\to\infty$(导体:$\boldsymbol{E}_i=0$)

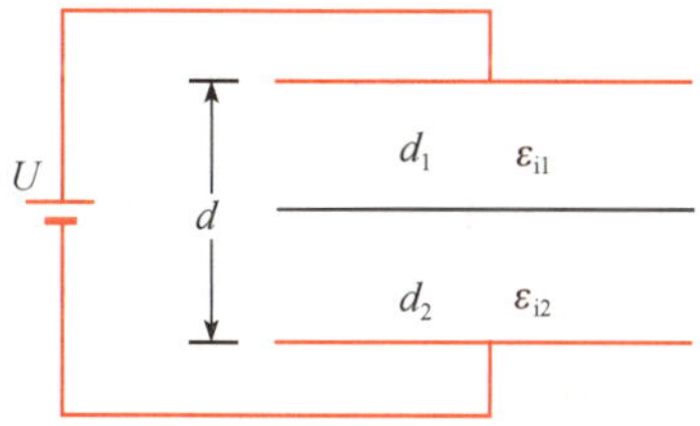

图 4.18　与图 4.14 对应的纯静电场问题

为使大家对上述技巧有一直观了解，我们按下述步骤重新解例 4.4. 先不考虑极板间两层介质的介电常量 ε_1 和 ε_2，因为我们知道它们对 $\boldsymbol{j}$ 和 $\boldsymbol{E}$ 没有影响. 按表 4.1，与它对应的纯静电场问题如图 4.18 所示. 该问题属于介质界面与等势面重合的情况，式(2.7.15)成立，即 $\boldsymbol{D}_i=\varepsilon_0\boldsymbol{E}_0$，$\boldsymbol{E}_0$ 为自由电荷产生的电场. 这样，介质 1 和介质 2 中的电场分别为

$$E_{i1}=D_i/\varepsilon_{i1}=\varepsilon_0E_0/\varepsilon_{i1},\quad E_{i2}=\varepsilon_0E_0/\varepsilon_{i2}$$

由题设条件可知 $E_{i1}d_1+E_{i2}d_2=U$，可定出

$$E_0=\frac{\varepsilon_{i1}\varepsilon_{i2}}{(\varepsilon_{i1}d_2+\varepsilon_{i2}d_1)\varepsilon_0}U$$

从而求得纯静电场解为

$$D_i=\frac{\varepsilon_{i1}\varepsilon_{i2}}{\varepsilon_{i1}d_2+\varepsilon_{i2}d_1}U,\quad E_{i1}=\frac{\varepsilon_{i2}}{\varepsilon_{i1}d_2+\varepsilon_{i2}d_1}U,\quad E_{i2}=\frac{\varepsilon_{i1}}{\varepsilon_{i1}d_2+\varepsilon_{i2}d_1}U$$

然后由上述纯静电场解和表 4.1 给出的对应关系，可推出图 4.18 表示的综合求解问题的解为

$$j=\frac{\sigma_1\sigma_2}{\sigma_1d_2+\sigma_2d_1}U,\quad E_1=\frac{\sigma_2}{\sigma_1d_2+\sigma_2d_1}U,\quad E_2=\frac{\sigma_1}{\sigma_1d_2+\sigma_2d_1}U$$

至此，将 D_i、E_{i1}、E_{i2}、ε_{i1}、ε_{i2} 等"忘掉"，考虑两层电介质的实际介电常量 ε_1 和 ε_2，求得实际电位移矢量为

$$D_1=\varepsilon_1E_1=\frac{\varepsilon_1\sigma_2}{\sigma_1d_2+\sigma_2d_1}U,\quad D_2=\varepsilon_2E_2=\frac{\varepsilon_2\sigma_1}{\sigma_1d_2+\sigma_2d_1}U$$

据此可求得介质分界面上的自由电荷面密度 σ_{e0}. 上述结果与例 4.4 给出的结果完全一致.

例 4.6

如图 4.19 所示，一微型电极埋入大地深 h 处，通以稳恒电流 I. 设大地可视作均匀各向同性导电介质，电导率为 σ，介电常量为 ε，求大地内的电流分布和大地内、外的电场分布.

解　假定大地上方空气的电导率等于零，介电常量等于 ε_0. 先不考虑大地和空气的介电常量，将图 4.19 所示的综合求解问题转换为如图 4.20 所示的纯静电场问题：一无限平面将介电常量分别为 $\varepsilon_{i2}=0$(作为虚拟的静电场问题，介电常量为零是允许的；设 $\varepsilon_{i2}=0$，对应原空气的电导率 $\sigma=0$，见表 4.1)和 $\varepsilon_{i1}=\varepsilon_i$ 的两种电介质隔开，一点电荷 Q_i 位于平面下方深 h 处. 这一纯静电场问题可用第 2 章 2.8 节介绍的电像法求解. 对Ⅰ区(即大地)的电场，可按图 4.21 配置像电荷 Q_i'，对Ⅱ区的电场，则可按图 4.22 配置像电荷 Q_i''.

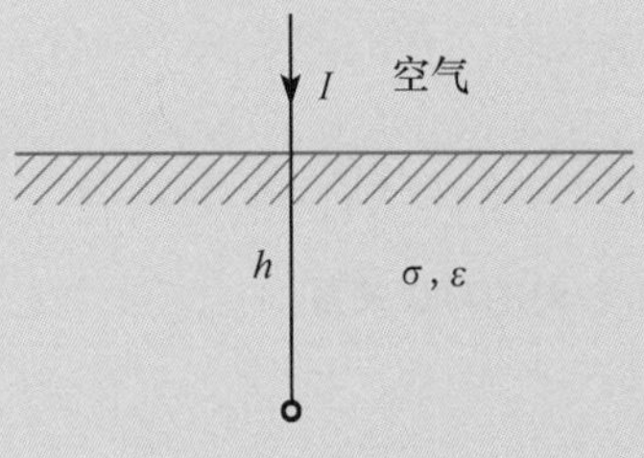

图 4.19　注入电流为 I 的微型电极埋入大地

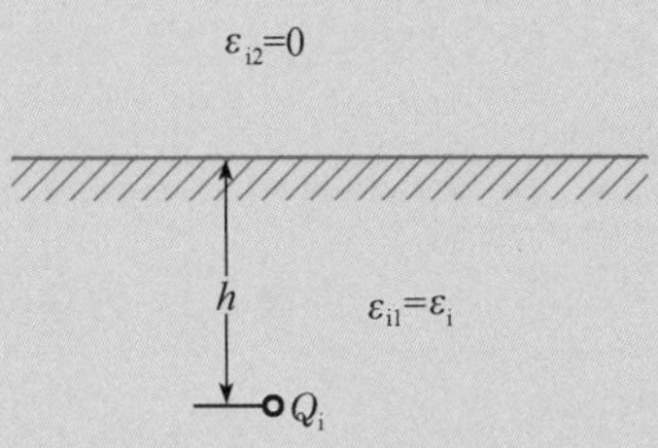

图 4.20　与图 4.19 对应的纯静电场问题

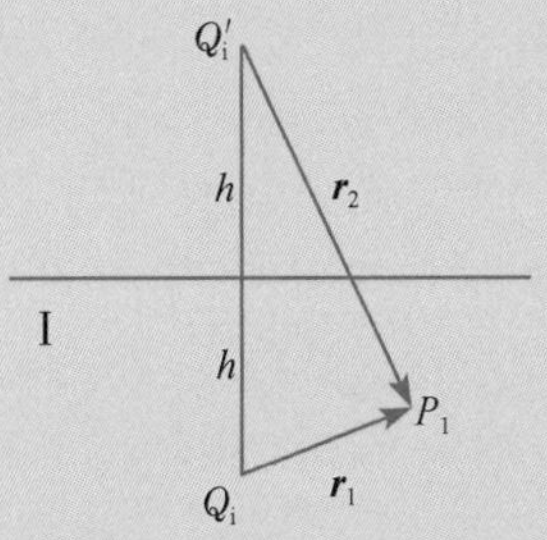

图 4.21　求Ⅰ区电场

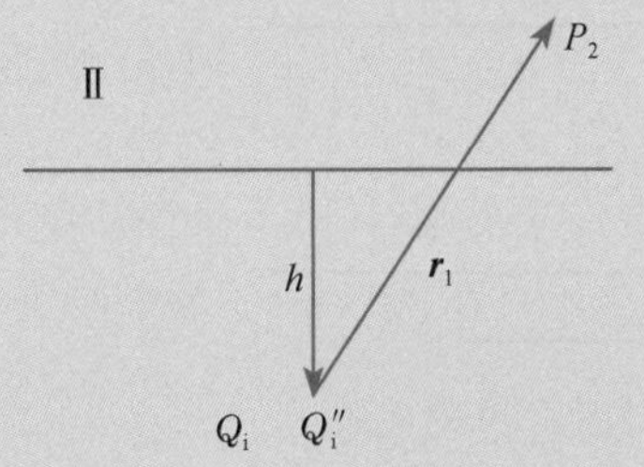

图 4.22　求Ⅱ区电场

由第 2 章 2.8 节例 2.13 给出的结果，有

$$Q_i'=Q_i''=\frac{\varepsilon_0(\varepsilon_{i1}-\varepsilon_{i2})}{\varepsilon_{i1}(\varepsilon_{i1}+\varepsilon_{i2})}Q_i=\frac{\varepsilon_0}{\varepsilon_i}Q_i$$

以至于Ⅰ、Ⅱ两区的电场强度 $\boldsymbol{E}_{i1}$、$\boldsymbol{E}_{i2}$ 分别为

$$\boldsymbol{E}_{i1}=\frac{Q_i}{4\pi\varepsilon_i r_1^3}\boldsymbol{r}_1+\frac{Q_i'}{4\pi\varepsilon_0 r_2^3}\boldsymbol{r}_2=\frac{Q_i}{4\pi\varepsilon_i}\left(\frac{\boldsymbol{r}_1}{r_1^3}+\frac{\boldsymbol{r}_2}{r_2^3}\right)$$

$$\boldsymbol{E}_{i2}=\left(\frac{Q_i}{4\pi\varepsilon_i}+\frac{Q_i''}{4\pi\varepsilon_0}\right)\frac{\boldsymbol{r}_1}{r_1^3}=\frac{Q_i\boldsymbol{r}_1}{2\pi\varepsilon_i r_1^3}$$

相应电位移矢量为

$$\boldsymbol{D}_{i1}=\varepsilon_{i1}\boldsymbol{E}_{i1}=\varepsilon_i\boldsymbol{E}_{i1}=\frac{Q_i}{4\pi}\left(\frac{\boldsymbol{r}_1}{r_1^3}+\frac{\boldsymbol{r}_2}{r_2^3}\right),\quad \boldsymbol{D}_{i2}=\varepsilon_{i2}\boldsymbol{E}_{i2}=0$$

根据表 4.1 给出的对应关系，可将上述虚拟静电场问题的解直接转换成图 4.19 所示问题，即本例题的静电场和稳恒电流解，结果如下：

Ⅰ区　$$\boldsymbol{E}_1=\frac{I}{4\pi\sigma}\left(\frac{\boldsymbol{r}_1}{r_1^3}+\frac{\boldsymbol{r}_2}{r_2^3}\right),\quad \boldsymbol{j}_1=\frac{I}{4\pi}\left(\frac{\boldsymbol{r}_1}{r_1^3}+\frac{\boldsymbol{r}_2}{r_2^3}\right)$$

Ⅱ区　$$\boldsymbol{E}_2=\frac{I}{2\pi\sigma r_1^3}\boldsymbol{r}_1,\quad \boldsymbol{j}_2=0$$

第 5 章　真空中的静磁场

5.1　磁现象与磁场

5.1.1　磁的基本现象与磁的库仑定律

人们最初对磁现象的认识来自天然磁体对铁磁性物质(如铁、镍和钴等)的吸引,以及磁体之间的相互作用.对一条形或针形磁体而言,其两端吸引铁磁性物质的能力最强,即磁性最强,称为磁极.如果过条形或针形磁体的中心将它悬挂起来,并使之在水平面内自由转动,则由于地磁场的作用,其一个磁极总是指向北方,称为北磁极(N 极);另一个磁极总是指向南方,称为南磁极(S 极).实验表明,同号磁极互相排斥,异号磁极互相吸引.上述特征和电现象非常类似,它启发库仑等人引入"磁荷"概念,并采取分析静电场的方法来研究静磁场,要点如下.

条形磁体有 N、S 两极.下面我们规定:N 极带有正磁荷,S 极带有负磁荷.当两磁极的尺寸远小于它们之间的距离时,可当成点磁荷处理.设有点磁荷 q_{m0} 和 q_m,则其相互作用力满足如下库仑定律:

$$\boldsymbol{F} = k\frac{q_{m0}q_m}{r^3}\boldsymbol{r} \tag{5.1.1}$$

式中,$\boldsymbol{F}$ 为 q_{m0} 受 q_m 的作用力,$\boldsymbol{r}$ 为 q_{m0} 相对于 q_m 的位置矢量,k 为比例系数.在国际单位制下取

$$k = \frac{1}{4\pi\mu_0} = \frac{1}{16\pi^2}\times 10^7\,\mathrm{N^{-1}\cdot A^2}$$

式中,$\mu_0 = 4\pi\times 10^{-7}\,\mathrm{N\cdot A^{-2}}$,称为真空中的磁导率.于是,有

$$\boldsymbol{F} = \frac{q_{m0}q_m}{4\pi\mu_0 r^3}\boldsymbol{r} \tag{5.1.2}$$

由上式可得磁荷的单位为牛[顿]·米·安$^{-1}$[培]($\mathrm{N\cdot m\cdot A^{-1}}$).注意,$\mu_0$ 在形式上与静电场库仑定律中的真空介电常量 ε_0 相对应.

从式(5.1.2)出发,仿照静电场的做法,定义磁场强度为单位正磁荷所受的力

$$\boldsymbol{H} = \boldsymbol{F}/q_{m0} \tag{5.1.3}$$

则点磁荷 q_m 产生的磁场强度为

$$\boldsymbol{H} = \frac{q_m}{4\pi\mu_0 r^3}\boldsymbol{r} \tag{5.1.4}$$

但是,这种类比会遇到如下困难:在自然界里,有单独存在的电荷,却至今未观测到单独存在的

磁荷或“磁单极子”. 这表明磁荷的概念还没有实验根据.

5.1.2　奥斯特实验——电流磁效应

自从英国伊丽莎白女王的御医吉尔伯特将电现象和磁现象进行对比研究以来,两百多年中,人们一直认为电和磁没有关系. 1735 年英国的《哲学汇刊》上曾刊载过文章,报道了 1731 年 7 月的一次大雷雨使某处吃饭用的钢刀叉磁化的事实;1751 年美国的富兰克林曾用莱顿瓶放电使缝衣针磁化,但是这些发现没有引起人们的重视. 直到五十多年后,在德国哲学家康德和谢林关于自然力统一的哲学思想影响下,丹麦的奥斯特坚持寻找电和磁之间的联系,为此做了十多年不懈的努力,才终于在 1820 年初发现了电流的磁效应. 奥斯特实验的原理装置示于图 5.1 中. 如前所述,一个水平放置的罗盘的磁针,在地磁场作用下会南北取向,N 极指北,S 极指南. 若将一与磁针平行的载流导线 AB 置于其上,情况就会发生变化. 当有电流从 A 流向 B 时,从上往下看,磁针在水平面内逆时针方向偏转,平衡后停止在 AB 的垂直方向,N 极指向西. 若电流反向,则磁针反向偏转,平衡后仍停止在 AB 的垂直方向,但 N 极指向东. 随后奥斯特在载流导线和磁针之间放入玻璃、木头、水、树脂、石头等,磁针的偏转并未因此消失或减弱. 由此奥斯特得出结论:“电流的磁效应是围绕着电流,呈圆环形的. ”1820 年 7 月 21 日,奥斯特撰文宣布了他的这一重大发现. 奥斯特的实验轰动了整个欧洲的科学界. 法拉第评论说:“它突然打开了科学中一个一直是黑暗领域的大门,使其充满光明. ”紧随其后,反应敏捷的法国物理学家发展了奥斯特的实验,取得了一系列重大成果. 1820 年 9 月,法国物理学家安培进一步发现圆电流对磁针的作用、两平行直线电流的相互作用;10 月完成了关于载流螺线管与磁棒等效的实验. 在此基础上,安培提出所谓分子电流假说:组成磁体的最小单元(分子)为环形电流,这些分子电流定向排列起来,在宏观上就使磁体具有南北磁极,即具有磁性. 安培分子电流假说和近代关于原子和分子结构的概念相符:原子由带正电的核和若干个绕核转动的电子组成,而绕核转动的电子就形成了分子电流. 不过,物质磁性的起源相当复杂,不能完全用经典理论来描述. 近代关于磁性的量子理论表明,物质的磁性的来源不仅在于原子或分子中电子的运动,而且还在于组成原子的那些基本粒子(包括电子和核内粒子)本身就具有所谓“本征磁矩”. 磁矩[见定义式(5.2.7)]已成为这些基本粒子的固有特征,它不能简单地用环形分子电流来描述. 例如,中子不带电,却具有磁矩;电子的“自旋磁矩”也无法用经典带电体自旋运动产生的磁矩来描述. 至于基本粒子的磁矩量子化及其在磁场中取向的空间量子化,更是用经典模型无法描述的. 尽管如此,安培分子电流假说揭示了物质磁性与它内部带电粒子运动相联系这一基本性质,有其合理的成分.

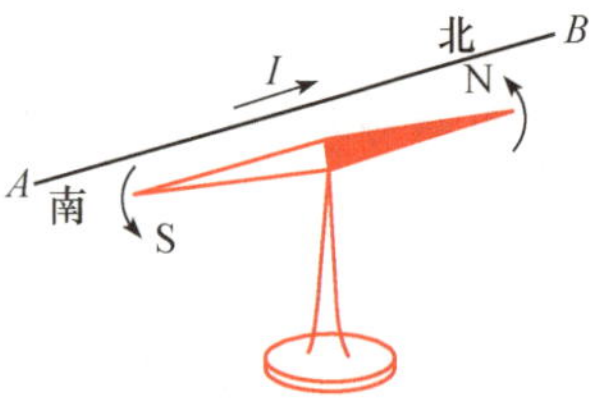

图 5.1　奥斯特实验的原理图

本章我们将从电流的观点出发来讨论静磁场的基本规律.

5.1.3　磁感应强度

我们已经知道,静止电荷之间的相互作用是通过电场来传递的. 静止电荷会激发电场,而电场会对置于其中的电荷施加作用力. 我们要研究的电流之间的相互作用也是这样. 它并不是一种超距作用,而是通过场来传递的. 这种传递电流相互作用的场称为磁场. 磁场和电场不同,它由电流所激发,并对电流发生作用,即对运动的电荷发生作用. 一个静止电荷既不产生磁场,也不受磁场的作用.

静磁学中,我们面临两个问题:第一个是磁场性质问题,即磁场对电流的作用规律;第二个是磁场的起源问题,即电流产生磁场的规律.原则上我们可以仿照静电学的做法,引入一个与库仑定律地位相当的新定律来描述电流之间相互作用的实验规律,使以上两个方面的问题同时得到解决.不过,我们打算对同一内容换一种叙述方式,即先解决磁场的性质和描述问题,然后再讨论磁场与电流的关系.本节就来解决第一个问题.

既然磁场的基本性质在于它对运动电荷(即电流)的作用,我们很自然地想到要通过对运动电荷受力的测量来判断空间某点磁场是否存在,并定义一个新的物理量来描述磁场的性质.这个物理量就是下面即将引入的磁感应强度①.

运动电荷从实验上很容易获得,我们所熟悉的电视机或示波器的显像管的阴极射出来的电子就是一种运动电荷.另外,从电子打在荧光屏上发出的荧光,我们可以判断电子的径迹,并据此分析它沿径迹受力情况.为排除静电力的干扰,我们设想使空间电场为零.这时如果运动电荷沿任意一个方向都保持匀速直线运动,则空间不存在磁场.若在某点处有一作用力使电荷的运动状态发生变化,则可判定该处存在磁场,该作用力为磁力.设电荷的电量为 q,在某点(称为考察点)处的速度为 $\boldsymbol{v}$,受到的磁力为 $\boldsymbol{F}$.实验表明,磁力 $\boldsymbol{F}$ 满足以下规律:

(1) 当 $\boldsymbol{v}$ 与某一特定方向平行或反平行时有 $\boldsymbol{F}=0$,即沿该方向运动的电荷不受磁力作用,且该特定方向与 q、$\boldsymbol{v}$ 无关;

(2) 当 $\boldsymbol{v}$ 与上述特定方向的夹角为 $\theta(0<\theta<\pi)$,即垂直于该特定方向的速度分量 $v_{\perp}=v\sin\theta\neq0$ 时,电荷将受到磁力 $\boldsymbol{F}\neq0$,其大小 $F\propto qv_{\perp}$,且比例系数与 q、$v_{\perp}$ 的大小无关;

(3) $\boldsymbol{F}$ 的方向既与 $\boldsymbol{v}$ 垂直,又与(1)中所说的特定方向垂直,即 $\boldsymbol{F}$ 垂直于由 $\boldsymbol{v}$ 和这特定方向所构成的平面.

根据以上结论,我们可以定义一个矢量 $\boldsymbol{B}$,称为磁感应强度. $\boldsymbol{B}$ 的大小为

$$B=\frac{F}{qv_{\perp}} \tag{5.1.5}$$

$\boldsymbol{B}$ 的方向沿着上述特定方向.由于该特定方向可能有两个彼此相反的指向,故 $\boldsymbol{B}$ 的方向还有两种可能的选择.我们规定 $\boldsymbol{B}$ 的指向恰好使正电荷受力 $\boldsymbol{F}$ 与矢积 $(\boldsymbol{v}\times\boldsymbol{B})$ 同向.以上定义的磁感应强度完全反映了磁场本身的性质,与运动电荷的性质无关.于是,上述磁感应强度的定义可用下式来表达:

$$\boldsymbol{F}=q\boldsymbol{v}\times\boldsymbol{B} \tag{5.1.6}$$

由矢量乘积的定义可知,上式给出 $\boldsymbol{F}$ 的大小为 $F=qvB\sin\theta=qv_{\perp}B$,与式(5.1.5)一致.特别当 $v_{\perp}=0$,即 $\boldsymbol{v}/\!/\boldsymbol{B}$ 时,有 $\boldsymbol{F}=0$,与实验结论(1)一致.最后,对正电荷($q>0$)来说,$\boldsymbol{F}$ 与 $\boldsymbol{v}\times\boldsymbol{B}$ 正好同向.因此,按式(5.1.6)定义的 $\boldsymbol{B}$ 满足全部要求.图 5.2 表示出了 $\boldsymbol{F}$、$\boldsymbol{v}$、$\boldsymbol{B}$ 的关系.形象地说,它们之间满足右手定则,即当四指由 $\boldsymbol{v}$ 握向 $\boldsymbol{B}$ 时,大拇指指向正电荷受力 $\boldsymbol{F}$ 的方向.

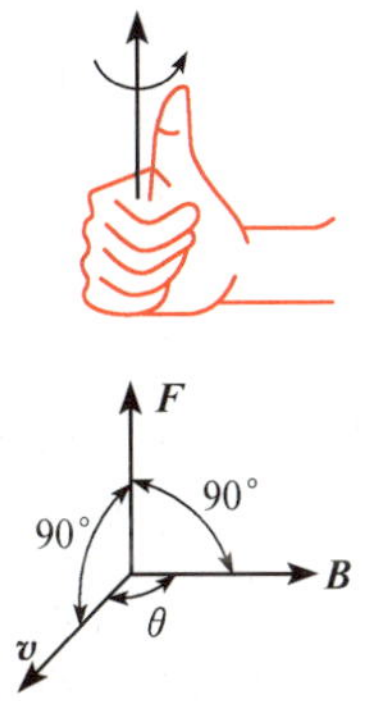

图 5.2　$\boldsymbol{v}$、$\boldsymbol{B}$、$\boldsymbol{F}$ 满足右手定则

由式(5.1.5)可知,在国际单位制(SI)中,磁感应强度的单位为牛[顿]·

① 由于历史的原因,磁场最先通过磁荷相互作用引入(见本节第一段),将对单位点磁荷的作用力称为磁场强度[见式(5.1.3)],以至于将后来按电流相互作用定义的磁场物理量称为磁感应强度.

秒(库[仑]·米)$^{-1}$或牛[顿](安[培]·米)$^{-1}$;这一单位称为特[斯拉],用符号 T 表示. $1\mathrm{T}=1\mathrm{N}\cdot\mathrm{A}^{-1}\cdot\mathrm{m}^{-1}$. 在高斯单位制中,磁感应强度的单位为高[斯](G),$1\mathrm{G}=10^{-4}\mathrm{T}$. 地磁场在地球表面附近的 B 为 0.3～0.6G;大型电磁铁可产生1～2T的磁场,而用超导材料制成的超导磁体可产生几到几十特[斯拉]的磁场. 某些恒星存在着目前实验条件下无法实现的极强磁场,如白矮星的磁场可达 10^2～10^3T,而中子星的磁场高达 10^8T.

5.1.4 安培力公式与洛伦兹力公式

式(5.1.6)既作为磁感应强度的定义式,又可以用于求运动电荷在磁场中所受的作用力. 既然电流是电荷的宏观定向运动,由式(5.1.6)就不难推出电流在磁场中的受力公式. 4.2.3 节曾获得体电流密度的微观表达式 $\boldsymbol{j}=nq\boldsymbol{u}$,其中 n、q、$\boldsymbol{u}$ 分别为运动电荷的数密度、电量和宏观平均速度. 考虑处于外场 $\boldsymbol{B}$ 中的载流导体,在某个体积元 $\mathrm{d}V$ 中共有 $n\mathrm{d}V$ 个运动电荷,其中每个电荷受力为 $q\boldsymbol{u}\times\boldsymbol{B}$,因此整个体积元受力为 $\mathrm{d}\boldsymbol{F}=nq\boldsymbol{u}\times\boldsymbol{B}\mathrm{d}V$,即

$$\mathrm{d}\boldsymbol{F}=\boldsymbol{j}\times\boldsymbol{B}\mathrm{d}V \tag{5.1.7}$$

式中 $\boldsymbol{j}\mathrm{d}V$ 称为体电流元. 对于面电流元和线电流元,可分别以 $\boldsymbol{i}\mathrm{d}S$($\boldsymbol{i}$ 为面电流密度,定义为单位时间内通过单位长度的电量,该单位长度位于电流面且与电流方向垂直)和 $I\mathrm{d}\boldsymbol{l}$($I$ 为电流强度,$\mathrm{d}\boldsymbol{l}$ 表示沿电流方向的弧元矢量)取代 $\boldsymbol{j}\mathrm{d}V$,求得相应受力公式为

$$\mathrm{d}\boldsymbol{F}=\boldsymbol{i}\times\boldsymbol{B}\mathrm{d}S \tag{5.1.8}$$

$$\mathrm{d}\boldsymbol{F}=I\mathrm{d}\boldsymbol{l}\times\boldsymbol{B} \tag{5.1.9}$$

式(5.1.7)～式(5.1.9)即为电流元 $\boldsymbol{j}\mathrm{d}V$、$\boldsymbol{i}\mathrm{d}S$ 和 $I\mathrm{d}\boldsymbol{l}$ 在外磁场中的受力表达式,称为安培力公式,相应的力称为安培力. 要计算整个载流导体所受的安培力,只要选取相应公式进行积分运算就行了. 其实,最早对磁场和电流的相互作用的实验研究,是对载流导线进行的,并通过安培力公式(5.1.9)定义空间某点的磁感应强度 $\boldsymbol{B}$. 本节用来定义 $\boldsymbol{B}$ 的式(5.1.6),是后来由荷兰物理学家洛伦兹引入的. 洛伦兹曾把运动电荷受的电力同时计入,将总力公式写为

$$\boldsymbol{F}=q\boldsymbol{E}+q\boldsymbol{v}\times\boldsymbol{B} \tag{5.1.10}$$

为纪念洛伦兹对电磁学的贡献,后人称式(5.1.6)给出的外磁场对运动电荷的磁力为洛伦兹力,并将式(5.1.6)和式(5.1.10)命名为洛伦兹力公式①. 由以上分析可见,从洛伦兹力公式或安培力公式出发定义磁感应强度 $\boldsymbol{B}$ 是等效的.

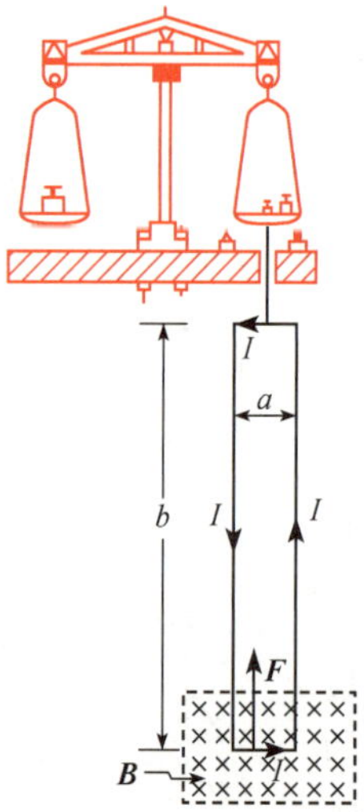

图 5.3　测量 $\boldsymbol{B}$ 的装置——安培秤

图 5.3 是根据安培力公式(5.1.9)测量磁感应强度的实验装置,称为"安培秤". 它是美国物理学家在美国国家标准局测定磁感应强度所用过的实验装置. 矩形框是一个 9 匝的线圈,宽 $a=10\mathrm{cm}$,长 $b=70\mathrm{cm}$. 线圈的下端放在待测的磁感应强度 $\boldsymbol{B}$ 的磁场中,$\boldsymbol{B}$ 垂直于图面向内. 线圈中通过 0.10A 的电流 I,方向示于图中. 在右边秤盘内放置砝码直到天平达到平衡. 这个线圈的底边受到指向上的磁力 $\boldsymbol{F}$,由式(5.1.9)知 $F=9IaB$. 作用在线圈铅直边上的力大小相等方向相反,互

① 在一些著作和文献中常将式(5.1.7)～式(5.1.9)称为洛伦兹力公式,相应安培力称为洛伦兹力,例如在多数电动力学教材中就这样称谓. 不过,在电磁学教材中,一般将磁场对电流的作用力称为安培力,将磁场对单个运动电荷的作用力称为洛伦兹力.

相抵消. 然后将电流方向倒过来，这时 $\boldsymbol{F}$ 的方向向下，天平失去平衡. 为使其重新平衡，必须在左边秤盘上添加质量为 m 的砝码. 因为电流反向时力的改变为 $2F$，所以

$$mg = 2(9IaB)$$

则

$$B = \frac{mg}{18Ia} = 54\frac{4}{9}m(\mathrm{T})$$

这里采用国际单位制，$g=9.80\mathrm{m}\cdot\mathrm{s}^{-2}$，$m$ 以千克为单位. 砝码质量已知，从而可测定 B.

5.2 电流的磁场

5.2.1 毕奥-萨伐尔定律

现在我们来阐述电流产生磁场的规律. 首先，我们限于讨论静磁场，即不随时间变化的磁场. 对静磁场来说，磁感应强度 $\boldsymbol{B}$ 是空间位置的函数，与时间无关. 显然，产生静磁场的电流应当是稳恒电流.

最先关于电流磁效应的定量实验是针对载有稳恒电流的长直导线，仅比奥斯特宣布他的发现晚三个月，即 1820 年 10 月，法国物理学家毕奥和萨伐尔在法国科学院报告了他们所做的载流长直导线对磁针作用力的实验①. 他们得出的主要结论是：载流长直导线产生的磁场与电流强度成正比，与离导线的垂直距离成反比. 后续一系列实验进一步表明，如用不同形状和大小的闭合回路代替直长导线，磁感应强度 B 不仅与电流 I 成正比，还与闭合回路的形状、大小有关，并且与空间位置 r 的关系也不再是简单的反比形式. 如何将上述载流长直导线的实验规律推广到任意形状的闭合回路呢？回忆在静电学中求任意电荷分布的带电体的静电场时，我们曾把带电体细分为许多电荷元，并根据叠加原理，将所有电荷元的电场叠加得到带电体的总电场. 于是问题便归结为求电荷元产生的电场. 这一问题通过库仑定律得到解决：将电荷元 $\mathrm{d}q$ 当成点电荷看待，其元电场为 $\mathrm{d}\boldsymbol{E}=\boldsymbol{r}\mathrm{d}q/(4\pi\varepsilon_0 r^3)$，式中，$\boldsymbol{r}$ 为由元电荷指向考察点的位置矢量. 类似地，为计算一闭合电流回路的磁场，我们可将该回路细分为许多电流元 $I\mathrm{d}\boldsymbol{l}$，只要给出电流元的磁场表达式，就可以根据叠加原理求得整个闭合回路的磁场. 因此，问题的关键在于确定电流元的磁场表达式.

然而，问题比我们想象的要复杂得多. 从实验上我们可以实现一个孤立的电荷元或点电荷，却无法实现一个孤立的稳恒电流元. 换句话说，通过实验我们只能测量一个闭合载流回路的磁场，而无法识别回路的某一小段的贡献. 因此，仅通过实验去确定电流元的磁场是办不到的. 实际上，只有通过对大量闭合回路磁场的实验数据加以综合分析，借助于数学分析手段进行反演才能给出电流元的磁场表达式来. 这一任务的完成归功于许多科学家，特别是毕奥、萨伐尔、安培、拉普拉斯等的共同努力. 在 5.3 节我们将特别提及安培所作的贡献. 不过，最终为后人所接受的电流元磁场公式是法国数学家拉普拉斯得到的. 他从数学上证明：只要取电流元在点 P(图 5.4)的磁场为

① 有关毕奥和萨伐尔的实验的详细描述和评注参见：陈秉乾，舒幼生，胡望雨. 电磁学专题研究. 北京：高等教育出版社，2001，36～41.

$$\mathrm{d}\boldsymbol{B}=\frac{\mu_0}{4\pi}\frac{I\mathrm{d}\boldsymbol{l}\times\boldsymbol{r}}{r^3} \tag{5.2.1}$$

式中，$\mu_0=4\pi\times10^{-7}\,\mathrm{T\cdot m\cdot A^{-1}}$（或 $\mathrm{N\cdot A^{-2}}$），即 5.1 节中提到过的真空磁导率，就能沿闭合回路 L 积分而正确地给出整个回路在点 P 的总磁感应强度

$$\boldsymbol{B}=\oint\mathrm{d}\boldsymbol{B}=\frac{\mu_0}{4\pi}\oint_L\frac{I\mathrm{d}\boldsymbol{l}\times\boldsymbol{r}}{r^3} \tag{5.2.2}$$

换言之，将式(5.2.2)应用于任意大小、形状的闭合载流回路，都可以计算出与实验结果相符合的总磁感应强度. 通常将式(5.2.1)和式(5.2.2)称为毕奥-萨伐尔-拉普拉斯定律，它是静磁学中最基本的定律. 有些书和文献中把它称为毕奥-萨伐尔定律.

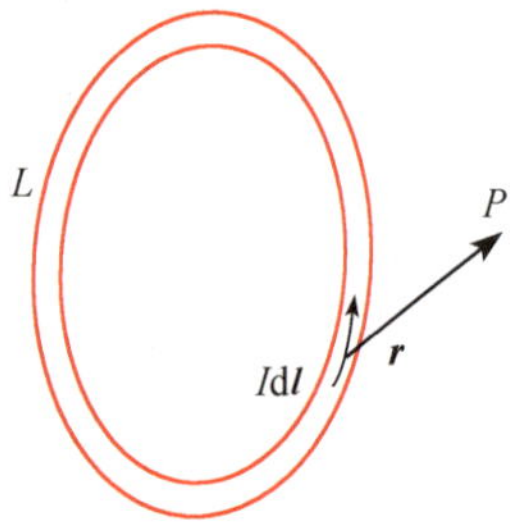

图 5.4　电流元 $I\mathrm{d}\boldsymbol{l}$ 在点 P 处的磁场

应当提醒读者注意的是，式(5.2.1)只是对电流元磁场的一种猜测，它只有通过沿一闭合回路积分求得式(5.2.2)之后才能直接与实验进行比较. 麻烦在于，这种猜测并不是唯一的. 实际上，在式(5.2.1)右边加上任意闭合回路积分为零的量，不会影响按式(5.2.2)计算出的总磁感应强度. 既然如此，人们自然会问：电流元的磁感应强度为什么非得写成式(5.2.1)而不是其他形式呢？面对这个问题，我们首先要明确，在静磁学的范围内，我们研究的对象总是闭合回路，而不是孤立电流元；我们感兴趣的是总磁场，而不是元磁场. 因此，既然诸形式之间彼此等效，人们总是择其最简者，这是选择式(5.2.1)的主要理由之一. 其次，对非稳恒情况，电流可随时间变化而不必闭合，故从实验上可以实现非稳恒电流元. 例如，一个以速度 $\boldsymbol{v}$ 运动的电荷 q 就是一种非稳恒电流元，在 $\mathrm{d}t$ 时间内，电荷的位移 $\mathrm{d}\boldsymbol{l}=\boldsymbol{v}\,\mathrm{d}t$，电流强度为 $I=q/\mathrm{d}t$，于是有

$$I\mathrm{d}\boldsymbol{l}=\frac{q}{\mathrm{d}t}\cdot\boldsymbol{v}\,\mathrm{d}t=q\boldsymbol{v}$$

将上式代入式(5.2.1)，并将式中 $\mathrm{d}B$ 改成 B 即能形式地算得运动电荷的磁场. 然而，这一计算结果与实验不符，其误差与 v^2/c^2（c 为光速）同量级. 这说明我们不能随意将式(5.2.1)或式(5.2.2)推广到非稳恒情况. 但是，对缓慢运动电荷（$v^2/c^2\ll1$）情况，式(5.2.1)的确是一种好的近似. 这样，作为低速运动电荷磁场表达式的极限，毕奥-萨伐尔定律被“唯一”地确定为式(5.2.1).

以 $\boldsymbol{j}\mathrm{d}V$、$\boldsymbol{i}\mathrm{d}S$ 代替 $I\mathrm{d}\boldsymbol{l}$，可由式(5.2.2)分别求得体电流和面电流系统的磁场为

$$\boldsymbol{B}=\frac{\mu_0}{4\pi}\iiint_V\frac{\boldsymbol{j}\times\boldsymbol{r}}{r^3}\mathrm{d}V \tag{5.2.3}$$

$$\boldsymbol{B}=\frac{\mu_0}{4\pi}\iint_S\frac{\boldsymbol{i}\times\boldsymbol{r}}{r^3}\mathrm{d}S \tag{5.2.4}$$

式中，积分是对载流导体进行的.

5.2.2　毕奥-萨伐尔定律应用举例

下面我们举例说明毕奥-萨伐尔定律的应用.

例 5.1

求电流强度为 I 的无穷长直导线电流的磁场.

解 考虑某点 P，它与无穷长直导线的垂直距离为 r_0，通过它向直导线引垂线，垂足为 O(图 5.5). 根据式(5.2.1)，任意电流元 $I\mathrm{d}\boldsymbol{l}$ 在点 P 产生的磁场均垂直纸面向里，其大小为

$$\mathrm{d}B=\frac{\mu_0 I\mathrm{d}l\sin\theta}{4\pi r^2}$$

设电流元到点 O 的距离为 l，有

$$l=-r_0\cot\theta,\quad \mathrm{d}l=r_0\mathrm{d}\theta/\sin^2\theta,\quad r=r_0/\sin\theta$$

于是得

$$\mathrm{d}B=\frac{\mu_0 I\sin\theta\mathrm{d}\theta}{4\pi r_0}$$

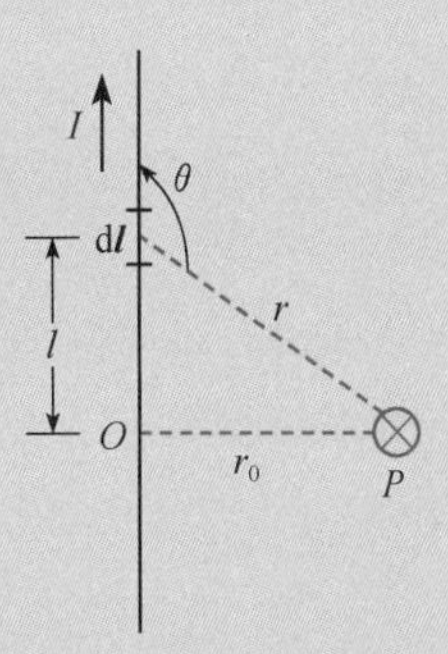

图 5.5 直线电流的磁场

将上式从 $\theta=0$ 到 $\theta=\pi$ 积分，即求得无穷长直导线在点 P 的磁感应强度为

$$B=\int\mathrm{d}B=\frac{\mu_0 I}{4\pi r_0}\int_0^{\pi}\sin\theta\mathrm{d}\theta=\frac{\mu_0 I}{2\pi r_0}\tag{5.2.5}$$

以上结果与毕奥和萨伐尔报告的实验结论一致.

实际问题中，无限长直导线只是一种近似. 只要 r_0 远小于导线的尺度及曲率半径，式(5.2.5)就近似成立.

例 5.2

求载流圆线圈周围的磁场，设线圈半径为 R，电流强度为 I.

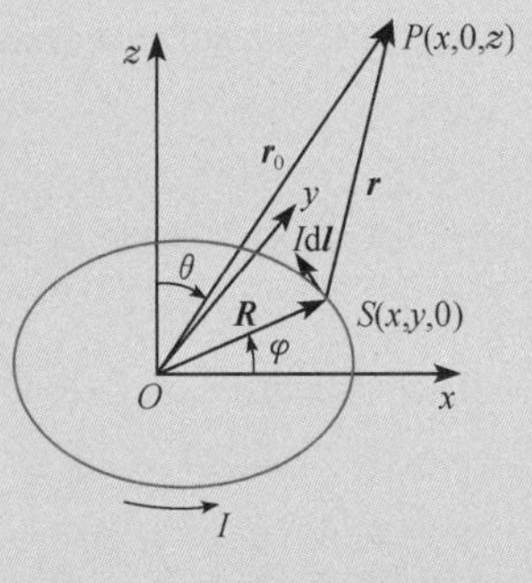

图 5.6 圆环电流的磁场

解 取直角坐标(x,y,z)，坐标原点位于线圈中心，z 轴与线圈平面垂直，并按电流的方向满足右手定则(图 5.6). 由问题的轴对称性，只需计算 xz 平面上某点 P 的磁感应强度即可. 考虑位于 S 点的电流元 $I\mathrm{d}\boldsymbol{l}$，$OS$ 与 x 轴的夹角为 φ，则有

$$\mathrm{d}\boldsymbol{l}=R\mathrm{d}\varphi(-\sin\varphi\hat{\boldsymbol{x}}+\cos\varphi\hat{\boldsymbol{y}})$$

由图 5.6 可知

$$\boldsymbol{r}=\boldsymbol{r}_0-\boldsymbol{R},\quad \boldsymbol{r}_0=r_0(\sin\theta\hat{\boldsymbol{x}}+\cos\theta\hat{\boldsymbol{z}}),$$

$$\boldsymbol{R}=R(\cos\varphi\hat{\boldsymbol{x}}+\sin\varphi\hat{\boldsymbol{y}})$$

$$r^2=r_0^2+R^2-2\boldsymbol{r}_0\cdot\boldsymbol{R}=r_0^2+R^2-2r_0R\sin\theta\cos\varphi$$

于是，有

$$\mathrm{d}\boldsymbol{l}\times\boldsymbol{r}=Rr_0\cos\theta\cos\varphi\mathrm{d}\varphi\hat{\boldsymbol{x}}+Rr_0\cos\theta\sin\varphi\mathrm{d}\varphi\hat{\boldsymbol{y}}+R(R-r_0\sin\theta\cos\varphi)\mathrm{d}\varphi\hat{\boldsymbol{z}}$$

将上式代入式(5.2.2)可求得磁感应强度分量如下：

$$\begin{cases}B_x=\dfrac{\mu_0 IRr_0\cos\theta}{4\pi}\displaystyle\int_0^{2\pi}\frac{\cos\varphi\mathrm{d}\varphi}{(r_0^2+R^2-2Rr_0\sin\theta\cos\varphi)^{3/2}}\\ B_y=\dfrac{\mu_0 IRr_0\cos\theta}{4\pi}\displaystyle\int_0^{2\pi}\frac{\sin\varphi\mathrm{d}\varphi}{(r_0^2+R^2-2Rr_0\sin\theta\cos\varphi)^{3/2}}\\ B_z=\dfrac{\mu_0 IR}{4\pi}\displaystyle\int_0^{2\pi}\frac{(R-r_0\sin\theta\cos\varphi)\mathrm{d}\varphi}{(r_0^2+R^2-2Rr_0\sin\theta\cos\varphi)^{3/2}}\end{cases}$$

读者不难证明，$B_y=0$，而 B_x 和 B_z 的表达式为

$$\begin{cases} B_x = \dfrac{\mu_0 I R r_0 \cos\theta}{2\pi}\displaystyle\int_0^{\pi} \dfrac{\cos\varphi \mathrm{d}\varphi}{(r_0^2+R^2-2Rr_0\sin\theta\cos\varphi)^{3/2}} \\ B_z = \dfrac{\mu_0 I R}{2\pi}\displaystyle\int_0^{\pi} \dfrac{(R-r_0\sin\theta\cos\varphi)\mathrm{d}\varphi}{(r_0^2+R^2-2Rr_0\sin\theta\cos\varphi)^{3/2}} \end{cases}$$

下面讨论特例. 若点 P 位于 z 轴上，则 $\theta=0$，$r_0=z$，于是有

$$\begin{cases} B_x = \dfrac{\mu_0 I R z}{2\pi(R^2+z^2)^{3/2}}\displaystyle\int_0^{\pi}\cos\varphi \mathrm{d}\varphi = 0 \\ B_z = \dfrac{\mu_0 I R^2}{2\pi(R^2+z^2)^{3/2}}\displaystyle\int_0^{\pi}\mathrm{d}\varphi = \dfrac{\mu_0 I R^2}{2(R^2+z^2)^{3/2}} \end{cases}$$

若点 P 远离圆线圈，即 $r_0 \gg R$，但不必限制在 z 轴上，则略去二阶小量，展开后取近似得

$$\frac{1}{(r_0^2+R^2-2Rr_0\sin\theta\cos\varphi)^{3/2}} \approx \frac{1}{r_0^3}+\frac{3R}{r_0^4}\sin\theta\cos\varphi$$

这时不难求得

$$\begin{cases} B_x = \dfrac{3\mu_0 I R^2}{4r_0^3}\sin\theta\cos\theta = \dfrac{3\mu_0 m}{4\pi r_0^3}\sin\theta\cos\theta \\ B_z = \dfrac{\mu_0 I R^2}{2r_0^3} - \dfrac{3\mu_0 I R^2}{4r_0^3}\sin^2\theta = \dfrac{\mu_0 m}{2\pi r_0^3} - \dfrac{3\mu_0 m}{4\pi r_0^3}\sin^2\theta = -\dfrac{\mu_0 m}{4\pi r_0^3} + \dfrac{3\mu_0 m}{4\pi r_0^3}\cos^2\theta \end{cases}$$

式中，$m=I\pi R^2$. 上两式可写成如下矢量形式：

$$\boldsymbol{B} = -\frac{\mu_0 \boldsymbol{m}}{4\pi r_0^3} + \frac{3\mu_0 \boldsymbol{r}_0(\boldsymbol{m}\cdot\boldsymbol{r}_0)}{4\pi r_0^5} \tag{5.2.6}$$

式中 $\boldsymbol{r}_0$ 代表任意考察点，不必限于 xz 平面

$$\boldsymbol{m} = I\pi R^2\hat{z} = I\boldsymbol{S} \tag{5.2.7}$$

称为圆线圈电流的磁矩，$\boldsymbol{m}$ 或 $\boldsymbol{S}$ 的方向与 I 方向的关系满足右手定则. 式(5.2.6)对任意形状的非平面线圈电流在远处产生的磁场也成立，只是磁矩表达式(5.2.7)中的面积矢量 $\boldsymbol{S}$ 应改为

$$\boldsymbol{S} = \frac{1}{2}\oint_L \boldsymbol{R}\times\mathrm{d}\boldsymbol{R} \tag{5.2.8}$$

式中，L 为线圈回路，绕行方向应与 I 方向一致；$\boldsymbol{R}$ 为线圈上某点的位置矢量. 下面我们就来证明这一结论.

例 5.3

求任意载流线圈在远处的磁场.

解　由图 5.7 可知，$\boldsymbol{r}=\boldsymbol{r}_0-\boldsymbol{R}$，$r^2=r_0^2+R^2-2\boldsymbol{r}_0\cdot\boldsymbol{R}$. 根据题意，$R\ll r_0$ 成立，于是近似(保留一级小量)有

$$r \approx r_0 - \boldsymbol{r}_0\cdot\boldsymbol{R}/r_0, \quad \frac{1}{r^3} \approx \frac{1}{r_0^3}\left(1+3\boldsymbol{r}_0\cdot\frac{\boldsymbol{R}}{r_0^2}\right)$$

$$\frac{\boldsymbol{r}}{r^3} \approx \frac{1}{r_0^3}\left(1+3\boldsymbol{r}_0\cdot\frac{\boldsymbol{R}}{r_0^2}\right)(\boldsymbol{r}_0-\boldsymbol{R}) \approx \frac{1}{r_0^3}\boldsymbol{r}_0 - \frac{\boldsymbol{R}}{r_0^3} + \frac{3}{r_0^5}(\boldsymbol{r}_0\cdot\boldsymbol{R})\boldsymbol{r}_0$$

将上述结果代入式(5.2.2)可求得点 P 的磁场为

$$\boldsymbol{B}=-\frac{\mu_0 I}{4\pi r_0^3}\boldsymbol{r}_0\times\oint \mathrm{d}\boldsymbol{R}+\frac{\mu_0 I}{4\pi r_0^3}\oint \boldsymbol{R}\times \mathrm{d}\boldsymbol{R}-\frac{3\mu_0 I}{4\pi r_0^5}\oint(\boldsymbol{r}_0\cdot\boldsymbol{R})\boldsymbol{r}_0\times \mathrm{d}\boldsymbol{R}$$

这里我们已将 $\mathrm{d}\boldsymbol{l}$ 代之以 $\mathrm{d}\boldsymbol{R}$. 上式右边第一项为零. 按式(5.2.7)和式(5.2.8),第二项变成

$$\frac{\mu_0 I}{4\pi r_0^3}\oint \boldsymbol{R}\times \mathrm{d}\boldsymbol{R}=\frac{\mu_0 \boldsymbol{m}}{2\pi r_0^3}$$

下面我们来化简第三项. 由等式

$$[(\boldsymbol{R}\times \mathrm{d}\boldsymbol{R})\times\boldsymbol{r}_0]\times\boldsymbol{r}_0=(\mathrm{d}\boldsymbol{R}\times\boldsymbol{r}_0)(\boldsymbol{R}\cdot\boldsymbol{r}_0)-(\boldsymbol{R}\times\boldsymbol{r}_0)(\mathrm{d}\boldsymbol{R}\cdot\boldsymbol{r}_0)$$

和

$$\mathrm{d}[(\boldsymbol{R}\times\boldsymbol{r}_0)(\boldsymbol{R}\cdot\boldsymbol{r}_0)]=(\mathrm{d}\boldsymbol{R}\times\boldsymbol{r}_0)(\boldsymbol{R}\cdot\boldsymbol{r}_0)+(\boldsymbol{R}\times\boldsymbol{r}_0)(\mathrm{d}\boldsymbol{R}\cdot\boldsymbol{r}_0)$$

相加得

$$(\mathrm{d}\boldsymbol{R}\times\boldsymbol{r}_0)(\boldsymbol{R}\cdot\boldsymbol{r}_0)=\frac{1}{2}[(\boldsymbol{R}\times \mathrm{d}\boldsymbol{R})\times\boldsymbol{r}_0]\times\boldsymbol{r}_0+\frac{1}{2}\mathrm{d}[(\boldsymbol{R}\times\boldsymbol{r}_0)(\boldsymbol{R}\cdot\boldsymbol{r}_0)]$$

上式右边第二项为全微分,其闭路积分为零,故有

$$-\oint(\boldsymbol{r}_0\cdot\boldsymbol{R})\boldsymbol{r}_0\times \mathrm{d}\boldsymbol{R}=\frac{1}{2}\left[\left(\oint\boldsymbol{R}\times \mathrm{d}\boldsymbol{R}\right)\times\boldsymbol{r}_0\right]\times\boldsymbol{r}_0=(\boldsymbol{S}\times\boldsymbol{r}_0)\times\boldsymbol{r}_0$$

于是第三项化为

$$-\frac{3\mu_0 I}{4\pi r_0^5}\oint(\boldsymbol{r}_0\cdot\boldsymbol{R})\boldsymbol{r}_0\times \mathrm{d}\boldsymbol{R}=\frac{3\mu_0(\boldsymbol{m}\times\boldsymbol{r}_0)\times\boldsymbol{r}_0}{4\pi r_0^5}=-\frac{3\mu_0\boldsymbol{m}}{4\pi r_0^3}+\frac{3\mu_0\boldsymbol{r}_0(\boldsymbol{m}\cdot\boldsymbol{r}_0)}{4\pi r_0^5}$$

将第二、三两项合并,即求得与式(5.2.6)完全相同的结果. 式(5.2.6)所表示的磁场通常称为磁偶极场,它和电偶极子的电场表达式的函数形式相同[比较1.7节式(1.7.19)].

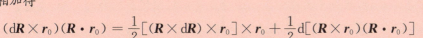

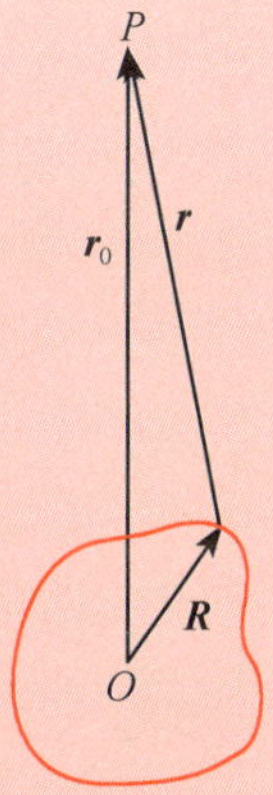

图5.7 任意载流线圈的磁场

适合于计算闭合线电流磁矩的式(5.2.7)和式(5.2.8)很容易推广到其他稳恒电流系统. 例如,将 $I\mathrm{d}\boldsymbol{R}$ 依次换成 $\boldsymbol{j}\mathrm{d}V$ 和 $\boldsymbol{i}\mathrm{d}S$,就可以得到体电流系统和面电流系统的磁矩表达式,结果如下:

$$\boldsymbol{m}=\frac{1}{2}\iiint_V \boldsymbol{R}\times\boldsymbol{j}\mathrm{d}V \tag{5.2.9}$$

$$\boldsymbol{m}=\frac{1}{2}\iint_S \boldsymbol{R}\times\boldsymbol{i}\mathrm{d}S \tag{5.2.10}$$

应引起注意的是,对闭合线电流而言,$\boldsymbol{m}$ 或 $\boldsymbol{S}$ 与坐标原点的选择无关. 例如,设新的坐标原点为 O',由 O' 至 O 的矢量为 $\boldsymbol{R}_0$,则新坐标下的位置矢量 $\boldsymbol{R}'=\boldsymbol{R}+\boldsymbol{R}_0$. 有

$$\begin{aligned}\oint\boldsymbol{R}'\times \mathrm{d}\boldsymbol{R}'&=\oint(\boldsymbol{R}+\boldsymbol{R}_0)\times \mathrm{d}(\boldsymbol{R}+\boldsymbol{R}_0)=\oint\boldsymbol{R}\times \mathrm{d}\boldsymbol{R}+\oint\boldsymbol{R}_0\times \mathrm{d}\boldsymbol{R}\\&=\oint\boldsymbol{R}\times \mathrm{d}\boldsymbol{R}+\boldsymbol{R}_0\times\oint \mathrm{d}\boldsymbol{R}=\oint\boldsymbol{R}\times \mathrm{d}\boldsymbol{R}\end{aligned}$$

于是由式(5.2.8)和式(5.2.7)可知,$\boldsymbol{S}$ 或 $\boldsymbol{m}$ 与坐标原点的选择无关. 既然任何稳恒电流系统均可划分为许多细闭合电流管,而每个电流管可当成线电流处理,故同样的结论也适用于式(5.2.9)和式(5.2.10).

例 5.4

绕在圆柱面上的螺旋形线圈叫螺线管[图 5.8(a)]. 设它长 l,半径为 R,单位长度的匝数为 n,电流强度为 I,求螺线管轴线上的磁感应强度分布.

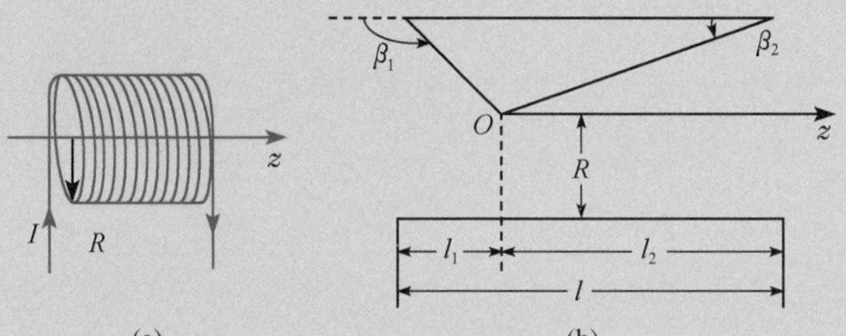

图 5.8　螺线管轴上的磁场

解　设螺线管是密绕的,螺线管的磁场可近似看成一系列圆线圈磁场的叠加. 考虑轴线上某点 O 的磁感应强度,取该点为坐标原点,Oz 沿轴线并与电流方向满足右手定则[见图 5.8(b)]. 为清晰起见,图中将半径 R 适当放大. 在位置 z 处长度 $\mathrm{d}z$ 内共有 $n\mathrm{d}z$ 匝线圈,它在原点产生的磁感应强度只有 z 方向分量,其大小(见例 5.2)为

$$\mathrm{d}B_z=\frac{n\mu_0 IR^2}{2(R^2+z^2)^{3/2}}\mathrm{d}z$$

整个螺线管在原点产生的磁感应强度为

$$B_z=\frac{n\mu_0 IR^2}{2}\int_{-l_1}^{l_2}\frac{\mathrm{d}z}{(R^2+z^2)^{3/2}}=\frac{n\mu_0 I}{2}\left[\frac{z}{\sqrt{R^2+z^2}}\right]\Bigg|_{-l_1}^{l_2}=\frac{n\mu_0 I}{2}(\cos\beta_2-\cos\beta_1)$$

式中,β_1 和 β_2 示于图 5.8(b)中. 下面讨论特例:对无穷长螺线管,$\beta_1=\pi$,$\beta_2=0$,则 $B_z=n\mu_0 I$;对半无限长螺线管的一端,$\beta_1=\pi/2$,$\beta_2=0$,则 $B_z=n\mu_0 I/2$.

5.3　安培力

本节讨论稳恒电流元之间相互作用的安培定律及其与毕奥-萨伐尔定律的关系.

由式(5.2.1)和式(5.1.9),可以导出稳恒电流元 $I_1\mathrm{d}\boldsymbol{l}_1$ 对稳恒电流元 $I_2\mathrm{d}\boldsymbol{l}_2$ 的作用力为

$$\mathrm{d}\boldsymbol{F}_{12}=\frac{\mu_0 I_1 I_2\mathrm{d}\boldsymbol{l}_2\times(\mathrm{d}\boldsymbol{l}_1\times\boldsymbol{r}_{12})}{4\pi r_{12}^3}\tag{5.3.1}$$

式中,$\boldsymbol{r}_{12}=\boldsymbol{r}_2-\boldsymbol{r}_1$,表示电流元 $I_2\mathrm{d}\boldsymbol{l}_2$(位于 $\boldsymbol{r}_2$)相对于 $I_1\mathrm{d}\boldsymbol{l}_1$(位于 $\boldsymbol{r}_1$)的位置矢量. 式(5.3.1)就是稳恒电流元之间相互作用的规律,称为安培定律. 在由式(5.1.9)给出磁感应强度 $\boldsymbol{B}$ 的定义之后,由式(5.3.1)可以反推出式(5.2.1). 应该指出,历史上,在奥斯特的发现之后,紧接着安培做了大量精巧的实验,特别是研究了载流导线间的相互作用,获得了相互作用的定量规律. 安培公布这一成果的时间仅比毕奥和萨伐尔晚一个多月. 下面我们简要介绍一下安培的著名实验. 由于在稳恒条件下不存在孤立的电流元,安培定律同样不可能直接从实验得到,而是在四个设计得很巧妙的实验和一个假设的基础上通过理论分析得到的.

5.3.1 四个示零实验

安培首先设计制作了如图 5.9(a)所示的装置,并将它取名为无定向秤. 他用一根硬导线弯成两个共面的大小相等的矩形线框,线框的两个端点 A、B 通过水银槽和固定支架相连. 接通电源时,两个线框中的电流方向正好相反. 整个线框可以以水银槽为支点自由转动. 在均匀磁场(如地磁场)中它所受到的合力和合力矩为零,处于随遇平衡状态,但在非均匀磁场中它会发生运动.

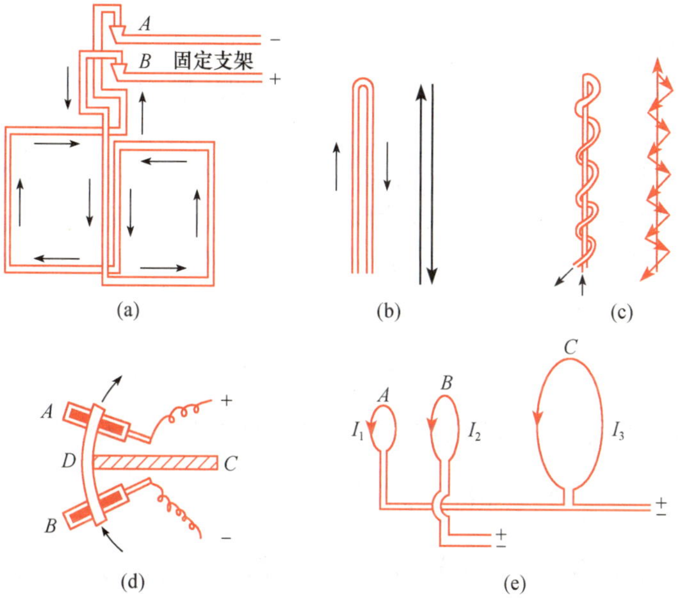

图 5.9 安培的四个实验

实验一:安培将一对折的通电导线移近无定向秤,如图 5.9(b)所示,结果表明无定向秤无任何反应. 这说明,当电流反向时,电流产生的作用力也反向;大小相等的电流产生的力的大小相等.

实验二:将对折导线中的一段绕在另一段上,成螺旋形,如图 5.9(c)所示. 通电后,将它移近无定向秤,结果表明无定向秤仍无任何反应. 这说明一段螺旋状导线的作用与一段直长导线的作用相同. 如果将螺旋状导线的每一小段看成电流元,所有电流元的合作用为单个电流元作用的矢量叠加,如图 5.9(c)所示.

实验三:如图 5.9(d)所示,弧形导体 D 架在水银槽 A、B 上. 导体 D 与一绝缘棒固接,棒的另一端架在圆心 C 处的支点上,可以绕 C 自由旋转. 通过水银槽给导体 D 通电,构成一个只能沿弧线方向移动、不能沿径向运动的电流元. 安培用这个装置检验各种载流线圈对它产生的作用力,结果发现弧形导体 D 不运动. 这表明作用在电流元上的力与电流本身垂直,即这种作用具有横向性.

实验四:如图 5.9(e)所示,A、B、C 是用导线弯成的三个几何形状相似的线圈,其周长比为 $1:k:k^2$. A、C 两线圈相互串联,位置固定,通入电流 I_1. 线圈 B 可以活动,通入电流 I_2. 实验发现,只有当 A、B 间距与 B、C 间距之比为 $1:k$ 时,线圈 B 才不受力,即此时 A 对 B 的作用

力与 C 对 B 的作用力大小相等、方向相反. 这表明电流元长度增加, 作用力增加; 相互距离增加, 作用力减小; 两电流元的长度及相互距离增加同一倍数, 相互作用力不变.

5.3.2 安培定律

安培在以上实验基础上又作了如下补充假设: 两个电流元之间的相互作用力沿它们的连线. 他由此推出下列公式①:

$$\mathrm{d}\boldsymbol{F}'_{12}=-\frac{\mu_0 I_1 I_2}{4\pi}\boldsymbol{r}_{12}\left[\frac{2}{r_{12}^3}(\mathrm{d}\boldsymbol{l}_1\cdot\mathrm{d}\boldsymbol{l}_2)-\frac{3}{r_{12}^5}(\mathrm{d}\boldsymbol{l}_1\cdot\boldsymbol{r}_{12})(\mathrm{d}\boldsymbol{l}_2\cdot\boldsymbol{r}_{12})\right] \tag{5.3.2}$$

式(5.3.2)是安培给出的原始公式, 式(5.3.1)是目前普遍采用的公式. 不难验证, 式(5.3.2)符合安培的全部实验结论, 并满足牛顿第三定律. 应当说明的是: 初看起来, 式(5.3.2)给出的对 $I_2\mathrm{d}\boldsymbol{l}_2$ 的作用力与 $\mathrm{d}\boldsymbol{l}_2$(即电流方向)并不垂直, 似乎与实验三的结果矛盾. 但是, 经对电流 I_1 的闭合回路 L_1 积分之后, 所求得的合力恰好与 $\mathrm{d}\boldsymbol{l}_2$ 垂直, 对此下面将予以证明. 实际上, 实验三的结果反映的是一闭合电流对电流元的作用, 而不是一段孤立电流元对另一段电流元的作用.

虽然式(5.3.2)和式(5.3.1)形式不同, 但可以证明, 在对电流 I_1 的闭合回路 L_1 积分之后, 二者给出同样的结果, 即

$$\oint_{L_1}\mathrm{d}\boldsymbol{F}_{12}=\oint_{L_1}\mathrm{d}\boldsymbol{F}'_{12} \tag{5.3.3}$$

为此, 只要证明 $\mathrm{d}\boldsymbol{F}_{12}$ 和 $\mathrm{d}\boldsymbol{F}'_{12}$ 之差的闭合回路积分为零即可. 读者可以证明

$$\mathrm{d}\boldsymbol{F}'_{12}-\mathrm{d}\boldsymbol{F}_{12}=\mathrm{d}\left\{\frac{\mu_0 I_1 I_2}{4\pi}\,\frac{(\mathrm{d}\boldsymbol{l}_2\cdot\boldsymbol{r}_{12})\boldsymbol{r}_{12}}{r_{12}^3}\right\}_{\boldsymbol{r}_2}$$

式中, 下标表示对大括弧内的项求微分时视 $\boldsymbol{r}_2$ 为常量. 上式右边的项是关于 $\boldsymbol{r}_1$ 的全微分, 故沿闭合回路 L_1 积分为零. 注意, 积分式(5.3.3)正好表示电流元 $I_2\mathrm{d}\boldsymbol{l}_2$ 在闭合电流 I_1 的磁场中受的力. 该力不变, 意味着 I_1 产生的磁感应强度不变. 既然静磁学要讨论的是闭合电流的磁场, 由式(5.3.3)知, 在静磁学范围内, 式(5.3.2)与式(5.3.1)完全等效.

与式(5.3.2)不同, 式(5.3.1)一般不满足牛顿第三定律. 下面举几个特例对此进行说明. 将下标 1 和 2 互换, 可由式(5.3.1)求得 $I_2\mathrm{d}\boldsymbol{l}_2$ 对 $I_1\mathrm{d}\boldsymbol{l}_1$ 的作用力为

$$\mathrm{d}\boldsymbol{F}_{21}=-\frac{\mu_0 I_1 I_2}{4\pi}\,\frac{\mathrm{d}\boldsymbol{l}_1\times(\mathrm{d}\boldsymbol{l}_2\times\boldsymbol{r}_{12})}{r_{12}^3} \tag{5.3.4}$$

注意 $\boldsymbol{r}_{21}=-\boldsymbol{r}_{12}$, 以至于式(5.3.4)右边出现负号. 设两电流元互相平行, 且与二者的连线成一角度 θ, 如图 5.10(a)所示. 由式(5.3.1)和式(5.3.4)不难证明该情况下有

$$\mathrm{d}\boldsymbol{F}_{21}=-\mathrm{d}\boldsymbol{F}_{12}=\frac{\mu_0 I_1 I_2}{4\pi}\,\frac{\mathrm{d}l_1\mathrm{d}l_2}{r_{12}^2}\sin\theta\hat{\boldsymbol{x}}$$

虽然这里作用力和反作用力大小相等、方向相反, 但却不在两电流元的连线上, 因此不完全满足牛顿第三定律. 图 5.10(b)是另一个不满足牛顿第三定律的例子, 两电流元互相垂直, 其中电流 1 沿连线方向. 此时有 $\mathrm{d}F_{12}=0$, $\mathrm{d}F_{21}=\mu_0 I_1 I_2\mathrm{d}l_1\mathrm{d}l_2/(4\pi r_{12}^2)$, 后者的方向见图 5.10(b). 于是, 两电流元的相互作用力不仅可以不在两电流元的连线上, 而且其大小也可以不同.

---

① 参阅: 赵凯华. 安培定律是如何建立起来的? 物理教学, 1980, 第一期.

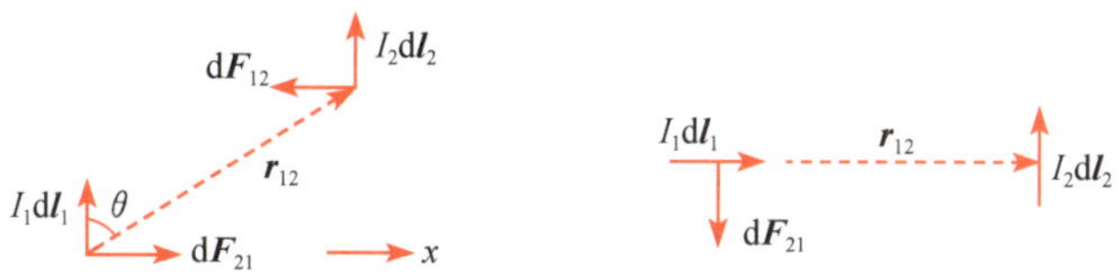

(a) 两平行的电流元 (b) 两垂直的电流元

图 5.10 电流元相互作用的特例

式(5.3.1)不满足牛顿第三定律并不说明安培原来提出的公式(5.3.2)较优越. 对稳恒情况,从实验上只能确定两闭合电流的相互作用,这时利用式(5.3.3)易证,式(5.3.1)和式(5.3.2)对两闭合电流回路积分将给出同样的结果. 当研究两孤立非稳恒电流元(如两个缓慢运动电荷)的相互作用时,式(5.3.2)被证明是不成立的,而式(5.3.1)在 $O(v^2/c^2)$精度下近似成立,它不满足牛顿第三定律. 这一结论并不奇怪,因为在此情况下 $\mathrm{d}\boldsymbol{F}_{12}$ 与 $\mathrm{d}\boldsymbol{F}_{21}$ 并非同时出现,即不构成一对作用力和反作用力. 实际上,根本问题在于:电流元之间并不存在什么超距作用,只存在一个电流元的磁场和另一个电流元之间的近距作用. 不过,尽管安培提出式(5.3.2)时采用了超距作用的观点,但他所做的实验的确为安培定律,也就是为毕奥-萨伐尔定律提供了丰富的证据.

5.3.3 安培力及其应用

在 5.1 节中,由洛伦兹力公式导出了安培力的表达式(5.1.9). 现在我们将毕奥-萨伐尔定律(5.2.1)与安培定律(5.3.1)结合起来考虑,可将安培定律(5.3.1)写成

$$\mathrm{d}\boldsymbol{F}_{12} = I_2\mathrm{d}\boldsymbol{l}_2 \times \mathrm{d}\boldsymbol{B}_{12}$$

式中,$\mathrm{d}\boldsymbol{B}_{12}$ 为施力电流元 $I_1\mathrm{d}\boldsymbol{l}_1$ 在受力电流元 $I_2\mathrm{d}\boldsymbol{l}_2$ 处产生的磁场. 将上式对载流线圈 L_1 积分便得 $\mathrm{d}\boldsymbol{F}_{12}=I_2\mathrm{d}\boldsymbol{l}_2\times\boldsymbol{B}_{12}$,即式(5.1.9). 由此可见,安培定律是安培力公式与毕奥-萨伐尔定律的结合,或者说安培力公式是安培定律与毕奥-萨伐尔定律的结合.

正如高中阶段所学,按照安培力原理制成了测量电流的电流表,用灵敏电流表做表头又制成了测量电压、电流、电阻的多功能的万用表等. 由安培力可使通电导线在磁场中运动,据此制成了直流电动机,在工业中得到广泛应用.

5.4 静磁场的基本定理

5.4.1 磁场的高斯定理

仿照第 1 章引入电通量的办法,可引入通过某曲面 S 的磁感应通量(简称磁通[量])

$$\phi_B = \iint_S \boldsymbol{B}\cdot\mathrm{d}\boldsymbol{S} \tag{5.4.1}$$

磁通[量]的单位称为韦[伯](Wb). 按上式定义的磁通量也和 $\boldsymbol{B}$ 一样满足叠加原理. 磁通量的上述定义同样具有纯数学性质,它的物理意义只有通过进一步分析之后才能逐步明确. 下面我们分析磁通量满足的规律,它表述为静磁场的高斯定理.

真空中静磁场的高斯定理如下:通过任意闭合曲面 S 的磁通量恒等于零,即

$$\oiint_S \boldsymbol{B}\cdot \mathrm{d}\boldsymbol{S}=0 \tag{5.4.2}$$

由磁通量的可叠加性，高斯定理的证明只需针对电流元的磁场进行. 由毕奥-萨伐尔定律(5.2.1)可知，电流元产生的磁感应强度将同时与 $\mathrm{d}\boldsymbol{l}$ 和 $\boldsymbol{r}$ 垂直. 若取电流元为坐标原点，z 轴沿电流方向[见图 5.11(a)]，则

$$\mathrm{d}\boldsymbol{B}=\frac{\mu_0 I\mathrm{d}l\sin\theta}{4\pi r^2}\hat{\boldsymbol{\varphi}}$$

上式表明，在以 z 为轴的任意圆上，磁感应强度的大小处处相等，其方向与圆弧相切. 这样，穿过以 z 为轴的任一环形管内任意截面的磁通量为常量，与截面在管中的位置以及截面的取向无关. 对于任一封闭曲面 S，上述环形管每穿过 S 一次，均会在 S 上切出两个面元[如图 5.11(b)中的 ΔS_1 和 ΔS_2]，其磁通量大小相等，符号相反，以至于总磁通量为零. 不难看出，对于 S 上的任一个面元，均可以通过它作一环形管而找到 S 上的另一个面元与之对应，两个面元的磁通量恰好互相抵消. 于是，穿过 S 的总磁通恒为零，高斯定理得证.

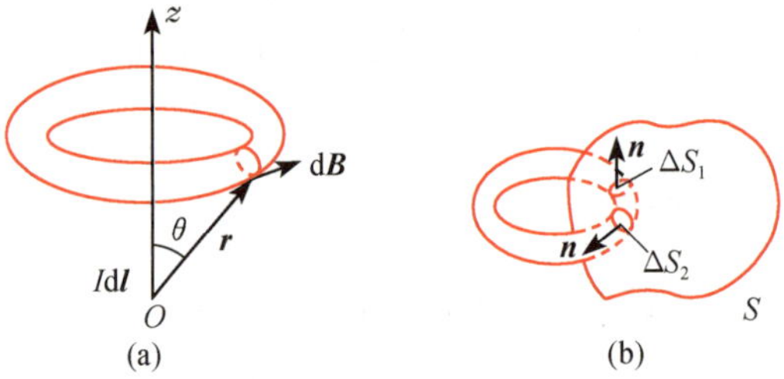

图 5.11　电流元磁场的高斯定理的证明

由式(5.4.2)，可以得到微分形式的高斯定理

$$\nabla\cdot \boldsymbol{B}=0 \tag{5.4.2$'$}$$

在直角坐标系中，高斯定理可以写成

$$\frac{\partial B_x}{\partial x}+\frac{\partial B_y}{\partial y}+\frac{\partial B_z}{\partial z}=0$$

对轴对称磁场分布(图 5.12)，一般可以根据电流分布的对称性求出轴线上的磁感应强度 B_z 分量，而对稍微偏离对称轴 z 轴附近的磁感应强度的 B_x 和 B_y 分量则可以用泰勒级数展开取一阶近似求得. 因为轴对称磁场满足 $\dfrac{\partial B_x}{\partial x}=\dfrac{\partial B_y}{\partial y}$，即 $\dfrac{\partial B_x}{\partial x}=\dfrac{\partial B_y}{\partial y}=-\dfrac{1}{2}\dfrac{\partial B_z}{\partial z}$，且在对称轴 z 轴上，$B_x(x=0)=0$，$B_y(y=0)=0$，因此有

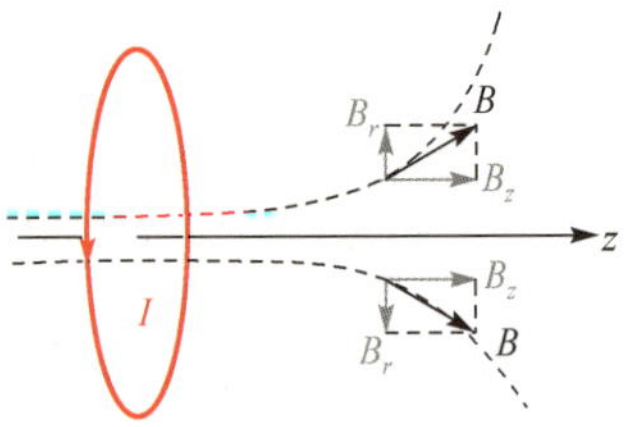

图 5.12　轴对称磁场轴线附近的磁场分布示意图

$$B_x=B_x\big|_{x=0}+\left.\frac{\partial B_x}{\partial x}\right|_{x=0}x+\cdots\approx-\frac{1}{2}\left.\frac{\partial B_z}{\partial z}\right|_{x=0}x$$

$$B_y=B_y\big|_{y=0}+\left.\frac{\partial B_y}{\partial y}\right|_{y=0}y+\cdots\approx-\frac{1}{2}\left.\frac{\partial B_z}{\partial z}\right|_{y=0}y$$

5.4.2　安培环路定理

仿照引入静电场环流的办法，可引入磁场的环流如下：

$$环流 = \oint_L \boldsymbol{B} \cdot \mathrm{d}\boldsymbol{l}$$

式中,L 为任意闭合曲线.磁场环流的值由安培环路定理确定.

真空中静磁场的安培环路定理如下:磁感应强度沿任何闭合回路 L 的线积分等于穿过 L 的所有电流强度的代数和的 μ_0 倍,即

$$\oint_L \boldsymbol{B} \cdot \mathrm{d}\boldsymbol{l} = \mu_0 \sum I \tag{5.4.3}$$

I 的正负根据回路绕行(积分)的方向按右手定则规定(见图 5.13).在设定 L 绕行方向后,采用右手定则,四指沿 L 方向,则电流方向与大拇指一致时取正,反之取负.

安培环路定理也是从毕奥-萨伐尔定律出发来证明的.下面我们只就闭合线电流的情况给出证明,因为任何稳恒电流系统总可以划分为许多细截面电流管,每个电流管可视作闭合线电流,它们产生的磁场及其环流满足叠加原理.对任一闭合线电流 I 和任一闭合回路 L,我们要证明

$$\oint_L \boldsymbol{B} \cdot \mathrm{d}\boldsymbol{l} = \begin{cases} 0 & (I\text{ 不穿过 }L) \quad (5.4.4\text{a}) \\ \mu_0 I & (I\text{ 正向穿过 }L) \quad (5.4.4\text{b}) \end{cases}$$

首先分析 I 不穿过 L 的情况.这时,以电流回路为边界作一任意曲面,并将曲面分割成许多面元.设每个面元边缘的电流强度为 I,则面元间邻接线上的电流相互抵消,以至于全体面元的总和与所考察的闭合线电流等效(图 5.14).换句话说,闭合线电流的磁场等于全体面元磁场的叠加.于是,我们只需要对任一面元的磁场证明式(5.4.4a).由式(5.2.6)可知,上述任意面元的磁场和电偶极子的电场函数形式相同.由电场的环路定理知,后者的环流为零,因而前者的环流也应为零.

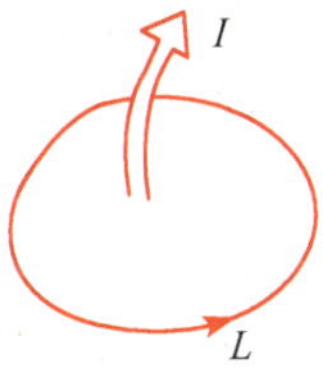

图 5.13　I 和 L 绕行方向的右手定则

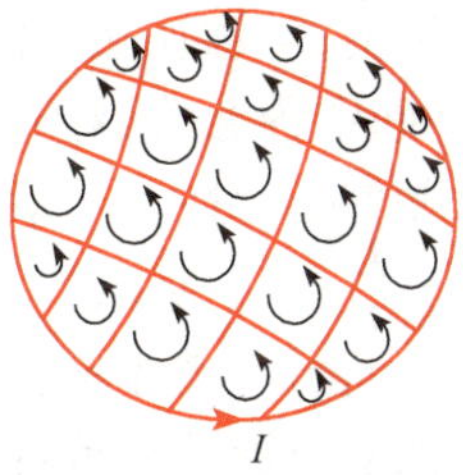

图 5.14　闭合线电流的分解

下面考虑 I 正向穿过 L 的情况,即 I 的方向和 L 的绕行方向满足右手定则[图 5.15(a)].另作一任意闭合回路 L',其绕行方向与 L 一致,并使 I 从中正向穿过.可以证明

$$\oint_L \boldsymbol{B} \cdot \mathrm{d}\boldsymbol{l} = \oint_{L'} \boldsymbol{B} \cdot \mathrm{d}\boldsymbol{l} \tag{5.4.5}$$

为此,在以 L 和 L' 为边界的曲面上作一切割,构成新的闭合回路 $l(ABL'CDLA)$,其中 AB 和 CD 对应于切割,二者十分靠近,如图 5.15(b)所示.对回路 l,电流 I 没有从中穿过,磁场环流为零.考虑到沿 AB 和 CD 线积分正好互相抵消,应有

$$\oint_l \boldsymbol{B} \cdot \mathrm{d}\boldsymbol{l} = \oint_{DLA} \boldsymbol{B} \cdot \mathrm{d}\boldsymbol{l} + \oint_{BL'C} \boldsymbol{B} \cdot \mathrm{d}\boldsymbol{l} = \oint_L \boldsymbol{B} \cdot \mathrm{d}\boldsymbol{l} - \oint_{L'} \boldsymbol{B} \cdot \mathrm{d}\boldsymbol{l} = 0$$

式中,沿 L' 的积分取负号,是由于图 5.15(b)中 $BL'C$ 的绕行方向与图 5.15(a)中 L' 的绕行方向相反.至此,式(5.4.5)得证.

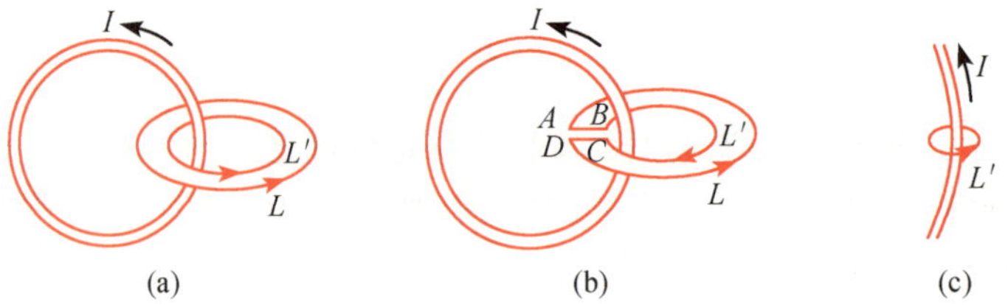

图 5.15　线电流与回路互相环绕情况

由 L' 的任意性，我们可将它取成一半径为 r_0 的圆，圆心位于闭合线电流回路上，圆面与电流垂直，如图 5.15(c)所示. 若 r_0 远小于线电流的长度及曲率半径，则 L' 上的场近似为一无穷长直载流导线的场(见例 5.1 中的说明). 这样有

$$\oint_{L'} \boldsymbol{B} \cdot \mathrm{d}\boldsymbol{l} = \frac{\mu_0 I}{2\pi r_0} \cdot 2\pi r_0 = \mu_0 I$$

再由式(5.4.5)，可推出式(5.4.4b)，安培环路定理证毕.

由式(5.4.3)，可以得到微分形式的环路定理

$$\nabla \times \boldsymbol{B} = \mu_0 \boldsymbol{j} \tag{5.4.3$'$}$$

5.4.3　磁场的几何描述

和电场类似，可引入磁场线对磁场进行几何描述. 磁场线又称为磁感应线或磁力线. 它是磁场空间中一些有方向的曲线，其上每点的切线方向与该点的磁感应强度的方向一致. 图 5.16(a)、(b)、(c)、(d)分别是长直线电流、两平行长直线电流、圆环电流和有限长螺线管电流的磁感应线的示意图. 在作磁感应线的时候，我们也有意识地安排磁感应线的数密度(即穿过某点单位垂直截面的磁感应线根数)与磁感应强度大小成正比. 这样，磁感应线就能同时表示出空间中各点的磁感应强度的方向和大小. 实际绘制磁感应线时，我们总是从空间某点出发，顺着或者逆着磁感应强度的方向朝两边延伸. 与电场线不同，按这种方式做出的磁感应线一旦在线上某点 $B=\Delta N/\Delta S$ 成立，则这一关系将自动沿着该线处处成立. 为说明这一问题，我们引入磁通量管的概念. 所谓磁通量管是由一束磁感应线组成的管状区域. 由于磁感应强度与管壁平行，因而穿过管壁的磁通量为零. 由磁场的高斯定理，读者不难证明：通过磁通量管的任意两个垂直截面 ΔS_1 和 ΔS_2 的磁通量相等，即

$$B_1 \Delta S_1 = B_2 \Delta S_2$$

进一步设该磁通量管共包含 ΔN 根磁感应线，则由上式可得

$$\frac{B_2}{B_1} = \frac{\Delta S_1}{\Delta S_2} = \frac{\Delta N/\Delta S_2}{\Delta N/\Delta S_1}$$

上式表示磁通量管内磁感应强度的大小和磁感应线数密度成正比. 只要使得某一截面如 ΔS_1 满足条件 $B_1=\Delta N/\Delta S_1$，则这一关系即 $B=\Delta N/\Delta S$ 将沿磁通量管处处成立. 这一事实告诉我们，磁感应线不可能起、止于有限空间某点，一般说来应当是闭合曲线①. 由安培环路定理，闭合磁感应线一定有电流从中穿过，磁感应线和电流线总是互相环绕.

① 这里不排除磁感应线可以起止于无穷远，或在一环形管面上无限缠绕而永不闭合的情况.

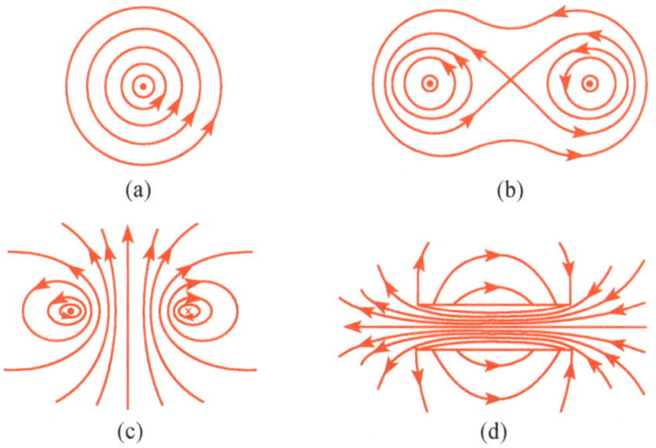

图 5.16　磁感应线

(a) 长直线电流；(b) 两平行长直线电流；(c) 圆环电流；(d) 有限长螺线管电流

5.4.4　两条定理与毕奥-萨伐尔定律的关系

本节两条定理均通过毕奥-萨伐尔定律导出，它们各自反映了静磁场性质的一个侧面：高斯定理反映了磁场的“无源性”，即孤立磁荷不可能存在；环路定理则反映了磁场的“有旋性”．两条定理联合起来才全面反映了静磁场的性质．

磁场的高斯定理并不要求毕奥-萨伐尔定律中的距离平方反比律．实际上，若令

$$\mathrm{d}\boldsymbol{B} \propto \frac{I\mathrm{d}\boldsymbol{l} \times \hat{\boldsymbol{r}}}{r^n} \tag{5.4.6}$$

当 $n \neq 2$ 时，高斯定理仍然成立．但安培环路定理则要求这种距离平方反比律．例如，对无穷长直导线电流，若从式(5.4.6)出发，不难推出 $B \propto r^{-n+1}$，则沿导线为轴、半径为 r 的圆回路的环流为 $\oint \boldsymbol{B} \cdot \mathrm{d}\boldsymbol{l} \propto \mu_0 I r^{-n+2}$．当 $n \neq 2$ 时，该环流值不仅与电流强度 I 有关，而且与回路半径 r 有关，致使安培环路定理(5.4.3)不能成立．

对随时间变化的磁场，麦克斯韦假定高斯定理仍然成立，但安培环路定理则应予修正(详见第 10 章)．

5.4.5　安培环路定理的应用

下面我们举例说明安培环路定理对解决具有一维对称性的静磁场问题的应用．

例 5.5

设一无限长直圆柱导线，截面半径为 R，电流沿截面均匀分布，电流强度为 I．求导线内外的磁场分布．

解　根据电流分布的轴对称性，磁感应强度 $\boldsymbol{B}$ 应沿与圆柱共轴的圆回路的切线方向，大小只与离轴线的距离有关．设圆回路 L 的半径为 r，则由安培环路定理得

$$\oint_L \boldsymbol{B} \cdot \mathrm{d}\boldsymbol{l} = 2\pi r B = \mu_0 I'$$

式中，I' 为穿过圆回路 L 的电流．易证

$$I' = \begin{cases} Ir^2/R^2 & (r < R) \\ I & (r \geqslant R) \end{cases}$$

于是有

$$B = \begin{cases} \dfrac{\mu_0 Ir}{2\pi R^2} & (r < R) \\ \dfrac{\mu_0 I}{2\pi r} & (r \geqslant R) \end{cases}$$

例 5.6

设一无限长螺线管单位长度上的匝数为 n,电流强度为 I,求管内外的磁场.

解　由电流分布的对称性可判断管内外磁感应强度 $\boldsymbol{B}$ 只与离螺线管轴的距离 r 有关,且 $B_r=0$. 取矩形回路 $ADCBA$ 和 $AD'C'BA$,AB 位于螺线管轴上,CD 和 $C'D'$ 分别位于螺线管内和管外,见图 5.17(a). 由例 5.4 可知,轴线上的磁感应强度大小为 $\mu_0 nI$,沿轴线方向. 对回路 $ADCBA$ 应用安培环路定理得

$$[\mu_0 nI - B_{i/\!/}(r)] \cdot \overline{AB} = 0$$

式中,$B_{i/\!/}(r)$ 为沿 CD 的磁感应强度轴向分量,其数值为

$$B_{i/\!/}(r) = \mu_0 nI \tag{5.4.7}$$

这表明无限长螺线管内沿轴线方向的磁场均匀. 对回路 $AD'C'BA$ 应用安培环路定理得

$$[\mu_0 nI - B_{e/\!/}(r)] \cdot AB = \mu_0 nI \cdot AB$$

由此有

$$B_{e/\!/}(r) = 0$$

即无限长螺线管外沿轴线方向的磁场处处为零.

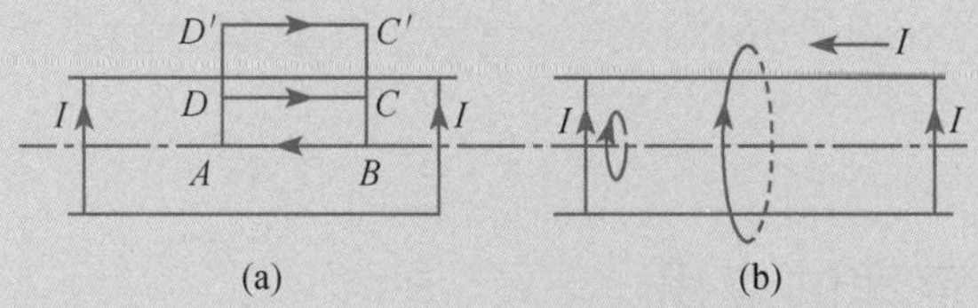

图 5.17　无穷长螺线管内外的磁场

另外,考虑螺线管内存在一自右向左的等效轴向电流 I,见图 5.17(b),且该电流可视作沿螺线管表面均匀分布的面电流,由它产生的磁感应强度与同螺线管共轴的圆形环路相切. 按图 5.17(b)选择同螺线管共轴的圆回路并应用安培环路定理,不难得出螺线管内磁场 $B_{i\perp}$ 为零,而螺线管外的磁场 $B_{e\perp}$ 与无穷长直线电流的磁场相同,即 $B_{e\perp}=\mu_0 I/(2\pi r)$,其中 $r \geqslant R$ (R 为螺线管半径). 综合起来看,无限长螺线管内磁场均匀分布,与轴线平行;管外磁场与无穷长直线电流的磁场相同.

例 5.7

电流均匀分布在一无穷大平面导体薄板上,面电流密度为 i,求空间磁场分布.

解 取直角坐标,使导体板位于 yz 平面,电流沿 z 方向(图 5.18).由电流分布的对称性,可知磁感应强度只有 y 分量,其大小只与 x 有关,且 $B(x)=-B(-x)$.考虑 x 轴上一点 P,以 O 为中心,在 xy 平面过点 P 作一矩形回路 $ABCD$,应用安培环路定理可得

$$B(x)\cdot 2AB=\mu_0 i\cdot AB$$

于是,有

$$B(x)=\frac{\mu_0 i}{2} \tag{5.4.8}$$

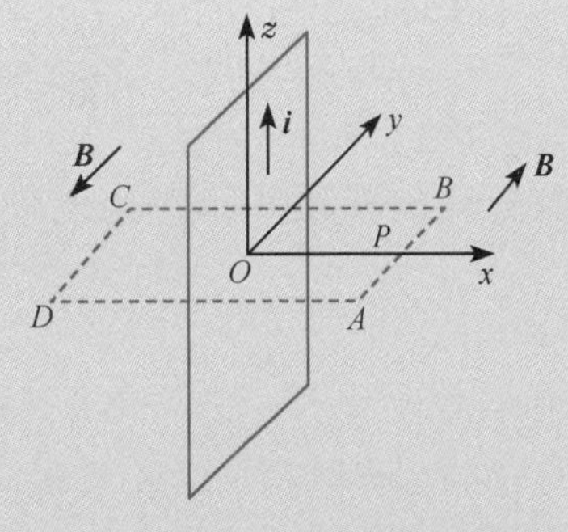

图 5.18 无穷大平面电流的磁场

上式表明,无穷大平面电流两侧为均匀磁场,且磁感应强度的大小相等、方向相反.另外,对有限大小的面电流板,只要 x 远小于该面电流板的尺寸,则它对磁感应强度的贡献也可由式(5.4.8)近似表示.

例 5.8

绕在圆环上的线圈称为螺绕环(图 5.19).设螺绕环的内径为 R_1,外径为 R_2,总匝数为 N,电流强度为 I,求环管内外的磁场分布.

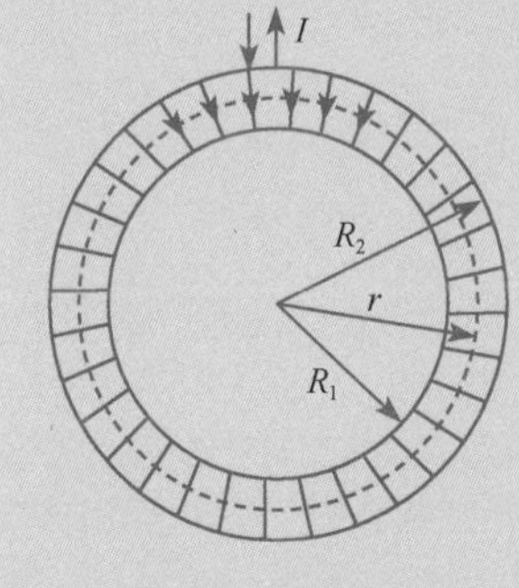

图 5.19 螺绕环

解 设螺绕环是密绕的,电流接近轴对称分布.这时,磁感应强度 $\boldsymbol{B}$ 应沿与环共轴的圆周的切线方向,大小只与离轴线的距离有关.在环管内部取半径为 $r(R_1<r<R_2)$ 的圆周回路,由安培环路定理有 $2\pi rB=\mu_0 NI$,从而求得环管内的磁感应强度为

$$B=\frac{\mu_0 NI}{2\pi r}\quad(\text{螺绕环管内})$$

当螺绕环很细,即 $R_1\approx R_2\approx r\approx R=(R_1+R_2)/2$($R$ 为螺绕环的平均半径)时,则可近似认为螺绕环管内磁场大小均匀,其值为

$$B=\frac{\mu_0 NI}{2\pi R}=\mu_0 nI \tag{5.4.9}$$

式中,$n=N/(2\pi R)$为螺绕环单位长度上的线圈匝数.这一结果恰好与无穷长直螺线管的结果(5.4.7)一致.

如果在螺绕环管的外部取一与环共轴的圆周回路,则穿过该回路的总电流为零,以至于由安培环路定理可证环管外部的环向磁场处处为零.不过,基于和例 5.6 类似的理由,图 5.19 所示的螺绕环存在一逆时针方向的等效环向电流 I,该电流沿环管表面分布.对于环管截面很小($R_1\approx R_2\approx R$)的螺绕环来说,该环向电流在环管外部的磁场和一电流强度为 I、半径为 R 的圆线圈的磁场相同(见例 5.2).

*5.5 磁矢势

5.5.1 磁矢势的引入

静磁场满足高斯定理 $\nabla\cdot\boldsymbol{B}=0$,在数学上任一个矢量 $\boldsymbol{A}$ 的旋度再取散度恒为零,因此磁

感应强度 $\boldsymbol{B}$ 可以用另一个矢量 $\boldsymbol{A}$ 来表示，即

$$\boldsymbol{B}=\nabla\times\boldsymbol{A} \tag{5.5.1}$$

$\boldsymbol{A}$ 称为磁矢势.

根据毕奥-萨伐尔定律，电流产生的磁感应强度为

$$\boldsymbol{B}=\frac{\mu_0}{4\pi}\oint_{L'}\frac{I\mathrm{d}\boldsymbol{l}'\times\boldsymbol{r}}{\boldsymbol{r}^3}$$

利用数学公式 $\nabla\times(\varphi\boldsymbol{C})=\nabla\varphi\times\boldsymbol{C}+\varphi\nabla\times\boldsymbol{C}$，这里 φ 是标量，$\boldsymbol{C}$ 是矢量．由于 $\nabla\left(\frac{1}{r}\right)=-\frac{\boldsymbol{r}}{r^3}$，设 $\boldsymbol{C}=\mathrm{d}\boldsymbol{l}'$，$\varphi=1/r$，有

$$\nabla\times\left(\frac{1}{r}\mathrm{d}\boldsymbol{l}'\right)=\nabla\frac{1}{r}\times\mathrm{d}\boldsymbol{l}'+\frac{1}{r}\nabla\times\mathrm{d}\boldsymbol{l}'=\mathrm{d}\boldsymbol{l}'\times\frac{\boldsymbol{r}}{r^3}+\frac{1}{r}\nabla\times\mathrm{d}\boldsymbol{l}'$$

式中，$\mathrm{d}\boldsymbol{l}'$ 是源点坐标的函数，因而 $\nabla\times\mathrm{d}\boldsymbol{l}'=0$，因此得到

$$\frac{\mathrm{d}\boldsymbol{l}'\times\boldsymbol{r}}{r^3}=\nabla\times\left(\frac{\mathrm{d}\boldsymbol{l}'}{r}\right)-\frac{\nabla\times\mathrm{d}\boldsymbol{l}'}{r}=\nabla\times\left(\frac{\mathrm{d}\boldsymbol{l}'}{r}\right)$$

所以

$$\boldsymbol{B}=\frac{\mu_0}{4\pi}\oint_{L'}\frac{I\mathrm{d}\boldsymbol{l}'\times\boldsymbol{r}}{r^3}=\frac{\mu_0 I}{4\pi}\oint_{L'}\nabla\times\left(\frac{\mathrm{d}\boldsymbol{l}'}{r}\right)=\nabla\times\frac{\mu_0}{4\pi}\oint_{L'}\frac{I\mathrm{d}\boldsymbol{l}'}{r}$$

因此得到磁矢势 $\boldsymbol{A}$ 的表达式为

$$\boldsymbol{A}=\frac{\mu_0}{4\pi}\oint_{L'}\frac{I\mathrm{d}\boldsymbol{l}'}{r} \tag{5.5.2}$$

类似地，对面电流和体电流分布，也有

$$\boldsymbol{A}=\frac{\mu_0}{4\pi}\iint_{S'}\frac{\boldsymbol{i}\,\mathrm{d}S'}{r} \tag{5.5.3}$$

$$\boldsymbol{A}=\frac{\mu_0}{4\pi}\iiint_{V'}\frac{\boldsymbol{j}\,\mathrm{d}V'}{r} \tag{5.5.4}$$

由上式求得 $\boldsymbol{A}$，则由 $\boldsymbol{B}=\nabla\times\boldsymbol{A}$ 就可以得到 $\boldsymbol{B}$，可以写成

$$\iint\boldsymbol{B}\cdot\mathrm{d}\boldsymbol{S}=\oint\boldsymbol{A}\cdot\mathrm{d}\boldsymbol{l} \tag{5.5.5}$$

即 $\boldsymbol{A}$ 对任一个闭合回路的积分就是穿过该闭合回路的磁通量.

磁矢势 $\boldsymbol{A}$ 的旋度是磁感应强度，那么 $\boldsymbol{A}$ 的散度是什么？可以证明

$$\nabla\cdot\boldsymbol{A}=0 \tag{5.5.6}$$

需要注意的是，$\boldsymbol{A}$ 比起静电势 φ 具有更大的任意性，因为 $\boldsymbol{A}$ 加上一个任意标量函数的梯度，对应为同一 $\boldsymbol{B}$.

例 5.9

如图 5.20 所示均匀带电圆球体，半径为 R，总电量为 q，以匀角速度 ω 转动，求远处的磁场.

解　坐标原点在圆盘中心，ω 沿 z 轴. 带电球体转动，球体内 r' 处的电流体密度为

$$\begin{aligned}\boldsymbol{j}(\boldsymbol{r}')=\rho(\boldsymbol{r}')\boldsymbol{v}'&=\frac{3Q}{4\pi R^3}\omega\times\boldsymbol{r}'\\&=\frac{3Q}{4\pi R^3}\omega r'\sin\theta'(-\sin\varphi'\boldsymbol{e}_x+\cos\varphi\,\boldsymbol{e}_y)\end{aligned}$$

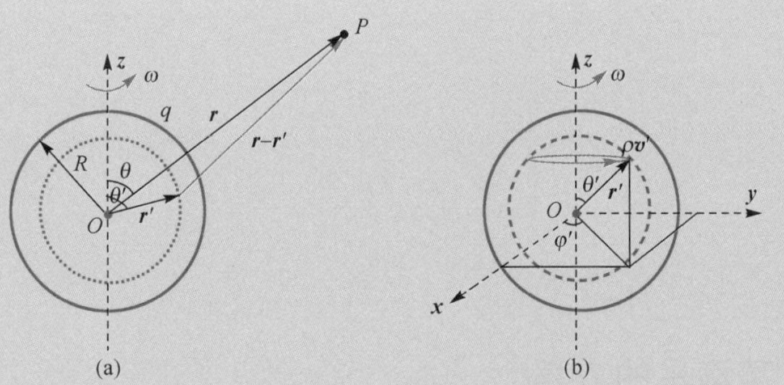

图 5.20 均匀带电圆球体

由 $\boldsymbol{A}(\boldsymbol{r})=\frac{\mu_0}{4\pi}\iiint_V \frac{\boldsymbol{j}(\boldsymbol{r}')\mathrm{d}V'}{|\boldsymbol{r}-\boldsymbol{r}'|}$，得到

$$\begin{aligned}\boldsymbol{A}(\boldsymbol{r})&=\frac{3\mu_0 q\,\omega}{(4\pi)^2R^3}\iiint_V \frac{r'\sin\theta'(-\sin\varphi'\boldsymbol{e}_x+\cos\varphi'\boldsymbol{e}_y)\mathrm{d}V'}{|\boldsymbol{r}-\boldsymbol{r}'|}\\&=\frac{3\mu_0 q\,\omega}{(4\pi)^2R^3}\int_0^R\int_0^\pi\int_0^{2\pi}\frac{r'^3\sin^2\theta'(-\sin\varphi'\boldsymbol{e}_x+\cos\varphi'\boldsymbol{e}_y)\mathrm{d}r'\mathrm{d}\theta'\mathrm{d}\varphi'}{\sqrt{r^2+r'^2-2rr'[\cos\theta\cos\theta'+\sin\theta\sin\theta'\cos(\varphi-\varphi')]}}\end{aligned}$$

由于对称性，r、θ 相同而 φ 不同的各点，$\boldsymbol{A}$ 的方向虽然不同，但大小相同，因此为了方便计算，取所求点的 $\varphi=0$，这样

$$\boldsymbol{A}=\frac{3\mu_0 q\,\omega}{(4\pi)^2R^3}\int_0^R\int_0^\pi\int_0^{2\pi}\frac{r'^3\sin^2\theta'(-\sin\varphi'\boldsymbol{e}_x+\cos\varphi'\boldsymbol{e}_y)\mathrm{d}r'\mathrm{d}\theta'\mathrm{d}\varphi'}{\sqrt{r^2+r'^2-2rr'(\cos\theta\cos\theta'+\sin\theta\sin\theta'\cos\varphi')}}$$

因为

$$\int_0^{2\pi}\frac{-\sin\varphi'\mathrm{d}\varphi'}{\sqrt{r^2+r'^2-2rr'(\cos\theta\cos\theta'+\sin\theta\sin\theta'\cos\varphi')}}=0$$

对点的 $\varphi=0$ 处，$\boldsymbol{e}_y=\boldsymbol{e}_\varphi$，因此

$$\boldsymbol{A}=\frac{3\mu_0 q\,\omega}{(4\pi)^2R^3}\int_0^R\int_0^\pi\int_0^{2\pi}\frac{r'^3\sin^2\theta'\cos\varphi'\mathrm{d}r'\mathrm{d}\theta'\mathrm{d}\varphi'}{\sqrt{r^2+r'^2-2rr'(\cos\theta\cos\theta'+\sin\theta\sin\theta'\cos\varphi')}}\boldsymbol{e}_\varphi$$

当 $r\gg R$ 时，有

$$\begin{aligned}&\frac{1}{\sqrt{r^2+r'^2-2rr'(\cos\theta\cos\theta'+\sin\theta\sin\theta'\cos\varphi')}}\\&=\frac{1}{r}\left[1+\frac{r'}{r}(\cos\theta\cos\theta'+\sin\theta\sin\theta'\cos\varphi')\right]\end{aligned}$$

第一项积分为零. 因此有

$$\begin{aligned}\boldsymbol{A}&=\frac{3\mu_0 q\,\omega}{(4\pi)^2R^3}\frac{1}{r^2}\int_0^R\int_0^\pi\int_0^{2\pi}\left[1+\frac{r'}{r}(\cos\theta\cos\theta'+\sin\theta\sin\theta'\cos\varphi')\right]\sin^2\theta'\cos\varphi'\mathrm{d}r'\mathrm{d}\theta'\mathrm{d}\varphi'\boldsymbol{e}_\varphi\\&=\frac{\mu_0 q\,\omega R^2}{20\pi}\frac{\sin\theta}{r^2}\boldsymbol{e}_\varphi\end{aligned}$$

由磁矢势求磁感应强度

$$\begin{aligned}\boldsymbol{B}&=\nabla\times\boldsymbol{A}=\frac{\mu_0 q\,\omega R^2}{20\pi}\nabla\times\left(\frac{\sin\theta}{r^2}\boldsymbol{e}_\varphi\right)\\&=\frac{\mu_0 q\,\omega R^2}{20\pi}\left\{\left[\frac{1}{r\sin\theta}\frac{\partial}{\partial\theta}\left(\frac{\sin\theta}{r^2}\right)\right]\boldsymbol{e}_r-\left[\frac{1}{r}\frac{\partial}{\partial r}\left(\frac{\sin\theta}{r}\right)\right]\boldsymbol{e}_\theta\right\}\\&=\frac{\mu_0 q\,\omega R^2}{20\pi r^3}(2\cos\theta\,\boldsymbol{e}_r+\sin\theta\,\boldsymbol{e}_\theta)\end{aligned}$$

5.5.2　磁矢势满足的方程

由矢量分析公式 $\nabla\times\nabla\times\boldsymbol{A}=\nabla(\nabla\cdot\boldsymbol{A})-\nabla^2 A$，利用 $\nabla\cdot\boldsymbol{A}=0$，可以得到

$$\nabla\times\boldsymbol{B}=\nabla\times(\nabla\times\boldsymbol{A})=-\nabla^2\boldsymbol{A}=\mu_0\boldsymbol{J}$$

亦即

$$\nabla^2\boldsymbol{A}=-\mu_0\boldsymbol{j} \tag{5.5.7}$$

此即磁矢势的泊松方程.

同理,在无源区,磁矢势的方程为

$$\nabla^2\boldsymbol{A}=0 \tag{5.5.8}$$

此即磁矢势的拉普拉斯方程.

如果给定电流分和边界条件,通过解矢量的泊松方程或拉普拉斯方程,就可得到空间磁矢势的分布,再得到磁感应强度.

5.5.3　AB 效应

经典物理中通常把那些出现在基本方程中、有明确的定义、具有“真实的”物理意义、客观存在的可观测的物理量叫“基本物理量” 或者“真实的物理量”. 描述电磁场和带电粒子运动洛伦兹力公式，都是用场强 E 和 B 表达的，即电场强度 E 和磁感应强度 B 是基本物理量. 引入电磁势 φ 和 A 只是为数学上方便，并不认为有物理意义,这种观点在电磁学(或电动力学)建立初期,都认为 φ 和 A 为非基本物理量.

一根近似无限长的载流螺线管,单位长度匝数为 n,电流为 I，横截面积为 S. 根据安培环路定理,内部是均匀磁场,$B=\mu_0 nI$，外部的磁感应强度为零,并且内外的电场强度也为零. 但是对螺线管做一个闭合回路,则该闭合回路的磁通量为

$$\Phi=\oint\boldsymbol{A}\cdot\mathrm{d}\boldsymbol{l}=\iint_S\boldsymbol{B}\cdot\mathrm{d}\boldsymbol{S}=\mu_0 nIS\neq 0$$

该结果表明,围绕螺线管的闭合回路沿途中各点处的 $A\neq 0$. 即外部虽然 $B=0$，只是表明 $\nabla\times\boldsymbol{A}=0$，而 A 本身不为零. B 为零区域而 A 不为零是否会产生一个可观察的效应?

1959 年阿哈罗诺夫和玻姆提出在电子运动的空间中,无论是否存在电磁场,电子波函数的相位都会受到空间中电磁势的影响,并提出证明这个结论的几种实验实现途径. 其中一个为电子通过螺线管外部的双缝实验,当螺线管加上磁场和不加磁场两者情况下,观察电子穿过两个窄缝后在远处屏幕上产生干涉图样;虽然电子路径并没有经过有磁场的空间,但是 A 不为零使干涉图样偏移屏幕上的电子干涉条纹会移动. 因为电子在两条路径上经过会产生一个复相位差别,这个复相位与回路包围的磁通量有关.

AB效应的名称取自1959年设计这个实验的两位理论物理家阿哈罗诺夫和玻姆姓名的首字. 巧合的是，由于 A 表示磁矢势，B 表示磁场，因此赋予 AB 效应这个名字更加深刻的含义.

1960年，AB效应被钱伯斯实验证实，实验观察到因直径为 1 μm、长为 0.5mm 的磁化了的铁晶须存在而造成的干涉条纹的平移(图 5.21). 随后，美国、德国、意大利等几个实验小组也陆续进行了类似的实验，都支持了这一预言. 但实验室需要螺线管半径不但必须很小，长度还要无限长，由于这些条件很难得到实验保证，因而有人对实验结果的可靠性提出怀疑. 直到1986年日本学者外村彰用超导材料将磁场屏蔽以后，不但证实了AB效应的存在，而且以清晰的图像证实干涉条纹在不动的包迹线里移动. 自此 AB 效应才被物理界普遍接受.

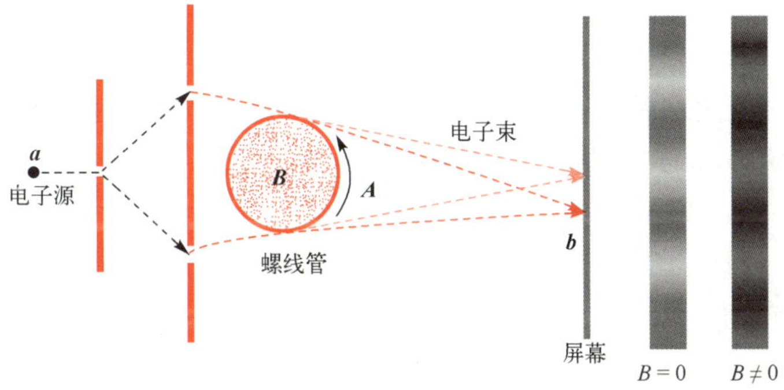

图 5.21 AB效应实验示意图

5.6 带电粒子在磁场中的运动

我们单用一节来讨论带电粒子在磁场中的运动，是由于这种运动导致了许多重要的物理现象，有着广泛的应用. 特别地，载流导体、半导体与磁场的相互作用以及由此产生的各类效应都与这种运动有关.

5.6.1 运动特征

电荷为 q 的带电粒子在磁场中运动将受到洛伦兹力 $\boldsymbol{F}=q\boldsymbol{v}\times\boldsymbol{B}$ 的作用，其运动方程为

$$\boldsymbol{F}=m\frac{\mathrm{d}\boldsymbol{v}}{\mathrm{d}t}=q\boldsymbol{v}\times\boldsymbol{B} \tag{5.6.1}$$

式中，m、$\boldsymbol{v}$ 分别为带电粒子的质量和速度. 用 $\boldsymbol{v}$ 点乘上式得

$$\frac{\mathrm{d}}{\mathrm{d}t}\left(\frac{1}{2}mv^2\right)=0,\quad v=\text{常数} \tag{5.6.2}$$

上式表明，带电粒子的动能或速率为运动常数，这是由于洛伦兹力不对粒子做功，即 $\boldsymbol{F}\cdot\boldsymbol{v}=0$.

对均匀磁场，设 $\boldsymbol{B}=B\hat{z}$，由式(5.6.1)洛伦兹力的 z 分量为零，$\mathrm{d}v_z/\mathrm{d}t=0$，则

$$v_z=v_{/\!/}=\text{常数} \tag{5.6.3}$$

即粒子平行于磁场方向的运动为匀速直线运动. 下面我们进一步分析粒子在与 $\boldsymbol{B}$ 垂直的平面内的运动. 在该平面内取直角坐标 x、y,则运动方程(5.6.1)的相应分量为

$$\frac{\mathrm{d}v_x}{\mathrm{d}t}=\frac{q}{m}v_yB \tag{5.6.4}$$

$$\frac{\mathrm{d}v_y}{\mathrm{d}t}=-\frac{q}{m}v_xB \tag{5.6.5}$$

将式(5.6.4)对时间微商,考虑到式(5.6.5),有

$$\frac{\mathrm{d}^2v_x}{\mathrm{d}t^2}=-\frac{q^2B^2}{m^2}v_x$$

其通解为

$$v_x=v_\perp\cos(\omega t+\varphi) \tag{5.6.6}$$

式中,φ 为常数,由初始条件决定;$v_\perp$ 为粒子垂直于 $\boldsymbol{B}$ 的速度分量,由式(5.6.2)和式(5.6.3)可知,它也为运动常数. ω 称为回旋(角)频率,其表达式为

$$\omega=\frac{qB}{m} \tag{5.6.7}$$

相应粒子的回旋周期为

$$T=\frac{2\pi}{\omega}=\frac{2\pi m}{qB} \tag{5.6.8}$$

将式(5.6.6)代入式(5.6.4)可得

$$v_y=-v_\perp\sin(\omega t+\varphi) \tag{5.6.9}$$

将式(5.6.6)和式(5.6.9)对时间积分得

$$\begin{cases}x=x_0+R\sin(\omega t+\varphi)\\ y=y_0+R\cos(\omega t+\varphi)\end{cases}$$

它表示粒子在与 $\boldsymbol{B}$ 垂直的平面内做圆周运动,(x_0,y_0)为圆轨道的圆心,R 为轨道半径,称为回旋半径,其表达式为

$$R=\frac{v_\perp}{\omega}=\frac{mv_\perp}{qB} \tag{5.6.10}$$

综上所述,均匀磁场中带电粒子的运动为一沿磁力线的匀速直线运动和一垂直于磁力线的圆周运动的合成,而圆周运动的回旋频率或回旋周期与粒子的速率无关. 注意,后一结论只对非相对论情况成立. 对于粒子的近光速运动即相对论的情况,有关公式仍然有效,只是粒子的惯性质量 m 将随速度向光速趋近而增加,相应回旋频率减小,回旋周期变长.

对非均匀磁场,只要磁场的非均匀尺度远大于带电粒子的回旋半径,则粒子的运动可近似看成是绕磁力线的螺旋运动. 不过,由于磁场沿磁力线的非均匀性将破坏 $v_{/\!/}$ 和 $v_\perp$ 的守恒性,我们必须设法从粒子运动方程出发去寻找新的守恒量. 下面只介绍一种常用的近似守恒量,即粒子的回旋磁矩. 带电粒子绕磁场的快速回旋形成一圆电流环,该电流环的磁矩称为粒子的回旋磁矩. 电流环的面积为 πR^2,等效电流强度为 q/T,故回旋磁矩为 $\mu=\pi R^2q/T$. 将式(5.6.8)和式

(5.6.10)代入,最终求得

$$\mu=\frac{1}{2}mv_{\perp}^{2}/B \tag{5.6.11}$$

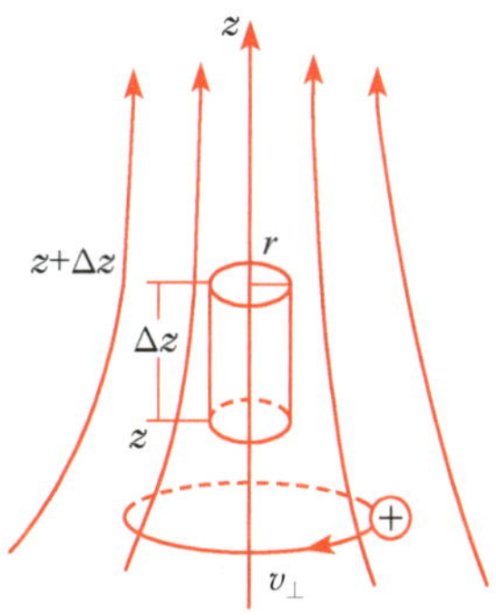

图 5.22 带电粒子的磁矩守恒

上式表明,回旋磁矩等于粒子垂直方向运动的动能和磁感应强度之比. 现在我们证明,在随空间缓慢变化的磁场中,带电粒子的回旋磁矩近似为守恒量(在等离子体物理中常称为浸渐不变量). 为此,取局地圆柱坐标系(r,φ,z),使 z 轴指向局地磁场的方向. 进一步设磁场相对 z 轴对称,$B_\varphi=0$,B_z 和 B_r 均是 r 和 z 的函数,磁场位形如图 5.22 所示. B_r 的出现与 B_z 沿 z 轴的变化有关. 下面就来推导二者之间的关系.

对以 z 为轴、半径为 r、高为 Δz 的圆柱面运用磁场的高斯定理得

$$2\pi r\int_{z}^{z+\Delta z}\overline{B}_r(r,z)\mathrm{d}z+2\pi\int_{0}^{r}[B_z(r,z+\Delta z)-B_z(r,z)]r\mathrm{d}r=0$$

或

$$\overline{B}_r=-\frac{r}{2}\cdot\frac{B_z(0,z+\Delta z)-B_z(0,z)}{\Delta z}$$

式中

$$\overline{B}_r=\frac{1}{\Delta z}\int_{z}^{z+\Delta z}B_r(r,z)\mathrm{d}z$$

在以上推导中利用了 B_z 随 r 缓慢变化的条件,近似将它代之以 z 轴$(r=0)$上的值. 令 $\Delta z\to 0$,得

$$B_r=-\frac{r}{2}\frac{\partial B_z}{\partial z} \tag{5.6.12}$$

由于 B_r 的出现,$B_r\perp v_\perp$,粒子将受到在 z 方向上的洛伦兹力,该力由强磁场区指向弱磁场区. 因此,沿 z 方向的粒子的运动方程变为

$$\frac{\mathrm{d}v_z}{\mathrm{d}t}=\frac{q}{m}v_\perp B_r=-\frac{qv_\perp r}{2m}\frac{\partial B_z}{\partial z}$$

注意上式右边的 r 即为粒子的回旋半径 R,而在 z 轴上 $B=B_z$,则

$$\frac{\mathrm{d}v_z}{\mathrm{d}t}=-\frac{qv_\perp R}{2m}\frac{\partial B}{\partial z}=-\frac{v_\perp^2}{2B}\frac{\partial B}{\partial z}$$

在推导上式中用到 R 的表达式(5.6.10). 用 mv_z 乘上式左右两边,考虑到 $\mathrm{d}B/\mathrm{d}t=v_z\partial B/\partial z$,则

$$\frac{\mathrm{d}}{\mathrm{d}t}\left(\frac{1}{2}mv_z^2\right)=-\frac{mv_\perp^2}{2B}\frac{\mathrm{d}B}{\mathrm{d}t}=-\mu\frac{\mathrm{d}B}{\mathrm{d}t}$$

利用速率 v 的守恒性[见式(5.6.2)]和式(5.6.11),上式左边可化为

$$\frac{\mathrm{d}}{\mathrm{d}t}\left(\frac{1}{2}mv_z^2\right)=-\frac{\mathrm{d}}{\mathrm{d}t}\left(\frac{1}{2}mv_\perp^2\right)=-\frac{\mathrm{d}}{\mathrm{d}t}(\mu B)=-B\frac{\mathrm{d}\mu}{\mathrm{d}t}-\mu\frac{\mathrm{d}B}{\mathrm{d}t}$$

代回原等式得

$$\frac{\mathrm{d}\mu}{\mathrm{d}t}=0,\quad \mu=\text{常数} \tag{5.6.13}$$

以上只是就局地轴对称磁场情况证明了粒子磁矩的守恒性.其实,对任意随空间、时间缓慢变化的磁场,运动带电粒子的磁矩均近似保持守恒,其证明要涉及复杂的数学推导,本书从略.

5.6.2 带电粒子在复合场中的运动

如果空间中除了磁场之外还有其他场存在(如静电场、重力场等),则一个带电粒子在这种复合场中的运动规律有一些重要的特征.现以正交的电场和磁场构成的复合场为例,如图 5.23 所示,设均匀电场沿 y 轴方向,均匀磁场沿 z 轴方向,一个电荷为 q 的带电粒子从坐标原点进入复合场,初速度为 $\boldsymbol{v}_0$ ($v_{0x}=v_0\cos\alpha, v_{0y}=v_0\cos\beta, v_{0z}=v_0\cos\gamma$),则牛顿运动方程为

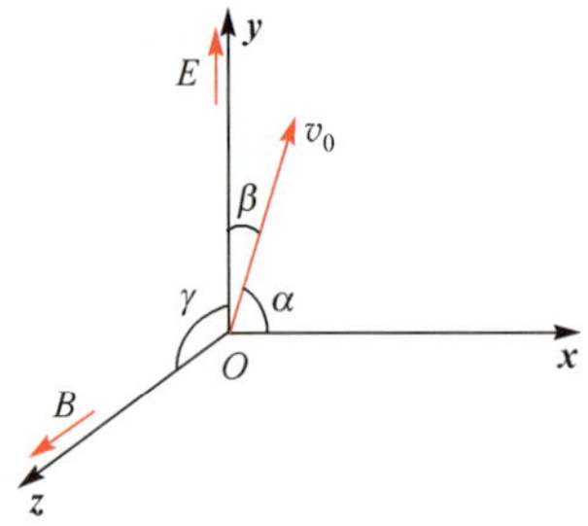

图 5.23　带电粒子在正交的电场和磁场中运动

$$\begin{cases} m\dfrac{\mathrm{d}v_x}{\mathrm{d}t}=qBv_y \\ m\dfrac{\mathrm{d}v_y}{\mathrm{d}t}=qE-qBv_x \\ m\dfrac{\mathrm{d}v_z}{\mathrm{d}t}=0 \end{cases}$$

引进带电粒子在磁场中的回转角频率 $\omega=\dfrac{qB}{m}$,第三式的解为

$$v_z=v_{0z}=v_0\cos\gamma$$

把第二式两边对 t 微分后再把第一式代入,可得

$$\frac{\mathrm{d}^2v_y}{\mathrm{d}t^2}+\omega^2v_y=0$$

其解为

$$v_y=v_A\cos(\omega t+\varphi)$$

代回第二式,解得

$$v_x=\frac{E}{B}+v_A\sin(\omega t+\varphi)$$

利用初始条件,可以解得

$$v_A=\sqrt{(v_0\cos\alpha-E/B)^2+v_0^2\cos^2\beta}$$

$$\cos\varphi=\frac{v_{y0}}{\sqrt{(v_{x0}-v_E)^2+v_{y0}^2}}$$

引进电漂移速度, $v_E=\dfrac{E}{B}$,则

$$v_x=v_E+v_A\sin(\omega t+\varphi)$$

进一步积分,可得

$$x=v_Et-\frac{v_A}{\omega}[\cos(\omega t+\varphi)-\cos\varphi]$$

$$y = \frac{v_A}{\omega}[\sin(\omega t + \varphi) - \sin\varphi] \tag{5.6.14}$$

$$z = v_0 t\cos\gamma$$

这是摆线方程.

带电粒子在均匀电磁场中的一般运动是平行于磁场方向的匀加速运动和垂直于磁场方向的摆线运动的叠加(图 5.24). 电场与磁场任意夹角时的电漂移速度为

$$\boldsymbol{v}_E = \frac{\boldsymbol{E}\times\boldsymbol{B}}{B^2} \tag{5.6.15a}$$

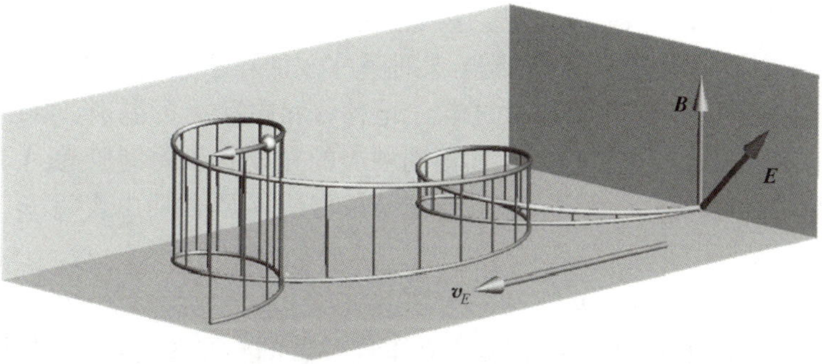

图 5.24 带电粒子在均匀的电场和磁场(非正交)中运动的轨迹

如果存在其他场,如重力场、科里奥利力场、磁场或电场不均匀引起的梯度力场等,对每一种场都相应地有一个漂移速度,在力场 $\boldsymbol{F}$ 中带电粒子的漂移速度为

$$\boldsymbol{v}_F = \frac{\boldsymbol{F}\times\boldsymbol{B}}{qB^2} \tag{5.6.15b}$$

带电粒子的运动速度是所有坐标轴中的速度分量以及各种漂移速度在各坐标轴分量的叠加.

5.6.3 应用举例

带电粒子在磁场中的运动规律在近代物理实验装置中有着广泛的应用,这些应用涉及带电粒子的测量、加速和约束问题,下面举例说明.

1. 速度选择器

速度选择器的原理示于图 5.25 中. 外加互相垂直的均匀电场和均匀磁场,让一束带电粒子沿垂直于电场-磁场平面的方向射入. 若粒子保持直线运动,则能从小孔 S 中通过. 对这种粒子,电力应与磁力平衡,即

$$F_m = F_e,\quad qvB = qE,\quad v = \frac{E}{B}$$

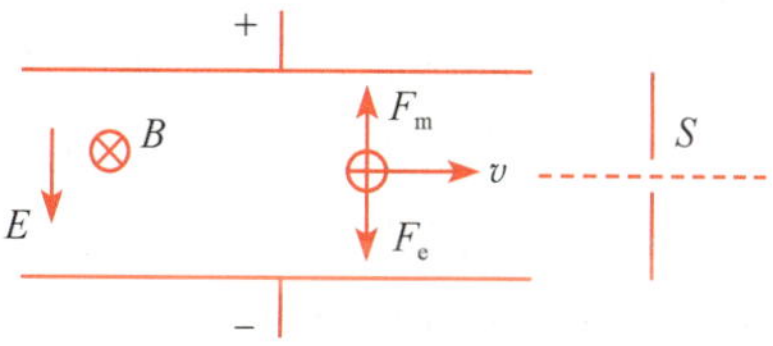

图 5.25 速度选择器原理

这说明速度选择器只允许特定速率的粒子从中穿过,不管粒子的电荷和质量如何.

2. 磁聚焦

利用带电粒子在均匀磁场中做螺旋运动且回旋周期与粒子速率无关的特性,可以实现对带电粒子束的聚焦. 一般粒子束呈细锥状,粒子速率差不多相等,但方向略有差别. 若不采取措

施，粒子束在运动过程中会逐渐发散. 当沿粒子束运动方向加上一均匀磁场时，所有粒子都绕磁场做螺旋运动，且回旋周期相等. 通常粒子束锥角度很小，以至于所有粒子的 $v_{/\!/}$ 几乎相等. 这样，经过一个回旋周期之后，全部粒子沿磁场方向走过同样距离 $h=v_{/\!/}T\approx 2\pi mv/(qB)$ 之后又重新会聚于一点. 磁聚焦广泛应用于电真空器件中对电子束聚焦.

3. 质谱仪

质谱仪是通过测量电离原子(离子)的质量或电荷与质量的比值(称为荷质比)来对样品进行成分分析的仪器. 实现质谱仪有多种方案，但其基本原理都是利用带电粒子在磁场中的运动性质. 下面我们介绍其中的一种方案，即倍恩-勃立奇方法. 这种方法的原理如图 5.26 所示：离子束通过速度选择器，某种速率 v 的粒子被选出并进入一均匀磁场 B. 由于粒子电荷 q 和质量 m 的差别，回旋半径 R 也不同，从而不同种类的粒子将投射到胶卷 A 上不同位置. 由胶卷感光结果可估算 R，然后由式(5.6.10)知

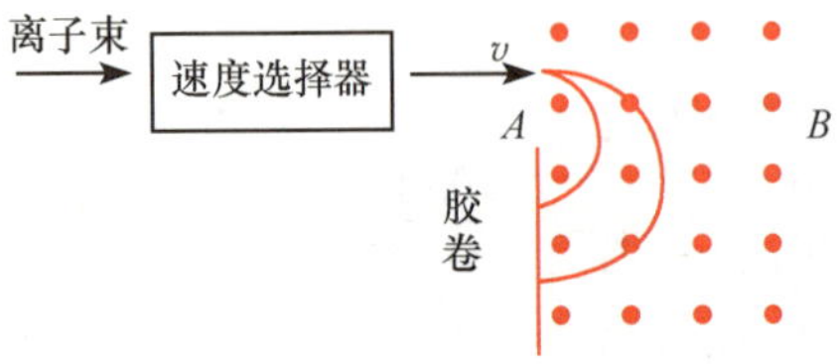

图 5.26　倍恩-勃立奇质谱仪原理

$$\frac{q}{m}=\frac{v}{RB}\quad 或\quad m=\frac{qRB}{v}$$

可确定粒子的荷质比或质量. 进一步，由胶卷在不同位置的感光程度，可推算出不同种类粒子的含量. 利用质谱仪可对同一种元素的各种同位素(电荷相同，但质量略有差异)进行含量分析. 对岩石样品的同位素分析常用来推算岩石、天体的年龄.

4. 回旋加速器

回旋加速器的主要部分为两个 D 形盒，一均匀磁场垂直于 D 形盒的底面，在两 D 形盒之间加上交变电压，以在两盒间的缝隙中产生交变电场(图 5.27). 在磁场作用下，被加速带电粒子将做圆周运动. 在非相对论近似($v\ll c$)下，由式(5.6.8)可知，粒子运动的周期与粒子的速率、回旋半径无关. 只要调节交变电场的周期使之等于粒子回旋周期，则带电粒子每次经过缝隙时都会受到该电场的加速. 但当 v 接近光速 c 时，由于相对论效应，随着粒子速率的增加，m 将变大，以至于由式(5.6.8)知，粒子的回旋周期将逐渐增加. 这时我们可以相应增加交变电场的周期来实现与粒子回旋同步，从而达到进一步加速之目的. 据此设计的加速器称为同步回旋加速器. 另外，为了使 D 形盒的尺寸不至于过大，随着粒子速度的增加还可增强磁场 B，以保持回旋半径 R 的增加有限[见式(5.6.10)]. 经过这种改进后的回旋加速器可以加速质子至数百兆电子伏特. 对于同样动能的粒子，若粒子质量越小，则要求速度越大，相对论效应也就越显著，要求 B 也就越高，以至于难以做到. 从这个意义上说，回旋加速器更适合于加速重粒子. 另外，带电粒子做加速运动都会产生电磁辐射，这将在电动力学中研究. 匀速圆周运动是一种加速运动，它产生的辐射称为回旋同步辐射，是回旋加速器中最主要的能量损失机制，使得被加速的粒子能量受到限制.

5. 磁镜装置

所谓磁镜，指的是具有两端强、中间弱的磁场位形的装置. 最简单的磁镜装置由两个电流方向相同的线圈组成，见图 5.28(a). 地球附近空间的磁场大致为偶极场，也可以产生类似的磁场位形[图 5.28(b)]. 利用带电粒子磁矩的守恒性，可以把带电粒子约束在磁镜装置的弱场区. 当粒子从弱磁场区向强磁场区运动时，由磁矩 $\mu=mv_{\perp}^{2}/(2B)$ 的守恒性，$v_{\perp}$ 将随着 B 的逐步增强而不断增加；而由 v 的守恒性，$v_{/\!/}$ 将随着 $v_{\perp}$ 的增加而减小. 如果磁镜“咽喉”处的磁场特

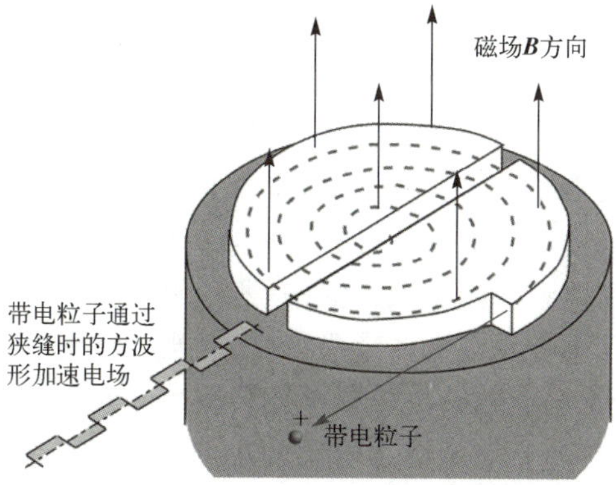

图 5.27 回旋加速器原理

别强，则 $v_{/\!/}$ 将在某处(称为“镜点”)消失，发生粒子反射. 同样的情况出现在另一端的镜点，于是粒子将在两镜点间连续反射而被“捕获”在弱场区. 设弱场的最小磁感应强度为 B_0，该处按 $\sin\theta=v_{\perp}/v(0\leqslant\theta\leqslant 90^{\circ})$ 定义的 θ 称为投掷角，则镜点处的磁感应强度 B 应满足如下条件：

$$\frac{1}{2}mv^2\sin^2\theta/B_0=\frac{1}{2}mv^2/B$$

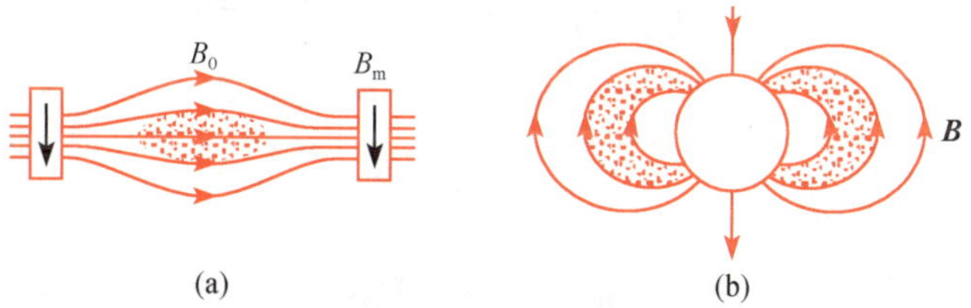

图 5.28 磁镜装置和地球辐射带

即

$$B=B_0/\sin^2\theta \tag{5.6.16}$$

设磁镜极大磁场为 B_m，则投掷角大于 θ_m 的粒子被捕获

$$\sin^2\theta_m=\frac{B_0}{B_m}=\frac{1}{R_{mi}} \tag{5.6.17}$$

式中，R_{mi} 称为磁镜比. 另外，$\theta<\theta_m$ 的粒子将最终脱离磁镜. 上述磁镜装置对带电粒子的捕获效应，曾被用来对实验室等离子体进行磁约束，以及解释地球周围存在的“辐射带”——由质子或电子构成的带电粒子区域[图 5.28(b)]. 地球辐射带是由美国空间物理学家范艾伦于 1958 年发现的，后人将它称为“范艾伦带”.

6. 托卡马克受控核聚变装置

托卡马克是“磁线圈圆环室”的俄文缩写，又称环流器. 这是一个类似螺绕环的装置，内部为封闭的环形磁场，见图 5.29，可用来约束等离子体(近似电中性的电离气体). 由于其磁场的封闭性，所约束的带电粒子不会泄漏. 而在上面所讲的磁镜装置中，一些投射角 $\theta<\theta_m$ 的带电粒子会穿过磁镜两端线圈而逃逸. 上述环形容器也存在一个明显的缺点：其内部磁场是非均匀的，离环心 O 近的地方磁场较强，离环心 O 远的地方磁场较弱. 由前面的分析可知，带电粒子将向弱磁场区

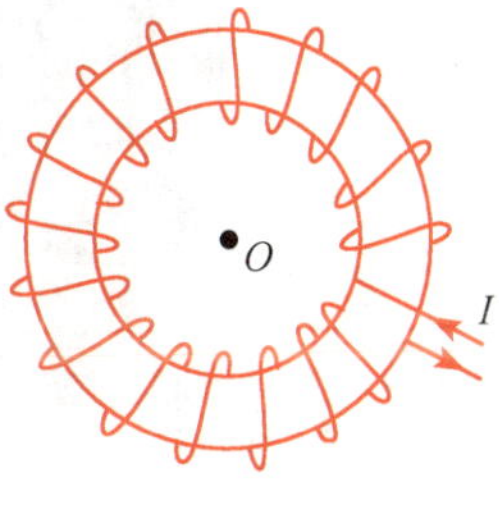

图 5.29 产生环形磁场的装置

运动，因此带电粒子将出现朝管外侧集中的趋势，不利于对等离子体的有效磁约束. 为克服这一缺点，可将环形容器作为一个变压器的次级线圈(因内部等离子体导电)，增加初级线圈的匝数，构成一个降压变压器，在环形器内等离子体中产生很大的电流. 开始通电时该电流近似均匀. 一均匀电流通过等离子体，形成相对等离子体中轴线 PP' 的轴对称圆形磁场(图 5.30)，其磁感应强度 $B\propto r$(见例 5.5). 磁场从轴线向管壁逐渐变强，使得带电粒子向轴线处集中，避免触及管壁. 中轴线附近的离子数密度增大，有利于聚变反应的持续进行. 历经半个世纪的研究，科学家设计出了迄今最好的托卡马克磁约束等离子体装置. 2007 年 9 月 28 日通过国家验收的中国科学院等离子体所设计研制的 EAST(即"全超导非圆截面核聚变实验装置"，见图 5.31)便是其中成功的事例，报刊上常将它称为"人造太阳"实验装置. 当环内等离子体中温度高达 $10^7\sim10^8$ K 时，等离子体中的氘(D)离子和氚(T)离子之间会发生如下聚变反应：

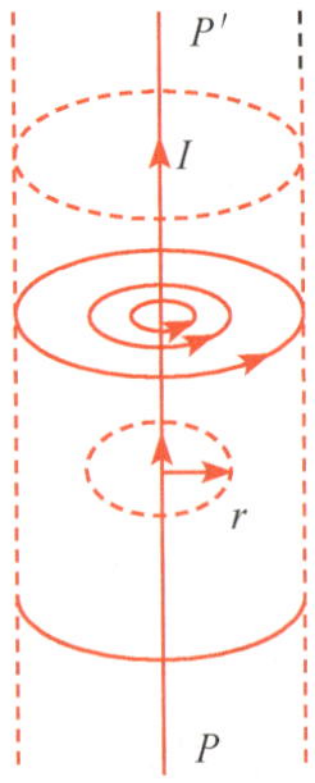

图 5.30　等离子体电流的磁场

$$D+T\longrightarrow {}^4He+n+17.5MeV$$

释放出大量核能. 上述反应又称热核聚变反应. 为使这个反应能持续进行，必须使 Q(表示输出功率与输入功率之比)大于 1，也就是要使高温等离子体能维持足够长的时间 τ，有足够的核反应次数，后者要求足够高的离子数密度 n. 对氘、氚聚变反应来说，要求 $n\tau>3\times10^{20}m^{-3}\cdot s$，称为劳森判据. 目前，科学家正在努力改进实验装置，延长高温等离子体的维持时间 τ，增大反应离子的数密度 n，以满足劳森判据，使热核聚变反应达到实用阶段，为人类提供新的取之不尽的污染最小的能源.

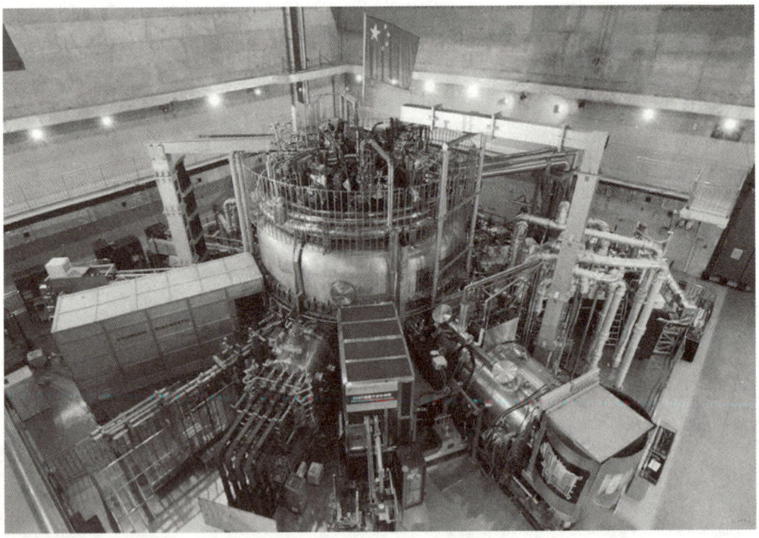

图 5.31　EAST

5.6.4　宏观效应

导体(或半导体)中的带电粒子在外磁场作用下的运动将引起各种宏观效应，安培力和霍尔效应就属于这类宏观效应.

1. 安培力

考虑单位体积载流导体，所含载流子总数即载流子的浓度为 n，第 i 个载流子所带电荷为 q_i，速度为 $\boldsymbol{v}_i$，则电流密度为

$$\boldsymbol{j}=\sum_{i=1}^{n} q_i \boldsymbol{v}_i \tag{5.6.18}$$

当载流导体处于一外磁场 $\boldsymbol{B}$ 中，则单位体积载流子所受的洛伦兹力的合力为

$$\boldsymbol{f}=\sum_{i=1}^{n} q_i \boldsymbol{v}_i \times \boldsymbol{B}=\boldsymbol{j} \times \boldsymbol{B} \tag{5.6.19}$$

上式即为单位体积载流导体所受的安培力. 由于载流子与导体的晶格碰撞，上述安培力最终作用到整个导体. 因此，安培力是微观洛伦兹力的宏观结果.

2. 霍尔效应

在外磁场中的载流导体除受安培力之外，还会在与电流、外磁场垂直的方向上出现电荷分离而产生电势差或电场，这种效应称为霍尔效应. 例如，将一长方形导体板置于与它垂直的均匀磁场 B 中，当电流 I 通过它时，在 A、A' 两侧会出现电势差 U（图 5.32）. 实验表明

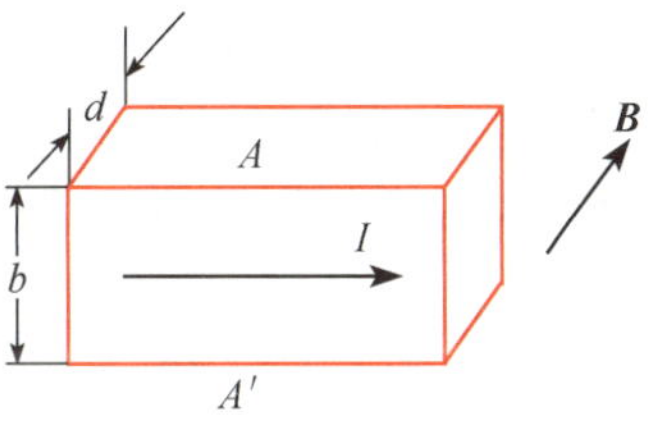

图 5.32 霍尔效应

$$U=K \frac{IB}{d} \tag{5.6.20}$$

式中，d 为导体板沿磁场方向的厚度，K 为霍尔系数.

从微观角度，载流子在洛伦兹力作用下将向 A、A' 两侧偏转，使两侧带上符号相反的电荷. 该电荷分布在导体板内产生一大致均匀的电场 E，使载流子受到一附加静电力 qE. 当达到稳恒状态时，该力与洛伦兹力平衡，即

$$qE=quB$$

式中，u 为载流子的平均速率. 设载流子浓度为 n，则 $I=bdnqu$. 此外，U 和 E 存在关系 $U=Eb$，于是有

$$U=Eb=uBb=B \frac{bdnqu}{dnq}=\frac{1}{nq} \cdot \frac{IB}{d}$$

与式(5.6.20)比较，求得霍尔系数为

$$K=\frac{1}{nq} \tag{5.6.21}$$

对金属如铜、银、锂、钠、钾、铷、铯等，以上经典模型与实验结果相当符合. 对半导体和其他二价金属，要计及量子效应才能获得与实验符合的霍尔系数表达式.

霍尔效应有着广泛应用，如载流子浓度、电流和磁场的测量，电信号转换及运算等. 特别，利用等离子体的霍尔效应可设计磁流体发电机. 这种发电机效率高，一旦研制成功并投入使用，将有可能取代火力发电机.

第 6 章　静磁场中的磁介质

6.1　磁场对电流的作用

6.1.1　磁场对电流的力和力矩

当我们研究磁场对物质的作用时,实际上是研究磁场对物质内部电流的作用. 根据 5.1 节介绍的洛伦兹力公式和安培力公式,我们可求得外磁场 $\boldsymbol{B}$ 对运动点电荷、线电流、面电流和体电流系统的作用力如下:

$$\boldsymbol{F}=q\boldsymbol{v}\times\boldsymbol{B} \tag{6.1.1}$$

$$\boldsymbol{F}=\oint_L I\mathrm{d}\boldsymbol{l}\times\boldsymbol{B} \tag{6.1.2}$$

$$\boldsymbol{F}=\iint_S \boldsymbol{i}\times\boldsymbol{B}\mathrm{d}S \tag{6.1.3}$$

$$\boldsymbol{F}=\iiint_V \boldsymbol{j}\times\boldsymbol{B}\mathrm{d}V \tag{6.1.4}$$

式(6.1.1)～式(6.1.4)是分析磁场和物质相互作用的基础,因为这种相互作用最终可等效为磁场和物质中电流(包括传导电流和分子电流)的相互作用.

从安培力公式出发还可以推出电流在外磁场中所受力矩的表达式,结果为

$$\boldsymbol{L}=\oint_L I\boldsymbol{r}\times(\mathrm{d}\boldsymbol{l}\times\boldsymbol{B}) \tag{6.1.5}$$

$$\boldsymbol{L}=\iint_S \boldsymbol{r}\times(\boldsymbol{i}\times\boldsymbol{B})\mathrm{d}S \tag{6.1.6}$$

$$\boldsymbol{L}=\iiint_V \boldsymbol{r}\times(\boldsymbol{j}\times\boldsymbol{B})\mathrm{d}V \tag{6.1.7}$$

应用上述有关公式求电流体系所受的力和力矩以前,先应求出外磁场 $\boldsymbol{B}$. 有时候,由外磁场和受作用电流的磁场合成的总磁场的磁感应强度 $\boldsymbol{B}_\mathrm{t}$ 容易计算. 在这种情况下,应从 $\boldsymbol{B}_\mathrm{t}$ 中减去受作用电流的贡献 $\boldsymbol{B}_1$ 才能得到外磁场 $\boldsymbol{B}$,即

$$\boldsymbol{B}=\boldsymbol{B}_\mathrm{t}-\boldsymbol{B}_1 \tag{6.1.8}$$

不过,对 $\boldsymbol{B}_1$ 的计算往往是困难的. 若所考察的受作用对象是稳恒的闭合电流(体电流或面电流),可以进行如下简化处理. 任一闭合电流系统的内力和内力矩总是相互抵消的. 因此,我们在计算组成该闭合电流的各个电流元所受的力和力矩时,不必将闭合电流其他部分对该电流元所施的内力和内力矩减去. 换言之,将 $\boldsymbol{B}_1$ 代之以电流元自身产生的磁感应强度即可,而不再是整个闭合电流的磁感应强度,这样不会影响最终结果. 体电流元和面电流元在其附近产生的磁感应强度易于求得,结果如下:①体电流元在其附近产生的磁感应强度为零,这是由于 $\mathrm{d}V\approx r^3$,$B_1\approx\mathrm{d}V/r^2\approx r$,$r\to0$ 将导致 $B_1\to0$. ②面电流元在其两侧产生的磁感应强度存在间断,大小

为 $\mu_0 i/2$，方向相反并与面元相切(见例 5.7)；可以预计，$\boldsymbol{B}_t$ 也存在同样性质的间断，以至于按式(6.1.8)算出的 $\boldsymbol{B}$ 不会有间断，即在面电流元所在处连续. 应当指出，上述分析不能推广到线电流元. 可以证明，一个闭合线电流中的任一小段线电流所受的内力趋于无穷大；在需要分析这种内力时，我们必须放弃线电流近似，计入通电导线有限截面尺寸的效应.

6.1.2 电流受力和力矩的计算举例

下面举例说明电流所受力和力矩的计算方法.

例 6.1

有两根无限长平行直载流导线，电流强度为 I_1、I_2，相距为 r_0，求其中一根单位长度受的力.

解 由例 5.1 的结果，导线 2 在导线 1 处产生的磁感应强度为 $\boldsymbol{B}_2 = \mu_0 I_2/(2\pi r_0)$，方向如图 6.1 所示. 再由式(6.1.2)求得导线 1 单位长度受力为

$$F = \frac{\mu_0 I_1 I_2}{2\pi r_0} = 2\times 10^{-7}\ \frac{I_1 I_2}{r_0}$$

当 I_1 和 I_2 同向时，该力为引力. 1948 年第九届国际计量大会直接从上式出发来定义电流强度的单位“安[培]”，通过的有关决议如下：“安培是电流的单位. 在真空中，截面积可忽略的两根相距 1m 的无限长平行圆直导线内通以等量稳恒电流时，若导线间相互作用力在每米长度上为 2×10^{-7}N，则每根导线中的电流为 1 安培(A)”. 当然，用平行直载流导线相互作用来确定安培并不方便，实际上是通过测量两个已知形状和尺寸的线圈之间的力来测定用安培表示的电流强度.

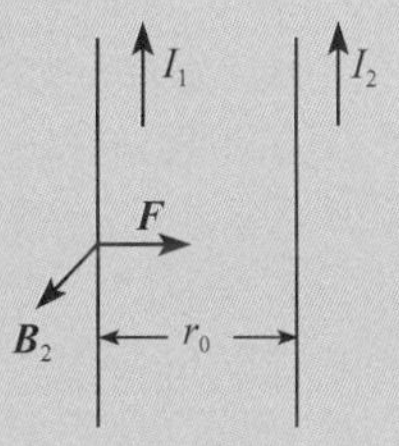

图 6.1 两平行直线电流的相互作用

例 6.2

求一电流强度为 I 的载流线圈在均匀磁场 $\boldsymbol{B}$ 中所受的力和力矩.

解 由式(6.1.2)(用 d$\boldsymbol{r}$ 代 d$\boldsymbol{l}$)得

$$\boldsymbol{F} = \oint I \mathrm{d}\boldsymbol{r}\times\boldsymbol{B} = \left(\oint \mathrm{d}\boldsymbol{r}\right)\times I\boldsymbol{B} = 0$$

即载流线圈在均匀磁场中受力为零. 利用关系式

$$\boldsymbol{r}\times(\mathrm{d}\boldsymbol{r}\times\boldsymbol{B}) = \frac{1}{2}(\boldsymbol{r}\times\mathrm{d}\boldsymbol{r})\times\boldsymbol{B} + \frac{1}{2}\mathrm{d}[\boldsymbol{r}(\boldsymbol{r}\cdot\boldsymbol{B})] - \boldsymbol{B}(\boldsymbol{r}\cdot\mathrm{d}\boldsymbol{r})$$

和式(6.1.5)，可求得

$$\boldsymbol{L} = \frac{I}{2}\left(\oint \boldsymbol{r}\times\mathrm{d}\boldsymbol{r}\right)\times\boldsymbol{B} + \frac{I}{2}\oint \mathrm{d}[\boldsymbol{r}(\boldsymbol{r}\cdot\boldsymbol{B})] - I\boldsymbol{B}\oint \boldsymbol{r}\cdot\mathrm{d}\boldsymbol{r}$$

上式右边的积分项在例 5.3 中曾遇到并处理过. 第一项为 $\boldsymbol{m}\times\boldsymbol{B}$，$\boldsymbol{m}$ 为载流线圈的磁矩；第二项为全微分的闭路积分，其值为零；第三项由于 $\boldsymbol{r}\cdot\mathrm{d}\boldsymbol{r} = \mathrm{d}(r^2/2)$，其值也为零. 这样，载流线圈在均匀磁场中所受的力矩为

$$\boldsymbol{L} = \boldsymbol{m}\times\boldsymbol{B} \tag{6.1.9}$$

在非均匀外磁场中，线圈受力不再是零. 采用矢量分析公式可由式(6.1.2)求出小载流线

圈在非均匀磁场中受力为

$$\boldsymbol{F} = (\boldsymbol{m} \cdot \nabla)\boldsymbol{B} \tag{6.1.10}$$

它和一个电偶极子在非均匀电场中受力公式类似，该力也称为梯度力. 此时，线圈所受的力矩为

$$\boldsymbol{L} = \boldsymbol{m} \times \boldsymbol{B} + \boldsymbol{r} \times (\boldsymbol{m} \cdot \nabla)\boldsymbol{B} \tag{6.1.11}$$

以后会提到，式(6.1.10)可通过磁荷法(6.8 节)或用磁能求力的方法(第 8 章 8.5 节)来证明.

例 6.3

求电流强度为 I、单位长度匝数为 n 的无穷长螺线管单位表面受力.

解 由例 5.6，无穷长螺线管在管内外沿轴向的 B_t 分别为 $\mu_0 nI$ 和 0. 由例 5.7，考虑到面电流密度为 $i=nI$，则螺线管面元 ΔS 对内、外侧磁场的贡献为 $\pm\mu_0 nI/2$. 于是，对受作用面元 ΔS 而言，按式(6.1.8)算得的外磁场为 $\mu_0 nI/2$. 进一步可根据式(6.1.3)计算单位面积面元受力，结果为

$$\frac{\Delta F}{\Delta S} = \frac{i}{2}\mu_0 nI = \frac{1}{2}\mu_0 n^2 I^2$$

该力的方向垂直于面元 ΔS 并指向螺线管外侧.

类似于例 5.6，若考虑螺线管存在一等效的轴向电流 I，则该电流的面密度为 $i_{/\!/} = I/(2\pi R)$. 仿照上述步骤即按式(6.1.8)算得管面上的外磁场为 $B=\mu_0 I/(4\pi R)$，它与管面相切并与管轴垂直. 因此，单位面积面元受一指向管轴的力，大小为 $i_{/\!/} B=\mu_0 I^2/(8\pi^2 R^2)$. 一般情况下，这个力比上面指向螺线管外侧的力小得多，可忽略不计.

由本例可见，按式(6.1.8)求得的"外场"$\boldsymbol{B}$ 在 ΔS 处连续，尽管 $\boldsymbol{B}_t$ 和 $\boldsymbol{B}_1$ 均存在间断. 我们再次强调一点：计算面电流受力时，式(6.1.3)中的 $\boldsymbol{B}$ 一定要取作"外场". 不然的话，若误用 $\boldsymbol{B}_t$ 代替 $\boldsymbol{B}$，将导致错误结果.

6.2 磁介质及其磁化强度

在第 5 章曾提到磁体具有吸引铁磁性物质的能力，并把这种能力定义为磁性. 这里不仅磁体具有磁性，而且被吸引着的铁磁性物质也具有磁性. 处于磁场中的其他物质都或多或少具有磁性，只是在多数情况下远不如铁磁性物质的磁性那样强. 使物质具有磁性的物理过程称为磁化，而一切能够磁化的物质称为磁介质. 下面我们来分析磁介质磁化的定量描述、实验规律和微观机制.

6.2.1 磁化强度

根据安培分子电流假说，已磁化物质的磁性来源于物质内部有规则排列的分子电流. 用 $\sum \boldsymbol{m}_{分子}$ 表示体积元 ΔV 中所有分子磁矩的矢量和，则定义

$$\boldsymbol{M} = \frac{\sum \boldsymbol{m}_{分子}}{\Delta V} \tag{6.2.1}$$

为磁化强度. 注意 ΔV 的尺度应远大于分子间的平均距离而远小于 $\boldsymbol{M}$ 的非均匀尺度，只有这样才会使得式(6.2.1)的统计平均有意义，且由它定义的 $\boldsymbol{M}$ 能充分反映介质磁化状态的非均匀性. 磁化强度为矢量，其方向代表磁化的方向，其大小代表磁化的程度. 在非磁化状态下，或分子固有磁矩为零，或分子磁矩的取向杂乱无章，以至于 $\sum \boldsymbol{m}_{分子}=0$. 于是，$\boldsymbol{M}=0$ 表示磁介质处于非磁化态. 在磁化状态下，$\boldsymbol{M}$ 代表单位体积的宏观磁矩，其值越大，与外磁场的相互作用也就越强，相应物质的磁性越强.

6.2.2 磁化电流

在磁化状态下，由于分子电流的有序排列，磁介质中将出现宏观电流，称为磁化电流. 磁化电流的产生不伴随电荷的宏观位移. 相反，凡伴随电荷的宏观位移的电流称为传导电流，例如载流导体中的电流. 磁化电流可存在于一切磁介质(包括绝缘体和导体)中，不具有焦耳热效应；传导电流则只能存在于导体(包括半导体和电离气体)中，具有焦耳热效应. 尽管两种电流在产生机制和热效应方面存在区别，但在激发磁场和受磁场作用方面却是完全等效的. 也就是说，第 5 章和本章第 1 节的结论对磁化电流和传导电流均成立. 今后为区别这两种电流，我们用上标撇号表示磁化电流及其产生的磁感应强度，用下标“0”表示传导电流及其产生的磁感应强度，而不带标号的量则表示总电流和总磁感应强度.

既然磁化电流的出现是物质磁化的结果，它和磁化强度之间应该存在一定关系. 为分析这种关系，我们引入分子平均磁矩 m_a，其定义如下：

$$\boldsymbol{m}_a=\frac{\sum \boldsymbol{m}_{分子}}{n\Delta V} \tag{6.2.2}$$

式中，n 为分子数密度，这样，式(6.2.1)变成

$$\boldsymbol{M}=n\boldsymbol{m}_a \tag{6.2.3}$$

进一步设 $\boldsymbol{m}_a$ 由一等效分子电流所产生，其电流强度为 I_a，面积矢量为 $\boldsymbol{S}_a$，则

$$\boldsymbol{m}_a=I_a\boldsymbol{S}_a \tag{6.2.4}$$

在以下分析中，我们假定 ΔV 中全部分子具有同一磁矩 $\boldsymbol{m}_a$，不管它们的实际磁矩是否相同. 根据磁场和磁相互作用的叠加原理，这种简化处理显然是合理的.

考虑磁介质中任一闭合回路 L 和以它为周线的曲面 S，通过 S 的总磁化电流设为 $\sum I'$，其正向与回路 L 的绕行方向满足右手定则[图 6.2(a)]. 显然，只有那些从 S 内穿过并在 S 外闭合的分子电流才对 $\sum I'$ 有贡献. 其他分子电流，或者来回穿过 S，或者根本不与 S 相交，对 $\sum I'$ 的净贡献为零. 考虑 L 上一段弧元 $\mathrm{d}\boldsymbol{l}$，其方向沿回路绕行方向. 设在 $\mathrm{d}\boldsymbol{l}$ 处磁化强度 $\boldsymbol{M}$ 与 $\mathrm{d}\boldsymbol{l}$ 的夹角为 θ. 先分析 $0\leqslant\theta\leqslant\pi/2$ 的情况. 不难看出，对 $\sum I'$ 有贡献的分子的中心应位于以 $\mathrm{d}\boldsymbol{l}$ 为轴、$S_a\cos\theta$ 为底、$\mathrm{d}l$ 为高的圆柱体[如图 6.2(b)中的虚线所示]中，其总数为 $nS_a\cos\theta\mathrm{d}l$，对 $\sum I'$ 的贡献为

$$I_a nS_a\cos\theta\mathrm{d}l=n\boldsymbol{m}_a\cdot\mathrm{d}\boldsymbol{l}=\boldsymbol{M}\cdot\mathrm{d}\boldsymbol{l}$$

当 $\pi/2<\theta\leqslant\pi$ 时[见图 6.2(c)]，上式也成立，所得磁化电流为负. 将上式沿 L 积分得到穿过 S 的总磁化电流

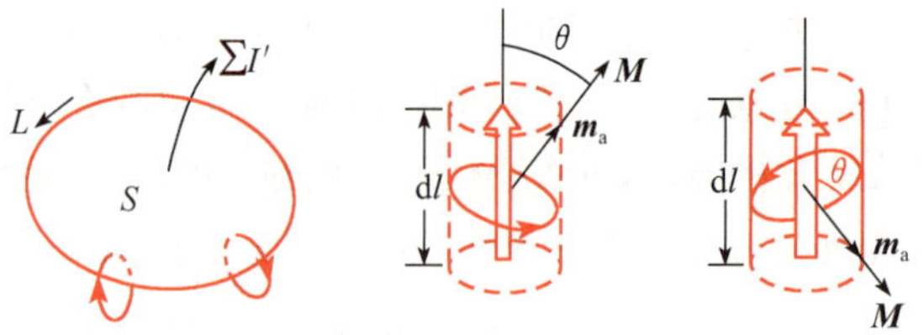

图 6.2　磁化强度和磁化电流的关系

$$\oint_L \boldsymbol{M} \cdot \mathrm{d}\boldsymbol{l} = \sum I' \tag{6.2.5}$$

上式反映了磁介质中磁化电流和磁化强度的积分关系. 这一关系不仅对介质内部的回路成立,而且对跨过介质界面的回路也成立. 如果介质均匀磁化,即 $\boldsymbol{M}$=常量,则

$$\oint_L \boldsymbol{M} \cdot \mathrm{d}\boldsymbol{l} = \boldsymbol{M} \cdot \oint_L \mathrm{d}\boldsymbol{l} = 0$$

即均匀磁化介质内,磁化电流为零. 磁化电流不仅出现在非均匀磁化介质中,还常以面电流形式存在于介质表面. 下面来分析它和磁化强度之间的关系.

考虑介质表面上任一面元,设其内侧磁化强度为 $\boldsymbol{M}$;外侧为真空,磁化强度为零. 取直角坐标系 $Oxyz$,使 yz 平面与所考虑的面元相切,x 轴指向面元外法线方向[图 6.3(a)]. 在 xz 平面作一矩形回路 $abcd$,使之横跨 z 轴,ab 位于介质内,cd 位于介质外,并规定其绕行方向与 y 轴方向满足右手定则[图 6.3(b)]. 取$\overline{ad} \ll \overline{ab}$,则由式(6.2.5)有

$$M_z \overline{ab} = i'_y \overline{ab}$$

即

$$i'_y = M_z$$

进一步在 xy 平面内作一矩形回路 $a'b'c'd'$,使之横跨 y 轴,$a'b'$ 位于介质内,$c'd'$ 位于介质外,且规定其绕行方向与 z 轴方向满足右手定则[图 6.3(c)]. 取$\overline{a'd'} \ll \overline{a'b'}$,则由式(6.2.5)有

$$-M_y \overline{a'b'} = i'_z \overline{a'b'}$$

即

$$i'_z = -M_y$$

上述磁化面电流和表面磁化强度之间的分量关系可归纳为如下矢量关系:

$$\boldsymbol{i}' = \boldsymbol{M} \times \boldsymbol{n} \tag{6.2.6}$$

式中,$\boldsymbol{n}$ 为介质表面单位外法向矢量,即图 6.3 中沿 x 轴的单位矢量.

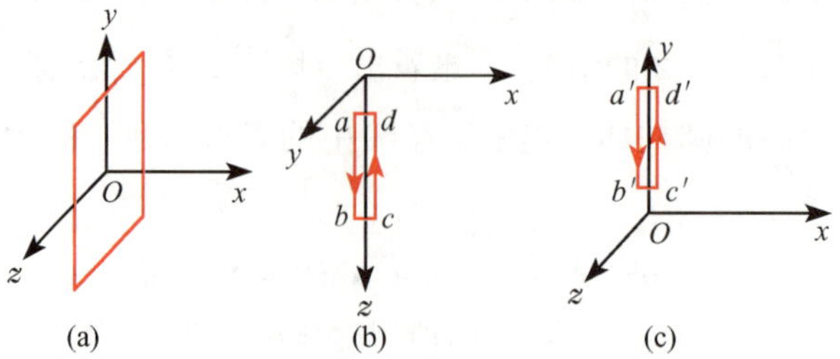

图 6.3　磁化强度和磁化面电流的关系

6.3 磁介质中的静磁场的基本定理

如果已知磁介质的磁化强度分布，由式(6.2.5)和式(6.2.6)就可以确定介质内和介质表面的磁化电流分布. 设由传导电流和磁化电流产生的磁感应强度分别为 $\boldsymbol{B}_0$ 和 $\boldsymbol{B}'$，则总磁感应强度为二者之和，即

$$\boldsymbol{B}=\boldsymbol{B}_0+\boldsymbol{B}' \tag{6.3.1}$$

无论 $\boldsymbol{B}_0$ 还是 $\boldsymbol{B}'$，都由毕奥-萨伐尔定律所决定，磁介质的全部作用在于提供磁化电流作为附加场源. 显然，$\boldsymbol{B}$ 应满足真空中静磁场的高斯定理和安培环路定理

$$\oiint_S \boldsymbol{B}\cdot \mathrm{d}\boldsymbol{S}=0 \tag{6.3.2}$$

$$\oint_L \boldsymbol{B}\cdot \mathrm{d}\boldsymbol{l}=\mu_0\sum I_0+\mu_0\sum I' \tag{6.3.3}$$

只要已知传导电流 I_0 和磁化电流 I' 的分布，就可根据式(6.3.1)～式(6.3.3)来决定磁介质内、外的静磁场. 下面举一例说明.

例 6.4

求沿轴均匀磁化的磁介质圆棒轴线上的磁场分布. 设圆棒长为 l，半径为 R，磁化强度为 M.

解 由于是沿轴向均匀磁化，故磁化电流只分布于介质棒的侧面，其面电流密度为 $i'=M$. 这种电流分布与一有限长直螺线管电流等效. 照搬例 5.4 的结果(令 $nI=i'$)，可推得磁介质圆棒轴线上距左端 l_1 处的磁感应强度为

$$B'=\frac{\mu_0 i'}{2}(\cos\beta_2-\cos\beta_1)=\frac{\mu_0 M}{2}\left(\frac{l_1}{\sqrt{R^2+l_1^2}}+\frac{l_2}{\sqrt{R^2+l_2^2}}\right)$$

式中，$l_2=l-l_1$. 对细长棒($l\gg R$)，端点($l_1=0$)处 $B'=\mu_0 M/2$，棒内远离端点处$B'\approx\mu_0 M$. 对圆薄片($l\ll R$)，$B'=\mu_0 Ml/(2R)\approx 0$.

上述例子只是一种特例，大多数情况下问题并非如此简单. 这是因为磁介质在外磁场中磁化，磁化后的介质又会改变空间的磁场分布，并反过来影响磁介质的磁化状态. 这种相互牵制的关系使我们难以自洽地决定介质的磁化强度或磁化电流的分布. 类似情况在 2.6 节讨论电介质时也曾遇到过. 当时我们的做法是引入电位移矢量，从而在静电场的高斯定理中不再出现极化电荷，简化了电介质中静电场的处理. 对于磁介质中的静磁场，能否也通过引入一个辅助矢量来消除安培环路定理(6.3.3)中出现的磁化电流呢？回答是肯定的，这一辅助矢量为

$$\boldsymbol{H}=\frac{\boldsymbol{B}}{\mu_0}-\boldsymbol{M} \tag{6.3.4}$$

称为磁场强度. 由上述定义式可知 $\boldsymbol{H}$ 和 $\boldsymbol{M}$ 具有相同的量纲和单位；再由 $\boldsymbol{B}$ 的单位 T(1T=1Wb·m^{-2})和 μ_0 的单位 H·m^{-1}(1H=1Wb·A^{-1})可导出 $\boldsymbol{H}$ 和 $\boldsymbol{M}$ 的单位为 A·m^{-1}. 将式(6.2.5)代入式(6.3.3)并利用式(6.3.4)得

$$\oint_L \boldsymbol{H}\cdot \mathrm{d}\boldsymbol{l}=\sum I_0 \tag{6.3.5}$$

这就是经过变形之后的磁介质中静磁场的安培环路定理，它的右边不再出现磁化电流. 以后我们将会看到，对于线性各向同性介质且具有一维对称性的情况，形如式(6.3.5)的安培环路定理将简化静磁场的计算.

式(6.3.2)和式(6.3.5)涉及两个物理量 $\boldsymbol{B}$ 和 $\boldsymbol{H}$，还必须通过引入 $\boldsymbol{B}$ 和 $\boldsymbol{H}$ 之间的关系才能完全确定静磁场的具体形式. 这说明在引入辅助矢量 $\boldsymbol{H}$ 之后，虽然表面上回避了直接计算磁化电流的复杂性，但却带来了分析 $\boldsymbol{B}$ 和 $\boldsymbol{H}$ 的关系的新问题. 下面我们就来分析这一关系，即介质的磁化规律.

6.4 介质的磁化规律

6.4.1 介质按磁化规律分类

在电磁学中，$\boldsymbol{M}$ 和 $\boldsymbol{B}$ 的关系通过实验决定. 由于历史的原因，人们常用 $\boldsymbol{M}$ 和 $\boldsymbol{H}$ 之间的关系来表达介质的磁化规律. 实验表明，对线性各向同性磁介质，$\boldsymbol{M}$ 和 $\boldsymbol{H}$ 之间满足如下比例关系：

$$\boldsymbol{M} = \chi_{\mathrm{m}}\boldsymbol{H} \tag{6.4.1}$$

将上式代入式(6.3.4)求得磁介质的性能方程

$$\boldsymbol{B} = \mu\boldsymbol{H} \tag{6.4.2}$$

式中

$$\mu = \mu_0(1+\chi_{\mathrm{m}}) = \mu_0\mu_{\mathrm{r}} \tag{6.4.3}$$

χ_{m} 称为磁化率，μ 称为磁导率①. 在真空中，$\boldsymbol{M}=0$，$\chi_{\mathrm{m}}=0$，$\mu=\mu_0$.

1. 顺磁质和抗磁质

有的磁介质 $\chi_{\mathrm{m}}>0$，$\mu>\mu_0$，称为顺磁质；有的磁介质，$\chi_{\mathrm{m}}<0$，$\mu<\mu_0$，称为抗磁质(图 6.4). 这两种磁介质的磁化率的绝对值都很小，前者在 $10^{-4}\sim10^{-5}$，后者在 $10^{-5}\sim10^{-7}$(见表 6.1)，都属于弱磁性物质.

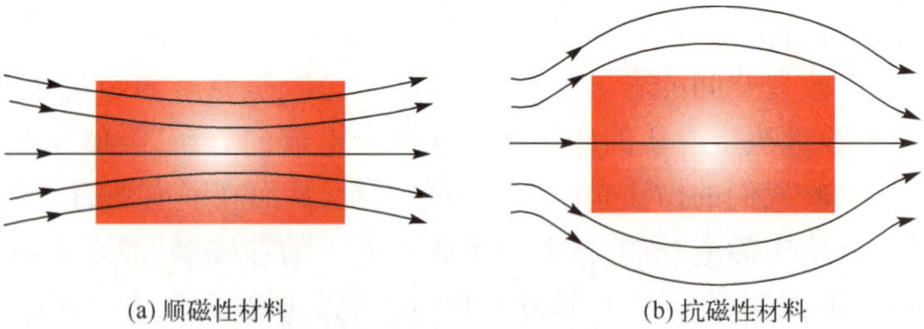

图 6.4 顺磁性材料和抗磁性材料的磁场线

实验发现一般抗磁质的磁化率不随温度变化而改变，而一般顺磁质的磁化率随温度 T 降低而增大，遵从居里定律(由法国物理学家 P. 居里发现)，即

① 有时称 μ 为绝对磁导率，称 $\mu_{\mathrm{r}}\equiv\mu/\mu_0=1+\chi_{\mathrm{m}}$ 为相对磁导率.

$$\chi_m = \frac{C}{T} \tag{6.4.4}$$

式中，C 为居里常量，由实验确定.

对各向异性磁介质(例如晶体介质)，$\boldsymbol{M}$ 和 $\boldsymbol{H}$ 的方向不一样，相应的磁化率和磁导率均为张量.

表 6.1 顺磁质和抗磁质的磁化率

顺磁质	χ_m(18℃)	抗磁质	χ_m(18℃)
锰	12.4×10^{-5}	铋	-1.70×10^{-5}
铬	4.5×10^{-5}	铜	-0.108×10^{-5}
铝	0.82×10^{-5}	银	-0.25×10^{-5}
空气*	30.36×10^{-5}	氢*	-2.47×10^{-5}

* 1atm，20℃. 其中 1atm=101.325kPa，下同.

2. 铁磁质

对铁磁质，例如铁、钴、镍，$\boldsymbol{M}$ 的值相当大，$\boldsymbol{M}$ 和 $\boldsymbol{H}$ 间的函数关系复杂，且与磁化的历史有关. 下面简述铁磁质的磁化规律的典型特征.

先来分析铁磁质的起始磁化曲线. 取一铁磁质样品，设当 $H=0$ 时处于未磁化状态($M=0$). 然后单调增加 H，则 M 和 H 的关系如图 6.5(a)所示，OS 称为起始磁化曲线. OS 的起始(OA)段 M 随 H 增加缓慢，起始磁导率 μ_i 较小；在 AA' 段 M 随 H 急剧增加，至 A' 点磁导率取极大值 μ_m；继续增加 H，M 趋于饱和值 M_s，称为饱和磁化强度. 根据起始磁化曲线，按式(6.4.1)和式(6.4.3)求出的磁化率和磁导率将与 H 有关，图 6.5(b)给出磁导率 μ 和 H 的关系. 将 $M=M_s$ 代入式(6.3.4)或下式：

$$B = \mu_0(H+M) \tag{6.4.5}$$

可求得饱和磁感应强度 B_s. 注意 B_s 随 H 增加略有增加，M_s 则几乎和 H 无关. 在起始磁化曲线饱和段的某点 S 逐渐减小 H，所测得的 M-H 曲线并不沿起始磁化曲线返回，而是沿另一条曲线延伸，与 M 轴交于某点 R，该处的磁化强度 M_R 称为剩余磁化强度[图 6.6(a)]. 自 R 点开始将 H 反向增加至 H_c 时铁磁质完全退磁($M=0$)，H_c 称矫顽力. 继续增加 H 将使铁磁质反向饱和磁化(S')，然后将 H 的数值逐渐减小到零，并沿正向增加，磁化曲线将从 S' 始，经 R'、C' 回到 S. 以上闭合磁化曲线 $SRCS'R'C'S$ 称为磁滞回线. 按照矫顽力 H_c 的大小，可把铁磁质划分为硬磁材料和软磁材料两大类. 前者矫顽力大，磁滞回线较宽[图 6.6(a)]；后者矫顽力小，磁滞回线较窄[图 6.6(b)]. 硬磁材料在外加磁场为零时仍保留较强的剩余磁化强度，且不易退磁，适合于制作永久磁铁；而软磁材料则作为高导磁材料广泛应用于各种电子和电工设备之中. 人造铁氧体，例如钡铁氧体、锶铁氧体等属于硬磁材料；锰锌铁氧体(Mn、Zn、Fe_2O_4 按一定比例制成的晶体)、镍锌铁氧体等属于软磁材料.

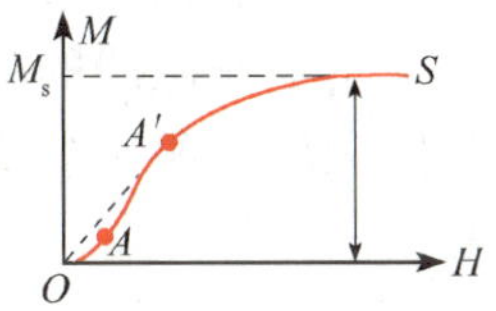

(a) M-H曲线

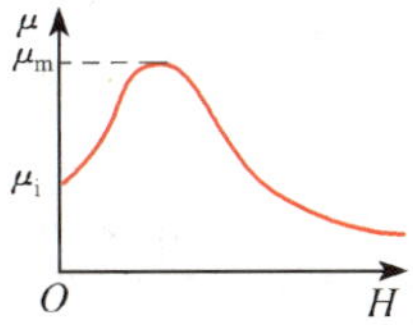

(b) μ-H曲线

图 6.5 起始磁化曲线

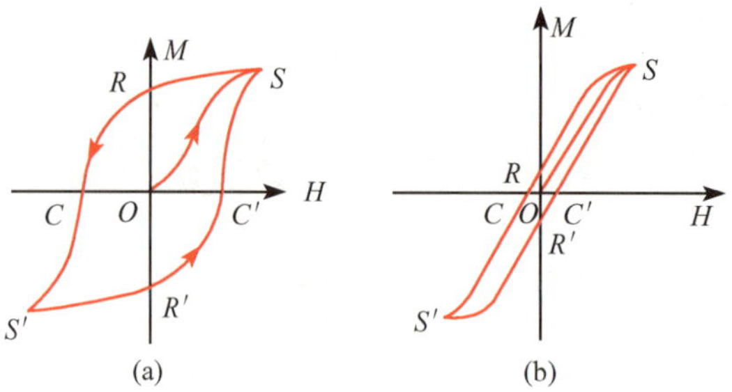

图 6.6　磁滞回线

典型的软磁材料,如纯铁、硅钢、坡莫合金(Ni,Fe 合金)等,其最大的相对磁导率 μ/μ_0 和磁化率 χ_m 位于 $10^3 \sim 10^5$,甚至更大;典型的硬磁材料的剩余磁感应强度,如碳钢为 1T,钕铁硼合金($Nd_{15}B_8Fe_{77}$)为 1.23T,它们都具有强磁性.将铁磁质加热到高于其居里温度 T_c(或称居里点),其铁磁性消失,转变为顺磁性,磁化率与温度关系满足居里-外斯定律

$$\chi_m = \frac{C}{T - T_c} \tag{6.4.6}$$

式中,C 为居里常量,T_c 为居里温度,二者通过实验确定.例如,铁、钴、镍的居里温度分别为 1040K、1395K、628K.

3. 亚铁磁质和反铁磁质

20 世纪四五十年代研制成功大批铁氧体材料、过渡族与稀土族化合物,被广泛应用于各类高新技术领域,它们绝大多数都是亚铁磁性的.在 20 世纪 30 年代以前,只把物质按磁性分成三类:抗磁质、顺磁质、铁磁质.例如,人类最早发现的天然磁石(Fe_3O_4)一直被视为铁磁质.后来,通过对其微观机制的深入研究才认识到它属于亚铁磁质(在下面第 2 段中阐述).亚铁磁性属于强磁性.亚铁磁质的宏观磁性与铁磁质很相像,从它们的磁化曲线和磁滞回线很难找出与铁磁质的差别.

20 世纪 30 年代,从实验中观测到若干物质的磁化率-温度关系曲线上出现极大的现象(图 6.7),这类物质称为反铁磁质,它属于弱磁性物质.早期由于不了解其磁结构,人们把它看成一类特殊的顺磁质.20 年后,到 20 世纪 50 年代初,法国物理学家奈耳用中子衍射法确定反铁磁质的磁结构,发现每种反铁磁质存在一特定温度:在该温度以下,磁化率随温度降低而减小,表现出反铁磁性;在该温度以上,磁化率随温度增加而减小,转变成顺磁性.为了纪念奈耳在反铁磁性研究上所作的贡献,后人将从反铁磁性转变为顺磁性的温度称为奈耳温度或奈耳点,常用 T_N 表示.奈耳还建立了亚铁磁质的分子场理论,给人造铁氧体磁性材料的开发提供了理论指导,他因此获得了 1970 年诺贝尔物理学奖.

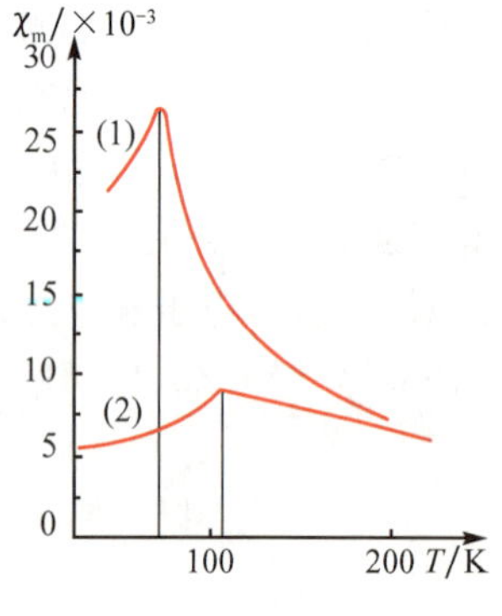

图 6.7　MnF_2(1)和 MnO(2)的磁化率-温度曲线示意图

6.4.2　介质磁化的微观机制

磁化规律是磁场和物质相互作用的宏观描述.与电介质的极化类似,磁化的物理机制与物

质的微观结构有关.不过,物质的微观结构及有关运动规律相当复杂,涉及各种量子效应,对它们的严格分析已超出经典电磁学的范围,量子力学才是研究物质磁性的钥匙.下面我们限于最简单的物质结构模型,从经典理论出发对顺磁质和抗磁质的磁化的微观机制作出说明,并用简化的量子概念定性说明铁磁质、亚铁磁质与反铁磁质的磁化机制.

1. 顺磁质

顺磁质由具有一定磁矩的分子组成,分子的磁矩来源于分子中电子的轨道运动所产生的轨道磁矩,以及电子本身所固有的自旋磁矩,而原子核的磁矩比它们要小近 3 个量级.一个分子内全部电子的磁矩的矢量和,称为分子的固有磁矩.对顺磁质,分子固有磁矩 $\boldsymbol{m}_0$ 不为零.不加外磁场时,由于分子的热运动,各分子磁矩取向无规则,互相抵消,宏观磁矩为零.在外磁场中,分子将在磁力矩 $\boldsymbol{m}_0\times\boldsymbol{B}$ 的作用下出现 $\boldsymbol{m}_0$ 顺着外场方向排列的趋势,由此产生与外场方向一致的磁化强度,这就是顺磁效应的来源.1905 年,朗之万对这一效应进行了简单的经典统计分析,下面介绍分析要点.为简便起见,设诸分子的固有磁矩 $\boldsymbol{m}_0$ 大小相同.考察单位体积中分子磁矩在空间的取向分布.设分子数密度为 n_0,$\mathrm{d}n(\theta,\varphi)$表示单位体积中,磁矩 $\boldsymbol{m}_0$ 的方向角位于 $\theta\sim\theta+\mathrm{d}\theta$、$\varphi\sim\varphi+\mathrm{d}\varphi$ 之中的分子数目.当不存在外磁场时,分子磁矩取向在各个方向的机会均等,应有

$$\mathrm{d}n(\theta,\varphi)=n_0\frac{\sin\theta\mathrm{d}\theta\mathrm{d}\varphi}{4\pi}$$

如果只考虑磁矩极角位于 $\theta\sim\theta+\mathrm{d}\theta$ 的分子数,方位角 φ 可以任意,则该分子数可由上式对 φ 积分求得,即

$$\mathrm{d}n(\theta)=\frac{n_0}{2}\sin\theta\mathrm{d}\theta \tag{6.4.7}$$

当在 z 轴方向存在外磁场 $\boldsymbol{B}$ 时(见图 6.8),由热学结果,分子磁矩取向满足玻尔兹曼分布律

$$\mathrm{d}n(\theta)=C\mathrm{e}^{-\frac{\varepsilon_p}{kT}}\sin\theta\mathrm{d}\theta \tag{6.4.8}$$

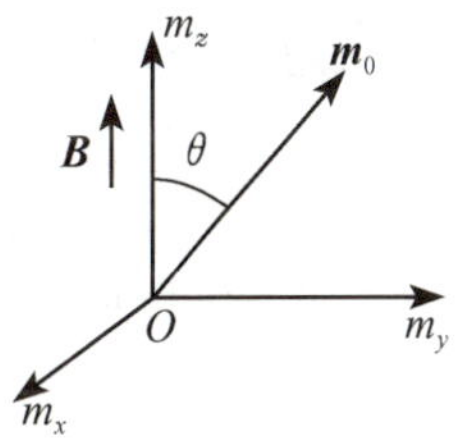

图 6.8 顺磁效应

式中,C 为归一化常数;乘子 $\mathrm{e}^{-\varepsilon_p/(kT)}$ 反映了外磁场对分子磁矩取向分布概率的影响,k 为玻尔兹曼常量,T 为介质的绝对温度,ε_p 为磁矩分子在外磁场中的“势能”,其表达式为(见 8.5 节)

$$\varepsilon_p=-\boldsymbol{m}_0\cdot\boldsymbol{B}=-m_0B\cos\theta \tag{6.4.9}$$

将式(6.4.9)代入式(6.4.8),设$|\varepsilon_p|\ll kT$(通常这一条件满足,见习题 6.8),则近似有

$$\mathrm{d}n(\theta)=C\left(1+\frac{m_0B}{kT}\cos\theta\right)\sin\theta\mathrm{d}\theta \tag{6.4.10}$$

由归一化条件

$$\int\mathrm{d}n(\theta)=\int_0^\pi C\left(1+\frac{m_0B}{kT}\cos\theta\right)\sin\theta\mathrm{d}\theta=n_0$$

可定出常数 $C=n_0/2$,于是,式(6.4.10)化为

$$\mathrm{d}n(\theta)=\frac{n_0}{2}\left(1+\frac{m_0B}{kT}\cos\theta\right)\sin\theta\mathrm{d}\theta \tag{6.4.11}$$

根据上述分布函数,不难求得介质磁化强度的大小为

$$M=\int m_0\cos\theta\mathrm{d}n(\theta)=\frac{m_0n_0}{2}\int_0^\pi\cos\theta\left(1+\frac{m_0B}{kT}\cos\theta\right)\sin\theta\mathrm{d}\theta$$

$$= \frac{n_0 m_0^2}{3kT} B \approx \frac{\mu_0 n_0 m_0^2}{3kT} H$$

其方向与 $\boldsymbol{B}$ 或 $\boldsymbol{H}$ 同向. 将上式写成矢量形式

$$\boldsymbol{M} = \frac{\mu_0 n_0 m_0^2}{3kT} \boldsymbol{H} \tag{6.4.12}$$

再与式(6.4.1)比较,可求得磁化率的表达式

$$\chi_m = \frac{\mu_0 n_0 m_0^2}{3kT} \tag{6.4.13}$$

上式表明:当 n_0 一定时,磁化率和温度成反比,由此可解释居里定律(6.4.4). 式(6.4.13)成立的条件为

$$\frac{m_0 B}{kT} \ll 1 \tag{6.4.14}$$

即磁场不能太强,温度不能过低. 对于气态顺磁质,式(6.4.13)与实验结果符合. 但对某些液态和固态顺磁质,式(6.4.13)不成立,这是由于我们所采用的理想模型不足以精确描述这类介质的微观特性.

2. 抗磁质

对抗磁质,它的分子的固有磁矩为零. 在外磁场作用下,分子中每个电子的轨道运动将受到影响而引起附加轨道磁矩. 这一附加磁矩总是逆着外磁场的方向,由此产生与外磁场方向相反的磁化强度,这就是抗磁效应的来源. 为分析这种效应,考虑某个电子绕核的轨道运动:角速度 ω,轨道半径 r,则该电子的轨道磁矩数值为

$$m = \pi r^2 I = -\pi r^2 \frac{e\omega}{2\pi} = -er^2 \frac{\omega}{2}$$

可写成如下矢量形式:

$$\boldsymbol{m} = -\frac{er^2}{2} \boldsymbol{\omega} \tag{6.4.15}$$

在外磁场 $\boldsymbol{B}$ 中,该电子受到如下力矩:

$$\boldsymbol{L} = \boldsymbol{m} \times \boldsymbol{B} \tag{6.4.16}$$

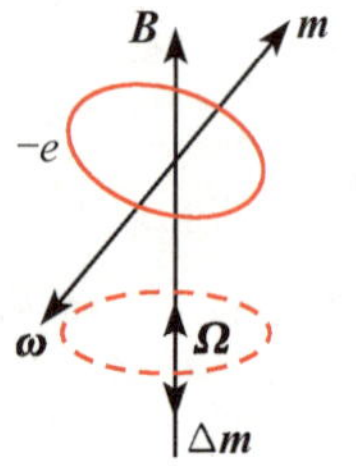

图 6.9　电子在外磁场中的进动与附加磁矩

在该力矩作用下,电子轨道面将绕 $\boldsymbol{B}$ 进动(见图 6.9). 通常外磁场的洛伦兹力远小于分子内的库仑力,以至于进动角速度 $\boldsymbol{\Omega}$ 的大小将远小于 ω. 由力学结果,下述关系成立:

$$\boldsymbol{L} = m_e r^2 \boldsymbol{\Omega} \times \boldsymbol{\omega} \tag{6.4.17}$$

式中,m_e 为电子质量,$m_e r^2$ 为电子的轨道转动惯量. 将式(6.4.15)和式(6.4.16)代入式(6.4.17)可得

$$\boldsymbol{\Omega} = \frac{e}{2m_e} \boldsymbol{B} \tag{6.4.18}$$

上式表明,电子轨道面的进动角速度总是与外磁场同向,与电子轨道的取向以及电子旋转的方向、快慢无关. 上述电子的进动将引入附加磁矩,该磁矩与 $\boldsymbol{\Omega}$ 或 $\boldsymbol{B}$ 的方向相反. 下面计算附加

磁矩的统计平均值. 设电子轨道面的各种取向机会均等,则电子将沿以 r 为半径的球面等概率分布,形成面密度为 $\sigma=-e/(4\pi r^2)$ 的均匀球面电荷. 各种轨道取向的电子以 $\boldsymbol{\Omega}$ 进动的平均效应相当于上述球面电荷以 $\boldsymbol{\Omega}$ 自转,其磁矩为(见习题 5.9)

$$\Delta \boldsymbol{m}=-\frac{er^2}{3}\boldsymbol{\Omega}=-\frac{e^2r^2}{6m_e}\boldsymbol{B} \tag{6.4.19}$$

上式表示一个轨道电子对附加磁矩的平均贡献. 设一个分子中电子总数为 Z(对单原子分子,Z 为原子序数),单位体积中分子数目为 n_0,则

$$\boldsymbol{M}=n_0 Z\overline{\Delta \boldsymbol{m}}=-\frac{n_0 Ze^2\overline{r^2}}{6m_e}\boldsymbol{B}\approx-\frac{\mu_0 n_0 Ze^2\overline{r^2}}{6m_e}\boldsymbol{H} \tag{6.4.20}$$

式中,$\overline{r^2}$ 为各种可能的电子轨道半径的方均值. 对比式(6.4.1)和式(6.4.20),可求得磁化率为

$$\chi_m=-\frac{\mu_0 n_0 Ze^2}{6m_e}\overline{r^2} \tag{6.4.21}$$

注意:对给定的 n_0,磁化率与温度无关. 按式(6.4.21)计算的抗磁质的磁化率与实验结果相符合. 对顺磁质而言,上述抗磁效应仍然存在,但总是远远小于顺磁效应.

3. 铁磁质、亚铁磁质和反铁磁质

金属铁是人类发现最早的铁磁性材料. 对各类铁磁质的磁性起源的认识,一直到 20 世纪 70 年代还有人提出新的理论模型,可见定量解释其磁性的难度很大. 目前取得的共识是:各类铁磁质与顺磁质的主要区别在于其内部存在强的交换作用. 交换作用完全是一种量子效应. 在铁磁质、亚铁磁质和反铁磁质内部的这种交换作用,使得原子或分子磁矩按某种方式有序排列,形成许多小区域,称为磁畴. 1907 年外斯就提出了磁畴假说,令人们半信半疑. 直到 1948 年毕特发明用磁粉(Fe_3O_4 的小磁粒)纹法显出磁畴结构,并用显微镜观察到铁磁体内有沿不同方向自发磁化的磁畴(图 6.10),磁畴假说才被公认.

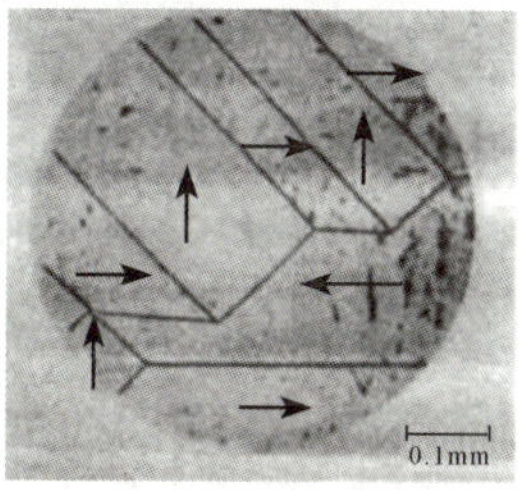

图 6.10 磁畴示意图
箭头表示各磁畴的磁化方向,实线给出磁畴边界

铁磁质、亚铁磁质和反铁磁质内有许多个磁畴. 由于交换作用不同,这三种磁介质的单个磁畴内的磁有序状态不同(图 6.11),呈现所谓的自发磁化各异:①铁磁质的原子或分子磁矩彼此平行排列. ②亚铁磁质的原子或分子磁矩彼此反平行排列,但彼此反向的磁矩大小不等,产生净剩余磁矩. 该净剩余磁矩在一个磁畴的范围内彼此平行,所以亚铁磁质的磁化特性很像铁磁质. ③反铁磁质的原子或分子磁矩彼此反平行排列,且彼此反向的磁矩大小相等,完全抵消. 这些磁结构可由中子衍射法一类实验检测出来.

在某一特定温度以上,亚铁磁质和反铁磁质的磁有序状态都会消失,转变成顺磁态,这一特性与铁磁质一样. 此时原子或分子的热动能大于交换作用能,磁畴消失. 在转变温度以下,由于微观磁结构的不同,它们在宏观的磁化特性上也不相同. 对于铁磁质而言,在无外磁场时,各磁畴的自发磁化方向不同,宏观上不显示磁性(图 6.12). 当加上外磁场时,铁磁质的磁化有两种方式. 一种叫"壁移过程",另一种叫"畴转过程". 实际的磁化过程经常是壁移和畴转两种过程交叉或同时进行. 图 6.13给出一个示例:随着磁场增大,先是"壁移",然后是"畴转",使铁磁质最终达到饱和磁化. 铁磁质以磁畴为单元磁化,比以单个分子为单元磁化抗热干扰的能力强,容易

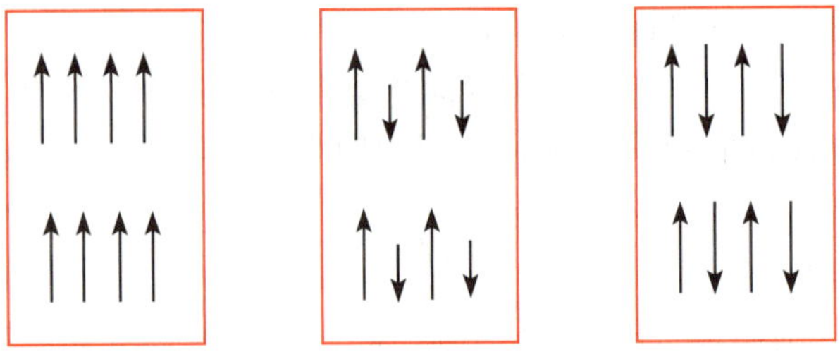

(a) 铁磁质　　(b) 亚铁磁质　　(c) 反铁磁质

图 6.11　三种磁介质的单个磁畴内的磁有序状态示意图

磁化，因此磁化率很大.

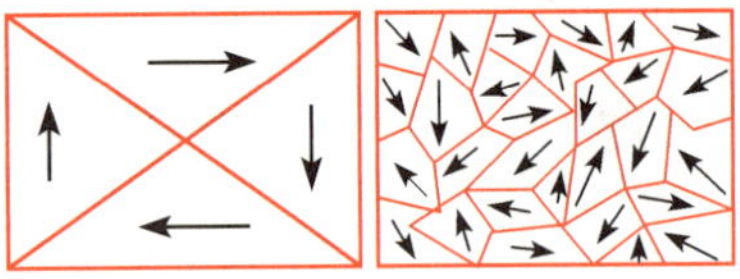

(a) 单晶　　(b) 多晶

图 6.12　铁磁质内磁畴结构示意图

亚铁磁质有自发磁化和磁畴结构，宏观磁性与铁磁质很相似，磁化过程与铁磁质也很相似；从磁化曲线和磁滞回线很难找出它们与铁磁质的差别. 反铁磁质的磁化行为较复杂，仅举最简单的例子给以说明. 一块氧化锰(MnO)单晶反铁磁质，取外磁场平行或反平行于锰离子固有磁矩方向. 此时温度越低，磁化率越小；接近绝对零度时，磁化率几乎为零. 这是交换作用强于外磁场作用的结果. 当温度升高时，相应无规热运动增强，扰乱了反铁磁质的磁序，有利于外磁场的磁化作用，以至于磁化率升高. 当温度达到某一特定温度时，反铁磁质的磁序消失，转变成顺磁质，此时磁化率达到一个极大值. 温度再升高，与顺磁质类似，磁化率将随温度增加而减小，遵守居里定律. 若外磁场与原来锰离子的磁矩方向垂直，在转变温度(奈耳点)以下，磁化率与温度无关，其值等于平行情况下的最大值. 就目前情况而言，尚未找到反铁磁质的实用价值；但从磁化的物理机制角度来看，对反铁磁性的研究仍然具有重要的理论价值，它导致亚铁磁性的发现，以及大批有重要实用价值的铁氧体材料的诞生.

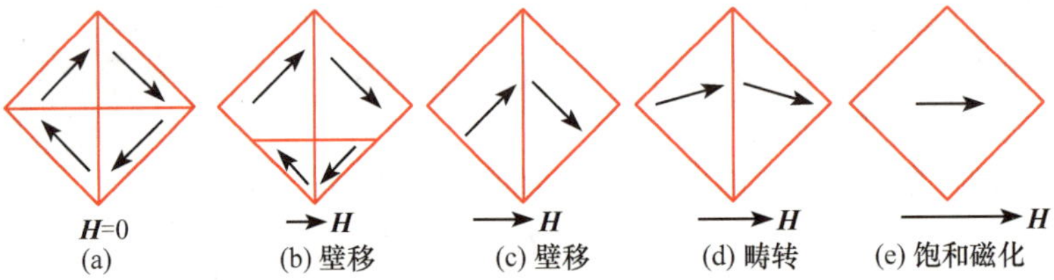

(a)　　(b) 壁移　　(c) 壁移　　(d) 畴转　　(e) 饱和磁化

图 6.13　铁磁质磁化示意图

6.4.3　无限均匀线性各向同性介质中的静磁场

现在我们回过头来讨论安培环路定理的应用. 为简单起见，我们限于讨论无限均匀线性各向同性介质，或磁场所在空间全部填满均匀各向同性介质，且电流分布因磁场分布具有对称性可化为一维问题的特殊情形. 这时，我们可直接运用安培环路定理(6.3.5)决定 $\boldsymbol{H}$，进而由性能方程(6.4.2)计算 $\boldsymbol{B}$. 下面举例说明计算步骤.

例 6.5

求一电流为 I 的无穷长直导线在磁导率为 μ 的无限均匀线性各向同性磁介质中的磁场分布.

解 本问题显然具有轴对称性质，是一维问题，磁感应线为以长直导线为轴的圆，磁场强度的大小只与圆半径 r 有关. 对以长直导线为轴、半径为 r 的圆回路应用式(6.3.5)得

$$2\pi rH = I, \quad H = \frac{I}{2\pi r}$$

再由式(6.4.2)可得 $B=\mu H=\mu I/(2\pi r)$，它为真空中无穷长载流直导线的磁感应强度的 μ/μ_0 倍.

例 6.6

设匝数为 N、电流为 I、平均半径为 R 的细螺绕环内填满磁导率为 μ 的均匀线性各向同性磁介质，求管内磁感应强度的大小.

解 对管内与环同轴的半径为 R 的圆回路应用安培环路定理(6.3.5)得

$$2\pi RH = NI, \quad H = \frac{NI}{2\pi R} = nI$$

式中，n 为单位长度上的匝数. 再由式(6.4.2)可得 $B=\mu H=\mu nI$，它为真空螺绕环 B 值的 μ/μ_0 倍(对比例 5.8).

以上两个例题的结果表明，无限均匀线性各向同性介质中的磁感应强度增加到真空中磁感应强度的 μ/μ_0 倍. 其实，这一结论普遍成立. 场强增加到 μ/μ_0 倍的原因在于出现了与传导电流同向的磁化电流，它使总电流增至原传导电流的 μ/μ_0 倍. 为看清这一点，将式(6.4.2)代入式(6.3.3)，并利用式(6.3.5)求得总电流、传导电流和磁化电流三者之间的关系：

$$\sum I = \sum I_0 + \sum I' = (\mu/\mu_0)\sum I_0, \quad \sum I' = [(\mu/\mu_0) - 1]\sum I_0$$

上述结果表明，磁化电流 $\sum I'$ 为传导电流 $\sum I_0$ 的 $(\mu/\mu_0)-1$ 倍，因而使得总电流 $\sum I$ 变为传导电流 $\sum I_0$ 的 μ/μ_0 倍.

在结束本节之前，我们简单提一下 $\boldsymbol{H}$ 线的概念和基本性质. 所谓 $\boldsymbol{H}$ 线，是指磁场空间的一组曲线，沿曲线每点的切线与该点的磁场强度 $\boldsymbol{H}$ 平行. 类比磁感应线数密度的概念，我们可以定义 $\boldsymbol{H}$ 线的数密度，它在数值上等于 $\boldsymbol{H}$ 的大小. 由 $\boldsymbol{H}$ 满足的环路定理(6.3.5)，可推断 $\boldsymbol{H}$ 线和传导电流线总是相互环绕. 对各向同性磁介质而言，$\boldsymbol{H}$ 与 $\boldsymbol{B}$ 处处平行，因而 $\boldsymbol{H}$ 线与磁感应线重合，且方向相同. 于是，若沿任一闭合磁感应线构成的闭合回路积分 $\oint \boldsymbol{H}\cdot \mathrm{d}\boldsymbol{l} \neq 0$，则其中必有传导电流穿过. $\boldsymbol{H}$ 线的上述性质和有关结论将在 6.5 节中用来证明静磁场的唯一性定理.

6.5 边值关系和唯一性定理

6.5.1 磁场在磁介质界面上的边值关系

在实际问题中会遇到磁介质界面的情况，在这种界面两侧磁场将会出现间断. 从静磁场的高斯定理和安培环路定理可以推出磁场在磁介质界面上应满足的边值关系.

设有两种介质，分界面为 S. 在 S 上取面元 ΔS，$\boldsymbol{n}$ 为它的单位法向矢量，由介质 1 指向介

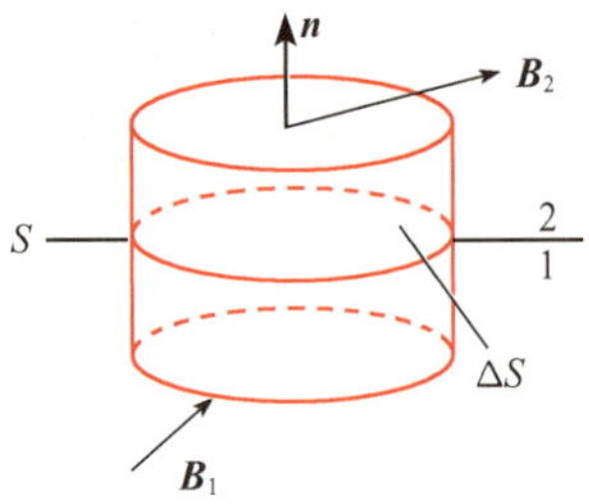

图 6.14　**B** 的法向分量连续

质 2. 以 ΔS 为截面作一柱形高斯面，其两底分别位于介质 1 和介质 2 中(图 6.14). 柱面的高度很小且最终趋于零，故在计算通过该高斯面的磁通量时只需考虑两底面的贡献. 对该高斯面运用高斯定理(6.3.2)得

$$\boldsymbol{n} \cdot (\boldsymbol{B}_2 - \boldsymbol{B}_1) = 0 \tag{6.5.1}$$

上式表明磁感应强度的法向分量在界面上连续.

对于 6.2 节讨论的介质 2 为真空的情况，由该节公式

$$\oint \boldsymbol{M} \cdot \mathrm{d}\boldsymbol{l} = \sum I'$$

推得

$$\boldsymbol{i}' = \boldsymbol{M} \times \boldsymbol{n}$$

式中，$\boldsymbol{i}'$ 为界面磁化面电流密度，$\boldsymbol{M}$ 为介质表面磁化强度. 当时我们选择的回路为横跨界面的矩形回路. 由于介质 2 为真空，以至于 $\boldsymbol{M}_2 = 0$，真空侧的线积分为零. 若取 $\boldsymbol{M}_2 \neq 0$，用 $\boldsymbol{M}_1$ 代替 $\boldsymbol{M}$，则式(6.2.6)应代之以

$$\boldsymbol{i}' = \boldsymbol{n} \times (\boldsymbol{M}_2 - \boldsymbol{M}_1) \tag{6.5.2}$$

上式常用来计算介质界面的磁化面电流密度.

注意安培环路定理

$$\oint \boldsymbol{H} \cdot \mathrm{d}\boldsymbol{l} = \sum \boldsymbol{I}_0$$

和式(6.2.5)形式上类似，由它出发可推得

$$\boldsymbol{i}_0 = \boldsymbol{n} \times (\boldsymbol{H}_2 - \boldsymbol{H}_1) \tag{6.5.3}$$

式中，$\boldsymbol{i}_0$ 为界面传导面电流密度. 对通常磁介质界面则有 $\boldsymbol{i}_0 = 0$，以至于

$$\boldsymbol{n} \times (\boldsymbol{H}_2 - \boldsymbol{H}_1) = 0 \tag{6.5.4}$$

6.5.2　静磁场的唯一性定理

根据毕奥-萨伐尔定律，静磁场由已知的电流分布唯一确定. 然而，当磁场空间出现磁介质时，磁化电流分布事先难以确定，因此不便直接运用毕奥-萨伐尔定律去计算磁场. 另外，静磁场必须满足高斯定理(6.3.2)和安培环路定理(6.3.5)，$\boldsymbol{B}$ 和 $\boldsymbol{H}$ 的关系由介质的性能方程决定. 对均匀线性各向同性磁介质，$\boldsymbol{B}$ 和 $\boldsymbol{H}$满足线性关系式(6.4.2). 从这些方程出发，辅之以适当的附加条件，就可以唯一确定静磁场，这就是静磁场的唯一性定理. 在本节和本章其他各节介绍的静磁场的一些特殊解法，都是以唯一性定理为依据的.

静磁场的唯一性定理的一般表述和证明涉及数学较多，已超出本书的范围. 下面我们只就一种最简单的情况来阐述和证明静磁场的唯一性定理.

我们假设磁场空间为一封闭曲面 S 所包围. 如果 S 有限，则给定 S 面上的法向磁感应强度 B_{Sn}，它应满足条件

$$\oiint_S B_{Sn} \mathrm{d}S = 0$$

以与高斯定理一致；如果 S 无限，则要求 $\boldsymbol{B}_S \to 0$. 其次，设磁介质线性各向同性，磁导率已知且允许出现非均匀性，以及在不同磁介质界面处出现间断. 最后，设导体中传导电流的分布已知.

在这种情况下，静磁场将被唯一确定，这就是静磁场的唯一性定理.

下面用反证法来证明唯一性定理. 设对给定的传导电流分布、磁导率分布和 S 面上的边界条件的静磁场解不唯一，不妨设有两个，其磁感应强度和磁场强度分别为 $\boldsymbol{B}_1$、$\boldsymbol{H}_1$ 和 $\boldsymbol{B}_2$、$\boldsymbol{H}_2$. 令 $\boldsymbol{B}=\boldsymbol{B}_1-\boldsymbol{B}_2$，$\boldsymbol{H}=\boldsymbol{H}_1-\boldsymbol{H}_2$，则由环路定理与高斯定理，$\boldsymbol{B}$ 和 $\boldsymbol{H}$ 对应传导电流为零、S 面上 $B_{Sn}=0$ 或 $\boldsymbol{B}_S\to 0$. 对于 S 面有限即 $B_{Sn}=0$ 的情况，磁感应线或 $\boldsymbol{H}$ 线不可能起止于 S 面上，而只能在 S 内闭合. 由 6.4 节末尾的结论，可推断 S 内必有传导电流，而这与 $\boldsymbol{B}$ 对应零传导电流的前提发生矛盾. 于是，结论只能是 S 内处处有 $\boldsymbol{B}=0$，即 $\boldsymbol{B}_1=\boldsymbol{B}_2$，唯一性定理得证. 对于 S 面无限即 $\boldsymbol{B}_S\to 0$ 的情况，磁感应线（或 $\boldsymbol{H}$ 线）或在有限空间内闭合，或起止于无穷远处. 前者不可能发生，理由同上. 后者可用该 $\boldsymbol{H}$ 线和无穷远共同组成一闭合回路，沿该回路 $\boldsymbol{H}$ 的环流不等于零，同样导致有传导电流从中穿过的结论，与前提发生矛盾. 因此，只可能 $\boldsymbol{B}=0$，$\boldsymbol{B}_1=\boldsymbol{B}_2$，即唯一性定理成立.

以下提到静磁场的唯一性定理时，我们暗中假定上述有关附加条件满足，从而将唯一性定理简单地说成是满足同样的高斯定理和安培环路定理的任何两个静磁场必定相等.

6.5.3 分区均匀线性各向同性介质中的静磁场

较复杂的静磁场问题往往和引入介质有关. 在许多情况下，介质被设为分区均匀和线性各向同性. 下面我们分析常见的两种特例.

1. 介质界面与磁感应线重合

在这种情况下，可根据静磁场的唯一性定理证明

$$\boldsymbol{H}=\frac{\boldsymbol{B}_0}{\mu_0} \tag{6.5.5}$$

式中，$\boldsymbol{H}$ 为待求静磁场的磁场强度，$\boldsymbol{B}_0$ 为传导电流（在真空中）产生的磁感应强度. 只要已知传导电流的分布，即可算得 $\boldsymbol{B}_0$. 特别是对传导电流对称分布的情况，可运用如下安培环路定理

$$\oint \boldsymbol{B}_0\cdot \mathrm{d}\boldsymbol{l}=\mu_0\sum I_0 \tag{6.5.6}$$

计算 $\boldsymbol{B}_0$，然后按下式计算各区的磁感应强度：

$$\boldsymbol{B}_i=\mu_i\boldsymbol{H}=\frac{\mu_i\boldsymbol{B}_0}{\mu_0} \tag{6.5.7}$$

式中，μ_i 为第 i 区介质的磁导率.

下面证明式(6.5.5)成立. 根据静磁场的唯一性定理，只需证明 $\boldsymbol{H}$ 和 $\boldsymbol{B}_0/\mu_0$ 满足同样的高斯定理和环路定理就够了. 将式(6.5.6)左右两边同除以 μ_0，再与式(6.3.5)比较，可知 $\boldsymbol{H}$ 和 $\boldsymbol{B}_0/\mu_0$ 满足同样的环路定理. 若能证明

$$\oiint_S \boldsymbol{H}\cdot \mathrm{d}\boldsymbol{S}=0 \tag{6.5.8}$$

则 $\boldsymbol{H}$ 和 $\boldsymbol{B}_0/\mu_0$ 满足同样的高斯定理. 在一般情况下式(6.5.8)不成立，因而式(6.5.5)也不成立. 但在目前情况下，由于界面与磁感应线重合，可证式(6.5.8)成立. 下面分两种情况做出证明. 对如图 6.15所示的多种磁介质，首先，若 S 完全位于第 i 区介质中，则有

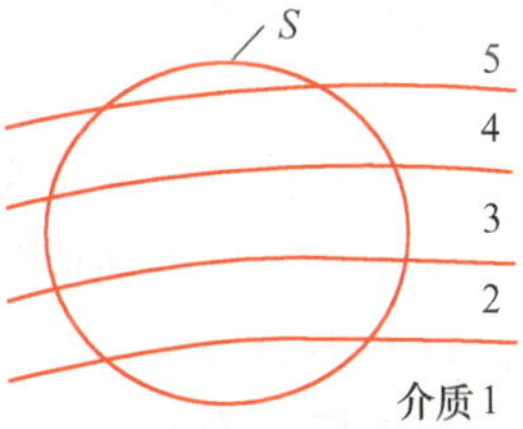

图 6.15 分区均匀介质的高斯定理

$$\oiint_S \boldsymbol{H}\cdot \mathrm{d}\boldsymbol{S}=\frac{1}{\mu_i}\oiint_S \boldsymbol{B}\cdot \mathrm{d}\boldsymbol{S}=0$$

即式(6.5.8)成立. 其次，若 S 跨越若干个介质区，则 S 将被它所跨越的界面划分为若干部分，其中任一部分的侧面加上与之邻接的界面一道组成一个闭合子高斯面(图 6.15). 每个子高斯面均处于同一介质之中，故其 $\boldsymbol{H}$ 通量为零. 对各向同性介质，$\boldsymbol{H}/\!/\boldsymbol{B}$，以至于 $\boldsymbol{H}$ 线将与界面重合. 这样，组成子高斯面的界面部分对 $\boldsymbol{H}$ 通量没有贡献. 这意味着所有子高斯面 $\boldsymbol{H}$ 通量的和将等于通过 S 的 $\boldsymbol{H}$ 通量，该通量为零，式(6.5.8)成立.

例 6.7

一圆环状磁介质与一无穷长直导线共轴(图 6.16). 设磁介质磁导率为 μ，直导线电流强度为 I，求介质内外空间的磁感应强度的分布和介质表面的磁化面电流.

解 本例属于介质界面与磁感应线重合的情况. 无穷长直线电流在真空中产生的磁感应强度与以该直线为轴的圆形环路相切，大小为

$$B_0 = \frac{\mu_0 I}{2\pi r}$$

式中，r 为离直导线的距离. 由式(6.5.7)可求得介质内、外空间的磁感应强度 $\boldsymbol{B}_{\mathrm{i}}$ 和 $\boldsymbol{B}_{\mathrm{e}}$ 的大小分别为

$$B_{\mathrm{i}} = \frac{\mu I}{2\pi r}, \quad B_{\mathrm{e}} = \frac{\mu_0 I}{2\pi r}$$

由式(6.5.2)可求得界面上磁化电流的密度为

$$i' = M_{\mathrm{i}} - M_{\mathrm{e}} = \frac{1}{\mu_0}(B_{\mathrm{i}} - B_{\mathrm{e}}) = \frac{(\mu - \mu_0)I}{2\pi\mu_0 r}$$

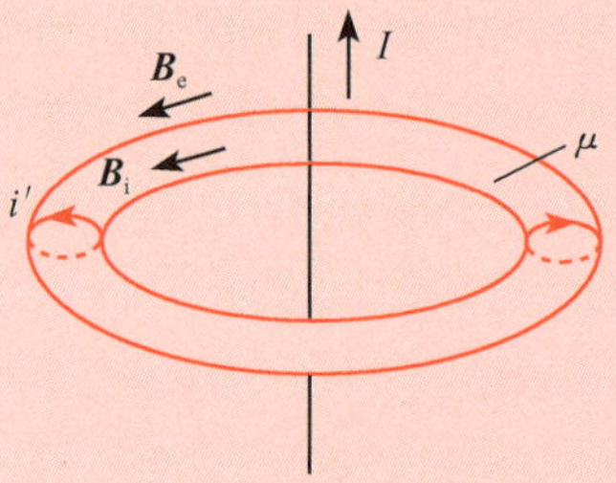

图 6.16 直线电流和磁介质圆环

方向示于图 6.16 中. 在推导上式过程中用到式(6.3.4)和式(6.5.4)，后者即 $\boldsymbol{H}$ 切向分量在界面上连续.

由上述例题可见，磁介质环的引入只是改变介质所在空间的磁感应强度的大小，而不影响介质内、外空间磁感应线的几何位形. 这一结论具有普遍性，即对任一传导电流体系在真空中的磁场，用若干个磁面(由磁感应线构成的闭合曲面)划分为几个分区，并在各分区填满磁导率各异的各向同性磁介质，则磁感应线的几何位形维持不变，改变的只是各分区的磁感应强度大小. 按上述步骤构成的分区均匀介质问题均可仿照例 6.7 的求解步骤进行类似处理. 既然我们知道怎样去构成这类问题，当然也会判断一个具体问题究竟是否属于这种类型. 顺便指出，对于例 6.7 的特殊情况，磁介质环的出现恰好不会破坏问题的轴对称性，可按例 5.5 的方式，用安培环路定理直接求解，不用刻意使用本类型分区均匀介质问题的特殊解法. 可是，对于非对称情形，在某磁通量管中填入磁介质之后，则只能按本小节介绍的方法求解.

2. 介质界面与磁感应线垂直

对一传导电流体系在真空中产生的磁场，作一组曲面处处和磁感应线正交. 借用静电场中与电场线正交的曲面为等电势面的概念，我们可以称这些曲面为“等磁势面”. 上面我们提到，以磁面为界分区，在各区中填入磁导率各异的均匀各向同性磁介质，不会给磁感应线的几何位形带来任何影响. 下面我们要问：以等磁势面为界分区，在各区中填入磁导率各异的均匀各向同性磁介质，是否会改变磁感应线的几何位形呢？若不会改变，则磁感应线仍维持与介质界面垂直，这正好就是我们要讨论的情况. 磁感应线几何位形不变的充分条件是总电流的分布形式

不变. 若引入磁介质，则有可能出现磁化面电流. 由于介质界面与磁感应线垂直，磁化强度也会与界面垂直. 由式(6.5.2)可知，界面上不会出现磁化面电流. 唯一可能出现磁化面电流的地方为介质和载流导体的界面. 同一载流导体可能与多种磁介质毗连，不同毗连面上的磁化面电流各异. 下面我们假定载流导体为超导体或内部磁场恒为零的理想导体. 对这种情况，传导电流只分布于导体表面，且其分布会自动调整，最终恰好补偿磁化面电流的变化，维持总电流的分布形式不变，以实现导体内磁场恒等于零的条件. 当然，这一调整过程可能会改变总电流(传导电流和磁化电流之和)强度. 因此，我们的结论是：介质的引入不会改变磁感应强度的分布形式，改变的仅仅是它的强度. 在这种情况下，我们可以去掉介质，按真空情况处理，算得磁场 $\boldsymbol{B}_0$；然后令待求磁感应强度为 $\boldsymbol{B}=\alpha\boldsymbol{B}_0$，其中乘子 α 待定. 该乘子可直接由安培环路定理确定：

$$\oint_L \frac{\boldsymbol{B}}{\mu}\cdot\mathrm{d}\boldsymbol{l}=\sum I_0,\quad \alpha=\frac{\sum I_0}{\oint_L \frac{\boldsymbol{B}_0}{\mu}\cdot\mathrm{d}\boldsymbol{l}} \tag{6.5.9}$$

式中，L 为围绕给定传导电流的任意闭合回路，磁导率 μ 在不同介质区取给定常数. 待 $\boldsymbol{B}$ 求得之后，由

$$\boldsymbol{H}_{\mathrm{i}}=\frac{1}{\mu_{\mathrm{i}}}\boldsymbol{B} \tag{6.5.10}$$

可求得各介质区的磁场强度. 特别地，若介质置入前的问题属于一维对称问题，即 $\boldsymbol{B}_0$ 具一维对称性，则与它只差一个常数因子的 $\boldsymbol{B}$ 也具有一维对称性. 这时，可免去引入乘子 α 之中间步骤，直接由式(6.5.9)第一式由给定传导电流和各区磁导率算 $\boldsymbol{B}$. 下面所举的例子就属于这种情况.

例 6.8

在一同轴电缆(内导体的半径为 r_1，外导体的内半径为 r_2)中填满磁导率为 μ_1 和 μ_2 两种磁介质，各占一半空间，且介质界面为通过电缆轴的平面(图 6.17). 设通过电缆的电流强度为 I，求介质中的磁场分布和介质与导体毗连面上的面电流分布.

解　本题属于磁介质界面与磁感应线垂直的情况，且介质置入前的磁感应强度相对电缆轴线对称. 取半径为 $r(r_1<r<r_2)$ 的圆回路，由式(6.5.9)得

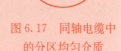

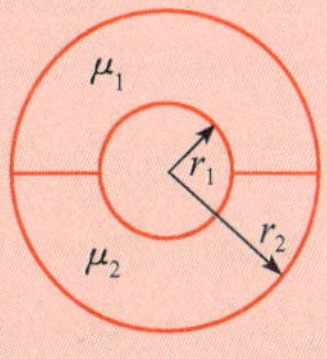

图 6.17　同轴电缆中的分区均匀介质

$$\frac{B}{\mu_1}\pi r+\frac{B}{\mu_2}\pi r=I$$

于是

$$B=\frac{\mu_1\mu_2 I}{\pi(\mu_1+\mu_2)r}$$

再由式(6.5.10)求得介质 1 和介质 2 中的磁场强度为

$$H_1=\frac{B}{\mu_1}=\frac{\mu_2 I}{\pi(\mu_1+\mu_2)r},\quad H_2=\frac{B}{\mu_2}=\frac{\mu_1 I}{\pi(\mu_1+\mu_2)r}$$

相应磁化强度为

$$M_1=\frac{1}{\mu_0}B-H_1=\frac{\mu_2[(\mu_1/\mu_0)-1]I}{\pi(\mu_1+\mu_2)r}$$

$$M_2=\frac{1}{\mu_0}B-H_2=\frac{\mu_1[(\mu_2/\mu_0)-1]I}{\pi(\mu_1+\mu_2)r}$$

对于 $r<r_1$ 和 $r>r_2$，恒有 $B=H=M=0$. 在 $r=r_1$ 处的磁化面电流和传导面电流密度为

$$i_1'=\begin{cases}M_1\big|_{r=r_1}=\dfrac{\mu_2[(\mu_1/\mu_0)-1]I}{\pi(\mu_1+\mu_2)r_1} & (\text{介质 }1)\\ M_2\big|_{r=r_1}=\dfrac{\mu_1[(\mu_2/\mu_0)-1]I}{\pi(\mu_1+\mu_2)r_1} & (\text{介质 }2)\end{cases}$$

$$i_{01}=\begin{cases}H_1\big|_{r=r_1}=\dfrac{\mu_2 I}{\pi(\mu_1+\mu_2)r_1} & (\text{毗连介质 }1)\\ H_2\big|_{r=r_1}=\dfrac{\mu_1 I}{\pi(\mu_1+\mu_2)r_1} & (\text{毗连介质 }2)\end{cases}$$

与此类似，在 $r=r_2$ 处有

$$i_2'=\begin{cases}-M_1\big|_{r=r_2}=-\dfrac{\mu_2[(\mu_1/\mu_0)-1]I}{\pi(\mu_1+\mu_2)r_2} & (\text{介质 }1)\\ -M_2\big|_{r=r_2}=-\dfrac{\mu_1[(\mu_2/\mu_0)-1]I}{\pi(\mu_1+\mu_2)r_2} & (\text{介质 }2)\end{cases}$$

$$i_{02}=\begin{cases}-H_1\big|_{r=r_2}=-\dfrac{\mu_2 I}{\pi(\mu_1+\mu_2)r_2} & (\text{毗连介质 }1)\\ -H_2\big|_{r=r_2}=-\dfrac{\mu_1 I}{\pi(\mu_1+\mu_2)r_2} & (\text{毗连介质 }2)\end{cases}$$

由上述结果可见，在 $r=r_1$ 和 $r=r_2$ 处的磁化面电流和传导面电流密度分布都不均匀，但总面电流 $i=i'+i_0$ 的分布却是均匀的. 正是总面电流分布的这种对称性决定了磁感应强度的对称性. 可是，介质的引入破坏了磁场强度 H 的轴对称性，因此无法直接通过安培环路定理计算 H. 顺便指出，本题暗中假定电缆线为内部磁场为零的超导体或理想导体，否则问题将变得十分复杂，不能用上述简单方法求解.

如前所述，对于不具一维对称性的一般情况，我们可以去掉介质，按真空情况处理，算得磁场 $\boldsymbol{B}_0$，然后按式(6.5.9)确定乘子 α，按 $\boldsymbol{B}=\alpha\boldsymbol{B}_0$ 算得实际磁感应强度 $\boldsymbol{B}$，再由式(6.5.10)求得各介质区的磁场强度. 下面举例说明求解步骤.

例 6.9

如图 6.18 所示，一无限大平面($z=0$)将磁导率分别为 μ_1 和 μ_2 的介质隔开，在 y 轴上 $y=\pm a$ 的位置分别放置电流强度为 I 的无限长直线电流，电流方向分别沿 x 的负向和正向，求空间磁场分布.

解　当去掉介质后，平面 $z=0$ 恰好为两线电流的磁场的等磁势面. 因此，本题属于介质界面与磁感应线垂直的情况. 去掉介质，由 5.2 节例 5.1 的结果，求得两线电流的磁感应强度 $\boldsymbol{B}_0$ 的空间分布如下：

$$B_{0y}=\frac{\mu_0 Iz}{2\pi}\left[\frac{1}{(y-a)^2+z^2}-\frac{1}{(y+a)^2+z^2}\right]$$

$$B_{0z}=\frac{\mu_0 I}{2\pi}\left[-\frac{y-a}{(y-a)^2+z^2}+\frac{y+a}{(y+a)^2+z^2}\right]$$

待求磁感应强度为 $\boldsymbol{B}=\alpha\boldsymbol{B}_0$，$\alpha$ 为待定乘子. 为确定 α，在 yz 平面取闭合圆回路 L，环绕并以位于 $y=a$ 处的直线电流为轴. 由式(6.5.9)第二式，可确定乘子 α 为

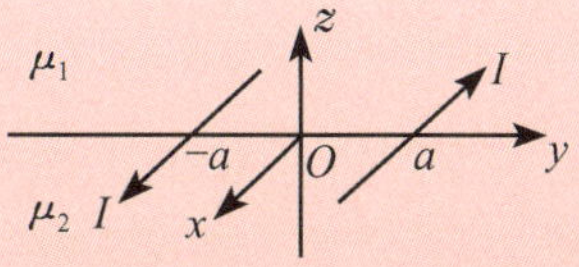

图 6.18 两条长直线电流在两半无限介质中的磁场

$$\alpha=\frac{\sum I_0}{\oint_L \frac{\boldsymbol{B}_0}{\mu}\cdot d\boldsymbol{l}}=\frac{I}{\mu_1^{-1}\int_{L_1}\boldsymbol{B}_0\cdot d\boldsymbol{l}+\mu_2^{-1}\int_{L_2}\boldsymbol{B}_0\cdot d\boldsymbol{l}}$$

$$=\frac{2I}{(\mu_1^{-1}+\mu_2^{-1})\oint_L \boldsymbol{B}_0\cdot d\boldsymbol{l}}=\frac{2\mu_1\mu_2}{\mu_0(\mu_1+\mu_2)}$$

式中，L_1 和 L_2 为回路 L 位于介质 1 和介质 2 中的部分，则有

$$\int_{L_1}\boldsymbol{B}_0\cdot d\boldsymbol{l}=\int_{L_2}\boldsymbol{B}_0\cdot d\boldsymbol{l}=\frac{1}{2}\oint_L \boldsymbol{B}_0\cdot d\boldsymbol{l}=\frac{1}{2}\mu_0 I$$

成立. 最终结果如下：

$$B_y=\frac{\mu_1\mu_2 Iz}{\pi(\mu_1+\mu_2)}\left[\frac{1}{(y-a)^2+z^2}-\frac{1}{(y+a)^2+z^2}\right]$$

$$B_z=\frac{\mu_1\mu_2 I}{\pi(\mu_1+\mu_2)}\left[\frac{y+a}{(y+a)^2+z^2}-\frac{y-a}{(y-a)^2+z^2}\right]$$

如果需要进一步计算各介质区的磁场强度 $\boldsymbol{H}$，可使用式(6.5.10).

*6.6 磁像法

对某些具有特殊几何形状的均匀线性各向同性介质界面的静磁场问题，可运用“磁像法”求解. 磁像法的依据是静磁场的唯一性定理.

若从磁荷观点出发，磁像法和电像法(见 2.8 节)步骤相同，结果可按 6.8 节的表 6.2 一一对应. 因此，本节采用电流观点. 这时，磁像法的实质是：设法找到一虚拟的电流(即像电流)来代替介质界面上的磁化电流(或导体界面上的感应电流)对考察区域磁场的贡献. 像电流一旦求得，静磁场问题就迎刃而解. 下面我们介绍用磁像法求解静磁场问题的两种特例.

6.6.1 介质界面为无限平面

设 $z=0$ 为介质界面. 界面上方($z>0$)为介质 1，磁导率为 μ_1；界面下方($z<0$)为介质 2，磁导率为 μ_2，见图 6.19(a). 在介质 1 中，设有一电流分布

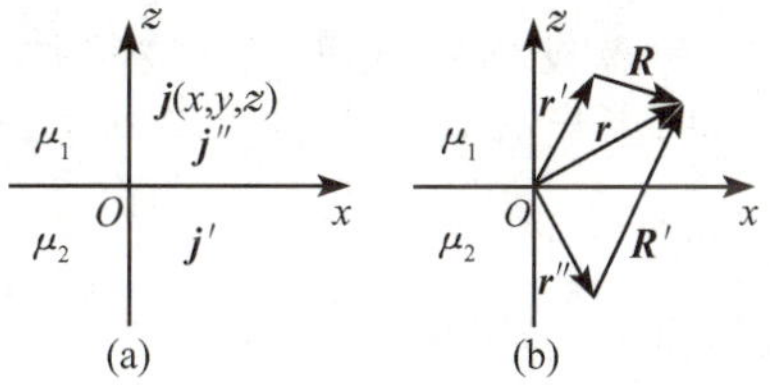

图 6.19 无限介质界面的磁像法

$$\boldsymbol{j}(x,y,z)=j_x(x,y,z)\hat{\boldsymbol{x}}+j_y(x,y,z)\hat{\boldsymbol{y}}+j_z(x,y,z)\hat{\boldsymbol{z}} \tag{6.6.1}$$

则对上半空间($z>0$),参照电像法的公式,可相应写出像电流为

$$\begin{cases} j'_x(x,y,-z)=-\dfrac{(\mu_1-\mu_2)\mu_1}{(\mu_1+\mu_2)\mu_0}j_x(x,y,z) \\ j'_y(x,y,-z)=-\dfrac{(\mu_1-\mu_2)\mu_1}{(\mu_1+\mu_2)\mu_0}j_y(x,y,z) \\ j'_z(x,y,-z)=\dfrac{(\mu_1-\mu_2)\mu_1}{(\mu_1+\mu_2)\mu_0}j_z(x,y,z) \end{cases} \tag{6.6.2}$$

对下半空间($z<0$),像电流为

$$\begin{aligned} j''_x(x,y,z)&=j'_x(x,y,-z) \\ j''_y(x,y,z)&=j'_y(x,y,-z) \\ j''_z(x,y,z)&=-j'_z(x,y,-z) \end{aligned} \tag{6.6.3}$$

它们均位于相应考察区域之外. 于是,上半空间的磁场为

$$\boldsymbol{B}(z>0)=\frac{\mu_1}{4\pi}\iiint\frac{\boldsymbol{j}(x',y',z')\times\boldsymbol{R}}{R^3}\mathrm{d}x'\mathrm{d}y'\mathrm{d}z' + \frac{\mu_0}{4\pi}\iiint\frac{\boldsymbol{j}'(x',y',-z')\times\boldsymbol{R}'}{(R')^3}\mathrm{d}x'\mathrm{d}y'\mathrm{d}z' \tag{6.6.4}$$

下半空间的磁场为

$$\boldsymbol{B}(z<0)=\frac{1}{4\pi}\iiint[\mu_1\boldsymbol{j}(x',y',z')+\mu_0\boldsymbol{j}''(x',y',z')]\times\frac{\boldsymbol{R}}{R^3}\mathrm{d}x'\mathrm{d}y'\mathrm{d}z' \tag{6.6.5}$$

式中,$\boldsymbol{r}'(x',y',z')$为源点,体积分对源点进行,$\boldsymbol{R}$ 和$\boldsymbol{R}'$的表达式如下:

$$\boldsymbol{R}=\boldsymbol{r}-\boldsymbol{r}',\quad R=[(x-x')^2+(y-y')^2+(z-z')^2]^{1/2} \tag{6.6.6}$$

$$\boldsymbol{R}'=\boldsymbol{r}-\boldsymbol{r}'',\quad R'=[(x-x')^2+(y-y')^2+(z+z')^2]^{1/2} \tag{6.6.7}$$

这里 $\boldsymbol{r}(x,y,z)$为场点,$\boldsymbol{r}''(x',y',-z')$为像点,见图 6.19(b). 注意在式(6.6.4)和式(6.6.5)中,运用毕奥-萨伐尔定律求源电流$\boldsymbol{j}$ 的磁场时 μ_0 应换成 μ_1,以包括介质 1 中源电流所在处的磁化电流的贡献,该磁化电流为源电流的$[(\mu_1/\mu_0)-1]$倍. 求像电流的场时则将磁导率取为真空磁导率 μ_0. 可以证明,按式(6.6.4)和式(6.6.5)决定的磁场满足静磁场的高斯定理和安培环路定理,且满足有关边值关系(即在 $z=0$ 两侧 $\boldsymbol{B}$ 的法向分量连续和 $\boldsymbol{H}$ 的切向分量连续),因而构成本问题的解. 这一结论请读者自行验证.

例 6.10

设下半空间($z<0$)充满磁导率为 μ 的磁介质,上半空间($z>0$)为真空,其中置入一无穷长直线电流 I,它与界面平行,距离为 d. 求空间的磁场分布.

解 由式(6.6.2),取 $\mu_1=\mu_0$,$\mu_2=\mu$,则对上半空间而言,像电流位于 $z=-d$,方向与 I 相同[图 6.20(a)],大小为

$$I'=\frac{\mu-\mu_0}{\mu+\mu_0}I$$

对下半空间而言,像电流 I'' 可由式(6.6.3)求得,其位置与 I 重合,大小也为 I',见图 6.20(b).

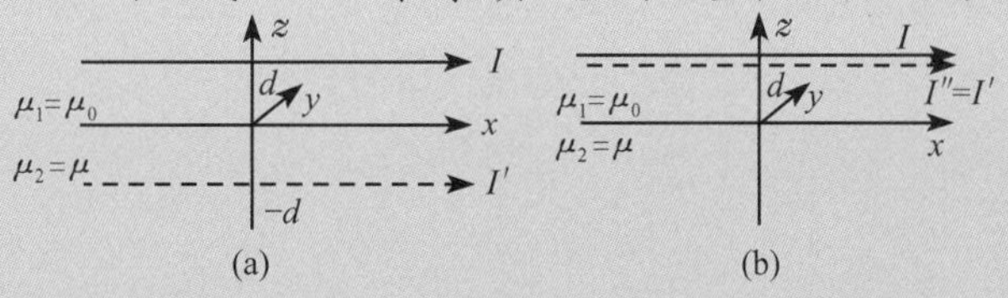

图 6.20 真空-磁介质界面的磁像法

为计算空间磁场分布,取电流方向与 x 轴平行. 由式(6.6.4),利用 5.2 节例 5.1 关于无穷长直线电流磁场的计算结果,可求得上半空间的磁场为

$$B_{y1}=-\frac{\mu_0 I}{2\pi}\left\{\frac{z-d}{y^2+(z-d)^2}+\frac{(\mu-\mu_0)(z+d)}{(\mu+\mu_0)[y^2+(z+d)^2]}\right\}$$

$$B_{z1}=\frac{\mu_0 Iy}{2\pi}\left\{\frac{1}{y^2+(z-d)^2}+\frac{\mu-\mu_0}{(\mu+\mu_0)[y^2+(z+d)^2]}\right\}$$

特别是在界面上($z=+0$)有

$$B_{y1}=\frac{\mu_0^2 Id}{\pi(\mu+\mu_0)(y^2+d^2)},\quad B_{z1}=\frac{\mu\mu_0 Iy}{\pi(\mu+\mu_0)(y^2+d^2)}$$

由式(6.6.5),利用无穷长直线电流磁场的计算结果,可求得下半空间的磁场为

$$B_{y2}=-\frac{\mu\mu_0 I(z-d)}{\pi(\mu+\mu_0)[y^2+(z-d)^2]}$$

$$B_{z2}=\frac{\mu\mu_0 Iy}{\pi(\mu+\mu_0)[y^2+(z-d)^2]}$$

在界面上($z=-0$)有

$$B_{y2}=\frac{\mu\mu_0 Id}{\pi(\mu+\mu_0)(y^2+d^2)}=\frac{\mu}{\mu_0}B_{y1}$$

$$B_{z2}=\frac{\mu\mu_0 Iy}{\pi(\mu+\mu_0)(y^2+d^2)}=B_{z1}$$

上式表明,由磁像法所得之解满足 $z=0$ 两侧 B_z 连续、H_y 连续的边值关系.

下面给出式(6.6.2)的两种特例. 第一种特例取 $\mu_1=\mu,\mu_2=0$,即介质 2 为理想抗磁介质. 这时式(6.6.2)化为

$$\begin{cases}j'_x(x,y,-z)=-(\mu/\mu_0)j_x(x,y,z)\\ j'_y(x,y,-z)=-(\mu/\mu_0)j_y(x,y,z)\\ j'_z(x,y,-z)=(\mu/\mu_0)j_z(x,y,z)\end{cases}\tag{6.6.8}$$

而按式(6.6.3)算出 $\boldsymbol{j}''$ 之后代入式(6.6.5)可知 $\boldsymbol{B}(z<0)=0$,即介质 2 中磁感应强度为零. 第二种特例取 $\mu_1=\mu,\mu_2=\infty$,即介质 2 为理想导磁介质. 这时有

$$\begin{cases}j'_x(x,y,-z)=(\mu/\mu_0)j_x(x,y,z)\\ j'_y(x,y,-z)=(\mu/\mu_0)j_y(x,y,z)\\ j'_z(x,y,-z)=-(\mu/\mu_0)j_z(x,y,z)\end{cases}\tag{6.6.9}$$

超导体是理想的抗磁质. 对理想导体(电导率趋于无穷)而言,导体中的磁场取决于初始条件. 若初始时导体中磁场为零,则以后也为零. 在这个意义上,理想导体也可以当成理想抗磁质处理. 铁磁质一般磁导率远大于 μ_0,可近似当成理想导磁质处理.

例 6.11

一无限理想导体平面上方为真空,其中有一无穷长直线电流 I 与界面平行,距离为 d. 求理想导体表面上的感应电流.

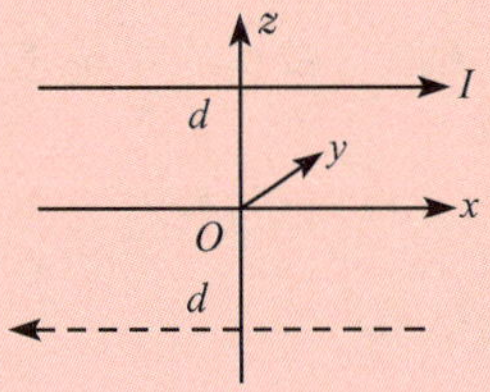

图 6.21　理想导体界面的磁像法

解　把理想导体当成理想的抗磁质,则由式(6.6.8),像电流位于 $z=-d$,方向与 I 反平行,大小等于 I(图 6.21). 于是,界面真空侧($z=+0$)的磁场强度为

$$H_y=\frac{Id}{2\pi r^2}+\frac{Id}{2\pi r^2}=\frac{Id}{\pi(y^2+d^2)}$$

由式(6.5.3)可求得导体表面上的感应面电流密度为

$$i_x=-H_y=-\frac{Id}{\pi(y^2+d^2)}$$

6.6.2　介质界面为无穷长圆柱面

如图 6.22 所示,取直角坐标 $Oxyz$,使 z 轴与圆柱轴重合. 设柱面半径为 a,柱面内填满介质 1,磁导率为 μ_1;柱面外填满介质 2,磁导率为 μ_2. 又设介质 2 中有一无穷长直线电流 I 与 z 轴平行,位于 x 轴上并与原点 O 相距 d. 可以证明,对介质 2 所在空间的磁场,像电流为 I' 和 I_0',分别位于 $x=b$ 和原点,下式成立:

$$I'=\frac{\mu_2(\mu_1-\mu_2)}{\mu_0(\mu_1+\mu_2)}I \tag{6.6.10}$$

$$I_0'=-I' \tag{6.6.11}$$

$$b=\frac{a^2}{d} \tag{6.6.12}$$

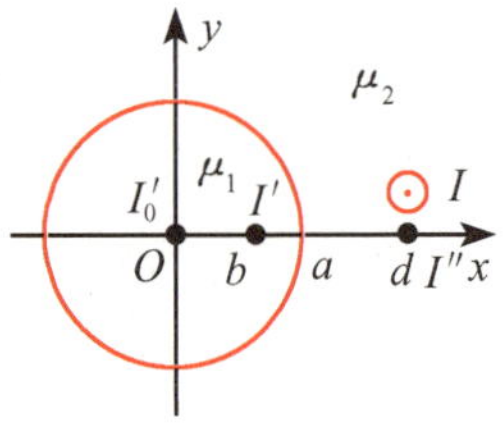

图 6.22　无穷长圆柱界面的磁像法

而对介质 1 所在的空间磁场而言,像电流为 I'',位于源电流位置($x=d$),且

$$I''=I' \tag{6.6.13}$$

式(6.6.10)~式(6.6.13)的证明如下.

首先由源电流 I 及像电流 I'、I_0'求得介质 2 中的磁感应强度为

$$B_{x2}=-\frac{y}{2\pi}\left[\frac{\mu_2 I}{(x-d)^2+y^2}+\frac{\mu_0 I'}{(x-b)^2+y^2}+\frac{\mu_0 I_0'}{x^2+y^2}\right]$$

$$B_{y2}=\frac{1}{2\pi}\left[\frac{\mu_2(x-d)I}{(x-d)^2+y^2}+\frac{\mu_0(x-b)I'}{(x-b)^2+y^2}+\frac{\mu_0 xI_0'}{x^2+y^2}\right]$$

进一步,由源电流 I 和像电流 I''求得介质 1 中的磁感应强度为

$$B_{x1}=-\frac{(\mu_2 I+\mu_0 I'')y}{2\pi[(x-d)^2+y^2]},\quad B_{y1}=\frac{(\mu_2 I+\mu_0 I'')(x-d)}{2\pi[(x-d)^2+y^2]}$$

其次,由磁感应强度法向分量在 $r=a$ 处连续的条件,即

$$\boldsymbol{B}_1 \cdot \boldsymbol{r} = \boldsymbol{B}_2 \cdot \boldsymbol{r} \quad (r = a)$$

可证式(6.6.12)和式(6.6.13)成立. 而由磁场切向分量在 $r=a$ 处连续的条件,即

$$\boldsymbol{B}_1 \times \frac{\boldsymbol{r}}{\mu_1} = \boldsymbol{B}_2 \times \frac{\boldsymbol{r}}{\mu_2} \quad (r = a)$$

可证式(6.6.10)和式(6.6.11)成立. 上述证明过程的细节请读者去完成.

对介质 1 为理想抗磁质的情况,有 $\mu_1=0$,式(6.6.10)化为

$$I' = -(\mu_2/\mu_0)I \tag{6.6.14}$$

而当介质 1 为理想导磁质时,$\mu_1 \to \infty$,有

$$I' = (\mu_2/\mu_0)I \tag{6.6.15}$$

6.7　磁路定理及其应用

6.7.1　磁路定理的基本方程

尽管不同性质的物理现象满足不同的物理规律,但常出现这些规律的数学表述相同或相近的情况,以至于可以采用同一种数学方法进行分析处理. 本节将要介绍的磁路和磁路定理和第 4 章提到的电路和电路定律就具有这种对应的关系.

首先,我们简单回顾一下直流电路问题的处理过程. 我们用到以下基本方程(见第 4 章):

(1) 稳恒条件

$$\oiint \boldsymbol{j} \cdot \mathrm{d}\boldsymbol{S} = 0 \tag{6.7.1}$$

(2) 欧姆定律

$$\boldsymbol{j} = \sigma(\boldsymbol{E} + \boldsymbol{K}) = \sigma \boldsymbol{E}' \tag{6.7.2}$$

式中,$\boldsymbol{E}'$ 为单位正电荷所受到的静电力 $\boldsymbol{E}$ 和非静电力 $\boldsymbol{K}$ 之和.

(3) 电动势的定义

$$\oint \boldsymbol{K} \cdot \mathrm{d}\boldsymbol{l} = \oint \boldsymbol{E}' \cdot \mathrm{d}\boldsymbol{l} = \mathscr{E} \tag{6.7.3}$$

从上述基本方程出发,对一闭合电流管即闭合电路而言:

(1) 沿电流管的电流强度 $I=jS=$常量;

(2) 如下电路方程成立

$$\mathscr{E} = IR \tag{6.7.4}$$

式中

$$R = \oint \frac{\mathrm{d}l}{\sigma S} \tag{6.7.5}$$

为闭合电路的电阻. 若电导率 σ 和截面积 S 沿电流管分段均匀,第 i 段电流管的长度、截面积、电导率和电阻分别为 l_i、S_i、σ_i 和 R_i,则 R 可表示为

$$R=\sum_i R_i,\quad R_i=\frac{l_i}{\sigma_i S_i} \tag{6.7.6}$$

下面我们列出静磁场的有关方程：

(1) 磁场的高斯定理

$$\oiint \boldsymbol{B}\cdot \mathrm{d}\boldsymbol{S}=0 \tag{6.7.7}$$

(2) 磁介质性能方程

$$\boldsymbol{B}=\mu\boldsymbol{H} \tag{6.7.8}$$

(3) 安培环路定理

$$\oint \boldsymbol{H}\cdot \mathrm{d}\boldsymbol{l}=\mathscr{E}_{\mathrm{m}}=\sum I_0 \tag{6.7.9}$$

式中，$\mathscr{E}_{\mathrm{m}}=\sum I_0$ 称为“磁动势”. 只要将 $\boldsymbol{j}$ 与 $\boldsymbol{B}$ 对应，$\boldsymbol{E}'$ 与 $\boldsymbol{H}$ 对应，σ 与 μ 对应，$\mathscr{E}$ 与 $\mathscr{E}_{\mathrm{m}}$ 对应，则式(6.7.1)～式(6.7.3)和式(6.7.7)～式(6.7.9)之间也一一对应. 由这些对应关系，我们还可以推论出如下对应关系：

(1) 电导率为 σ 的电流管与磁导率为 μ 的磁力线管对应；

(2) 电流管的电流强度 $I=jS$ 与磁力线管的磁通量 $\Phi_B=BS$ 对应；

(3) 一闭合电流管的电阻 R 与一闭合磁力线管的

$$R_{\mathrm{m}}=\oint\frac{\mathrm{d}l}{\mu S} \tag{6.7.10}$$

对应，R_{m} 定义为“磁阻”. 设磁导率 μ 和截面积 S 沿磁力线管分段均匀，第 i 段磁力线管的长度为 l_i，截面积为 S_i，所填充的磁介质的磁导率为 μ_i(若为真空则取 $\mu_i=\mu_0$)，相应磁阻为 $R_{\mathrm{m}i}$，则 R_{m} 可以表示为

$$R_{\mathrm{m}}=\sum_i R_{\mathrm{m}i},\qquad R_{\mathrm{m}i}=\frac{l_i}{\mu_i S_i} \tag{6.7.11}$$

像把电流管称为电路一样，我们把磁力线管称为“磁路”. 对一闭合磁力线管即一闭合磁路而言，有与电路相对应的如下结论：

(1) 沿磁力线管的磁通量 $\Phi_B=BS=$常量；

(2) 如下“磁路定理”成立

$$\mathscr{E}_{\mathrm{m}}=\Phi_B R_{\mathrm{m}}=\Phi_B\sum_i R_{\mathrm{m}i} \tag{6.7.12}$$

通常将 $\Phi_B R_{\mathrm{m}i}$ 称为第 i 段磁路的“磁势降”. 于是磁路定理即表示闭合磁路的磁动势等于各段磁路的磁势降之和.

6.7.2 磁路定理的应用

下面我们讨论磁路定理的应用. 通常我们很容易实现理想的电路：它由电源、电阻和其他电路元件通过导线连接而成，电路外部为绝缘介质或真空(电导率 $\sigma=0$)，电流仅限于电路内部，即电流线与电路平行. 但是，要实现理想的磁路，则不那么简单. 一般实际的磁路由绕有线圈的闭合或带小气隙的环状铁芯组成. 当线圈通以电流时，它所产生的磁场 $\boldsymbol{B}_0$ 将使铁芯磁化，而磁化后的铁芯会产生附加磁场 $\boldsymbol{B}'$. 为以下叙述方便起见，我们将 $\boldsymbol{B}_0$ 称为外磁场，而将($\boldsymbol{B}_0+\boldsymbol{B}'$)称为合磁场. 根据 6.5 节的分析，当铁芯磁导率均匀且填满合磁场的某个闭合的磁力线管时，合磁场的磁力线位形将同原外磁场完全一致，以至于这样安排的闭合铁芯的确构成一个理想的磁路. 以密绕螺绕环(见例 5.8)为例，环管本身正好是磁力线管，当内部为均匀圆环状铁芯填满，就

构成一理想磁路. 可是实际的铁芯和线圈是根据使用需要设计的,铁芯的几何形状往往不能做到与线圈的合磁场的磁力线管一致. 另外,整个铁芯回路可能由分段均匀的材料构成,如电磁铁的铁芯和衔铁一起构成一闭合回路,二者就具有不同的磁化性质. 有的铁芯回路(如日光灯镇流器铁芯)还留有气隙. 在这种情况下,实际铁芯回路和合磁场的磁力线管之间必然会出现偏离,因此它们就不能看成是理想的磁路. 不过,如果偏离不远的话,我们还是可以把实际的铁芯回路近似视为理想磁路,从而运用前述磁路定理进行处理. 下面我们对这个问题作些具体分析.

让我们先看看电路的情况. 设想位于电路外部的介质具有很小但有限的电导率,并与电路各部分保持良好的电接触,那么介质将提供另一个电流通路. 电流不仅限于电路内部,而且会穿过电路表面泄漏到介质之中,出现所谓"漏电流". 只有当外部介质的电导率远远小于电路材料的电导率时,这一漏电流与电路内部的电流相比才可忽略,这时我们才能将实际电路按理想电路处理. 几乎类似的情况出现于铁芯回路. 铁芯外部的非磁性物质(包括空气)的磁导率一般接近于 μ_0,而不是零. 因此,一部分磁场或磁通量将被泄漏到铁芯之外,即"漏磁"的出现一般是不可避免的. 但只要铁芯的磁导率远远大于 μ_0,上述磁通量的泄漏相对铁芯内部的磁通量来说就微不足道,以至于实际的铁芯回路才可以按理想磁路处理. 考虑到通常铁芯材料的相对磁导率都在 10^3 以上,上述条件是完全满足的. 如果铁芯回路含有气隙的话,只要气隙很窄,漏磁一般也是可以忽略的.

前面我们通过实际电路与实际磁路的类比分析得出结论:铁芯回路接近理想磁路的条件是铁芯的磁导率远远大于 μ_0,也可以根据磁介质的边值关系对这一结论作进一步说明. 如图 6.23(a)所示,一界面把磁导率为 μ 的铁芯与磁导率近似为 μ_0 的空气隔开,磁力线在界面上发生"折射". 设空气中的磁力线与界面法线的夹角为 θ_1,铁芯中的磁力线与界面法线的夹角为 θ_2. 由 6.5 节给出的边值关系可知 $\boldsymbol{B}$ 的法向分量和 $\boldsymbol{H}$ 的切向分量跨过界面连续,即

$$B_1\cos\theta_1 = B_2\cos\theta_2,\quad H_1\sin\theta_1 = H_2\sin\theta_2$$

进一步由 $H_1=B_1/\mu_0$ 和 $H_2=B_2/\mu$,可将第二式改为

$$\mu B_1\sin\theta_1 = \mu_0 B_2\sin\theta_2$$

根据这些关系式可导出

$$\tan\theta_2 = \left(\frac{\mu}{\mu_0}\right)\tan\theta_1,\quad B_2 = \left[\frac{1+(\mu/\mu_0)^2\tan^2\theta_1}{1+\tan^2\theta_1}\right]^{1/2}B_1$$

当 $\mu\gg\mu_0$、$\theta_1\neq0$ 时,有 $\theta_2\approx\pi/2$,$B_2\gg B_1$,因此铁芯内磁感应线大体与界面平行,且磁感应线将密集于铁芯内部[图 6.23(b)]. 这说明大部分磁通量将集中在铁芯内部,只有极小部分从铁芯表面泄漏出去. 利用这一性质,可以达到磁屏蔽的目的. 如图 6.23(c)所示,一高磁导率的软铁磁材料(相对磁导率大于 10^3)做成的空腔置于外磁场中,磁感应线将密集于软铁磁材料的腔壳之中,极少泄漏进空腔内. 因此,空腔内的物体将几乎不受外磁场的影响,从而达到磁屏蔽的目的.

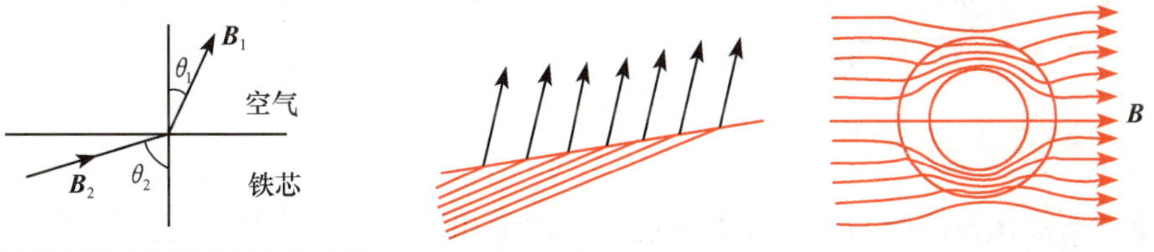

(a)磁感应线在铁芯界面上的折射　(b)磁感应线集中于铁芯内部　(c)磁屏蔽原理

图 6.23　铁芯回路磁介质的边值关系

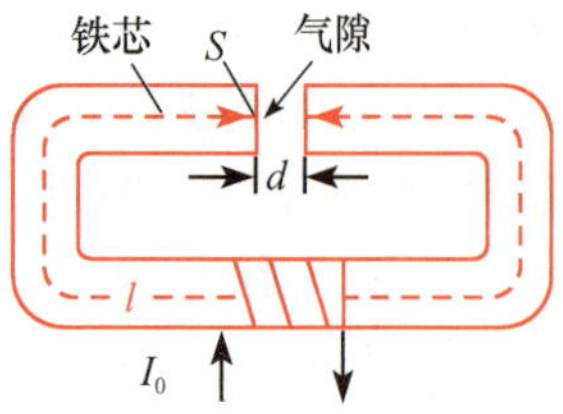

图 6.24　带气隙的磁路

现在我们考虑一带气隙的铁芯回路. 设铁芯上的载流线圈提供磁动势 $\mathscr{E}_m=NI_0$, N 为线圈匝数, I_0 为电流强度(图 6.24). 进一步我们假定铁芯材料均匀, 磁导率 $\mu\gg\mu_0$, 同时气隙很窄, 以至于可忽略漏磁效应, 视整个回路为一理想磁路. 在这一近似下, 由磁路定理(6.7.12)得

$$NI_0=\Phi_B(R_{m1}+R_{m2})$$

式中

$$R_{m1}=\frac{l}{\mu S},\quad R_{m2}=\frac{d}{\mu_0 S}$$

分别为铁芯和气隙的磁阻, l 为铁芯磁路长度, d 为气隙长度, S 为铁芯截面积(铁芯被假定为均匀截面).

例 6.12

日光灯镇流器可以等效为一带气隙的矩形磁路. 设铁芯磁导率为 μ, 截面积为 S, 长度为 l, 线圈匝数为 N, 电流为 I_0, 求无气隙时铁芯中的总磁通量以及该磁通量减至一半时的气隙长度 d.

解　由磁路方程得(无气隙时)

$$NI_0=\Phi_B\frac{l}{\mu S},\quad \Phi_B=\frac{\mu SNI_0}{l}$$

当存在气隙时, Φ_B 降至原值的一半, 则下式成立:

$$NI_0=\frac{\Phi_B}{2}\left(\frac{l}{\mu S}+\frac{d}{\mu_0 S}\right)$$

于是有

$$\frac{l}{\mu S}=\frac{1}{2}\left(\frac{l}{\mu S}+\frac{d}{\mu_0 S}\right),\quad d=\frac{\mu_0}{\mu}l$$

*6.8　磁荷法

静磁场和静磁相互作用的分析一直存在着两种观点: 磁荷观点和电流观点. 从这两种观点出发建立起来的静磁场分析方法分别称为磁荷法和电流法. 磁荷的概念最早是由库仑提出来的. 由于迄今为止还未从实验上证实孤立磁荷的存在, 故从物理上我们摒弃磁荷观点而坚持电流观点. 不过, 作为静磁场的一种处理方法, 磁荷法还是值得介绍的. 本节将指出, 对不存在传导电流的空间(包括真空和磁介质)的静磁场问题, 磁荷法和电流法将给出完全相同的结果, 而且在某些情况下磁荷法比电流法简便.

6.8.1　磁荷观点下的静磁场规律

从磁荷观点出发将导致对静磁场的起源和静磁相互作用的本质完全不同的物理解释. 为了今后便于说明磁荷法和电流法之间的等效性和对应关系, 我们对本节引入的一些概念采用同样的术语(如磁场强度、磁感应强度等),尽管它们在这里具有完全不同的物理含义.读者在学习这些概念时,最好暂时"忘掉"第 5 章对它们曾经做的物理解释,并通过与静电场的对应概念进行类比来加深认识,这样方能避免混淆,牢固地掌握这些概念的物理含义和使用方法.

1. 真空中静磁场的高斯定理和环路定理

在 5.1 节中,我们已经介绍了库仑等引入的磁荷概念,给出了点磁荷的库仑定律及磁场强度的定义.从磁场强度的定义式和点磁荷的库仑定律出发,仿照静电场的推导方法,可证明真空中的静磁场满足如下高斯定理和环路定理:

$$\oiint_S \boldsymbol{H}\cdot \mathrm{d}\boldsymbol{S}=\frac{1}{\mu_0}\sum_{(S内)}q_m \tag{6.8.1}$$

$$\oint_L \boldsymbol{H}\cdot \mathrm{d}\boldsymbol{l}=0 \tag{6.8.2}$$

特别由环路定理(6.8.2),我们可引入"磁势"的概念,它形式上与电势相对应.记磁势为 φ_{m},有

$$\boldsymbol{H}=-\nabla\varphi_{\mathrm{m}} \tag{6.8.3}$$

2. 磁偶极子

类似电偶极子的定义,我们可将磁偶极子定义为十分靠近的一对等量异号磁荷:磁荷量为 q_{m},距离为 l,磁偶极矩大小为 $p_{\mathrm{m}}=q_{\mathrm{m}}l$,方向由负磁荷指向正磁荷.由电偶极子的分析结果,可类推出磁偶极子在真空中的磁场强度、在外磁场中受的力矩和力的表达式如下:

$$\boldsymbol{H}=-\frac{\boldsymbol{p}_{\mathrm{m}}}{4\pi\mu_0 r^3}+\frac{3\boldsymbol{p}_{\mathrm{m}}\cdot\boldsymbol{r}}{4\pi\mu_0 r^5}\boldsymbol{r} \tag{6.8.4}$$

$$\boldsymbol{L}=\boldsymbol{p}_{\mathrm{m}}\times\boldsymbol{H} \tag{6.8.5}$$

$$\boldsymbol{F}=(\boldsymbol{p}_{\mathrm{m}}\cdot\nabla)\boldsymbol{H}=[\nabla(\boldsymbol{p}_{\mathrm{m}}\cdot\boldsymbol{H})]_{p_{\mathrm{m}}} \tag{6.8.6}$$

对比磁矩为 $\boldsymbol{m}$ 的元电流环的有关公式:

$$\boldsymbol{B}=-\frac{\mu_0\boldsymbol{m}}{4\pi r^3}+\frac{3\mu_0\boldsymbol{m}\cdot\boldsymbol{r}}{4\pi r^5}\boldsymbol{r} \tag{6.8.7}$$

$$\boldsymbol{L}=\boldsymbol{m}\times\boldsymbol{B} \tag{6.8.8}$$

$$\boldsymbol{F}=(\boldsymbol{m}\cdot\nabla)\boldsymbol{B}=[\nabla(\boldsymbol{m}\cdot\boldsymbol{B})]_{\mathrm{m}} \tag{6.8.9}$$

我们会发现,只要建立磁荷法中的 $\boldsymbol{H}$、$\boldsymbol{p}_{\mathrm{m}}$ 与电流法中的 $\boldsymbol{B}$、$\boldsymbol{m}$ 之间的对应关系

$$\boldsymbol{H}\leftrightarrow\frac{1}{\mu_0}\boldsymbol{B},\quad \boldsymbol{p}_{\mathrm{m}}\leftrightarrow\mu_0\boldsymbol{m} \tag{6.8.10}$$

两组公式将彼此等效,即所求得的 $\boldsymbol{B}$、$\boldsymbol{H}$、$\boldsymbol{L}$、$\boldsymbol{F}$ 完全一样.式(6.8.10)中出现的因子 μ_0 无关紧要,它完全由所选择的单位制决定.例如对高斯单位制 $\mu_0=1$,上述对应关系变为 $\boldsymbol{H}$ 和 $\boldsymbol{B}$、$\boldsymbol{p}_{\mathrm{m}}$ 和 $\boldsymbol{m}$ 之间的直接对应.

磁偶极子和元电流环之间的上述等效关系十分重要.有了这种等效关系,我们就可把磁介质分子或看成是磁偶极子,或看成是环电流,这两种观点在描述磁介质和外场的相互作用方面等效.而磁荷法与电流法的等效性,也正是基于磁偶极子和元电流环之间的等效关系,本节第二部分将对此作出说明.

3. 磁介质的"磁极化"规律

磁介质在外磁场中的"磁极化"和 6.2 节提到的磁化是同一物理现象的不同叫法.这里之

所以称为“磁极化”，是为了和电介质在外电场中的“电极化”相类比. 另外，按磁荷观点处理磁介质，磁介质分子被等效为磁偶极子，其在外磁场作用下的行为和电介质分子作为电偶极子在外电场作用下的行为类似，故均称为“极化”. 对磁介质的“磁极化”规律的讨论完全遵循电介质的电极化讨论步骤去进行. 下面我们只列出结果而不作详细论述.

描述磁介质磁极化状态的量称为磁极化强度，它定义为单位体积中全部分子磁偶极矩的矢量和

$$\boldsymbol{J}=\frac{\sum \boldsymbol{p}_{\mathrm{m分子}}}{\Delta V} \tag{6.8.11}$$

磁极化强度和极化磁荷存在如下关系：

$$\oiint_S \boldsymbol{J}\cdot \mathrm{d}\boldsymbol{S}=-\sum_{S内} q'_{\mathrm{m}} \tag{6.8.12}$$

$$\sigma'_{\mathrm{m}}=\boldsymbol{J}\cdot\boldsymbol{n} \tag{6.8.13}$$

磁介质的磁极化规律表示为

$$\boldsymbol{J}=\chi_{\mathrm{m}}\mu_0\boldsymbol{H} \tag{6.8.14}$$

式中，χ_{m} 为磁极化率. 下面将会看到，它实际上就是 6.4 节中提及的磁化率.

4. 磁介质中静磁场的高斯定理

仿照电位移矢量的引入过程，我们定义辅助矢量

$$\boldsymbol{B}=\mu_0\boldsymbol{H}+\boldsymbol{J} \tag{6.8.15}$$

称为磁感应强度. 将式(6.8.15)和式(6.8.12)代入式(6.8.1)，考虑到自由磁荷不存在，即 $q'_{\mathrm{m}}=q_{\mathrm{m}}$，有

$$\oiint_S \boldsymbol{B}\cdot \mathrm{d}\boldsymbol{S}=0 \tag{6.8.16}$$

将式(6.8.14)代入式(6.8.15)得

$$\boldsymbol{B}=\mu\boldsymbol{H} \tag{6.8.17}$$

式中

$$\mu=\mu_0(1+\chi_{\mathrm{m}}) \tag{6.8.18}$$

称为磁导率.

例 6.13

如图 6.25 所示，一个均匀磁介质球，半径为 R，相对磁导率为 μ_{r}，放置在均匀外磁场 $\boldsymbol{B}_0$ 中，利用例 2.8 的结果，导出球内外的磁感应强度.

解　介质球在均匀电场中，内部的总电场为

$$\boldsymbol{E}_{\mathrm{in}}=\frac{3}{\varepsilon_{\mathrm{r}}+2}\boldsymbol{E}_0$$

等效电偶极矩为

$$\boldsymbol{p}=\frac{4\pi\varepsilon_0(\varepsilon_{\mathrm{r}}-1)}{\varepsilon_{\mathrm{r}}+2}\boldsymbol{E}_0R^3$$

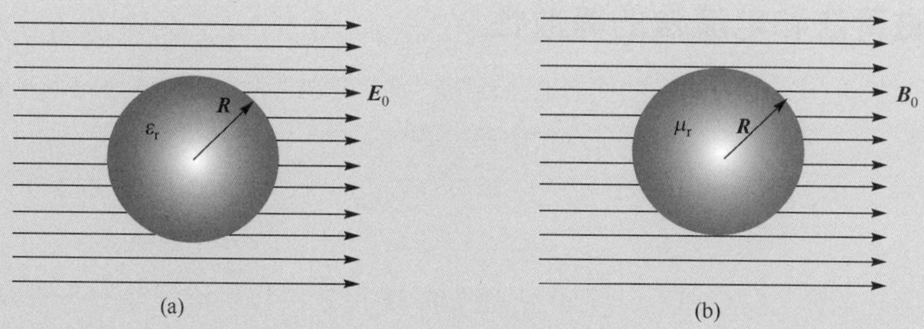

图 6.25 均匀磁介质球

外部的总电场为

$$\boldsymbol{E}_{\text{out}} = \boldsymbol{E}_0 + \frac{p}{4\pi\varepsilon_0 r^3}(2\cos\theta\boldsymbol{e}_r + \sin\theta\,\boldsymbol{e}_\theta)$$

利用两者的等效关系 $\varepsilon_r \to \mu_r$，$\boldsymbol{E} \to \boldsymbol{H}$，$\boldsymbol{P} \to \mu_0\boldsymbol{M}$，得到磁介质球放置在均匀外场 $\boldsymbol{B}_0$ 中，球内部的磁场强度为

$$H_{\text{in}} = \frac{3}{(\mu_r + 2)}\boldsymbol{H}_0 = \frac{3}{\mu_0(\mu_r + 2)}\boldsymbol{B}_0$$

球内部的磁感应强度为

$$\boldsymbol{B}_{\text{in}} = \mu_0\mu_r H_{\text{in}} = \frac{3\mu_r}{\mu_r + 2}\boldsymbol{B}_0$$

介质球的磁化强度为

$$\boldsymbol{M} = (\mu_r - 1)\frac{\boldsymbol{B}_{\text{in}}}{\mu_0\mu_r} = \frac{3(\mu_r - 1)}{\mu_0(\mu_r + 2)}\boldsymbol{B}_0$$

等效磁矩为

$$\boldsymbol{m} = \frac{4\pi(\mu_r - 1)}{\mu_0(\mu_r + 2)}\boldsymbol{B}_0 R^3$$

球外部的总磁感应强度磁场为

$$\boldsymbol{B}_{\text{out}} = \boldsymbol{B}_0 + \frac{\mu_0 m}{4\pi r^3}(2\cos\theta\boldsymbol{e}_r + \sin\theta\boldsymbol{e}_\theta)$$

如果为顺磁性磁介质球，$\mu_r \approx > 1$，则 $\boldsymbol{B}_{\text{in}} = \frac{3}{(1 + 2/\mu_r)}\boldsymbol{B}_0 > \boldsymbol{B}_0$；如果为抗磁性磁介质球，$\mu_r < \approx 1$，$\boldsymbol{B}_{\text{in}} = \frac{3}{(1 + 2/\mu_r)}\boldsymbol{B}_0 < \boldsymbol{B}_0$. 球内外的磁场线如图 6.26 所示.

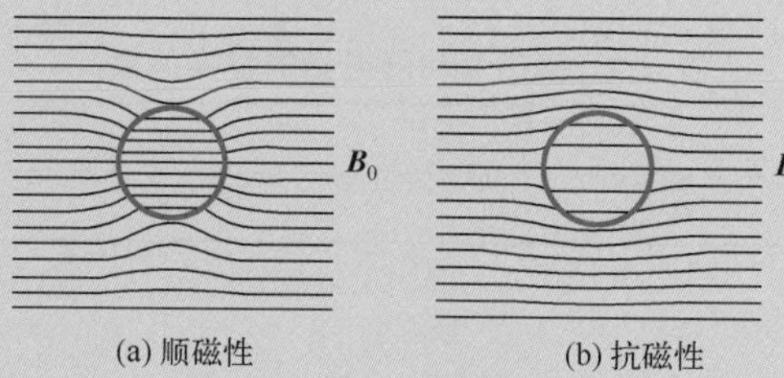

图 6.26 顺磁性球和抗磁性球在均匀外磁场中的磁化后形成的总磁场分布

6.8.2　磁荷法和电流法的等效性

由对应关系式(6.8.10)的第二式和 $\boldsymbol{J}$、$\boldsymbol{M}$ 的定义式可知

$$\boldsymbol{J}=\mu_0\boldsymbol{M} \tag{6.8.19}$$

将上式代入式(6.8.14)得

$$\boldsymbol{M}=\chi_{\mathrm{m}}\boldsymbol{H} \tag{6.8.20}$$

若我们撇开物理解释上的差别不谈，则此处定义的 $\boldsymbol{H}$ 和 $\boldsymbol{B}$ 与按电流观点引入的 $\boldsymbol{H}$ 和 $\boldsymbol{B}$ 之间的区别仅仅在于 $\boldsymbol{H}$ 满足不同的环路定理. 对磁荷法，$\boldsymbol{H}$ 满足式(6.8.2)，对电流法则有

$$\oint_L \boldsymbol{H}\cdot \mathrm{d}\boldsymbol{l}=\sum I_0 \tag{6.8.21}$$

这一差别告诉我们两点：第一点，对有传导电流存在的空间，磁荷法因无法反映由式(6.8.21)描述的磁场的有旋性质而失效，我们只能用电流法来求解传导电流所在空间的静磁场问题；第二点，对不存在传导电流的单连通空间①(该空间中可允许磁介质存在)，式(6.8.21)回到式(6.8.2)，以至于由静磁场的唯一性定理，磁荷法和电流法将获得同一静磁场解. 正是从这个意义上，我们说两种方法是等效的.

在运用磁荷法处理静磁场问题时，首先必须把讨论严格限于没有传导电流的单连通空间. 其次，对于该单连通空间以外的传导电流，应设法找到与之等效的磁荷分布. 对于稳恒电流系统，与之等效的磁荷分布总是可以找到的. 理由是：由稳恒电流的闭合性，总可以把它分解为许多元电流环的叠加(见图 5.14 及其说明)；而由前述元电流环和磁偶极子的等效性，诸元电流环可全部用磁偶极子等效. 这一等效过程的解答通常不是唯一的，但这种不唯一性不会给最终结果带来影响. 通过以下的例题和课外习题，大家可以对这一结论加深理解.

6.8.3　磁荷法的应用

从某种意义上说，磁荷法在静电场问题和静磁场问题之间搭起一座桥梁，它使得这两类不同性质的物理问题可以互相借用对方的解法和结果. 首先，磁荷法得到的静磁场解与静电场解之间存在一一对应的关系. 只要按照表 6.2 所列的对应关系进行变量替换，就可由静磁场解求得静电场解，反之亦然. 进一步，由磁荷法和电流法的等效性，已知一磁荷分布的磁场，就等于求得了与之等效的传导电流分布的磁场；或者反过来，已知一传导电流分布的磁场，就等于求得了与之等效的磁荷分布的磁场. 对于磁化强度已知的磁介质，我们或者按式(6.2.5)和式(6.2.6)求其磁化电流分布，或者按式(6.8.12)和式(6.8.13)求其极化磁荷分布，然后分别运用电流法和磁荷法求解. 在处理实际问题时，哪种方法简便，就采用哪种方法. 下面我们通过若干实例来说明磁荷法的应用.

表 6.2　静磁量和静电量的替换关系

静磁量	$\boldsymbol{H}$	$\boldsymbol{B}$	$\boldsymbol{J}$	q_{m}	σ_{m}	$\boldsymbol{p}_{\mathrm{m}}$	μ_0	μ	χ_{m}
静电量	$\boldsymbol{E}$	$\boldsymbol{D}$	$\boldsymbol{P}$	Q	σ_{e}	$\boldsymbol{p}$	ε_0	ε	χ_{e}

① 单连通空间是一拓扑学概念，在该空间中的任一闭合回路可无限缩小成一个点. 例如，一闭合球面以外的空间为单连通空间，而一闭合环面(如轮胎的表面)以外的空间则不是单连通空间，因为任何缠绕该环面的闭合回路在不穿过环面的条件下无法缩成一个点. 限于单连通空间的目的是避免 L 回路与电流相互环绕，以确保式(6.8.21)右方为零.

例 6.14

一马蹄形永久磁铁,两磁极总面积为 $2S$,磁化强度为 M,求它对衔铁的吸力.

解 本题用电流法求解相当麻烦,而用磁荷法则十分简便. 如图 6.27 所示,在马蹄形磁铁两端表面上的极化面磁荷密度为

$$\sigma_m = J = \mu_0 M$$

由于衔铁和磁极靠得很近,所以在衔铁与磁极的接触部分会感应出反号面磁荷,其吸力可由电容器两极板间的吸力表达式(见例 3.8)加倍

$$F_e = -2\frac{\sigma_e^2 S}{2\varepsilon_0} = -\frac{\sigma_e^2 S}{\varepsilon_0}$$

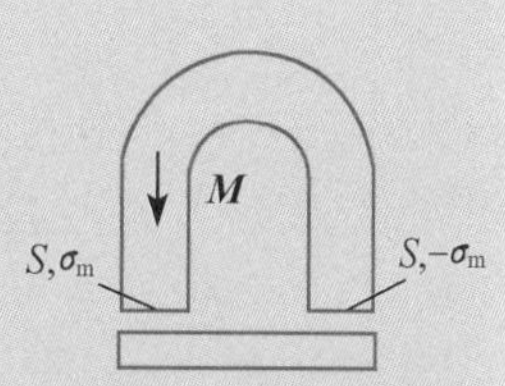

图 6.27 永久磁铁对衔铁的吸力

并通过表 6.2 给出的替换关系求得,结果为

$$F_m = -\frac{\sigma_m^2 S}{\mu_0} = -\mu_0 M^2 S$$

例 6.15

求平行板电容器边缘附近的电场分布(体现边缘效应). 设极板间距为 d,面电荷密度为 $\pm\sigma_e$. 在计算中,设场点离电容器边缘的距离 r 远大于 d,但远小于极板尺寸.

解 根据题意,我们要计算的是两半无限平面电荷在空间的电场,面电荷密度为 $\pm\sigma_e$,二平面间距为 d. 该电场原则上可由面电荷电场公式计算,但要求进行复杂的面积分运算. 下面我们改用磁荷法求解. 为此,将上述平面电荷分布代之以几何位形相同的平面磁荷分布,面磁荷密度设为 σ_m. 于是,面元 ΔS 的磁偶极矩为

$$p_m = \sigma_m d\Delta S$$

进一步将上述磁偶极子用元电流环等效:电流强度设为 I,磁矩为 $m = I\Delta S$. 由对应关系 (6.8.10),可推得

$$\mu_0 I\Delta S = \sigma_m d\Delta S$$

即

$$I = \frac{\sigma_m d}{\mu_0}$$

上述元电流相互毗连,邻接线上电流互抵,剩下一条沿电容器边缘的无穷长直线电流 I,该电流在无穷远(沿电容器边缘周线)闭合. 当考察点(即场点)远大于 d 并远小于极板尺寸时,其磁场表达式为

$$H = \frac{I}{2\pi r} = \frac{\sigma_m d}{2\pi\mu_0 r}$$

按表 6.2 所列的替换关系,可求得相应电荷分布的电场表达式

$$E = \frac{\sigma_e d}{2\pi\varepsilon_0 r}$$

这就是问题的解.

例 6.16

如图 6.28 所示，两无穷长圆弧片状带电导体 A 和 B 互相绝缘，两侧棱边在 y 轴上 $\pm b$ 处十分靠近，顶部则与 z 轴分别交于 a 和 c. 已知 $a=0.4\text{cm}$，$b=0.5\text{cm}$，$c=0.8\text{cm}$，$z=b$ 处的电场强度为 $E_b=8000\text{V}\cdot\text{cm}^{-1}$，求两导体 A 和 B 间的电势差.

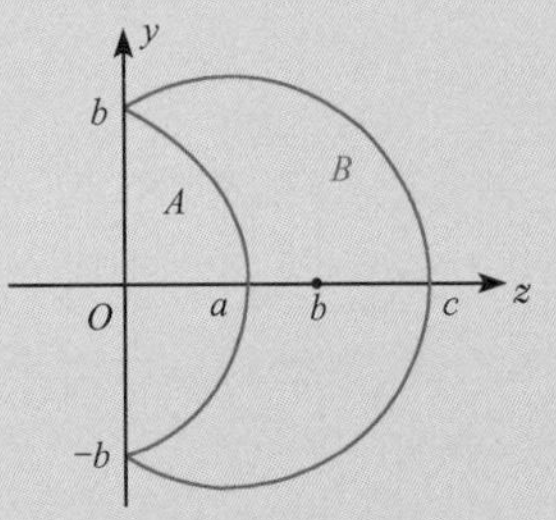

图 6.28　无穷长圆弧导体片间的电场

解　本题归结为求 A、B 两等势面之间的电场分布. 我们先来分析位于 y 轴上 $\pm b$ 的两无穷长反向直线电流的磁场位形. 写出各磁场分量的表达式之后，可以证明全部磁感应线均与通过 $\pm b$ 的任意圆弧柱面正交，相应这些圆弧柱面正好就是等磁势面，易求得上述两无穷长反向直线电流在 z 轴上的磁场表达式为

$$H_z=\frac{bI}{\pi(b^2+z^2)}=\frac{2H_b}{1+(z/b)^2}$$

式中，I 为电流强度，$H_b=I/(2\pi b)$ 为 $z=b$ 处的磁场强度. 根据表 6.2 将上式转换成

$$E_z=\frac{2E_b}{1+(z/b)^2}$$

它将能实现 A、B 为等势面及在 $z=b$ 处场强为 E_b 的条件，因而构成原静电场问题在 z 轴上的解. 于是，导体 A、B 之间的电势差为

$$V_{AB}=\int_a^c\frac{2E_b}{1+(z/b)^2}\mathrm{d}z=2bE_b\arctan\left(\frac{z}{b}\right)_a^c=2bE_b\arctan\left[\frac{b(c-a)}{b^2+ac}\right]$$

将 $a=0.4\text{cm}$，$b=0.5\text{cm}$，$c=0.8\text{cm}$，$E_b=8000\text{V}\cdot\text{cm}^{-1}$ 代入上式，可求得 $V_{AB}=2.7\times10^3\text{V}$.

本题是通过等电势面和等磁势面的类比将一静电场问题转换成静磁场问题求解的. 之所以将它归到磁荷法一类，是因为它隐含了以下转换和等效步骤：①A、B 导体间的电场由 A、B 上的面电荷分布产生；②若 A、B 上安排同样形式的面磁荷分布，则其间的磁场表达式和上述面电荷分布的电场表达式将按表 6.2 彼此对应；③上述面磁荷分布和两无穷长反向直线电流等效. 注意 A、B 之间的空间为单连通空间，其中不存在传导电流，符合磁荷法和电流法等效性的必要条件.

例 6.17

用磁荷法求小载流线圈在非均匀外磁场中所受的力.

解　由电偶极子在外电场中的受力公式 $\boldsymbol{F}=(\boldsymbol{p}\cdot\nabla)\boldsymbol{E}$（见例 2.2），利用表 6.2 给出的替换关系求得磁偶极矩为 $\boldsymbol{p}_\text{m}$ 的磁偶极子在外磁场 $\boldsymbol{H}$ 中的受力为 $\boldsymbol{F}=(\boldsymbol{p}_\text{m}\cdot\nabla)\boldsymbol{H}$. 再由式(6.8.10)给出的对应关系，将上式改写为 $\boldsymbol{F}=(\boldsymbol{m}\cdot\nabla)\boldsymbol{B}$，即式(6.1.10).

第 7 章　电 磁 感 应

电磁感应现象的发现是经典电磁学发展史上又一次飞跃.它不仅为揭示电与磁的内在联系奠定了实验基础,而且也标志着一场重大的工业和技术革命的到来.在电磁感应现象发现 50 年后,商用的发电机和电力输送系统在欧美诞生(1885 年).此后,电磁感应在电工电子技术和电磁测量方面的广泛应用,不仅对生产力而且对科学技术的发展都起着不可估量的作用.

本章将介绍电磁感应现象、电磁感应定律及其某些应用.

7.1　电磁感应定律

7.1.1　电磁感应现象

奥斯特关于电流的磁效应的重要发现激励着物理学家深入研究电与磁的内在联系.人们很自然地提出如下问题:既然电流对磁针有作用(奥斯特实验),那么磁体或电流能否对电荷作用,推动电荷运动产生电流呢?英国物理学家法拉第为此做了大量的实验(几乎同时,美国物理学家亨利也做过类似实验),并最终导致电磁感应现象的发现.在法拉第之前,已有人发现某些与电磁感应有关的现象,如法国物理学家阿拉果在 1824～1825 年曾发现的电磁阻尼和电磁驱动就属于这一类,但他们未能将这些现象与电磁感应联系起来.

起初,法拉第认为用强磁铁靠近导线,导线中就会产生稳定的电流;或者在一根导线中通一强电流,就会在邻近导线中产生稳定的电流.然而大量实验均以否定的结果告终.历经 10 年的努力,1831 年 8 月 29 日,法拉第终于发现随时间变化的电流会在邻近导线中产生感应电流.随后,他又做了一系列实验,从不同角度证明了电磁感应现象.这里,我们将有关电磁感应现象的实验归纳为五种类型简述如下.

(1) 如图 7.1 所示,螺线管 A 与电流计 G 接成闭合回路,螺线管 B、电源 S 和电键 K 串接成另一独立回路.当按下 K 接通电路的瞬间,电流计 G 的指针偏转,这表明线圈 A 中出现了电流,这种电流叫感应电流.当 B 中电流恒定时,电流计 G 的指针回到零位,表明 A 中无感应电流.在断开电键 K 的一瞬间,电流计指针又发生偏转,偏转方向与 K 按下时相反,这表明 A 中感应电流方向与前一情况相反.这是法拉第发现电磁感应现象的第一个实验,它表明只有通电线圈的电流发生变化才会在另一个线圈中产生感应电流.法拉第从这个实验中认识到感应现象的暂态性,与此同时,他估计通有变化电流的线圈的作用相当于提供一个变化的磁场,于是他接着又做了两类实验.

(2) 在图 7.1 中,合上电键 K,线圈 B 中通以稳恒电流,检流计 G 的指针处于零位.这时,如果将线圈 A 迅速移近 B,或如图 7.2 所示,将 A 迅速移近磁铁,则同样能观察到 G 的指针偏转,即 A 中出现感应电流.如果 A 与 B 或 A 与磁铁之间的运动停止,则 G 的指针回到零位,即 A 中无感应电流.当 A 迅速移开 B 或磁铁时,A 中出现感应电流,但方向与移近时相反，若A与B或A与磁铁之间相对运动速度越快时，G的指针偏转角就越大，即A中感应电流越大.

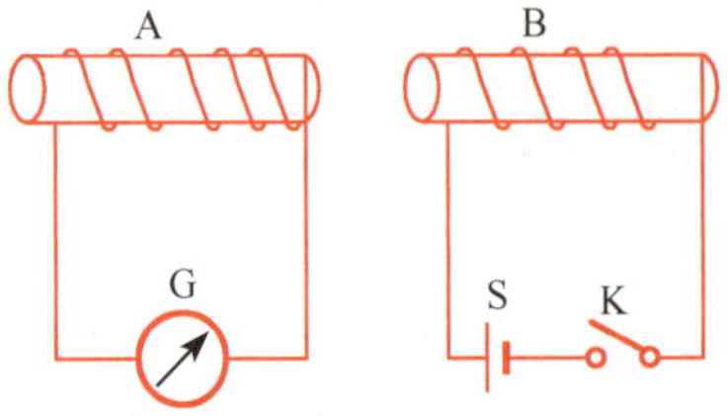

图7.1　变化电流产生感应电流

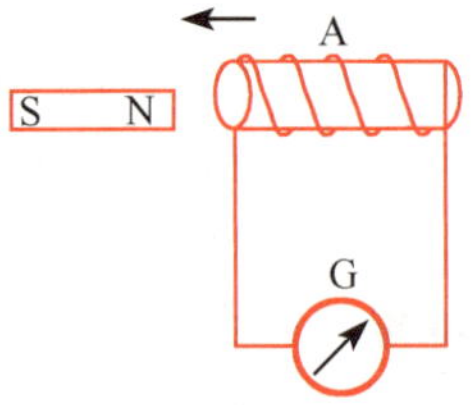

图7.2　磁铁与线圈相对运动产生感应电流

以上两类实验说明，不管用什么方法，只要使闭合线圈A处的磁场发生变化，线圈A中就会出现感应电流. 这里所说的磁场的变化指的是磁感应强度 $\boldsymbol{B}$ 的变化还是磁场强度 $\boldsymbol{H}$ 的变化呢？法拉第的第三种实验解决了这个问题.

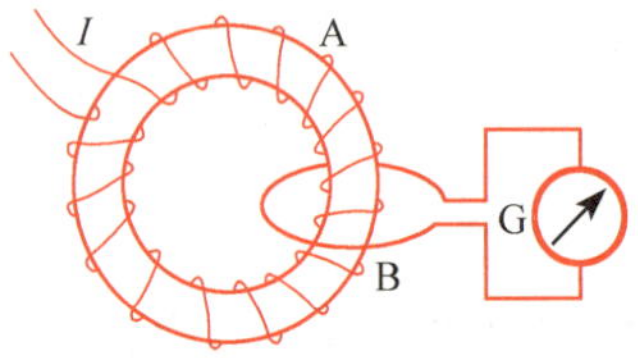

图7.3　螺线管中有铁芯时，感应电流增大

(3) 如图7.3所示，一螺绕环A通以电流 I，另一接有检流计G的闭合回路B从螺绕环孔中穿过. 当切断A中电流的瞬间，G的指针偏转，显示回路B中出现了感应电流. 如果螺绕环不用铁芯，则B中的感应电流很小. 如果用上铁芯，在螺绕环A中仍通以电流 I，则当切断该电流时，回路B中的感应电流显著增加. 如何解释这一现象呢？我们知道，在上述两种情况下，由于 I 相同，磁场强度 $\boldsymbol{H}$ 也相同. 但是，有铁芯时的磁感应强度($\boldsymbol{B}=\mu\boldsymbol{H}$)是没有铁芯时的 μ/μ_0 倍，即磁感应强度大大增强. 由此可见，感应电流的大小由 $\boldsymbol{B}$ 的变化决定. 穿过闭合回路磁感应强度的变化，意味着通过该回路的磁通量的变化，据此法拉第推测磁通量的变化是产生感应电流的最终原因. 由于磁通量 $\Phi=\boldsymbol{B}\cdot\boldsymbol{S}$，$\boldsymbol{S}$ 不变、$\boldsymbol{B}$ 变可以导致 Φ 变；另外，$\boldsymbol{B}$ 不变、$\boldsymbol{S}$ 变也可导致 Φ 变，也应该能产生感应电流. 事实又是怎样的呢？第四种实验正好说明了这个问题.

(4) 如图7.4所示，接有电流计的裸导线框 $CDEF$ 处在均匀的静磁场 $\boldsymbol{B}$ 中，$\boldsymbol{B}/\!/\boldsymbol{S}$. 线框的 EF 边可沿 DE 和 CF 边滑动并保持接触. 实验表明，当使 EF 边朝某一方向滑动时，电流计G的指针发生偏转，即表示线框 $CDEF$ 中出现了感应电流. EF 边滑动得越快，G指示出的感应电流就越大. 当 EF 边朝反方向滑动时，感应电流方向相反. 这一结果正好说明磁通量的变化产生感应电流，感应电流的大小与磁通量变化的快慢有关. 从另一个角度看，感应电流是由于闭合回路中的一段 EF 导线切割磁感应线所产生的. 这说明，当导体回路中的一部分做切割磁感应线的运动时，同样能在回路中产生感应电流. 法拉第首先领悟到这点，并设计出圆盘直流发电机，如图7.5所示. 图中 D 是固定于一导体轴上的导体圆盘，b、b' 是分别与盘轴及盘沿保持滑动接触的金属刷子，导线通过刷子与盘组成闭合回路，均匀静磁场与盘面垂直. 当导体圆盘绕中心轴旋转时，G的指针发生偏转，说明回路中出现了感应电流.

(5) 在上述任一实验装置里，在出现感应电流的回路中串联不同的电阻，其他条件维持不变，重复实验. 这时我们会发现，产生的感应电流大小反比于回路的电阻大小；对于同样的磁通量变化，感应电流回路中的电动势(称为感应电动势)相同，与回路中的电阻变化无关. 这一结果证明感应电动势比感应电流更能反映电磁感应现象的本质.

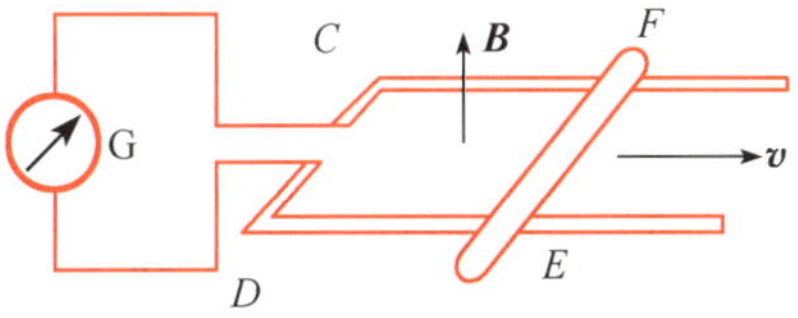

图 7.4 **B** 恒定，线圈面积变化产生感应电流

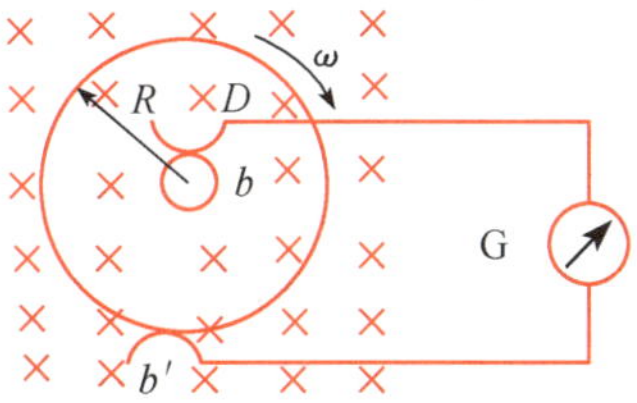

图 7.5 圆盘直流发电机

通过各种实验，法拉第不仅发现了电磁感应现象，而且从两个方面揭示了现象的本质：一方面，只有通过导体回路的磁通量发生变化，才会有电磁感应现象发生. 这种磁通量的变化可以来源于磁场的变化，也可以来源于导体回路的运动以及导体回路中的一部分做切割磁力线的运动；另一方面，感应电动势的大小与磁通量的变化速率成正比，与回路电阻大小无关. 它反映电磁感应现象的实质是磁通量的变化产生感应电动势. 以后我们会看到，当回路不闭合时，也会发生电磁感应现象，这时没有感应电流，却有感应电动势.

1845 年，法拉第的实验研究成果被纽曼等写成数学形式，这就是下面要介绍的法拉第电磁感应定律.

7.1.2 法拉第电磁感应定律

将法拉第的实验结果写成数学形式如下：

$$\mathscr{E} = k\frac{\mathrm{d}\Phi}{\mathrm{d}t} \tag{7.1.1}$$

它表示回路中的感应电动势 $\mathscr{E}$ 与通过该回路的磁通量 Φ 的时间变化率成正比. 比例系数 k 是普适常量，与回路的性质(如电阻大小、几何形状和运动状态等)无关. 在国际单位制下，易证 $\mathrm{d}\Phi/\mathrm{d}t$ 和 $\mathscr{E}$ 量纲相同，因此 k 为无量纲常数.

如图 7.6 所示，我们按右手定则规定 $\mathscr{E}$ 和 Φ 的正、负选取方法. 具体步骤是，先取定回路的绕行方向，与该绕行方向相同的电动势 $\mathscr{E}$ 取正，否则取负. 然后按右手定则由回路绕行方向(图中小箭头所指方向)确定磁通量 Φ 的正向，如图中大箭头所示. 当磁通量穿过回路的方向与大箭头一致时，Φ 取正，否则取负. 按上述规定，在国际单位制下得 $k=-1$. 于是式(7.1.1)可写成

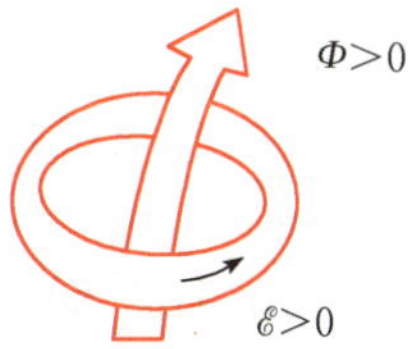

图 7.6 $\mathscr{E}$ 和 Φ 的右手定则

$$\mathscr{E} = -\frac{\mathrm{d}\Phi}{\mathrm{d}t} \tag{7.1.2}$$

上式即法拉第电磁感应定律.

由式(7.1.2)可知，当 Φ 随时间增加时，$\mathscr{E}$ 取负值，这表示感应电动势的实际方向应与图 7.6 标定的 $\mathscr{E}$ 的正值方向相反. 因为感应电流的方向与感应电动势的方向相同，所以由它产生的磁场通过回路的磁通量与原磁通量 Φ 的方向相反，即阻碍 Φ 的增加. 同样的结论对 Φ 随时间减小的情况也成立，即感应电流阻碍 Φ 的减小. 也就是说，感应电流的磁场总是阻碍原磁通量的变化. 法拉第电磁感应定律所包含的这一结论，曾于 1834 年被俄国物理学家楞次所推广，总结为如下楞次定律：感应电流的效果总是反抗引起感应电流的原因. 这里提到的原

因可以是磁通量的变化，也可以是导致该磁通量变化的其他因素. 例如，若导体回路的运动导致磁通量的变化，则这种运动可看成是引起感应电流的原因. 根据楞次定律，感应电流的出现会阻碍导体回路的运动. 在很多场合下，从楞次定律出发去判断感应电流的方向以及感应电流的物理效果，比从法拉第电磁感应定律出发更加直观.

实际中经常遇到的一种导体回路是匝数为 N 的线圈. 对这种情形，若 Φ_i 为通过线圈第 i 匝的磁通量，则定义

$$\Psi = \sum_{i=1}^{N} \Phi_i \tag{7.1.3}$$

为线圈的全磁通量. 由各匝感应电动势的可叠加性，则根据式(7.1.2)和式(7.1.3)可求得整个线圈的总感应电动势为

$$\mathscr{E} = -\frac{\mathrm{d}\Psi}{\mathrm{d}t} \tag{7.1.4}$$

对各匝磁通量相同($\Phi_i=\Phi$)的特别情形，下式成立：

$$\Psi = N\Phi, \quad \mathscr{E} = -N\frac{\mathrm{d}\Phi}{\mathrm{d}t} \tag{7.1.5}$$

7.1.3　感应电动势的计算

计算感应电动势有两种方案. 一种是按 $\mathscr{E}=|\mathrm{d}\Phi/\mathrm{d}t|$ 计算感应电动势的大小，再根据楞次定律判断感应电动势(即感应电流)的方向. 另一种方案是按右手定则标定 $\mathscr{E}$ 和 Φ 的正向，再由式(7.1.2)或式(7.1.4)计算感应电动势的代数值. 第二种方案可将感应电动势的大小和方向一次确定，在计算中更为常用，下面举例说明.

例 7.1

如图 7.7 所示的回路中，长度 $l=0.5\mathrm{m}$ 的 ab 段导线可自由滑动，均匀磁场 $\boldsymbol{B}$ 垂直指向纸内，大小为 0.5T. 回路中串接的电阻 $R=0.2\Omega$，其余部分电阻忽略不计. 若 ab 段导线以速度 $v=4\mathrm{m}\cdot\mathrm{s}^{-1}$ 向右匀速滑动，求通过回路的感应电流.

解　按右手定则规定 $\mathscr{E}$ 和 Φ 的方向，并取 I 的正向与 $\mathscr{E}$ 一致(图 7.7). 注意 Φ 的正向和 $\boldsymbol{B}$ 的方向正好相反，以至于 $\Phi=-Blx$. 由式(7.1.2)得

$$\mathscr{E} = -\frac{\mathrm{d}\Phi}{\mathrm{d}t} = Bl\frac{\mathrm{d}x}{\mathrm{d}t} = vBl$$

故

$$I = \frac{\mathscr{E}}{R} = \frac{vBl}{R} = \frac{4\times0.5\times0.5}{0.2} = 5(\mathrm{A})$$

由于 I 取正值，故感应电流方向与规定的正向一致.

例 7.2

如图 7.8 所示，一无穷长螺线管单位长度匝数为 n，通以交流电流 $I=I_0\cos\omega t$. 在螺线管内置一圆线圈，匝数为 N，半径为 r，线圈平面与螺线管轴线垂直，求线圈的感应电动势.

解 按右手定则规定 $\mathscr{E}$ 和 Φ 的正向，如图 7.8 所示. 图中还标出已知交流电流的正向，由此螺线管内磁场的正向沿轴线自左向右. 由于 Φ 的正向和 $\boldsymbol{B}$ 的方向一致，故有

$$\Phi = B\pi r^2 = n\mu_0 \pi r^2 I_0 \cos\omega t$$

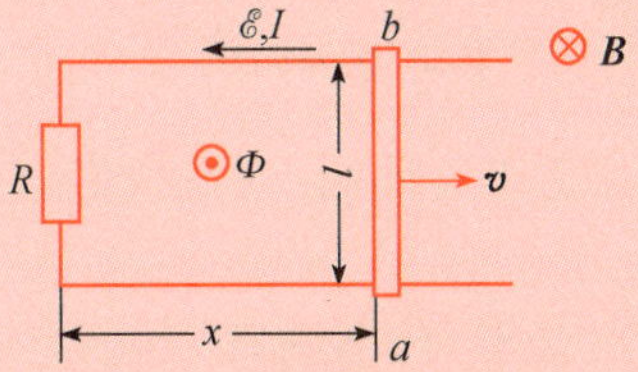

图 7.7 一边可滑动的矩形线框电路

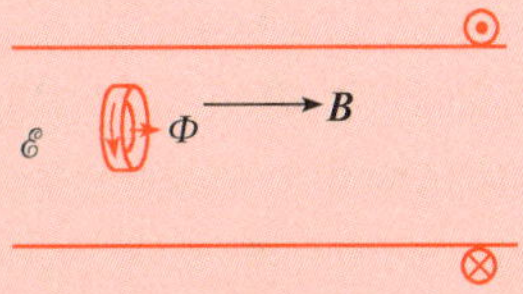

图 7.8 螺线管中的圆线圈

于是由式(7.1.5)得

$$\mathscr{E} = -N\frac{\mathrm{d}\Phi}{\mathrm{d}t} = n\mu_0 \pi r^2 \omega N I_0 \sin\omega t$$

7.1.4 块状导体中的电磁感应现象

前面我们限于讨论导体回路的情形，即回路导线的直径远小于回路尺寸. 若换成块状导体，问题将变得十分复杂，一般要联立电磁感应定律、欧姆定律和电场、磁场的基本规律来求解电流、电场和磁场的分布. 对此我们不作定量分析，而只就块状导体中的电磁感应现象作些定性说明.

处于变化磁场中或相对恒定磁场运动的块状金属内部将出现涡旋状感应电流，称为涡电流，或简称涡流. 为便于理解，我们可以将块状金属看成由无数围绕外磁场的闭合圆导线的叠加. 当外磁场变化时，在这些闭合圆导线中便会出现感应电流，即涡流. 金属电阻越小，涡流密度将越大. 涡流具有热效应和机械效应，并直接影响导体中的电流分布.

涡流的热效应可用来加热和冶炼金属. 在真空技术中常用这种方法加热真空系统内的金属部件，以清除被吸附的气体；在冶金工业中常用这种方法冶炼特殊合金和难熔金属. 这种感应加热的方法具有加热速度快、效率高、温度易于控制和材料不受污染的优点. 另外，在电器设备和变压器的铁芯中，涡流的热效应则是有害的. 它不仅损耗能量，而且会使铁芯过热而烧毁设备. 为减小涡流，通常用高电阻率的硅钢片叠制铁芯，各片之间相互绝缘，并使叠缝与磁感应线平行.

根据楞次定律，涡流的机械效应将阻碍磁场和导体之间的相对运动. 对恒定磁场中的运动导体来说，这一效应表现为制动作用；而对运动磁场(通过磁铁的运动或将一组适当排列的电磁铁交替励磁来实现)中的静止导体而言，这一效应则表现为驱动作用. 电磁制动和电磁驱动在仪表、制动器、电机和转速计等许多电磁设备中得到广泛应用.

7.1.5 电磁感应定律和磁场的高斯定理

在第 5 章中我们曾引入磁通量的概念，它是对某曲面 S 定义的

$$\Phi = \iint_S \boldsymbol{B} \cdot \mathrm{d}\boldsymbol{S} \tag{7.1.6}$$

可是，电磁感应定律所涉及的磁通量是对某闭合回路 C 定义的，或者说，是对以 C 为周线的某曲面 S 定义的. 显然，这种曲面不是唯一的. 只有通过所有这类曲面的磁通量相等，电磁感应定律才具有确定的意义. 不妨考虑两个这种曲面：S_1 和 S_2(图 7.9)，其磁通量 Φ_1 的 Φ_2 相等意味着

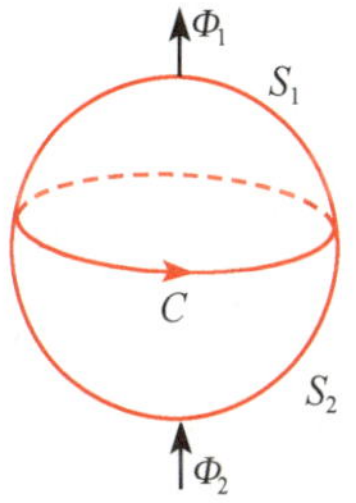

图 7.9 以同一闭合回路为周线的两个曲面

$$\iint_{S_1} \boldsymbol{B} \cdot \mathrm{d}\boldsymbol{S} = \iint_{S_2} \boldsymbol{B} \cdot \mathrm{d}\boldsymbol{S}$$

由于 S_1 和 S_2 同以 C 为周线，它们将联合构成一闭合面. 规定 d$\boldsymbol{S}$ 指向外法线方向，则上面过 S_2 的积分应反号，以至于

$$\iint_{S_1+S_2} \boldsymbol{B} \cdot \mathrm{d}\boldsymbol{S} = 0 \quad \text{或} \quad \oint\!\!\oint_{S_1+S_2} \boldsymbol{B} \cdot \mathrm{d}\boldsymbol{S} = 0 \tag{7.1.7}$$

上式即磁场的高斯定理. 第 5 章曾就静磁场的情况对它作过证明. 现在我们看到，为使电磁感应定律成立，随时间变化的磁场也应满足高斯定理.

7.2　动生电动势和感生电动势

7.2.1　动生电动势

不论是磁场随时间变化，还是回路相对磁场运动，都会使穿过回路的磁通量发生变化而产生感应电动势. 下面我们分别讨论两种特别情形.

对第一种情形，设磁场不随时间变化，而只是回路在运动. 我们称这种情形下产生的感应电动势为动生电动势.

如图 7.10 所示，考虑恒定磁场 $\boldsymbol{B}$ 中一运动的闭合回路，各部分速度可以不同，设为 $\boldsymbol{v}$. 在 t 时刻回路处于 C，从中穿过的磁通量为 Φ；在 $t+\Delta t$ 时刻回路运动到 C'，从中穿过的磁通量为 Φ'. 这样，由电磁感应定律可求得 t 时刻的动生电动势为

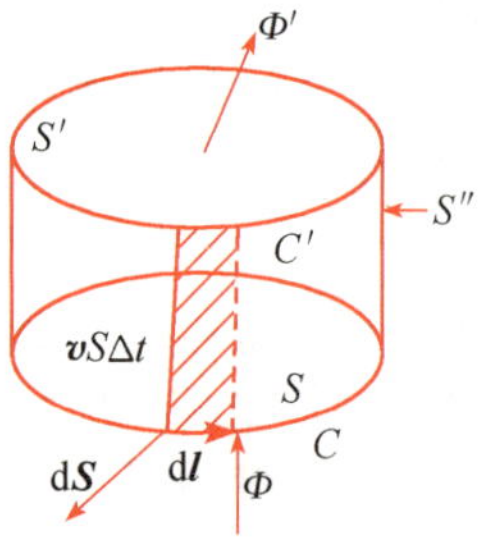

图 7.10　动生电动势的分析

$$\mathscr{E} = -\lim_{\Delta t \to 0} \frac{\Phi' - \Phi}{\Delta t} \tag{7.2.1}$$

为计算$(\Phi'-\Phi)$，以 C 为周线作某曲面 S，以 C' 为周线作某曲面 S'，且设 Δt 时间内回路扫过的曲面为 S''，则 S、S' 和 S'' 一道构成一封闭曲面. 穿过该封闭曲面的总磁通量为零，其中穿过 S' 的磁通量为 Φ'，穿过 S 的磁通量为 $-\Phi$，穿过 S'' 的磁通量为

$$\Phi'' = \iint_{S''} \boldsymbol{B} \cdot \mathrm{d}\boldsymbol{S}$$

式中，$\mathrm{d}\boldsymbol{S} = \mathrm{d}\boldsymbol{l} \times \boldsymbol{v}\,\Delta t$，以至于

$$\Phi'' = \Delta t \oint_C (\boldsymbol{v} \times \boldsymbol{B}) \cdot \mathrm{d}\boldsymbol{l}$$

式中，积分沿闭合回路 C 进行. 由于

$$\Phi' - \Phi + \Phi'' = \oint\!\!\oint_{S+S'+S''} \boldsymbol{B} \cdot \mathrm{d}\boldsymbol{S} = 0$$

有

$$\Phi' - \Phi = -\Phi'' = -\Delta t \oint_C (\boldsymbol{v} \times \boldsymbol{B}) \cdot \mathrm{d}\boldsymbol{l}$$

代入式(7.2.1)得

$$\mathscr{E}=\oint_C(\boldsymbol{v}\times\boldsymbol{B})\cdot\mathrm{d}\boldsymbol{l} \tag{7.2.2}$$

对于图 7.7 所示的导体回路，只有 ab 段以速度 v 滑动. 按式(7.2.2)计算回路的动生电动势时，回路的静止部分没有贡献，运动段 ab 的贡献为 $\mathscr{E}=vBl$，这一结果与根据式(7.1.2)算出的结果一致(见例 7.1). 不过，按式(7.1.2)算得的动生电动势似乎属于整个回路，且回路应当是闭合的，否则不好定义磁通量；而按式(7.2.2)计算的动生电动势则是分配于回路的各个部分：不动或运动方向与磁感应强度方向一致的部分对电动势没有贡献，切割磁感应线运动的部分才对电动势有贡献. 特别地，不形成回路的一段孤立导线段 ab 在恒定磁场中运动时，同样可按式(7.2.2)沿该导线积分求出动生电动势，即

$$\mathscr{E}=\int_a^b(\boldsymbol{v}\times\boldsymbol{B})\cdot\mathrm{d}\boldsymbol{l} \tag{7.2.3}$$

在该电动势作用下，导线内的自由电子将沿($-\boldsymbol{v}\times\boldsymbol{B}$)方向运动，致使导线两端出现等量异号电荷累积而产生电势差. 将动生电动势公式和 4.3 节提过的电源电动势公式类比，可知

$$\boldsymbol{K}=\boldsymbol{v}\times\boldsymbol{B} \tag{7.2.4}$$

为引起电动势的、作用在单位正电荷上的非静电力.

我们知道，电源电动势来源于非静电力做功，并伴随非静电能向电能的转换. 可是洛伦兹力不做功，怎么能作为引起动生电动势的非静电力呢？在形成动生电动势的过程中，非静电能来自何方呢？

如果以运动的导体作为参考系 S' 系，则在该系中，导体的运动速度为零，在低速情况下，S' 系中存在电场(见第 11 章)，即

$$\boldsymbol{E}'=\boldsymbol{v}\times\boldsymbol{B} \tag{7.2.5}$$

则导体中的自由电子在这个电场作用力运动，在两端引起电势差，这个电场为非静电场，此即为动生电动势的本质.

交流发电机是根据电磁感应原理制成的，它是动生电动势的典型例子，其原理如图 7.11 所示. 图中 $ABCD$ 是一个单匝线圈，可以绕固定的转轴在 N、S 磁极所激发的均匀磁场中转动. 为避免线圈的两根引线在转动过程中扭绞起来，线圈两端分别接在两个与线圈一起转动的铜环上，铜环通过两个具有弹性的金属触头与外电路接通. 在原动机(如水轮机、柴油内燃机)带动下，线圈在均匀磁场中以匀角速度 $\boldsymbol{\omega}$ 旋转，AB 和 CD 边切割磁力线，所产生的交流电动势通过铜环给外电路供电.

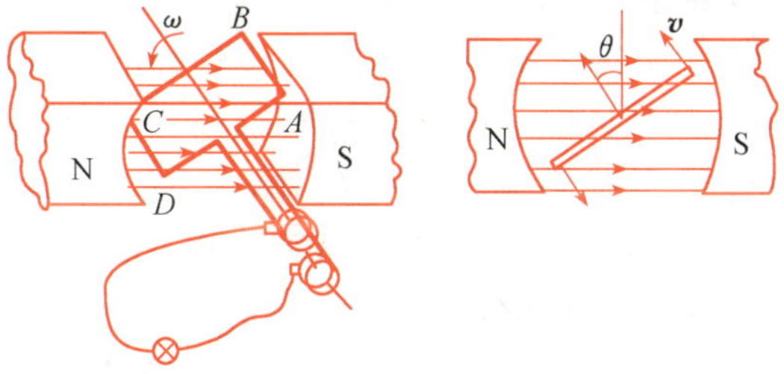

图 7.11 交流发电机原理

例 7.3

设图 7.11 中的线圈以角速度 $\boldsymbol{\omega}$ 旋转，计算线圈输出端的感应电动势.

解　由动生电动势公式(7.2.2)得

$$\mathscr{E}_{AB}=\int_A^B(\boldsymbol{v}\times\boldsymbol{B})\cdot\mathrm{d}\boldsymbol{l}=\int_A^B vB\sin(\pi/2+\theta)\mathrm{d}l=vBl\cos\theta$$

$$\mathscr{E}_{CD}=\int_C^D(\boldsymbol{v}\times\boldsymbol{B})\cdot\mathrm{d}\boldsymbol{l}=\int_C^D vB\sin(\pi/2-\theta)\mathrm{d}l=vBl\cos\theta$$

故有 $\mathscr{E}=\mathscr{E}_{AB}+\mathscr{E}_{CD}=2vBl\cos\theta$，$l$ 是 AB 或 CD 边的长度，$\theta=\omega t$，$v=\omega d/2$，d 是 BC 或 DA 边的长度. 最终求得线圈的动生电动势为

$$\mathscr{E}=2(\omega d/2)Bl\cos\omega t=BS\omega\cos\omega t,\quad S=ld$$

式中，S 为线圈所围面积. 以上结果也可通过计算穿越线圈的磁通量的变化率求得. 当线圈处于图 7.11 中所示位置时，穿越线圈的磁通量为

$$\Phi=\boldsymbol{B}\cdot\boldsymbol{S}=BS\cos(\theta+\pi/2)=-BS\sin\theta=-BS\sin\omega t$$

由法拉第电磁感应定律(7.1.2)得到同样的结果

$$\mathscr{E}=-\frac{\mathrm{d}\Phi}{\mathrm{d}t}=BS\omega\cos\omega t$$

实际的交流发电机线圈固定，让磁铁转动，以避免转动着的铜环与金属触头间出现接触不良的情况.

7.2.2　感生电动势

第二种情形是磁场随时间变化，回路静止不动. 这种情形下产生的感应电动势称为感生电动势.

将式(7.1.6)代入式(7.1.2)求得感生电动势的表达式为

$$\mathscr{E}=-\frac{\mathrm{d}}{\mathrm{d}t}\iint_S\boldsymbol{B}\cdot\mathrm{d}\boldsymbol{S}=-\iint_S\frac{\partial\boldsymbol{B}}{\partial t}\cdot\mathrm{d}\boldsymbol{S}\tag{7.2.6}$$

由于回路不动，故可将对时间的微商移至积分号内；考虑到 $\boldsymbol{B}$ 与位置有关，移到积分号内之后全微商应改为偏微商.

对感生电动势的情形，非静电力又是什么呢？这个问题无法从静场规律中得到解答. 毫无疑问，这种非静电力与磁场的时间变化有关. 考虑到感生电动势与回路的物理性质无关，则作用在单位试探电荷上的非静电力(即非静电场)完全由随时间变化的磁场决定. 那么，这种非静电场的本质又是什么呢？麦克斯韦以敏锐的洞察力预言这种非静电场是一种电场，它由随时间变化的磁场所激发，称为感应电场或涡旋电场. 感生电动势正是来源于感应电场所产生的非静电力. 麦克斯韦对感生电动势成因的解释揭示了电磁感应定律更深层次的物理本质：随时间变化的磁场在其周围产生电场. 法拉第引入的导体回路只不过是揭示感应电场存在的一种检测手段；一段导体，甚至一个试探电荷都可以作为这类检测手段. 下面要介绍的电子感应加速器，就是麦克斯韦提出的涡旋电场假设的直接证据之一.

感应电场区别于静电场的一个重要特点是环流不为零，而等于感生电动势. 环流不等于零的场是非保守场或非势场，常称为涡旋场. 因此，感应电场也称为涡旋电场，用 $\boldsymbol{E}_{旋}$ 表示. 由式(7.2.6)可推得涡旋电场的环流为

$$\mathscr{E}=\oint_C\boldsymbol{E}_{旋}\cdot\mathrm{d}\boldsymbol{l}=-\iint_S\frac{\partial\boldsymbol{B}}{\partial t}\cdot\mathrm{d}\boldsymbol{S}\tag{7.2.7}$$

除了涡旋电场以外，还存在环流为零的电场，称为势场. 若用 $\boldsymbol{E}_{势}$ 表示势场，应有

$$\oint_C \boldsymbol{E}_{势} \cdot \mathrm{d}\boldsymbol{l} = 0 \tag{7.2.8}$$

我们以前学过的静电场就是势场，不过它不随时间变化，属于势场的特例. 一般来说，势场可以与时间有关. 任何矢量场都可以分解为涡旋场和势场两部分，电场也不例外. 当然，由于这两种电场对电荷的作用规律相同，通过实验(如用试探电荷)只能测出总电场

$$\boldsymbol{E} = \boldsymbol{E}_{势} + \boldsymbol{E}_{旋} \tag{7.2.9}$$

而无法将二者分开. 由式(7.2.7)和式(7.2.8)可得

$$\oint_C \boldsymbol{E} \cdot \mathrm{d}\boldsymbol{l} = -\iint_S \frac{\partial \boldsymbol{B}}{\partial t} \cdot \mathrm{d}\boldsymbol{S} \tag{7.2.10}$$

上式是静电场环路定理的推广；在稳恒情况下，它回到静电场的环路定理.

上式的微分形式为

$$\nabla \times \boldsymbol{E} = -\frac{\partial \boldsymbol{B}}{\partial t} \tag{7.2.11}$$

利用磁矢势与磁感应强度关系 $\boldsymbol{B} = \nabla \times \boldsymbol{A}$ ，则涡旋电场可以表示为

$$\boldsymbol{E}_{旋} = -\frac{\partial \boldsymbol{A}}{\partial t} \tag{7.2.12}$$

因此可以先求磁矢势，再来求涡旋电场. 从式(7.2.11)和式(7.2.12)可以发现，涡旋电场的方向与电流密度 $\boldsymbol{j}$ 相同(或相反). 图 7.12 是螺线管外部的涡旋电场示意图.

图 7.12 螺线管外部的涡旋电场

例 7.4

如图 7.13 所示，均匀带电圆盘，半径为 R，总电量为 q，以角速度 $\omega(t)=\alpha t$ 转动，α 为常数. 求远处的涡旋电场.

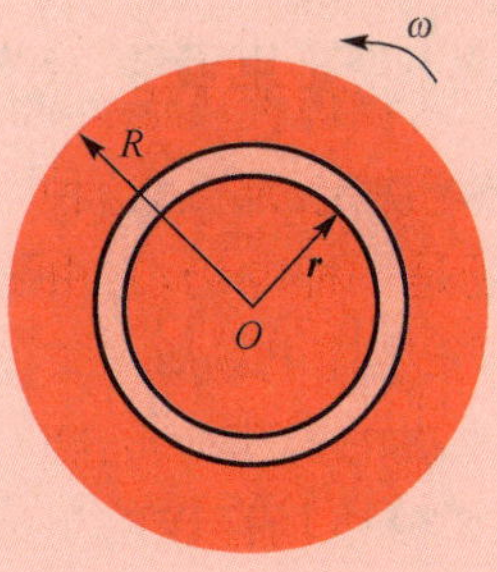

图 7.13 均匀带电圆盘

解 先求圆盘转动的磁矩. 在圆盘上取一个半径为 r、宽度为 $\mathrm{d}r$ 的圆环带，其电量为

$$\mathrm{d}q = \sigma \cdot 2\pi r \mathrm{d}r$$

电流强度为

$$\mathrm{d}I = 2\pi r \mathrm{d}r \cdot \sigma \cdot \frac{\omega}{2\pi} = \sigma\omega r \mathrm{d}r$$

环带电流的磁矩为

$$\mathrm{d}m = \mathrm{d}I \cdot S = \omega r \sigma \mathrm{d}r \cdot \pi r^2$$

圆盘的总磁矩为

$$m = \int \mathrm{d}m = \omega\sigma\pi \int_0^R r^3 \mathrm{d}r = \frac{\omega\sigma\pi}{4} R^4 = \frac{q}{4}\omega R^2$$

磁矩的方向为盘转动的右手螺旋方向，即沿纸面向外，设为 z 轴正方向. 即

$$\boldsymbol{m} = \frac{q}{4}\omega R^2 \boldsymbol{e}_z$$

与电偶极子 $\boldsymbol{p}$ 在远处产生的电势 $\varphi_p=\dfrac{\boldsymbol{p}\cdot\boldsymbol{r}}{4\pi\varepsilon_0 r^3}$ 类似，一个磁矩在远处产生的磁矢势为

$$\boldsymbol{A}=\frac{\mu_0}{4\pi}\frac{\boldsymbol{m}\times\boldsymbol{r}}{r^3}$$

这个结果也可以从式(5.2.6)推导得到，由于

$$\boldsymbol{B}=-\frac{\mu_0\boldsymbol{m}}{4\pi r^3}+\frac{3\mu_0\boldsymbol{r}(\boldsymbol{m}\cdot\boldsymbol{r})}{4\pi r^5}$$

利用 $\boldsymbol{B}=\nabla\times\boldsymbol{A}$，经过数学运算即可得到. 利用 $\boldsymbol{E}_{旋}=-\dfrac{\mathrm{d}\boldsymbol{A}}{\mathrm{d}t}$，得到远处的涡旋电场为

$$\boldsymbol{E}_{旋}=\frac{\mu_0}{4\pi r^3}\frac{\mathrm{d}\boldsymbol{m}}{\mathrm{d}t}\times\boldsymbol{r}=\frac{\mu_0 qR^2}{16\pi r^3}\alpha\boldsymbol{e}_z\times\boldsymbol{r}=\frac{\mu_0\alpha qR^2}{16\pi r^2}\boldsymbol{e}_\theta$$

例 7.5

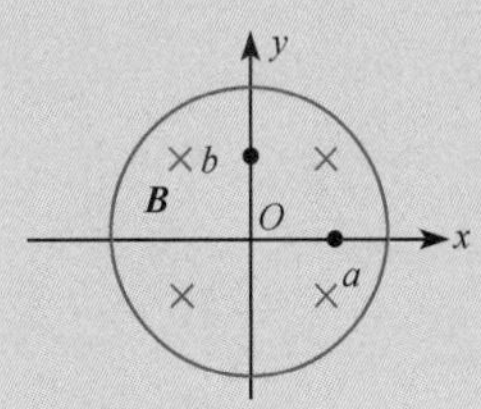

图 7.14 涡旋电场和电势差

如图 7.14 所示，在圆内磁感应强度 $\boldsymbol{B}$ 均匀，且以恒定速率随时间变化. 若 $\mathrm{d}B/\mathrm{d}t$ 已知，求 a、b 两点间的电势差($Oa=Ob=r$).

(1) a、b 之间用跨过第二、三、四象限的圆弧导线相连接；

(2) a、b 之间用跨过第一象限的圆弧导线相连接；

(3) a、b 之间没有导线连接.

解 考虑到问题的对称性，对半径为 r、绕行方向为逆时针的圆形回路，由式(7.2.7)得

$$E_{旋}\cdot 2\pi r=-\left(-\frac{\mathrm{d}B}{\mathrm{d}t}\right)\pi r^2=\frac{\mathrm{d}B}{\mathrm{d}t}\pi r^2$$

注意 $\boldsymbol{B}$ 垂直指向纸面，与回路绕行方向满足左手定则，故第一个等号右边括弧内出现负号. 由上式解出

$$E_{旋}=\frac{r}{2}\frac{\mathrm{d}B}{\mathrm{d}t}$$

当 $\mathrm{d}B/\mathrm{d}t$ 为正时，涡旋电场沿逆时针方向.

(1) a、b 之间用跨过第二、三、四象限的圆弧导线相连接，因开路电压等于电动势，故有

$$V_{ab}=\mathscr{E}=\int_{\substack{b\\(2\to3\to4)}}^{a}\boldsymbol{E}_{旋}\cdot\mathrm{d}\boldsymbol{l}=\frac{3\pi r^2}{4}\frac{\mathrm{d}B}{\mathrm{d}t}$$

(2) a、b 之间用跨过第一象限的圆弧导线相连接，有

$$V_{ab}=\mathscr{E}=\int_{\substack{b\\(1)}}^{a}\boldsymbol{E}_{旋}\cdot\mathrm{d}\boldsymbol{l}=-\frac{\pi r^2}{4}\frac{\mathrm{d}B}{\mathrm{d}t}$$

(3) a、b 之间没有导线连接，这时没有空间电荷分布，$\boldsymbol{E}_{势}=0$，以至于

$$V_{ab}=-\int_b^a\boldsymbol{E}_{势}\cdot\mathrm{d}\boldsymbol{l}=0$$

本题前两问是通过求感应电动势来计算电势差的，但必须明确电动势和电势差是两个截然不同的概念. 电动势由非静电力产生，这里是由 $\boldsymbol{E}_{旋}$ 产生，它与积分路径有关，且对闭合回路可以不等于零. 因此，谈两点的电动势没有物理意义，即不能说 a、b 两点的感应电动势，而只能说 ab 路径的感应电动势，它与 ab 路径的几何形状有关. 电势差由 $\boldsymbol{E}_{势}$ 产生，与积分路径无关，

是对两点定义的，完全由两点的位置决定. 然而，感应电动势是在导体中维持某种电荷(或电流)分布的必要条件，以至于在导体中电动势和电势差之间存在一定关系，例如开路电压等于电动势就属于这种关系. 在第 4 章中我们曾讨论过这些关系. 这里要强调的是，不要因为这些关系而模糊了电动势和电势差的根本区别.

7.2.3 电子感应加速器

电子感应加速器是直接利用涡旋电场加速电子的一种装置，它由电磁铁、环形真空室和电子枪组成，如图 7.15 所示. 电磁铁用每秒数十周的低频交变电流励磁. 在电流的上升段(占 1/4 周期)，电磁铁的极性和涡旋电场的方向示于图中，由电子枪逆着涡旋电场的方向喷射的电子将受到涡旋电场加速. 从工程角度，我们要求被加速的电子维持在恒定的圆形轨道上运动. 该轨道半径为 R，轨道处的磁感强度为 B_R，则应有 $mv^2/R=evB_R$ 成立，即

$$mv = eRB_R \tag{7.2.13}$$

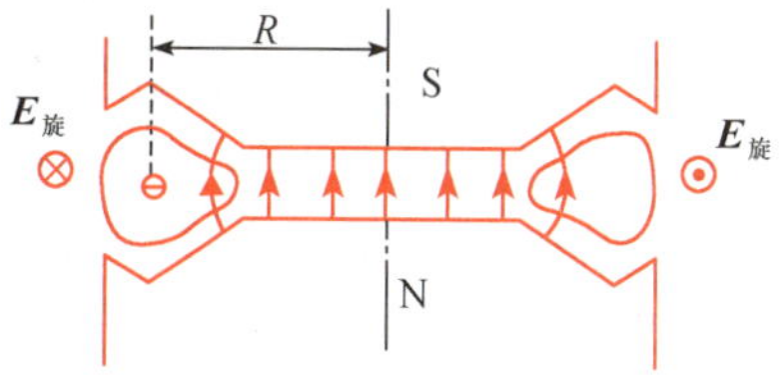

图 7.15 电子感应加速器

上式表明，只要电子动量和 B_R 成比例增加，就能实现 R 不变. 下面我们来分析电子动量的变化规律. 由牛顿第二定律和电磁感应定律(7.2.7)得

$$\frac{\mathrm{d}(mv)}{\mathrm{d}t} = -eE_{旋} = \frac{e}{2\pi R}\frac{\mathrm{d}\Phi}{\mathrm{d}t}$$

设初始时 $\Phi=0$，$v=0$，则将上式对时间积分得

$$mv = \frac{e}{2\pi R}\Phi = \frac{eR}{2}\bar{B} \tag{7.2.14}$$

式中，$\bar{B}$ 为电子轨道所围面积内的平均磁感应强度

$$\bar{B} = \frac{1}{\pi R^2}\iint_{r\leqslant R}\boldsymbol{B}\cdot\mathrm{d}\boldsymbol{S}$$

比较式(7.2.13)和式(7.2.14)得

$$B_R = \frac{1}{2}\bar{B} \tag{7.2.15}$$

通过电磁铁的外形设计可使条件(7.2.15)满足，从而达到在恒定圆轨道上加速电子之目的. 以上分析对相对论情况也成立，因此电子感应加速器不存在相对论限制. 但是，做圆周运动的电子会辐射电磁波称为回旋同步辐射. 电子能量越大，加速器尺寸越小(即 R 越小)，辐射损失就越厉害. 只有补偿了这一辐射损失，才能使电子保持其速率. 电子速率越大，需要补偿的能量也越大，这是对电子感应加速器的一个严重限制.

7.2.4 两种电动势引出的问题

对感应电动势的感生部分，经麦克斯韦引入涡旋电场之后，法拉第电磁感应定律被变换为式(7.2.10)，它反映了随时间变化的磁场激发电场的物理规律. 由于感应电动势的动生部分可用洛伦兹力来解释而不提供新的电磁规律，在建立经典电磁理论时不需要额外考虑. 也就是说，式(7.2.10)完全代表了法拉第电磁感应定律对经典电磁理论的贡献.

然而，事情并非如此简单. 法拉第关于运动物体的电磁感应现象的实验事实，在用麦克斯韦电磁理论解释时会出现客观事物本身并不存在的不对称性. 让我们考虑一永久磁铁和一线圈做相对运动时所产生的电磁感应现象，由电磁感应定律可知线圈中会出现感应电动势. 在相对磁铁静止的观察者看来，这一感应电动势为动生电动势，它来源于磁场的洛伦兹力；可是在相对线圈静止的观察者看来，这一感应电动势为感生电动势，它来源于涡旋电场的非静电力. 对同一电磁现象的不同物理解释，暴露了经典电磁理论的严重缺陷：它包含着一种客观事物并不具有的不对称性. 德国物理学家爱因斯坦建立狭义相对论的第一篇论文(1905 年)命名为“论运动物体的电动力学”，说明消除经典电磁理论在解释运动物体的电磁感应现象时所固有的不对称性，是他建立狭义相对论的基本目标之一. 狭义相对论认为，将电磁场划分为电场部分和磁场部分只具有相对的意义，这种划分与观察者所在的坐标系有关，正如一个矢量在不同坐标系中有不同的分量一样. 电磁场作为一个整体，在不同惯性坐标系中满足同样的规律. 于是，狭义相对论就从根本上消除了经典电磁理论的不对称性. 从这个意义上说，电磁感应定律不仅为经典电磁理论的建立起了奠基作用，而且也为狭义相对论的诞生作出了贡献.

7.3　互感和自感

只有给定磁场的空间分布和时间变化，才能确定某静止线圈的感生电动势. 常见的两种简单情况：①磁场源于另一个载流静止线圈；②磁场源于所考察的载流静止线圈自身. 下面分别讨论这两种情况.

7.3.1　互感现象和互感系数

考虑两个线圈，其中一个线圈的电流变化，在另一个线圈中产生感生电动势，这种现象称为互感现象，对应的感生电动势称为互感电动势.

设线圈 1 的电流为 I_1(图 7.16)，由它产生的磁场通过线圈 2 的全磁通为 Ψ_{12}. 由毕奥-萨伐尔定律可知，线圈 1 产生的磁场与 I_1 成正比，因此 Ψ_{12}必然与 I_1 成正比. 设比例系数为 M_{12}，则

$$\Psi_{12} = M_{12} I_1 \tag{7.3.1}$$

类似地，若线圈 2 的电流为 I_2，则由它产生的磁场通过线圈 1 的全磁通 Ψ_{21}正比于 I_2. 设这时的比例系数为 M_{21}，则

$$\Psi_{21} = M_{21} I_2 \tag{7.3.2}$$

稍后我们将证明 $M_{12}=M_{21}$，于是两个系数可统一表示为 M，称为互感系数，简称互感. 根据电磁感应定律，可求得线圈 1 和线圈 2 的互感电动势分别为

$$\mathscr{E}_1 = -\frac{\mathrm{d}\Psi_{21}}{\mathrm{d}t} = -M\frac{\mathrm{d}I_2}{\mathrm{d}t} \tag{7.3.3}$$

$$\mathscr{E}_2 = -\frac{\mathrm{d}\Psi_{12}}{\mathrm{d}t} = -M\frac{\mathrm{d}I_1}{\mathrm{d}t} \tag{7.3.4}$$

互感的单位可由式(7.3.1)或式(7.3.4)导出，命名为亨[利](用 H 表示)

$$1\mathrm{H} = 1\mathrm{Wb}\cdot\mathrm{A}^{-1} = 1\mathrm{V}\cdot\mathrm{s}\cdot\mathrm{A}^{-1}$$

其常用分数单位为 $1\mathrm{mH}=10^{-3}\mathrm{H}$，$1\,\mu\mathrm{H}=10^{-6}\mathrm{H}$.

现在我们来证明 $M_{12} = M_{21}$. 先考虑单匝线圈的情形. 为计算 M_{12}，第一闭合线圈产生的

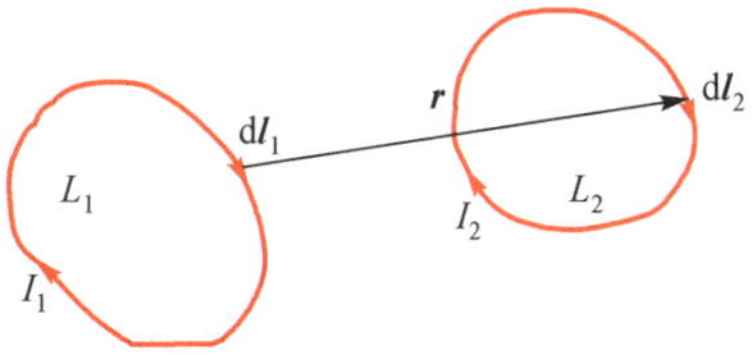

图 7.16 两单匝线圈的互感

磁矢势为

$$\boldsymbol{A}_1=\frac{\mu_0}{4\pi}\oint_{L_1}\frac{I_1\mathrm{d}\boldsymbol{l}_1}{r}$$

在第二个线圈中产生的磁通量为

$$\begin{aligned}\Psi_{21}&=\iint_{S_2}\boldsymbol{B}_1\cdot\mathrm{d}\boldsymbol{S}_2=\iint_{S_2}(\nabla\times\boldsymbol{A}_1)\cdot\mathrm{d}\boldsymbol{S}_2=\oint_{L_2}\boldsymbol{A}_1\cdot\mathrm{d}\boldsymbol{l}_2=\oint_{L_2}\frac{\mu_0}{4\pi}\oint_{L_1}\frac{I_1\mathrm{d}\boldsymbol{l}_1}{r}\cdot\mathrm{d}\boldsymbol{l}_2\\&=\frac{\mu_0 I_1}{4\pi}\oint_{L_2}\oint_{L_1}\frac{\mathrm{d}\boldsymbol{l}_1\cdot\mathrm{d}\boldsymbol{l}_2}{r}\end{aligned}\tag{7.3.5}$$

因此有

$$M_{21}=\frac{\Psi_{21}}{I_1}=\frac{\mu_0}{4\pi}\oint_{L_2}\oint_{L_1}\frac{\mathrm{d}\boldsymbol{l}_1\cdot\mathrm{d}\boldsymbol{l}_2}{r}\tag{7.3.6}$$

式中，r 为线圈 1 上一点到线圈 2 上一点的距离，积分中的分子为两个回路路径的点乘，显然下标 1,2 交换后其值不变，因此

$$M_{12}=M_{21}\tag{7.3.7}$$

对多匝线圈的情形，一方面各匝电流的磁场可以叠加，另一方面各匝的感生电动势也可以叠加，故线圈的互感等于诸单匝线圈互感之和，即

$$M_{12}=\sum_{i=1}^{N_1}\sum_{j=1}^{N_2}M_{12}^{ij}=\sum_{i=1}^{N_1}\sum_{j=1}^{N_2}M_{21}^{ij}=M_{21}$$

互感常用于电信号传输，变压器就是典型的互感元件. 对某些简单情况，可从式(7.3.1)或式(7.3.4)出发计算互感. 一般情况下互感难于计算，可通过专门仪器测定.

例 7.6

一长直螺线管长为 l，截面积为 S，线圈匝数为 N_1. 另一个 N_2 匝线圈紧绕在螺线管上的中部，计算两线圈的互感.

解 设长直螺线管电流为 I_1，其磁感应强度为

$$B=\frac{\mu_0 N_1 I_1}{l}$$

于是，通过 N_2 匝线圈的全磁通为

$$\Psi_{12}=N_2BS=\mu_0\frac{N_1N_2S}{l}I_1$$

由式(7.3.1)求得两线圈的互感系数 M 为

$$M=\frac{\Psi_{12}}{I_1}=\frac{\mu_0 N_1N_2S}{l}$$

例 7.7

两同心共面单匝圆线圈,半径分别为 r 和 R,设 $R\gg r$,求两线圈的互感.

解　设半径为 R 的圆线圈电流为 I_1,其在圆心处的磁感应强度(见例 5.2)为 $B=\mu_0 I_1/(2R)$. 由于 $R\gg r$,则小圆线圈内的磁场近似均匀并接近圆心处的磁场值,故通过小圆线圈的磁通量近似为

$$\Phi_{12}=B\pi r^2=\frac{\mu_0\pi r^2}{2R}I_1$$

于是

$$M=\frac{\Phi_{12}}{I_1}=\frac{\mu_0\pi r^2}{2R}$$

由上面两个例题的结果可推得 μ_0 的单位为 $\mathrm{H\cdot m^{-1}}$,这个单位比其等效单位 $\mathrm{N\cdot A^{-2}}$ 更常用.

7.3.2　自感现象和自感系数

一个线圈的电流变化也会改变穿过该线圈的磁通量,从而在自身产生感生电动势,这种现象称为自感现象,对应的感生电动势称为自感电动势.

设线圈电流为 I. 由毕奥-萨伐尔定律可证通过线圈的全磁通 Ψ 与 I 成正比,即

$$\Psi=LI \tag{7.3.8}$$

式中,L 为比例系数,称为自感系数,简称自感或电感. 自感的单位与互感相同. 由电磁感应定律,可求得线圈的自感电动势为

$$\mathscr{E}=-L\frac{\mathrm{d}I}{\mathrm{d}t} \tag{7.3.9}$$

根据楞次定律,自感电动势总是阻碍线圈电流的变化. 这一性质在交流电路中用于扼流和滤波. 当电流突然切断时自感电动势可达到很大的数值. 日光灯镇流器正是利用这一性质点燃灯管的. 给大功率电机拉闸时伴随的火花放电也来自自感电动势,常需要采取适当安全措施以防止发生意外.

自感可通过专门仪器测定,有时也可从式(7.3.8)或式(7.3.9)出发进行计算.

自感系数的计算可以用两个线圈之间的互感系数计算来等效,只需把式(7.3.6)中的两个积分回路都写成 L_1 回路,即

$$L=\frac{\mu_0}{4\pi}\oint_{L_1}\oint_{L_1}\frac{\mathrm{d}\boldsymbol{l}_1\cdot\mathrm{d}\boldsymbol{l}_2}{r} \tag{7.3.10}$$

积分中的 $\mathrm{d}\boldsymbol{l}_1$ 是同一回路两个不同位置处的线元,r 是两个线元之间的距离,因此会出现无限大问题,因为两个线元分别绕回路一周一定会出现两个线元重叠之处,在该处 $r=0$,积分变为无限大.

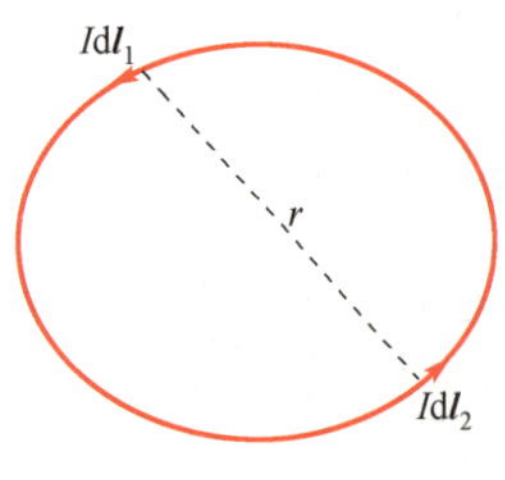

图 7.17　单匝线圈的自感

实际上导线总是有一定粗细的,所以实际计算中应把导线视为体分布电流. 自感可通过专门仪器测定.

对单匝线圈(图 7.17),可以直接用磁通量计算自感系数,即 $L=\dfrac{\Phi}{I}$,但又会带来另外一个问题,即通过某一回路的磁感通量这一词缺少确定的含义,不同层的磁感线将交链不同的电流(图 7.18),而自感系数是总磁通量除以总电流.

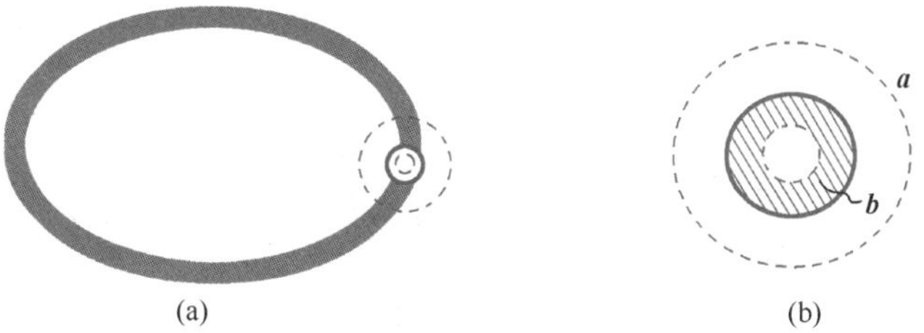

图 7.18 不同的回路交链不同的电流

对于有一定粗细的导线构成的回路，整个回路 a 的圈围电流为 I，回路仅包含一匝线圈，但导线中回路 b 的磁感通量 $\mathrm{d}\Phi$ 只圈围 I 中的一部分电流 I'. 与 I' 相联系的电流只有 I'/I 匝，故对单匝线圈通常引进一个有效匝数 I'/I 来合理地计算磁通量的贡献.

$$\Psi_{\mathrm{m}}=\int\frac{I'}{I}\mathrm{d}\Phi \tag{7.3.11}$$

例 7.8

如图 7.19 所示，同轴电缆由半径为 R_1 的实心导线和共轴的圆柱导体壳组成，其间填满 $\mu\approx\mu_0$ 的绝缘磁介质. 设导体壳的半径为 R_2，求单位长度电缆的自感.

解 设同轴电缆电流强度为 I，由安培环路定理，可以直接得到各区域的磁感应强度为

$$\begin{cases}B_1=\dfrac{\mu_0 I}{2\pi R_1^2}r & (r<R_1)\\ B_2=\dfrac{\mu_0 I}{2\pi r} & (R_1<r<R_2)\\ B_3=0 & (r>R_2)\end{cases}$$

对长度为 l 的同轴电缆，B_1 仅交链部分电流，B_1 对磁通的贡献需要考虑有效匝数，即

$$\Psi_1=\int\frac{I'}{I}B_1\mathrm{d}S=\int_0^{R_1}\frac{r^2}{R_1^2}\frac{\mu_0 I}{2\pi R_1^2}rl\,\mathrm{d}r$$

$$=\frac{\mu_0 Il}{2\pi R_1^4}\int_0^{R_1}r^3\mathrm{d}r=\frac{\mu_0 Il}{8\pi}$$

B_2 交链整个电流 I，即有效匝数为 1，磁通量为

$$\Psi_2=\int B_2\mathrm{d}S=\frac{\mu_0 I}{2\pi}\int_{R_1}^{R_2}\frac{l}{r}\mathrm{d}r$$

$$=\frac{\mu_0 Il}{2\pi}\ln\frac{R_2}{R_1}$$

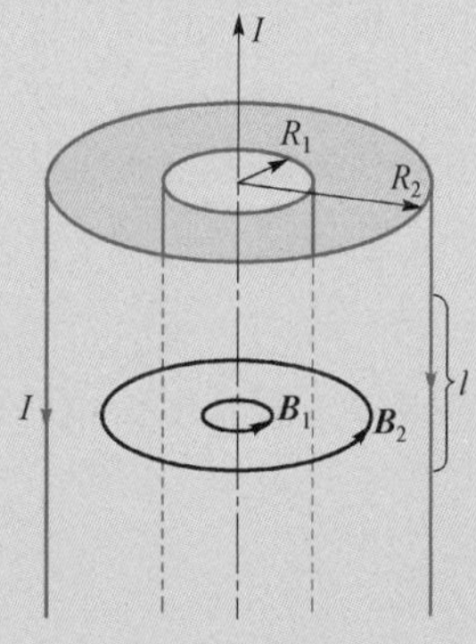

图 7.19 同轴电缆的自感

总磁通量为

$$\Psi=\Psi_1+\Psi_2=\frac{\mu_0 Il}{2\pi}\ln\frac{R_2}{R_1}+\frac{\mu_0 Il}{8\pi}$$

因此单位长度电缆的自感为

$$L=\frac{\mu_0}{2\pi}\left(\frac{1}{4}+\ln\frac{R_2}{R_1}\right)$$

如果是在高频电流的情况下，电流沿实心导体外表面($r=R_1$)和导体壳内表面($r=R_2$)分布，则单位长度的自感系数为

$$L=\frac{\mu_0}{2\pi}\ln\frac{R_2}{R_1}$$

例 7.9

求长 l、截面积 S、匝数 N 的长直螺线管的自感.

解
$$B=\frac{\mu_0 NI}{l},\quad \Psi=NBS=\frac{\mu_0 N^2 S}{l}I,\quad L=\frac{\Psi}{I}=\frac{\mu_0 N^2 S}{l}$$

以上我们在讨论线圈的互感和自感时，暗中假定线圈导线的线径远小于线圈尺寸，每匝线圈可近似当成几何回路处理. 只有这样，线圈的全磁通和感生电动势才具有明确意义. 在计算自感时，上述近似往往会遇到问题. 实际上，一线径趋于零的导线构成的载流导体回路在导线附近的磁场发散，以至于有限大的电流会产生无穷大的磁通量，按式(7.3.8)，自感将趋于无穷大. 对例7.7的长直螺线管情况，各匝线圈密绕导致总磁场处处有限，线径问题得以避免. 可是对单股导线回路，则必须考虑有限线径对回路自感的影响. 这时，自感不仅与回路的几何性质有关，而且还与电流沿导线截面的分布有关. 一种经常遇到的简单情况是高频近似. 对高频交流电来说，电流大体分布在导线表面，导线内部的磁场近似为零. 下面举例说明这种情况下的自感计算.

7.3.3　两线圈的串联和并联

设有两个线圈，自感分别为 L_1 和 L_2，互感为 M. 由这两个线圈串联或并联构成的新线圈的自感 L 不仅与 L_1、L_2 和 M 有关，而且与接法有关. 下面就来分析这些关系.

1. 同名端和异名端

在存在互感的场合，一个线圈中将可能同时出现自感电动势和互感电动势. 只有事先判断好二者的方向(或正负)，才能正确计算出线圈的总感生电动势. 为解决这个问题，我们对两线圈引入同名端和异名端的概念.

以上我们在讨论自感和互感的时候，先取定两线圈电流的正向，然后按磁通与电流满足的右手定则去规定全磁通的正向. 设两线圈中的电流分别为 I_1 和 I_2，自感磁通分别为 Ψ_{11} 和 Ψ_{22}，互感磁通分别为 Ψ_{12} 和 Ψ_{21}，则有

$$\Psi_{11}=L_1 I_1,\quad \Psi_{22}=L_2 I_2,\quad \Psi_{12}=MI_1,\quad \Psi_{21}=MI_2$$

各线圈的全磁通应为相应自感磁通和互感磁通的代数和：

$$\begin{cases}\Psi_1=\Psi_{11}+\Psi_{21}=L_1 I_1+MI_2\\ \Psi_2=\Psi_{22}+\Psi_{12}=L_2 I_2+MI_1\end{cases}\tag{7.3.12}$$

相应各线圈的总感生电动势为

$$\mathscr{E}_1=-\frac{\mathrm{d}\Psi_1}{\mathrm{d}t}=-\left(L_1\frac{\mathrm{d}I_1}{\mathrm{d}t}+M\frac{\mathrm{d}I_2}{\mathrm{d}t}\right)\tag{7.3.13a}$$

$$\mathscr{E}_2=-\frac{\mathrm{d}\Psi_2}{\mathrm{d}t}=-\left(L_2\frac{\mathrm{d}I_2}{\mathrm{d}t}+M\frac{\mathrm{d}I_1}{\mathrm{d}t}\right)\tag{7.3.13b}$$

式中，感生电动势的正向与合磁通的正向满足右手定则，以至于与电流的正向一致. 在上述规定方式下，自感系数 L_1 和 L_2 取正值，而互感系数 M 是正还是负取决于 I_1 和 I_2 的正向的取定方式. I_1 和 I_2 中任一个反向，都将使 M 改变符号. 当 $M>0$ 时，互感磁通和自感磁通同向；当 $M<0$ 时，互感磁通和自感磁通反向.

有了上述准备，我们就可以着手定义两线圈的同名端和异名端. 所谓同名端指的是：当两

线圈的电流从同名端流入(或流出)时，同一线圈的自感磁通和互感磁通同向；反之，若电流从两线圈的异名端流入(或流出)，则同一线圈的自感磁通和互感磁通反向. 对两个存在互感的线圈，通常用实心圆点或星号标出一对同名端. 根据 I_1 和 I_2 是否从同名端流入，可判断互感 M 的正负，进而通过式(7.3.13)算出各线圈的感生电动势. 另一种常采用的处理方案是规定 M 为互感的大小，将式(7.3.13)写成如下形式：

$$\mathscr{E}_1=-\left(L_1\frac{\mathrm{d}I_1}{\mathrm{d}t}\pm M\frac{\mathrm{d}I_2}{\mathrm{d}t}\right) \tag{7.3.14a}$$

$$\mathscr{E}_2=-\left(L_2\frac{\mathrm{d}I_2}{\mathrm{d}t}\pm M\frac{\mathrm{d}I_1}{\mathrm{d}t}\right) \tag{7.3.14b}$$

当 I_1 和 I_2 由同名端流入时，括弧内两项相加；当 I_1 和 I_2 由异名端流入时，括弧内两项相减. 记住以上规则，对含互感的电路计算是至关重要的. 在以下讨论中，一律忽略线圈电阻.

2. 两线圈的串联

串联分为顺接和反接两种情况. 异名端相接称为顺接，见图 7.20(a)，同名端相接称为反接，见图 7.20(b).

两线圈串联之后电流相等，设为 I. 在顺接情况下，I 从两线圈的同名端流入，以至于由式(7.3.14)取“+”号得

$$\mathscr{E}_1=-\left(L_1\frac{\mathrm{d}I}{\mathrm{d}t}+M\frac{\mathrm{d}I}{\mathrm{d}t}\right),\quad \mathscr{E}_2=-\left(L_2\frac{\mathrm{d}I}{\mathrm{d}t}+M\frac{\mathrm{d}I}{\mathrm{d}t}\right)$$

串联线圈中的总感生电动势为

$$\mathscr{E}=\mathscr{E}_1+\mathscr{E}_2=-(L_1+L_2+2M)\frac{\mathrm{d}I}{\mathrm{d}t}$$

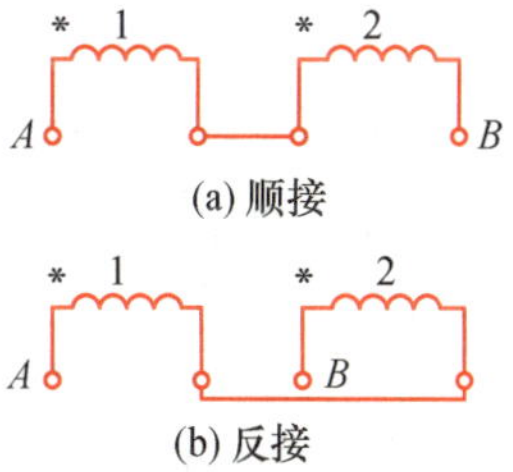

图 7.20 两线圈的串联

上式表明，顺接串联线圈的总自感为

$$L=L_1+L_2+2M \tag{7.3.15}$$

在反接情况下，I 从两线圈异名端流入，以至于由式(7.3.14)取“−”号得

$$\mathscr{E}_1=-\left(L_1\frac{\mathrm{d}I}{\mathrm{d}t}-M\frac{\mathrm{d}I}{\mathrm{d}t}\right),\quad \mathscr{E}_2=-\left(L_2\frac{\mathrm{d}I}{\mathrm{d}t}-M\frac{\mathrm{d}I}{\mathrm{d}t}\right)$$

串联线圈中的总感生电动势为

$$\mathscr{E}=\mathscr{E}_1+\mathscr{E}_2=-(L_1+L_2-2M)\frac{\mathrm{d}I}{\mathrm{d}t}$$

上式表明，反接串联线圈的总自感为

$$L=L_1+L_2-2M \tag{7.3.16}$$

考虑到任何线圈的自感为非负数，下式应成立：

$$M\leqslant\frac{1}{2}(L_1+L_2) \tag{7.3.17}$$

当 $M=0$ 时，式(7.3.15)和式(7.3.16)回到同一结果

$$L=L_1+L_2 \tag{7.3.18}$$

即无互感时两串联线圈的总自感等于两线圈各自的自感之和.

3. 两线圈的并联

并联也分两种接法：同名端并接[图 7.21(a)]和异名端并接[图 7.21(b)].

设并联线圈总电流为 I，两线圈电流分别为 I_1 和 I_2，则 $I=I_1+I_2$. 对并接的情况，两线圈的感生电动势相等，且等于并联线圈的感生电动势，即 $\mathscr{E}_1=\mathscr{E}_2=\mathscr{E}$. 对同名端并接的情况，$I_1$、$I_2$ 从同名端流入，故有

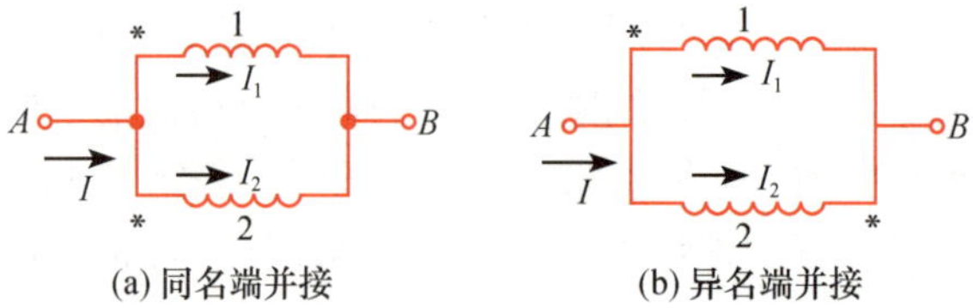

图 7.21　两线圈的并联

$$\mathscr{E}=-\left(L_1\frac{\mathrm{d}I_1}{\mathrm{d}t}+M\frac{\mathrm{d}I_2}{\mathrm{d}t}\right)=-\left(L_2\frac{\mathrm{d}I_2}{\mathrm{d}t}+M\frac{\mathrm{d}I_1}{\mathrm{d}t}\right)$$

注意到

$$\frac{\mathrm{d}I}{\mathrm{d}t}=\frac{\mathrm{d}I_1}{\mathrm{d}t}+\frac{\mathrm{d}I_2}{\mathrm{d}t}$$

可解出

$$\frac{\mathrm{d}I_1}{\mathrm{d}t}=\frac{L_2-M}{L_1+L_2-2M}\frac{\mathrm{d}I}{\mathrm{d}t},\quad \frac{\mathrm{d}I_2}{\mathrm{d}t}=\frac{L_1-M}{L_1+L_2-2M}\frac{\mathrm{d}I}{\mathrm{d}t}$$

于是

$$\mathscr{E}=-\frac{L_1L_2-M^2}{L_1+L_2-2M}\frac{\mathrm{d}I}{\mathrm{d}t}$$

上式表明,同名端并接线圈的总自感为

$$L=\frac{L_1L_2-M^2}{L_1+L_2-2M}\tag{7.3.19}$$

异名端并接线圈的总自感的表达式可简单地通过将上式中的 M 代之以 $-M$ 求得,结果为

$$L=\frac{L_1L_2-M^2}{L_1+L_2+2M}\tag{7.3.20}$$

由条件(7.3.17)可知,式(7.3.19)右边分母非负,而式(7.3.20)右边分母恒正,于是 L 非负要求上述两式右边的分子非负,即

$$M\leqslant\sqrt{L_1L_2}\tag{7.3.21}$$

条件(7.3.21)比条件(7.3.17)更加苛刻,前者满足时后者肯定满足. 式(7.3.21)告诉我们,两线圈的互感的最大值为 $\sqrt{L_1L_2}$. $M=\sqrt{L_1L_2}$ 只对理想耦合的情况成立. 所谓理想耦合指的是:两线圈中,任意一匝电流激发的磁通量都全部穿过两线圈的所有各匝. 由式(7.3.21)可写为

$$M=k\sqrt{L_1L_2},\quad 0\leqslant k\leqslant 1\tag{7.3.22}$$

式中,k 称为耦合系数,它反映两线圈的耦合程度. 作为极端情况,$k=0$ 表示无耦合,$k=1$ 表示理想耦合. 变压器的原线圈和副线圈之间接近理想耦合,k 值可达 0.98 以上.

下面讨论无耦合和理想耦合两种极端情况. 对无耦合即 $M=0$ 的情况,式(7.3.19)和式(7.3.20)回到同一结果

$$L=\frac{L_1L_2}{L_1+L_2}\quad 或\quad \frac{1}{L}=\frac{1}{L_1}+\frac{1}{L_2}\tag{7.3.23}$$

即无耦合并联线圈的总自感的倒数等于各线圈自感的倒数之和. 式(7.3.18)和式(7.3.23)表明,无耦合串、并联的自感计算公式与电阻的串、并联计算公式在形式上一致. 对理想耦合情况,我们先讨论自感同为 L_0 的两个线圈按同名端并联的特例. 这时由式(7.3.19)取 $L_1=L_2=L_0$ 得

$$L=\frac{L_0^2-M^2}{2(L_0-M)}=\frac{1}{2}(L_0+M)$$

在理想耦合情况下有 $M=L_0$，故 $L=L_0$，即同名端并接后的总自感仍为 L_0，在实际应用中极少遇到这种情况，这一结果并无多大实际意义. 除了这个特例之外，任何两个($L_1\neq L_2$)理想耦合的线圈并联之后总自感将为零. 该结论可由式(7.3.19)和式(7.3.20)直接看出：理想耦合时恒有 $L_1L_2-M^2=0$，以至于 $L=0$. 这表明随意将两个理想耦合的线圈并联意味着“短路”. 变压器的不同绕组之间接近理想耦合，当因绕组之间绝缘不好或将绕组引线误接发生这类并联时，将会导致短路而烧坏变压器或损坏电源.

7.4 似稳电路和暂态过程

在第 4 章中讨论过的稳恒电路由电阻和稳恒电源经导线连接而成，特点是流经电路的电流为稳恒电流. 本节讨论一种非稳恒电路，它除了电阻和非稳恒电源之外，还可包含电容、自感和互感元件，且流经电路的电流随时间缓慢变化. 这种电路的基本方程和处理方法与稳恒电路相似，故称为似稳电路，相应的电流称为似稳电流. 似稳电路一般还允许包括晶体管、电子管一类电子器件和非线性器件，但需要进行特别处理，这里对此不作讨论. 下面先给出似稳条件，然后建立似稳电路方程，并应用这些方程去研究似稳电路的暂态过程. 在第 9 章中还将应用似稳电路方程分析交流电路.

7.4.1 似稳条件

先考虑仅含电源和电阻的电路. 我们知道，稳恒电源以及由它产生的电荷分布和电场分布是在这种电路中维持稳恒电流的充分必要条件. 当电源的电动势因某种原因而改变时，电路各部分的电荷分布和电场分布将随之变化，从而导致电流的变化. 这一变化过程是以光速 c 传播的(见第 10 章). 如果电路尺寸 l 较小，且电源变化的频率 f 较低，即

$$\frac{l}{c}\ll\frac{1}{f}\quad 或\quad l\ll\frac{c}{f}=\lambda\quad (\lambda\ 为波长) \tag{7.4.1}$$

则可近似认为电路对电源变化的响应不需要时间. 在这种近似下，电流将随电源电动势同步变化，每个时刻二者的关系和稳恒电路情况相同，式(7.4.1)就是似稳条件.

当电路中包含自感和互感元件时，随时间变化的电源将会在这些元件中产生感生电动势. 感生电动势和电源电动势虽说形成机制有别，且有被动、主动之分，但对电路电流的作用方式完全相同. 只要把感生电动势视为另一类电源电动势，则前述纯电阻电路的有关结论仍然成立. 换句话说，只要条件(7.4.1)满足，每个时刻的电流和电动势的关系仍与稳恒情况相同.

当电路中包含电容器时，电容器内部电流中断，使稳恒情况下电流的连续性遭到破坏. 但是，这种影响只限于电容器内部，不会波及整个电路. 理由在于，似稳条件将维持电容器两极板的电荷等量异号同步变化，以至于向电容器一端流入的电流恒等于从另一端流出的电流，使外部电流的连续性得以保持. 至于电容器上的电压对外部电流的影响，也可以用一电源来等效. 因此，前面得到的结论不会受到影响.

最后，除了以集中元件形式出现的电感(包括自感和互感)和电容以外，电路各部分(包

括连接导线)也表现出一定的电感和电容的特性,构成所谓分布电感和分布电容.这些分布参量的影响常常被忽略,或用等效的集中元件代替.从物理上说,忽略分布电感意味着在非电感区忽略涡旋电场和由它产生的感生电动势,忽略分布电容意味着在非电容区忽略电荷累积对电流分布的影响.当然,非电容区的电荷累积对电场分布的影响是重要的,它是维持似稳电流的必要条件.实际上,电阻和电感上的电压降就是元件两端电荷累积的结果.一般来说,维持电阻和电感上的电压降所需要累积的电荷量微乎其微,不会对累积区的电流分布产生重要影响.因此,在似稳电路的分析中,通常忽略这类电荷累积,仅需考虑电容区的电荷累积效应.

7.4.2　似稳电路方程

下面我们从电荷守恒定律、电磁感应定律和欧姆定律出发来推导似稳电路方程.

电荷守恒定律如下:

$$\oiint_S \boldsymbol{j}\cdot \mathrm{d}\boldsymbol{S}=-\frac{\mathrm{d}q}{\mathrm{d}t} \tag{7.4.2}$$

对非电容区忽略电荷累积对电流的影响,以至于

$$\oiint_S \boldsymbol{j}\cdot \mathrm{d}\boldsymbol{S}=0 \tag{7.4.3}$$

上式和稳恒电路情况一样,因此沿任一支路的似稳电流的电流强度处处相等,区别在于似稳电流强度与时间有关.用小写字母 i 表示电流强度

$$i=i(t) \tag{7.4.4}$$

对电容区,作如图 7.22 所示高斯面 S,利用式(7.4.2)可导出

$$i=\frac{\mathrm{d}q}{\mathrm{d}t} \tag{7.4.5}$$

我们先讨论单一闭合回路的情形,它由电源 e、电阻 R、电容 C、自感 L 和互感 M(以下统称电感)构成,如图 7.23 所示.设主回路电流为 $i(t)$,次回路电流为 $i'(t)$,规定二者的正向从同名端流入,且规定电源的正向(由负极经电源内部指向正极)与 $i(t)$ 正向一致.这些规定是随意的,可以作相反的规定,但不会影响最终结果.为便于讨论起见,将沿电路的电场分解为势场和涡旋场

$$\boldsymbol{E}=\boldsymbol{E}_{\text{势}}+\boldsymbol{E}_{\text{旋}} \tag{7.4.6}$$

它们分别满足

$$\oint \boldsymbol{E}_{\text{势}}\cdot \mathrm{d}\boldsymbol{l}=0 \tag{7.4.7}$$

$$\oint \boldsymbol{E}_{\text{旋}}\cdot \mathrm{d}\boldsymbol{l}=e_i \tag{7.4.8}$$

式中,e_i 为感生电动势.欧姆定律的普遍形式为

$$\boldsymbol{j}=\sigma(\boldsymbol{E}_{\text{势}}+\boldsymbol{E}_{\text{旋}}+\boldsymbol{K}) \tag{7.4.9}$$

或

$$\boldsymbol{E}_{\text{势}}=\frac{1}{\sigma}\boldsymbol{j}-\boldsymbol{E}_{\text{旋}}-\boldsymbol{K} \tag{7.4.10}$$

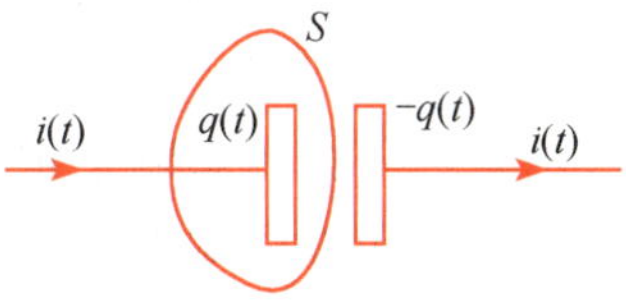

图 7.22 电容器的电荷与电流的关系

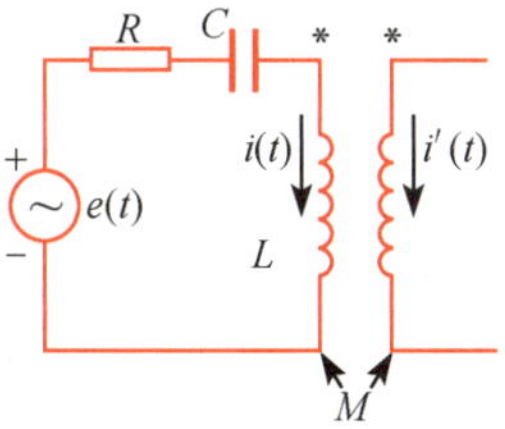

图 7.23 单一闭合电路

式中，$\boldsymbol{K}$ 为作用在单位正电荷上的(宏观)非电磁力，它只存在于电源内部. 取主回路为积分回路，积分方向沿电流正向，则式(7.4.7)可以写为

$$\oint \boldsymbol{E}_{势} \cdot \mathrm{d}\boldsymbol{l} = \int_{电源区} \boldsymbol{E}_{势} \cdot \mathrm{d}\boldsymbol{l} + \int_{电阻区} \boldsymbol{E}_{势} \cdot \mathrm{d}\boldsymbol{l} + \int_{电容区} \boldsymbol{E}_{势} \cdot \mathrm{d}\boldsymbol{l} + \int_{电感区} \boldsymbol{E}_{势} \cdot \mathrm{d}\boldsymbol{l} = 0 \quad (7.4.11)$$

上式右边各项分别表示电源的路端电压和电阻、电容、电感元件上的电压. 下面对这四项分别进行讨论.

1. 电源区

在电源区，忽略电阻(若有电阻，可并入 R)，即 $\sigma \to \infty$ 并取 $\boldsymbol{E}_{旋} = 0$，则式(7.4.10)化为

$$\boldsymbol{E}_{势} = -\boldsymbol{K} \quad (7.4.12)$$

于是

$$-u_e = \int_{电源区} \boldsymbol{E}_{势} \cdot \mathrm{d}\boldsymbol{l} = -\int_{电源区} \boldsymbol{K} \cdot \mathrm{d}\boldsymbol{l} = -e \quad (7.4.13)$$

式中，u_e 为路端电压，e 为电源电动势. 注意上述电源区的积分由电源负极指向正极. 式(7.4.13)表明，在忽略电源内阻时路端电压等于电源电动势. 当计入电源内阻时，二者之差为内阻的电压.

2. 电阻区

在式(7.4.10)中取 $\boldsymbol{E}_{旋} = \boldsymbol{K} = 0$，有

$$u_R = \int_{电阻区} \boldsymbol{E}_{势} \cdot \mathrm{d}\boldsymbol{l} = \int_{电阻区} \frac{\boldsymbol{j}}{\sigma} \cdot \mathrm{d}\boldsymbol{l} = iR \quad (7.4.14)$$

式中，u_R 为电阻的电压. 这一电压是正、负电荷分别在电阻两端累积的结果.

3. 电容区

在电容区忽略漏电电阻(如有漏电电阻则与电容 C 并联)，并忽略非电容区的电荷累积对电场的贡献，则电容器内部的 $E_{势}$ 由极板电荷 q 产生，故有

$$u_C = \int_{电容区} \boldsymbol{E}_{势} \cdot \mathrm{d}\boldsymbol{l} = \frac{q}{C} \quad (7.4.15)$$

式中，u_C 为电容的电压，q 和 i 的关系由式(7.4.5)表示.

4. 电感区

在电感区忽略线圈电阻(若有电阻可并入 R),即 $\sigma\to\infty$,并取 $\boldsymbol{K}=0$,则式(7.4.10)化为

$$\boldsymbol{E}_{势}=-\boldsymbol{E}_{旋} \tag{7.4.16}$$

于是

$$u_L=\int_{电感区}\boldsymbol{E}_{势}\cdot \mathrm{d}\boldsymbol{l}=-\int_{电感区}\boldsymbol{E}_{旋}\cdot \mathrm{d}\boldsymbol{l}=-e_i \tag{7.4.17}$$

式中,u_L 为电感的电压,它也是正、负电荷分别在电感两端累积的结果. 式(7.4.17)表明,电感的电压与感生电动势大小相等、符号相反. 当计入线圈的电阻时,二者大小不同,差值正好等于线圈电阻的电压. 电感的电压是 $\boldsymbol{E}_{势}$ 的路积分,而感生电动势则是 $\boldsymbol{E}_{旋}$ 的路积分,二者虽有关系,但却是性质不同的概念,初学者要注意区别. 对目前情况有

$$e_i=-\left(L\frac{\mathrm{d}i}{\mathrm{d}t}+M\frac{\mathrm{d}i'}{\mathrm{d}t}\right) \tag{7.4.18}$$

故

$$u_L=L\frac{\mathrm{d}i}{\mathrm{d}t}+M\frac{\mathrm{d}i'}{\mathrm{d}t} \tag{7.4.19}$$

最后,将式(7.4.13)~式(7.4.15)和式(7.4.19)代入式(7.4.11)得

$$e=u_R+u_C+u_L \tag{7.4.20}$$

或

$$e=iR+\frac{q}{C}+L\frac{\mathrm{d}i}{\mathrm{d}t}+M\frac{\mathrm{d}i'}{\mathrm{d}t} \tag{7.4.21}$$

这就是单一闭合回路的似稳电路方程. 由式(7.4.17),可将式(7.4.20)等效地写成

$$e-u_C+e_i=iR \tag{7.4.22}$$

它与稳恒电路的结果相同,只是电容和电感元件被等效为电动势分别为 $-u_C$ 和 e_i 的电源. 这证实了我们在分析似稳条件时所得出的结论.

7.4.3 多回路电路的基尔霍夫定律

对于多回路似稳电路,基尔霍夫定律具有如下形式.

(1) 基尔霍夫第一定律:对每一时刻,流入任一节点的电流等于从该节点流出的电流,即

$$\sum i_{入}(t)=\sum i_{出}(t) \tag{7.4.23}$$

(2) 基尔霍夫第二定律:对每一时刻,沿任一回路的电源电动势的代数和等于全部元件的电压的代数和,即

$$\sum e(t)=\sum i(t)R+\sum\frac{1}{C}q(t)+\sum\left(L\frac{\mathrm{d}i}{\mathrm{d}t}+M\frac{\mathrm{d}i'}{\mathrm{d}t}\right) \tag{7.4.24}$$

上式中各项的正负的确定方法和稳恒电路情况相同:凡与回路绕行方向一致的电动势和电流取正,反之则取负. 至于互感项涉及的 i' 的正负,则视它的流向和主回路绕行方向是否从同名端流入而定:从同名端流入取正,从异名端流入取负.

7.4.4 暂态过程

作为似稳电路方程的一个直接应用,我们讲述包含电感或电容的单回路电路的暂态过程.由式(7.4.5)和式(7.4.15)可知

$$i = C\frac{\mathrm{d}u_C}{\mathrm{d}t} \tag{7.4.25}$$

上式表明,为保证电流有限,电容的电压不能瞬间突变.式(7.4.19)则表明,为保证电感的电压有限,通过电感线圈的电流不能瞬间突变.这样,一包含电容和电感的似稳电路在阶跃电压信号的作用下,电流从一个稳态变化到另一个稳态需要有一个过程,称为暂态过程.利用似稳电路方程(7.4.21),可以对各种电路的暂态过程的规律进行定量分析.下面我们分析三种典型电路的暂态过程:电阻和电感的串联电路(简称 RL 电路),电阻和电容的串联电路(简称 RC 电路),以及电阻、电感和电容的串联电路(简称 RLC 电路).

1. RL 电路

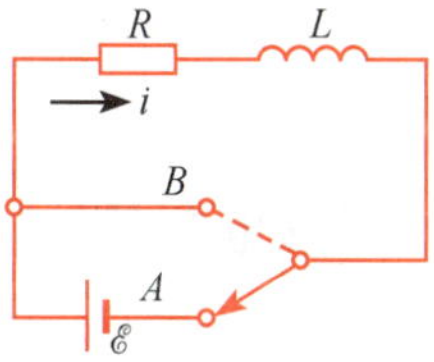

图 7.24 RL 电路

考虑如图 7.24 所示的电路.当开关由 B 拨至 A 接通电源充电时,一个从零到 $\mathscr{E}$ 的阶跃电压作用在 RL 电路上.该电路的方程可由式(7.4.21)推得,结果为

$$iR + L\frac{\mathrm{d}i}{\mathrm{d}t} = \mathscr{E} \tag{7.4.26}$$

将上式改写成

$$\frac{\mathrm{d}i}{i-\frac{\mathscr{E}}{R}} = -\frac{R}{L}\mathrm{d}t$$

并对两边积分得

$$i - \frac{\mathscr{E}}{R} = I\mathrm{e}^{-\frac{R}{L}t} \tag{7.4.27}$$

式中,I 为积分常数,由初始条件决定.根据题设,当 $t=0$ 时,有 $i=0$,以至于 $I=-\mathscr{E}/R$.于是式(7.4.27)化为

$$i = I_0(1-\mathrm{e}^{-\frac{R}{L}t}),\quad I_0 = \frac{\mathscr{E}}{R} \tag{7.4.28}$$

上式表明,在接通电源后,电流由零逐渐增加到 I_0,其增长快慢取决于比值

$$\tau_L = \frac{L}{R} \tag{7.4.29}$$

τ_L 称为 RL 电路的时间常数.τ_L 越小,电流增长越快.特别地,当 $t=\tau_L$ 时,电流 $i=(1-\mathrm{e}^{-1})I_0=0.632I_0$.

当开关由 A 拨至 B 使 RL 电路放电时,电路方程为

$$iR + L\frac{\mathrm{d}i}{\mathrm{d}t} = 0 \tag{7.4.30}$$

初始条件为$i|_{t=0}=I_0$. 这时暂态过程的解为

$$i = I_0 e^{-\frac{t}{\tau_L}} \tag{7.4.31}$$

上式表明, RL 电路短接时, 电流由 I_0 逐渐衰减到零. τ_L 越小, 电流衰减越快. 特别地, 当 $t=\tau_L$ 时, $i=I_0/e=0.368I_0$.

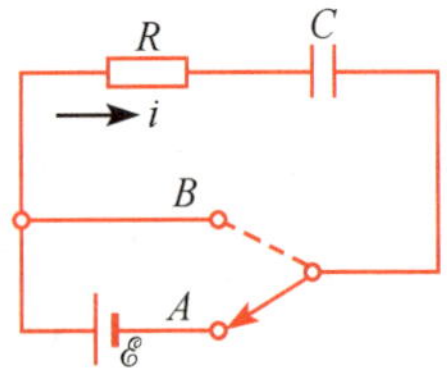

图 7.25 RC 电路

2. RC 电路

考虑如图 7.25 所示的电路. 当开关由 B 拨至 A 接通电源时, 电容开始充电. 该电路的方程同样可由式(7.4.21)推得, 结果为

$$iR + \frac{q}{C} = \mathscr{E} \tag{7.4.32}$$

考虑到 $i=\mathrm{d}q/\mathrm{d}t$, 上式化为

$$R\frac{\mathrm{d}q}{\mathrm{d}t} + \frac{1}{C}q = \mathscr{E} \tag{7.4.33}$$

利用初始条件$q|_{t=0}=0$, 可求得式(7.4.33)的解为

$$q = q_0(1 - e^{-\frac{t}{\tau_C}}) \tag{7.4.34}$$

相应的充电电流为

$$i = I_0 e^{-\frac{t}{\tau_C}} \tag{7.4.35}$$

式中, $q_0=C\mathscr{E}$, $I_0=\mathscr{E}/R$

$$\tau_C = RC \tag{7.4.36}$$

τ_C 称为 RC 电路的时间常数. 式(7.4.34)和式(7.4.35)表明, 当电容充电时, 电容的电荷由零逐渐增加到 q_0, 而电流则由 I_0 逐渐减小到零. τ_C 越小, 上述过程进行得越快.

当开关由 A 拨至 B 时, 电容开始放电. 该电路的方程为

$$R\frac{\mathrm{d}q}{\mathrm{d}t} + \frac{1}{C}q = 0 \tag{7.4.37}$$

它满足$q|_{t=0}=q_0$ 的解为

$$q = q_0 e^{-\frac{t}{\tau_C}} \tag{7.4.38}$$

相应的放电电流为

$$i = -I_0 e^{-\frac{t}{\tau_C}} \tag{7.4.39}$$

这说明, 在放电过程中, 电荷由 q_0 逐渐减小到零, 电流则由 $-I_0$ 逐渐变化到零. 负号的意义是, 电流与图 7.25 标定的方向相反.

3. RLC 电路

考虑如图 7.26 所示的电路. 当开关由 B 拨至 A(充电)时, 电路方程为

$$iR + \frac{q}{C} + L\frac{\mathrm{d}i}{\mathrm{d}t} = \mathscr{E} \tag{7.4.40}$$

考虑到 $i=\mathrm{d}q/\mathrm{d}t$, 上式化为

$$\frac{\mathrm{d}^2q}{\mathrm{d}t^2} + 2\beta\frac{\mathrm{d}q}{\mathrm{d}t} + \omega_0^2 q = \omega_0^2 q_0 \tag{7.4.41}$$

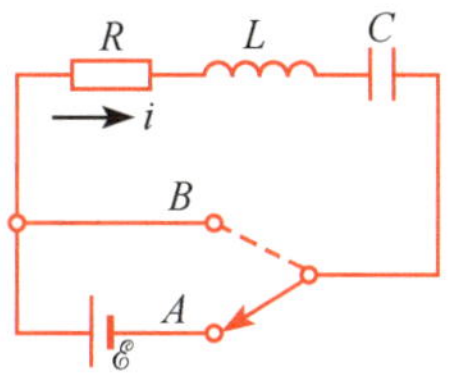

图 7.26 RLC 电路

式中

$$\beta = \frac{R}{2L}, \quad \omega_0 = \frac{1}{\sqrt{LC}}, \quad q_0 = C\mathscr{E} \tag{7.4.42}$$

β 为阻尼因子，ω_0 为固有频率，式(7.4.41)为一阻尼振荡方程. 求解方程(7.4.41)需要两个初始条件，它们是

$$q\big|_{t=0} = 0, \quad \left.\frac{\mathrm{d}q}{\mathrm{d}t}\right|_{t=0} = 0 \tag{7.4.43}$$

最终解的形式取决于 β 和 ω_0 的相对大小，下面分三种情况给出结果，请读者自行验证.

(1) 欠阻尼($\beta<\omega_0$)

$$q = q_0 - q_0 \mathrm{e}^{-\beta t}\left(\cos\omega t + \frac{\beta}{\omega}\sin\omega t\right) \tag{7.4.44}$$

式中

$$\omega = \sqrt{\omega_0^2 - \beta^2} \tag{7.4.45}$$

式(7.4.44)为阻尼振荡解.

(2) 过阻尼($\beta>\omega_0$)

$$q = q_0 - \frac{1}{2\gamma}q_0 \mathrm{e}^{-\beta t}\left[(\beta+\gamma)\mathrm{e}^{\gamma t} - (\beta-\gamma)\mathrm{e}^{-\gamma t}\right] \tag{7.4.46}$$

式中

$$\gamma = \sqrt{\beta^2 - \omega_0^2} \tag{7.4.47}$$

这时，q 将随时间单调上升，且 β 越大，上升越慢. 当 $\beta\to\infty$($L\to 0$)时，式(7.4.46)回到 RC 电路的结果式(7.4.34).

(3) 临界阻尼($\beta=\omega_0$)

$$q = q_0 - q_0(1+\beta t)\mathrm{e}^{-\beta t} \tag{7.4.48}$$

这时 q 也随时间单调上升，但比过阻尼情况上升要快.

对于开关由 A 拨至 B(放电)的情况，电路方程和初始条件改为

$$\frac{\mathrm{d}^2 q'}{\mathrm{d}t^2} + 2\beta\frac{\mathrm{d}q'}{\mathrm{d}t} + \omega_0^2 q' = 0 \tag{7.4.49}$$

$$q'\big|_{t=0} = q_0, \quad \left.\frac{\mathrm{d}q'}{\mathrm{d}t}\right|_{t=0} = 0 \tag{7.4.50}$$

相应的解为

$$q' = q_0 - q \tag{7.4.51}$$

式中，q 为前述开关由 B 拨至 A 时的解. q' 的解当然也分为三种情况：欠阻尼、过阻尼和临界阻尼.

有关 RLC 电路的充电过程和放电过程的全部结果示于图 7.27 中.

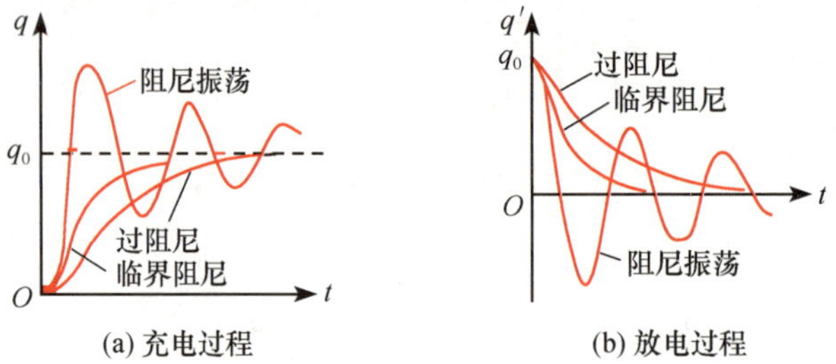

图 7.27　RLC 电路的暂态过程

第 8 章　磁　　能

在第 3 章中，我们研究了与自由电荷分布和极化介质对应的静电能，指出该能量就储存在整个带电系统所产生的静电场中. 在本章里，我们研究与传导电流分布和磁化介质对应的能量，这种能量就储存在整个电流系统所产生的磁场中. 从磁能公式出发，我们可以便捷地计算电流之间的作用力和力矩. 本章阐述的方式与第 3 章几乎相同，读者可以通过对比去学习和掌握本章的内容.

8.1　载流线圈的磁能

8.1.1　一个载流线圈的磁能

在第 7 章 7.4 节中，我们研究了如图 8.1 所示的电路. 当接通开关后，自感为 L 的线圈中的电流从零开始，增大到 I，而达到稳定. 这是一个暂态过程，描述它的方程为

$$\mathscr{E}-L\frac{\mathrm{d}I}{\mathrm{d}t}=IR \quad 或 \quad \mathscr{E}+\mathscr{E}_i=IR$$

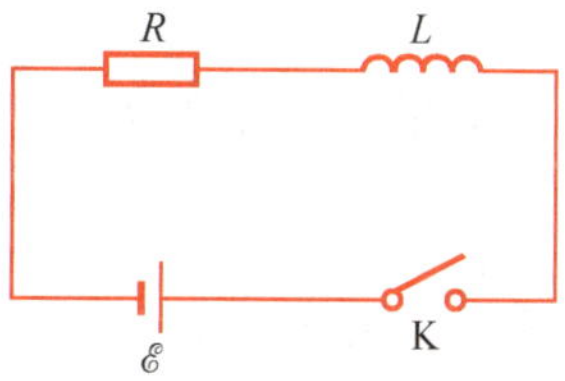

图 8.1　RL 串联回路

$\mathscr{E}_i$ 是线圈 L 的感应电动势. 于是立即可得

$$\mathscr{E}I\mathrm{d}t=LI\mathrm{d}I+I^2R\mathrm{d}t \tag{8.1.1}$$

或

$$\mathscr{E}I\mathrm{d}t=-\mathscr{E}_iI\mathrm{d}t+I^2R\mathrm{d}t \tag{8.1.2}$$

式(8.1.1)说明，电源在 $\mathrm{d}t$ 时间内做功并消耗能量 $\mathscr{E}I\mathrm{d}t$，其中除一部分转变为电阻 R 的焦耳热 $I^2R\mathrm{d}t$ 之外，另一部分用来反抗线圈的感应电动势做功，其值为 $LI\mathrm{d}I$. 在开关接通以前，线圈中的电流 $I=0$，其磁场为零，作为零能态；开关接通后，电流逐渐增大，线圈内磁场逐渐增强，这正是电源消耗一部分能量反抗线圈的感应电动势做功的结果，该能量转变为线圈的磁能(即磁场能)W_m，即

$$W_m=\int_0^I LI\mathrm{d}I=\frac{1}{2}LI^2 \tag{8.1.3}$$

也可写成

$$W_m=\frac{1}{2}I\Phi_m \tag{8.1.4}$$

式中，$\Phi_m=LI$ 为穿过线圈的全磁通，式(8.1.3)或式(8.1.4)为线圈的自感磁能表达式.

8.1.2　N 个载流线圈系统的磁能

为了简化讨论，我们假定所给的线圈的电阻很小可以忽略，即焦耳热损耗的能量可以忽略. 各线圈电流由零逐渐增加到给定值 I_i，将各线圈 $I_i=0$ 取为零能态. 在某一瞬间，在第 i 个线圈中，感应电动势 $\mathscr{E}_i$ 由下式确定：

$$\mathscr{E}_i = -L_i \frac{\mathrm{d}I_i}{\mathrm{d}t} - \sum_{\substack{k=1 \\ k\neq i}}^{N} M_{ki} \frac{\mathrm{d}I_k}{\mathrm{d}t} \tag{8.1.5}$$

式中，L_i 是第 i 个线圈的自感，M_{ki} 是第 k 个线圈和第 i 个线圈之间的互感，I_i 和 I_k 分别为第 i 个线圈和第 k 个线圈中的电流. 因此，在第 i 个线圈中，电源反抗感应电动势 $\mathscr{E}_i$ 在 $\mathrm{d}t$ 时间内所做的功是

$$\mathrm{d}A'_i = -\mathscr{E}_i I_i \mathrm{d}t = L_i I_i \mathrm{d}I_i + \sum_{\substack{k=1 \\ k\neq i}}^{N} M_{ki} I_i \mathrm{d}I_k \tag{8.1.6}$$

在 N 个线圈中，总的电源做功是

$$\mathrm{d}A' = \sum_{i=1}^{N} \mathrm{d}A'_i = \sum_{i=1}^{N} L_i I_i \mathrm{d}I_i + \sum_{\substack{i,k=1 \\ k\neq i}}^{N} M_{ki} I_i \mathrm{d}I_k \tag{8.1.7}$$

由 $M_{ki} = M_{ik}$ 以及上式右边第二项互换求和指标 i 和 k 结果不变，得

$$\sum_{\substack{i,k=1 \\ k\neq i}}^{N} M_{ki} I_i \mathrm{d}I_k = \frac{1}{2}\left(\sum_{\substack{i,k=1 \\ k\neq i}}^{N} M_{ki} I_i \mathrm{d}I_k + \sum_{\substack{i,k=1 \\ i\neq k}}^{N} M_{ik} I_k \mathrm{d}I_i \right) = \frac{1}{2} \sum_{\substack{i,k=1 \\ i\neq k}}^{N} M_{ik} \mathrm{d}(I_i I_k)$$

于是，可将式(8.1.7)写成

$$\mathrm{d}A' = \frac{1}{2} \sum_{\substack{i,k=1 \\ i\neq k}}^{N} M_{ik} \mathrm{d}(I_i I_k) + \sum_{i=1}^{N} L_i I_i \mathrm{d}I_i$$

将上式自始态(全部 $I_i = 0$)至末态积分便得

$$A' = \frac{1}{2} \sum_{\substack{i,k=1 \\ i\neq k}}^{N} M_{ik} I_i I_k + \frac{1}{2} \sum_{i=1}^{N} L_i I_i^2$$

该功定义为系统的磁能

$$W_{\mathrm{m}} = A' = \frac{1}{2} \sum_{\substack{i,k=1 \\ i\neq k}}^{N} M_{ik} I_i I_k + \frac{1}{2} \sum_{i=1}^{N} L_i I_i^2 \tag{8.1.8}$$

其中，方程右边的第一项表示 N 个线圈系统的互感磁能，第二项表示自感磁能. 由式(8.1.8)右边第一项对下标 i、k 的对称性，以及第二项与求和的顺序无关，可知系统的磁能 W_{m} 与各线圈电流的建立过程无关.

如果记 $M_{ii} = L_i$，则式(8.1.8)可表示为

$$W_{\mathrm{m}} = \frac{1}{2} \sum_{i,k=1}^{N} M_{ik} I_i I_k \tag{8.1.9}$$

设 $\Phi_{ki} = M_{ki} I_k = M_{ik} I_k$，它表示第 k 个线圈的电流的磁场通过第 i 个线圈的磁通，且令

$$\Phi_i = \sum_{k=1}^{N} \Phi_{ki} = \sum_{k=1}^{N} M_{ik} I_k \tag{8.1.10}$$

于是式(8.1.9)又可写成

$$W_{\mathrm{m}} = \frac{1}{2} \sum_{i=1}^{N} I_i \Phi_i \tag{8.1.11}$$

式(8.1.9)与式(8.1.11)只不过是式(8.1.8)的另一种表述方式,便于记忆.当$N=1$时,式(8.1.9)和式(8.1.11)将分别回到式(8.1.3)和式(8.1.4).

8.2 载流线圈在外磁场中的磁能

对两个载流线圈的系统,我们应用式(8.1.9)求得磁能W_m的表达式如下:

$$W_m = \frac{1}{2}L_1I_1^2 + \frac{1}{2}L_2I_2^2 + M_{12}I_1I_2 \tag{8.2.1}$$

上式右边第一、第二项分别是两个载流线圈的自感磁能,第三项是两个载流线圈的互感磁能.

如同在第3章3.3节中所述,电势能定义为一个带电体在外场中的能量,当只有两个带电体存在时,两个带电体之间的相互作用能正好是其中一个带电体在另外一个带电体场的电势能.现在,当我们只对两个载流线圈的相互作用感兴趣时,同样只研究它们的互感磁能,也就是互能,把它记为W_{12},其表达式为

$$W_{12} = M_{12}I_1I_2 = \Phi_{12}I_2 \tag{8.2.2}$$

式中,Φ_{12}是载流线圈1产生的磁场通过线圈2的磁通.式(8.2.2)可进一步写成

$$W_{12} = I_2\iint_{S_2}\boldsymbol{B}_1(\boldsymbol{r}_2)\cdot \mathrm{d}\boldsymbol{S} \tag{8.2.3}$$

式中,$\boldsymbol{r}_2$是线圈2的面元$\mathrm{d}\boldsymbol{S}$的位置矢量,S_2是线圈2所张的曲面.这样,我们可将该系统的互能看成是载流线圈2在外磁场$\boldsymbol{B}_1$中所具有的磁能,在后面8.5节中计算载流线圈(或磁偶极子)在外磁场中所受的力和力矩时,我们将会采用这种能量.

对均匀外磁场中的载流线圈或非均匀外磁场中的小载流线圈,式(8.2.3)右边的$\boldsymbol{B}_1(\boldsymbol{r}_2)$可从积分号中提出,简记为$\boldsymbol{B}$,则

$$W_{12} = \boldsymbol{B}\cdot(I_2\boldsymbol{S}) = \boldsymbol{m}\cdot\boldsymbol{B} \tag{8.2.4}$$

式中,$\boldsymbol{m}=I_2\boldsymbol{S}$为载流线圈2的磁矩,$\boldsymbol{m}$的方向与$I_2$的关系满足右手定则(见5.2节).磁矩$\boldsymbol{m}$在外磁场$\boldsymbol{B}$中的磁能表达式(8.2.4),与3.3节例3.5中对应的电偶极子$\boldsymbol{p}$在外电场中的能量表达式$W_{势}=-\boldsymbol{p}\cdot\boldsymbol{E}$相比差一负号.对于这一区别,我们将在8.5节中给以解释.

如果有一外场$\boldsymbol{B}(\boldsymbol{r})$,$N$个载流线圈处于该场中,这个系统在外场中的磁能容易求得,只需推广式(8.2.3)便可得

$$W_m = \sum_{k=1}^{N}I_k\iint_{S_k}\boldsymbol{B}(\boldsymbol{r})\cdot \mathrm{d}\boldsymbol{S} \tag{8.2.5}$$

当外场均匀时,式(8.2.5)可写成

$$W_m = \boldsymbol{B}\cdot\left(\sum_{k=1}^{N}I_k\boldsymbol{S}_k\right) = \boldsymbol{m}_t\cdot\boldsymbol{B} \tag{8.2.6}$$

式中,$\boldsymbol{m}_t$是整个系统的磁矩.通常磁矩在外磁场中能量又称为磁势能.

如果是小磁针(或磁铁、磁材料、带电粒子圆周运动)产生的磁矩,这些磁矩与电流环的磁矩不同,属于"三无"小环流,即无源、无热效应、无感应电动势,磁(势)能为

$$W_m = -\boldsymbol{m}\cdot\boldsymbol{B}$$

8.3　磁场的能量和磁能密度

类似于在第 3 章 3.4 节中从平行板电容器入手导出电场的能量和电能密度，本节从螺绕环入手导出磁场的能量和磁能密度. 设螺绕环的磁导率为 μ，周长为 l，截面积为 S，线圈匝数为 N，电流强度为 I，则环内磁场为 $B=\mu nI(n=N/l$，见 6.4 节例 6.6)，螺绕环的自感系数为

$$L=\frac{NSB}{I}=\frac{NS\mu nI}{I}=\mu n^2V \tag{8.3.1}$$

其中，$V=Sl$ 为是螺绕环的体积. 由此，螺绕环的磁能 W_m 为

$$W_m=\frac{1}{2}LI^2=\frac{1}{2}V\mu n^2I^2=\frac{1}{2}VBH \tag{8.3.2}$$

定义

$$w_m=\frac{W_m}{V}$$

它表示螺绕环内单位体积的磁能，称为磁能密度. 由式(8.3.2)将 BH 代之以一般形式 $\boldsymbol{B}\cdot\boldsymbol{H}$，可得

$$w_m=\frac{1}{2}\boldsymbol{B}\cdot\boldsymbol{H} \tag{8.3.3}$$

式(8.3.3)表明，磁能以磁能密度 $w_m=\boldsymbol{B}\cdot\boldsymbol{H}/2$ 储存于磁场之中. 当空间磁场不均匀时，总磁能应当是磁能密度的体积分，即

$$W_m=\iiint_V w_m\mathrm{d}V=\frac{1}{2}\iiint_V\boldsymbol{B}\cdot\boldsymbol{H}\mathrm{d}V \tag{8.3.4}$$

式中，积分遍及磁场所在的全部空间 V. 这里需说明的是，按式(8.3.3)和式(8.3.4)定义的磁能密度和磁能计入了介质的磁化能(见 8.4 节)，它要求介质是线性无损耗的. 将式(8.3.3)与电能密度 $w_e=\boldsymbol{D}\cdot\boldsymbol{E}/2$ 比较，所定义的 w_m 与 w_e 对应，它反映了磁能储存于磁场之中的观点，即磁场具有能量，其能量密度为 $w_m=\boldsymbol{B}\cdot\boldsymbol{H}/2$.

例 8.1

一同轴电缆，中心是半径为 a 的圆柱形的导线，外部是内半径为 b、外半径为 c 的导体圆筒，在内、外导体之间充满磁导率为 μ 的介质，电流在内、外导体中的方向如图 8.2 所示. 设电流沿截面均匀分布，求这个电缆单位长度的自感系数.

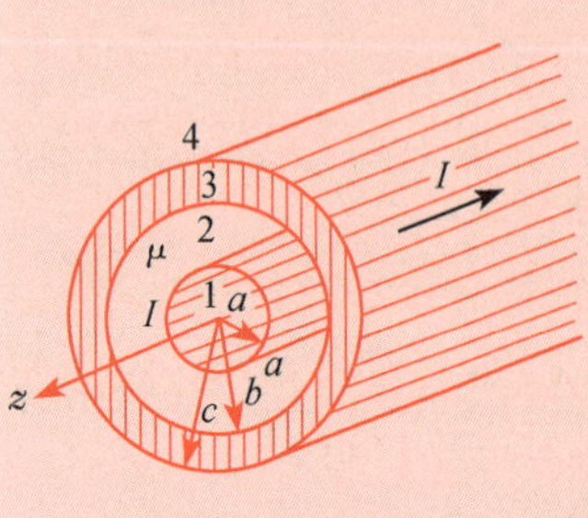

图 8.2　同轴电缆

解　原来我们从计算磁场和磁通量出发求自感，但这种方法在此处不便使用. 下面我们换一种方式，即从式(8.3.2)出发，先求 W_m，再根据 $W_m=LI^2/2$ 计算自感 L. 为计算 W_m，考虑长度为 l 的一段电缆，将其按图 8.2 划分为四个区域，分别计算各区的磁场、磁能密度和磁能.

1 区：$0\leqslant r\leqslant a$，$\mu=\mu_0$(对一般导体成立). 由环路定理可得

$$H_1=\frac{1}{2\pi r}\frac{I}{\pi a^2}\pi r^2=\frac{Ir}{2\pi a^2},$$

$$B_1=\mu_0H_1=\frac{\mu_0Ir}{2\pi a^2},\quad w_{m1}=\frac{\mu_0I^2r^2}{8\pi^2a^4}$$

$$W_{m1} = \int_0^a \int_0^{2\pi} \int_0^l w_{m1} r \mathrm{d}r \mathrm{d}\phi \mathrm{d}z = \frac{\mu_0 l I^2}{16\pi}$$

2 区：$a \leqslant r \leqslant b$，磁导率为 μ，可求得

$$H_2 = \frac{I}{2\pi r}, \quad B_2 = \frac{\mu I}{2\pi r}, \quad w_{m2} = \frac{\mu I^2}{8\pi^2 r^2}$$

$$W_{m2} = \int_a^b \int_0^{2\pi} \int_0^l w_{m2} r \mathrm{d}r \mathrm{d}\phi \mathrm{d}z = \frac{\mu l I^2}{4\pi} \ln\left(\frac{b}{a}\right)$$

3 区：$b \leqslant r \leqslant c$，$\mu = \mu_0$. 穿过半径为 r 的环路的总电流为

$$\sum I = I - \frac{I\pi(r^2 - b^2)}{\pi(c^2 - b^2)} = \frac{I(c^2 - r^2)}{c^2 - b^2}$$

故有

$$H_3 = \frac{I}{2\pi(c^2 - b^2)}\left(\frac{c^2}{r} - r\right), \quad B_3 = \mu_0 H_3$$

$$w_{m3} = \frac{\mu_0 I^2}{8\pi^2 (c^2 - b^2)^2}\left(\frac{c^4}{r^2} - 2c^2 + r^2\right)$$

$$W_{m3} = \int_b^c \int_0^{2\pi} \int_0^l w_{m3} r \mathrm{d}r \mathrm{d}\phi \mathrm{d}z$$

$$= \frac{\mu_0 l I^2}{4\pi(c^2 - b^2)^2}\left[c^4 \ln\left(\frac{c}{b}\right) - \frac{1}{4}(c^2 - b^2)(3c^2 - b^2)\right]$$

4 区：$r \geqslant c$，穿过半径为 r 的环路的总电流为 $\sum I = I - I = 0$，于是有 $H_4 = 0$，$B_4 = 0$，$w_{m4} = 0$ 和 $W_{m4} = 0$.

由上述结果计算长度为 l 的电缆的总磁能

$$W_m = W_{m1} + W_{m2} + W_{m3} + W_{m4}$$

然后由 $L = 2W_m / I^2$ 和 $L_0 = L/l$ 求得电缆单位长度的自感

$$L_0 = \frac{L}{l} = \frac{2W_m}{lI^2} = \frac{1}{2\pi}\left\{\frac{\mu_0}{4} + \mu \ln\left(\frac{b}{a}\right) + \frac{\mu_0}{(c^2 - b^2)^2}\left[c^4 \ln\left(\frac{c}{b}\right) - \frac{1}{4}(c^2 - b^2)(3c^2 - b^2)\right]\right\}$$

*8.4 非线性介质及磁滞损耗

前面我们限于线性无损耗介质，本节讨论非线性介质的磁能及磁滞损耗问题. 为简单起见，我们仍限于螺绕环情况. 设螺绕环的截面积为 S，线圈匝数为 N，电流为 I，内部填满磁化强度为 M 的磁介质. 设在 $\mathrm{d}t$ 时间内螺绕环内的磁感应强度由 B 增至 $B + \mathrm{d}B$，则穿过线圈的总磁通变化为

$$\mathrm{d}\Psi = N\mathrm{d}\Phi = NS\mathrm{d}B \tag{8.4.1}$$

与此同时，电源克服感应电动势所做的元功为

$$dA' = -\mathscr{E}Idt = I\frac{d\Psi}{dt}dt = Id\Psi = NSI\,dB \tag{8.4.2}$$

由安培环路定理,我们可推得磁场强度和电流强度之间满足如下关系:

$$\oint_L \boldsymbol{H}\cdot d\boldsymbol{l} = Hl = NI \quad 或 \quad I = \frac{Hl}{N} \tag{8.4.3}$$

将式(8.4.3)代入式(8.4.2)可得

$$dA' = V\cdot HdB \tag{8.4.4}$$

式中,$V=Sl$ 为螺绕环的体积. 于是对单位体积螺绕环介质,电源所做的元功为

$$da' = \frac{dA'}{V} = HdB = \boldsymbol{H}\cdot d\boldsymbol{B} \tag{8.4.5}$$

式中将 HdB 写成矢量形式 $\boldsymbol{H}\cdot d\boldsymbol{B}$ 后,对各向异性介质情况也成立. 进一步由 $\boldsymbol{B}=\mu_0(\boldsymbol{H}+\boldsymbol{M})$,可将上式改写为

$$da' = d\left(\frac{\mu_0 H^2}{2}\right) + \mu_0\boldsymbol{H}\cdot d\boldsymbol{M} \tag{8.4.6}$$

在磁荷观点下,一般将式(8.4.6)右边第一项称为宏观磁能密度的变化,第二项称为磁场对单位体积磁介质所做的磁化功. 式(8.4.6)的物理意义是:电源所做的功一部分用来增加宏观磁能,另一部分为对介质做的磁化功.

要分析磁化功的具体形式及其后果,必须考虑介质的磁化规律,即 $\boldsymbol{M}$ 和 $\boldsymbol{H}$ 的函数关系. 对线性无损耗介质,类似 3.5 节的做法,可将磁化规律写成

$$M_i = \sum_{j=1}^{3}\chi_{ij}H_j,\quad \chi_{ij} = \chi_{ji}$$

对各向同性介质有 $\chi_{11}=\chi_{22}=\chi_{33}=\chi_m$, $\chi_{12}=\chi_{13}=\chi_{23}=0$. 仿照第 3 章 3.5 节式(3.5.6)的推导步骤,可证 $\boldsymbol{H}\cdot d\boldsymbol{M}=\boldsymbol{M}\cdot d\boldsymbol{H}$,于是得

$$\mu_0\boldsymbol{H}\cdot d\boldsymbol{M} = d\left(\frac{\mu_0}{2}\boldsymbol{M}\cdot\boldsymbol{H}\right) \tag{8.4.7}$$

式中,$\mu_0\boldsymbol{M}\cdot\boldsymbol{H}/2$ 称为磁化能密度. 上式表明,磁化功全部转换为介质的磁化能. 将式(8.4.7)代入式(8.4.6)得

$$da' = d\left(\frac{\mu_0}{2}H^2 + \frac{\mu_0}{2}\boldsymbol{M}\cdot\boldsymbol{H}\right) = d\left(\frac{1}{2}\boldsymbol{B}\cdot\boldsymbol{H}\right) = dw_m \tag{8.4.8}$$

即电源做功全部转化为螺绕环的磁能. 注意,这里的磁能密度等于宏观磁能密度 $\mu_0H^2/2$ 和磁化能密度 $\mu_0\boldsymbol{M}\cdot\boldsymbol{H}/2$ 之和[①].

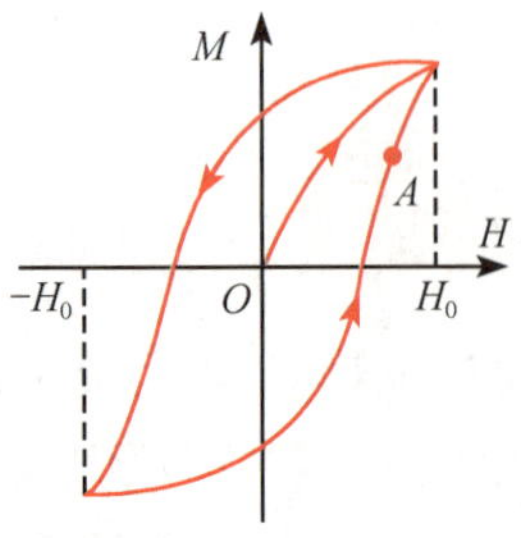

图 8.3 磁滞损耗

对非线性磁介质不再有上述简单结论. 下面以铁磁体为例进行讨论. 铁磁体的 H 和 M 的关系是非单值的,一定的 H 所对应的 M 依赖于磁化过程. 当磁场强度在 H_0 和 $-H_0$ 之间反复变化时,铁磁体的磁化状态将沿图 8.3 所示的磁滞回线作周期性变化. 上述磁化

① 该结论是在"磁荷观点"下做出的. 如果使用电流观点,则对宏观磁能密度、磁化能密度和磁化功有完全不同的定义.

过程是不可逆过程，图中用箭头标出了过程进行的方向．当从某点 A 出发沿着磁滞回线循环一周回到 A 时，电源对单位体积铁磁体所做的功可由式(8.4.6)求得

$$a' = \oint \mathrm{d}a' = \oint \mu_0 H \mathrm{d}M \tag{8.4.9}$$

式中，右边沿磁滞回线的闭路积分正好等于磁滞回线所围的“面积”．这部分功不改变磁场强度和介质的磁化状态，它所传递的能量将转化为热量．这部分因磁滞现象而消耗的能量称为磁滞损耗．在交流电路中，电感元件铁芯的磁滞损耗是有害的，应当尽量使之减少，并采取措施防止铁芯过热．

*8.5 利用磁能求磁力

若已知外磁场和电流的分布，可通过安培公式来计算磁力，关于这方面的内容已在 6.1 节作过讨论．在有些情况下，系统的磁能易于求得，通过它求磁力更方便，本节将介绍这一方法，其分析步骤与 3.6 节由静电能求力相类似．

让我们先来分析由 N 个载流线圈构成的电流系统，考虑其中一个载流线圈所受的磁力 $\boldsymbol{F}$．仿照 3.6 节的做法，设想该载流线圈有一虚位移 $\delta\boldsymbol{r}$，在该虚位移下各线圈的电流维持不变．此时，磁力做功为

$$\delta A = \boldsymbol{F} \cdot \delta\boldsymbol{r} = F_x \delta x + F_y \delta y + F_z \delta z \tag{8.5.1}$$

与此同时，维持各线圈电流不变需要外部电源反抗感应电动势做功，设这部分功为 $\delta A'$．电源做功使系统磁能增加，而磁力做功则使系统磁能减少，故系统磁能的变化 $(\delta W_\mathrm{m})_I$ 应为

$$(\delta W_\mathrm{m})_I = \delta A' - \delta A \tag{8.5.2}$$

为弄清 δA 和 $(\delta W_\mathrm{m})_I$ 的具体关系，需要求出 $\delta A'$ 和 δW_m 的关系．为此，设因受力载流线圈有虚位移 $\delta\boldsymbol{r}$ 导致第 i 个线圈的磁通量变化 $\mathrm{d}\Phi_i$，则该线圈中的电源反抗感应电动势做功应为

$$\delta A_i' = -\mathscr{E}_i I_i \mathrm{d}t = I_i \frac{\mathrm{d}\Phi_i}{\mathrm{d}t}\mathrm{d}t = I_i \mathrm{d}\Phi_i$$

于是电源做的总功为

$$\delta A' = \sum_{i=1}^{N} \delta A_i' = \sum_{i=1}^{N} I_i \mathrm{d}\Phi_i \tag{8.5.3}$$

相应系统磁能的变化由式(8.1.11)导出

$$(\delta W_\mathrm{m})_I = \frac{1}{2}\sum_{i=1}^{N} I_i \mathrm{d}\Phi_i \tag{8.5.4}$$

比较式(8.5.3)和式(8.5.4)可以看出，维持所有载流线圈电流不变，电源所做的功正好是系统磁能变化的两倍，即

$$\delta A' = 2(\delta W_\mathrm{m})_I \tag{8.5.5}$$

将式(8.5.5)代入式(8.5.2)右边得

$$(\delta W_\mathrm{m})_I = \delta A \tag{8.5.6}$$

它表明当维持各载流线圈电流不变时，磁力做功等于系统磁能的增加．这一结论并不违反能量

守恒定律,因为外界(指电源)同时参与做功,且做功量正好是磁力做功的两倍.

由式(8.5.1)和式(8.5.6)可得

$$F_x = \left(\frac{\partial W_{\mathrm{m}}}{\partial x}\right)_I \quad 或 \quad F = (\nabla W_{\mathrm{m}})_I \tag{8.5.7}$$

式中,下标 I 表示求 W_{m} 的偏导数或梯度时 W_{m} 表达式中的 I_i 应视为常数.只要给定 W_{m} 的表达式,就可以根据式(8.5.7)求出磁力 $\boldsymbol{F}$ 或它的某个分量 F_x.式(8.5.7)虽由多线圈电流维持不变的假定导出,其正确性却与受力载流线圈实际位移过程中系统各线圈的电流是否变化或怎样变化无关,理由和3.6节讲过的类似.

为了与由静电能求力的公式对照,我们再介绍另一个与式(8.5.7)等效的由磁能求力的公式.为此,我们假定在受力线圈虚位移过程中维持各线圈的磁通不变,从而线圈中不会出现感应电动势.在这种方案下,电源将不参与做功,故磁力做功 δA 正好等于系统磁能的减少 $(\delta W_{\mathrm{m}})_\Phi$,即

$$(\delta W_{\mathrm{m}})_\Phi = -\delta A \tag{8.5.8}$$

由式(8.5.1)和式(8.5.6)可得

$$F_x = -\left(\frac{\partial W_{\mathrm{m}}}{\partial x}\right)_\Phi, \quad \boldsymbol{F} = -(\nabla W_{\mathrm{m}})_\Phi \tag{8.5.9}$$

式中,下标 Φ 表示在求 W_{m} 的偏导数或梯度时 W_{m} 表达式中的 Φ_i 应视为常数.注意和式(8.5.7)不同,式(8.5.9)右边出现负号.

当有线性无损耗磁介质存在时,式(8.5.7)或式(8.5.9)也成立,只是系统的磁能 W_{m} 中包括了介质的磁化能.当研究载流线圈在外磁场中受的磁力时,可用载流线圈在外磁场中的磁能代替 W_{m},而不必计入载流线圈和外磁场本身的自能.当位移 $\delta\boldsymbol{r}$ 用角位移 $\delta\theta$ 代替时,可求得力矩公式

$$L_\theta = \left(\frac{\partial W_{\mathrm{m}}}{\partial \theta}\right)_I \tag{8.5.10}$$

$$L_\theta = -\left(\frac{\partial W_{\mathrm{m}}}{\partial \theta}\right)_\Phi \tag{8.5.11}$$

现在我们从磁能出发来重新分析外磁场作用在载流线圈上的力和力矩.设线圈尺寸很小,其磁矩为 $\boldsymbol{m}$,外磁场为 $\boldsymbol{B}$,则由式(8.2.4)可知,其磁势能为

$$W_{\mathrm{m}} = \boldsymbol{m}\cdot\boldsymbol{B} = mB\cos\theta$$

式中,θ 为 $\boldsymbol{m}$ 和 $\boldsymbol{B}$ 之间的夹角,计算方向由 $\boldsymbol{B}$ 至 $\boldsymbol{m}$.从式(8.5.7)出发,固定 I 不变相当于固定 $\boldsymbol{m}$ 的大小不变,且 $\delta\boldsymbol{r}$ 为平动位移,故 $\boldsymbol{m}$ 的方向也不变.于是我们有

$$\boldsymbol{F} = [\nabla(\boldsymbol{m}\cdot\boldsymbol{B})]_m \tag{8.5.12}$$

式中,下标 m 表示在进行梯度运算时应视 $\boldsymbol{m}$ 为常矢量.根据矢量微分公式

$$\nabla(\boldsymbol{m}\cdot\boldsymbol{B}) = (\boldsymbol{m}\cdot\nabla)\boldsymbol{B} + (\boldsymbol{B}\cdot\nabla)\boldsymbol{m} + \boldsymbol{m}\times(\nabla\times\boldsymbol{B}) + \boldsymbol{B}\times(\nabla\times\boldsymbol{m})$$

故

$$[\nabla(\boldsymbol{m}\cdot\boldsymbol{B})]_m = (\boldsymbol{m}\cdot\nabla)\boldsymbol{B} + \boldsymbol{m}\times(\nabla\times\boldsymbol{B})$$

考虑到 $\boldsymbol{B}$ 为外场，在线圈所在处有$\nabla\times\boldsymbol{B}=0$ 成立，故

$$\boldsymbol{F}=(\boldsymbol{m}\cdot\nabla)\boldsymbol{B}$$

根据式(8.5.10)，我们可算得磁场作用在磁矩上的力矩

$$\boldsymbol{L}_\theta=\left(\frac{\partial W_{\mathrm{m}}}{\partial\theta}\right)_{\boldsymbol{m}}\boldsymbol{e}_\theta=-mB\sin\theta\,\boldsymbol{e}_\theta=\boldsymbol{m}\times\boldsymbol{B}\tag{8.5.13}$$

注意 θ 是从 $\boldsymbol{B}$ 开始计算，故 $\boldsymbol{e}_\theta$ 与 $\boldsymbol{m}\times\boldsymbol{B}$ 反向. 以上求得的外磁场中载流线圈上所受的力和力矩表达式，与 6.1 节例 6.2 的结果一致.

在 6.4 节讨论顺磁效应的微观机制时，曾把磁矩为 $\boldsymbol{m}_0$ 的分子在磁场 $\boldsymbol{B}$ 中的能量定义为 $\varepsilon_p=-\boldsymbol{m}_0\cdot\boldsymbol{B}$；在量子力学中，具有固有磁矩 $\boldsymbol{m}$ 的基本粒子在外磁场中的能量也定义为 $W'_{\mathrm{m}}=-\boldsymbol{m}\cdot\boldsymbol{B}$. 二者与磁能 W_{m} 的定义式(8.2.4)均差一负号. 对这一差别作何解释呢？原来，由 $W'_{\mathrm{m}}=-\boldsymbol{m}\cdot\boldsymbol{B}$ 定义的是磁矩为 $\boldsymbol{m}$ 的粒子在外磁场 $\boldsymbol{B}$ 中的"势能"，即固定 $\boldsymbol{m}$ 不变(不考虑这样做是否需要付出代价或额外做功)，由粒子在外磁场中的位置和取向所决定的势能，它的变化等于磁力做功的值反号. 于是，磁力的公式为

$$\boldsymbol{F}=-(\nabla W'_{\mathrm{m}})_{\boldsymbol{m}}\tag{8.5.14}$$

式(8.5.14)在形式上与式(8.5.7)差一负号，而实际上，如将 W'_{m} 代入式(8.5.14)，则两式完全一致. 相应地，磁场作用在磁矩上的力矩表达式应变成

$$L_\theta=-\left(\frac{\partial W'_{\mathrm{m}}}{\partial\theta}\right)_{\boldsymbol{m}}\tag{8.5.15}$$

它与式(8.5.10)实际上是一致的.

在讨论某种固有磁矩的基本粒子在电磁场中的运动时，无论是用经典力学方法还是量子力学方法，都取粒子磁矩在外磁场中的磁能为其势能 W'_{m}，相应地求磁力和磁力矩的公式分别为式(8.5.14)和式(8.5.15).

例 8.2

求相距 r、磁矩为 $\boldsymbol{m}_1$ 和 $\boldsymbol{m}_2$ 的两磁偶极子相互作用力(图 8.4).

解 由第 5 章 5.2 节式(5.2.6)可知，$\boldsymbol{m}_1$ 在 $\boldsymbol{m}_2$ 处产生的磁感应强度为

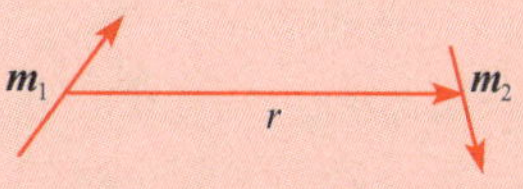

图 8.4 两磁偶极子的相互作用

$$\boldsymbol{B}_1=-\frac{\mu_0\boldsymbol{m}_1}{4\pi r^3}+\frac{3\mu_0}{4\pi r^3}(\boldsymbol{m}_1\cdot\boldsymbol{e}_r)\boldsymbol{e}_r\tag{8.5.16}$$

于是，$\boldsymbol{m}_2$ 的磁势能为

$$W_{\mathrm{m}}=\boldsymbol{m}_2\cdot\boldsymbol{B}_1=\boldsymbol{m}_1\cdot\boldsymbol{B}_2=-\frac{\mu_0}{4\pi r^3}(\boldsymbol{m}_1\cdot\boldsymbol{m}_2)+\frac{3\mu_0}{4\pi r^3}(\boldsymbol{m}_1\cdot\boldsymbol{e}_r)(\boldsymbol{m}_2\cdot\boldsymbol{e}_r)$$

继而按式(8.5.12)求得 $\boldsymbol{m}_1$ 对 $\boldsymbol{m}_2$ 的作用力

$$\boldsymbol{F}_{12}=(\nabla W_{\mathrm{m}})_{\boldsymbol{m}}=\frac{3\mu_0\boldsymbol{e}_r}{4\pi r^4}(\boldsymbol{m}_1\cdot\boldsymbol{m}_2-5m_{1r}m_{2r})+\frac{3\mu_0}{4\pi r^4}(m_{2r}\boldsymbol{m}_1+m_{1r}\boldsymbol{m}_2)$$

如果考虑这两个磁矩属于无源磁矩，磁势能为 $W_{\mathrm{m}}=-\boldsymbol{m}_2\cdot\boldsymbol{B}_1$，则对应的虚功原理必须使用 $\boldsymbol{F}_{12}=-(\nabla W_{\mathrm{m}})$，则结果一样.

不难证明 $\boldsymbol{F}_{12}=-\boldsymbol{F}_{21}$，但是在 $\boldsymbol{F}_{12}$ 中的第二项，一般不会沿两偶极子的连线方向. 这说明即使对于两闭合电流，它们之间的磁力也不完全满足牛顿第三定律. 原因和静电力情况类似(见第 3 章 3.6 节)：在 $\boldsymbol{m}_1$ 和 $\boldsymbol{m}_2$ 之间并不存在超距作用，$\boldsymbol{F}_{12}$ 和 $\boldsymbol{F}_{21}$ 不能看成一对作用力和反作用力.

例 8.3

如图 8.5 所示，具有恒定的高磁导率 μ 的马蹄形磁介质，与一磁导率相同的条形介质组成一磁路，它们的横截面为矩形，面积为 A，长度为 l. 马蹄形磁介质上绕有 N 匝导线，通以稳恒电流 I，求马蹄形与条形磁介质之间的吸引力.

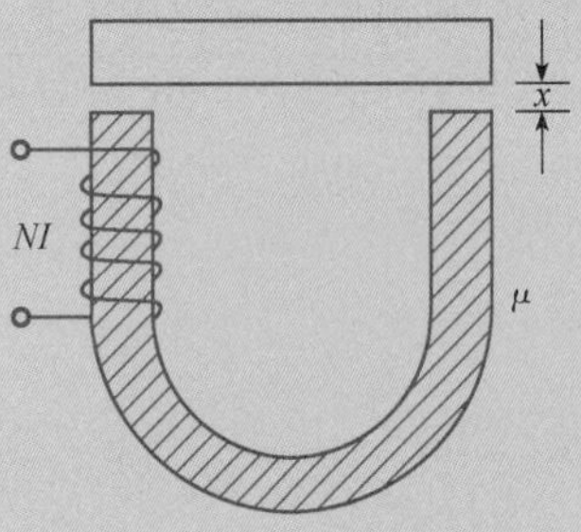

图 8.5　马蹄形与条形磁介质相互作用

解　设马蹄形磁介质与条形磁介质之间有一小间隙为 x，间隙内磁场强度为 H_g，磁介质内磁场强度为 H_m，由安培环路定理可得

$$H_m l+2H_g x=NI$$

由磁感应强度法向分量连续的条件可得

$$\mu H_m=\mu_0 H_g$$

即

$$H_g=\mu H_m/\mu_0$$

将 H_g 代入前式，得

$$\mu_0 H_m l+2\mu H_m x=\mu_0 NI$$

从中解得

$$H_m=\frac{\mu_0 NI}{\mu_0 l+2\mu x},\quad B_m=\mu H_m=\frac{\mu\mu_0 NI}{\mu_0 l+2\mu x}$$

相应求得全磁通量、磁能和磁力，结果如下：

$$\Psi=N\Phi=NB_m A=\frac{\mu\mu_0 AN^2 I}{\mu_0 l+2\mu x}$$

$$W_m=\frac{1}{2}I\Psi=\frac{\mu\mu_0 AN^2 I^2}{2(\mu_0 l+2\mu x)}$$

$$F=\left(\frac{\partial W_m}{\partial x}\right)_I\bigg|_{x=0}=-\frac{\mu^2 N^2 I^2 A}{\mu_0 l^2}$$

条形磁介质与马蹄形磁介质密接时的相互吸引力为 $\mu^2 N^2 I^2 A/(\mu_0 l^2)$. 例 6.14 曾用磁荷法求得磁化强度为 M 的永久磁铁对衔铁的吸引力为 $\mu_0 M^2 S$. 注意到永磁体的磁化强度 M 与本例的 $B_m=\mu NI/l$ 存在对应关系 $\mu_0 M\leftrightarrow B_m$(永磁体内 $H=0$)，以及 $S=A$，可判断上述吸引力与本例求得的答案完全一致.

第9章 交流电路

9.1 基本概念和描述方法

9.1.1 基本概念

当电路中电源的电动势随时间作周期性变化时，电路各段上的电流和电压也随时间作周期性变化，这种电路称为交流电路，相应的电动势、电流和电压分别称为交流电动势、交流电流和交流电压，习惯上称为交流电.

交流电路不同于稳恒电路和暂态电路. 在稳恒电路中，电源的电动势为常量，电流不随时间变化，即所谓稳恒电流或直流电. 在稳恒态，纯电容的作用像无限大的电阻，不允许直流电通过，具有“隔直流”的作用；纯电感可以被简单处理成电阻为零的导线. 因此，稳恒电路里只需要处理电阻对电流的效应. 在暂态电路中，电流随时间的变化是在接通或断开直流电源的短暂时间里进行的，是从初态趋于最终的稳态的变化过程. 这一变化过程的快慢由电路参量 R、L 和 C 决定，但终归是暂时的，故属于一种特殊的非稳态过程，即暂态过程. 而在交流电路中，电源电动势持续地随时间变化，电流和电压与周围的电磁场变化密切相关，而且电阻、电容和电感对电流显示出性质不同的效应，整个电路的时间行为始终是非稳态的，情况要复杂得多. 不过，对一个随时间变化不很迅速，即满足似稳条件的交流电路来说，我们可以采用似稳电路近似，从而得到很大的简化. 本章主要介绍似稳交流电路的基本理论和计算方法，着重介绍似稳交流电路的复数解法.

在 7.4 节中，我们已经讨论过似稳电路的特点，并给出了似稳判据式(7.4.1)，即

$$l \ll \lambda \tag{9.1.1}$$

式中，l 为电路尺寸，λ 为波长. 例如，我国采用的频率为 50Hz 的交流电，似稳条件为 $l \ll 6\times 10^6$ m，所以一个大城市内电路上电流的分布可以看成是似稳的. 然而，如果电流传输线达到或超过数千公里，则需考虑电流沿传输线的变化，这时不能认为电流是似稳的. 表 9.1 给出常用交流电路似稳判据中的 λ 值. 仅当电路尺寸远小于 λ 时，才能当成似稳电路处理.

表 9.1 常用交流电路似稳判据中的 λ 值

f/Hz	λ/m	应用
50	6×10^6	动力电路
10^4	3×10^4	电话线路
10^6	300	中波无线电广播
10^8	3	高频电视线路
10^{10}	0.03	微波

交流电被广泛应用于日常生活、工农业和科学实验中. 正如中学里学过的，对不同的用途，

需要各种不同形式的交流电，因而产生它们的电源或信号源也各不相同. 一般的工业动力电和日常的照明电，其电压或电流随时间呈简谐变化，称为简谐交流电. 1.2 节所提到的交流发动机就能产生这种交流电. 常用的电子示波器的扫描信号是锯齿波，它是由示波器内的锯齿波发生器产生的. 激光通信的载波信号是尖脉冲，它是由脉冲的光信号转换成电信号而成的. 还有常见的一般收音机和广播中的中、短波段的信号是调幅波；电视中的图像信号是调频波；电子计算机中的信号是矩形脉冲波.

9.1.2　描述方法

根据傅里叶分析原理，任何一种形式的交流电都是由一系列不同频率的简谐波叠加而成的. 这些简谐成分在线性电路中彼此独立，也就是说它们满足叠加原理(见 9.2 节). 因此，下面我们主要讨论简谐交流电的描述. 简谐交流电的描述方法有三种：函数描述、矢量描述和复数描述，分别说明如下.

1. 函数描述

对简谐交流电来说，电压、电流和电动势均可写成余弦(或正弦)函数形式

$$\begin{aligned} u(t) &= V_{\mathrm{m}}\cos(\omega t+\varphi_u) \\ i(t) &= I_{\mathrm{m}}\cos(\omega t+\varphi_i) \\ e(t) &= \mathscr{E}_{\mathrm{m}}\cos(\omega t+\varphi_e) \end{aligned} \tag{9.1.2}$$

可以看出，确定上面三个物理量中的任何一个，都必须事先知道三个参数(或称特征量)，即频率、峰值和相位，现分别阐述如下.

(1)周期和频率. 交流电完成一次循环变化(或振荡)所需要的时间叫周期，用符号 T 表示，单位为秒(s). 交流电在单位时间内完成周期变化的次数称为频率，用符号 f 表示，单位为赫[兹](Hz，即周 · 秒$^{-1}$). 频率与周期的关系为 $f=1/T$. 式(9.1.2)中的 ω 称为交流电的角频率(或叫圆频率)，它与 f、T 的关系为 $\omega=2\pi f=2\pi/T$，ω 的单位是弧度 · 秒$^{-1}$(rad · s^{-1}).

(2)峰值和有效值. 式(9.1.2)中的 V_{m}、I_{m} 和 $\mathscr{E}_{\mathrm{m}}$ 分别称为电压峰值、电流峰值和电动势峰值，它们是相应瞬时值的变化幅度. 比峰值更为常用的是有效值，它相当于交流电各物理量的均方根值. 例如电压有效值为 $V=\left(\int_0^T u^2\mathrm{d}t/T\right)^{1/2}$. 对简谐交流电而言，有效值等于 $1/\sqrt{2}$ 倍峰值，即 $V=V_{\mathrm{m}}/\sqrt{2}\approx 0.707V_{\mathrm{m}}$，$I=0.707I_{\mathrm{m}}$，$\mathscr{E}=0.707\mathscr{E}_{\mathrm{m}}$. 我们说市电电压为 220V，指的是它的有效值 $V=220\mathrm{V}$，而它的峰值则为 $V_{\mathrm{m}}=\sqrt{2}V\approx 311\mathrm{V}$. 大多数交流电表的读数表示有效值. 引入有效值的目的在于，可利用直流电的公式直接计算交流电的平均功率(见 9.3 节).

(3)相位和相位差. 式(9.1.2)中的 $\omega t+\varphi_u$、$\omega t+\varphi_i$ 和 $\omega t+\varphi_e$ 称为相位，它们是决定交流电瞬时状态的物理量，其中 φ_u、φ_i 和 φ_e 表示 $t=0$ 时刻的相位，称为初相位. 引入相位描述的好处在于：不同周期的简谐量均可统一地用相位来描述其瞬间状态. 相位总是以 2π 为周期，当它改变 2π 之后，简谐量的状态重复出现. 此外，两个交流电物理量变化的关系还可以用它们之间的相位差 φ 表示. 以式(9.1.2)所给的电压和电流的相位差为例，二者之间的相位差为 $\varphi=(\omega t+\varphi_u)-(\omega t+\varphi_i)=\varphi_u-\varphi_i$. 当 $\varphi>0$ 时，表示电压比电流超前 φ；当 $\varphi<0$ 时，表示电压比电流落后 $|\varphi|$；当 $\varphi=0$ 时，表示电压与电流同相位. 例如，图 9.1 表示电压比电流超前 $\pi/2$.

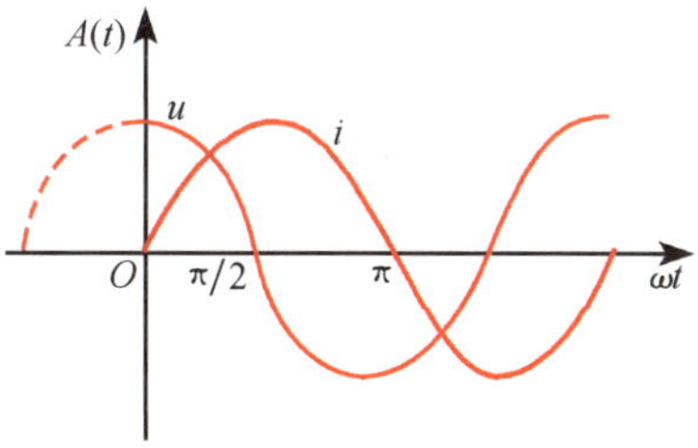

图 9.1 电压比电流超前 π/2

2. 矢量描述

为直观起见，常采用所谓"旋转矢量"来描述交流电.设某简谐交流电物理量(以下简称"简谐量")可表示为

$$a(t) = A\cos(\omega t + \varphi)$$

在直角坐标 Oxy 平面内，从原点出发作一矢量 $\mathbf{A}$，其长度等于峰值 A，与 x 轴夹角等于初相位 φ. 让矢量 $\mathbf{A}$ 以匀角速度 ω 绕 O 点作逆时针旋转，在任意时刻 t，$\mathbf{A}$ 与 x 轴的夹角(又称极角)为 $\omega t + \varphi$，这时它在 x 轴上的投影正好就是它所描述的简谐量的瞬时值(图 9.2)

$$a(t) = \mathbf{A} \cdot \hat{\mathbf{x}} = A\cos(\omega t + \varphi) \tag{9.1.3}$$

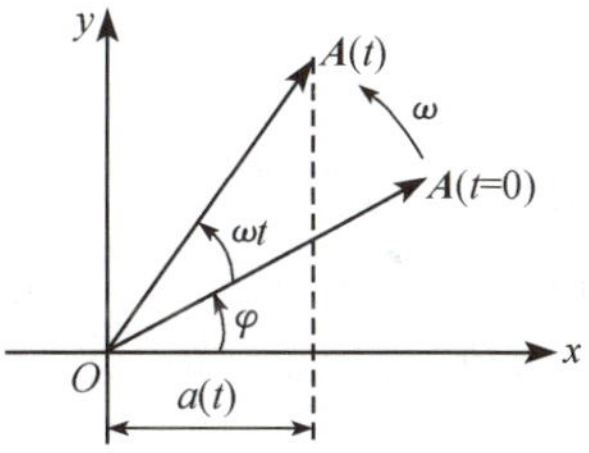

图 9.2 交流电的矢量描述

这说明一个简谐量可以唯一地与一个旋转矢量相对应.

采用旋转矢量描述可以形象地看出两个或多个简谐量之间的相互关系. 首先，两个简谐量所对应的旋转矢量的夹角即为它们之间的相位差. 其次，如果两个简谐量属于同一性质，例如同为电压或电流，还可以根据对应的旋转矢量的长度来比较它们之间相对幅度的大小. 除此之外，两个性质相同、频率相同的简谐量的叠加可通过对应旋转矢量的合成来实现. 设有两个同性质、同频率的简谐量

$$a_1(t) = A_1\cos(\omega t + \varphi_1), \quad a_2(t) = A_2\cos(\omega t + \varphi_2) \tag{9.1.4}$$

它们对应的旋转矢量分别为 $\mathbf{A}_1$ 和 $\mathbf{A}_2$. 这两个简谐量之和 $a(t)=a_1(t)+a_2(t)$ 仍然为同频率的简谐量，故必有一旋转矢量 $\mathbf{A}$ 与之对应，设其长度为 A，初相位为 φ. 于是应有

$$A\cos(\omega t + \varphi) = A_1\cos(\omega t + \varphi_1) + A_2\cos(\omega t + \varphi_2) \tag{9.1.5}$$

利用余弦函数的和角公式得

$$\begin{aligned} A\cos\varphi\cos\omega t - A\sin\varphi\sin\omega t = & A_1\cos\varphi_1\cos\omega t - A_1\sin\varphi_1\sin\omega t \\ & + A_2\cos\varphi_2\cos\omega t - A_2\sin\varphi_2\sin\omega t \end{aligned}$$

上式对任何时刻 t 都成立的充分必要条件是两边 $\cos\omega t$ 和 $\sin\omega t$ 的系数分别相等，即

$$\begin{aligned} A\cos\varphi &= A_1\cos\varphi_1 + A_2\cos\varphi_2 \\ A\sin\varphi &= A_1\sin\varphi_1 + A_2\sin\varphi_2 \end{aligned} \tag{9.1.6}$$

将式(9.1.6)中的两式平方后相加得

$$A = [A_1^2 + A_2^2 + 2A_1A_2\cos(\varphi_2 - \varphi_1)]^{1/2} \tag{9.1.7a}$$

将式(9.1.6)中的两式相除得

$$\tan\varphi = \frac{A_1\sin\varphi_1 + A_2\sin\varphi_2}{A_1\cos\varphi_1 + A_2\cos\varphi_2} \tag{9.1.7b}$$

上面的运算结果说明，两个同频率简谐量叠加，其结果仍然是同一频率的简谐量，其峰值和初相位由式(9.1.7)决定. 式(9.1.5)表明，$\mathbf{A}$ 在 x 轴上的投影(即 $\mathbf{A}$ 的 x 分量)等于 $\mathbf{A}_1$ 和 $\mathbf{A}_2$ 在 x 轴上的投影之和. 利用式(9.1.6)容易证明 $\mathbf{A}$ 在 y 轴上的投影(即 $\mathbf{A}$ 的 y 分量)等于 $\mathbf{A}_1$ 和

$\boldsymbol{A}_2$ 在 y 轴上投影之和. 这同矢量合成的运算规则一致，于是可表示为

$$\boldsymbol{A}=\boldsymbol{A}_1+\boldsymbol{A}_2 \tag{9.1.8}$$

这便证明了通过旋转矢量的合成，就可以实现两个同频率简谐量的叠加运算. 该结论对多个同频率简谐量的叠加也成立. 旋转矢量的合成可采用平行四边形法则通过作图来实现，如图 9.3 所示. 如果 $\boldsymbol{A}_1$ 和 $\boldsymbol{A}_2$ 的长度改用有效值表示的话，则由式(9.1.8)算得的 A 或按图 9.3 求得的 $\boldsymbol{A}$ 的长度均表示合成简谐量的有效值.

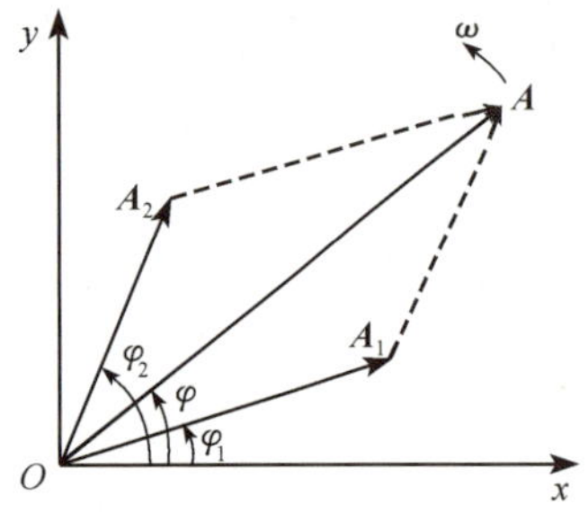

图 9.3　旋转矢量的合成

从式(9.1.8)的导出过程可以发现旋转矢量的一个重要性质. 对于 $\boldsymbol{A}$ 和 $(\boldsymbol{A}_1+\boldsymbol{A}_2)$ 两个任意的旋转矢量来说，式(9.1.5)只表示它们的 x 分量相等，但由它却可导出式(9.1.8)，即这两个旋转矢量相等. 反过来，由式(9.1.8)也可以导出式(9.1.5)，因为两矢量相等必然导致它们的 x 分量相等. 因此我们得出结论：两个旋转矢量相等的充分必要条件是它们的 x 分量相等. 显然，旋转矢量这一性质是与一个简谐量唯一对应一个旋转矢量的结论相一致的. 应当特别强调的是，对一般的二维矢量来说，相等的充分必要条件同时包含 x 分量相等和 y 分量相等两个方面. 这里之所以只需要 x 分量相等，是因为所涉及的矢量是与简谐量对应的旋转矢量，而不是泛指的一般矢量.

矢量法的优点是可以直观地表示各简谐量之间的相位关系，并通过矢量合成对同一性质、同频率的简谐量进行叠加，从而用于分析各种电路元件的电压-电流特性以及简单的串、并联交流电路. 矢量法的局限性在于涉及复杂的三角函数运算，不便于分析复杂的交流电路.

3. 复数描述

设任一复数 $\widetilde{A}$ 为

$$\widetilde{A}=a+\mathrm{j}b \tag{9.1.9}$$

式中，实数 a 为 $\widetilde{A}$ 的实部，记为 $a=\mathrm{Re}(\widetilde{A})$；实数 b 为 $\widetilde{A}$ 的虚部，记为 $b=\mathrm{Im}(\widetilde{A})$；j 为虚数单位①，满足 $\mathrm{j}^2=-1$，$\sqrt{-1}=\pm\mathrm{j}$. 此外，虚数单位的乘方具有周期性，即对任何整数 n，下列各式成立：

$$\mathrm{j}^{4n}=1,\quad \mathrm{j}^{4n+1}=\mathrm{j},\quad \mathrm{j}^{4n+2}=-1,\quad \mathrm{j}^{4n+3}=-\mathrm{j}$$

对 $n=-1$，有 $\mathrm{j}^{4n+3}=\mathrm{j}^{-1}=1/\mathrm{j}=-\mathrm{j}$.

在由实轴和虚轴构成的复平面上，表示 $\widetilde{A}$ 就像在 xy 平面上表示一个二维矢量 $\boldsymbol{A}=a\hat{\boldsymbol{x}}+b\hat{\boldsymbol{y}}$ 一样，只需令 x 轴对应实轴，y 轴对应虚轴，如图 9.4 所示. $\widetilde{A}$ 的模和辐角分别为

$$A=|\widetilde{A}|=\sqrt{a^2+b^2},\quad \theta=\arctan\frac{b}{a}$$

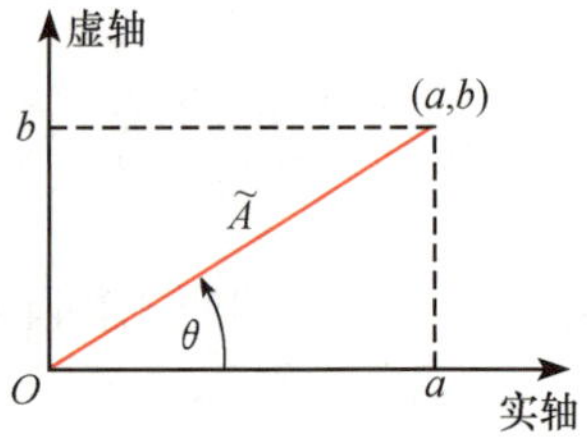

图 9.4　复数的平面表示

它们正好对应矢量 $\boldsymbol{A}$ 的长度和极角. 由 $a=A\cos\theta$，$b=A\sin\theta$ 可将式(9.1.9)表示为

---

① 虚数单位的常用符号为“i”，但在电工电子学中习惯用“j”表示虚数单位.

$$\widetilde{A} = A(\cos\theta + \mathrm{j}\sin\theta) = A\mathrm{e}^{\mathrm{j}\theta} \tag{9.1.10}$$

上式为复数 $\widetilde{A}$ 的指数表示. 在指数表示下，显然有

$$\mathrm{j} = \mathrm{e}^{\mathrm{j}\frac{\pi}{2}}, \quad \frac{1}{\mathrm{j}} = \mathrm{e}^{-\mathrm{j}\frac{\pi}{2}}, \quad -1 = \mathrm{e}^{\mathrm{j}\pi}$$

若令 $\theta=\omega t+\varphi$，则矢量 $\boldsymbol{A}$ 变成旋转矢量，相应的复数表达为

$$\widetilde{A} = A\mathrm{e}^{\mathrm{j}(\omega t+\varphi)} \tag{9.1.11}$$

根据旋转矢量和式(9.1.11)表示的复数之间的对应关系，很自然地就得出简谐量的复数表示：复数 $\widetilde{A}$ 的模 A 表示峰值，辐角$(\omega t+\varphi)$表示相位，其中 ω 为角频率，φ 为初相位. 该复数的实部表示简谐量的瞬时值

$$a(t) = \mathrm{Re}(\widetilde{A}) = A\cos(\omega t + \varphi) \tag{9.1.12}$$

利用简谐量的复数表示很容易实现两个性质和频率相同的简谐量的叠加. 由式(9.1.4)表示的两个简谐量 $a_1(t)$ 和 $a_2(t)$ 所对应的复数为 $\widetilde{A}_1=A_1\mathrm{e}^{\mathrm{j}(\omega t+\varphi_1)}$ 和 $\widetilde{A}_2=A_2\mathrm{e}^{\mathrm{j}(\omega t+\varphi_2)}$，它们的和 $a(t)=a_1(t)+a_2(t)$ 所对应的复数为 $\widetilde{A}=A\mathrm{e}^{\mathrm{j}(\omega t+\varphi)}$，则应有

$$\mathrm{Re}(\widetilde{A}) = \mathrm{Re}(\widetilde{A}_1 + \widetilde{A}_2) \tag{9.1.13}$$

仿照由式(9.1.5)推导式(9.1.8)的步骤，我们可从式(9.1.13)出发导出

$$\widetilde{A} = \widetilde{A}_1 + \widetilde{A}_2 \tag{9.1.14}$$

实际上，只要将矢量合成和复数加法规则比较一下，就不难理解上述结果. 我们知道，矢量合成是 x 分量和 y 分量分别相加，而复数加法相当于实部和虚部分别相加. 进一步，根据前面建立的矢量和复数的对应关系可知，一个矢量的 x 分量和 y 分量分别对应一个复数的实部和虚部. 于是，只要矢量 $\boldsymbol{A}_1$、$\boldsymbol{A}_2$ 和复数 $\widetilde{A}_1$、$\widetilde{A}_2$ 对应，则按式(9.1.8)求得的合矢量 $\boldsymbol{A}$ 必然和按式(9.1.14)求得的复数 $\widetilde{A}$ 对应. 由此可见，复数法和矢量法是完全等效的. 式(9.1.14)表明，通过复数的加法可以实现两个或多个简谐量的叠加. 下节我们将会看到，复数法还可以将简谐量的微积分运算化为乘除运算，这是复数法较矢量法的优越之处，也是人们广泛采用复数法求解简谐交流电路的重要原因.

由式(9.1.13)能够导出式(9.1.14)这一点，我们得出与旋转矢量类似的结论，即与两简谐量对应的复数相等的充分必要条件是它们的实部相等. 同样，这一结论也是同一个简谐量唯一地与一个复数对应相吻合的. 9.2 节将应用这一结论去推导复数形式的简谐交流电路方程. 当然，上述结论只适用于与简谐量对应的复数，而不是一般的复数. 对一般复数来说，相等的充分必要条件仍然是实部和虚部分别相等，仅仅实部相等是不成的.

简谐交流电的任何一个瞬时量都可以写成对应的复数形式. 例如式(9.1.2)给出的电压、电流和电动势的瞬时值表达式的复数形式如下：

$$\begin{aligned} \widetilde{V} &= V_{\mathrm{m}}\mathrm{e}^{\mathrm{j}(\omega t+\varphi_u)} \\ \widetilde{I} &= I_{\mathrm{m}}\mathrm{e}^{\mathrm{j}(\omega t+\varphi_i)} \\ \widetilde{\mathscr{E}} &= \mathscr{E}_{\mathrm{m}}\mathrm{e}^{\mathrm{j}(\omega t+\varphi_e)} \end{aligned} \tag{9.1.15}$$

相应地把 $\widetilde{V}$、$\widetilde{I}$ 和 $\widetilde{\mathscr{E}}$ 分别称为复电压、复电流和复电动势. 取 $\widetilde{V}$、$\widetilde{I}$ 和 $\widetilde{\mathscr{E}}$ 的实部可得到有实际物理意义的电压、电流和电动势的瞬时值

$$u(t) = \mathrm{Re}(\widetilde{V}) = V_{\mathrm{m}}\cos(\omega t + \varphi_u)$$
$$i(t) = \mathrm{Re}(\widetilde{I}) = I_{\mathrm{m}}\cos(\omega t + \varphi_i) \tag{9.1.16}$$
$$e(t) = \mathrm{Re}(\widetilde{\mathscr{E}}) = \mathscr{E}_{\mathrm{m}}\cos(\omega t + \varphi_e)$$

考虑到 $V_{\mathrm{m}}=\sqrt{2}V, I_{\mathrm{m}}=\sqrt{2}I, \mathscr{E}_{\mathrm{m}}=\sqrt{2}\mathscr{E}$,式(9.1.15)又可写成

$$\widetilde{V} = \sqrt{2}V\mathrm{e}^{\mathrm{j}(\omega t+\varphi_u)} = \sqrt{2}\dot{V}\mathrm{e}^{\mathrm{j}\omega t}$$
$$\widetilde{I} = \sqrt{2}I\mathrm{e}^{\mathrm{j}(\omega t+\varphi_i)} = \sqrt{2}\dot{I}\mathrm{e}^{\mathrm{j}\omega t} \tag{9.1.17}$$
$$\widetilde{\mathscr{E}} = \sqrt{2}\mathscr{E}\mathrm{e}^{\mathrm{j}(\omega t+\varphi_e)} = \sqrt{2}\dot{\mathscr{E}}\mathrm{e}^{\mathrm{j}\omega t}$$

式中

$$\dot{V} = V\mathrm{e}^{\mathrm{j}\varphi_u}, \quad \dot{I} = I\mathrm{e}^{\mathrm{j}\varphi_i}, \quad \dot{\mathscr{E}} = \mathscr{E}\mathrm{e}^{\mathrm{j}\varphi_e} \tag{9.1.18}$$

分别称为复电压有效值、复电流有效值和复电动势有效值,统称复有效值.

9.2　交流电路的复数解法

9.2.1　交流电路的基本方程

对满足似稳条件、如图 9.5 所示的单回路交流电路,其基本方程为第 7 章 7.4 节式(7.4.21),即

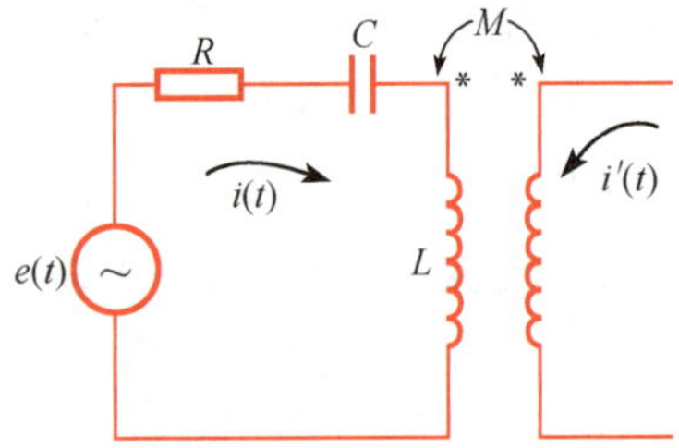

图 9.5　单回路交流电路

$$e = iR + \frac{1}{C}\int i\mathrm{d}t + L\frac{\mathrm{d}i}{\mathrm{d}t} + M\frac{\mathrm{d}i'}{\mathrm{d}t} \tag{9.2.1}$$

式中用到 $q=\int i\mathrm{d}t$;对简谐交流来说,该等式与式(7.4.5)完全等效.对多回路交流电路,其基本方程为基尔霍夫第一定律和第二定律[见 7.4 节式(7.4.23)和式(7.4.24)]

$$\sum i_{\text{入}} = \sum i_{\text{出}} \tag{9.2.2}$$

$$\sum e = \sum iR + \sum\frac{1}{c}\int i\mathrm{d}t + \sum L\frac{\mathrm{d}i}{\mathrm{d}t} + \sum M\frac{\mathrm{d}i'}{\mathrm{d}t} \tag{9.2.3}$$

式(9.2.3)中也用到等式 $q=\int i\mathrm{d}t$ 当电阻 R、电容 C、电感 L 和互感 M 为常量,即它们由相应元件的内在性质决定,与外在因素(如流经的电流 i 和 i'、所加的电压及信号频率等)无关时,则式(9.2.1)或式(9.2.3)为线性方程,相应的电路称为线性电路.线性电路有一个重要的性质,就是若干个信号源及所激发的电流可以相互叠加.以图 9.5 所示的线性电路及其基本方程(9.2.1)为例,设信号源电动势为 e_1,由它产生的初、次级电流分别为 i_1 和 i_1',则它们应该满足式(9.2.1),即

$$e_1 = i_1R + \frac{1}{C}\int i_1\mathrm{d}t + L\frac{\mathrm{d}i_1}{\mathrm{d}t} + M\frac{\mathrm{d}i_1'}{\mathrm{d}t} \tag{9.2.4}$$

现在我们换一个信号源,设其电动势为 e_2,由它产生的初、次级电流分别为 i_2 和 i_2',这些量也应该满足式(9.2.1),则

$$e_2 = i_2 R + \frac{1}{C}\int i_2 \mathrm{d}t + L\frac{\mathrm{d}i_2}{\mathrm{d}t} + M\frac{\mathrm{d}i_2'}{\mathrm{d}t} \tag{9.2.5}$$

将式(9.2.4)和式(9.2.5)相加得

$$e_1 + e_2 = (i_1 + i_2)R + \frac{1}{C}\int (i_1 + i_2)\mathrm{d}t + L\frac{\mathrm{d}(i_1 + i_2)}{\mathrm{d}t} + M\frac{\mathrm{d}(i_1' + i_2')}{\mathrm{d}t}$$

与式(9.2.1)相比，上式相当于电源电动势(e_1+e_2)所产生的初、次级电流分别为(i_1+i_2)和$(i_1'+i_2')$. 由此说明，由e_1和e_2独立作用产生的初级电流之和与次级电流之和等于它们联合作用产生的初级电流和次级电流. 也就是说，两个或多个简谐信号在线性电路中满足叠加原理. 有了这条性质，我们就可以把一个复杂的信号通过傅里叶分析分解为一系列简谐信号，然后对各个简谐信号分别进行处理，最后再把处理的结果叠加起来，求得原复杂信号的变化规律. 这就是通常对交流电路的分析仅限于简谐信号的依据所在.

9.2.2 电路方程的复数形式

对简谐电动势e、初级电流i和次级电流i'可采用复数表示，相应复电动势、复初级电流和复次级电流分别记为$\tilde{\mathscr{E}}$、$\tilde{I}$和$\tilde{I}'$. 类比式(9.1.16)和式(9.1.17)，可写出

$$\begin{aligned} e &= \mathrm{Re}(\tilde{\mathscr{E}}), \quad \tilde{\mathscr{E}} = \sqrt{2}\dot{\mathscr{E}}\mathrm{e}^{\mathrm{j}\omega t} \\ i &= \mathrm{Re}(\tilde{I}), \quad \tilde{I} = \sqrt{2}\dot{I}\mathrm{e}^{\mathrm{j}\omega t} \\ i' &= \mathrm{Re}(\tilde{I}'), \quad \tilde{I}' = \sqrt{2}\dot{I}\mathrm{e}^{\mathrm{j}\omega t} \end{aligned} \tag{9.2.6}$$

将式(9.2.6)代入式(9.2.1)得

$$\mathrm{Re}(\tilde{\mathscr{E}}) = R[\mathrm{Re}(\tilde{I})] + \frac{1}{C}\int[\mathrm{Re}(\tilde{I})]\mathrm{d}t + L\frac{\mathrm{d}}{\mathrm{d}t}[\mathrm{Re}(\tilde{I})] + M\frac{\mathrm{d}}{\mathrm{d}t}[\mathrm{Re}(\tilde{I}')] \tag{9.2.7}$$

上式涉及对复数$\tilde{I}$、$\tilde{I}'$的实部的常数乘法、积分和微分运算. 我们知道，如果对某一复数$\tilde{A}=a+\mathrm{j}b$直接进行这些运算，则应分别对该复数的实部和虚部进行运算，即

$$R\tilde{A} = Ra + \mathrm{j}Rb$$

$$\int \tilde{A}\mathrm{d}t = \int a\mathrm{d}t + \mathrm{j}\int b\mathrm{d}t$$

$$\frac{\mathrm{d}\tilde{A}}{\mathrm{d}t} = \frac{\mathrm{d}a}{\mathrm{d}t} + \mathrm{j}\frac{\mathrm{d}b}{\mathrm{d}t}$$

且运算结果仍为复数. 由复数相等必须实部和虚部分别相等的条件，我们取上述诸式的实部求得

$$\begin{aligned} \mathrm{Re}(R\tilde{A}) &= Ra = R[\mathrm{Re}(\tilde{A})] \\ \mathrm{Re}\left(\int \tilde{A}\mathrm{d}t\right) &= \int a\mathrm{d}t = \int[\mathrm{Re}(\tilde{A})]\mathrm{d}t \\ \mathrm{Re}\left(\frac{\mathrm{d}\tilde{A}}{\mathrm{d}t}\right) &= \frac{\mathrm{d}a}{\mathrm{d}t} = \frac{\mathrm{d}}{\mathrm{d}t}[\mathrm{Re}(\tilde{A})] \end{aligned} \tag{9.2.8}$$

式(9.2.8)表明，求复数实部的“运算”可以同该复数的常数乘法运算和微积分运算交换次序. 根据式(9.2.8)，可以将式(9.2.7)改写成

$$\mathrm{Re}(\tilde{\mathscr{E}}) = \mathrm{Re}\left(R\,\tilde{I} + \frac{1}{C}\int \tilde{I}\,\mathrm{d}t + L\frac{\mathrm{d}\,\tilde{I}}{\mathrm{d}t} + M\frac{\mathrm{d}\,\tilde{I}'}{\mathrm{d}t}\right) \tag{9.2.9}$$

进一步,对 $\tilde{I}$ 和 $\tilde{I}'$ 的微积分运算仅涉及与时间有关的因子 $\mathrm{e}^{\mathrm{j}\omega t}$,且有

$$\int \mathrm{e}^{\mathrm{j}\omega t}\mathrm{d}t = \frac{1}{\mathrm{j}\omega}\mathrm{e}^{\mathrm{j}\omega t}, \quad \frac{\mathrm{d}\mathrm{e}^{\mathrm{j}\omega t}}{\mathrm{d}t} = \mathrm{j}\omega\,\mathrm{e}^{\mathrm{j}\omega t}$$

于是应有

$$\int \tilde{I}\,\mathrm{d}t = \frac{1}{\mathrm{j}\omega}\tilde{I}, \quad \frac{\mathrm{d}\,\tilde{I}}{\mathrm{d}t} = \mathrm{j}\omega\,\tilde{I}, \quad \frac{\mathrm{d}\,\tilde{I}'}{\mathrm{d}t} = \mathrm{j}\omega\,\tilde{I}' \tag{9.2.10}$$

将式(9.2.10)代入式(9.2.9)得

$$\mathrm{Re}(\tilde{\mathscr{E}}) = \mathrm{Re}\left(R\tilde{I} + \frac{1}{\mathrm{j}\omega C}\tilde{I} + \mathrm{j}\omega L\tilde{I} + \mathrm{j}\omega M\tilde{I}'\right) \tag{9.2.11}$$

上式左边括号中的 $\tilde{\mathscr{E}}$ 表示简谐量,右边括号中的 $\tilde{I}$ 和 $\tilde{I}'$ 也表示简谐量,它们的线性组合显然也表示简谐量.式(9.2.11)表明,两边括号中表示简谐量的复数的实部相等.由 9.1.1 节得到的结论,即与简谐量对应的复数相等的充分必要条件是它们的实部相等,以至于根据式(9.2.11)可以判定

$$\tilde{\mathscr{E}} = R\tilde{I} + \frac{1}{\mathrm{j}\omega C}\tilde{I} + \mathrm{j}\omega L\tilde{I} + \mathrm{j}\omega M\tilde{I}' \tag{9.2.12}$$

上式就是方程(9.2.1)的复数形式.利用式(9.2.6),我们还可以将上式写成复有效值形式:

$$\dot{\mathscr{E}} = R\dot{I} + \frac{1}{\mathrm{j}\omega C}\dot{I} + \mathrm{j}\omega L\dot{I} + \mathrm{j}\omega M\dot{I}' \tag{9.2.13}$$

在以下分析中,我们一律采用复有效形式,并简称为复数形式.

类似地,我们也可以将式(9.2.2)和式(9.2.3)写成复数形式

$$\sum \dot{I}_{\text{入}} = \sum \dot{I}_{\text{出}} \tag{9.2.14}$$

$$\sum \dot{\mathscr{E}} = \sum R\dot{I} + \sum \frac{1}{\mathrm{j}\omega C}\dot{I} + \sum \mathrm{j}\omega L\dot{I} + \sum \mathrm{j}\omega M\dot{I}' \tag{9.2.15}$$

方程(9.2.13)为单回路的欧姆定律的复数形式,方程(9.2.14)和(9.2.15)为多回路电路的基尔霍夫定律的复数形式.将交流电路方程化为复数形式之后,原来的方程中涉及的微积分运算化为代数运算,相应的常微分方程组化为代数方程组,这正是使用复数法分析简谐交流电路所带来的简化.

9.2.3 交流电路元件的复阻抗

式(9.2.13)右边各项分别给出电阻、电容和电感(包括自感和互感)上的复电压(有效值),它们可统一地表示成如下复数形式:

$$\dot{V} = \dot{I}\dot{Z} \tag{9.2.16}$$

式中

$$\dot{Z} = \frac{\dot{V}}{\dot{I}} = Z\mathrm{e}^{\mathrm{j}\varphi} \tag{9.2.17}$$

$$Z = \frac{V}{I}, \quad \varphi = \varphi_u - \varphi_i \tag{9.2.18}$$

$\dot{Z}$ 为电压复有效值和电流复有效值之比，称为电路元件的复阻抗；它的模 Z 为电压有效值和电流有效值之比，称为电路元件的阻抗；φ 则表示电压和电流的相位差，称为复阻抗的辐角. 根据式(9.2.13)和复阻抗的定义，可写出总复阻抗和电阻、电容和电感的复阻抗表达式如下：

$$\begin{aligned} &\dot{Z}=\dot{Z}_R+\dot{Z}_C+\dot{Z}_L+\dot{Z}_M \\ &\dot{Z}_R=R,\quad \dot{Z}_C=\frac{1}{\mathrm{j}\omega C}=\frac{1}{\omega C}\mathrm{e}^{-\mathrm{j}\frac{\pi}{2}} \\ &\dot{Z}_L=\mathrm{j}\omega L=\omega L\mathrm{e}^{\mathrm{j}\frac{\pi}{2}},\quad \dot{Z}_M=\mathrm{j}\omega M=\omega M\mathrm{e}^{\mathrm{j}\frac{\pi}{2}} \end{aligned} \tag{9.2.19}$$

其中常将电容阻抗 $Z_C=1/(\omega C)$ 和电感阻抗 $Z_L=\omega L$、$Z_M=\omega M$ 分别称为容抗和感抗，以与电阻的阻抗相区别.

电阻、电容、自感和互感的阻抗和辐角如表 9.2 所示. 由式(9.2.19)或表 9.2 可见，电阻上的电压与电流同相位，电容上的电压滞后电流 $\pi/2$，电感上的电压超前电流 $\pi/2$. 用矢量法可直观地表示出电阻、电容和电感上的电压(分别记为 V_R、V_C 和 V_L)与电流(I)的相位关系，如图 9.6 所示. 图中将 I 统一画作水平矢量，以便清楚地看出同一电流下不同元件的电压之间的相位关系. 此外，由式(9.2.19)我们还可以看出阻抗与频率的关系，即电阻的阻抗与频率无关，容抗与频率成反比，感抗与频率成正比. 这说明电容对低频电流起遏制作用，而电感则对高频电流起遏制作用.

表 9.2　交流电路元件的复阻抗

元件	电阻	电容	自感	互感
复阻抗 $\dot{Z}$	R	$1/(\mathrm{j}\omega C)$	$\mathrm{j}\omega L$	$\mathrm{j}\omega M$
阻抗 Z	R	$1/(\omega C)$	ωL	ωM
辐角 φ	0	$-\pi/2$	$\pi/2$	$\pi/2$

将式(9.2.19)代入式(9.2.13)和式(9.2.15)得

$$\dot{\mathscr{E}}=\dot{I}(\dot{Z}_R+\dot{Z}_C+\dot{Z}_L)+\dot{I}'\dot{Z}_M \tag{9.2.20}$$

$$\sum\dot{\mathscr{E}}=\sum\dot{I}(\dot{Z}_R+\dot{Z}_C+\dot{Z}_L)+\sum\dot{I}'\dot{Z}_M \tag{9.2.21}$$

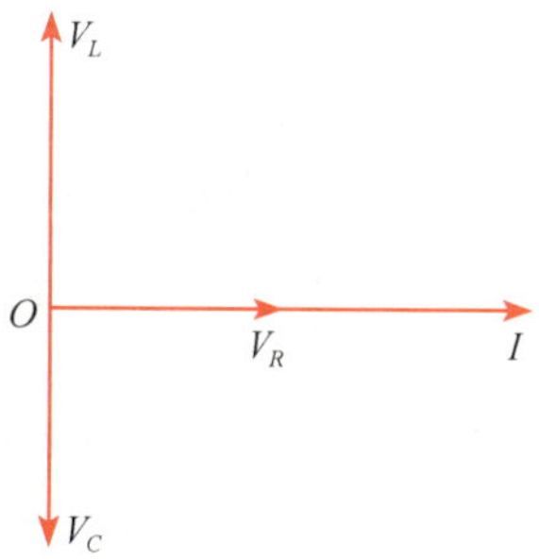

图 9.6　电阻、电容和电感上的电压-电流相位关系

这样，引入复阻抗之后，不仅节点电流方程(9.2.14)，而且回路电压方程(9.2.20)和方程(9.2.21)与第 4 章讨论过的稳恒电路方程具有几乎完全相同的数学形式，不同的只是实数量和实数运算代之以复数量和复数运算，且复阻抗包括电容和电感的贡献，不仅仅限于电阻. 这些区别显然不是实质性的. 因此，可以将分析稳恒电路的有关方法和结论可以照搬过来分析交流电路. 例如，复阻抗之间有如下串、并联公式成立：

$$\dot{Z}=\dot{Z}_1+\dot{Z}_2\ (\text{串联}),\quad \frac{1}{\dot{Z}}=\frac{1}{\dot{Z}_1}+\frac{1}{\dot{Z}_2}\ (\text{并联}) \tag{9.2.22}$$

另外，4.4 节介绍过的处理多回路电路的支路电流法和回路电流法，同样也适用于交流电路. 如此种种，用不着一一说明，读者自会揣摩，并可从 9.4 节列举的几个实例中去切实体会.

9.3　交流电的功率

9.3.1　瞬时功率

交流电的瞬时功率按下式计算：

$$p(t) = u(t)i(t) \tag{9.3.1}$$

式中，$u(t)$、$i(t)$分别为瞬时电压和瞬时电流. 设 $u(t)$和 $i(t)$为简谐交流电，相位差为 φ，则不妨取

$$i(t) = I_m\cos\omega t,\quad u(t) = V_m\cos(\omega t + \varphi) \tag{9.3.2}$$

于是瞬时功率的表达式为

$$\begin{aligned} p(t) &= V_m I_m\cos\omega t\cos(\omega t + \varphi) \\ &= \frac{1}{2}V_m I_m\cos\varphi + \frac{1}{2}V_m I_m\cos(2\omega t + \varphi) \end{aligned} \tag{9.3.3}$$

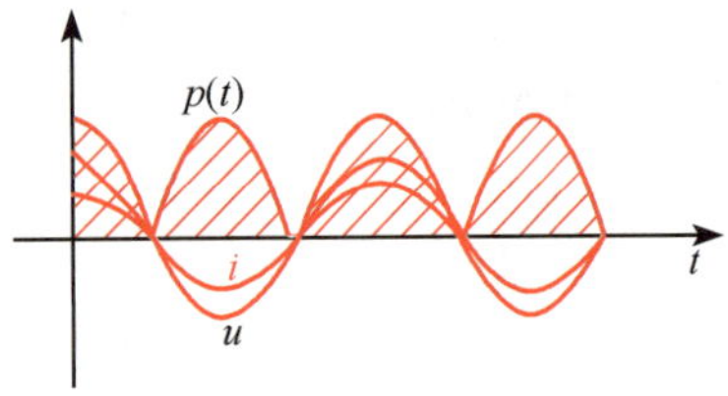

图 9.7　电阻上的电压、电流和功率

图 9.7～图 9.9 表示了 R、L、C 元件上的瞬时电压、电流和功率的时间变化曲线. 在 L、C 元件上，瞬时功率随时间的变化是正弦函数，其频率是电压、电流的频率的 2 倍. $p(t)$的正负号每隔 1/4 周期改变一次. $p(t)>0$ 表示有能量输入该元件，电感吸收的能量转化为磁能储存在线圈的磁场中，电容吸收的能量转化为电能储存在电容器内的电场中. $p(t)<0$ 表示能量从元件中输出，即电感和电容分别把储存的磁能和电能重新释放出来.

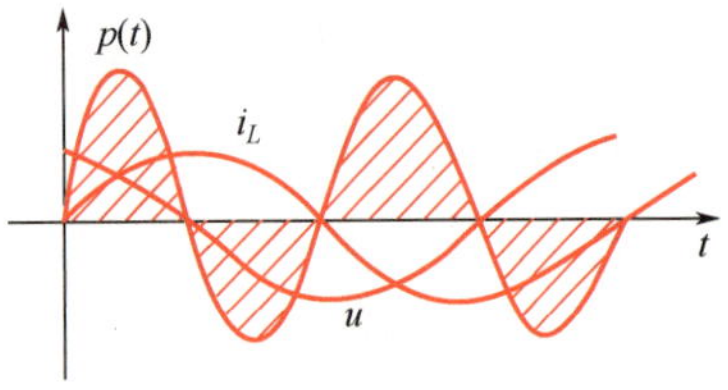

图 9.8　电感上的电压、电流和功率

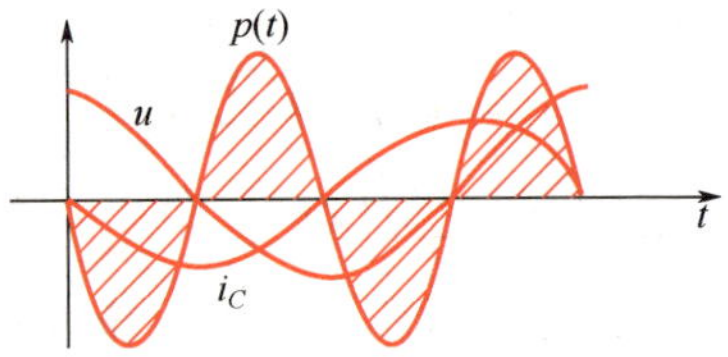

图 9.9　电容上的电压、电流和功率

9.3.2　平均功率

比瞬时功率更具实际意义的是平均功率，它定义为瞬时功率在一周期内的平均值，即

$$P = \bar{p} = \frac{1}{T}\int_0^T p(t)\mathrm{d}t \tag{9.3.4}$$

将式(9.3.3)代入式(9.3.4)得

$$P = \frac{1}{2}V_m I_m\cos\varphi = VI\cos\varphi \tag{9.3.5}$$

对电阻，$\varphi=0$，则 $P=VI$. 采用有效值后，去掉了因子 1/2，使功率的计算公式与稳恒电流情况相同. 对电容和电感，$\varphi=\pm\pi/2$，则 $P=0$，这说明纯电容和纯电感元件不损耗能量，与图 9.8 和图 9.9 的结果一致.

9.3.3 视在功率和功率因数

任何电器设备都有一定的额定电压和额定电流(均指有效值),这些参量一般在设备的铭牌上标出,使用时不允许超过,以确保电器设备安全运行. 额定电压与额定电流的乘积称为视在功率

$$S = VI \tag{9.3.6}$$

视在功率的单位与功率的单位相同,但为区别起见,通常把视在功率的单位写成"伏安"或"千伏安",而不用"瓦"或"千瓦".

与 S 不同,平均功率 P 表示实在功率,或称有功功率. 由式(9.3.5)可求得二者的关系为

$$P = S\cos\varphi \tag{9.3.7}$$

这里 $P/S=\cos\varphi$ 称为功率因数. 实际使用中要设法提高电器设备的功率因数,以便使视在功率一定的交流电源能输出更多的实在功率,充分发挥供电系统的潜力,且在输出同样的实在功率的前提下减小供电电流,以减小输电线中的损耗.

9.3.4 由电压和电流的复有效值计算平均功率

根据复数法求得电压和电流的复有效值,可直接计算平均功率. 设

$$\dot{V} = V\mathrm{e}^{\mathrm{j}\varphi_u}, \quad \dot{I} = I\mathrm{e}^{\mathrm{j}\varphi_i}, \quad \varphi_u - \varphi_i = \varphi$$

有(上标 * 号表示复数共轭)

$$\dot{V}\dot{I}^* = VI\mathrm{e}^{\mathrm{j}\varphi}, \quad \dot{V}^*\dot{I} = VI\mathrm{e}^{-\mathrm{j}\varphi}$$

于是

$$P = \mathrm{Re}(\dot{V}\dot{I}^*) = \mathrm{Re}(\dot{V}^*\dot{I}) = \frac{1}{2}(\dot{V}\dot{I}^* + \dot{V}^*\dot{I}) \tag{9.3.8}$$

成立.

9.4 交流电路分析举例

本节运用复数法来分析三种典型的交流电路:串联谐振电路、并联谐振电路和变压器电路.

9.4.1 串联谐振电路

串联谐振电路由带内阻 R 的电感 L 和电容 C 串联而成,如图 9.10(a)所示. 在复数法下,该电路与图 9.10(b)等效. 图中电压和电流用复有效值表示,并规定了电流的正向方向. 复阻抗 $\dot{Z}$ 的表达式为

$$\dot{Z} = \dot{Z}_R + \dot{Z}_L + \dot{Z}_C = R + \mathrm{j}\omega L + \frac{1}{\mathrm{j}\omega C} = R + \mathrm{j}\omega L\left(1 - \frac{\omega_0^2}{\omega^2}\right) \tag{9.4.1}$$

式中

$$\omega_0 = \frac{1}{\sqrt{LC}} \tag{9.4.2}$$

相应阻抗和辐角分别为

$$Z = \left[R^2 + \omega^2 L^2\left(1 - \frac{\omega_0^2}{\omega^2}\right)^2\right]^{1/2} \tag{9.4.3}$$

$$\varphi_Z = \arctan\left[\frac{\omega L}{R}\left(1-\frac{\omega_0^2}{\omega^2}\right)\right] \tag{9.4.4}$$

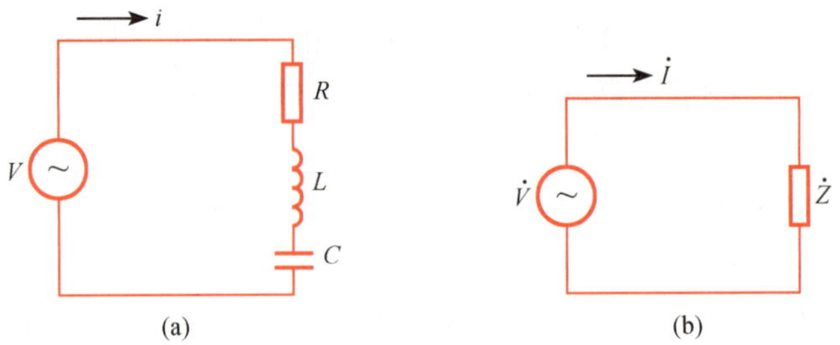

图 9.10　串联谐振电路及其等效电路

复电路方程为

$$\dot{V} = \dot{I}\dot{Z} \tag{9.4.5}$$

不妨设复电压的初相位为零，即 $\dot{V}=V$，则电流复有效值 $\dot{I}=V/\dot{Z}$，其模和辐角分别为

$$I = \frac{V}{Z}, \quad \varphi_I = -\varphi_Z \tag{9.4.6}$$

由式(9.4.3)和式(9.4.6)可作图 9.11(a)，由式(9.4.4)可作图 9.11(b)，分别示出了 I、Z、φ_Z 和角频率 ω 的关系. 由图 9.11 可知，当 ω 达到 ω_0 时，$\varphi_Z=0$，且 I 和 Z 达到极值，这种现象称为谐振现象，发生谐振时的频率 f_0 称为谐振频率. 对上述串联谐振电路，谐振频率可由式(9.4.4)求得，结果为

$$\omega = \omega_0, \quad f_0 = \frac{\omega_0}{2\pi} = \frac{1}{2\pi\sqrt{LC}} \tag{9.4.7}$$

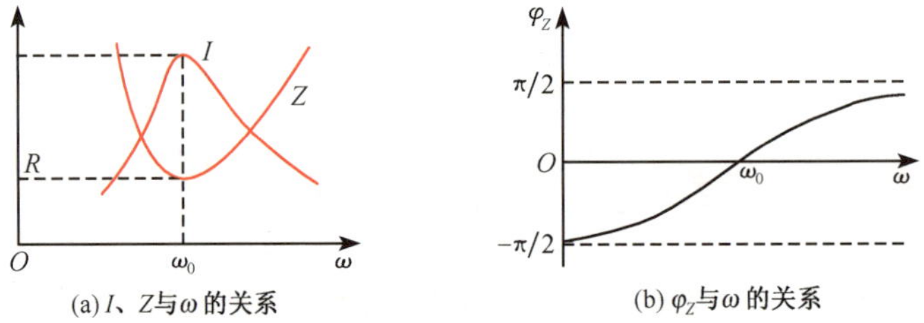

图 9.11　串联谐振电路关系图

谐振时，I 达到极大值，Z 达到极小值

$$I_{\max} = \frac{V}{R}, \quad Z_{\min} = R \tag{9.4.8}$$

且当 $\omega<\omega_0$ 时，$\varphi_Z<0$，电路呈电容性；当 $\omega>\omega_0$ 时，电路呈电感性；而当 $\omega=\omega_0$ 时，电路呈纯电阻性.

通常定义 LC 谐振电路的品质因数 Q 如下：

$$Q = \frac{1}{R\omega_0 C} = \frac{\omega_0 L}{R} = \frac{1}{R}\sqrt{\frac{L}{C}} \tag{9.4.9}$$

它反映了谐振电路的固有性质. 首先，它决定了谐振时的阻抗比和电压比

$$Q = \frac{Z_C}{R} = \frac{Z_L}{R} = \frac{V_C}{V_R} = \frac{V_L}{V_R} \tag{9.4.10}$$

在谐振时，$V_R=V$，以至于电感和电容上的电压达到电源电压 V 的 Q 倍. 因此，串联谐振电路又称为电压谐振电路. 其次，Q 决定了谐振曲线的尖锐程度，或谐振电路的通频带宽度. 当频率

稍许偏离谐振频率 f_0 时，由式(9.4.3)可知串联谐振电路的 Z 将会增加，由式(9.4.6)可知 I 会下降. 设频率相对 f_0 增大或减小 Δf 时，$Z=\sqrt{2}Z_{\min}$ 或 $I=I_{\max}/\sqrt{2}$，则称 $2\Delta f$ 为谐振电路的通频带宽度，或简称带宽. 由式(9.4.3)可取 $\omega=\omega_0+\Delta\omega$，使得 $Z=\sqrt{2}R$，利用

$$\left(\frac{\omega_0}{\omega}\right)^2=\left(1+\frac{\Delta\omega}{\omega_0}\right)^{-2}\approx 1-\frac{2\Delta\omega}{\omega_0}$$

导出如下近似关系：

$$\frac{\Delta\omega}{\omega_0}=\frac{R}{2\omega_0 L}=\frac{1}{2Q},\quad 2\Delta f=\frac{\Delta\omega}{\pi}=\frac{f_0}{Q} \tag{9.4.11}$$

上式表明，Q 越大，谐振电路的带宽越窄，谐振曲线越尖锐，见图 9.11(a). 最后，由式(9.4.9)得

$$Q=\frac{\omega_0 L}{R}=\frac{2\pi L}{T_0 R}=4\pi\left(\frac{1}{2}LI^2\right)/(I^2RT_0)$$

考虑到

$$\frac{1}{2}LI^2=\frac{L}{2}\left(\frac{V_C}{Z_C}\right)^2=\frac{1}{2}LV_C^2\omega_0^2C^2=\frac{1}{2}CV_C^2$$

可知 Q 为谐振时电路平均储能(电感与电容平均储能之和)与一个周期内电能损耗之比的 2π 倍. 这说明 Q 越大，电路的储能与损耗的比值就越大，即储能效率越高.

9.4.2 并联谐振电路

并联谐振电路由带内阻 R 的电感 L 和电容 C 并联而成，如图 9.12 所示，其等效电路与图 9.10(b)相同，不过复阻抗 $\dot{Z}$ 的表达式应改为

$$\dot{Z}=\left(\frac{1}{\dot{Z}_C}+\frac{1}{\dot{Z}_R+\dot{Z}_L}\right)^{-1}=\left(\mathrm{j}\omega C+\frac{1}{R+\mathrm{j}\omega L}\right)^{-1}=\frac{R+\mathrm{j}\omega L}{1-\omega^2LC+\mathrm{j}\omega CR}$$

$$=\frac{R+\mathrm{j}\omega L\left(1-\frac{\omega^2}{\omega_0^2}-\frac{CR^2}{L}\right)}{\left(1-\frac{\omega^2}{\omega_0^2}\right)^2+\omega^2C^2R^2} \tag{9.4.12}$$

相应的阻抗和辐角分别为

$$Z=\left\{\frac{R^2+\omega^2L^2}{[1-(\omega/\omega_0)^2]^2+\omega^2C^2R^2}\right\}^{1/2} \tag{9.4.13}$$

$$\varphi_Z=\arctan\left[\frac{\omega L}{R}\left(1-\frac{\omega^2}{\omega_0^2}-\frac{CR^2}{L}\right)\right] \tag{9.4.14}$$

电流复有效值的模和辐角仍由式(9.4.6)表示. 考虑到式(9.4.9)，可将式(9.4.13)和式(9.4.14)改写为

$$Z=R\left[\frac{1+\frac{\omega^2}{\omega_0^2}Q^2}{\left(1-\frac{\omega^2}{\omega_0^2}\right)^2+\frac{\omega^2}{\omega_0^2Q^2}}\right]^{1/2} \tag{9.4.15}$$

$$\varphi_Z=\arctan\left[\frac{\omega L}{R}\left(1-\frac{\omega^2}{\omega_0^2}-\frac{1}{Q^2}\right)\right] \tag{9.4.16}$$

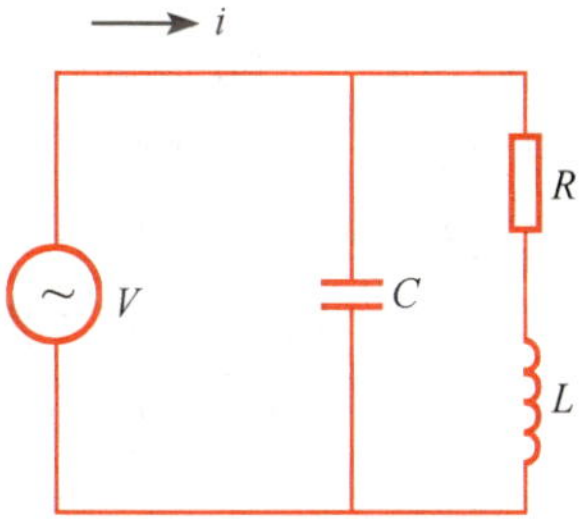

图 9.12 并联谐振电路

由式(9.4.16)可求得 $\varphi_Z=0$ 的角频率和频率分别为

$$\omega_c=\omega_0\sqrt{1-\frac{1}{Q^2}},\quad f_c=f_0\sqrt{1-\frac{1}{Q^2}} \tag{9.4.17}$$

f_c 即并联谐振电路的谐振频率. 与串联谐振电路不同的是,f_c 不正好等于 f_0,而是略小于 f_0. 另外,在谐振频率处,阻抗 Z 接近极大值但不正好是极大值,电流 I 接近极小值而不正好是极小值. 可以证明,Z 和 I 在 ω_c'处,即

$$\omega_c'=\omega_0\left(\sqrt{1+\frac{2}{Q^2}}-\frac{1}{Q^2}\right)^{1/2} \tag{9.4.18}$$

处取极值. 对 $Q>1$,$\omega_c<\omega_c'<\omega_0$ 成立. 通常 $Q\gg1$,以至于有 $\omega_c\approx\omega_c'\approx\omega_0$. 所以,我们近似取 $\omega_c=\omega_0$ 为谐振角频率,该处阻抗和电流分别为

$$Z_{\max}\approx Q^2R,\quad I_{\min}=V/(Q^2R) \tag{9.4.19}$$

由式(9.4.16)可知,φ_Z 在 $\omega=0$ 和 ω_c 时等于零,当 $\omega\to\infty$时趋于$-\pi/2$. 容易证明,φ_Z 在

$$\omega_c''=\omega_c/\sqrt{3} \tag{9.4.20}$$

处取极大值

$$\varphi_{Z\max}=\arctan\left[\frac{2Q}{3\sqrt{3}}\left(1-\frac{1}{Q^2}\right)^{3/2}\right] \tag{9.4.21}$$

当 $Q\gg1$ 时,$\varphi_{Z\max}\approx\pi/2$. 谐振曲线如图 9.13(a)所示,相位曲线如图 9.13(b)所示.

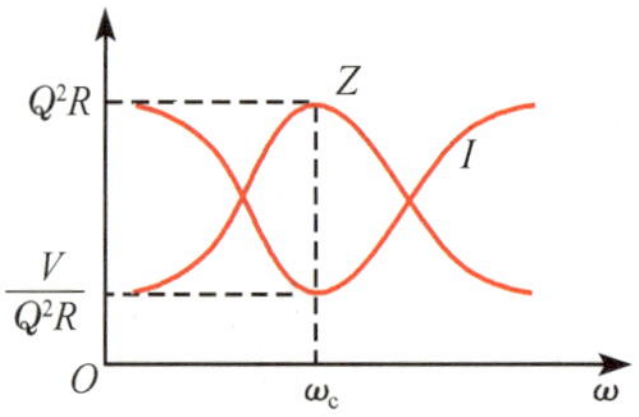

(a) 谐振曲线

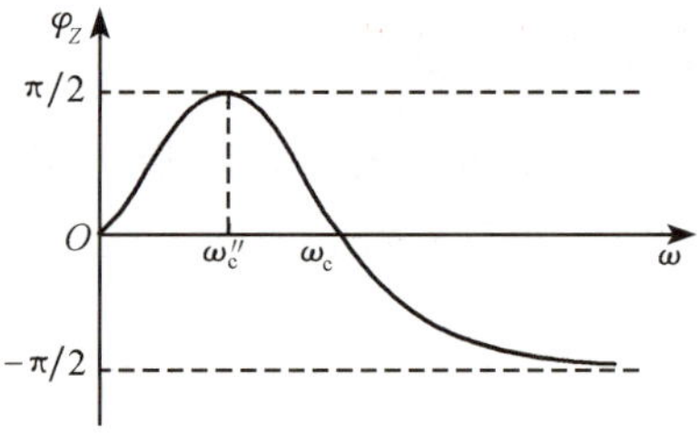

(b) 相位曲线

图 9.13 并联谐振电路曲线图

品质因数 Q 对并联谐振电路也具有类似意义,只是 Q 值为流过电感或电容的电流与电路中总电流的比,即 $I_L\approx I_C\approx QI$,故并联电路又称为电流谐振电路. 这一结论留给读者去证明.

并联谐振电路和串联谐振电路在无线电技术中被广泛应用于选频和滤波.

9.4.3 变压器电路

变压器由绕在同一铁芯上的两个线圈构成,与电源相连的线圈为初级线圈,与负载相连的线圈为次级线圈. 如图 9.14(a)所示,N_1、N_2 分别为初、次级线圈的匝数,L_1、L_2 分别为初、次级线圈的自感,M 为互感. 上述变压器的等效电路如图 9.14(b)所示,图中 R_1、R_2 分别表示初、次级线圈的内阻. 由于电流 I_1 和 I_2 的正向被规定为从异名端流入,相应的式(9.2.20)中的互感项应当反号. 于是初、次级回路的电路方程分别为

$$\dot{I}_1\dot{Z}_1-\dot{I}_2\dot{Z}_M=\dot{V}_1 \tag{9.4.22}$$

$$-\dot{I}_1\dot{Z}_M+\dot{I}_2\dot{Z}_2=0 \tag{9.4.23}$$

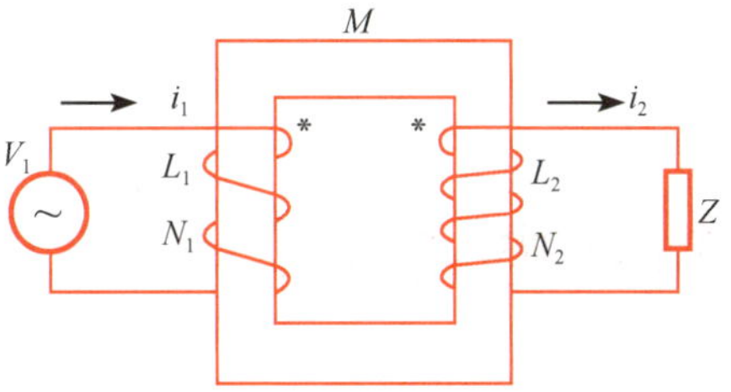

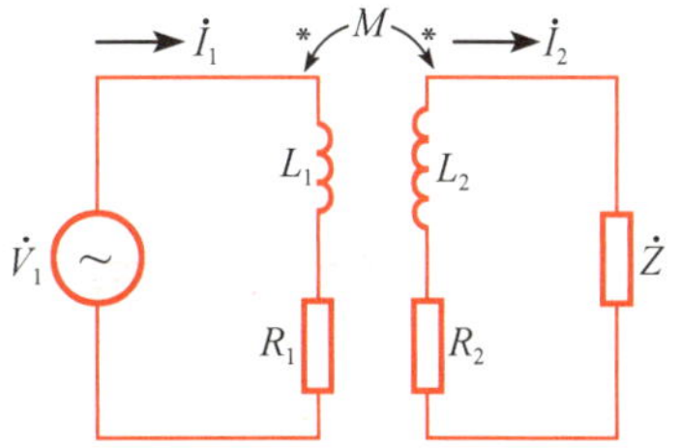

图 9.14 变压器电路及其等效电路

式中

$$\dot{Z}_1 = R_1 + \mathrm{j}\omega L_1, \quad \dot{Z}_2 = R_2 + \mathrm{j}\omega L_2 + \dot{Z}, \quad \dot{Z}_M = \mathrm{j}\omega M \tag{9.4.24}$$

由式(9.4.22)和式(9.4.23)可解出

$$\dot{I}_1 = \frac{\dot{V}_1 \dot{Z}_2}{\dot{Z}_1\dot{Z}_2 - \dot{Z}_M^2}, \quad \dot{I}_2 = \frac{\dot{V}_1 \dot{Z}_M}{\dot{Z}_1\dot{Z}_2 - \dot{Z}_M^2} \tag{9.4.25}$$

据此求得输出电流与输入电流之比(变流比),以及输出电压和输入电压之比(变压比)分别为

$$\frac{\dot{I}_2}{\dot{I}_1} = \frac{\dot{Z}_M}{\dot{Z}_2}, \quad \frac{\dot{V}_2}{\dot{V}_1} = \frac{\dot{I}_2\dot{Z}}{\dot{V}_1} = \frac{\dot{Z}\dot{Z}_M}{\dot{Z}_1\dot{Z}_2 - \dot{Z}_M^2} \tag{9.4.26}$$

下面我们讨论理想变压器,即假定:

(1) 无漏磁,$M^2 = L_1L_2$ 和 $L_1/L_2 = N_1^2/N_2^2$ 成立.

(2) 线圈无损耗,即 $R_1 = R_2 = 0$.

(3) 铁芯中没有磁滞损耗和涡流损耗,在上述推导中已隐含了这一假定.

(4) 初、次级线圈的感抗远大于电源内阻和负载阻抗,即 $Z_1, Z_2, Z_M \gg Z$(在上述推导中,电源内阻已被忽略).

在上述假定下,变流比和变压比分别为

$$\frac{\dot{I}_2}{\dot{I}_1} = \frac{I_2}{I_1} = \frac{N_1}{N_2}, \quad \frac{\dot{V}_2}{\dot{V}_1} = \frac{V_2}{V_1} = \frac{N_2}{N_1} \tag{9.4.27}$$

从输入端看去,变压器初级的等效阻抗是

$$\dot{Z}_1' = \frac{\dot{V}_1}{\dot{I}_1} = \frac{\dot{Z}_1\dot{Z}_2 - \dot{Z}_M^2}{\dot{Z}_2} = \frac{L_1}{L_2}\dot{Z} = \frac{N_1^2}{N_2^2}\dot{Z} \tag{9.4.28}$$

$\dot{Z}_1'$ 又称为反射阻抗,它为负载阻抗的 $(N_1/N_2)^2$ 倍. 以上说明变压器同时起着变流、变压和变换阻抗的作用. 但就功率而言,有

$$\frac{P_2}{P_1} = \frac{V_2 I_2}{V_1 I_1} = 1 \tag{9.4.29}$$

即初、次级回路的功率相等. 对理想变压器来说,初级回路没有功率损耗,P_1 通过电磁感应完全耦合到次级回路中,并消耗在负载上.

实际变压器存在着线圈损耗和铁芯损耗,且有漏磁出现,故实际的变流比、变压比和功率比均小于理想变压器的数值. 变压器被广泛用于电压、电流和阻抗的变换,以及电信号的耦合传输.

第 10 章　麦克斯韦电磁理论

麦克斯韦系统地总结了前人的实验和理论结果，提出了涡旋电场和位移电流的假设，创立了麦克斯韦电磁理论，预言了电磁波的存在，并指出光是一种电磁波. 麦克斯韦电磁理论的建立，在物理学发展史上是又一次重大突破. 正如爱因斯坦所说的：“这是自牛顿以来，物理学经历的最深刻、最富有成果的、真正的、概念上的变革.”这个理论对科学技术和人类文明的发展起了重大作用，为无线电通信、信息化时代的到来奠定了基础.

10.1　电磁场的基本规律

为了准确理解麦克斯韦的贡献，以及领会做科学研究的方法，我们先把以前学过的静电场、静磁场规律总结如下.

介质中静电场的基本定理为

$$\oiint_S \boldsymbol{D}\cdot \mathrm{d}\boldsymbol{S}=\sum_{S内} q_0=\iiint_V \rho_0 \mathrm{d}V, \quad \nabla\cdot\boldsymbol{D}=\rho_0 \tag{10.1.1}$$

$$\oint_C \boldsymbol{E}\cdot \mathrm{d}\boldsymbol{l}=0, \quad \nabla\times\boldsymbol{E}=0 \tag{10.1.2}$$

介质中静磁场的基本定理为

$$\oiint_S \boldsymbol{B}\cdot \mathrm{d}\boldsymbol{S}=0, \quad \nabla\cdot\boldsymbol{B}=0 \tag{10.1.3}$$

$$\oint_C \boldsymbol{H}\cdot \mathrm{d}\boldsymbol{l}=\sum_{穿过C} I_0=\iint_{S_C} \boldsymbol{j}_0\cdot \mathrm{d}\boldsymbol{S}, \quad \nabla\times\boldsymbol{H}=\boldsymbol{j}_0 \tag{10.1.4}$$

式中，S 为任意闭合曲面，V 为 S 所包围的体积，C 为任意闭合回路，S_C 为以 C 为周线的任意非闭合曲面，q_0 为自由电荷，ρ_0 为自由电荷密度，I_0 为传导电流，$\boldsymbol{j}_0$ 为传导电流密度.

电荷守恒方程

$$\oiint_S \boldsymbol{j}_0\cdot \mathrm{d}\boldsymbol{S}+\frac{\mathrm{d}q_0}{\mathrm{d}t}=0, \quad \nabla\cdot\boldsymbol{j}_0+\frac{\partial\rho_0}{\partial t}=0 \tag{10.1.5}$$

稳恒条件

$$\oiint_S \boldsymbol{j}_0\cdot \mathrm{d}\boldsymbol{S}=0, \quad \boldsymbol{\nabla}\cdot\boldsymbol{j}_0=0 \tag{10.1.6}$$

洛伦兹力

$$\boldsymbol{F}=q(\boldsymbol{E}+\boldsymbol{v}\times\boldsymbol{B}) \tag{10.1.7}$$

式(10.1.1)～式(10.1.4)对随时间变化的电磁场是否适用呢？麦克斯韦在前人所取得的科学成果的基础上大胆创新，对这一问题作出了正确回答，从而建立了普遍适用的电磁理论——麦克斯韦方程组. 麦克斯韦的创新贡献在于作了两个大胆的推广和两个重要的假设,并作出了两个成功的预言. 下面让我们逐一阐述麦克斯韦所作的贡献.

10.1.1 两个大胆的推广

式(10.1.1)和式(10.1.3)分别为电场和磁场的高斯定理,是根据静电场和静磁场的实验事实总结出来的. 麦克斯韦假定,这两个定理可以不加修改地推广到非稳恒情况. 式(10.1.1)原是静电场下库仑定律的结果,电荷被确立为电场的"源". 对该式的推广表示式(10.1.1)不仅对静电场正确,对随时间变化的电场也正确. 关于式(10.1.3)的推广,我们曾在 7.1 节中进行过分析:为使电磁感应定律成立,随时间变化的磁场也应满足高斯定理(10.1.3),这时的磁场线也应当是闭合的.

10.1.2 两个重要的假设

1. 涡旋电场假设

在 7.2 节中,为了回答产生感生电动势的非静电力的来源问题,麦克斯韦提出了涡旋电场假设:随时间变化的磁场在其周围产生感应电场或涡旋电场 $\boldsymbol{E}_{旋}$,诱发感生电动势的非静电力正是这种涡旋电场. 与此相应,感生电动势 $\mathscr{E}$ 的表达式为

$$\mathscr{E}=\oint_C \boldsymbol{E}_{旋}\cdot \mathrm{d}\boldsymbol{l}=-\iint_{S_C}\frac{\partial \boldsymbol{B}}{\partial t}\cdot \mathrm{d}\boldsymbol{S}$$

将总电场视为有势场和涡旋场的叠加:$\boldsymbol{E}=\boldsymbol{E}_{势}+\boldsymbol{E}_{旋}$,据此导出式(7.2.9)及其微分形式

$$\oint_C \boldsymbol{E}\cdot \mathrm{d}\boldsymbol{l}=-\iint_{S_C}\frac{\partial \boldsymbol{B}}{\partial t}\cdot \mathrm{d}\boldsymbol{S},\quad \nabla\times\boldsymbol{E}=-\frac{\partial \boldsymbol{B}}{\partial t} \tag{10.1.8}$$

对于随时间变化的电磁场,上式应取代式(10.1.2),它是法拉第电磁感应定律与涡旋电场假设的结果.

2. 位移电流假设

现在我们来分析式(10.1.4),即静磁场的安培环路定理. 为使这一定理有确定的意义,要求该式右边的面积分与 S_C 的取法无关. 如图 10.1 所示,设 S_1 和 S_2 均以 C 为周线,但互不重合,则通过 S_1 的电流强度 I_1 和通过 S_2 的电流强度 I_2 应当相等. 由于 S_1 和 S_2 构成一闭合曲面,则上述要求等价于通过任意闭合曲面 $S=S_1+S_2$ 的净电流为零,即

$$\oiint_S \boldsymbol{j}_0\cdot \mathrm{d}\boldsymbol{S}=0$$

上式即电流稳恒条件(10.1.6). 对于非稳恒情况,一般 $\mathrm{d}q_0/\mathrm{d}t\neq 0$,故式(10.1.4)不再成立,相应安培环路定理需要修改. 一个简单的例子是电容器的充放电情况,如图 10.2 所示,通过闭合曲面 S 的净电流 $I_0(t)\neq 0$. 对这种情况,式(10.1.4)失去意义.

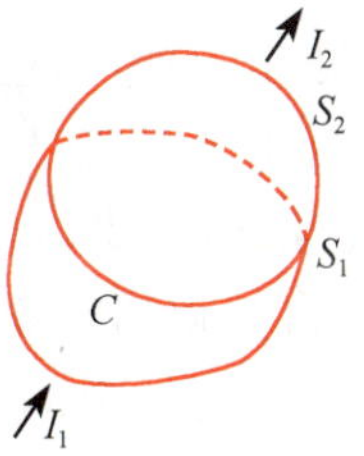

图 10.1 S_1 和 S_2 曲面以 C 为周线

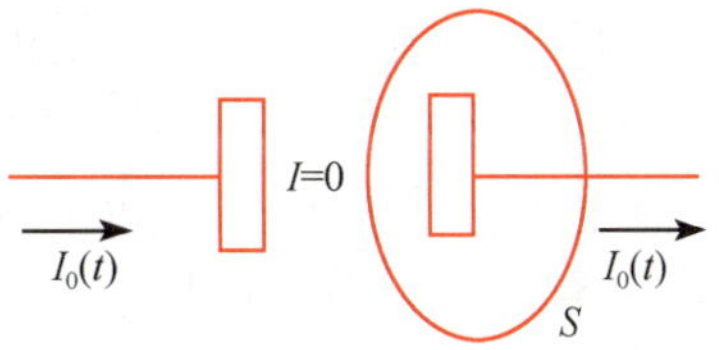

图 10.2 通过电容器的电流不满足稳恒条件

下面我们分析如何修改安培环路定理，使之适合非稳恒情况. 为此，我们尝试以

$$\boldsymbol{j} = \boldsymbol{j}_0 + \boldsymbol{j}_d \quad (I = I_0 + I_d) \tag{10.1.9}$$

代替原式中的 $\boldsymbol{j}_0$，将式(10.1.4)改写成

$$\oint_C \boldsymbol{H} \cdot d\boldsymbol{l} = \iint_{S_C} (\boldsymbol{j}_0 + \boldsymbol{j}_d) \cdot d\boldsymbol{S} \tag{10.1.10}$$

这时要求 $\boldsymbol{j}$ 满足"稳恒条件"(10.1.6)，即

$$\oiint_S \boldsymbol{j}_0 \cdot d\boldsymbol{S} + \oiint_S \boldsymbol{j}_d \cdot d\boldsymbol{S} = 0 \tag{10.1.11}$$

将式(10.1.1)代入式(10.1.5)得

$$\oiint_S \boldsymbol{j}_0 \cdot d\boldsymbol{S} + \frac{d}{dt}\oiint_S \boldsymbol{D} \cdot d\boldsymbol{S} = \oiint_S \boldsymbol{j}_0 \cdot d\boldsymbol{S} + \oiint_S \frac{\partial \boldsymbol{D}}{\partial t} \cdot d\boldsymbol{S} = 0 \tag{10.1.12}$$

比较式(10.1.11)和式(10.1.12)，应有

$$\oiint_S \left(\boldsymbol{j}_d - \frac{\partial \boldsymbol{D}}{\partial t}\right) \cdot d\boldsymbol{S} = 0 \tag{10.1.13}$$

如令

$$\boldsymbol{j}_d = \frac{\partial \boldsymbol{D}}{\partial t}, \quad I_d = \iint_{S_C} \boldsymbol{j}_d \cdot d\boldsymbol{S} = \iint_{S_C} \frac{\partial \boldsymbol{D}}{\partial t} \cdot d\boldsymbol{S} \tag{10.1.14}$$

则恒满足式(10.1.13). $\boldsymbol{j}_d$ 称为位移电流密度，I_d 称为位移电流，是麦克斯韦首先引入的. 将式(10.1.14)代入式(10.1.10)得

$$\oint_C \boldsymbol{H} \cdot d\boldsymbol{l} = \iint_{S_C} \left(\boldsymbol{j}_0 + \frac{\partial \boldsymbol{D}}{\partial t}\right) \cdot d\boldsymbol{S}, \quad \nabla \times \boldsymbol{H} = \boldsymbol{j}_0 + \frac{\partial \boldsymbol{D}}{\partial t} \tag{10.1.15}$$

式(10.1.15)将作为安培环路定理向非稳恒情况的推广形式，它是电荷守恒定律和位移电流假设相结合的结果. 位移电流的引进虽不存在逻辑上的矛盾，但终究是一种推测，其正确与否有待进一步的实验事实来检验.

为揭示位移电流的起源和实质，我们利用 $\boldsymbol{D} = \varepsilon_0 \boldsymbol{E} + \boldsymbol{P}$，将位移电流分为两部分

$$\boldsymbol{j}_d = \varepsilon_0 \frac{\partial \boldsymbol{E}}{\partial t} + \frac{\partial \boldsymbol{P}}{\partial t} \tag{10.1.16}$$

式中，第一部分与电场强度随时间的变化率有关，即使在真空中也存在；第二部分由介质的极化强度随时间的变化所致，而极化强度的变化则是由分子内部束缚电荷的微观运动所引起的. 因此，第二部分表示由束缚电荷的微观运动产生的极化电流. 在 6.2 节提到过的由分子电流定向排列形成的磁化电流，实际上也起因于束缚电荷的微观运动. 这两种电流显然能激发磁场. 然而，作为位移电流的第一部分、也是最基本的部分是电场的变化，与电荷运动无关. 因此，麦克斯韦位移电流假设的实质是：随时间变化的电场和电流(包括传导电流、极化电流和磁化电流)一样能激发磁场，见图 10.3(a). 这一假设和涡旋电场假设互偶，后者的实质是：随时间变化的磁场会激发电场，见图 10.3(b). 将这两个假设相结合，就自然得出电磁场以波动方式在空间传播的结论，见图 10.3(c)，即导致电磁波的理论预言. 这是麦克斯韦的第一个成功预言，该预言的实验证明就间接地为这两个假设提供了有力的证据.

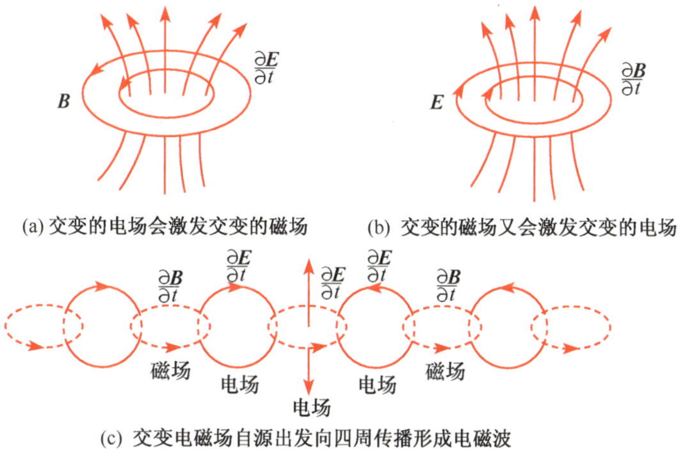

图 10.3 电磁波存在的理论预言

例 10.1

两块半径为 R 的圆形极板组成的一个平行板电容器，接到一交流电源上(见图 10.4)，使得两极板之间的电场按照 $E=E_0\sin\omega t$ 振荡.假定电容器里面的电场是均匀的，忽略电容器的边缘效应.

(1) 电容器内外的感应磁场是多少？

(2) 电容器上的位移电流 I_d 是多少？

(3) 设 $\mathrm{d}E/\mathrm{d}t=10^{12}\,\mathrm{V\cdot m^{-1}\cdot s^{-1}}$，$R=5.0\mathrm{cm}$，求 $r=R$ 处的磁感应强度 B 和电容器的位移电流 I_d.

解 (1) 根据安培环路定理(10.1.15)，在电容器内($r\leqslant R$)作一半径为 r 的圆，有

$$\oint_C \boldsymbol{H}\cdot \mathrm{d}\boldsymbol{l}=\iint_{S_C}\frac{\partial \boldsymbol{D}}{\partial t}\cdot \mathrm{d}\boldsymbol{S}$$

得

$$H\cdot 2\pi r=\frac{\partial D}{\partial t}\cdot \pi r^2$$

利用 $B=\mu_0 H$，$D=\varepsilon_0 E$，可得

$$B=\frac{1}{2}\mu_0\varepsilon_0 r\frac{\partial E}{\partial t}=\frac{1}{2}\mu_0\varepsilon_0 r\omega E_0\cos\omega t\quad (r\leqslant R)\qquad \text{(a)}$$

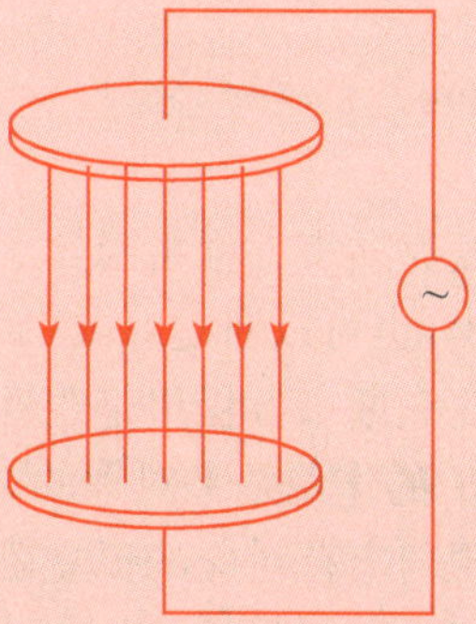

图 10.4 圆形极板组成的平行板电容器的位移电流

在电容器外($r>R$)作一半径为 r 的圆，有

$$H\cdot 2\pi r=\frac{\partial D}{\partial t}\cdot \pi R^2$$

于是

$$B=\frac{1}{2r}\mu_0\varepsilon_0 R^2\frac{\partial E}{\partial t}=\frac{1}{2r}\mu_0\varepsilon_0 R^2\omega E_0\cos\omega t\quad (r>R)$$

(2) 根据位移电流的定义，得

$$I_d=\frac{\partial D}{\partial t}\cdot S=\varepsilon_0\frac{\partial E}{\partial t}\cdot \pi R^2=\varepsilon_0\pi R^2 E_0\omega\cos\omega t\qquad \text{(b)}$$

(3) 将 $\partial E/\partial t=\mathrm{d}E/\mathrm{d}t=10^{12}\mathrm{V\cdot m^{-1}\cdot s^{-1}}$和 $r=R=5.0\mathrm{cm}=5\times10^{-2}\mathrm{m}$ 代入式(a)和式(b)得

$$B=\frac{1}{2}\mu_0\varepsilon_0 R\frac{\mathrm{d}E}{\mathrm{d}t}=2.8\times10^{-7}\mathrm{T}$$

$$I_\mathrm{d}=\varepsilon_0\pi R^2\frac{\mathrm{d}E}{\mathrm{d}t}=0.07\mathrm{A}$$

10.1.3　麦克斯韦方程组

以式(10.1.8)代替式(10.1.2),以式(10.1.15)代替式(10.1.4),得如下麦克斯韦方程组的积分形式:

$$\oiint_S \boldsymbol{D}\cdot\mathrm{d}\boldsymbol{S}=\iiint_V \rho_0\,\mathrm{d}V \tag{10.1.17}$$

$$\oint_C \boldsymbol{E}\cdot\mathrm{d}\boldsymbol{l}=-\iint_{S_C}\frac{\partial\boldsymbol{B}}{\partial t}\cdot\mathrm{d}\boldsymbol{S} \tag{10.1.18}$$

$$\oiint_S \boldsymbol{B}\cdot\mathrm{d}\boldsymbol{S}=0 \tag{10.1.19}$$

$$\oint_C \boldsymbol{H}\cdot\mathrm{d}\boldsymbol{l}=\iint_{S_C}\left(\boldsymbol{j}_0+\frac{\partial\boldsymbol{D}}{\partial t}\right)\cdot\mathrm{d}\boldsymbol{S} \tag{10.1.20}$$

相应的微分形式如下:

$$\nabla\cdot\boldsymbol{D}=\rho_0 \tag{10.1.21}$$

$$\nabla\times\boldsymbol{E}=-\frac{\partial\boldsymbol{B}}{\partial t} \tag{10.1.22}$$

$$\nabla\cdot\boldsymbol{B}=0 \tag{10.1.23}$$

$$\nabla\times\boldsymbol{H}=\boldsymbol{j}_0+\frac{\partial\boldsymbol{D}}{\partial t} \tag{10.1.24}$$

以上麦克斯韦方程组隐含了电荷守恒方程(10.1.5),这一点可以从上面引入的位移电流的过程看出,也可以通过对式(10.1.24)求散度去直接证明.

麦克斯韦方程组是线性的,这是电磁场可以叠加的必要条件.其次,方程组中 $\boldsymbol{D}$ 和 $\boldsymbol{B}$ 以及 $\boldsymbol{E}$ 和 $\boldsymbol{H}$ 的作用是不对称的,例如 $\nabla\cdot\boldsymbol{D}=\rho_0$,而 $\nabla\cdot\boldsymbol{B}=0$.产生这种不对称性的根源是:迄今还未发现与电荷对应的孤立磁荷,因而也不存在与传导电流对应的“传导磁流”.最后,麦克斯韦方程组是不封闭的,通常要引入介质的电磁性能方程才能使之封闭.麦克斯韦方程只有与介质的电磁性能方程相结合,才能唯一确定电磁场解,并使之具有实在的物理内容.

麦克斯韦方程组还具有相对论协变性,即在不同的惯性系中,麦克斯韦方程组具有相同的形式.在不同的惯性系中,电场与磁场构成一个四维张量,满足洛伦兹变换.

各向同性的介质有如下电磁性能方程:

$$\boldsymbol{D}=\varepsilon\boldsymbol{E} \tag{10.1.25}$$

$$\boldsymbol{B}=\mu\boldsymbol{H} \tag{10.1.26}$$

$$\boldsymbol{j}_0=\sigma\boldsymbol{E} \tag{10.1.27}$$

如果导电介质在磁场 $\boldsymbol{B}$ 中做匀速直线运动,速度为 $\boldsymbol{v}$,且有 $v\ll c$,则式(10.1.27)应代之以 $\boldsymbol{j}_0=\sigma(\boldsymbol{E}+\boldsymbol{v}\times\boldsymbol{B})$;如果导电介质静止,但存在非电力场 $\boldsymbol{K}$,则应代之以 $\boldsymbol{j}_0=\sigma(\boldsymbol{E}+\boldsymbol{K})$.对于更为

复杂的情况，要将电磁性能方程代之以介质运动方程及洛伦兹力公式. 对连续分布的电荷及电流，洛伦兹力公式为

$$\boldsymbol{f} = \rho\boldsymbol{E} + \boldsymbol{j} \times \boldsymbol{B} \tag{10.1.28}$$

式中，ρ 为总电荷密度，$\boldsymbol{j}$ 为总电流密度，$\boldsymbol{f}$ 为力密度，即单位体积所受的电磁力.

10.1.4 边值关系

使用微分形式的麦克斯韦方程时，场量 $\boldsymbol{E}$、$\boldsymbol{B}$、$\boldsymbol{H}$ 和 $\boldsymbol{D}$ 在空间必须处处连续可微. 当碰到导体或介质界面时，上述连续可微性质会因面电荷或面电流的存在而遭到破坏，从而使得微分形式的麦克斯韦方程组不能使用. 这时，应从麦克斯韦方程组的积分形式即式(10.1.17)～式(10.1.20)出发，使高斯曲面或积分回路跨越并无限逼近介质界面，从而得到相应场在界面两侧所满足的衔接条件，称之为边值关系. 对静电场和静磁场情况，2.7 节和 6.5 节曾分别作过推导，其结果归纳如下：

$$\boldsymbol{n} \cdot (\boldsymbol{D}_2 - \boldsymbol{D}_1) = \sigma_0 \tag{10.1.29}$$

$$\boldsymbol{n} \times (\boldsymbol{E}_2 - \boldsymbol{E}_1) = 0 \tag{10.1.30}$$

$$\boldsymbol{n} \cdot (\boldsymbol{B}_2 - \boldsymbol{B}_1) = 0 \tag{10.1.31}$$

$$\boldsymbol{n} \times (\boldsymbol{H}_2 - \boldsymbol{H}_1) = \boldsymbol{i}_0 \tag{10.1.32}$$

式中，$\boldsymbol{n}$ 为边界单位法向矢量，由 1 侧指向 2 侧；σ_0 和 $\boldsymbol{i}_0$ 分别为边界面上自由面电荷密度和传导面电流密度. 对于随时间变化的电磁场，式(10.1.29)～式(10.1.32)同样成立. 理由在于：式(10.1.18)和式(10.1.20)右边出现的电磁场的时间偏导数的面积分，将随着 C 所围曲面 S_C 的面积趋于零而消失，对边值关系没有影响. 因此，静场满足的边值关系可以照搬到随时间变化的电磁场中.

10.2 平面电磁波

10.2.1 电磁波的产生机制

电磁波是电磁振荡在空间的传播. 为了从物理上弄清电磁波的产生机制，我们先简单回顾一下机械波的情况. 考察一根均匀弹性杆内的纵波. 如图 10.5 所示，设弹性杆的密度为 ρ，杨式模量为 Y. 取一端为坐标原点，z 轴沿着杆的方向. 又设 $u(z,t)$表示 t 时刻 z 处质点沿 z 轴方向偏离平衡位置的位移，则可求得该处的质点速度$v=\partial u/\partial t$，加速度为 $\partial v/\partial t$，相对形变为 $\sigma=\partial u/\partial z$. 于是形变和速度之间满足如下关系：

$$\frac{\partial \sigma}{\partial t} = \frac{\partial}{\partial t}\left(\frac{\partial u}{\partial z}\right) = \frac{\partial v}{\partial z} \tag{10.2.1}$$

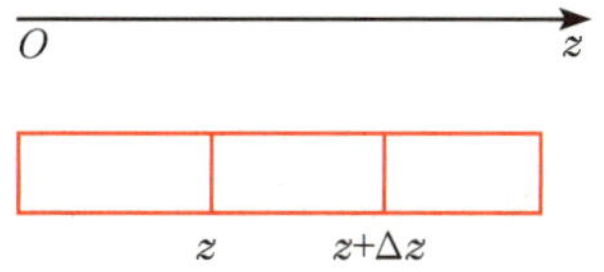

图 10.5 沿弹性杆传播的纵波

进一步，通过对杆元 Δz 的受力分析，可求得弹性杆纵振动的运动方程为

$$\frac{\partial v}{\partial t} = \frac{Y}{\rho}\frac{\partial \sigma}{\partial z} \tag{10.2.2}$$

式(10.2.1)和式(10.2.2)可解释为：随时间变化的形变会产生速度梯度，而随时间变化的速度会产生形变梯度. 正是上述形变和速度的相互耦合关系，导致了机械波的产生. 由上两式可得

$$\frac{\partial^2 v}{\partial t^2} = a^2 \frac{\partial^2 v}{\partial z^2}, \quad a = \sqrt{\frac{Y}{\rho}} \tag{10.2.3}$$

即机械波的波动方程，a 为波速.

我们已通过图 10.3 定性阐明了电磁波的起因. 下面我们从麦克斯韦方程出发来分析电磁波的产生机制. 为便于和前面提到的机械波进行对比，这里限于讨论真空中($\rho_0 = 0, \boldsymbol{j}_0 = 0$)的平面电磁波. 对平面电磁波而言，$\boldsymbol{E}$ 和 $\boldsymbol{H}$ 垂直，且两者都与传播方向垂直，它们只是时间 t 和沿传播方向的距离的函数. 下面我们将严格证明上述结论. 不妨设平面电磁波沿 z 轴传播，则 $\boldsymbol{E}$ 和 $\boldsymbol{H}$ 位于 xy 平面，彼此垂直，且仅与 z 和 t 有关. 取

$$\boldsymbol{B} = B(z,t)\hat{\boldsymbol{y}}, \quad \boldsymbol{E} = E(z,t)\hat{\boldsymbol{x}} \tag{10.2.4}$$

于是，式(10.1.22)和式(10.1.24)简化为

$$\frac{\partial B}{\partial t} = -\frac{\partial E}{\partial z} \tag{10.2.5}$$

$$\frac{\partial E}{\partial t} = -\frac{1}{\mu_0 \varepsilon_0}\frac{\partial B}{\partial z} \tag{10.2.6}$$

由上两式可得

$$\frac{\partial^2 E}{\partial t^2} = c^2 \frac{\partial^2 E}{\partial z^2}, \quad c = \frac{1}{\sqrt{\mu_0 \varepsilon_0}} \tag{10.2.7}$$

这里发生的情形和机械波类似：电场和磁场之间的相互耦合关系导致了电磁波的产生. 真空中电磁波的传播速度为 c. 由 ε_0 和 μ_0 的值可算出 $c = 3\times 10^8 \mathrm{m \cdot s^{-1}}$，它就是真空中的光速. 于是麦克斯韦作出了第二个成功预言：电磁波在真空中以光速传播，光是电磁波.

注意以上电磁波和机械波的相似只是数学上的. 从物理上，两者有着本质区别. 机械波是质点振动的传播，故一定要有介质，在无介质的真空中无法传播. 与机械波不同，电磁波是电磁场振荡的传播，它不需要介质，在真空中同样可以传播. 许多人，包括麦克斯韦本人，都认为电磁波的传播不需要介质是不可思议的. 他们认为电磁波的传播同样需要介质，这种介质是一种称为“以太”的特殊物质. “以太”假设自提出后，人们发现它在理论上矛盾百出，一系列物理实验总是给出否定的结论. 在认识到电磁场的物质性之后，人们终于抛弃了“以太”假设，普遍接受了电磁场也是客观存在的物质的正确结论.

以上关于电磁场波动方程的推导可以推广至无限均匀线性各向同性介质中($\rho_0 = 0, \boldsymbol{j}_0 = 0$)的任意电磁波的情况，而不必限于真空中的平面电磁波. 在这种情况下，麦克斯韦方程组即式(10.1.21)～式(10.1.24)化为

$$\nabla\cdot\boldsymbol{E} = 0, \quad \nabla\times\boldsymbol{E} = -\mu\frac{\partial \boldsymbol{H}}{\partial t}, \quad \nabla\cdot\boldsymbol{H} = 0, \quad \nabla\times\boldsymbol{H} = \varepsilon\frac{\partial \boldsymbol{E}}{\partial t} \tag{10.2.8}$$

对式(10.2.8)的第二式求旋度并利用第四式得

$$\nabla\times(\nabla\times\boldsymbol{E}) = -\mu\frac{\partial}{\partial t}(\nabla\times\boldsymbol{H}) = -\mu\varepsilon\frac{\partial^2 \boldsymbol{E}}{\partial t^2}$$

利用式(10.2.8)的第一式，可将上式左边化为

$$\nabla\times(\nabla\times\boldsymbol{E}) = \nabla(\nabla\cdot\boldsymbol{E}) - (\nabla\cdot\nabla)\boldsymbol{E} = -\nabla^2\boldsymbol{E}$$

从而求得如下波动方程：

$$\frac{\partial^2 \boldsymbol{E}}{\partial t^2} = \frac{1}{\mu\varepsilon} \nabla^2 \boldsymbol{E} \tag{10.2.9}$$

通过类似推导可证磁场强度 $\boldsymbol{H}$ 也满足同样形式的波动方程

$$\frac{\partial^2 \boldsymbol{H}}{\partial t^2} = \frac{1}{\mu\varepsilon} \nabla^2 \boldsymbol{H} \tag{10.2.10}$$

10.2.2 平面电磁波的性质

下面我们从式(10.2.8)出发,求无限均匀线性各向同性介质中($\rho_0=0,\boldsymbol{j}_0=0$)的平面电磁波解,并分析平面电磁波的主要特性. 设 $\boldsymbol{r}$ 为位置矢量,$\boldsymbol{k}$ 为波矢($\boldsymbol{k}$ 的方向定为波的传播方向,其大小 $k=2\pi/\lambda$,λ 为波长),则平面电磁波解可表示为如下复数形式:

$$\boldsymbol{E} = \boldsymbol{E}_0 \mathrm{e}^{-\mathrm{i}(\omega t - \boldsymbol{k}\cdot\boldsymbol{r})}, \quad \boldsymbol{H} = \boldsymbol{H}_0 \mathrm{e}^{-\mathrm{i}(\omega t - \boldsymbol{k}\cdot\boldsymbol{r})} \tag{10.2.11}$$

式中,$\boldsymbol{E}_0$ 和 $\boldsymbol{H}_0$ 为常矢量,分别代表电场和磁场的振幅. 将式(10.2.11)代入式(10.2.8),考虑到$\nabla=\mathrm{i}\boldsymbol{k}$,$\partial/\partial t=-\mathrm{i}\omega$,有

$$\boldsymbol{k}\cdot\boldsymbol{E}=0, \quad \boldsymbol{k}\cdot\boldsymbol{H}=0 \tag{10.2.12}$$

$$\boldsymbol{k}\times\boldsymbol{E}=\mu\omega\boldsymbol{H} \tag{10.2.13}$$

$$\boldsymbol{k}\times\boldsymbol{H}=-\varepsilon\omega\boldsymbol{E} \tag{10.2.14}$$

用 $\boldsymbol{k}$ 叉乘式(10.2.13)得

$$\boldsymbol{k}(\boldsymbol{k}\cdot\boldsymbol{E})-k^2\boldsymbol{E}=\mu\omega\boldsymbol{k}\times\boldsymbol{H}$$

由式(10.2.12),可将其化为

$$\boldsymbol{k}\times\boldsymbol{H}=-\frac{k^2}{\mu\omega}\boldsymbol{E}$$

将上式代入式(10.2.14)得

$$(\omega^2\varepsilon\mu-k^2)\boldsymbol{E}=0$$

上式有非零解($\boldsymbol{E}\neq0$)的充分必要条件为

$$\frac{\omega}{k}=\frac{1}{\sqrt{\varepsilon\mu}} \tag{10.2.15}$$

将式(10.2.15)代入式(10.2.13),可证振幅 E_0 和 H_0 满足

$$\sqrt{\varepsilon}E_0=\sqrt{\mu}H_0 \tag{10.2.16}$$

由以上这些结果,我们可以归纳无限均匀线性各向同性介质中平面电磁波的性质如下:

(1) 由式(10.2.12)可知,$\boldsymbol{k}\perp\boldsymbol{E}$,$\boldsymbol{k}\perp\boldsymbol{H}$,即电磁场强度与波的传播方向垂直,故电磁波是横波.

(2) 由式(10.2.13)可知,$\boldsymbol{E}\perp\boldsymbol{H}$,即电场强度与磁场强度垂直,且 $\boldsymbol{E}$、$\boldsymbol{H}$ 和 $\boldsymbol{k}$ 三个矢量满足右手正交关系(图 10.6).

(3) 由式(10.2.16),$\boldsymbol{E}$ 和 $\boldsymbol{H}$ 的振幅成比例,且有 $\varepsilon E^2=\mu H^2$,说明介质中任一点、任一时刻,其电场能量密度与磁场能量密度相等.

(4) 由式(10.2.15),电磁波的传播速度为

$$v=\frac{\omega}{k}=\frac{1}{\sqrt{\varepsilon\mu}}=\sqrt{\frac{\varepsilon_0\mu_0}{\varepsilon\mu}}c \tag{10.2.17}$$

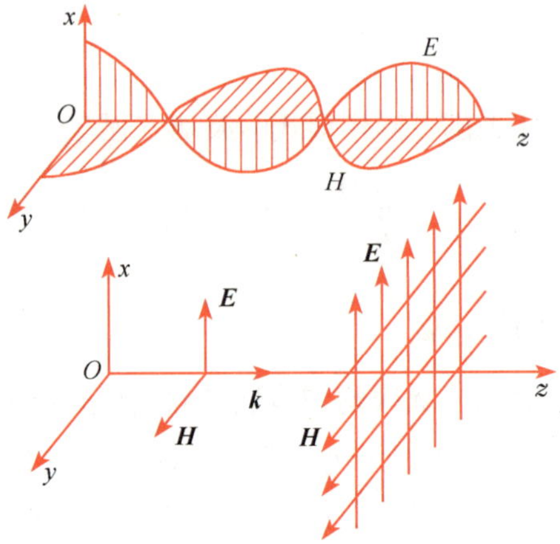

图 10.6　**E**、**H** 和 **k** 的相互关系

它是真空中光速 c 的 $\sqrt{\varepsilon_0\mu_0/(\varepsilon\mu)}$ 倍.

麦克斯韦首先预言光波就是电磁波. 在这一预言提出之前，人们将 c 与光在透明介质中的传播速度 v 之比定义为折射率 n，即

$$v=\frac{c}{n} \tag{10.2.18}$$

对比式(10.2.17)和式(10.2.18)，考虑到一般的非铁磁质近似有 $\mu=\mu_0$，推得折射率与介电常量满足如下关系：

$$n=\sqrt{\frac{\varepsilon}{\varepsilon_0}} \tag{10.2.19}$$

实验证明，对相对介电常量($=\varepsilon/\varepsilon_0$)接近于 1 的介质，例如对大多数气体介质，式(10.2.19)近似成立. 对于一些介质，μ 和 ε 与电磁波的角频率 ω 有关，于是 n 是 ω 的函数，v 也随 ω 变化，从而导致电磁波的色散现象.

10.2.3　赫兹实验

麦克斯韦在提出位移电流和涡旋电场假设并最终建立麦克斯韦方程之后，于 1865 年预言了电磁波的存在，指出光是一种电磁波. 由麦克斯韦方程组的分析得出：电磁波是横波，它在真空中的传播速度等于光速 c. 证实这些理论预言的第一个实验是由赫兹于 1888 年做出的. 他通过实验产生和接收到了电磁波. 下面先看电磁波是怎样产生的.

我们已经知道，波是振动在空间的传播，电磁波是电场和磁场的振荡在空间的传播. 要产生电磁波，必须有产生交变电磁场的振源. 原则上说，任何一个 LC 振荡电路都可以作为产生电磁波的振源. 不过，通常的 LC 振荡电路的辐射效率很低. 首先，绝大部分电场和磁场能量集中在 LC 电路内部，在 L、C 元件上交替传递和转换，无法脱离电路向外辐射. 其次，电磁波在单位时间内辐射的能量正比于频率的 4 次方，只有当频率足够高时，才能把电磁能量有效地发射出去. 根据 9.4 节对 LC 谐振电路的分析，LC 电路的固有振荡频率为 $f_0=1/(2\pi\sqrt{LC})$. 对一般 LC 电路来说，f_0 很低. 为提高辐射效率，我们必须使 LC 电路尽量开放，并通过减小 L、C 的值来提高 f_0. 为此，将 LC 电路按图 10.7(a)、(b)、(c)、(d)的顺序将电容器 C 的两个极板的距离逐渐增大，同

时把自感线圈 L 逐渐拉开，最后变成一条直线. 显然电路变成直线时，电场和磁场就向空间散开，而且电路中的 L、C 都很小，因而振荡频率很高. 这样一来，就可以获得可观的辐射效率.

图 10.7(d)所示的直线振荡电路，电流在其中来回流动，两端出现正负交替的等量异号电荷，这样的电路称为振荡电偶极子，或叫偶极振子，它适合做发射电磁波的有效振源. 振源中交变的电流或电场在其周围激发涡旋磁场，变化的磁场又在它的周围产生涡旋电场. 这种交替变化和相互耦合的电场和磁场在空间传播开来，形成电磁波. 电磁波可由交变电流和加速运动的电荷发射，电磁波一旦产生，就可以独立于电流或电荷在空间传播.

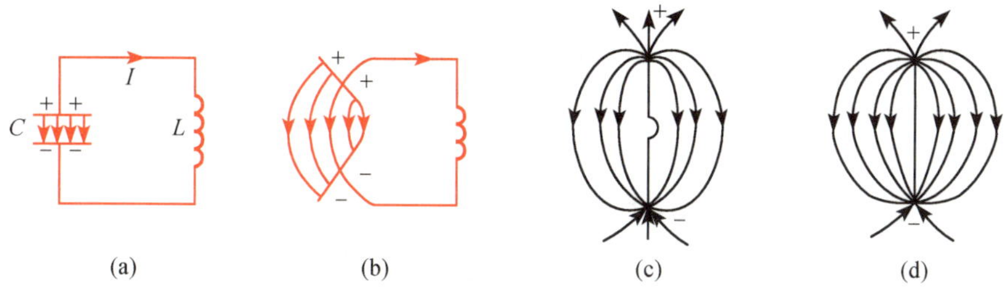

图 10.7 由 LC 振荡电路变为偶极振子

赫兹实验中所用的偶极振子如图 10.8 所示，A、B 中间留有空隙，空隙两边杆的端点上焊有一对光滑的黄铜球. 振子的两半连接到感应线圈的两极上. 感应线圈间歇地在 A、B 之间产生很高的电势差. 当间隙中的空气被击穿时，电流往复通过间隙产生火花，两段金属杆连成一条导电通路，整个装置构成一个振荡电偶极子. 由于偶极子的电容和自感都很小，因而振荡频率很高，赫兹偶极振子的频率的数量级约为 10^8 Hz. 感应圈以每秒 $10\sim10^2$ 周的频率给振子充电. 在每次充电过程中，偶极振子中的电流因辐射损失做减幅振荡，从偶极子发射的电磁波也是减幅振荡. 感应圈间歇地给振子充电，每充一次，振子就在放电时产生一次减幅振荡. 因此，赫兹振子发射的是间歇式减幅振荡电磁波，如图 10.8(b)所示.

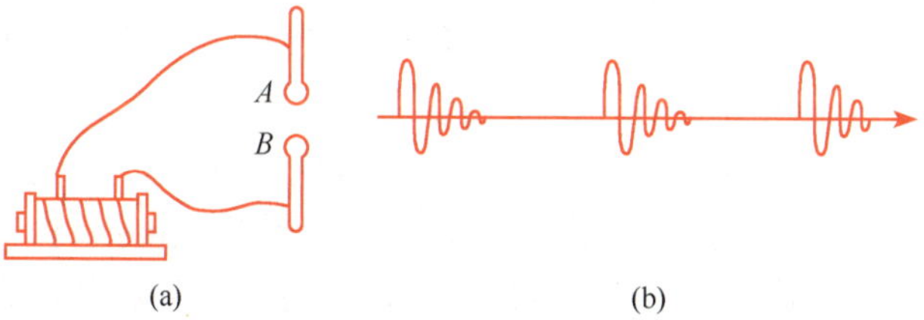

图 10.8 赫兹实验原理

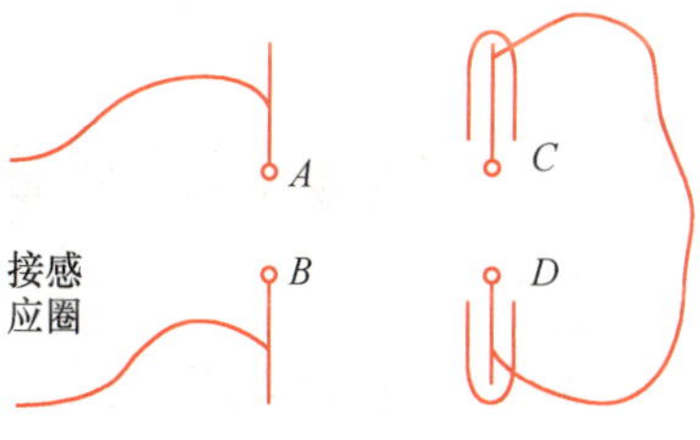

图 10.9 赫兹实验中的发射振子和接收振子

为了探测电磁波，赫兹在实验中采用了一种与发射振子的形状和结构相同的振子，如图 10.9 中的 C、D 所示. C 和 D 的外端用导线连接起来，内端之间的间隙可以灵活调整. 将接收振子放在距发射振子的一定距离处，适当选择其方位和调整 C 和 D 内端之间的间隙，使其与发射振子发生共振，将在 C、D 内端之间的间隙中产生火花. 由 C、D 构成的接收振子称为共振偶极振子.

赫兹利用振荡偶极子和共振偶极振子进行了多次实验，

不仅观测到电磁波在空间传播，而且证明了这种电磁波与光波一样，能产生反射、折射、干涉、衍射和偏振等现象. 另外，麦克斯韦指出，电磁波在真空中的速度 $c=1/\sqrt{\varepsilon_0\mu_0}\approx3\times10^8\text{m}\cdot\text{s}^{-1}$，这个数值与裴索测得的真空中光速值符合得很好. 这些实验结果充分证明了麦克斯韦电磁波理论的正确性，并深刻揭示了光波的电磁本质，从而将光学和电磁学统一起来.

10.2.4　电磁波谱

人们通过实验发现了不同频率和波长的电磁波，如无线电波、红外线、可见光、紫外线、X 射线和 γ 射线等. 这些电磁波按频率和波长的顺序排列起来构成电磁波谱. 图 10.10 给出了各种电磁波的名称和近似的波长范围. 真空中波长和频率的关系为 $\lambda=c/\nu$（这里使用光学中常用的希腊字母 ν 代表频率）.

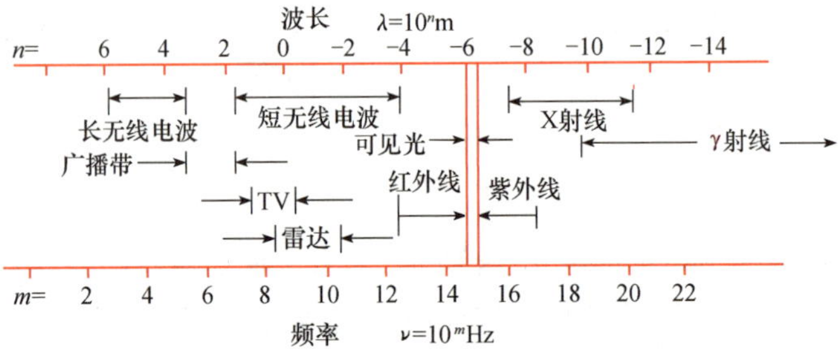

图 10.10　电磁波谱

已知的电磁波谱从很高的γ射线的频率（$\nu\leqslant10^{26}$ Hz）下降到无线电长波的频率（$\nu\geqslant10$Hz）. 视觉可感觉到的可见光只占已知波谱的很小一部分，它的波长为 4000～7600Å（1Å$=10^{-10}$m）. 可见光的两边延伸区域是红外线和紫外线，红外线的波长范围是 7600Å～700 μm，紫外线的波长范围是 50～4000Å，X 射线的波长范围是 $4\times10^{-2}\sim10^2$ Å，γ射线的波长更短. 无线电波的波长范围是 $10^{-4}\sim10^6$ m，其中长波波长达几千米，中波波长为 $50\sim3\times10^3$ m，短波波长为 1cm～10m.

产生这些不同频率的电磁波的机制是多种多样的，我们仅举几例进行说明. 无线电波可由电磁振荡电路通过天线发射，其中中波、短波可用于无线电广播和通信，微波可应用于电视和雷达. 可见光、红外线和紫外线可由分子、原子的外层电子能级跃迁所产生，它们的用途极广. 红外线的热效应显著，也能使照相底片感光，还可用于食品加工、军事侦察和分析物质分子结构. 紫外线有明显的生物作用，它能杀菌、杀虫，在医疗和农业上都有应用. X 射线可由原子内层电子跃迁所产生，它的穿透能力很强，可用于检查人体和金属部件及分析晶体结构. γ射线可从原子核中发射，穿透能力极强，在宇宙射线和高能加速器中可观测到. 许多放射性同位素也会发射γ射线. γ射线的应用也很多，通过对γ射线的研究可以探索原子核的内部结构.

10.3　电磁场的能量、动量和角动量

10.3.1　电磁场的性质

电磁场作为物质的一种形态，同样具有能量、动量和角动量. 电磁场本身的运动规律由麦克斯韦方程组给定. 10.2 节我们就是从麦克斯韦方程出发，分析了电磁场的一种最简单的运

动形式——平面电磁波. 对电磁场的研究不仅在于其自身的运动规律，还在于它和其他物质的相互作用. 这一相互作用的实质是电磁运动形式和其他运动形式之间的相互转换. 正是为了研究不同运动形式的相互转换的定量规律，我们引入了能量、动量和角动量的概念. 所有这些量是各种物质运动的共同量度，它们的总量不会因运动形式的转换而改变.

洛伦兹力公式(10.1.7)或公式(10.1.28)是研究电磁场和其他物质相互作用的出发点，它们分别表示电磁场对带电粒子和宏观电荷、电流分布的作用力. 从洛伦兹力公式出发，利用能量、动量和角动量的守恒性质，原则上就可以通过带电体的机械能量、动量和角动量来定义电磁场的能量、动量和角动量. 以前我们曾分别讨论过静电场和静磁场的能量，就是遵循上述原则的. 对非稳恒电磁场，我们也可以作类似的分析，在电动力学中，可进行这种分析. 由于分析中涉及许多场论中的数学公式，我们略去分析过程，而只给出分析结果. 对静止均匀各向同性介质中的电磁场，电磁场的能量密度 w，能流密度 $\boldsymbol{S}$(又称坡印亭矢量)，动量密度 $\boldsymbol{g}$，角动量密度 $\boldsymbol{l}$ 的表达式如下：

$$w = \frac{1}{2}\boldsymbol{D}\cdot\boldsymbol{E} + \frac{1}{2}\boldsymbol{B}\cdot\boldsymbol{H} \tag{10.3.1}$$

$$\boldsymbol{S} = \boldsymbol{E}\times\boldsymbol{H} \tag{10.3.2}$$

$$\boldsymbol{g} = \boldsymbol{D}\times\boldsymbol{B} \tag{10.3.3}$$

$$\boldsymbol{l} = \boldsymbol{r}\times\boldsymbol{g} \tag{10.3.4}$$

式中，$\boldsymbol{r}$ 为考察点的位置矢量.

体积 V 中电磁场的总能量、总动量和总角动量分别为

$$W = \iiint_V w\,\mathrm{d}V,\quad \boldsymbol{G} = \iiint_V \boldsymbol{g}\,\mathrm{d}V,\quad \boldsymbol{L} = \iiint_V \boldsymbol{l}\,\mathrm{d}V \tag{10.3.5}$$

如果非电磁总能量用 W_n 表示，则下述关系成立：

$$\frac{\mathrm{d}}{\mathrm{d}t}(W + W_\mathrm{n}) = -\oiint_A \boldsymbol{S}\cdot\mathrm{d}\boldsymbol{A} \tag{10.3.6}$$

式(10.3.6)的物理意义是：从边界面 A 注入体积内的电磁能量等于体积内总能量的增加. 对孤立系统，上式右边的面积分为零，由此得到能量守恒定律

$$W + W_\mathrm{n} = \text{恒量}$$

对于孤立系统，同样有动量守恒定律 $\boldsymbol{G}+\boldsymbol{G}_\mathrm{n}=$恒量，及角动量守恒定律 $\boldsymbol{L}+\boldsymbol{L}_\mathrm{n}=$恒量成立，式中，$\boldsymbol{G}_\mathrm{n}$、$\boldsymbol{L}_\mathrm{n}$ 分别为非电磁的总动量和总角动量.

例 10.2

证明在给定的初始条件和边界条件下，麦克斯韦方程组的解是唯一的.

解　用反证法. 假设存在两组不同的解$(\boldsymbol{E}',\boldsymbol{B}')$和$(\boldsymbol{E}'',\boldsymbol{B}'')$均满足麦克斯韦方程组，且具有相同的初始条件和边界条件.

我们构造一个新解$(\boldsymbol{E},\boldsymbol{B})$，令 $\boldsymbol{E}=\boldsymbol{E}'-\boldsymbol{E}''$，$\boldsymbol{B}=\boldsymbol{B}'-\boldsymbol{B}''$，显然，新解满足的麦克斯韦方程为

$$\begin{cases}\nabla\cdot\boldsymbol{E} = 0, \quad \nabla\cdot\boldsymbol{B} = 0\\ \nabla\times\boldsymbol{E} = -\dfrac{\partial\boldsymbol{B}}{\partial t}\\ \nabla\times\boldsymbol{B} = \varepsilon\mu\dfrac{\partial\boldsymbol{E}}{\partial t}\end{cases}$$

且新解满足的初始条件和边界条件分别为

$$\boldsymbol{E}(r,0)=0,\quad \boldsymbol{B}(r,0)=0,$$

$$\boldsymbol{E}(r,t)|_S=0,\quad \boldsymbol{B}(r,t)|_S=0$$

对$(\boldsymbol{E},\boldsymbol{B})$的电磁场能量守恒定律为

$$\oint\!\!\!\oint_S \frac{1}{\mu}(\boldsymbol{E}\times\boldsymbol{B})\cdot \mathrm{d}\boldsymbol{S}+\frac{\mathrm{d}}{\mathrm{d}t}\iiint_V\left(\frac{1}{2}\varepsilon E^2+\frac{1}{2\mu}B^2\right)\mathrm{d}V=-\iiint_V \boldsymbol{j}\cdot\boldsymbol{E}\mathrm{d}V$$

由于在边界上$(\boldsymbol{E},\boldsymbol{B})$均为零，第一项积分为零；此外，对新解对应的电流密度 $\boldsymbol{j}=0$，因此等式右边积分也为零，即

$$\frac{\mathrm{d}}{\mathrm{d}t}\iiint_V\left(\frac{1}{2}\varepsilon E^2+\frac{1}{2\mu}B^2\right)\mathrm{d}V=0$$

$$\iiint_V\left(\frac{1}{2}\varepsilon E^2+\frac{1}{2\mu}B^2\right)\mathrm{d}V=C$$

由于新解的初始值均为零，所以积分常数 $C=0$，因此

$$\frac{1}{2}\varepsilon E^2+\frac{1}{2\mu}B^2=0$$

只能有 $\boldsymbol{E}(r,t)=0,\boldsymbol{B}(r,t)=0$，所以必有 $\boldsymbol{E}'=\boldsymbol{E}'',\boldsymbol{B}'=\boldsymbol{B}''$. 证毕.

10.3.2 平面电磁波的能量、能流密度(坡印亭矢量)和动量

对平面电磁波，因为 $\sqrt{\varepsilon_0\varepsilon_r}E=\sqrt{\mu_0\mu_r}H$，即 $\varepsilon_0\varepsilon_r E^2=\mu_0\mu_r H^2$，所以

$$w_E=\frac{1}{2}\varepsilon_0\varepsilon_r E^2=\frac{1}{2}\mu_0\mu_r H^2=w_B$$

即

$$w=w_E+w_B=\varepsilon_0\varepsilon_r E^2=\mu_0\mu_r H^2 \tag{10.3.7}$$

能流密度是英国物理学家坡印亭(J. H. Poynting ,1852—1914)在 1884 年引入的，故也称为坡印亭矢量.

对平面电磁波，由式(10.2.13)和式(10.2.14)可以得到

$$\boldsymbol{H}=\frac{1}{\mu_0\mu_r\omega}\boldsymbol{k}\times\boldsymbol{E},\quad \boldsymbol{E}=-\frac{1}{\varepsilon_0\varepsilon_r\omega}\boldsymbol{k}\times\boldsymbol{H}$$

对上面两式分别用 $\boldsymbol{E}$ 和 $\boldsymbol{H}$ 左叉乘，因为 $\boldsymbol{a}\times(\boldsymbol{b}\times\boldsymbol{c})=(\boldsymbol{a}\cdot\boldsymbol{c})\boldsymbol{b}-(\boldsymbol{a}\cdot\boldsymbol{b})\boldsymbol{c}$，并且 $\boldsymbol{k}\cdot\boldsymbol{E}=0$，$\boldsymbol{k}\cdot\boldsymbol{H}=0$，所以有

$$\boldsymbol{E}\times\boldsymbol{H}=\frac{1}{\mu_0\mu_r}(\boldsymbol{E}\cdot\boldsymbol{E})\frac{\boldsymbol{k}}{\omega},\quad \boldsymbol{H}\times\boldsymbol{E}=-\frac{1}{\varepsilon_0\varepsilon_r}(\boldsymbol{H}\cdot\boldsymbol{H})\frac{\boldsymbol{k}}{\omega}$$

而 $\boldsymbol{v}=\frac{\omega}{k}\frac{\boldsymbol{k}}{k}$，即 $\frac{\boldsymbol{k}}{\omega}=\frac{k^2}{\omega^2}\boldsymbol{v}=\frac{1}{v^2}\boldsymbol{v}$，$\frac{1}{v^2}=\varepsilon_0\varepsilon_r\mu_0\mu_r$，所以

$$\boldsymbol{E}\times\boldsymbol{H}=\varepsilon_0\varepsilon_r(\boldsymbol{E}\cdot\boldsymbol{E})\boldsymbol{v}=(\boldsymbol{D}\cdot\boldsymbol{E})\boldsymbol{v},\quad \boldsymbol{H}\times\boldsymbol{E}=-\mu_0\mu_r(\boldsymbol{H}\cdot\boldsymbol{H})\boldsymbol{v}=-(\boldsymbol{B}\cdot\boldsymbol{H})\boldsymbol{v}$$

代入坡印亭矢量中 $\boldsymbol{S}=\boldsymbol{E}\times\boldsymbol{H}=\frac{1}{2}(\boldsymbol{E}\times\boldsymbol{H}-\boldsymbol{H}\times\boldsymbol{E})$，得到

$$\boldsymbol{S}=\frac{1}{2}(\boldsymbol{E}\times\boldsymbol{H}-\boldsymbol{H}\times\boldsymbol{E})=\frac{1}{2}(\boldsymbol{D}\cdot\boldsymbol{E}+\boldsymbol{B}\cdot\boldsymbol{H})\boldsymbol{v}=w\boldsymbol{v} \tag{10.3.8}$$

对平面电磁波，由动量密度定义，得到

$$\boldsymbol{g}=\boldsymbol{D}\times\boldsymbol{B}=\varepsilon\mu(\boldsymbol{E}\times\boldsymbol{H})=\frac{1}{v^2}\boldsymbol{S} \tag{10.3.9}$$

对真空中的平面电磁波，坡印亭矢量(图 10.11)改写为 $\boldsymbol{S}=\boldsymbol{E}\times\boldsymbol{H}=\frac{1}{\mu_0}\boldsymbol{E}\times\boldsymbol{B}$，其模为

$$S=|\boldsymbol{S}|=\frac{|\boldsymbol{E}\times\boldsymbol{B}|}{\mu_0}=\frac{EB}{\mu_0}$$

对一个 $\boldsymbol{E}=E_0\cos(kx-\omega t)\boldsymbol{e}_y$，$\boldsymbol{B}=B_0\cos(kx-\omega t)\boldsymbol{e}_z$ 的平面电磁波，有

$$\begin{aligned}\boldsymbol{S}&=\frac{1}{\mu_0}E_0\cos(kx-\omega t)\boldsymbol{e}_y\times B_0\cos(kx-\omega t)\boldsymbol{e}_z=\frac{E_0B_0}{\mu_0}\cos^2(kx-\omega t)\boldsymbol{e}_x\\&=\frac{E_0^2}{\mu_0 c}\cos^2(kx-\omega t)\boldsymbol{e}_x\end{aligned}$$

能量密度为

$$w=\varepsilon_0E^2=\varepsilon_0E_0^2\cos^2(kx-\omega t)=\frac{E_0^2}{\mu_0c^2}\cos^2(kx-\omega t) \tag{10.3.10}$$

波的强度定义为 S 时间平均值，由于 $\langle\cos^2(kx-\omega t)\rangle=1/2$，所以有

$$\begin{aligned}I&=\langle S\rangle=\frac{E_0B_0}{\mu_0}\langle\cos^2(kx-\omega t)\rangle\\&=\frac{E_0B_0}{2\mu_0}=\frac{E_0^2}{2c\mu_0}=\frac{cB_0^2}{2\mu_0}\end{aligned} \tag{10.3.11}$$

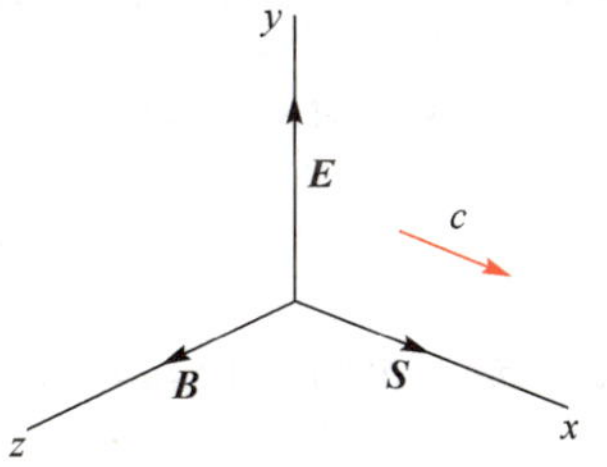

图 10.11 平面电磁波的坡印亭矢量

10.3.3 光压

光作为一种电磁波，具有能量，这早在麦克斯韦预言电磁波以前就被无数实验事实所证实，并为人们所公认. 但是，光具有动量，从而对照射物体具有压力这一点，直到 1901 年才为俄国物理学家列别捷夫首先从实验上予以证实. 下面我们就来计算垂直入射光对物体表面的光压.

如图 10.12 所示，真空中的一束光垂直入射物体表面，其能流密度为 $S_{入}$，反射光的能流密度为 $S_{反}$，则 $R=S_{反}/S_{入}$ 称为反射系数. 假定透射光全被物体吸收，其动量全部转移给物体. 因此，在反射过程中，位于横截面 ΔS 内的光束在 Δt 时间内的动量变化为

$$\begin{aligned}\Delta S\cdot c\cdot\Delta t(g_{入}+g_{反})&=c\cdot\Delta S\cdot\Delta t(S_{入}+S_{反})/c^2\\&=\frac{\Delta S\cdot\Delta t}{c}(1+R)S_{入}\\&=\Delta S\cdot\Delta t(1+R)w\end{aligned}$$

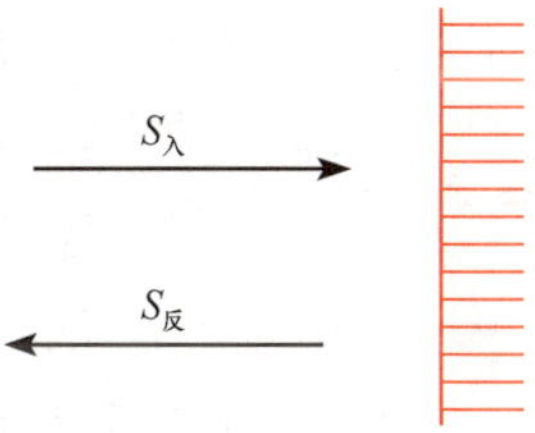

图 10.12 光压分析示意图

这一变化等于光施于物体表面的压力的冲量，即 $p\Delta S\cdot\Delta t$(p 为光压强)，于是

$$p=(1+R)w \tag{10.3.12}$$

对一周期求平均,求得平均光压强(简称光压)为

$$\bar{p}=(1+R)\bar{w} \tag{10.3.13}$$

对全反射情况,$R=1$,$\bar{p}=2\bar{w}$;对全吸收情况,$R=0$,$\bar{p}=\bar{w}$.

例 10.3

太阳电磁辐射在地球轨道处的平均能流密度为 $\bar{S}=1.94\text{cal}\cdot\text{cm}^{-2}\cdot\text{min}^{-1}=1.36\times10^3\text{J}\cdot\text{m}^{-2}\cdot\text{s}^{-1}$,称为太阳常数.求地球轨道处的电场强度振幅及垂直于光的全吸收面所承受的光压.

解 由式(10.3.11),取 $\varepsilon=\varepsilon_0$,$v=c$,得

$$E_0=\sqrt{\frac{2\bar{S}}{\varepsilon_0 c}}=\left(\frac{2\times1.36\times10^3}{8.85\times10^{-12}\times3\times10^8}\right)^{1/2}=1.01\times10^3(\text{V}\cdot\text{m}^{-1})$$

由式(10.3.13)取 $R=0$,得

$$\bar{p}=\bar{w}=\frac{\bar{S}}{c}=4.53\times10^{-6}\text{N}\cdot\text{m}^{-2}$$

上述光压相当小,只有通过精密设计的实验才能测出.

例 10.4

平均能流密度为 $\bar{S}$ 的一束平行光作用到半径为 r 的球面上.对全反射和全吸收两种情况,分别求光束给予球面的总压力.

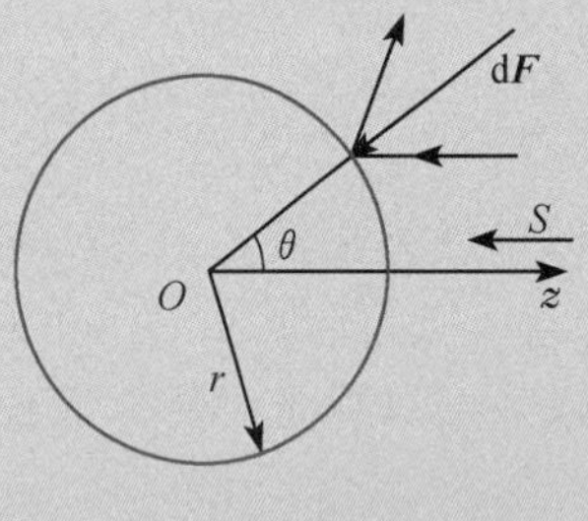

图 10.13 平行光束给球面的总压力

解 取球心 O 为坐标原点,Oz 迎着光的传播方向(图 10.13).先分析全反射情况,考虑极角为 θ 的面元 $\mathrm{d}A$,它所受的光压力可由式(10.3.12)取 $R=1$ 求得,结果为

$$\mathrm{d}\boldsymbol{F}=-\left(\frac{2\bar{S}}{c}\right)\cos^2\theta\,\mathrm{d}\boldsymbol{A}$$

式中,出现因子 $\cos^2\theta$ 是由于光以 θ 角倾斜入射:①面元 $\mathrm{d}\boldsymbol{A}$ 与光的传播方向的夹角为 θ,有效接收截面积为 $\mathrm{d}A\cos\theta$;②$\mathrm{d}\boldsymbol{F}$ 沿面元法向,与法向电磁动量的损失对应,故应将 $\bar{\boldsymbol{S}}$(沿光传播方向)投影至法向方向,需乘上因子 $\cos\theta$.上述压力只有平行于光束的分量才不被抵消,故只保留该分量:$\mathrm{d}F_z=-(2\bar{S}/c)\cos^3\theta\,\mathrm{d}A$.将 $\mathrm{d}A=r^2\sin\theta\,\mathrm{d}\theta\,\mathrm{d}\varphi$ 代入,并对光照半球面积分得总压力

$$F_z=-\left(\frac{2\bar{S}}{c}\right)r^2\int_0^{2\pi}\mathrm{d}\varphi\int_0^{\pi/2}\cos^3\theta\sin\theta\,\mathrm{d}\theta=-\frac{\pi r^2\bar{S}}{c}$$

对全吸收情况,横截面积为 πr^2 的光束被全部吸收,光束的动量损失率为 $\pi r^2\bar{S}/c$,它等于光束给予全吸收面的总压力,与上述全反射情况的结果完全相同.

10.3.4 电磁场具有角动量的验证

证明电磁场具有角动量的实验如下例.

例 10.5

如图 10.14 所示,一圆柱形介质电容器,长度为 l. 充满介电常量为 ε 的均匀线性各向同性介质,内外半径为 r_1 和 r_2,绕轴的转动惯量为 I,极板自由电荷为 $\pm Q$,置于一轴向均匀磁场 $\boldsymbol{B}$ 中. 求电容器放电后的旋转角速度 ω.

解 略去边缘效应并利用问题的轴对称性,可直接由静电场的高斯定理求得圆柱电容器中的电位移矢量分布

$$\boldsymbol{D}=D\hat{\boldsymbol{r}},\quad 2\pi rlD=Q\quad\Longrightarrow D=\frac{Q}{2\pi rl}\quad(r_1\leqslant r\leqslant r_2)$$

于是,有

$$\boldsymbol{g}=\boldsymbol{D}\times\boldsymbol{B}=DB\hat{\boldsymbol{r}}\times\hat{z}=-\frac{QB}{2\pi rl}\hat{\boldsymbol{\phi}}$$

$$\boldsymbol{l}=\boldsymbol{r}\times\boldsymbol{g}=-\frac{QB}{2\pi l}\hat{z}$$

圆柱电容器内的电磁角动量密度为常量,且与介质的介电常量 ε 无关. 将该密度乘上圆柱电容器极板之间的体积,求得系统的初始电磁角动量为

$$L_0=L_{z0}=-\frac{QB}{2\pi l}\cdot\pi l(r_2^2-r_1^2)=-\frac{1}{2}QB(r_2^2-r_1^2)$$

由总角动量守恒

$$L_z+L_n=L_{z0}$$

电容器放电后 $L_z=0$,得机械角动量 $L_n=L_{z0}$. 又由力学结果知 $L_n=I\omega$,则有 $I\omega=L_{z0}$,$\omega=L_{z0}/I$,即

$$\omega=-\frac{1}{2I}QB(r_2^2-r_1^2)$$

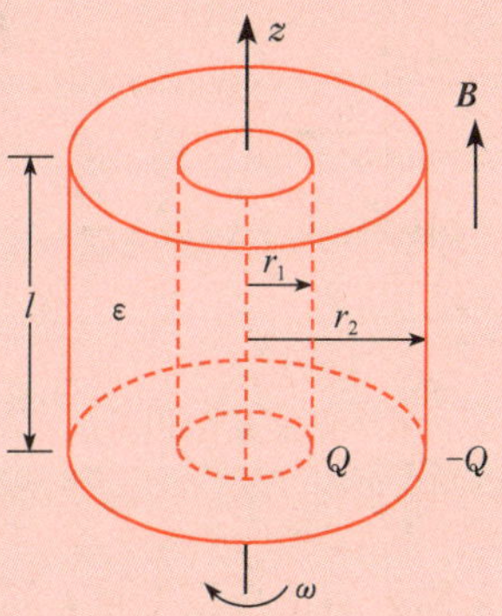

图 10.14 轴向均匀磁场中的圆柱电容器

上式中的负号表示圆柱电容器将绕 z 轴顺时针旋转,如图 10.14 所示. 此例清楚地表明,电磁场具有角动量.

*第 11 章　相对论电磁学

11.1　四维时空和四维矢量

11.1.1　四维矢量

1905 年爱因斯坦提出两个假设：

(1)狭义相对性原理：物理定律在所有惯性系中都相同.

(2)光速不变原理：真空中的光速等于 c，与光源的运动无关.

两个相互做匀速直线运动的参考系 S 和 S'，它们相应的坐标轴彼此平行(图 11.1)，S' 系相对 S 系的速度为 v，沿 x 轴正方向. 在 $t=t'=0$ 时刻，两个参考系的坐标原点重合. 爱因斯坦利用以上两种假设导出了两个惯性系之间的时空变换关系，称为洛伦兹变换

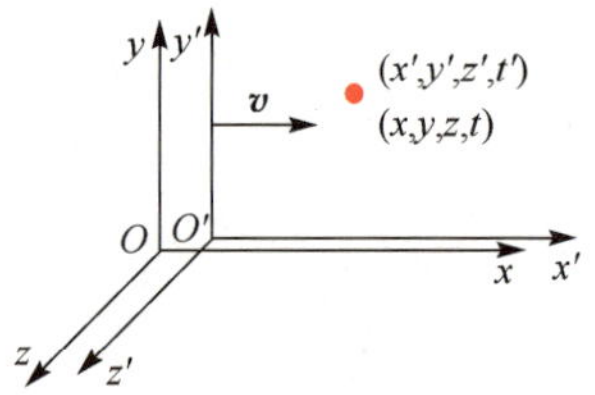

图 11.1　两个惯性系做相对运动

$$\begin{cases} x'=\dfrac{x-vt}{\sqrt{1-\beta^2}}=\gamma(x-vt) \\ y'=y \\ z'=z \\ t'=\dfrac{t-\dfrac{v}{c^2}x}{\sqrt{1-\beta^2}}=\gamma\left(t-\dfrac{v}{c^2}x\right) \end{cases} \tag{11.1.1}$$

此式又称为洛伦兹正变换，其中 $\beta=\dfrac{v}{c}$，$\gamma=\dfrac{1}{\sqrt{1-\beta^2}}$. 洛伦兹逆变换，即从 S' 系变换到 S 系的变换，也就是把上式中带撇量换成不带撇量，不带撇量换成带撇量，v 换为 $-v$，即

$$\begin{cases} x=\gamma(x'+vt') \\ y=y' \\ z=z' \\ t=\gamma\left(t'+\dfrac{v}{c^2}x'\right) \end{cases} \tag{11.1.2}$$

由洛伦兹时空变换可以推导出速度的洛伦兹变换，其正变换和逆变换分别为

$$\begin{cases} u_x'=\dfrac{u_x-v}{1-\dfrac{v}{c^2}u_x} \\ u_y'=\dfrac{u_y\sqrt{1-\beta^2}}{1-\dfrac{v}{c^2}u_x} \\ u_z'=\dfrac{u_z\sqrt{1-\beta^2}}{1-\dfrac{v}{c^2}u_x} \end{cases},\quad \begin{cases} u_x=\dfrac{u_x'+v}{1+\dfrac{v}{c^2}u_x'} \\ u_y=\dfrac{u_y'\sqrt{1-\beta^2}}{1+\dfrac{v}{c^2}u_x'} \\ u_z=\dfrac{u_z'\sqrt{1-\beta^2}}{1+\dfrac{v}{c^2}u_x'} \end{cases} \tag{11.1.3}$$

利用闵可夫斯基四维时空概念，引进四维时空矢量，$(x_1, x_2, x_3, x_4) = (x, y, z, \mathrm{i}ct)$，则洛伦兹时空变换关系可以改写成

$$\begin{cases} x_1' = \gamma(x_1 + \mathrm{i}\beta x_4) \\ x_2' = x_2 \\ x_3' = x_3 \\ x_4' = \gamma(x_4 - \mathrm{i}\beta x_1) \end{cases}, \quad \begin{cases} x_1 = \gamma(x_1' - \mathrm{i}\beta x_4') \\ x_2 = x_2' \\ x_3 = x_3' \\ x_4 = \gamma(x_4' + \mathrm{i}\beta x_1') \end{cases} \tag{11.1.4}$$

可以用线性代数的矩阵表示其变换关系

$$\begin{pmatrix} x_1' \\ x_2' \\ x_3' \\ x_4' \end{pmatrix} = \begin{pmatrix} \gamma & 0 & 0 & \mathrm{i}\beta\gamma \\ 0 & 1 & 0 & 0 \\ 0 & 0 & 1 & 0 \\ -\mathrm{i}\beta\gamma & 0 & 0 & \gamma \end{pmatrix} \begin{pmatrix} x_1 \\ x_2 \\ x_3 \\ x_4 \end{pmatrix} \tag{11.1.5}$$

用 $\boldsymbol{X}'$ 和 $\boldsymbol{X}$ 分别表示四维时空的列矩阵，用 $\boldsymbol{\Lambda}$ 表示洛伦兹变换系数矩阵，则

$$\boldsymbol{X}' = \begin{pmatrix} x_1' \\ x_2' \\ x_3' \\ x_4' \end{pmatrix}, \quad \boldsymbol{\Lambda} = \begin{pmatrix} \gamma & 0 & 0 & \mathrm{i}\beta\gamma \\ 0 & 1 & 0 & 0 \\ 0 & 0 & 1 & 0 \\ -\mathrm{i}\beta\gamma & 0 & 0 & \gamma \end{pmatrix}, \quad \boldsymbol{X} = \begin{pmatrix} x_1 \\ x_2 \\ x_3 \\ x_4 \end{pmatrix}$$

则上式可以简写为

$$\boldsymbol{X}' = \boldsymbol{\Lambda}\boldsymbol{X} \tag{11.1.6}$$

逆变换为 $\boldsymbol{X} = \boldsymbol{\Lambda}^{-1}\boldsymbol{X}'$，$\boldsymbol{\Lambda}^{-1}$ 是 $\boldsymbol{\Lambda}$ 的逆矩阵，因此有

$$\boldsymbol{X} = \boldsymbol{\Lambda}^{-1}\boldsymbol{X}' = \boldsymbol{\Lambda}^{-1}(\boldsymbol{\Lambda}\boldsymbol{X}) = \boldsymbol{\Lambda}^{-1}\boldsymbol{\Lambda}\boldsymbol{X} = \boldsymbol{X}$$

即洛伦兹变换矩阵满足

$$\boldsymbol{\Lambda}^{-1}\boldsymbol{\Lambda} = \boldsymbol{I}$$

式中 $\boldsymbol{I}$ 为单位矩阵.

如果我们构造一个任意四维矢量 $\boldsymbol{A}$，在 S 系中为 (A_1, A_2, A_3, A_4)，在 S' 系中为 (A_1', A_2', A_3', A_4')，类比四维时空变换，则有

$$\begin{pmatrix} A_1' \\ A_2' \\ A_3' \\ A_4' \end{pmatrix} = \begin{pmatrix} \gamma & 0 & 0 & \mathrm{i}\beta\gamma \\ 0 & 1 & 0 & 0 \\ 0 & 0 & 1 & 0 \\ -\mathrm{i}\beta\gamma & 0 & 0 & \gamma \end{pmatrix} \begin{pmatrix} A_1 \\ A_2 \\ A_3 \\ A_4 \end{pmatrix} \tag{11.1.7}$$

或者简写成

$$\boldsymbol{A}' = \boldsymbol{\Lambda}\boldsymbol{A} \tag{11.1.8}$$

四维矢量有几个重要的特征：

(1)四维矢量的模方为不变量，即为洛伦兹协变量；

(2)两个四维矢量的点乘为不变量.

11.1.2 四维速度

定义四维速度

$$u_1 = \frac{\mathrm{d}x}{\mathrm{d}\tau}, \quad u_2 = \frac{\mathrm{d}y}{\mathrm{d}\tau}, \quad u_3 = \frac{\mathrm{d}z}{\mathrm{d}\tau}, \quad u_4 = \frac{\mathrm{d}x_4}{\mathrm{d}\tau} \tag{11.1.9}$$

其中 τ 是本征时,即满足 $\mathrm{d}t=\gamma_u\mathrm{d}\tau$,这里 $\gamma_u=\dfrac{1}{\sqrt{1-u^2/c^2}}$,则有

$$u_1=\frac{\mathrm{d}x}{\mathrm{d}\tau}=\frac{\mathrm{d}x}{\mathrm{d}t}\frac{\mathrm{d}t}{\mathrm{d}\tau}=\gamma_u u_x,\quad u_2=\gamma_u u_y,\quad u_3=\gamma_u u_z,\quad u_4=\mathrm{i}c\frac{\mathrm{d}t}{\mathrm{d}\tau}=\mathrm{i}c\gamma_u$$

这样我们得到一个四维速度矢量 $(u_1,u_2,u_3,u_4)=\gamma_u(u_x,u_y,u_z,\mathrm{i}c)$,其变换为

$$\begin{pmatrix}u_1'\\u_2'\\u_3'\\u_4'\end{pmatrix}=\begin{pmatrix}\gamma & 0 & 0 & \mathrm{i}\gamma\beta\\0 & 1 & 0 & 0\\0 & 0 & 1 & 0\\-\mathrm{i}\gamma\beta & 0 & 0 & \gamma\end{pmatrix}\begin{pmatrix}u_1\\u_2\\u_3\\u_4\end{pmatrix}\tag{11.1.10}$$

这里 $\gamma=\gamma_v=\dfrac{1}{\sqrt{1-(v/c)^2}}$,或者简写成

$$\boldsymbol{U}'=\boldsymbol{\Lambda}\boldsymbol{U}\tag{11.1.11}$$

四维速度矢量的模方为

$$u^2=\sum_{i=1}^{4}u_i^2=-c^2$$

正是光速不变.因为四维矢量的模方是洛伦兹不变量,亦即在任意的惯性系中光速都不变.

四维速度的正变换和逆变换分别为

$$\begin{cases}u_1'=\gamma_v(u_1+\mathrm{i}\beta u_4)\\u_2'=u_2\\u_3'=u_3\\u_4'=\gamma_v(u_4-\mathrm{i}\beta u_1)\end{cases},\quad\begin{cases}u_1=\gamma_v(u_1'-\mathrm{i}\beta u_4')\\u_2=u_2'\\u_3=u_3'\\u_4=\gamma_v(u_4'+\mathrm{i}\beta u_1')\end{cases}\tag{11.1.12}$$

由四维速度的洛伦兹变换可以容易地推导出三维速度的洛伦兹变换,上式可改写为

$$\begin{cases}\gamma_u'u_x'=\gamma_v(\gamma_u u_x+\mathrm{i}\beta_v\mathrm{i}c\gamma_u)\\\gamma_u'u_y'=\gamma_u u_y\\\gamma_u'u_z'=\gamma_u u_z\\\mathrm{i}c\gamma_u'=\gamma_v(\mathrm{i}c\gamma_u-\mathrm{i}\beta_v\gamma_u u_x)\end{cases},\quad\begin{cases}\gamma_u u_x=\gamma_v(\gamma_u'u_x'-\mathrm{i}\beta\mathrm{i}c\gamma_u')\\\gamma_u u_y=\gamma_u'u_y'\\\gamma_u u_z=\gamma_u'u_z'\\\mathrm{i}c\gamma_u=\gamma_v(\mathrm{i}c\gamma_u'+\mathrm{i}\beta\gamma_u'u_x')\end{cases}\tag{11.1.13}$$

其中

$$\beta_v=\frac{v}{c},\quad\gamma_v=\frac{1}{\sqrt{1-\dfrac{v^2}{c^2}}},\quad\gamma_u=\frac{1}{\sqrt{1-\dfrac{u^2}{c^2}}},\quad\gamma_u'=\frac{1}{\sqrt{1-\dfrac{u'^2}{c^2}}}$$

正变换的第四式两边消去 ic 后,为

$$\gamma_u'=\gamma_v\gamma_u\left(1-\frac{vu_x}{c^2}\right)$$

直接得到

$$\frac{\gamma_v\gamma_u}{\gamma_u'}=\frac{1}{1-\dfrac{vu_x}{c^2}}$$

或者

$$\frac{\sqrt{1-u'^2/c^2}}{\sqrt{1-u^2/c^2}\,\sqrt{1-v^2/c^2}}=\frac{1}{1-\dfrac{vu_x}{c^2}}\tag{11.1.14}$$

这就是 3γ 恒等式，它的逆变换为

$$\frac{\sqrt{1-u^2/c^2}}{\sqrt{1-u'^2/c^2}\sqrt{1-v^2/c^2}}=\frac{1}{1+\dfrac{vu'_x}{c^2}} \tag{11.1.15}$$

或

$$\gamma_u=\gamma_v\gamma'_u\left(1+\frac{vu'_x}{c^2}\right) \tag{11.1.16}$$

代回到式(11.12)，即得到三维速度的洛伦兹变换式. 读者可以自行验证.

11.1.3 四维动量

由四维速度的定义式(11.1.9)，可以构造四维动量 $p_\mu=m_0u_\mu=\gamma_u m_0(u_x,u_y,u_z.\mathrm{i}c)$，$m_0$ 是四标量(质点的静止质量)，前三维即动量的三个坐标分量，第四维定义为 $p_4=\mathrm{i}\dfrac{E}{c}$，这样我们就得到了四维动量

$$\boldsymbol{P}=(p_1,p_2,p_3,p_4)=(p_x,\ p_y,p_z,\mathrm{i}E/c) \tag{11.1.17}$$

其中 $p_x=\gamma_u m_0u_x=mu_x$，$m=\gamma_u m_0$ 称惯性质量. 同理，$p_y=mu_y,p_z=mu_z,E=mc^2$，其四维动量的洛伦兹正变换和逆变换分别为

$$\boldsymbol{P}'=\boldsymbol{\Lambda P},\quad \boldsymbol{P}=\boldsymbol{\Lambda}^{-1}\boldsymbol{P}' \tag{11.1.18}$$

或者写成

$$\begin{pmatrix}p'_1\\p'_2\\p'_3\\p'_4\end{pmatrix}=\begin{pmatrix}\gamma&0&0&\mathrm{i}\gamma\beta\\0&1&0&0\\0&0&1&0\\-\mathrm{i}\gamma\beta&0&0&\gamma\end{pmatrix}\begin{pmatrix}p_1\\p_2\\p_3\\p_4\end{pmatrix},\quad \begin{pmatrix}p_1\\p_2\\p_3\\p_4\end{pmatrix}=\begin{pmatrix}\gamma&0&0&-\mathrm{i}\gamma\beta\\0&1&0&0\\0&0&1&0\\\mathrm{i}\gamma\beta&0&0&\gamma\end{pmatrix}\begin{pmatrix}p'_1\\p'_2\\p'_3\\p'_4\end{pmatrix} \tag{11.1.19}$$

四维动量的模方为

$$p_1^2+p_2^2+p_3^2+p_4^2=p_x^2+p_y^2+p_z^2-E^2/c^2=p^2-E^2/c^2=-m_0^2c^2 \tag{11.1.20}$$

是不变量！这正是能量、动量、质量之间关系的恒等式.

采用四维动量，就已经包含了能量，即四维动量守恒代表原来的三维动量守恒和能量守恒. 更重要的是，由于模方是不变量，因此四维动量的模方在任意一个惯性系中都相等.

由于高能粒子的速度接近光速，因此在处理高能粒子的碰撞、衰变和核反应过程中，需要采用相对论动力学方法.

若对一个粒子反应过程

$$\mathrm{A}+\mathrm{B}\longrightarrow\mathrm{C}+\mathrm{D}+\mathrm{E}$$

原来需要分别使用动量和能量守恒，即

$$\begin{cases}\boldsymbol{p}_\mathrm{A}+\boldsymbol{p}_\mathrm{B}=\boldsymbol{p}_\mathrm{C}+\boldsymbol{p}_\mathrm{D}+\boldsymbol{p}_\mathrm{E}\\E_\mathrm{A}+E_\mathrm{B}=E_\mathrm{C}+E_\mathrm{D}+E_\mathrm{E}\end{cases}$$

现在只需要使用一个四维动量守恒式，即

$$P_\mathrm{A}+P_\mathrm{B}=P_\mathrm{C}+P_\mathrm{D}+P_\mathrm{E} \tag{11.1.21}$$

实际使用时，采用模方形式，即两边平方

$$(P_\mathrm{A}+P_\mathrm{B})^2=(P_\mathrm{C}+P_\mathrm{D}+P_\mathrm{E})^2 \tag{11.1.22}$$

而且两边可以采用不同的惯性系，因为模方是洛伦兹协变量！

例 11.1

一个高能粒子 A_1 轰击一个静止粒子 A_2，反应后产生三个粒子 B_1、B_2 和 B_3，即

$$A_1 + A_2 \longrightarrow B_1 + B_2 + B_3$$

求反应阈能.

解　反应阈能就是所有产物都相对静止时需要的能量,此时与产物相对静止的系就是质心系.

利用四维动量模方不变,即

$$(P_1 + P_2)^2 = (P'_1 + P'_2 + P'_3)^2$$

等式左边取实验室系,右边取质心系,因此右边为

$$(P'_1 + P'_2 + P'_3)^2 = -(m_1 + m_2 + m_3)^2 c^2$$

左边平方展开,有

$$(P_1 + P_2)^2 = P_1^2 + P_2^2 + 2P_1P_2 = -m_{10}^2c^2 - m_{20}^2c^2 - 2m_{20}E_1$$

因此有

$$-(m_1 + m_2 + m_3)^2c^2 = -(m_{10}^2 + m_{20}^2)c^2 - 2m_{20}E_1$$

解之得

$$E_1^{\mathrm{th}} = \frac{(m_1 + m_2 + m_3)^2c^2 - (m_{10}^2 + m_{20}^2)c^2}{2m_{20}} \tag{1}$$

这是 A_1 粒子的阈能,阈动能为

$$\begin{aligned} T_1^{\mathrm{th}} &= E_1^{\mathrm{th}} - m_{10}c^2 = \frac{(m_1 + m_2 + m_3)^2c^2 - (m_{10}^2 + m_{20}^2)c^2}{2m_{20}} - m_{10}c^2 \\ &= \frac{(m_1 + m_2 + m_3)^2c^2 - (m_{10} + m_{20})^2c^2}{2m_{20}} \end{aligned} \tag{2}$$

作为推广,对一个高能粒子轰击静止粒子,产生多个粒子时,其阈能和阈动能分别为

$$E_1^{\mathrm{th}} = \frac{\left(\sum\limits_{i(\text{末态})}^{n} m_i\right)^2 c^2 - (m_{10}^2 + m_{20}^2)c^2}{2m_{20}} \tag{3}$$

$$T_1^{\mathrm{th}} = \frac{\left(\sum\limits_{i(\text{末态})}^{n} m_i\right)^2 c^2 - (m_{10} + m_{20})^2c^2}{2m_{20}} \tag{4}$$

例如,用质子打固定质子靶,产生正反质子对,即

$$\mathrm{p} + \mathrm{p} \longrightarrow \mathrm{p} + \mathrm{p} + \mathrm{p} + \bar{\mathrm{p}}$$

因为正反质子的质量相等,取 $m_{\mathrm{p}}c^2 \approx 1\mathrm{GeV}$,则阈能为

$$E_1 = \frac{(4\mathrm{GeV})^2 - 2\,(\mathrm{GeV})^2}{2 \times 1\mathrm{GeV}} = 7\mathrm{GeV}$$

阈动能为

$$K_{\text{阈}} = 7\mathrm{GeV} - m_{\mathrm{p}}c^2 = 6\mathrm{GeV}$$

11.1.4　四维力

由四维动量的定义,可以定义四维力 $\boldsymbol{G}$ 为

$$\boldsymbol{G} = \{G_x, G_y, G_z, G_4\} = \left\{\frac{\mathrm{d}p_1}{\mathrm{d}\tau}, \frac{\mathrm{d}p_2}{\mathrm{d}\tau}, \frac{\mathrm{d}p_3}{\mathrm{d}\tau}, \frac{\mathrm{d}p_4}{\mathrm{d}\tau}\right\} = \left\{\gamma\frac{\mathrm{d}p_1}{\mathrm{d}t}, \gamma\frac{\mathrm{d}p_2}{\mathrm{d}t}, \gamma\frac{\mathrm{d}p_3}{\mathrm{d}t}, \gamma\frac{\mathrm{d}p_4}{\mathrm{d}t}\right\}$$

$$= \left\{\gamma F_x, \gamma F_y, \gamma F_z, \gamma \frac{\mathrm{i}}{c} \frac{\mathrm{d}E}{\mathrm{d}t}\right\}$$

由式(11.1.20)可知 $E^2 - p^2c^2 = m_0^2c^4$，所以 $E\dfrac{\mathrm{d}E}{\mathrm{d}t} = c^2 p\dfrac{\mathrm{d}p}{\mathrm{d}t}$，因此 $\dfrac{\mathrm{d}E}{\mathrm{d}t} = \dfrac{c^2 p}{E}\cdot\dfrac{\mathrm{d}p}{\mathrm{d}t} = \dfrac{c^2 mv}{mc^2}\cdot\dfrac{\mathrm{d}p}{\mathrm{d}t} = v\cdot\dfrac{\mathrm{d}p}{\mathrm{d}t}$，所以四维力改写为

$$\boldsymbol{G} = \left\{\gamma F_x, \gamma F_y, \gamma F_z, \gamma \frac{\mathrm{i}}{c} v\cdot F\right\} \tag{11.1.23}$$

其四维力的洛伦兹正变换和逆变换分别为

$$\boldsymbol{G}' = \boldsymbol{\Lambda G}, \quad \boldsymbol{G} = \boldsymbol{\Lambda}^{-1}\boldsymbol{G}' \tag{11.1.24}$$

或者写成

$$\begin{pmatrix} G_1' \\ G_2' \\ G_3' \\ G_4' \end{pmatrix} = \begin{pmatrix} \gamma & 0 & 0 & \mathrm{i}\gamma\beta \\ 0 & 1 & 0 & 0 \\ 0 & 0 & 1 & 0 \\ -\mathrm{i}\gamma\beta & 0 & 0 & \gamma \end{pmatrix} \begin{pmatrix} G_1 \\ G_2 \\ G_3 \\ G_4 \end{pmatrix}$$
$$\begin{pmatrix} G_1 \\ G_2 \\ G_3 \\ G_4 \end{pmatrix} = \begin{pmatrix} \gamma & 0 & 0 & -\mathrm{i}\gamma\beta \\ 0 & 1 & 0 & 0 \\ 0 & 0 & 1 & 0 \\ \mathrm{i}\gamma\beta & 0 & 0 & \gamma \end{pmatrix} \begin{pmatrix} G_1' \\ G_2' \\ G_3' \\ G_4' \end{pmatrix} \tag{11.1.25}$$

亦即

$$\begin{cases} G_1' = \gamma(G_1 + \mathrm{i}\beta G_4) \\ G_2' = G_2 \\ G_3' = G_3 \\ G_4' = \gamma(G_4 - \mathrm{i}\beta G_1) \end{cases}, \quad \begin{cases} G_1 = \gamma(G_1' - \mathrm{i}\beta G_4') \\ G_2 = G_2' \\ G_3 = G_3' \\ G_4 = \gamma(G_4' + \mathrm{i}\beta G_1') \end{cases} \tag{11.1.26}$$

由四维力变换可以得到三维力的洛伦兹变换

$$\begin{cases} F_x' = \dfrac{F_x - (F\cdot u)v/c^2}{1 - vu_x/c^2} \\ F_y' = \dfrac{F_y}{\gamma(1 - vu_x/c^2)} \\ F_z' = \dfrac{F_z}{\gamma(1 - vu_x/c^2)} \end{cases} \tag{11.1.27}$$

读者可以自行推导.

11.1.5 四维微分算符

微分算符的洛伦兹变换为

$$\begin{cases} \dfrac{\partial}{\partial x'} = \dfrac{\partial}{\partial x}\dfrac{\partial x}{\partial x'} + \dfrac{\partial}{\partial t}\dfrac{\partial t}{\partial x'} = \gamma\dfrac{\partial}{\partial x} + \gamma\dfrac{v}{c^2}\dfrac{\partial}{\partial t} = \dfrac{1}{\sqrt{1-\beta^2}}\dfrac{\partial}{\partial x} + \dfrac{1}{\sqrt{1-\beta^2}}\dfrac{v}{c^2}\dfrac{\partial}{\partial t} \\ \dfrac{\partial}{\partial y'} = \dfrac{\partial}{\partial y} \\ \dfrac{\partial}{\partial z'} = \dfrac{\partial}{\partial z} \\ \dfrac{\partial}{\partial t'} = \dfrac{\partial}{\partial x}\dfrac{\partial x}{\partial t'} + \dfrac{\partial}{\partial t}\dfrac{\partial t}{\partial t'} = v\gamma\dfrac{\partial}{\partial x} + \gamma\dfrac{\partial}{\partial t} = \dfrac{v}{\sqrt{1-\beta^2}}\dfrac{\partial}{\partial x} + \dfrac{1}{\sqrt{1-\beta^2}}\dfrac{\partial}{\partial t} \end{cases} \tag{11.1.28}$$

引进 $x_\mu=(x,y,z,\mathrm{i}ct)$ 表示四维时空坐标，则四维微分算符可表示为

$$\partial_\mu=\left[\frac{\partial}{\partial x_1},\frac{\partial}{\partial x_2},\frac{\partial}{\partial x_3},\frac{\partial}{\partial x_4}\right]=\left[\nabla,\frac{\partial}{\mathrm{i}c\partial t}\right] \tag{11.1.29}$$

11.2　电磁场相对论变换

麦克斯韦方程组满足爱因斯坦的洛伦兹协变性，即在不同的惯性系中麦克斯韦方程组具有相同的形式.

11.2.1　电荷密度和电流密度的变换

电荷守恒定律的微分形式为

$$\nabla\cdot\boldsymbol{j}=-\frac{\partial\rho}{\partial t}$$

或写成

$$\frac{\partial j_x}{\partial x}+\frac{\partial j_y}{\partial y}+\frac{\partial j_z}{\partial z}+\frac{\partial\rho}{\partial t}=0 \tag{11.2.1}$$

代入微分算符变换，有

$$\left(\gamma\frac{\partial j_x}{\partial x'}-\gamma\frac{v}{c^2}\frac{\partial j_x}{\partial t'}\right)+\frac{\partial j_y}{\partial y'}+\frac{\partial j_z}{\partial z'}+\left(-v\gamma\frac{\partial\rho}{\partial x'}+\gamma\frac{\partial\rho}{\partial t'}\right)=0$$

整理后为

$$\left(\gamma\frac{\partial j_x}{\partial x'}-v\gamma\frac{\partial\rho}{\partial x'}\right)+\frac{\partial j_y}{\partial y'}+\frac{\partial j_z}{\partial z'}+\left(\gamma\frac{\partial\rho}{\partial t'}-\gamma\frac{v}{c^2}\frac{\partial j_x}{\partial t'}\right)=0$$

或者

$$\frac{\partial}{\partial x'}[\gamma(j_x-v\rho)]+\frac{\partial j_y}{\partial y'}+\frac{\partial j_z}{\partial z'}+\frac{\partial}{\partial t'}\left[\gamma\left(\rho-\frac{v}{c^2}j_x\right)\right]=0$$

电荷守恒方程满足洛伦兹协变，在 S' 系中形式为

$$\frac{\partial j'_x}{\partial x'}+\frac{\partial j'_y}{\partial y'}+\frac{\partial j'_z}{\partial z'}+\frac{\partial\rho'}{\partial t'}=0 \tag{11.2.2}$$

比较上两式，我们得到电流密度和电荷密度的洛伦兹变换为

$$\begin{cases}j'_x=\gamma(j_x-v\rho)\\ j'_y=j_y\\ j'_z=j_z\\ \rho'=\gamma\left(\rho-\dfrac{v}{c^2}j_x\right)\end{cases} \tag{11.2.3}$$

其逆变换为

$$\begin{cases}j_x=\gamma(j'_x+v\rho')\\ j_y=j'_y\\ j_z=j'_z\\ \rho=\gamma\left(\rho'+\dfrac{v}{c^2}j'_x\right)\end{cases} \tag{11.2.4}$$

如果引进四维电流密度

$$J=[j_x,j_y,j_z,\mathrm{i}\rho c] \tag{11.2.5}$$

电荷守恒定律的四维形式为

$$\partial_\mu J_\mu = 0 \tag{11.2.6}$$

显然满足洛伦兹协变性.

11.2.2 电场与磁场的相对论变换

导出电场和磁场的洛伦兹变换方法很多,可以用洛伦兹力的协变性,也可以直接利用麦克斯韦方程组的协变性.

下面采用麦克斯韦方程组的协变性推导电场和磁场的洛伦兹变换. 在 S 系和 S' 系中的麦克斯韦方程组分别为

$$\begin{cases}\nabla\cdot \boldsymbol{D} = \rho_0 \\ \nabla\times \boldsymbol{E} = -\dfrac{\partial \boldsymbol{B}}{\partial t} \\ \nabla\cdot \boldsymbol{B} = 0 \\ \nabla\times \boldsymbol{H} = \boldsymbol{j}_0 + \dfrac{\partial \boldsymbol{D}}{\partial t}\end{cases} \tag{11.2.7}$$

$$\begin{cases}\nabla'\cdot \boldsymbol{D}' = \rho_0' \\ \nabla'\times \boldsymbol{E}' = -\dfrac{\partial \boldsymbol{B}'}{\partial t'} \\ \nabla'\cdot \boldsymbol{B}' = 0 \\ \nabla'\times \boldsymbol{H}' = \boldsymbol{j}_0' + \dfrac{\partial \boldsymbol{D}'}{\partial t'}\end{cases} \tag{11.2.8}$$

式(11.2.7)第二式在直角坐标系中为

$$\left(\frac{\partial E_z}{\partial y}-\frac{\partial E_y}{\partial z}\right)\boldsymbol{e}_x+\left(\frac{\partial E_x}{\partial z}-\frac{\partial E_z}{\partial x}\right)\boldsymbol{e}_y+\left(\frac{\partial E_y}{\partial x}-\frac{\partial E_x}{\partial y}\right)\boldsymbol{e}_z=-\frac{\partial B_x}{\partial t}\boldsymbol{e}_x-\frac{\partial B_y}{\partial t}\boldsymbol{e}_y-\frac{\partial B_z}{\partial t}\boldsymbol{e}_z$$

式(11.2.7)第三式为

$$\frac{\partial B_x}{\partial x}+\frac{\partial B_y}{\partial y}+\frac{\partial B_z}{\partial z}=0$$

把这两个式子分别在 S 系和 S' 系中写成分量形式,即

$$\begin{cases}\dfrac{\partial B_x}{\partial x}+\dfrac{\partial B_y}{\partial y}+\dfrac{\partial B_z}{\partial z}=0 \\ \dfrac{\partial E_z}{\partial y}-\dfrac{\partial E_y}{\partial z}=-\dfrac{\partial B_x}{\partial t} \\ \dfrac{\partial E_x}{\partial z}-\dfrac{\partial E_z}{\partial x}=-\dfrac{\partial B_y}{\partial t} \\ \dfrac{\partial E_y}{\partial x}-\dfrac{\partial E_x}{\partial y}=-\dfrac{\partial B_z}{\partial t}\end{cases} \tag{11.2.9}$$

$$\begin{cases}\dfrac{\partial B_x'}{\partial x'}+\dfrac{\partial B_y'}{\partial y'}+\dfrac{\partial B_z'}{\partial z'}=0 \\ \dfrac{\partial E_z'}{\partial y'}-\dfrac{\partial E_y'}{\partial z'}=-\dfrac{\partial B_x'}{\partial t'} \\ \dfrac{\partial E_x'}{\partial z'}-\dfrac{\partial E_z'}{\partial x'}=-\dfrac{\partial B_y'}{\partial t'} \\ \dfrac{\partial E_y'}{\partial x'}-\dfrac{\partial E_x'}{\partial y'}=-\dfrac{\partial B_z'}{\partial t'}\end{cases} \tag{11.2.10}$$

把微分算符变换代入式(11.2.9)中,得到

$$\begin{cases}\left(\gamma\dfrac{\partial}{\partial x'}-\dfrac{\gamma\beta}{c}\dfrac{\partial}{\partial t'}\right)B_x+\dfrac{\partial B_y}{\partial y'}+\dfrac{\partial B_z}{\partial z'}=0\\ \dfrac{\partial E_z}{\partial y'}-\dfrac{\partial E_y}{\partial z'}=-\left(-\gamma v\dfrac{\partial}{\partial x'}+\gamma\dfrac{\partial}{\partial t'}\right)B_x\\ \dfrac{\partial E_x}{\partial z'}-\gamma\dfrac{\partial E_z}{\partial x'}+\dfrac{\gamma\beta}{c}\dfrac{\partial E_z}{\partial t'}=\gamma v\dfrac{\partial B_y}{\partial x'}-\gamma\dfrac{\partial B_y}{\partial t'}\\ \gamma\dfrac{\partial E_y}{\partial x'}-\dfrac{\gamma\beta}{c}\dfrac{\partial E_y}{\partial t'}-\dfrac{\partial E_x}{\partial y'}=\gamma v\dfrac{\partial B_z}{\partial x'}-\gamma\dfrac{\partial B_z}{\partial t'}\end{cases}$$

整理后得到

$$\begin{cases}\gamma\dfrac{\partial B_x}{\partial x'}-\dfrac{\gamma\beta}{c}\dfrac{\partial B_x}{\partial t'}+\dfrac{\partial B_y}{\partial y'}+\dfrac{\partial B_z}{\partial z'}=0\\ \dfrac{\partial E_z}{\partial y'}-\dfrac{\partial E_y}{\partial z'}=\gamma v\dfrac{\partial B_x}{\partial x'}-\gamma\dfrac{\partial B_x}{\partial t'}\\ \dfrac{\partial E_x}{\partial z'}-\gamma\dfrac{\partial E_z}{\partial x'}+\dfrac{\gamma\beta}{c}\dfrac{\partial E_z}{\partial t'}=\gamma v\dfrac{\partial B_y}{\partial x'}-\gamma\dfrac{\partial B_y}{\partial t'}\\ \gamma\dfrac{\partial E_y}{\partial x'}-\dfrac{\gamma\beta}{c}\dfrac{\partial E_y}{\partial t'}-\dfrac{\partial E_x}{\partial y'}=\gamma v\dfrac{\partial B_z}{\partial x'}-\gamma\dfrac{\partial B_z}{\partial t'}\end{cases}\tag{11.2.11}$$

式(11.2.11)的第二式乘以 β/c 与式(11.2.11)的第一式相加,有

$$\frac{\beta}{c}\frac{\partial E_z}{\partial y'}-\frac{\beta}{c}\frac{\partial E_y}{\partial z'}+\gamma\frac{\partial B_x}{\partial x'}-\frac{\gamma\beta}{c}\frac{\partial B_x}{\partial t'}+\frac{\partial B_y}{\partial y'}+\frac{\partial B_z}{\partial z'}=\frac{\gamma\beta v}{c}\frac{\partial B_x}{\partial x'}-\frac{\beta\gamma}{c}\frac{\partial B_x}{\partial t'}$$

整理后得

$$\frac{\partial B_x}{\partial x'}+\frac{\partial}{\partial y'}\gamma\left(B_y+\frac{v}{c^2}E_z\right)+\frac{\partial}{\partial z'}\gamma\left(B_z-\frac{v}{c^2}E_y\right)=0$$

与 S' 系中式(11.2.10)的第一式相比较,得到

$$\begin{cases}B_x'=B_x\\ B_y'=\gamma\left(B_y+\dfrac{v}{c^2}E_z\right)\\ B_z'=\gamma\left(B_z-\dfrac{v}{c^2}E_y\right)\end{cases}\tag{11.2.12}$$

式(11.2.11)第一式两边乘以 v 与式(11.2.11)第二式相加,得到

$$\gamma v\frac{\partial B_x}{\partial x'}-\frac{\gamma v\beta}{c}\frac{\partial B_x}{\partial t'}+v\frac{\partial B_y}{\partial y'}+v\frac{\partial B_z}{\partial z'}+\frac{\partial E_z}{\partial y'}-\frac{\partial E_y}{\partial z'}=\gamma v\frac{\partial B_x}{\partial x'}-\gamma\frac{\partial B_x}{\partial t'}$$

整理后得

$$\frac{\partial}{\partial y'}\gamma(E_z+vB_y)-\frac{\partial}{\partial z'}\gamma(E_y-vB_z)=-\frac{\partial B_x}{\partial t'}$$

与 S' 系中式(11.2.10)的第二式相比较,得到

$$\begin{cases}B_x'=B_x\\ E_y'=\gamma(E_y-vB_z)\\ E_z'=\gamma(E_z+vB_y)\end{cases}\tag{11.2.13}$$

式(11.2.10)的第三式改写为

$$\frac{\partial E_x}{\partial z'}-\frac{\partial}{\partial x'}\gamma(E_z+vB_y)=-\frac{\partial}{\partial t'}\gamma\left(\frac{v}{c^2}E_z+B_y\right)$$

与 S' 系中式(11.2.10)的第三式相比较,得到

$$\begin{cases} E'_x = E_x \\ E'_z = \gamma(E_z + vB_y) \\ B'_y = \gamma\left(B_y + \dfrac{v}{c^2}E_z\right) \end{cases} \tag{11.2.14}$$

组合以上的变换关系,最终得到电场和磁场的洛伦兹变换如下:

$$\begin{cases} E'_x = E_x \\ E'_y = \gamma(E_y - vB_z), \\ E'_z = \gamma(E_z + vB_y) \end{cases} \quad \begin{cases} B'_x = B_x \\ B'_y = \gamma\left(B_y + \dfrac{v}{c^2}E_z\right) \\ B'_z = \gamma\left(B_z - \dfrac{v}{c^2}E_y\right) \end{cases} \tag{11.2.15}$$

逆变换为

$$\begin{cases} E_x = E'_x \\ E_y = \gamma(E'_y + vB'_z), \\ E_z = \gamma(E'_z - vB'_y) \end{cases} \quad \begin{cases} B_x = B'_x \\ B_y = \gamma\left(B'_y - \dfrac{v}{c^2}E'_z\right) \\ B_z = \gamma\left(B'_z + \dfrac{v}{c^2}E'_y\right) \end{cases} \tag{11.2.16}$$

我们得到如下结论:①电场和磁场不再彼此独立,当坐标系变换时,不是各自独立地,而是混合地变换;②在一惯性系中纯粹是电场或磁场的在另一惯性系中必定是电场和磁场的混合;③不可能将某一惯性系中纯粹的静电场变换到另一惯性系中纯粹的静磁场.

如果引进四维电磁张量,即

$$\boldsymbol{F} = \begin{vmatrix} 0 & B_z & -B_y & -\mathrm{i}\dfrac{E_x}{c} \\ -B_z & 0 & B_x & -\mathrm{i}\dfrac{E_y}{c} \\ B_y & -B_x & 0 & -\mathrm{i}\dfrac{E_z}{c} \\ \mathrm{i}\dfrac{E_x}{c} & \mathrm{i}\dfrac{E_y}{c} & \mathrm{i}\dfrac{E_z}{c} & 0 \end{vmatrix} \tag{11.2.17}$$

则电场和磁场的洛伦兹变换可以写成更加简洁的形式,如下:

$$\boldsymbol{F}' = \boldsymbol{\Lambda F \Lambda}^{-1} \tag{11.2.18}$$

利用矩阵相乘的规律,不难直接得到变换公式(11.2.15),即

$$\boldsymbol{F}' = \begin{vmatrix} 0 & B'_z & -B'_y & -\mathrm{i}\dfrac{E'_x}{c} \\ -B'_z & 0 & B'_x & -\mathrm{i}\dfrac{E'_y}{c} \\ B'_y & -B'_x & 0 & -\mathrm{i}\dfrac{E'_z}{c} \\ \mathrm{i}\dfrac{E'_x}{c} & \mathrm{i}\dfrac{E'_y}{c} & \mathrm{i}\dfrac{E'_z}{c} & 0 \end{vmatrix}$$

$$
=\begin{vmatrix} \gamma & 0 & 0 & \mathrm{i}\gamma\beta \\ 0 & 1 & 0 & 0 \\ 0 & 0 & 1 & 0 \\ -\mathrm{i}\gamma\beta & 0 & 0 & \gamma \end{vmatrix}
\begin{vmatrix} 0 & B_z & -B_y & -\mathrm{i}\dfrac{E_x}{c} \\ -B_z & 0 & B_x & -\mathrm{i}\dfrac{E_y}{c} \\ B_y & -B_x & 0 & -\mathrm{i}\dfrac{E_z}{c} \\ \mathrm{i}\dfrac{E_x}{c} & \mathrm{i}\dfrac{E_y}{c} & \mathrm{i}\dfrac{E_z}{c} & 0 \end{vmatrix}
\begin{vmatrix} \gamma & 0 & 0 & -\mathrm{i}\gamma\beta \\ 0 & 1 & 0 & 0 \\ 0 & 0 & 1 & 0 \\ \mathrm{i}\gamma\beta & 0 & 0 & \gamma \end{vmatrix}
$$

$$
=\begin{vmatrix} -\dfrac{\beta\gamma}{c}E_x & \gamma B_z-\dfrac{\beta\gamma}{c}E_y & -\gamma B_y-\dfrac{\beta\gamma}{c}E_z & -\mathrm{i}\gamma\dfrac{E_x}{c} \\ -B_z & 0 & B_x & -\mathrm{i}\dfrac{E_y}{c} \\ B_y & -B_x & 0 & -\mathrm{i}\dfrac{E_z}{c} \\ \mathrm{i}\gamma\dfrac{E_x}{c} & -\mathrm{i}\beta\gamma B_z+\dfrac{\mathrm{i}}{c}\gamma E_y & \mathrm{i}\beta\gamma B_y+\dfrac{\mathrm{i}}{c}\gamma E_z & -\dfrac{\beta\gamma}{c}E_x \end{vmatrix}
\begin{vmatrix} \gamma & 0 & 0 & -\mathrm{i}\gamma\beta \\ 0 & 1 & 0 & 0 \\ 0 & 0 & 1 & 0 \\ \mathrm{i}\gamma\beta & 0 & 0 & \gamma \end{vmatrix}
$$

$$
=\begin{vmatrix} 0 & \gamma\left(B_z-\dfrac{v}{c^2}E_y\right) & -\gamma\left(B_y+\dfrac{v}{c^2}E_z\right) & -\mathrm{i}\dfrac{E_x}{c} \\ -\gamma\left(B_z-\dfrac{v}{c^2}E_y\right) & 0 & B_x & -\dfrac{\mathrm{i}}{c}\gamma(E_y-vB_z) \\ \gamma\left(B_y+\dfrac{v}{c^2}E_z\right) & -B_x & 0 & -\dfrac{\mathrm{i}}{c}\gamma(E_z+vB_y) \\ \dfrac{\mathrm{i}}{c}E_x & \mathrm{i}\dfrac{\gamma}{c}(E_y-vB_z) & \mathrm{i}\dfrac{\gamma}{c}(E_z+vB_y) & 0 \end{vmatrix}
$$

11.2.3　麦克斯韦方程组的协变形式

真空中麦克斯韦方程组可分为两组

$$
\nabla\cdot \boldsymbol{E}=\frac{\rho}{\varepsilon_0},\quad \nabla\times\boldsymbol{B}-\varepsilon_0\mu_0\frac{\partial \boldsymbol{E}}{\partial t}=\mu_0\boldsymbol{j} \tag{11.2.19}
$$

$$
\nabla\cdot \boldsymbol{B}=0,\quad \nabla\times E+\frac{\partial \boldsymbol{B}}{\partial t}=0 \tag{11.2.20}
$$

若用 μ 表示行号，ν 表示列号，则利用四维电磁张量 $F_{\mu\nu}$ 可以把麦克斯韦方程组写成协变形式，式(11.2.19)对应于

$$
\partial_\nu F_{\mu\nu}=\mu_0 J_\mu \tag{11.2.21}
$$

式(11.2.20)对应于

$$
\partial_\lambda F_{\mu\nu}+\partial_\mu F_{\nu\lambda}+\partial_\nu F_{\lambda\mu}=0 \tag{11.2.22}
$$

麦克斯韦方程组改写成了四维张量形式，显然满足洛伦兹协变性.

例 11.2

求以匀速度 v 运动的电荷 q 产生的电场和磁场.

解　选 S' 系与电荷固连，即电荷 q 位于 S' 系坐标原点，处于静止状态，则在 S' 系中的电场与磁场分别为

$$\boldsymbol{E}' = \frac{1}{4\pi\varepsilon_0}\frac{q}{r'^2}\boldsymbol{e}_{r'}, \quad \boldsymbol{B}' = 0 \tag{1}$$

在S系中，粒子以 $\boldsymbol{v}$ 沿其 x 轴运动，由式(11.2.16)，得到 S 系中的电场为

$$\begin{cases} E_x = E'_x = \dfrac{1}{4\pi\varepsilon_0}\dfrac{qx'}{r'^3} = \dfrac{q}{4\pi\varepsilon_0}\dfrac{\gamma(x-vt)}{r'^3} \\ E_y = \gamma(E'_y + vB'_z) = \gamma E'_y = \dfrac{\gamma}{4\pi\varepsilon_0}\dfrac{qy'}{r'^3} = \dfrac{\gamma q}{4\pi\varepsilon_0}\dfrac{y}{r'^3} \\ E_z = \gamma(E'_z - vB'_y) = \gamma E'_z = \dfrac{\gamma}{4\pi\varepsilon_0}\dfrac{qz'}{r'^3} = \dfrac{\gamma q}{4\pi\varepsilon_0}\dfrac{z}{r'^3} \end{cases} \tag{2}$$

式中

$$r'^3 = (x'^2 + y'^2 + z'^2)^{3/2} = [(x - vt)^2 + y^2 + z^2]^{3/2} \tag{3}$$

或写成矢量表达式

$$\boldsymbol{E} = \frac{q}{4\pi\varepsilon_0}\frac{\gamma(\boldsymbol{r} - \boldsymbol{v}t)}{[(x-vt)^2 + y^2 + z^2]^{3/2}} \tag{4}$$

由式(11.2.16)得到 S 系中的磁场为

$$\begin{cases} B_x = B'_x = 0 \\ B_y = \gamma\left(B'_y - \dfrac{v}{c^2}E'_z\right) = -\dfrac{v\gamma}{c^2}E'_z = -\dfrac{v\gamma}{c^2}\dfrac{q}{4\pi\varepsilon_0}\dfrac{z}{r'^3} \\ B_z = \gamma\left(B'_z + \dfrac{v}{c^2}E'_y\right) = \dfrac{v\gamma}{c^2}E'_y = \dfrac{v\gamma}{c^2}\dfrac{q}{4\pi\varepsilon_0}\dfrac{y}{r'^3} \end{cases} \tag{5}$$

或写成矢量表达式

$$\boldsymbol{B} = \frac{\gamma q}{4\pi\varepsilon_0 c^2}\frac{\boldsymbol{v}\times\boldsymbol{r}}{[(x-vt)^2 + y^2 + z^2]^{3/2}} = \frac{1}{c^2}\boldsymbol{v}\times\boldsymbol{E} \tag{6}$$

匀速运动电荷产生的电场和磁场如图11.2所示.

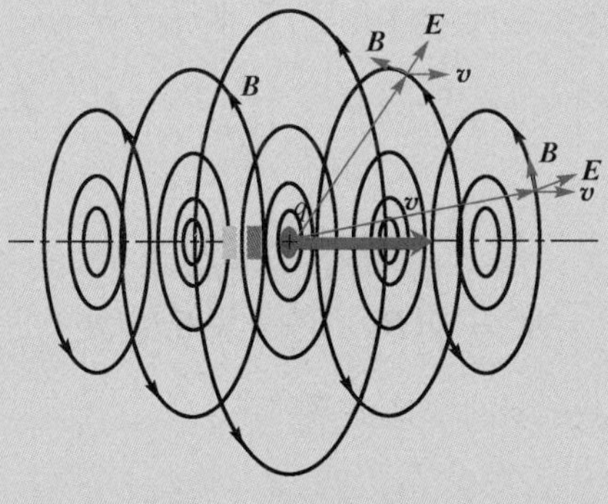

图11.2　匀速运动电荷产生的电场和磁场

如果把 S 系的坐标原点平移到 $x-vt$ 处，则可用 x 代替(4)式中的 $x-vt$，现在只考虑 xy 平面的电场和磁场，设场点 P 与电荷连线与 x 轴夹角为 θ，则有

$$\boldsymbol{E} = \frac{1}{4\pi\varepsilon_0}\frac{q(1-\beta^2)\boldsymbol{r}}{r^3(1-\beta^2\sin^2\theta)^{3/2}} \tag{7}$$

在 $\theta = 0$，即 x 轴上，电场大小为

$$E(\theta=0)=\frac{1}{4\pi\varepsilon_0}\frac{q(1-\beta^2)}{r^2}=\frac{1}{4\pi\varepsilon_0}\frac{q}{r^2\gamma^2}=\frac{E_0}{\gamma^2} \tag{8}$$

式中，E_0 为静止电荷产生的电场. 由于 $\gamma>1$，所以 $E(\theta=0)<E_0$.

在 $\theta=\frac{\pi}{2}$，即 y 轴上

$$E\left(\theta=\frac{\pi}{2}\right)=\frac{q}{4\pi\varepsilon_0}\frac{(1-\beta^2)}{r^2(1-\beta^2)^{3/2}}=\frac{1}{4\pi\varepsilon_0}\frac{q}{r^2(1-\beta^2)^{1/2}}=\gamma E_0 \tag{9}$$

所以 $E(\theta=\frac{\pi}{2})>E_0$. 图 11.3 表示不同运动速度的电荷产生电场的电场线示意图.

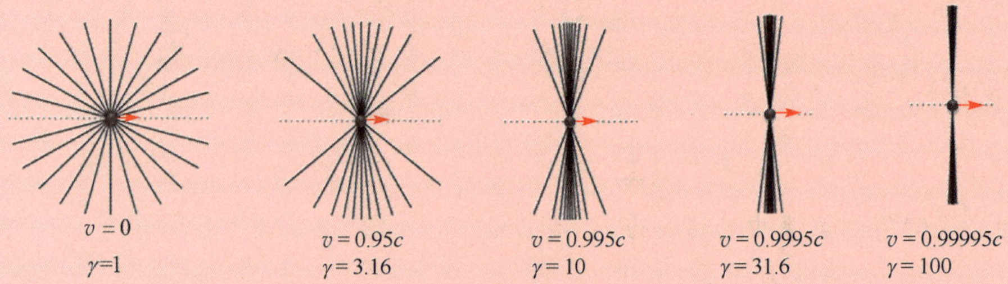

图 11.3　匀速运动电荷的电场线

11.3　缓慢运动的电磁介质

11.3.1　缓慢运动的电磁介质基本方程

前几章我们讨论的都是静止各向同性介质，其本构方程为

$$\boldsymbol{D}=\varepsilon_0\varepsilon_r\boldsymbol{E},\quad \boldsymbol{H}=\frac{1}{\mu_0\mu_r}\boldsymbol{B},\quad \boldsymbol{j}=\sigma\boldsymbol{E} \tag{11.3.1}$$

我们改写式(11.2.15)为

$$\boldsymbol{E}'=\gamma(\boldsymbol{E}_\perp+\boldsymbol{v}\times\boldsymbol{B})+\boldsymbol{E}_{/\!/} \tag{11.3.2}$$

$$\boldsymbol{B}'=\gamma\left(\boldsymbol{B}_\perp-\frac{1}{c^2}\boldsymbol{v}\times\boldsymbol{E}\right)+\boldsymbol{B}_{/\!/} \tag{11.3.3}$$

很容易得到电位移矢量和磁场强度的变换关系：

$$\boldsymbol{D}'=\gamma\left(\boldsymbol{D}_\perp+\frac{1}{c^2}\boldsymbol{v}\times\boldsymbol{H}\right)+\boldsymbol{D}_{/\!/} \tag{11.3.4}$$

$$\boldsymbol{H}'=\gamma(\boldsymbol{H}_\perp-\boldsymbol{v}\times\boldsymbol{D})+\boldsymbol{H}_{/\!/} \tag{11.3.5}$$

式(11.2.3)的前三项电流密度的变换可以改写成

$$\boldsymbol{j}_0'=\gamma(\boldsymbol{j}_{0/\!/}-\rho_0\boldsymbol{v})+\boldsymbol{j}_{0\perp} \tag{11.3.6}$$

式中下标“//”和“⊥”分别表示与速度 $\boldsymbol{v}$ 平行和垂直的分量.

下面仅讨论低速运动下的近似，并限于讨论刚性介质，介质的运动速度 v 远小于真空中光速 c，只保留 β 一阶量，将与 β^2 同阶的项忽略. 在这种近似下 $\gamma\approx1$，以上的洛伦兹变换可以近似为

$$\boldsymbol{E}'=\boldsymbol{E}+\boldsymbol{v}\times\boldsymbol{B} \tag{11.3.7}$$

$$\boldsymbol{B}'=\boldsymbol{B}-\frac{1}{c^2}\boldsymbol{v}\times\boldsymbol{E} \tag{11.3.8}$$

$$\boldsymbol{D}'=\boldsymbol{D}+\frac{1}{c^2}\boldsymbol{v}\times\boldsymbol{H} \tag{11.3.9}$$

$$\boldsymbol{H}'=\boldsymbol{H}-\boldsymbol{v}\times\boldsymbol{D} \tag{11.3.10}$$

$$\boldsymbol{j}_0'=\boldsymbol{j}_0-\rho_0\boldsymbol{v} \tag{11.3.11}$$

在静止参考系 S' 系中，各向同性电磁介质的本构方程为

$$\boldsymbol{D}'=\varepsilon_0\varepsilon_r\boldsymbol{E}',\quad \boldsymbol{H}'=\frac{1}{\mu_0\mu_r}\boldsymbol{B}',\quad \boldsymbol{j}'=\sigma\boldsymbol{E}' \tag{11.3.12}$$

把变换关系(11.3.7)～(11.3.11)分别代入式(11.3.12)两边，得到

$$\boldsymbol{D}=\varepsilon_0\varepsilon_r(\boldsymbol{E}+\boldsymbol{v}\times\boldsymbol{B})-\frac{1}{c^2}\boldsymbol{v}\times\boldsymbol{H} \tag{11.3.13}$$

$$\boldsymbol{H}=\frac{1}{\mu_0\mu_r}\left(\boldsymbol{B}-\frac{1}{c^2}\boldsymbol{v}\times\boldsymbol{E}\right)+\boldsymbol{v}\times\boldsymbol{D} \tag{11.3.14}$$

$$\boldsymbol{j}_0=\sigma(\boldsymbol{E}+\boldsymbol{v}\times\boldsymbol{B})+\rho_0\boldsymbol{v} \tag{11.3.15}$$

进一步消去式(11.3.13)和式(11.3.14)右边的 $\boldsymbol{H}$ 和 $\boldsymbol{D}$，保留一阶近似，有

$$\boldsymbol{D}=\varepsilon_0\varepsilon_r(\boldsymbol{E}+\boldsymbol{v}\times\boldsymbol{B})-\frac{1}{\mu_0\mu_r c^2}\boldsymbol{v}\times\boldsymbol{B}$$

利用 $c^2=(\varepsilon_0\mu_0)^{-1}$，可以改写为

$$\boldsymbol{D}=\varepsilon_0\varepsilon_r\boldsymbol{E}+\varepsilon_0\left(\varepsilon_r-\frac{1}{\mu_r}\right)\boldsymbol{v}\times\boldsymbol{B} \tag{11.3.16}$$

同理式(11.3.14)可改写为

$$\boldsymbol{H}=\frac{1}{\mu_0\mu_r}\boldsymbol{B}+\varepsilon_0\left(\varepsilon_r-\frac{1}{\mu_r}\right)\boldsymbol{v}\times\boldsymbol{E} \tag{11.3.17}$$

式(11.3.15)、式(11.3.16)和式(11.3.17)就是缓慢运动的各向同性电磁介质的本构方程，仅在一阶近似下成立.

缓慢运动介质中的电磁场由两部分组成，一部分是与速度无关的基态场，另一部分与速度成正比，为感应场. 基态场通常由已知的电荷分布和电流分布确定，如果基态场与感应场都与时间无关，则合成场为稳恒场. 如果是在介质做匀速运动或轴对称介质绕对称轴做匀速转动情况下，则感应场与时间无关，问题就变成已知电荷或电流分布求感应场的基本问题.

由于与速度平方相关项被忽略，因此与速度一次方相乘的项对应的只取基态场(用下标“e”标注)，则方程(11.3.13)～方程(11.3.15)可以改写为

$$\boldsymbol{j}_0=\sigma(\boldsymbol{E}+\boldsymbol{v}\times\boldsymbol{B}_e)+\rho_0\boldsymbol{v} \tag{11.3.18}$$

$$\boldsymbol{D}=\varepsilon_0\varepsilon_r\boldsymbol{E}+\varepsilon_0\left(\varepsilon_r-\frac{1}{\mu_r}\right)\boldsymbol{v}\times\boldsymbol{B}_e \tag{11.3.19}$$

$$\boldsymbol{H}=\frac{1}{\mu_0\mu_r}\boldsymbol{B}+\varepsilon_0\left(\varepsilon_r-\frac{1}{\mu_r}\right)\boldsymbol{v}\times\boldsymbol{E}_e \tag{11.3.20}$$

在稳恒情况下，麦克斯韦方程组变为

$$\nabla\times\boldsymbol{E}=0,\quad \nabla\cdot\boldsymbol{D}=\rho_0,\quad \nabla\times\boldsymbol{H}=\boldsymbol{j}_0,\quad \nabla\cdot\boldsymbol{B}=0 \tag{11.3.21}$$

因此问题的解法与静态场基本相同. 下面以稳恒场中的导体和介质为例进行介绍.

11.3.2 稳恒场中运动导体

此时导体内的基态场 $\boldsymbol{E}_e=0$，在 $\boldsymbol{j}_0=0$，$\rho_0=0$ 条件下，有

$$\nabla\cdot \boldsymbol{j}_0 = 0, \quad \nabla\times \boldsymbol{E} = 0, \quad \boldsymbol{j}_0 = \sigma(\boldsymbol{E} + \boldsymbol{v} \times \boldsymbol{B}_e) \tag{11.3.22}$$

在理想导体($\sigma \to \infty$)或超导体情况下,有

$$\boldsymbol{E} = -\boldsymbol{v} \times \boldsymbol{B}_e \tag{11.3.23}$$

例 11.3

任何轴对称孤立导体在轴线均匀磁场中绕对称轴匀速转动,则导体中的感应电流处处为零.

解　对均匀孤立导体,先设 σ= 常数,由式(11.3.7),有

$$\boldsymbol{E}' = \boldsymbol{E} + \boldsymbol{v} \times \boldsymbol{B}_e$$

式(11.3.22)第三式可改写为

$$\boldsymbol{j}_0 = \sigma \boldsymbol{E}' \tag{1}$$

则由式(11.3.22)第二式 $\nabla\times \boldsymbol{E} = 0$,且 $\nabla\times(\nabla\times \boldsymbol{B}_e) = \nabla\times[(\boldsymbol{\omega}\times \boldsymbol{r})\times \boldsymbol{B}_e] = 0$,所以

$$\nabla\times \boldsymbol{E}' = \nabla\times \boldsymbol{E} + \nabla\times(\boldsymbol{v} \times \boldsymbol{B}_e) = 0 \tag{2}$$

此外,由于 σ= 常数,对孤立导体,表面电流的法线方向为零,即

$$j_n|_S = 0, \quad E'_n|_S = 0 \tag{3}$$

满足式(1)、式(2)和式(3)的解只能是 $\boldsymbol{E}' = 0$,因此必有 $j_0 = \sigma \boldsymbol{E}' = 0$.

对 σ 不是常数的情况,由于 j_0 线与 E' 线重合,由式(3)可知电线只能起止于导体内部,这样 E' 也只能是在导体内部的闭合曲线,与式(2)矛盾,因此 $\boldsymbol{j}_0 = 0$. 证毕.

对一般情况下稳恒磁场问题,由式(11.3.22),有

$$\nabla\cdot \boldsymbol{j}_0 = \sigma[\nabla\cdot \boldsymbol{E} + \nabla\cdot(\boldsymbol{v} \times \boldsymbol{B}_e)] = 0$$

即

$$\nabla\cdot \boldsymbol{E} = -\nabla\cdot(\boldsymbol{v} \times \boldsymbol{B}_e)$$

这等效于一个电荷分布

$$\rho = -\varepsilon_0 \nabla\cdot(\boldsymbol{v} \times \boldsymbol{B}_e) \tag{11.3.24}$$

即给定一个磁场分布,等效于给定一个电荷分布,变成了标准的静电学问题,这里对此不再介绍.

11.3.3　稳恒磁场中的运动介质

此类问题归结为已知 v、B_e、ρ_0、ε 和 μ,求感应电场和极化电荷分布. 由式(11.3.21)和式(11.3.19),基本方程为

$$\nabla\cdot \boldsymbol{D} = \rho_0, \quad \nabla\times \boldsymbol{E} = 0, \quad \boldsymbol{D} = \varepsilon_0\varepsilon_r \boldsymbol{E} + \varepsilon_0\left(\varepsilon_r - \frac{1}{\mu_r}\right)\boldsymbol{v} \times \boldsymbol{B}_e \tag{11.3.25}$$

对分区均匀的电磁介质,我们有

$$\nabla\cdot \boldsymbol{D} = \varepsilon_0\varepsilon_r \nabla\cdot \boldsymbol{E} + \varepsilon_0\left(\varepsilon_r - \frac{1}{\mu_r}\right)\nabla\cdot(\boldsymbol{v} \times \boldsymbol{B}_e) = \rho_0$$

亦即

$$\nabla\cdot \boldsymbol{E} = \frac{\rho_0}{\varepsilon_0\varepsilon_r} - \left(1 - \frac{1}{\varepsilon_r\mu_r}\right)\nabla\cdot(\boldsymbol{v} \times \boldsymbol{B}_e)$$

等效于一个电荷分布

$$\rho_e = \frac{\rho_0}{\varepsilon_r} - \varepsilon_0\left(1 - \frac{1}{\varepsilon_r\mu_r}\right)\nabla\cdot(\boldsymbol{v} \times \boldsymbol{B}_e) \tag{11.3.26}$$

从而变成了已知 ρ_e 的静电场问题.

例 11.4

在一个均匀磁场 B 中，放置一个半径为 R 的无限长电介质圆柱体，相对介电常量为 ε_r，磁场方向与圆柱体轴线平行. 圆柱体绕中心对称轴以匀角速度 ω 旋转，求空间电场和电介质的极化电荷分布.

解　采用柱坐标系，由于一般电介质为弱磁性材料，可设 $\mu_r = 1$. 由于 $\boldsymbol{v} = \omega \times \boldsymbol{r}$，$\rho_0 = 0$，由式(11.3.19)得

$$\rho' = -\varepsilon_0\left(1 - \frac{1}{\varepsilon_r}\right)\nabla\cdot[(\boldsymbol{\omega}\times\boldsymbol{r})\times\boldsymbol{B}_e] = -\frac{2\varepsilon_0(\varepsilon_r - 1)}{\varepsilon_r}\omega B \tag{1}$$

圆柱体内有均匀分布的极化电荷体密度，因此圆柱面上必有等量的电荷. 这样电场只有径向方向分量，且大小可由高斯定理求得，即

$$E\cdot 2\pi r = -\frac{2\varepsilon_0(\varepsilon_r - 1)}{\varepsilon_0\varepsilon_r}\omega B\cdot \pi r^2$$

得到圆柱体内的电场强度为

$$\boldsymbol{E} = -\frac{\varepsilon_r - 1}{\varepsilon_r}\omega B\boldsymbol{r} \tag{2}$$

由于圆柱面上极化电荷与圆柱体内体极化电荷总量相同，符号相反，因此圆柱体外部的电场强度 $E=0$.

圆柱体内的电位移矢量由式(11.3.25)第三式给出

$$\boldsymbol{D} = \varepsilon_0\varepsilon_r\boldsymbol{E} + \varepsilon_0\left(\varepsilon_r - \frac{1}{\mu_r}\right)\boldsymbol{v}\times\boldsymbol{B}_e = -\varepsilon_0(\varepsilon_r - 1)\omega B\boldsymbol{r} + \varepsilon_0(\varepsilon_r - 1)\omega B\boldsymbol{r} = 0 \tag{3}$$

因此圆柱体介质的极化强度有 $\boldsymbol{D} = \varepsilon_0\boldsymbol{E} + \boldsymbol{P}$，就得

$$\boldsymbol{P} = -\varepsilon_0\boldsymbol{E} = \frac{\varepsilon_0(\varepsilon_r - 1)}{\varepsilon_r}\omega B\boldsymbol{r} \tag{4}$$

圆柱体表面的极化电荷面密度为

$$\sigma' = \boldsymbol{P}_n = \frac{\varepsilon_0(\varepsilon_r - 1)}{\varepsilon_r}\omega BR$$

R 是圆柱体的半径. 长度为 l 的一段圆柱体内总极化电荷为

$$\begin{aligned} Q' &= \rho'\pi R^2 l + \sigma' 2\pi R l \\ &= -\frac{2\varepsilon_0(\varepsilon_r - 1)}{\varepsilon_r}\omega B\pi R^2 l + \frac{\varepsilon_0(\varepsilon_r - 1)}{\varepsilon_r}\omega B 2\pi R^2 l = 0 \end{aligned}$$

11.3.4　稳恒电场中的运动介质

此类问题归结为已知 v、E_e、ρ_0、ε 和 μ，求感应磁场和磁化电流分布. 由式(11.3.21)和式(11.3.20)，基本方程为

$$\nabla\cdot\boldsymbol{B} = 0,\quad \nabla\times\boldsymbol{H} = \rho_0\boldsymbol{v},\quad \boldsymbol{B} = \mu_0\mu_r\boldsymbol{H} - \frac{1}{c^2}(\varepsilon_r\mu_r - 1)\boldsymbol{v}\times\boldsymbol{E}_e \tag{11.3.27}$$

对分区均匀的介质，我们有

$$\begin{aligned} \nabla\times\boldsymbol{B} &= \mu_0\mu_r\nabla\times\boldsymbol{H} - \frac{1}{c^2}(\varepsilon_r\mu_r - 1)\nabla\times(\boldsymbol{v}\times\boldsymbol{E}_e) \\ &= \mu_0\mu_r\rho\boldsymbol{v} - \frac{1}{c^2}(\varepsilon_r\mu_r - 1)\nabla\times(\boldsymbol{v}\times\boldsymbol{E}_e) \end{aligned}$$

等效于一个电流密度

$$\boldsymbol{j}_{\mathrm{e}}=\mu_{\mathrm{r}}\rho\boldsymbol{v}-\varepsilon_0(\varepsilon_{\mathrm{r}}\mu_{\mathrm{r}}-1)\nabla\times(\boldsymbol{v}\times\boldsymbol{E}_{\mathrm{e}}) \tag{11.3.28}$$

从而变成了已知 $\boldsymbol{j}_{\mathrm{e}}$ 的静磁场问题.

例 11.5

在均匀电场 E 中,放置一个半径为 R 的无限长的圆柱形磁介质，相对磁导率为 μ_{r},假设 $\varepsilon_{\mathrm{r}}=1$，电场方向与圆柱体轴线平行,圆柱体绕中心对称轴匀角速度 ω 转动,求介质的磁场分布和磁化电流分布.

解　采用柱坐标系,由于 $\boldsymbol{v}=\boldsymbol{\omega}\times\boldsymbol{r}$，由式(11.3.28)得

$$\boldsymbol{j}'=-\varepsilon_0(\varepsilon_{\mathrm{r}}\mu_{\mathrm{r}}-1)\nabla\times(\boldsymbol{v}\times\boldsymbol{E}_{\mathrm{e}})=0 \tag{1}$$

故圆柱体内部磁感应强度 $B=0$，圆柱体外部的磁感应强度也为零. 由式(11.3.27)第三式，得到圆柱体内部的磁场强度为

$$\boldsymbol{H}=\varepsilon_0\left(1-\frac{1}{\mu_{\mathrm{r}}}\right)\boldsymbol{v}\times\boldsymbol{E}_{\mathrm{e}}=\varepsilon_0\left(1-\frac{1}{\mu_{\mathrm{r}}}\right)(\boldsymbol{\omega}\times\boldsymbol{r})\times\boldsymbol{E}_{\mathrm{e}}=\varepsilon_0\left(1-\frac{1}{\mu_{\mathrm{r}}}\right)\omega E_{\mathrm{e}}\boldsymbol{r} \tag{2}$$

圆柱体的磁化强度为

$$\boldsymbol{M}=\frac{\boldsymbol{B}}{\mu_0}-\boldsymbol{H}=-\boldsymbol{H}=-\varepsilon_0\left(1-\frac{1}{\mu_{\mathrm{r}}}\right)\omega E_{\mathrm{e}}\boldsymbol{r} \tag{3}$$

圆柱体表面的磁化电流面密度为

$$\boldsymbol{i}'=\boldsymbol{n}\times\boldsymbol{M}|_S=-\varepsilon_0\left(1-\frac{1}{\mu_{\mathrm{r}}}\right)\omega E_{\mathrm{e}}\boldsymbol{n}\times\boldsymbol{r}=0 \tag{4}$$

习　　题

第 1 章　真空中的静电场

1.1　把总电量为 Q 的同一种电荷分成两部分，一部分均匀分布在地球上，另一部分均匀分布在月球上，使它们之间的库仑力正好抵消万有引力. 已知 $1/(4\pi\varepsilon_0)=9.00\times10^9\,\mathrm{N\cdot m^2\cdot C^{-2}}$，引力常数 $G=6.67\times10^{-11}\,\mathrm{N\cdot m^2\cdot kg^{-2}}$，地球质量为 $5.98\times10^{24}\,\mathrm{kg}$，月球质量为 $7.34\times10^{22}\,\mathrm{kg}$.

(1) 求 Q 的最小值；

(2) 如果电荷分配与质量成正比，求 Q.

1.2　真空中有一点电荷 Q 固定不动，另一质量为 m、电荷为 $-q$ 的质点，在它们之间库仑力的作用下，绕 Q 做匀速圆周运动，半径为 r，周期为 T. 证明

$$\frac{r^3}{T^2}=\frac{qQ}{16\pi^3\varepsilon_0 m}$$

1.3　有三个点电荷，电量都是 $q=1.6\times10^{-19}\,\mathrm{C}$，分别固定在边长为 $a=3.0\times10^{-10}\,\mathrm{m}$ 的正三角形三个顶点，在这三角形中心 O，有一个质量为 $m=2.3\times10^{-26}\,\mathrm{kg}$，电量为 $Q=-4.8\times10^{-19}\,\mathrm{C}$ 的粒子.

(1) 证明：这个粒子处在平衡位置(即作用在它上面的库仑力为零)；

(2) 求这个粒子以 O 为中心沿一轴线(该轴线过 O 并与三角形的平面互相垂直)做微小振动的频率 ν.

1.4　电量为 Q 的两个点电荷，相距 $2l$，在其连线的中垂面上放一点电荷 q_0，证明该点电荷在中垂面上受力的极大值的轨迹是一个圆，并给出该圆的半径.

1.5　习题 1.5 图中的 q 和 l 都已知，这样的四个点电荷称为平面电四极子. 图中 A 点与电四极子在同一平面内，它到电四极子中心 O 的距离为 x，AO 与正方形的两边平行.

(1) 求 A 点的电场强度 $\boldsymbol{E}$；

(2) 当 $x\gg l$ 时，$\boldsymbol{E}=$?

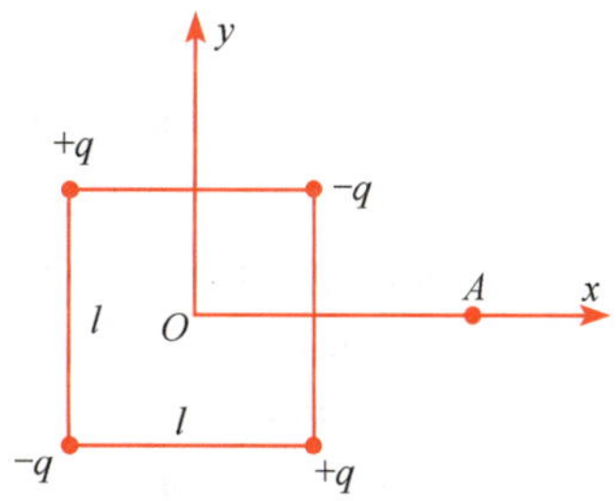

习题 1.5 图

1.6　如习题 1.6 图所示，电荷分布在半径为 R 的半圆环上，线电荷密度为 $\lambda_0\sin\theta$，λ_0 为常数，θ 为半径 OB 和直径 AC 间的夹角. 证明 AC 上任一点的电场强度都与 AC 垂直.

1.7　一无限长均匀带电导线，线电荷密度为 λ，一部分弯成半圆形，其余部分为两条无穷长平行直导线，两直线都与半圆的直径 AB 垂直，如习题 1.7 图所示，求圆心 O 处的电场强度.

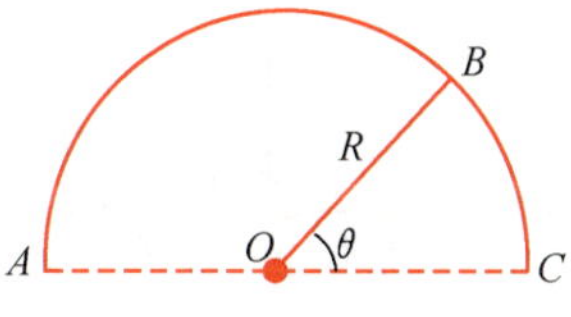

习题 1.6 图

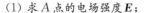

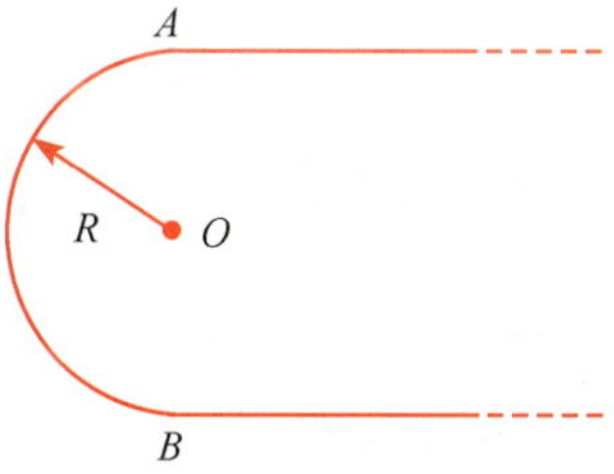

习题 1.7 图

1.8　把电偶极矩为 $\boldsymbol{p}=q\boldsymbol{l}$ 的电偶极子放在点电荷 Q 的电场内，$\boldsymbol{p}$ 的中心 O 到 Q 的距离为 D，如习题 1.8 图

所示. 若 $\boldsymbol{p}$ 分别(1)平行于 OQ;(2)垂直于 OQ,求电偶极子所受的力和对 O 点的力矩.

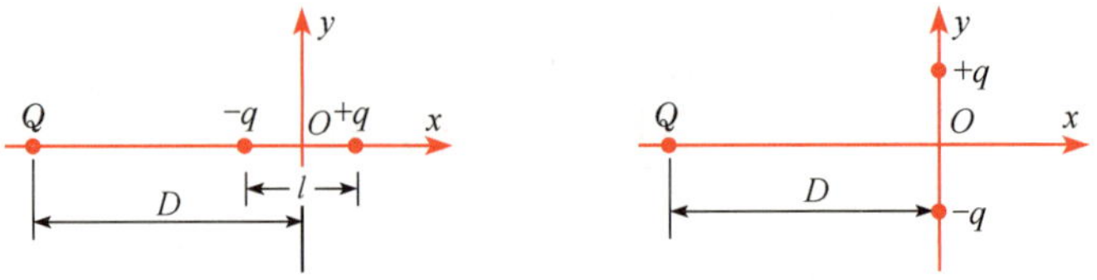

习题 1.8 图

1.9 有两个同心的均匀带电球面,内、外半径分别为 R_1 和 R_2,外球面的电荷面密度为 $+\sigma$,球外各处的电场强度都是零,试求:

(1) 内球面上的电荷面密度;

(2) 两球面间离球心为 r 处的电场强度 $\boldsymbol{E}$;

(3) 小球面内的电场强度 $\boldsymbol{E}$.

1.10 如习题 1.10 图所示,一厚度为 b 的无限大均匀带电板置于真空中,电荷体密度为 $\rho=kx(0\leqslant x\leqslant b)$,其中 k 是一正的常数,试求空间各点的电场强度.

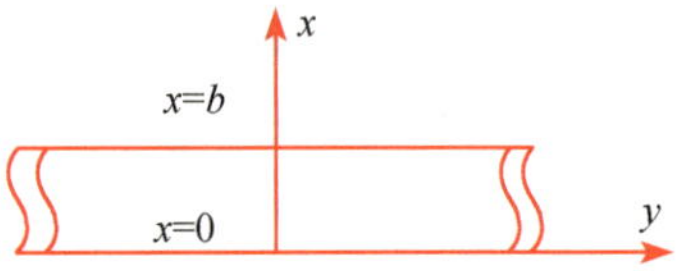

习题 1.10 图

1.11 根据量子力学,氢原子在正常状态下核外电荷的分布如下:离核心 r 处,电荷的体密度 $\rho(r)=-qe^{-2r/a}/(\pi a^3)$,式中 $q=1.60\times10^{-19}\,\text{C}$ 是核外电荷总量的绝对值,$a=5.29\times10^{-11}\,\text{m}$ 是玻尔半径. 试求:

(1) 核外电荷的总电量;

(2) 核外电荷在 r 处的电场强度 $\boldsymbol{E}$.

1.12 如习题 1.12 图所示,空间有两个球,球心间距离小于半径之和,因此有一部分重叠(见图). 今使一球充满密度为 ρ 的均匀正电荷,另一球充满密度为 $-\rho$ 的均匀负电荷,以至于重叠区域无电荷. 求这重叠区域内的电场强度 $\boldsymbol{E}$,说明 $\boldsymbol{E}$ 是匀强电场.

1.13 在半导体 p-n 结附近总是堆积着正、负电荷,在 n 区内有正电荷,p 区内有负电荷,两区电荷的代数和为零. 我们把 p-n 结看成一对带正、负电荷的无限大平板,它们相互接触(习题 1.13 图). 取 x 轴的原点在 p、n 区的交界面上,n 区的范围是 $-x_{\mathrm{n}}\leqslant x\leqslant 0$,p 区的范围是 $0\leqslant x\leqslant x_{\mathrm{p}}$. 设两区内电荷分布均匀,n 区电荷密度为 $N_{\mathrm{D}}e$,p 区电荷密度为 $-N_{\mathrm{A}}e$,称为突变结模型. 设 N_{D}、N_{A} 是常数,且 $N_{\mathrm{A}}x_{\mathrm{p}}=N_{\mathrm{D}}x_{\mathrm{n}}$,证明电场的分布为

(1) n 区:$E(x)=N_{\mathrm{D}}e(x_{\mathrm{n}}+x)/\varepsilon_0$;

(2) p 区:$E(x)=N_{\mathrm{A}}e(x_{\mathrm{p}}-x)/\varepsilon_0$.

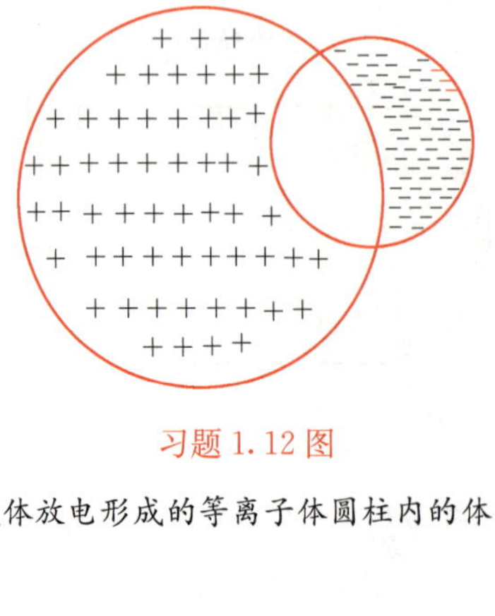

习题 1.12 图

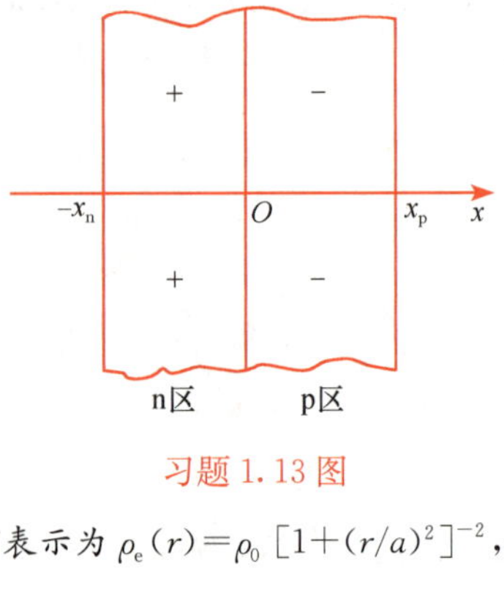

习题 1.13 图

1.14 设气体放电形成的等离子体圆柱内的体电荷分布可表示为 $\rho_{\mathrm{e}}(r)=\rho_0\left[1+(r/a)^2\right]^{-2}$,$r$ 是到其对称

轴的距离，ρ_0 是轴线上的电荷密度，a 是常数，求电场分布.

1.15 如习题 1.15 图所示，$AB=2l$，弧 OCD 是以 B 为中心，l 为半径的半圆. A 点有正电荷 $+q$，B 点有负电荷 $-q$.

(1) 把正电荷 Q 从 O 点沿弧 OCD 移到 D 点，电场力对它做了多少功?

(2) 把负电荷 $-Q$ 从 D 点沿 AB 延长线移到无穷远处，电场力对它做了多少功?

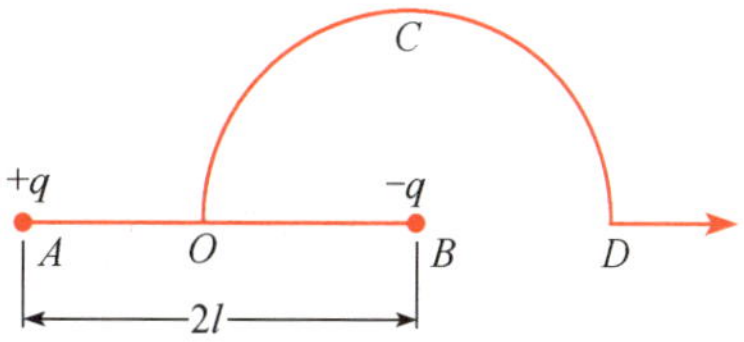

习题 1.15 图

1.16 证明：在无电荷分布的静电场中，凡是电场线都是平行直线的地方，电场强度的大小必定处处相等. 换句话说，凡是电场强度的方向处处相同的地方，电场强度的大小必定处处相等.（提示：利用高斯定理和环路定理，分别证明沿同一电场线和不同电场线上任意两点的场强相等.）

1.17 线电四极子如习题 1.17 图所示，求它在 $r \gg l$ 处的点 $A(r,\theta)$ 处所产生的电势 U 和电场强度 $\boldsymbol{E}$.

*1.18 面电四极子如习题 1.18 图所示，点 $A(r,\theta)$ 与四极子共面，极轴 $(\theta=0)$ 通过正方形中心并与两边平行. 设 $r \gg l$，求面电四极子在点 A 处产生的电势和电场强度.

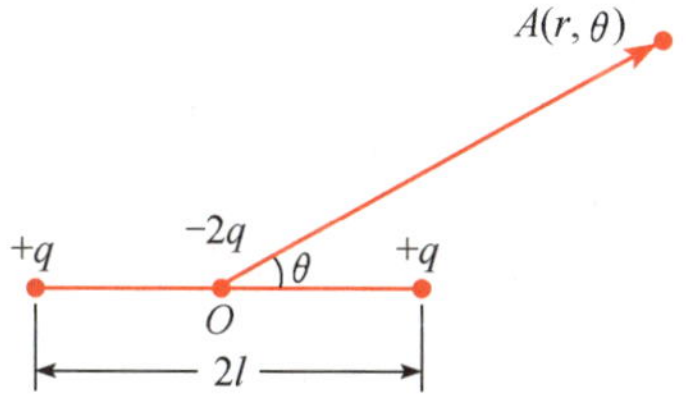

习题 1.17 图

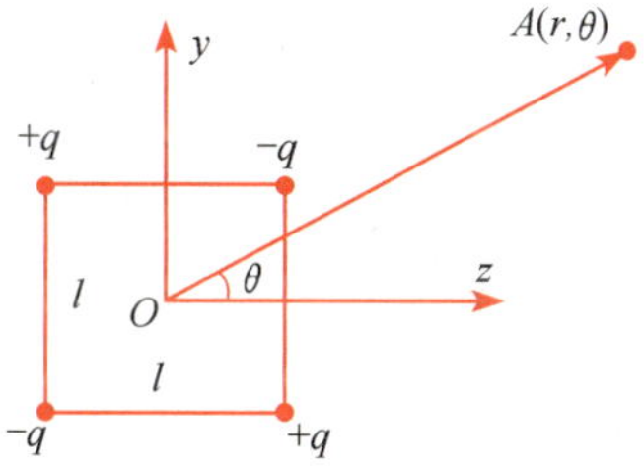

习题 1.18 图

1.19 两均匀带电的无限长直轴圆筒，内筒半径为 a，沿轴线单位长度的电量为 λ_e，外筒半径为 b，沿轴线单位长度的电量为 $-\lambda_e$. 试求：

(1) 离轴线为 r 处的电势 U；

(2) 两筒的电势差.

1.20 设氢原子处于基态时的核外电荷呈球对称分布，其电荷密度为 $\rho(r)=-q\mathrm{e}^{-2r/a}/(\pi a^3)$，$r$ 为离核的距离，q 为电子电荷的大小，a 是玻尔半径. 求在 r 处，

(1) 核外电荷产生的电势；

(2) 所有电荷产生的电势.

*1.21 两个均匀带电的圆面共轴线，半径都为 R，相距为 l，电荷面密度分别为 $+\sigma$ 和 $-\sigma$，它们间轴线的中点为原点 O，沿轴线取为 x 轴，如习题 1.21 图所示. 已知 $l \ll R$，试求轴线上 x 处的电势和电场强度.

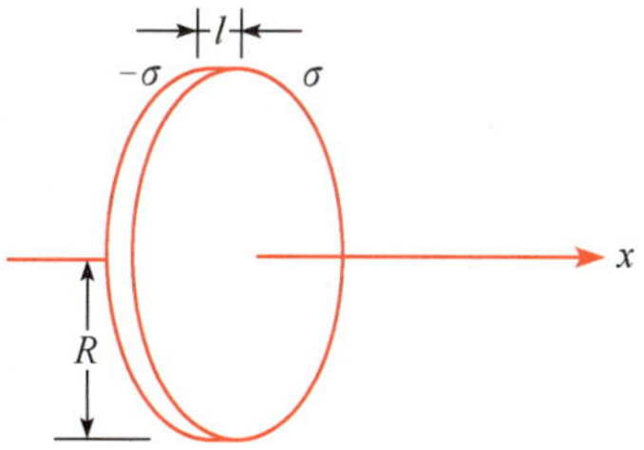

习题 1.21 图

*1.22 均匀带电立方体，证明 8 个顶角电势的代数和是中心点电势的 4 倍.

*1.23 定义半径为 R 的球面上电势平均值为

$$\bar{U}_S = \frac{1}{4\pi R^2}\iint_S U_s(\boldsymbol{r}_s)\mathrm{d}S$$

假设空间有多种类型的电荷分布（点电荷、带电体等），证明：(1)在没有电荷的区域里的任一点静电势 U_p 的值等于以该点为球心的球面上各点电势的平均值. 即：

$$\bar{U}_S = U_p$$

(2)在空间任取一个半径为 R 的球面，如果电荷全部分布在这个封闭球面的内部，则球面的电势平均

值为

$$\overline{U_s} = \frac{1}{4\pi\varepsilon_0 R}\left(\sum_{S内} q_i + \iiint_{V'} \rho \mathrm{d}V'\right)$$

第 2 章　静电场中的导体和电介质

2.1　如习题 2.1 图所示的两块大小相同的平行金属板，所带的电量 Q_1 和 Q_2 不相等，若 $Q_1 > Q_2$，略去边缘效应.

(1) 证明：相向的两面上电荷的面密度的大小相等而符号相反，相背的两面上电荷的面密度大小相等而符号相同.

(2) 计算金属板各面的电量.

2.2　如习题 2.2 图所示，半径为 R_1 的导体球外有同心的导体球壳，壳的内外半径分别为 R_2 和 R_3，已知球壳带的电量为 Q，内球的电势为零. 求内球的电荷量和球壳的电势.

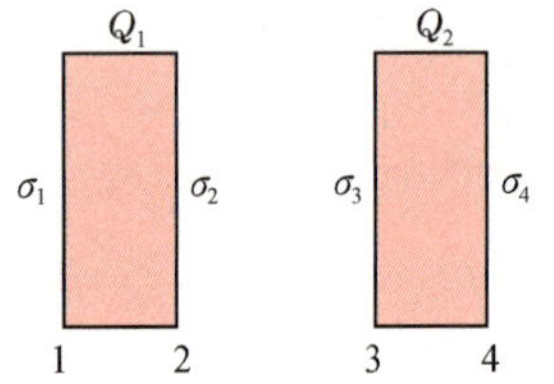

习题 2.1 图

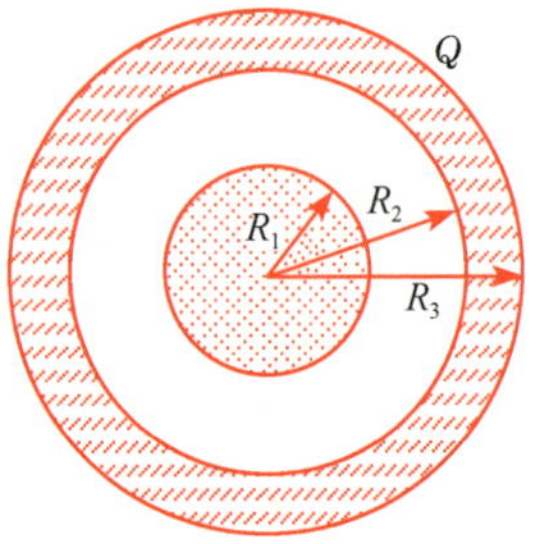

习题 2.2 图

2.3　一肥皂泡的半径为 r，肥皂水的表面张力系数为 α，外部空气的压强为 p. 使这肥皂泡带上电荷 Q 后，半径增大为 R，证明

$$(R^3 - r^3)p + 4\alpha(R^2 - r^2) = \frac{Q^2}{32\pi^2\varepsilon_0 R}$$

2.4　有若干个互相绝缘的不带电的导体 $A, B, C, \cdots$，它们的电势都是零，如果使其中任一个导体例如 A 带上正电，证明：

(1) 所有这些导体的电势都高于零；

(2) 其他导体的电势不大于 A 的电势.

2.5　如习题 2.5 图所示，在金属球 A 内有两个球形空腔，此金属球整体上不带电，在两空腔中心各放置一点电荷 q_1 和 q_2，在金属球 A 之外远处放置一点电荷 q（q 至 A 中心距离 $r \gg$ 球 A 的半径 R）. 计算作用在 A、q_1、q_2、q 四物体上的静电力.

2.6　一电容器由三片面积都是 $6.0\mathrm{cm}^2$ 的锡箔构成，相邻两箔间的距离都是 0.10mm，外边两箔片连在一起作为一极，中间箔片作为另一极，如习题 2.6 图所示.

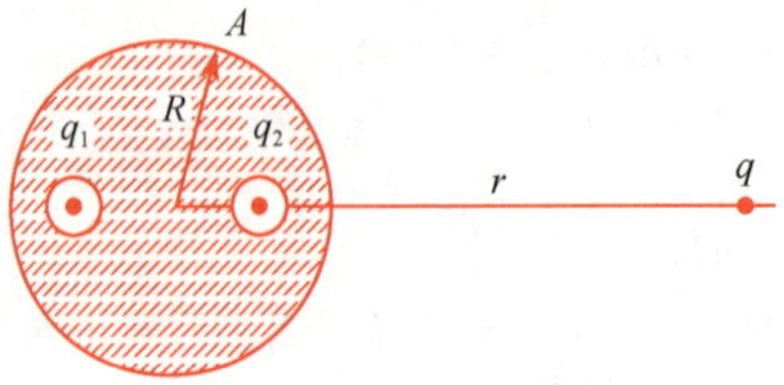

习题 2.5 图

习题 2.6 图

(1) 求电容 C；

(2) 若在这电容器上加 220V 的电压，外箔片电势高于中间箔片，问外箔片和中间箔片上的面电荷密度各是多少？

2.7　如习题 2.7 图所示，一平行板电容器中间插入一厚度为 t 的导体板，导体板的面积为电容器极板面积的一半. 求插入后的电容值.

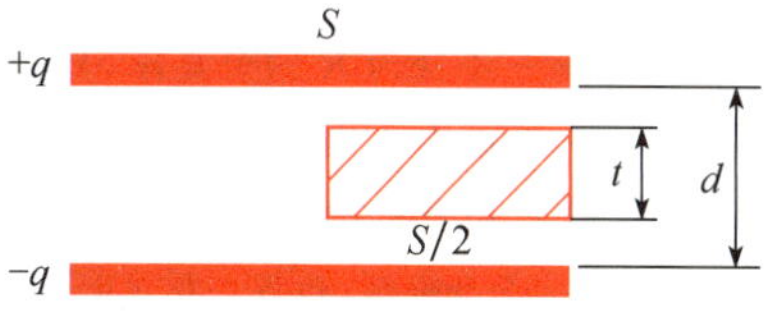

习题 2.7 图

2.8　有 5 个电容器，如习题 2.8 图所示方式连接，$C_1=C_5=2\mu F$，$C_2=C_3=C_4=1\mu F$，并接到电压为 $U=600V$ 的电源上，求每个电容器上的电压值.

2.9　如习题 2.9 图所示，三个共轴的金属圆筒，长度都是 l，半径分别为 a、b 和 d，里外两筒用导线连在一起作为一极，中间圆筒作为另一极. 略去边缘效应. 求电容 C.

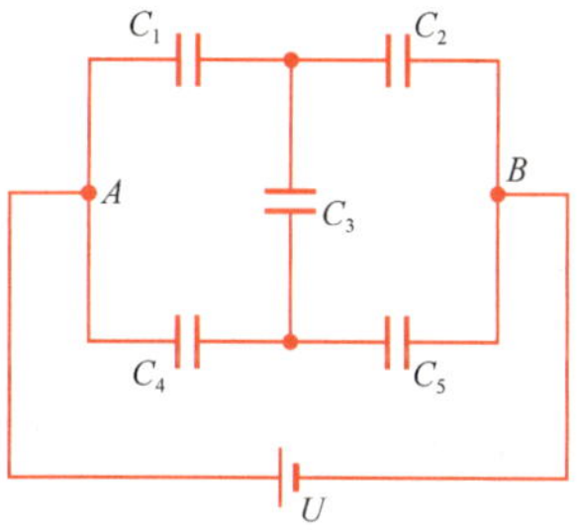

习题 2.8 图

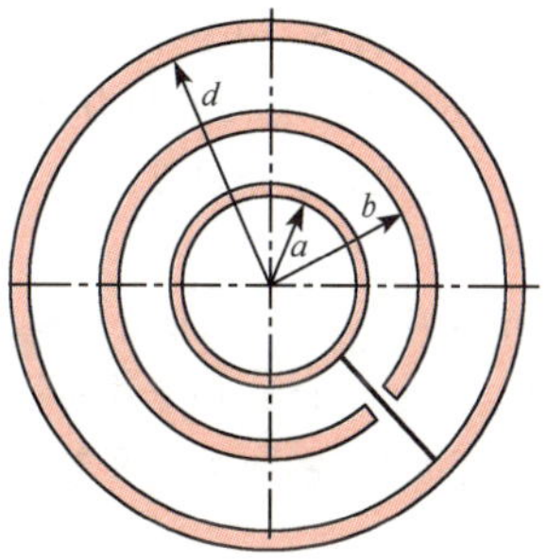

习题 2.9 图

2.10　在 100℃和 1.0atm 时，饱和水蒸气的密度为 $598g \cdot m^{-3}$，水的相对分子质量为 18，水分子的电偶极矩为 $6.2\times10^{-30}C \cdot m$. 求这时水蒸气电极化强度的最大值.

2.11　电介质强度是指电介质能经受的最大电场强度而不被击穿，迄今所知道的电介质强度的最大值约为 $1\times10^{9} V \cdot m^{-1}$. 试问：

(1) 当金属导体处在这种介质中时，它的面电荷密度 σ 最大不能超过多少？

(2) 金属导体中原子的直径约为 $2\times10^{-10}m$，金属导体表面一层原子中，缺少或多出一个电子的原子数最多不能超过百分之几？

2.12　如习题 2.12 图所示，一平行板电容器两极板的面积都是 $2.0m^2$，相距为 5.0mm. 两板加上 $10^4 V$ 电压后，撤去电源，再在其间填满两层均匀介质，一层厚 2.0mm，相对介电常量为 $\varepsilon_{r1}=\varepsilon_1/\varepsilon_0=5.0$；另一层厚 3.0mm，$\varepsilon_{r2}=\varepsilon_2/\varepsilon_0=2.0$. 略去边缘效应.

(1) 求各介质中电极化强度 $\boldsymbol{P}$ 的大小；

(2) 当电容器紧靠介质 2 的极板接地(即电势为零)时，另一极板(正极板)的电势是多少？两介质接触面上的电势是多少？

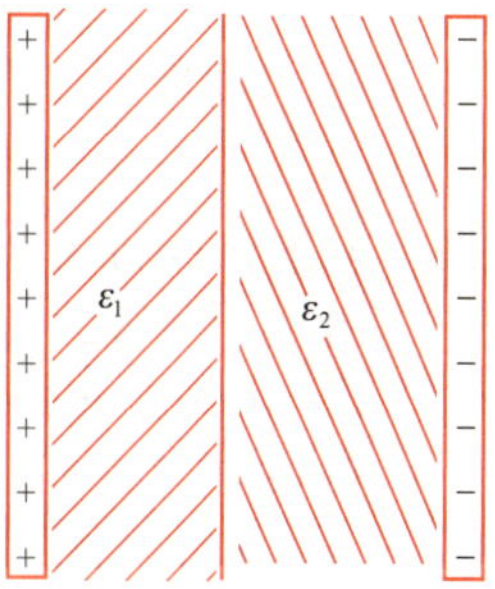

习题 2.12 图

2.13　圆柱电容器是由半径为 R_1 的直导线和与它同轴的导体圆筒构成，圆筒内半径为 R_2，长为 l，其间充满了介电常量为 ε 的介质. 设沿轴线单位长度上，导线带电量为 λ_0，圆筒带电量为 $-\lambda_0$. 略去边缘效应，求：

(1) 介质中的电场强度 $\boldsymbol{E}$、电位移矢量 $\boldsymbol{D}$、极化强度 $\boldsymbol{P}$、极化电荷体密度 ρ' 和介质表面的极化电荷面密度 σ'；

(2) 两极板的电势差；

(3) 电容 C.

2.14　半径为 a、$b(a<b)$ 的同心导体球壳之间充满非均匀介质，介电常量为 $\varepsilon=\varepsilon_0/(1+kr)$，其中 k 为常数，r

为径向距离. 内球壳表面有电荷 Q,外球壳接地. 计算:

(1) 系统的电容;

(2) 介质内的极化电荷密度;

(3) 球面上极化电荷面密度.

2.15　有一半径为 R 的金属球,外面包有一层相对介电常量为 $\varepsilon_r=2$ 的均匀电介质,壳内外半径分别为 R 和 $2R$,介质内均匀分布着电量为 q_0 的自由电荷,金属球接地. 求介质球壳外表面的电势.

2.16　平行板电容器两极板相距 3.0cm,其间放有一层相对介电常量为 $\varepsilon_r=2$ 的介质,位置与厚度如习题 2.16 图所示. 已知极板上面电荷密度为 $\sigma=8.85\times10^{-10}\text{C}\cdot\text{m}^{-2}$,略去边缘效应,求:

(1) 极板间各处 $\boldsymbol{P}$、$\boldsymbol{E}$ 和 $\boldsymbol{D}$ 的值;

(2) 极板间各处的电势(设 A 板的电势 $V_A=0$).

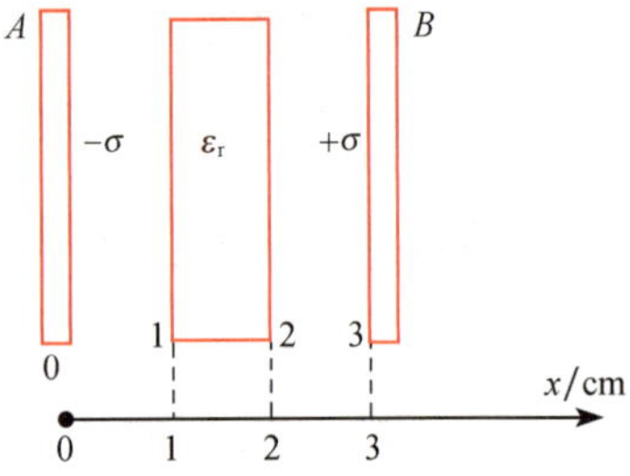

习题 2.16 图

2.17　球形电容器由半径为 R_1 的导体和与它同心的导体球壳构成,壳的内半径为 R_2,其间有两层均匀介质,分界面的半径为 r,内、外层介质的介电常量分别为 ε_1 和 ε_2.

(1) 求电容 C;

(2) 当内球带电荷 $-Q$ 时,求介质表面上极化电荷的面密度.

2.18　两介电常量分别为 ε_1 和 ε_2 的介质的接触面上有一层自由电荷,面密度为 σ. 接触面两侧的电场强度分别为 $\boldsymbol{E}_1$ 和 $\boldsymbol{E}_2$,与接触面法线的夹角分别是 θ_1 和 θ_2,如习题 2.18 图所示. 证明

$$\varepsilon_2\cot\theta_2=\varepsilon_1\left(1-\frac{\sigma}{\varepsilon_1 E_1\cos\theta_1}\right)\cot\theta_1$$

2.19　如习题 2.19 图所示,一导体球外充满两半无限电介质,介电常量分别为 ε_1 和 ε_2,介质界面为通过球心的无限平面. 设导体球半径为 a,总电荷为 q,求空间电场分布和导体球表面的自由面电荷分布.

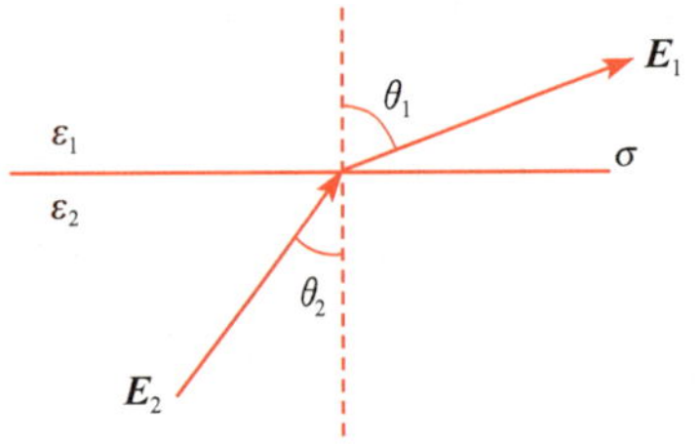

习题 2.18 图

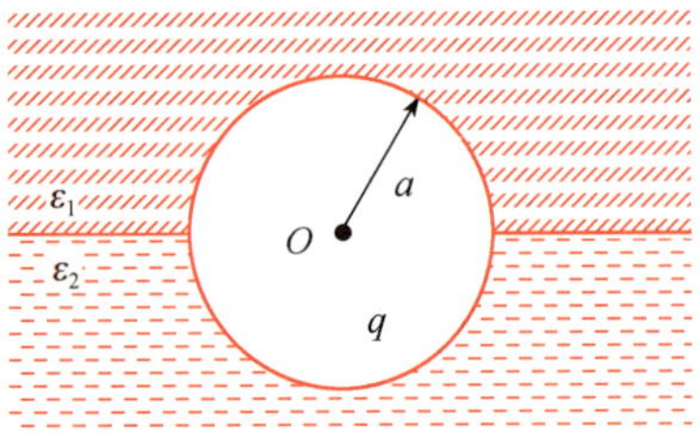

习题 2.19 图

2.20　把平行板电容器的两极板接到电源上(接通 K),然后在电容器内左半区中放入介电常量为 ε 的电介质(见习题 2.20 图).

(1) 问 A、B 两点的场强哪个大? 各为没有介质时的多少倍?

(2) 如果在充电后,先把电源断开(即断开 K),再在左半区中放入介质,电场强度如何变化?

*2.21　如习题 2.21 图所示,整个空间以 $z=0$ 为界面,上下分别充满介电常量为 ε_1 和 ε_2 的介质. 在 $z=a$ 处和 $z=-a$ 处分别放置电量为 $-q$ 和 $+q$ 的点电荷,求 $-q$ 电荷受的作用力.

2.22　一电量为 $+q$ 的点电荷位于 $(x,y)=(a,b)$,两半无限接地导体平面相交于 z 轴,如习题 2.22 图所示.

(1) 求 $+q$ 所在区域 $(x,y\geqslant0,-\infty<z<\infty)$ 中任一点的电场;

(2) 利用 E_y 的表达式,确定哪一个导体平板表面 $E_y=0$,并计算 $E_y\neq0$ 的导体平板的面电荷密度 σ_e.

*2.23　如习题 2.23 图所示,一半径为 R 的导体球壳,球内部距离球心为 $d(d<R)$ 处有一点电荷 q,求:

(1) 当球壳接地时球内的电场强度和电势;

(2) 当球壳不接地且带电量为 Q 时球内的电场强度和电势.

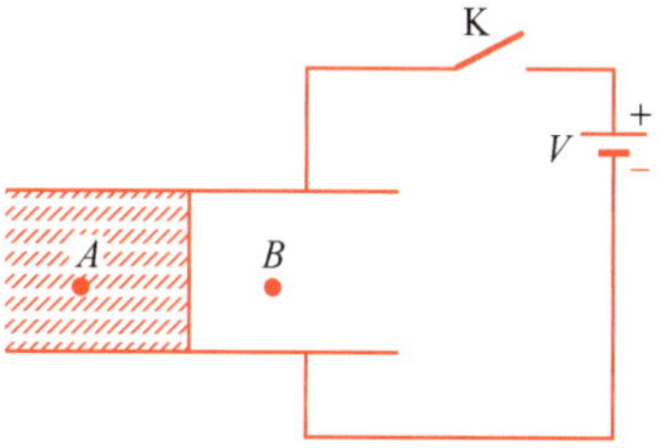

习题 2.20 图

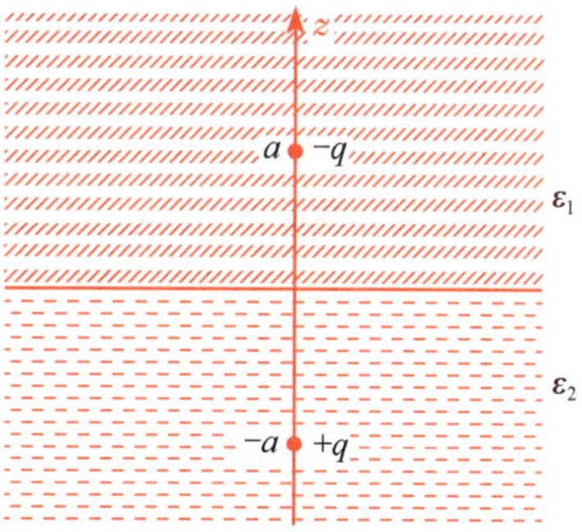

习题 2.21 图

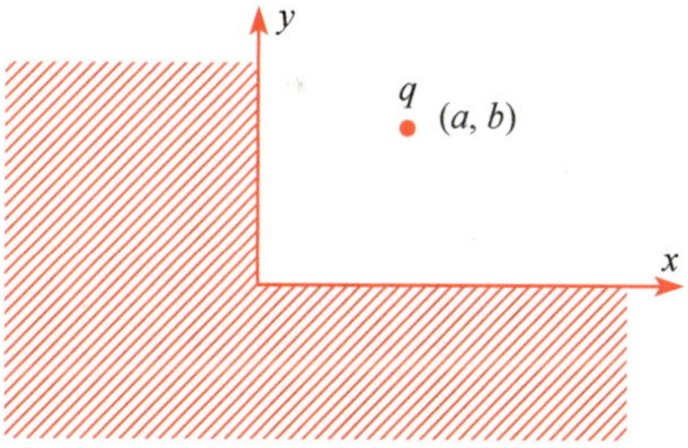

习题 2.22 图

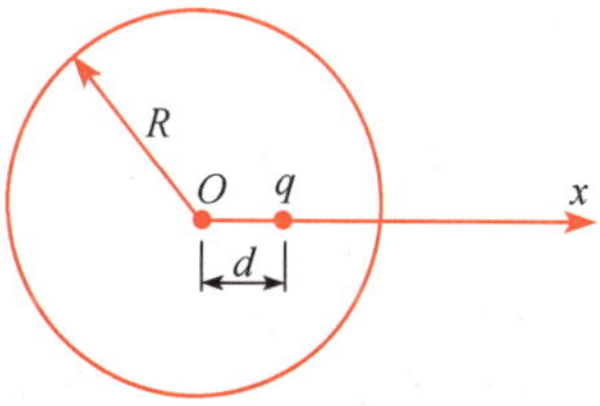

习题 2.23 图

*2.24　一半径为 a 的无限长的直导线的线电荷密度为 λ_e，与一电势为零的无限大金属板相距为 b，$b\gg a$，试对单位长度导线计算此系统的电容(提示：用电像法和条件 $b\gg a$).

2.25　一个半径为 R，电量为 Q 的导体球，球外也有一个点电荷 Q，球外点电荷从很远处时的排斥力到靠近导体球附近为吸引力，证明力的零点满足

$$\frac{r}{R}=\frac{(1+\sqrt{5})}{2}\approx 1.618$$

*2.26　两个半径为 R 的相同导体球，带相同的电量 Q，两者球心距离为 d，且 $d\gg R$，求他们之间的作用力的一阶近似.

*2.27　两个半径均为 R 的导体球相切，证明等效电容 $C=8\pi\varepsilon_0 R\ln 2$.

第 3 章　静电能

3.1　在铀 238(^{238}U)的原子核中，两质子间的距离约为 6.0×10^{-15} m. 已知质子电荷为 1.6×10^{-19} C，问它们之间的电势能有多少？相互作用的库仑力有多大？

3.2　三个点电荷，其所带电量及位置如习题 3.2 图所示，计算：

(1) 各对电荷之间的相互作用能；

(2) 电荷系统的相互作用能.

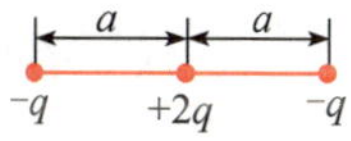

习题 3.2 图

3.3　在边长为 a 的正六边形各顶点有固定的点电荷，它们的电量交替为 Q 和 $-Q$，参见习题 3.3 图.

(1) 求系统的相互作用能；

(2) 若外力将其中相邻的两个点电荷缓慢地移到无限远处，在移动过程中维持这两个点电荷的距离以及其余电荷的位置不变，问外力需做多少功？

3.4　假定电子是球形的，并且电子的静止能量 mc^2(m 是电子的静质量，c 是真空中光速)就是来自电子的

静电能量,这样就可以由电子的电荷分布算出电子的半径来.

(1) 假定电子电荷 e 均匀分布在球面上,求电子的半径;

(2) 假定电子电荷 e 均匀分布在球体内,求电子的半径;

(3) 由于假定电荷分布情况不同,算出的电子半径便稍有不同.目前把 $r_0=e^2/(4\pi\varepsilon_0 mc^2)$ 称为电子的经典半径.已知电子电荷 $e=-1.6\times10^{-19}$ C,电子的静质量 $m=9.11\times10^{-31}$ kg,光速 $c=3.0\times10^8$ m·s^{-1},求 r_0 的值.

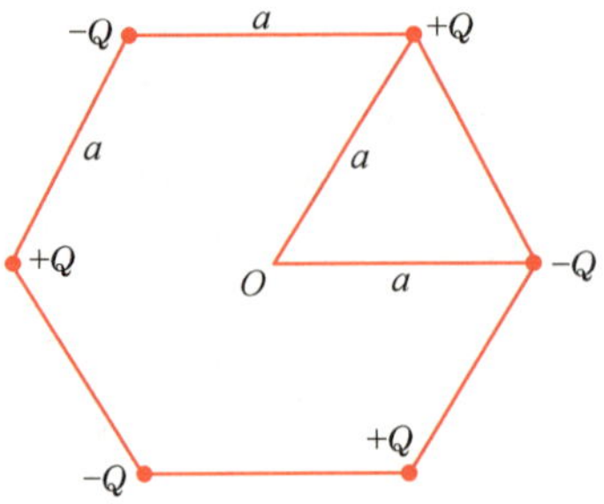

习题 3.3 图

3.5 如习题 3.5 图所示,半径为 $R_1=2.0$cm 的导体球外套一个与它同心的导体球壳,壳的内、外半径分别为 $R_2=4.0$cm 和 $R_3=5.0$cm,球与壳间充满空气,壳外也是空气,球和壳原来都不带电.现在使球带电 3.0×10^{-8}C,问这个系统储藏了多少电能?如果用导线把球与壳连在一起,结果如何?

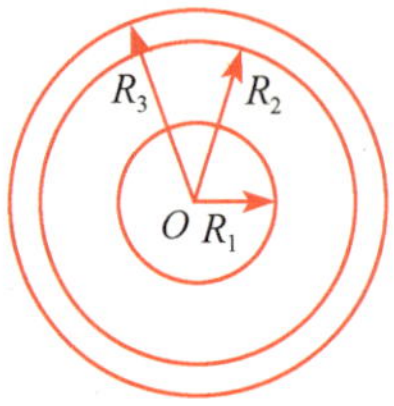

习题 3.5 图

3.6 铀 235 原子核可当成半径 $r=9.2\times10^{-15}$ m 的球,它有 92 个质子,每个质子的电荷为 $e=1.6\times10^{-19}$C.假设这些电荷均匀分布在上述球体内.

(1) 求铀 235 原子核的静电势能;

(2) 当一个铀 235 原子核分裂成两个相同的碎片,每个都可当成均匀带电球时,求放出的能量;

(3) 1kg 铀 235 裂变时,能放出多少能量?

3.7 半径为 a 的导体圆柱外套有一个半径为 b 的同轴导体圆筒,长度都是 l,其间充满介电常量为 ε 的均匀介质,圆柱带电量为 Q,圆筒带电量为 $-Q$,略去边缘效应.

(1) 在半径为 $r(a<r<b)$ 处,电场能量密度是多少?

(2) 整个介质内的电场总能量 W 是多少?

(3) 试证明:$W=Q^2/(2C)$,C 是圆柱和圆筒间的电容.

3.8 圆柱形电容器由一根长直导线和套在它外面的共轴导体圆筒构成.设导线的半径为 a,圆筒的内半径为 b.证明:电容器所存储的能量有一半是在半径为 $r=(ab)^{1/2}$ 的圆柱体内.

3.9 由两共轴金属圆柱构成一空气电容器,设空气击穿场强为 E_b,内外导体圆柱半径为 R_1、R_2,导体单位长度带电量为 λ_e.在给定 R_2 和保证空气介质不致击穿的前提下,应当如何选择 R_1,使得

(1)两导体间的电势差最大?

(2) 电容器的储能最大?

(3) 当空气击穿的场强 $E_b=3\times10^6$ V·m^{-1}、$R_2=1$cm 时,分别计算在(1)和(2)两种选择方案下电容器的极大电势差.

3.10 一球形电容器,内球壳的外半径为 R_1,带电量为 Q;外球壳的内半径为 R_2,带电量为 $-Q$.求:

(1)二球壳各自的自能;

(2)二球壳之间的互能;

(3)系统的总能量.

*3.11 长为 L 的圆柱形电容器由半径为 a 的内芯导线与半径为 b 的外部导体薄壳所组成,其间填满了介电常量为 ε 的电介质.把电容器与电势为 V 的电池相连接,并将电介质从电容器中拉出一部分.当不计边缘效应时,要维持电介质在拉出位置不动,需施多大的力?此力沿何方向?

*3.12 如习题 3.12 图所示,一平行板电容器的两极板都是长为 a 宽为 b、面积为 $S=ab$ 的长方形金属片,两片相距为 d,分别带有电荷 Q 和 $-Q$.一块厚为 t、相对介电常量为 ε_r 的均匀介质片(面积和宽度都与极板相同)平行地放在两极板间,并沿着长度方向部分抽出.略去边缘效应,证明:当介质片在极板间的长度为 x 时,把它拉向原来位置的静电力为

$$F=\frac{Q^2b(d-t')t'd}{2\varepsilon_0[S(d-t')+xbt']^2}$$

式中，$t'=(\varepsilon_r-1)t/\varepsilon_r$.

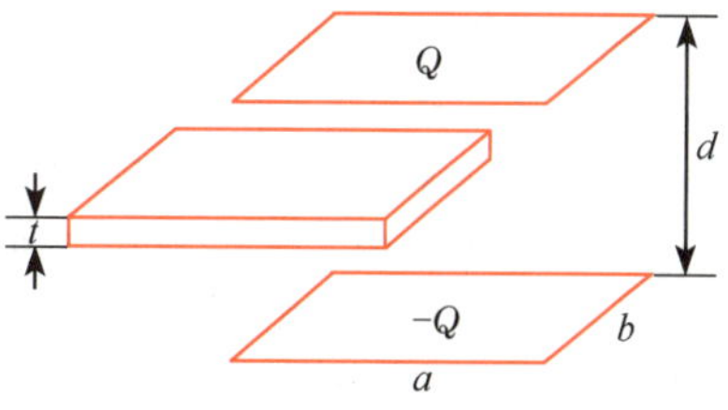

习题 3.12 图

*3.13 如习题 3.13 图所示，一平行板电容器极板的面积为 S，极板间距离为 d，在它中间有一块厚为 t、相对介电常量为 ε_r 的介质平板，把两极板充电到电势差为 V. 略去边缘效应.

(1) 断开电源，把介质板抽出，问抽出时要做多少功？

(2) 如果在不断开电源的情况下抽出，则要做多少功？

(3) 如果将中间的介质板换上同样厚的导体板，结果又如何？

*3.14 如习题 3.14 图所示，在接地导体 $z=0$ 平面的上方 $(x,y,z)=(a,0,a)$ 和 $(-a,0,a)$ 处分别有点电荷 $+q$ 和 $-q$.

(1) 求作用在 $+q$ 上的作用力；

(2) 为了得到这样一个电荷系统，求反抗静电力所做的功；

(3) 求点 $(a,0,0)$ 处的电荷面密度.

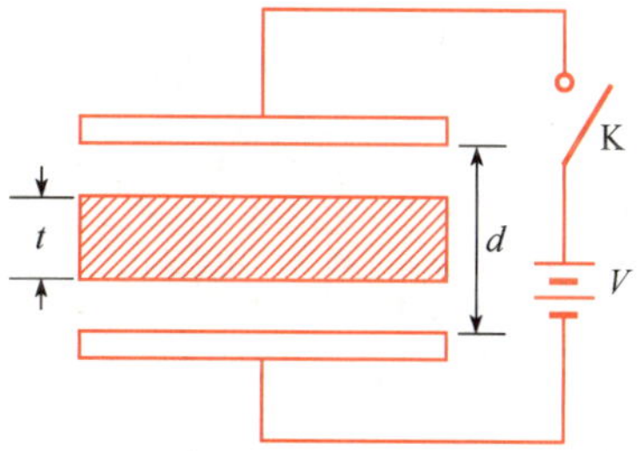

习题 3.13 图

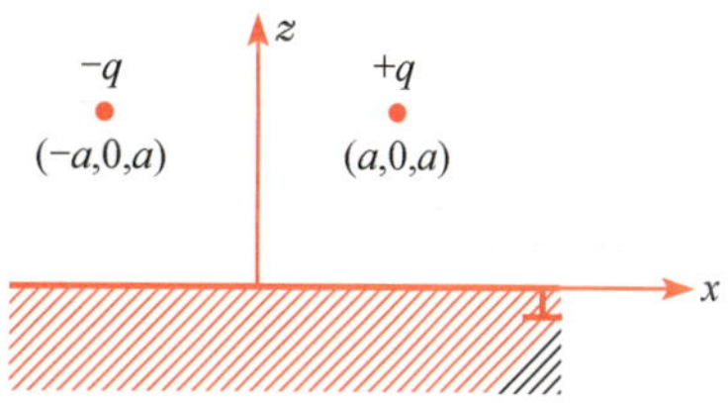

习题 3.14 图

*3.15 将一个半径为 a、带电量为 q 的导体球放入均匀电场 E_0 中，求：

(1) 感应后球的偶极矩；

(2) 球内外的电势；

(3) 感应电偶极矩所对应的球面电荷分布的静电自能.

3.16 如习题 3.16 图所示，在真空中，点电荷 q 与一相对介质常数为 ε_r 的半无限大电介质相距为 z，求把该电荷移动至无限远处外力所做的功.

3.17 如习题 3.17 图所示，半径为 R 的导体球带电量为 Q，球外距离球心为 d 处有一点电荷 q，计算把该电荷移到无限远处外力所做的功.

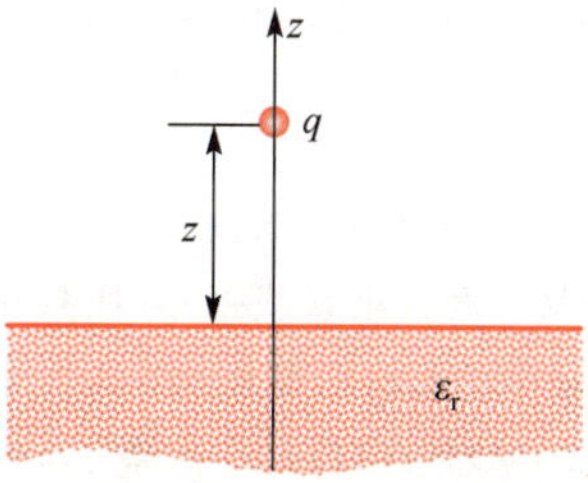

习题 3.16 图

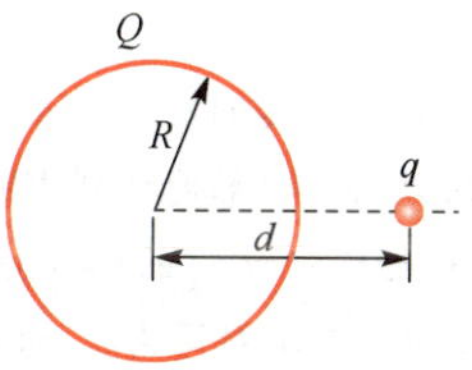

习题 3.17 图

第 4 章　稳恒电流

4.1 电荷 Q 均匀地分布在半径为 R 的球体内，该球以匀角速度 ω 绕它的某个直径旋转，求球内离转轴为 r

处的电流密度的大小.

4.2 一条铝线的横截面积为 $0.10\mathrm{mm}^2$，在室温 300K 时载有 $5.0\times10^{-4}\mathrm{A}$ 的电流. 设每个铝原子有三个电子参与导电. 已知铝的原子量为 27，室温下的密度为 $2.7\mathrm{g\cdot cm^{-3}}$，电阻率为 $2.8\times10^{-8}\Omega\cdot\mathrm{m}$，电子的质量为 $m=9.1\times10^{-31}\mathrm{kg}$，阿伏伽德罗常量为 $6.0\times10^{23}\mathrm{mol}^{-1}$，玻尔兹曼常量为 $k=1.38\times10^{-23}\mathrm{J\cdot K^{-1}}$. 求这条铝线内

(1) 电子定向运动的平均速率；

(2) 电子热运动的方均根速率；

(3) 一个电子两次相继碰撞之间的时间；

(4) 电子的平均自由程；

(5) 电场强度的大小.

4.3 一段长为 l 的圆台状导线，它的横截面积 A 是 x 的函数，x 是到导线左端的距离，沿导线轴线的半截面形状示于习题 4.3 图中. 导线左端的横截面是半径为 a 的圆，右端的横截面是半径为 b 的圆，电导率 σ 是常数. 计算整段导线的电阻.

4.4 五个电阻按习题 4.4 图所示连接，求 a、b 间的电阻.

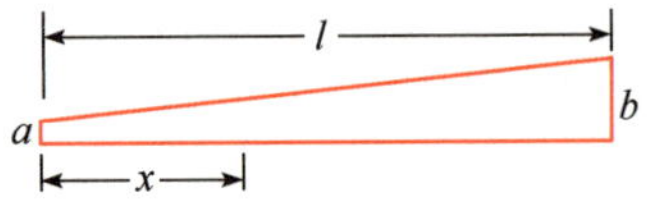

习题 4.3 图

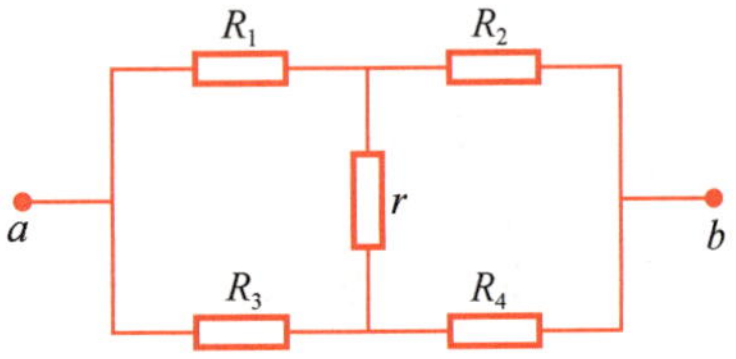

习题 4.4 图

4.5 在半径为 a、b 的同心球壳导体之间填满电导率为 σ 的导电介质，求两球壳之间的电阻.

4.6 如习题 4.6 图所示的无限网格电路，全部电阻的阻值相同，设为 r，求 A 和 B 之间的等效电阻 R_{AB}.

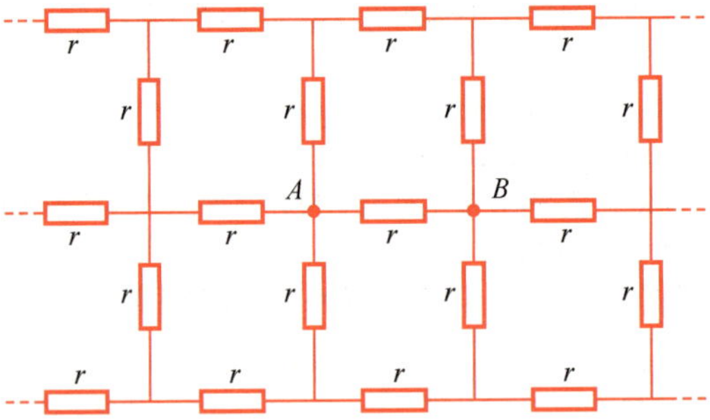

习题 4.6 图

4.7 甲乙两站相距 50km，其间有两条相同的电话线，有一条因某处触地而发生故障，甲站的检修人员用习题 4.7 图中的办法找出触地处到甲站的距离 x：让乙站把两条电话线短路(即接在一起)，接通电桥电路，调节 r 使通过检流计 G 的电流为零. 已知电话线每千米长的电阻为 6Ω，测得 $r=360\Omega$，求 x.

4.8 丹聂耳电池由两个同轴圆筒构成，长为 l，外筒是内半径 b 的铜，内筒是外半径为 a 的锌，两筒间充满介电常量为 ε、电阻率为 ρ 的硫酸铜溶液，如习题 4.8 图所示. 略去边缘效应，求

(1) 该电池的内阻；

(2) 该电池的电容；

(3) 内阻与电容之间的关系.

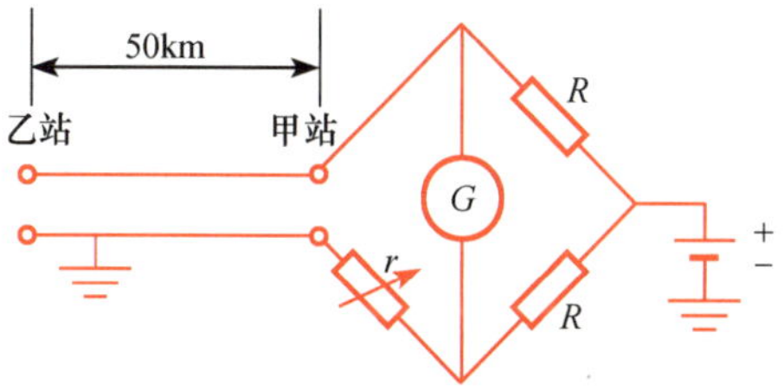

习题 4.7 图

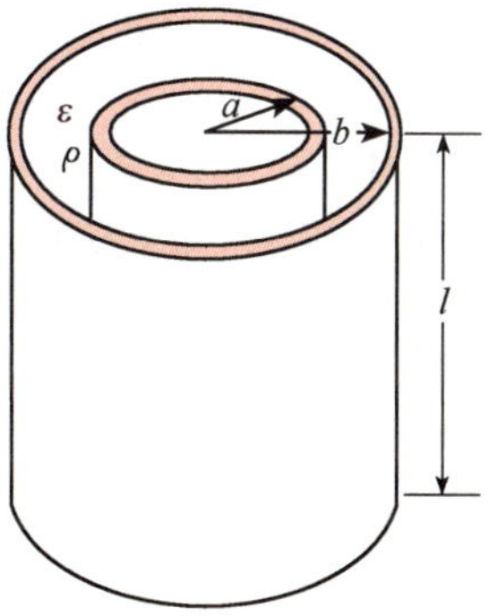

习题 4.8 图

4.9　如习题 4.9 图所示,3 个电源的电动势分别为 $\mathscr{E}_1=12.0\text{V}$,$\mathscr{E}_2=\mathscr{E}_3=6.0\text{V}$,电阻 $R_1=R_2=R_3=3\Omega$,$R_4=6\Omega$,求 R_4 上的电压和通过 R_2 的电流.

4.10　一直流电路如习题 4.10 图所示,其中,$\mathscr{E}_1=3\text{V}$,$\mathscr{E}_2=1.5\text{V}$,$\mathscr{E}_3=2.2\text{V}$;$R_1=1.5\Omega$,$R_2=2.0\Omega$,$R_3=1.4\Omega$;电源的内阻不计,试求 a、b 两点之间的电势差.

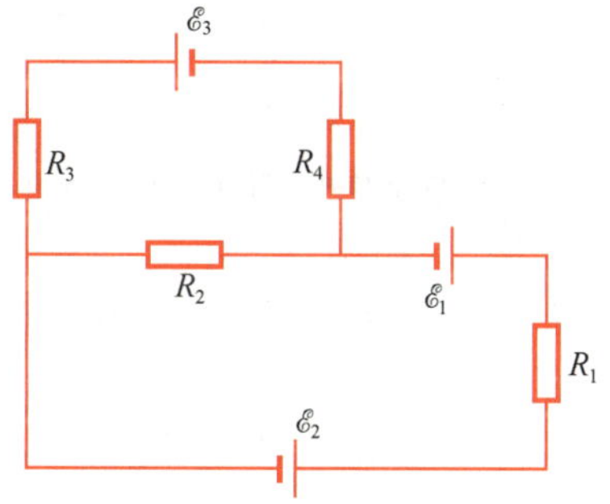

习题 4.9 图

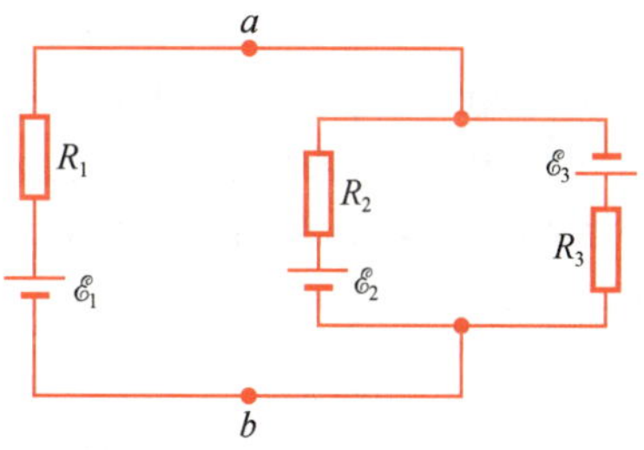

习题 4.10 图

4.11　一电路如习题 4.11 图所示. 已知 $\mathscr{E}_1=12\text{V}$,$\mathscr{E}_2=10\text{V}$,$\mathscr{E}_3=8\text{V}$,$r_1=r_2=r_3=1\Omega$,$R_1=R_3=R_4=R_5=2\Omega$,$R_2=3\Omega$,求:

(1) 图(a)中 a,b 两点间电压;

(2) 图(b)中通过 R_1 的电流.

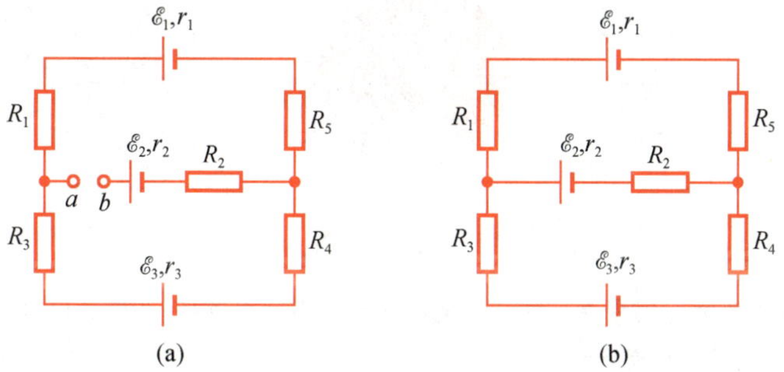

习题 4.11 图

4.12　在习题 4.12 图所示电路中,已知:$\mathscr{E}_1=6\text{V}$,$\mathscr{E}_2=4.5\text{V}$,$\mathscr{E}_3=2.5\text{V}$,$R_1=R_2=0.5\Omega$,$R_3=2.5\Omega$,忽略电源内阻,求通过电阻 R_1、R_2 和 R_3 的电流.

*4.13　两同心导体球壳半径 $a<b$,球壳间充满电导率为 σ、介电常量为 ε 的均匀介质. 设 $t=0$ 时刻内球壳带电 q,试求:

(1) 介质中的传导电流强度的时间变化规律；

(2) 传导电流总共产生的焦耳热.

*4.14 如习题 4.14 图所示，有半径分别为 R_1 和 R_2 的同轴导体圆筒，长为 $L(L\gg R_1, R_2)$. 设两筒间充满两层均匀介质，其分界面是与导体圆筒同轴的圆柱面，半径为 R_0，介质 a, b 的介电常量分别为 ε_a 和 ε_b，电导率分别为 σ_a 和 σ_b. 在两筒间加上恒定电压 U，求：

(1) 两导体圆筒间的电阻和电流；

(2) 各界面的自由电荷分布.

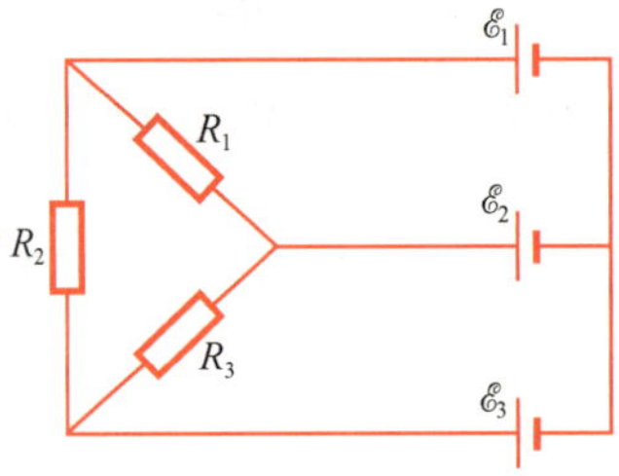

习题 4.12 图

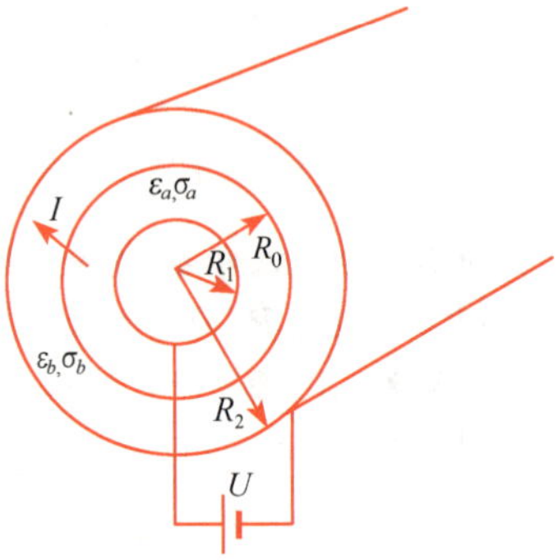

习题 4.14 图

4.15 将两个导体嵌入电导率为 $10^{-4}\mathrm{S\cdot m^{-1}}$、介电常量为 $\varepsilon=80\varepsilon_0$ 的介质中，测得这两个导体之间的电阻为 $10^5\Omega$，计算这两个导体之间的电容.

4.16 两块任意形状的导体嵌入电导率为 σ，介电常量为 ε 的无限大导电介质中，已知两导体之间的电阻为 R，证明这两个导体间的电容为

$$C=\frac{\varepsilon}{\sigma R}$$

*4.17 如习题 4.17 图所示，一个半径为 R，电导率为 σ 的导电球放置在电导率为 σ_0 的无限大空间中，该无限大空间有一个电流密度 $\boldsymbol{j}_0$ 均匀分布的电流场，假设球面的电荷在球内产生的电场是均匀电场，在球外产生的电场等效于在球心处的电偶极子产生的电场. 求：(1)球内外的电势分布和电场强度分布；(2)等效电偶极矩；(3)当电导率 σ 为多少时导体球有最大的焦耳功率，并求出最大功率值.

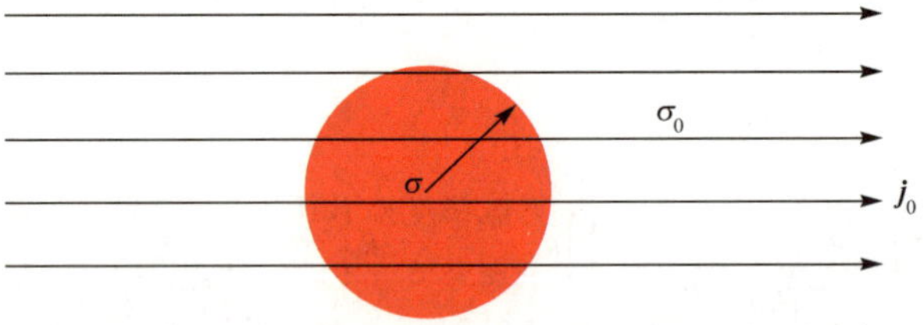

习题 4.17 图

*4.18 电导率为 σ_0 的无限大空间中存在电流密度 j_0 均匀分布的电流场，如果其中出现了一般半径为 R 的空气泡. 求空气泡内外的电势和电场强度分布.

第 5 章 真空中的静磁场

5.1 有一能量为 5.0MeV 的质子垂直通过一均匀磁场. 设 $B=1.5\mathrm{T}$，求质子受的力.

*5.2 一边长为 a 的正方形回路载有电流 I(见习题 5.2 图). 求：

(1) 正方形中心处 **B** 的大小；

(2) 正方形轴线上与中心相距为 z 的任一点处 **B** 的大小.

5.3　一根导线折成如习题 5.3 图所示的形状，通有电流 I，求点 P 处 **B** 的大小和方向.

5.4　一导线回路是由两个径向线段连接的两个同心半圆构成(见习题 5.4 图)，该回路载有电流 I，求圆心处的磁场.

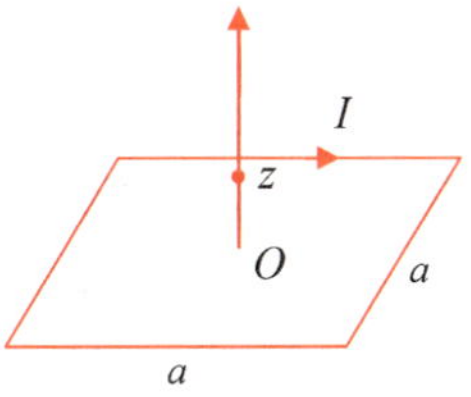

习题 5.2 图

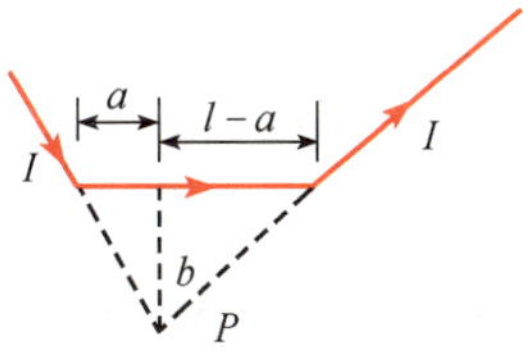

习题 5.3 图

*5.5　如习题 5.5 图所示，两圆线圈半径为 R，平行地共轴放置，圆心 O_1、O_2 相距为 a，所载电流均为 I，且电流方向相同.

(1) 以 O_1O_2 连线的中点为原点 O，求轴线上坐标为 x 的任一点处的磁感应强度.

(2) 试证明：当 $a=R$ 时，O 点处的磁场最为均匀(这样放置的一对线圈称作亥姆霍兹线圈，常用它获得近似均匀的磁场.)(提示：求磁场 **B** 在 $x=0$ 处一阶和二阶导数，证其为零).

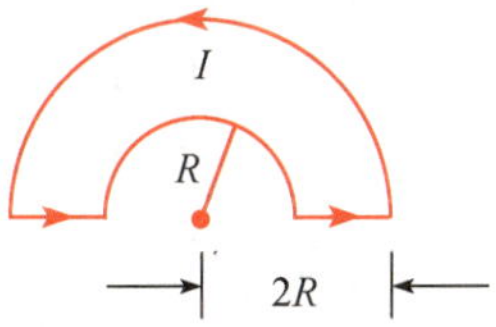

习题 5.4 图

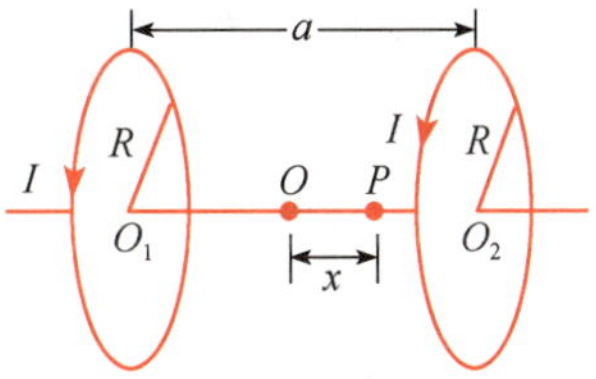

习题 5.5 图

5.6　假定地球的磁场是由地球中心的小电流环产生的，已知地面磁极(电流环轴线与地面的交点)附近磁场为 0.8G，地球半径 $R=6\times10^6$m，求小电流环的磁矩.

5.7　螺线管线圈的直径是它的轴长的 4 倍，每厘米长度内的匝数 $n=200$，所通电流 $I=0.10$A，求：

(1) 螺线管中心处磁感应强度的大小；

(2) 在管的一端中心处的磁感应强度的大小.

5.8　电流均匀地流过宽为 $2a$ 的平面导体薄板，电流强度为 I，通过板的中线并与板面垂直的平面上有一点 P，P 到板的垂直距离为 x(见习题 5.8 图). 设板厚略去不计，求点 P 处的磁感应强度.

*5.9　半径为 R 的球面上均匀分布着电荷 q，该球面以角速度 ω 绕它的直径旋转，求转轴上球内和球外任一点(该点到球心的距离为 z)的磁感应强度，并求这个系统的磁矩.

5.10　如习题 5.10 图所示，一根很长的同轴电缆，由一导体圆柱(半径为 a)和与之共轴的导体圆管(内、外半径分别为 b、c)构成，沿导体柱和导体管通以反向电流，电流强度均为 I，且均匀地分布在导体的横截面上，求下述各区内的磁感应强度：

(1) 导体圆柱内($r<a$)；

(2) 两导体之间($a<r<b$)；

(3) 导体圆管内($b<r<c$)；

(4) 电缆外($r>c$).

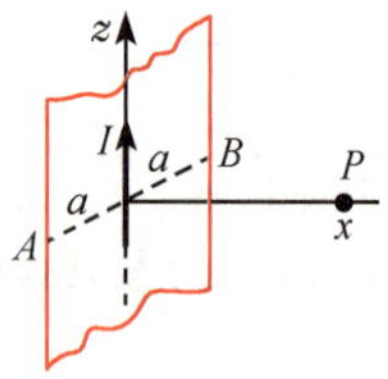

习题 5.8 图

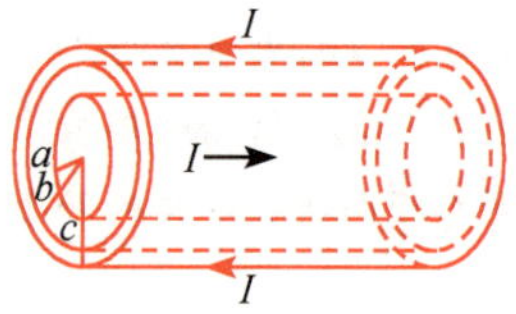

习题 5.10 图

5.11　如习题 5.11 图所示，一根外半径为 R_1 的无限长圆柱形导体管，管内空心部分的半径为 R_2，空心部分的轴与圆柱的轴相平行，两轴间距离为 a，且 $a>R_2$. 现有电流 I 沿导体管流动，电流均匀分布在管的横截面上.

(1) 求圆柱轴线上的磁感应强度值；

(2) 求空心部分轴线上的磁感应强度值；

(3) 设 $R_1=10\text{mm}$，$R_2=0.5\text{mm}$，$a=5.0\text{mm}$，$I=20\text{A}$，分别计算上述两处磁感应强度值.

5.12　有两块非常大的导体板，一个在 xy 平面上，另一个在 xz 平面上，将空间划分为四个"象限". 设每块板载有均匀分布的电流，面电流密度是 i(习题 5.12 图)，求各象限内的磁场.

5.13　矩形截面的螺绕环，尺寸见习题 5.13 图，电流强度为 I，线圈总匝数为 N.

(1) 求环内磁感应强度的分布；

(2) 证明通过螺绕环截面(图中阴影区)磁通量为

$$\Phi_B=(\mu_0 NIh/2\pi)\ln(d_2/d_1)$$

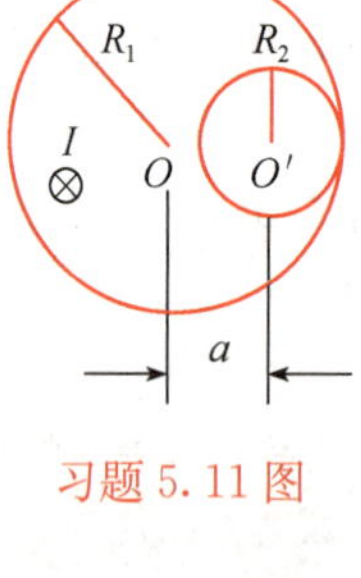

习题 5.11 图

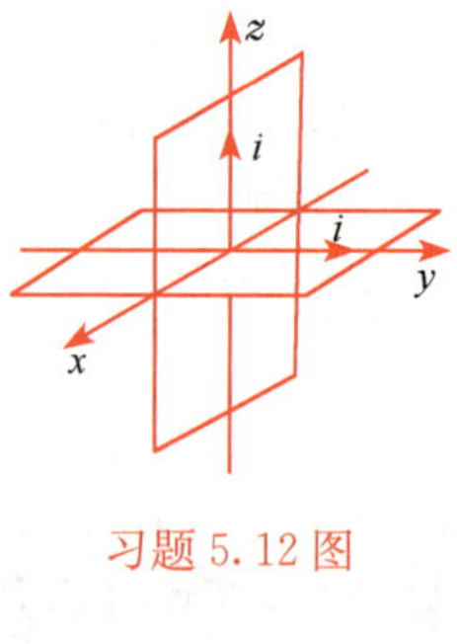

习题 5.12 图

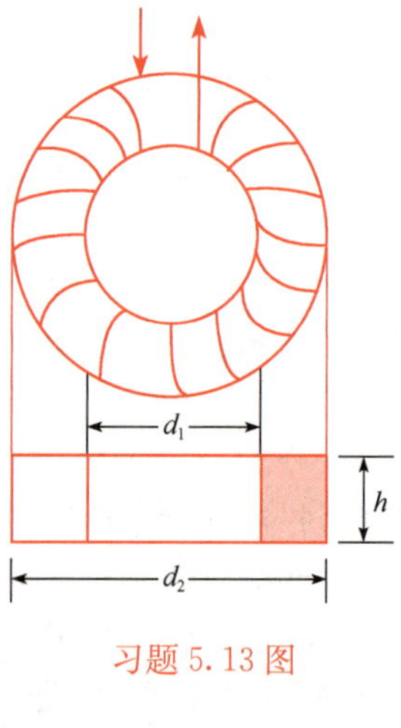

习题 5.13 图

5.14　脉冲星或中子星表面的磁场有 10^8T 那样强. 考虑这样一个中子星表面上一个氢原子中的电子，电子距质子 $0.53\times10^{-10}\text{m}$，其速率是 $2.2\times10^6\text{m}\cdot\text{s}^{-1}$. 试将质子作用到电子上的电力与中子星磁场作用到电子上的磁力加以比较.

5.15　一电子在 $B=2.0\times10^{-3}\text{T}$ 的磁场中沿半径为 $R=2.0\text{cm}$ 的螺旋线运动，螺距为 $h=5.0\text{cm}$，如习题 5.15 图所示.

(1) 求电子的速率；

(2) 确定磁场 $\boldsymbol{B}$ 的方向.

5.16　如习题 5.16 图所示，一块半导体样品的体积为 $a\times b\times c$，沿 x 方向有电流 I，在 z 轴方向加有均匀磁场 $\boldsymbol{B}$. 已知 $a=0.10\text{cm}$，$b=0.35\text{cm}$，$c=1.0\text{cm}$，$I=1.0\text{mA}$，$B=3000\text{G}$，其两侧的电势差的实验结果为 $U_{AA'}=6.5\text{mV}$.

(1) 问这块半导体是正电荷导电(p 型)还是负电荷导电(n 型)?

(2) 求载流子浓度(即单位体积内参加导电的带电粒子数).

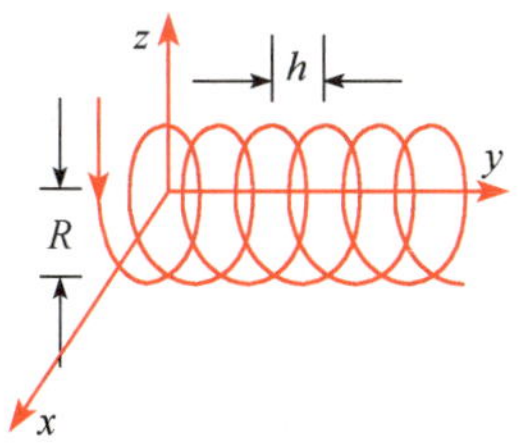

习题 5.15 图

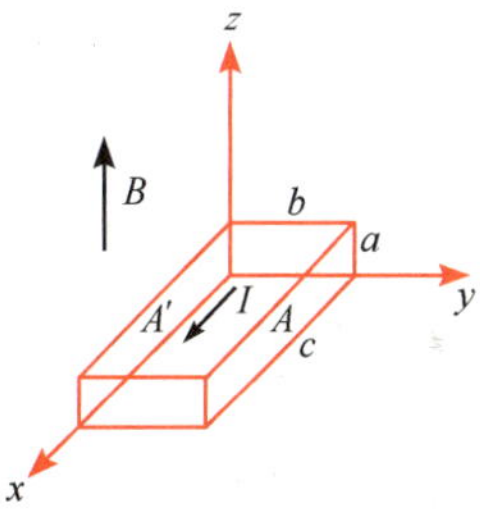

习题 5.16 图

5.17 设在一均匀磁场 $\boldsymbol{B}_0$ 中有一带电粒子在与 $\boldsymbol{B}_0$ 垂直的平面内做圆周运动,速率为 v_0,电荷为 e,质量为 m. 当磁场由 B_0 缓慢变化到 B 时,求粒子的运动速率和回旋半径 r.

5.18 有一磁镜装置,磁镜比为 $R_m=4$,在磁镜装置中心部位有一各向同性带电粒子源,问从磁镜中逃逸的粒子占多少比例?

*5.19 如习题 5.19 图所示,超导体内的磁感应强度为零. 一个半径为 R 的球形超导体处于均匀的外磁场中,外磁场的磁感应强度为 B_0,方向沿 $-z$ 轴方向. 求:(1)利用磁感应强度的边值关系求球形超导体的等效磁矩;并给出球外 r 处的磁感应强度;(2)球形超导体表面的电流; (3)由超导体球表面的电流求出球体的磁矩,与(1)结果比较.

*5.20 如习题 5.20 图所示,一根无限长的直导线,通有电流 I,注入到一个无限大薄导体平面 O 点,并从 O 点各向同性地流到无限远处,证明上半空间处的磁感应强度为

$$\boldsymbol{B}=\frac{\mu_0 I}{2\pi r}\boldsymbol{e}_\varphi$$

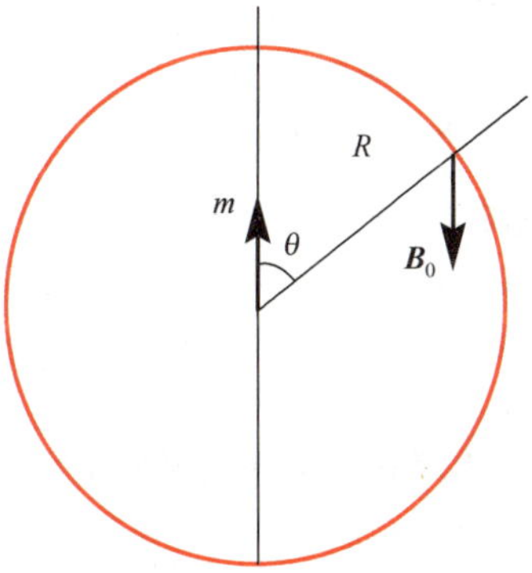

习题 5.19 图

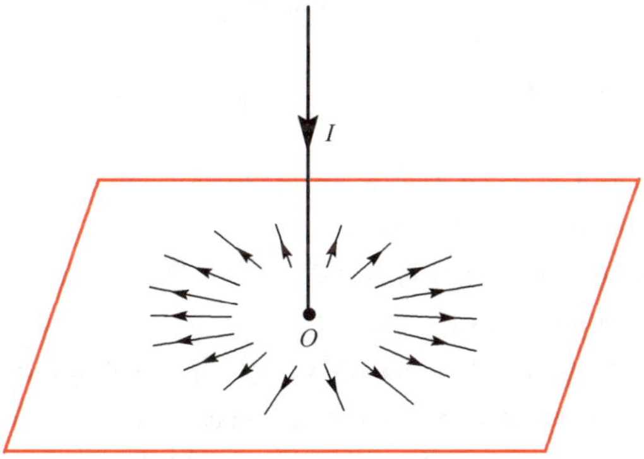

习题 5.20 图

第 6 章　静磁场中的磁介质

6.1 长度为 10cm 的导线置于均匀磁场中,$\boldsymbol{B}=(2\boldsymbol{e}_x-3\boldsymbol{e}_y+5\boldsymbol{e}_z)$T. 此线载有电流 3A,流动方向与 $-\boldsymbol{e}_x+4\boldsymbol{e}_y+3\boldsymbol{e}_z$ 平行,求磁场作用于导线上的总力 $\boldsymbol{F}$.

6.2 惠斯通电桥由边长为 a 的正方形构成(习题 6.2 图),它被放在磁场 $\boldsymbol{B}$ 中,$\boldsymbol{B}$ 平行于电桥所在的平面并与包含检流计的支路平行,流入电桥的总电流是 I.

(1) 作用在电桥上的净力 $\boldsymbol{F}$ 是多少?

(2) 此解答是否依赖于电桥平衡？

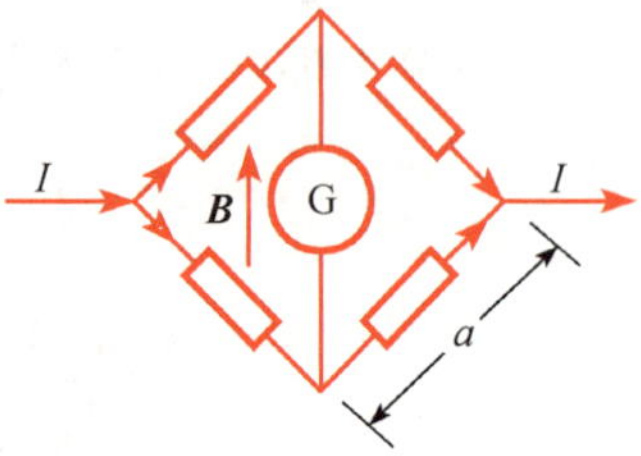

习题 6.2 图

6.3 一个半径为 R、载有电流 I 的圆形回路处于一恒定磁场 $\boldsymbol{B}$ 中，$\boldsymbol{B}$ 垂直于回路平面，与电流满足右手螺旋关系.

(1) 求圆导线内部的张力；

(2) 若 $I=7.0\mathrm{A}$，$R=5.0\times10^{-2}\,\mathrm{m}$，$B=1.0\mathrm{Wb\cdot m^{-2}}$，计算张力大小.

6.4 一段导线弯成习题 6.4 图所示的形状，它的质量为 m. 上面水平一段长为 l，处在均匀磁场中，磁感应强度 $\boldsymbol{B}$ 与导线垂直. 导线下面两端分别插在两个浅水银槽里，并通过水银槽与一带开关 K 的外电源连接. 当 K 一接通，导线便从水银槽里跳起来.

(1) 设跳起来的高度为 h，求通过导线的电量 q；

(2) 当 $m=10\mathrm{g}$，$l=20\mathrm{cm}$，$h=2.0\mathrm{m}$，$B=0.10\mathrm{T}$ 时，求 q 的值.

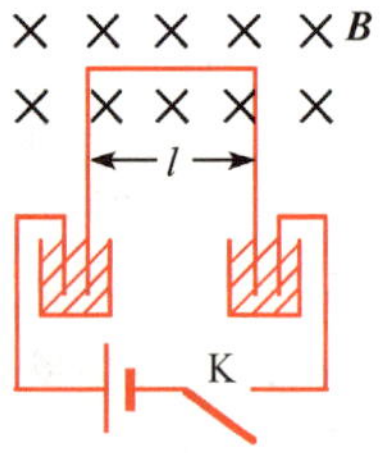

习题 6.4 图

6.5 如习题 6.5 图所示，斜面上放有一木制圆柱，圆柱质量 m 为 0.25kg，半径为 R，长 l 为 10cm. 圆柱上绕有 10 匝导线，导线回路平面与斜面平行且通过圆柱轴. 设斜面倾角为 θ，一均匀磁场竖直向上，磁感应强度 $\boldsymbol{B}$ 为 0.50T. 问通过回路的电流 I 至少有多大，圆柱体才不致沿斜面向下滚动？

6.6 如习题 6.6 图所示，一平面塑料圆盘，半径为 R，表面带有面密度为 σ 的电荷. 假定圆盘绕其轴线 AA' 以角速度 ω 转动，磁场 $\boldsymbol{B}$ 的方向垂直于转轴 AA'. 试证磁场作用于圆盘的力矩大小为 $L=\pi\sigma\omega R^4B/4$.

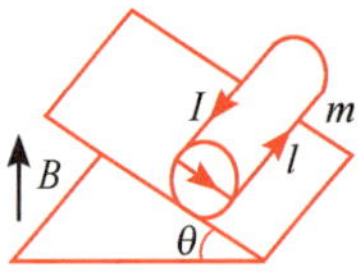

习题 6.5 图

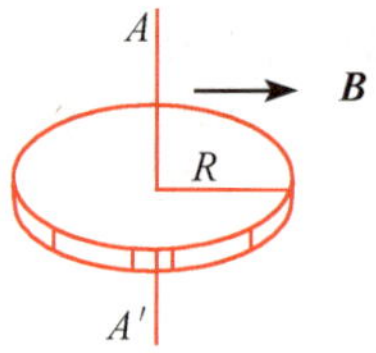

习题 6.6 图

*6.7 电流 I 沿半径 a 的导体圆柱壳均匀分布，通过圆柱轴将导体壳劈成两半，求两部分单位长度的吸力.

6.8 顺磁质分子的磁矩和玻尔磁矩 $m_B=eh/(4\pi m_e)$ 同量级. 设顺磁质温度为 $T=300\mathrm{K}$，磁感应强度 $B=1\mathrm{T}$，问 kT 是 m_BB 的多少倍？($h=6.626\times10^{-34}\,\mathrm{J\cdot s^{-1}}$，$e=1.602\times10^{-19}\,\mathrm{C}$，$m_e=9.11\times10^{-31}\,\mathrm{kg}$，$k=1.38\times10^{-23}\,\mathrm{J\cdot K^{-1}}$.)

6.9 一无限长的直圆柱形铜导线外包一层磁导率为 μ 的圆筒形磁介质，导线半径为 R_1，磁介质的外半径为 R_2，导线内有均匀分布的电流 I 通过. 求：

(1) 导线内、介质内、介质外的磁场强度和磁感应强度的分布；

(2) 介质内、外表面的磁化面电流密度.

6.10 一抗磁质小球的质量为 0.10g，密度 $\rho=9.8\mathrm{g\cdot cm^{-3}}$，磁化率为 $\chi_m=-1.82\times10^{-4}$，放在一个半径 $R=10\mathrm{cm}$ 的圆线圈的轴线上且距圆心为 $l=10\mathrm{cm}$ 处（见习题 6.10 图）. 线圈中载有电流 $I=100\mathrm{A}$. 求电流作用在这个小球上力的大小和方向.

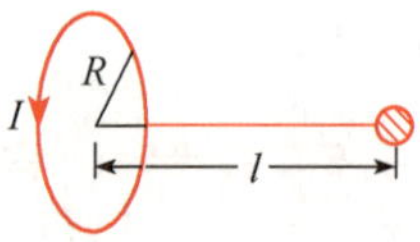

习题 6.10 图

6.11 螺绕环的导线内通有电流 20A. 利用冲击电流计测得环内磁感应强度的大小是 $1.0\,\mathrm{Wb\cdot m^{-2}}$. 已知环的周长是 40cm，绕有导线 400 匝. 计算：

(1) 磁场强度；

(2) 磁化强度；

(3) 磁化率；

(4) 磁化面电流和相对磁导率.

6.12　一半径为 a 的无限长磁介质圆柱，磁导率为 μ，柱外为真空，沿圆柱轴有一线电流 I，求磁介质中的磁场强度和磁感应强度以及磁介质圆柱表面的束缚电流分布.

6.13　在空气(相对磁导率 $\mu_r=1$)和软铁($\mu_r=7000$)的交界面上，软铁上的磁感应强度 $\boldsymbol{B}$ 与交界面法线的夹角为 85°，求空气中磁感应强度与交界面法线的夹角.

*6.14　如习题 6.14 图所示，一半无限大磁导率为 μ_1 的磁介质表面放一磁导率为 μ_2 的无限长磁介质半圆柱，半径为 a. 设在 A、B 两处置入反向直线电流 I，电流方向与圆柱轴平行. 求空间磁感应强度的分布.

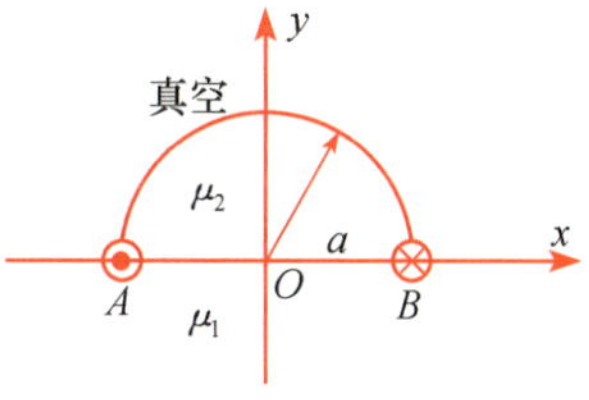

习题 6.14 图

*6.15　在一理想导体平面上方的真空中有一圆载流线圈，线圈平面与导体平面平行，相距为 d. 设线圈电流为 I，半径为 a，求圆线圈轴线上磁感应强度的分布. 当 $a\ll d$ 时，求圆线圈所受的浮力.

*6.16　一无穷长直载流导线和一无穷长磁介质圆柱平行，导线和圆柱轴的距离为 d，电流为 I，介质圆柱半径为 a，磁导率为 μ，求单位长度导线上所受的力.

6.17　已知一个电磁铁由绕有 N 匝载流线圈的 C 形铁片($\mu\gg\mu_0$)所构成(见习题 6.17 图). 如果电磁铁的横截面积为 A，电流为 I，空隙宽度为 d，C 形铁片各边的长度同为 l，求空隙中的磁感应强度.

6.18　请你设计一块磁铁(使用最少量的铜)，使得在横截面积为 1m×2m，长为 0.1m 的气隙中产生 10^4G 的磁场. 假定铁芯的磁导率很高，计算所消耗的功率与所需铜的质量，以及磁铁两磁极之间的引力. (已知铜的电阻率是 $2\times10^{-6}\Omega\cdot$cm，密度是 $8\text{g}\cdot\text{cm}^{-3}$，容许通过的最大电流密度是 $1000\text{A}\cdot\text{cm}^{-2}$.)

6.19　如习题 6.19 图所示，设 $L=20$cm，$L_g=0.5$cm，$\mu_r=1200$，磁动势 $\mathscr{E}_m=597$A，求通过气隙的磁感应强度.

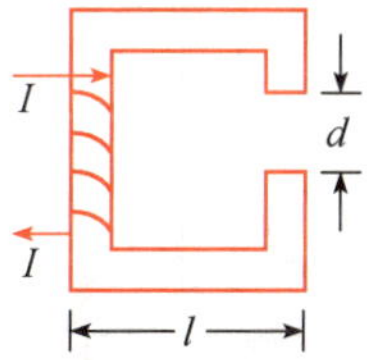

习题 6.17 图

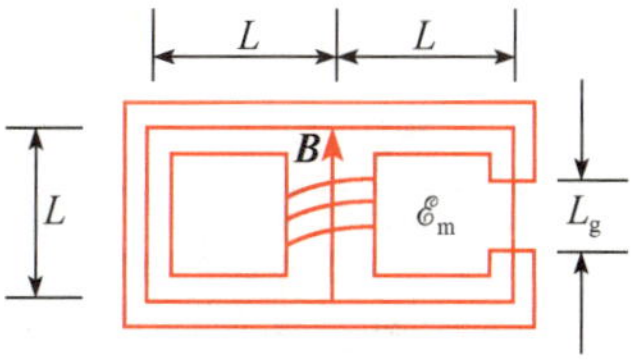

习题 6.19 图

*6.20　一长铁芯沿轴向插入一长螺线管内，铁芯由两节拼凑而成，求两节之间的吸力. 设螺线管单位长度匝数为 n，电流为 I，铁芯截面积为 S，磁导率为 μ.

*6.21　一圆柱形永磁铁，直径 10mm，长 100mm，均匀磁化后磁极化强度 $J=1.20\text{Wb}\cdot\text{m}^{-2}$.

(1) 求它两端的磁极强度(即总磁荷量)；

(2) 求它的磁矩；

(3) 求磁铁中心处的磁场强度 H 和磁感应强度 B. 此外，$\boldsymbol{H}$ 和 $\boldsymbol{B}$ 的方向有什么关系?

*6.22　(1) 一圆磁盘半径为 R，厚度为 l，片的两面均匀分布着磁荷，面密度分别为 σ_m 和 $-\sigma_m$(见习题 6.22 图). 求轴线上离圆心为 x 处的磁场强度 $\boldsymbol{H}$.

(2) 此磁盘的磁偶极矩 $\boldsymbol{p}_m$ 和磁矩 $\boldsymbol{m}$ 为多少?

(3) 试证明，当 $l\ll R$ 时，磁盘外轴线上的磁场分布与一个磁矩和半径相同的电流环所产生的磁场一样.

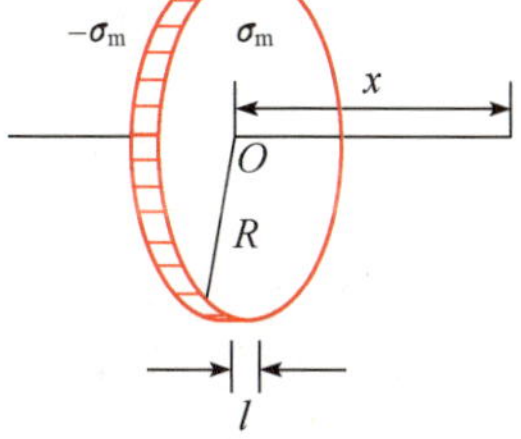

习题 6.22 图

*6.23　一个相对磁导率为 μ_r 的顺磁性磁介质球，放置在均匀外磁场 B_0 中，磁场方向沿 z 轴，求：(1)球内外的磁感应强度. (2)通过温度改变，使该磁化凝固在球内(撤去外场)，为了使该球磁化，外界需要提供多大的能量.

*6.24 如习题 6.24 图所示，一个相对磁导率为 μ_{r2} 的磁介质球，放置在均匀外磁场 B_0 中，磁场方向沿 z 轴，球外空间的相对磁导率为 μ_{r1}. 求：(1)球内外的磁感应强度，(2)等效磁矩.

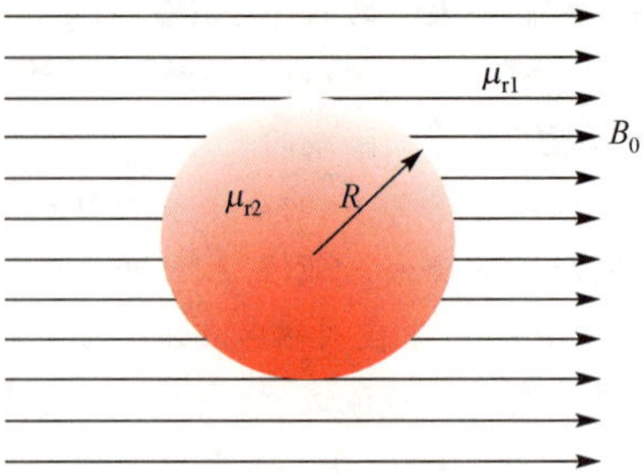

习题 6.24 图

第 7 章　电磁感应

7.1 (1) 电阻为 R 的矩形线圈以常速度 v 进入匀强磁场 B 中，见习题 7.1(a)图，求线圈中感应电动势和线圈所受的力.

(2) 如果矩形线圈以常速度 v 离开载有稳恒电流 I 的长直导线，见习题 7.1(b)图. 求矩形线圈中的感应电动势.

7.2 如习题 7.2 图所示，一个半径为 R 的圆线圈绕其直径 PQ 以角速度 ω 匀速转动. 在线圈中心沿 PQ 方向放置一个小磁体，它的磁矩为 $\boldsymbol{\mu}$. 试求在点 P 与 PQ 弧中点 C 之间的那段导线上产生的感应电动势.

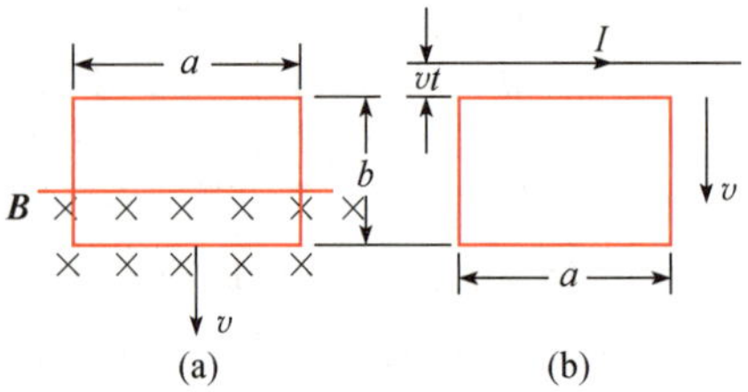

习题 7.1 图

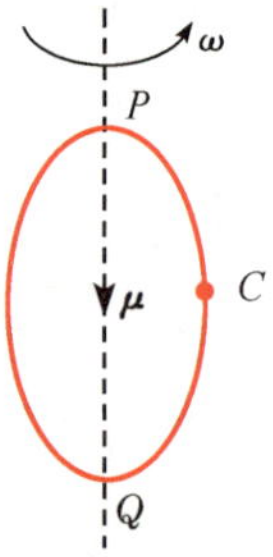

习题 7.2 图

7.3 如习题 7.3 图所示，一正三角形线圈的电阻为 R，边长为 a，以角速度 ω 绕 AB 轴旋转，均匀磁场 $\boldsymbol{B}$ 与转轴 AB 垂直. 求线圈每两个顶点之间的电势差.

7.4 习题 7.4 图中的轮子由一个半径为 a 的圆环和四根辐条组成，两个金属刷子分别接触在轮轴和轮边上并与外电阻 R 连接，外磁场 $\boldsymbol{B}$ 与轴线平行.

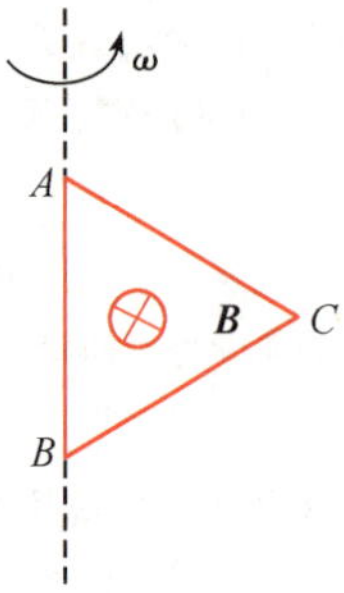

习题 7.3 图

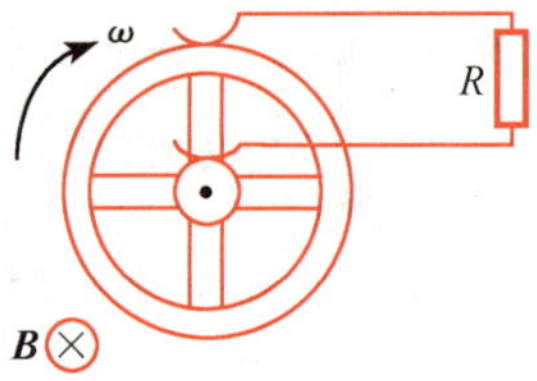

习题 7.4 图

(1) 这个轮子产生的感应电动势多大?

(2) 设每根辐条电阻为 r,圆环电阻可以忽略,问 R 取何值时,可获得最大输出功率?

7.5 一列火车中的一节闷罐车箱宽 2.5m,长 9.5m,高 3.5m,车壁由金属薄板制成.在地球磁场的竖直分量为 0.62×10^{-4}T 的地方,这个闷罐车以 $60\text{km}\cdot\text{h}^{-1}$ 的速度在水平轨道上向北运动.

(1) 这个闷罐车两边之间的金属板上的感应电动势是多少?

(2) 若考虑车两边积累的电荷所引起的电场,问车内净电场是多少?

(3) 若将两边当成两个非常长的平行平板处理,那么每一边上的面电荷密度是多少?

7.6 一导体盘的半径为 a,厚度为 δ,电导率为 σ,将其放在相对盘轴 z 对称的磁场 $\boldsymbol{B}$ 中,

$$\boldsymbol{B}=B_0(t)\hat{\boldsymbol{z}}\quad(0\leqslant\rho\leqslant R);\quad \boldsymbol{B}=0\quad(\rho>R),\quad R<a$$

(1) 确定空间的感应电场;

(2) 确定导体盘的电流密度;

(3) 证明盘耗散的总功率为

$$P=\frac{\pi\delta\sigma R^4}{8}\left(\frac{\mathrm{d}B_0}{\mathrm{d}t}\right)^2\left(1+4\ln\frac{a}{R}\right)$$

7.7 一个大线圈和一个小线圈同心且位于同一平面内,大线圈的半径为 50cm,有 1×10^4 匝,小线圈的面积为 3cm^2,有 5×10^3 匝.

(1) 当大线圈中的电流变化率为 $5\times10^3\text{A}\cdot\text{s}^{-1}$ 时,在小线圈中的感应电动势为多少(假定小线圈处的磁场近似均匀)?

(2) 如果大线圈载有电流 0.2A,且绕它的水平方向的直径以每分钟 2×10^3 转的速度匀速转动,小线圈在大线圈中心处的水平面上静止,求小线圈中的作为时间函数的感应电动势.

7.8 一环形螺线管有 N 匝,环半径为 R,环的横截面为矩形,其尺寸如习题 7.8 图所示.求:

(1)此螺线管的自感系数;

(2)这个环形螺线管和位于它的对称轴处的长直导线之间的互感系数.

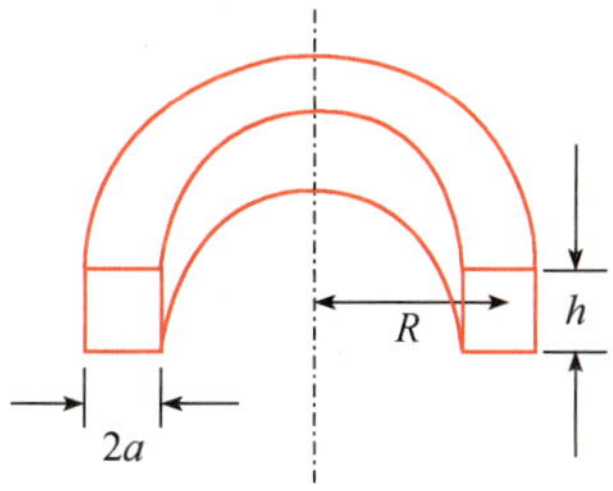

习题 7.8 图

7.9 在一个半径为 10cm、截面积为 12cm^2 的圆形铁环上均匀地绕有 1200 匝绝缘导线,环上有一宽度为 1mm 的气隙.设铁的相对磁导率是 700,它与磁场强度无关,且忽略磁滞效应.

(1) 当有 1A 的电流通过线圈时,求气隙中的磁场;

(2) 计算该线圈的自感系数.

7.10 一块铜片被弯成如习题 7.10 图所示形状,已知 $R=2\text{cm}$,$l=10\text{cm}$,$a=2\text{cm}$,$d=0.4\text{cm}$,求:

(1)A、B 间管状区的自感系数;

(2)输入端 A 和输出端 B 之间的电容;

(3)整个构件的共振频率.

7.11 一个变压器如习题 7.11 图所示,线圈 A、B、C 的匝数分别为 500、1000、500,截面积分别是 0.005m^2、0.001m^2、0.0005m^2,铁芯的水平臂截面积是 0.002m^2,如果铁芯的相对磁导率 $\mu_r=10000$,求:

(1) 线圈 A 和 C 间的互感;

(2) 线圈 A 和 B 间的互感.

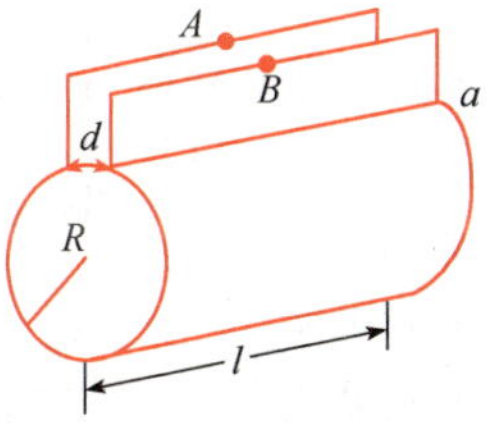

习题 7.10 图

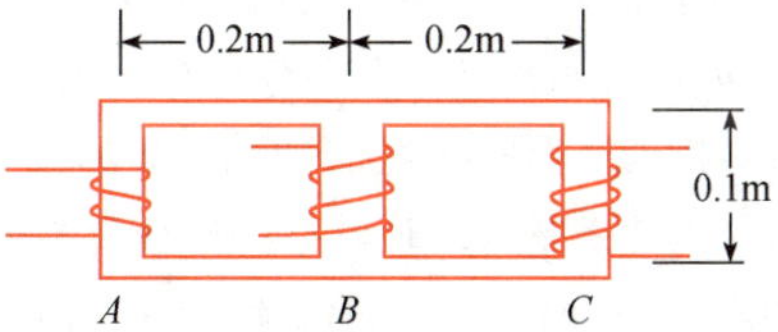

习题 7.11 图

7.12 一电磁铁由 N 匝线圈紧绕在环形轭铁上构成，从轭铁上切去一小段形成气隙，如习题 7.12 图所示. 轭铁环的半径为 b，环截面的半径为 a，气隙宽度为 w，铁的磁导率 μ 为常数. 线圈由半径为 r、电阻率为 ρ 的导线构成，磁铁线圈两端加有电压 V. 为简单起见，假设 $b/a\gg1$，$a/r\gg1$，$b/w\gg1$. 推导下列各量的表达式：

(1) 气隙中的稳定磁场；

(2) 稳态时线圈损耗的功率；

(3) 当电压 V 变化时线圈中电流变化的时间常数.

*7.13 一个边长分别为 l 和 w 的长方形线圈，在 $t=0$ 时刻正好从如习题 7.13 图所示的磁场为 $\boldsymbol{B}$ 的区域上方由静止开始向下运动. 线圈的电阻为 R，自感为 L，质量为 m，它的上边处在零磁场区.

(1) 假定自感可以忽略而电阻不能忽略，求出线圈的作为时间函数的电流和速度；

(2) 假定电阻可以忽略而电感不可以忽略，求出线圈的作为时间函数的电流和速度.

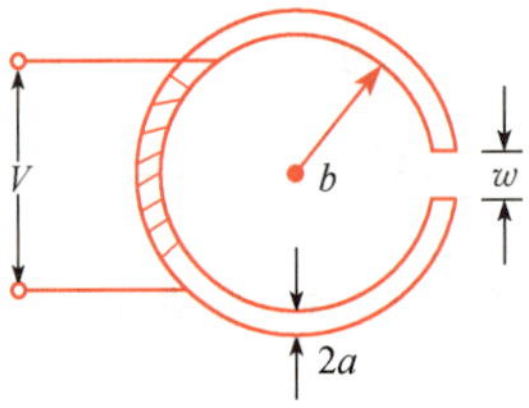

习题 7.12 图

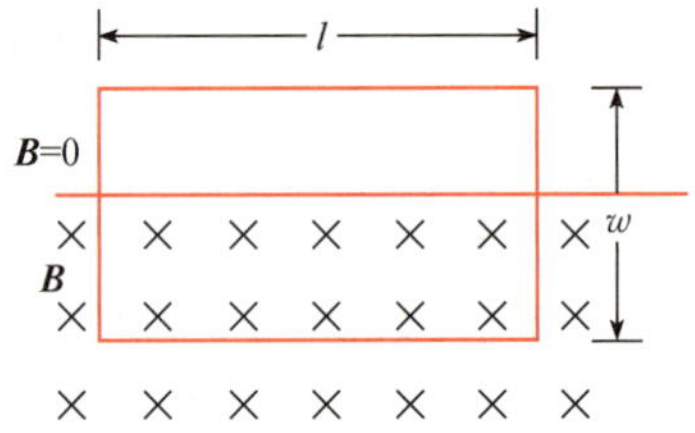

习题 7.13 图

7.14 空心螺线管长 0.5m，截面积为 1cm^2，匝数为 1000. 若忽略边缘效应，它的自感多大？一个 100 匝的副线圈也绕在这个螺线管的中部，互感多大？现有 1A 的稳恒电流流入副线圈，螺线管连接着 $10^3\Omega$ 的负载. 如果上述稳恒电流突然停止，将有多少电荷流过电阻？

*7.15 如习题 7.15 图所示，无电阻的电感器 L 连接金属导轨 M 的一端，施一恒力 F，向右拉动金属棒 N. 该棒长为 l，质量为 m，在导轨上无摩擦地滑动，并切割磁力线. 设导轨 M 与金属棒 N 的电阻为零，棒 N 在水平方向上的初始位置是 $x(0)=0$，初始速度是 $v(0)=0$，那么，

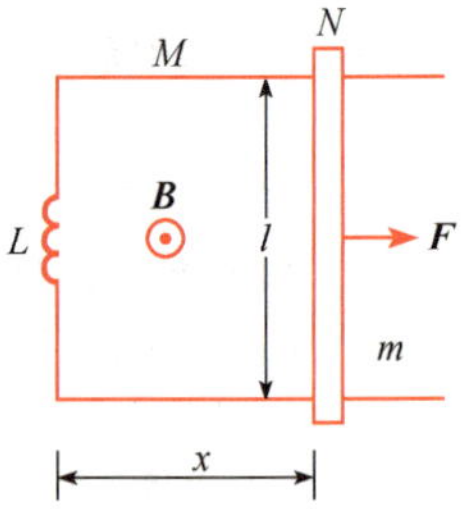

习题 7.15 图

(1) 电路中电流 I 和坐标 x 之间的关系如何？

(2) 滑动棒的运动方程是什么？

(3) 求 $x(t)$.

(4) 试分析滑动棒运动过程中的能量转换过程.

7.16 由 $3\times10^6\Omega$ 的电阻、1μF 电容和 $\mathscr{E}=4$V 的电源连接成简单回路，试求在电路接通后 1s 的时刻下列各量的变化率：

(1) 电容上电荷增加的速率；

(2) 电容器内储存能量的速率；

(3) 电阻上产生的热功率；

(4) 电源提供的功率.

*7.17 如习题 7.17 图所示，两个同轴的圆柱面半径分别为 a 和 b，$b>a$，高度为 h，且 $h\gg b$. 内圆柱面带 $+Q$ 电荷，外圆柱面带 $-Q$ 的电荷，两个圆柱面共同沿中心轴以匀角速度 $\boldsymbol{\omega}$ 转动，忽略边缘效应. 求：(1)空间的磁感应强度分布；(2)计算两个圆柱面单位面积的磁场力，并与电场力相比较；(3)计算磁场的能量；(4)计算两个圆柱面在转动状态下各自的自感系数和它们之间的互感系数.

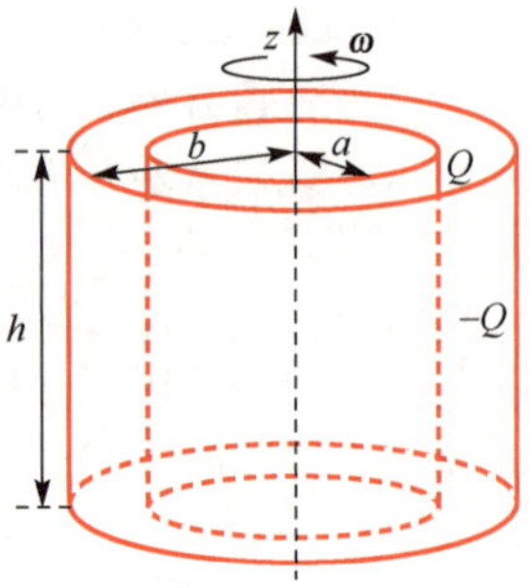

习题 7.17 图

*7.18　如习题 7.18 图所示，一个截面为长方形的环形螺线管，电流为 I，总匝数为 N，内径为 a，外径为 $a+w$，高度为 h，如果电流随时间线性变化，比例系数为 k，求螺线管轴线上 P 点处的电场.($w \ll a, z \gg a$)

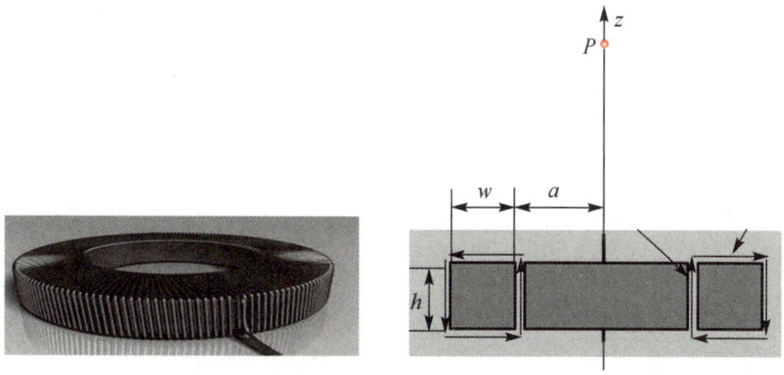

习题 7.18 图

第 8 章　磁能

8.1　有一个平绕于圆筒上的螺旋线圈，长 10cm，直径 1cm，共 1000 匝，用每千米电阻为 247Ω 的漆包线绕制. 求线圈的自感系数和电阻. 如果把这线圈接到电动势为 2V 的蓄电池上，问：

(1) 线圈中通电开始时的电流增长率是多少？

(2) 线圈中的电流达到稳定后，稳定电流是多少？

(3) 这个回路的时间常数是多少？经过多少时间电流达到稳定值的一半？

(4) 电流稳定后，线圈中所储存的磁能是多少？磁能密度是多少？

8.2　(1) 利用磁场能量方法计算如习题 8.2 图所示的两个同轴导体圆柱面组成的传输线单位长度的自感系数 L.

(2) 如果电流为常数，而将外圆柱面半径加倍，那么磁能增加多少？

(3) 在上述过程中，磁场做了多少功？电池提供了多少能量？二者与磁能的增加有何关系？

8.3　如习题 8.3 图所示，一个半径为 R 的单匝圆线圈与长直导线共面，圆心与直导线的距离为 d，且 $d>R$. 设线圈和直导线的电流分别为 I_1、I_2，求相互作用能.

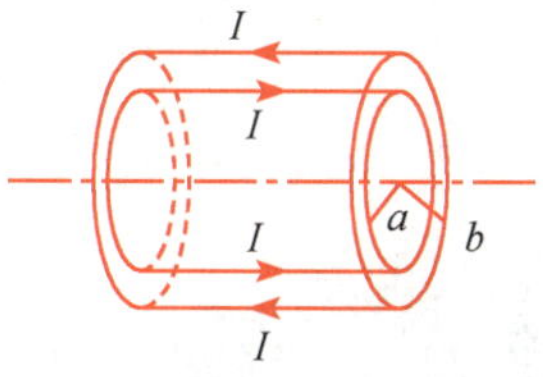

习题 8.2 图

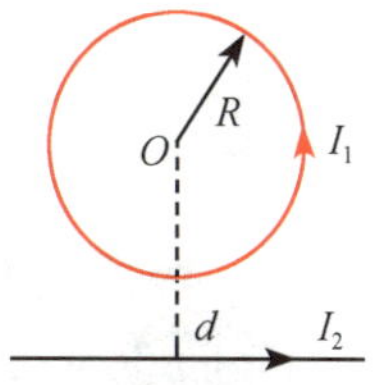

习题 8.3 图

8.4　把一磁偶极子 $\boldsymbol{m}$ 从无穷远移到一个理想导电环(具有零电阻)轴上一点，环半径为 b，自感为 L. 在终了位置上 $\boldsymbol{m}$ 的方向沿圆环的轴，与环心相距为 z. 当磁偶极子在无穷远处时，环上的电流为零，见习题 8.4 图.

(1) 在终了位置时，计算环上的电流；

(2) 计算此位置上的磁偶极子与环之间的相互作用能.

8.5　将题 8.2 中的导体圆柱面换成实心圆柱体，并假定电流沿截面均匀分布，求单位长度的自感系数.

*8.6　一同轴电缆的芯子和外壳有无限大的电导率，它们的半径分别为 r_1 和 r_2. 该电缆被一个可移动的隔

板短路(习题 8.6 图). 当电流 I 流过这个电缆时,求作用到这个隔板上的力.

*8.7　一电磁铁见习题 8.7 图. 用虚功原理证明:

(1) 电磁铁吸引衔铁的起重力为 $F=SB^2/(2\mu_0)$,式中 S 为两磁极与衔铁相接触的总面积,B 为电磁铁内的磁感应强度.

(2) 起重力与磁极、衔铁间的距离 x 有无关系?

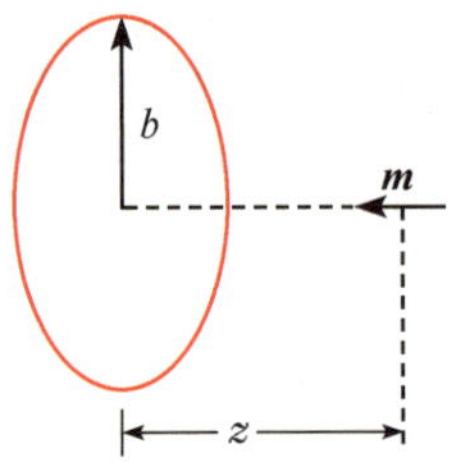

习题 8.4 图

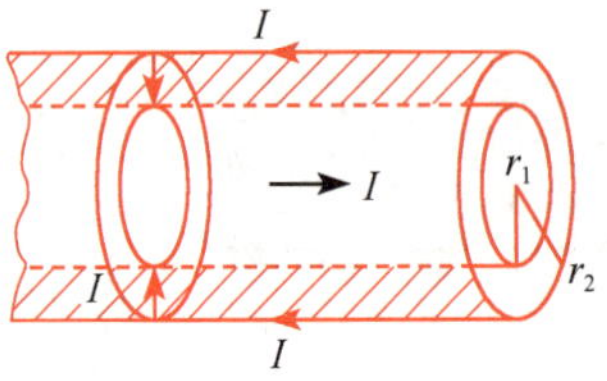

习题 8.6 图

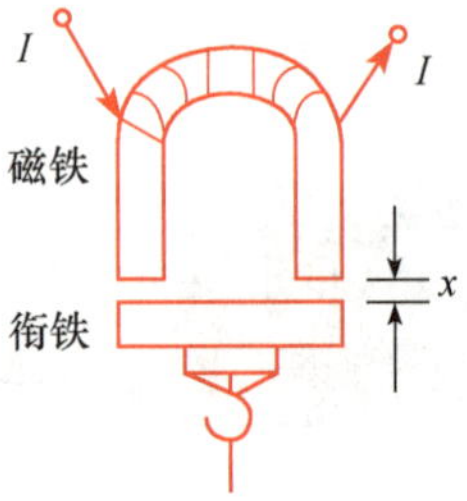

习题 8.7 图

*8.8　如习题 8.8 图所示,一个平面线圈,载有电流 I,面积为 S,质量为 m,放置在远离超导平面的上方距离为 d,忽略线圈的自感,求:(1)线圈受到超导体感应电流的作用力与力矩;(2)固定距离为 d 时,转动平衡位置与稳定性;(3)当线圈角度固定为 $\theta=0$ 时,线圈在 d 距离附近做上下运动的周期;(4)超导表面的电流面密度分布.

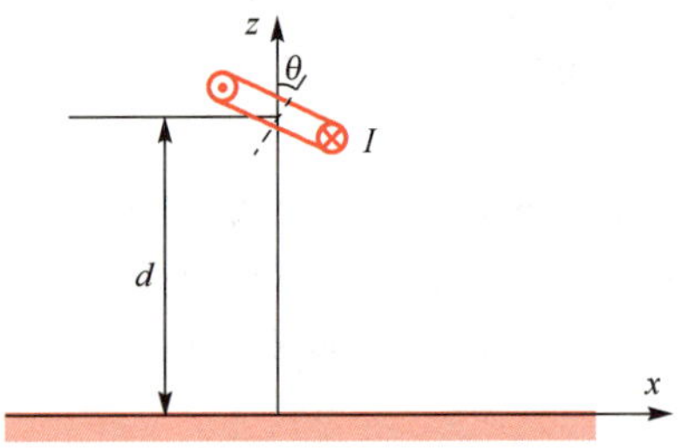

习题 8.8 图

*8.9　如习题 8.9 图所示,一密绕螺绕管共有 N 匝线圈,其横截面是边长为 $2a$ 的正方形,螺绕管的内半径为 a,电流强度为 I. 绝对磁导率分别为 μ_1 和 μ_2 的两种磁介质充满螺绕管,二者的分界面平行于对称轴(z 轴),到轴的距离为 $2a$,如图所示. 求螺绕管储存的磁场能量.

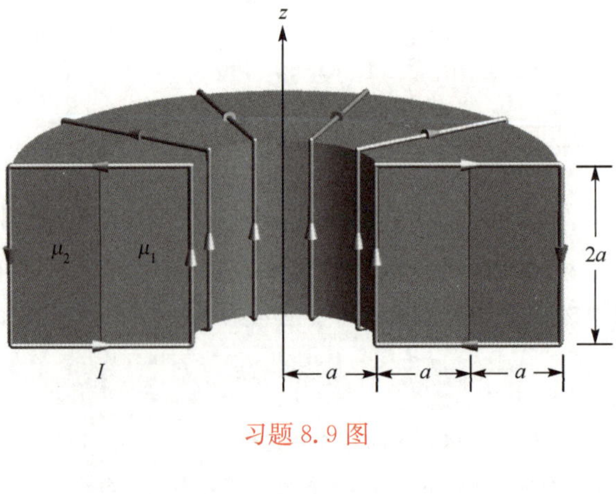

习题 8.9 图

第 9 章　交流电路

9.1 (1) 计算 10H 的电感在频率为 50Hz、60Hz、600Hz 时的阻抗值；

(2) 计算 10μF 的电容在上述频率下的阻抗值；

(3) 在 60Hz 频率下，L 和 C 为何值时它们的阻抗都为 100Ω?

9.2 (1) $L=31.8\text{mH}$ 的线圈，其电阻可略去不计，当加上 220V、50Hz 的交流电压时，求它的阻抗和通过它的电流；

(2) $C=79.6\mu\text{F}$ 的电容接到 220V、50Hz 的交流电源上，求它的阻抗和通过它的电流.

9.3 交流电压的峰值 $V_m=1\text{V}$、频率=50Hz，将这个电压接在 RLC 串联电路的两端，$R=40\Omega$，$L=0.1\text{H}$，$C=50\mu\text{F}$.

(1) 计算这个电路的总阻抗.

(2) 计算阻抗辐角 φ；

(3) 计算每个组件两端上的电压峰值.

9.4 在习题 9.4 图所示的滤波电路中，$C_1=C_2=10\mu\text{F}$. 在频率 $f=1000\text{Hz}$ 下，欲使输出电压 U_2 为输入电压 U_1 的 1/10，求此时扼流圈的自感 L.

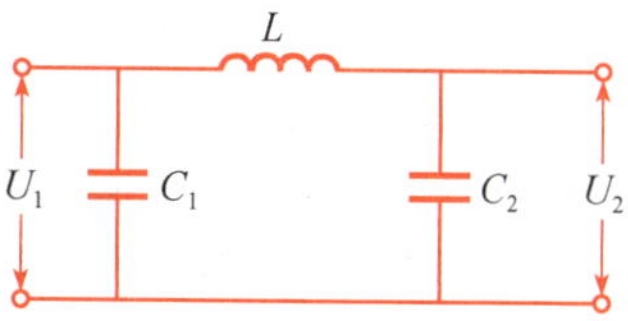

习题 9.4 图

9.5 一个 50Hz 的交流电压加在 RLC 串联电路上，$R=40\Omega$，$L=0.1\text{H}$，$C=50\mu\text{F}$.

(1) 求 RLC 电路的功率因子.

(2) 如果电压源有效值 $V=100\text{V}$，那么这个电路的电流最大值是多少？

(3) 功率损失多大？

9.6 在 RLC 串联电路里，电源具有 50V 的恒定电压振幅，$R=300\Omega$，$L=0.9\text{H}$，$C=2.0\mu\text{F}$.

(1) 计算电源角频率分别为 $500\text{rad}\cdot\text{s}^{-1}$ 和 $1000\text{rad}\cdot\text{s}^{-1}$ 时的电路阻抗；

(2) 在电源频率从 $1000\text{rad}\cdot\text{s}^{-1}$ 缓慢下降到 $500\text{rad}\cdot\text{s}^{-1}$ 时，描述电流振幅如何随频率变化；

(3) 当 $\omega=500\text{rad}\cdot\text{s}^{-1}$ 时，求相位角，并画出 $\omega=500\text{rad}\cdot\text{s}^{-1}$ 时的复矢量图；

(4) 在什么频率下电路发生共振？共振时的功率因子多大？

(5) 如果电阻减到 100Ω，求电路的共振频率，这时共振的电流有效值是多少？

9.7 100Ω 的电阻器，0.1μF 的电容器以及 0.1H 的电感器并联在电压振幅为 100V 的电源上，求：

(1) 共振频率和共振角频率；

(2) 在共振频率时，通过这一并联组合电路的最大总电流；

(3) 共振时通过电阻的最大电流；

(4) 共振时通过电感的最大电流；

(5) 共振时储存在电感里的最大能量和储存在电容里的最大能量.

9.8 一变压器的原线圈为 660 匝，接在 220V 的交流电源上，测得三个副线圈的电压分别为 5V、6.8V、350V，分别求它们的匝数. 设这三个副线圈中的电流分别是 3A、2A、280μA，问通过原线圈中的电流是多少？

9.9 一升压变压器把 100V 交流电压升高到 3300V. 今有一根导线绕过铁芯接在一伏特计 V 上，如习题 9.9 图所示. 伏特计的读数是 0.50V，该变压器两绕组的匝数各是多少？

*9.10 一交流惠斯通电桥见习题 9.10 图.

(1) 当无电流通过检流计 G 时，求复阻抗之间满足的关系式.

(2) 如果电源的频率变化，情况如何？

(3) 让 $\tilde{Z}_1=R_1$，$\tilde{Z}_3=R_3$，$\tilde{Z}_2=R_2+\text{j}\omega L_2$，第四个臂上的阻抗有一未知的电阻 R 和未知感抗 $X=\omega L$. 电桥在频率为 ω 时达到平衡状态，计算 R 和 L.

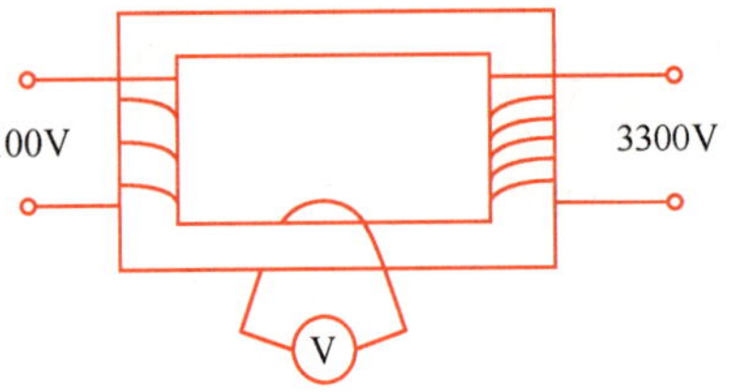

习题 9.9 图

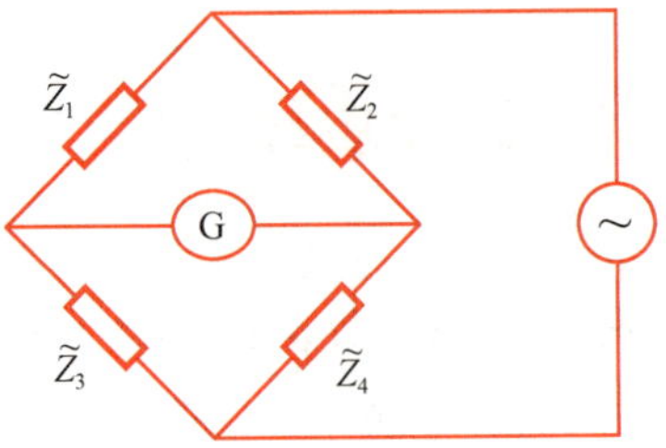

习题 9.10 图

第 10 章　麦克斯韦电磁理论

10.1　一漏电电容器的平板之间的空间填满电阻为 $5.0\times10^5\Omega$ 的物质，电容器的电容是 2.0×10^{-6}F，它的极板是圆形的，半径为 30cm，内部电场均匀，在 $t=0$ 时刻，电容器两端的初始电压是零.

(1) 如果电压以恒定速率 $1.0\times10^3\,\mathrm{V\cdot s^{-1}}$ 增加，那么位移电流是多少？

(2) 通过电容器的真实漏电流在什么时间等于位移电流？

(3) 在半径 $r=20$cm 处，在 $t=0$s，1.0s，2.0s 时刻，极板之间的磁场大小各是多少？

10.2　设一导线的电导率为 σ，介电常量近似等于真空介电常量 ε_0，通以角频率 ω 的交流电.

(1) 导线中传导电流与位移电流之比是多少？

(2) 已知铜的电导率 $\sigma=5.9\times10^7\,\Omega^{-1}\cdot\mathrm{m^{-1}}$，分别计算铜导线载有频率为 50Hz 和 3.0×10^{11} Hz的交流电时，传导电流密度与位移电流密度的大小之比.

10.3　一平行板电容器的两板均为半径为 a 的圆板，接于一交流电源，板上电量的变化为 $Q=Q_0\sin\omega t$，试求两板之间($r<a$)和外部的磁场强度.

10.4　两种各向同性介质相接，它们的介电常量和磁导率分别为 ε_1、μ_1 和 ε_2、μ_2. 设交界面上无自由电荷和传导电流，在交界面两边，电场强度和交界面法线的夹角分别为 θ_1 和 θ_2，磁场强度与交界面法线的夹角分别为 φ_1 和 φ_2，见习题 10.4 图. 证明：

$$\varepsilon_1\cot\theta_1=\varepsilon_2\cot\theta_2$$
$$\mu_1\cot\varphi_1=\mu_2\cot\varphi_2$$

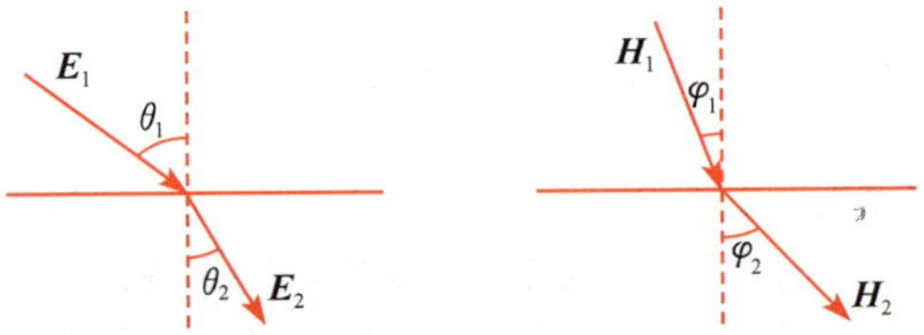

习题 10.4 图

10.5　频率为 5×10^9 Hz 的电磁波在某介质中传播，其电场强度的振幅为 $10\,\mathrm{mV\cdot m^{-1}}$. 设介质的相对介电常量为 2.53，相对磁导率为 1. 试求：

(1) 传播速度；

(2) 波长；

(3) 磁场强度的振幅.

10.6　一个频率为 7.94×10^7 Hz 的无线电波在距离发射机 100km 处的电场强度振幅为 $E=15\,\mathrm{mV\cdot m^{-1}}$. 我们假设发射机在各个方向上传送的功率均匀. 求：

(1) 在该点的磁场强度振幅 H；

(2) 波数 k;

(3) 波长 λ;

(4) 发射机发射的功率 P.

10.7　一条圆柱状导线,其截面是半径为 a 的圆,其电阻率为 ρ,通过恒定的电流 I. 求导线内部距离轴为 r 处的 $\boldsymbol{E}$,$\boldsymbol{H}$ 和坡印亭矢量 $\boldsymbol{S}$ 的大小和方向,并将坡印亭矢量大小与长度为 l、半径为 r 的导体体积内能量的耗散率进行比较.

10.8　在地球轨道上太阳辐射的平均强度(即平均能流密度)是 $\bar{S}=1353\mathrm{W\cdot m^{-2}}$,太阳半径约为 $R_0=7\times10^8\mathrm{m}$,太阳到地球的距离约为 $d=1.5\times10^{11}\mathrm{m}$.

(1)求在太阳表面处太阳辐射的平均强度 $\bar{S}_0$;

(2)求在太阳表面处电场强度的有效值;

(3)求在太阳表面处磁场强度的有效值.

10.9　强度为 S 的光入射到一镜子上,入射光线与镜子平面法线成 θ 角.

(1) 光线对镜子压力 p 多大?

(2) 如果入射光能被镜子吸收的份额为 a,那么压力 p 是多少?

10.10　一球形电容器,内外半径为 r_1、r_2,带电量为 Q,自转转动惯量为 I,静置于一均匀磁场 $\boldsymbol{B}$ 中,当将 $\boldsymbol{B}$ 撤销时,求电容器自转角速度的大小和方向.

10.11　已知电磁波的电场

$$\boldsymbol{E}=E_0\cos(\omega\sqrt{\mu_0\varepsilon_0}\,z-\omega t)\boldsymbol{e}_x$$

求:(1)该电磁波的磁场强度 H;(2)能量密度的瞬时值和一个周期内的平均值;(3)能流密度的瞬时值和一个周期内的平均值.

*10.12　频率为 ω 的单色平面电磁波在一均匀介质中传播,介质的介电常量为 ε,磁导率为 μ,电导率为 σ. 证明电磁波的相速度为

$$v=\left[\frac{\varepsilon\mu}{2}\left(\sqrt{\frac{\sigma^2}{\omega^2\varepsilon^2}+1}+1\right)\right]^{-1/2}$$

*第 11 章　相对论电磁学

11.1　如习题 11.1 图所示,两个粒子 B 和 C 相对 S 系的速度均为 v,与 S 系 x 轴的夹角均为 θ,求 C 相对于 B 的速度.

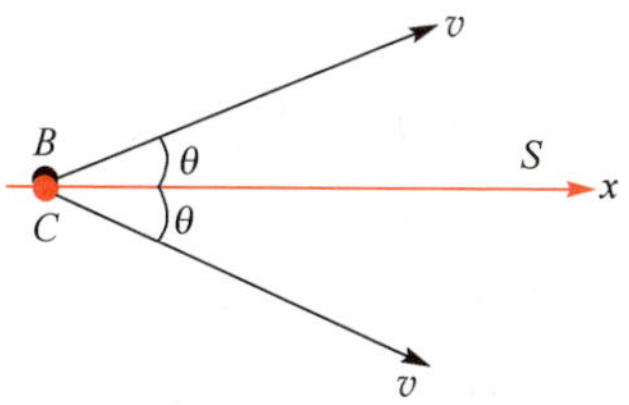

习题 11.1 图

11.2　π 介子静止衰变过程为 $\pi^+\rightarrow\mu^++\nu_\mu$,已知 $m_\pi=0.1396\mathrm{GeV}$,$m_\mu=0.1057\mathrm{GeV}$,$m_\nu=0$,求衰变后两个粒子的能量.

11.3　有人猜测自然界存在磁单极子,磁荷的质量约为 $m_g c^2=10^4\mathrm{GeV}$,如果用高能加速器加速质子,通过质子与质子碰撞来产生正反磁单极子对(G,$\bar{G}$),即

$$\mathrm{p}+\mathrm{p}\rightarrow\mathrm{G}+\bar{\mathrm{G}}+\mathrm{p}+\mathrm{p}$$

质子的静止质量为 $m_p c^2\approx0.94\mathrm{GeV}$,求两种情况下能产生正反磁单极子对需要的阈能:

(1)质子打靶(即另一个质子静止)；

(2)两个相同能量的质子对撞.

11.4　电量分别为 q_1 和 q_2 的两个电荷，相距为 a，以相同的速度 $\boldsymbol{v}$ 匀速运动，$\boldsymbol{v}$ 的方向垂直于他们的连线，求两个电荷之间的作用力.

11.5　一个相对论性粒子，电量为 q，静止质量为 m_0 在磁感应强度为 B 的均匀磁场中运动，其速度与磁感应强度垂直，轨道半径为 R，求该粒子的速度.

11.6　无界空间的单色平面电磁波，其电场强度与磁感应强度相互垂直，试证明：在任何的惯性系中观察，其电场强度与磁感应强度始终垂直.

11.7　利用洛伦兹变换，试求粒子在相互垂直的均匀电场 $\boldsymbol{E}=E_0\boldsymbol{e}_x$ 和均匀磁场 $\boldsymbol{B}=B_0\boldsymbol{e}_y$（$E_0>cB_0$）内的运动规律. 设粒子的初速度为 $u=c^2B/E$，而且沿垂直于电场和磁场的 z 轴正方向.

11.8　证明洛伦兹力 $\boldsymbol{F}=q(\boldsymbol{E}+\boldsymbol{u}\times\boldsymbol{B})$ 满足相对论协变性，即在任意的惯性系中形式不变.

11.9　在静止参考系 S' 系中，欧姆定律为 $\boldsymbol{j}'=\sigma\boldsymbol{E}'$，式中 σ 为电导率，与参考系选择无关，请给出 S 系中电流密度与电场强度和磁感应强度的关系(设 S 系中的电场强度为 $\boldsymbol{E}$，磁感应强度为 $\boldsymbol{B}$).

11.10　若在某一惯性参考系中 $E=cB$，证明在任何惯性系中将同样有 $E'=cB'$，即 $E^2-c^2B^2$ 是洛伦兹协变量.

11.11　如习题 11.11 图所示，一个半径为 R 的长直圆柱形永久磁体绕中心轴匀速转动，C 为电刷，则 AVC 回路会有电流，设磁体内部的磁感应强度为 B_0，方向沿轴线方向，转动角速度为 w，求 V_{AC}.

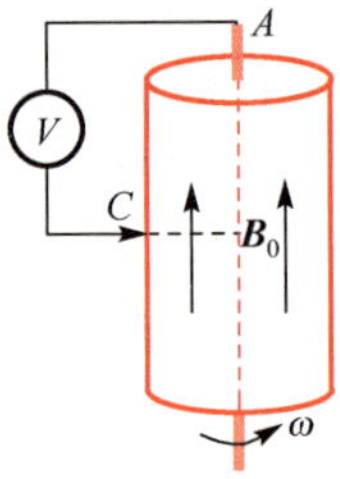

习题 11.11 图

11.12　威尔逊实验如习题 11.12 图所示，当电介质垂直于 B 运动时，短路的电容器极板将带上异号的电荷，设介质的相对介电常量为 ε_r，介质的运动速度为 v，求极板面电荷密度.

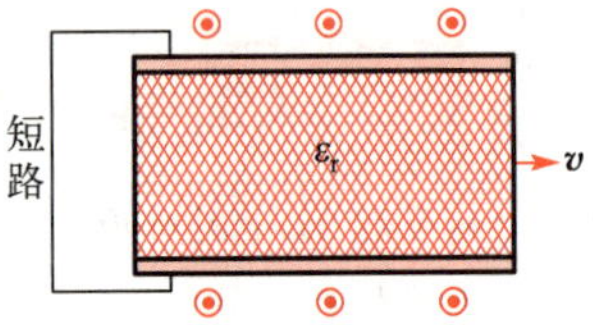

习题 11.12 图

11.13　半径为 R 的磁化铁球，以匀角速度 ω 通过球心的转轴转动，设球内的磁感应强度为 B_0，且为均匀磁场，方向与转轴平行.

(1)求球内的电场和电荷分布；

(2)设球外为一个四极子场，其电势设为：$U=\dfrac{a}{r^3}(3\cos^2\theta-1)$，求出 a；

(3)求球表面的电荷面密度.

11.14　一个球形电容器内外半径分别为 a 和 b，内外球面分别带电量正负 Q，两个球面之间充满相对介电常量为 ε_r，磁导率为 μ_r 的电磁介质. 设该电容器以匀角速度 ω 绕中心轴转动，求极板表面和介质表面的面电流分布.

习题参考答案

第 1 章　真空中的静电场

1.1　(1) 1.14×10^{14} C；(2) 5.14×10^{14} C.

1.3　(2) 2.1×10^{13} Hz.

1.4　$R=l/\sqrt{2}$.

1.5　(1) $\boldsymbol{E}=\frac{ql}{4\pi\varepsilon_0}\left[\frac{1}{(x^2-xl+l^2/2)^{3/2}}-\frac{1}{(x^2+xl+l^2/2)^{3/2}}\right]\boldsymbol{e}_y$；(2) $\boldsymbol{E}=\frac{3ql^2}{4\pi\varepsilon_0 x^4}\boldsymbol{e}_y$.

1.7　$E=0$.

1.8　(1) $\boldsymbol{F}=-\frac{QD\boldsymbol{p}}{2\pi\varepsilon_0(D^2-l^2/4)^2}$，$\boldsymbol{L}=0$；

(2) $\boldsymbol{F}=\frac{Q\boldsymbol{p}}{4\pi\varepsilon_0(D^2+l^2/4)^{3/2}}$，$\boldsymbol{L}=\frac{QD\boldsymbol{p}\times\boldsymbol{e}_x}{4\pi\varepsilon_0(D^2+l^2/4)^{3/2}}$.

1.9　(1) $-\sigma(R_2/R_1)^2$；(2) $\boldsymbol{E}=-\sigma R_2^2\boldsymbol{r}/(\varepsilon_0 r^3)$；(3) $\boldsymbol{E}=0$.

1.10　$\boldsymbol{E}(x>b)=kb^2/(4\varepsilon_0)\boldsymbol{e}_x$，$\boldsymbol{E}(0\leqslant x\leqslant b)=k(2x^2-b^2)/(4\varepsilon_0)\boldsymbol{e}_x$，$\boldsymbol{E}(x<0)=-kb^2/(4\varepsilon_0)\boldsymbol{e}_x$.

1.11　(1) -1.60×10^{-19} C；(2) $\boldsymbol{E}=\frac{q}{4\pi\varepsilon_0}\left[\left(\frac{2}{a^2}+\frac{2}{ar}+\frac{1}{r^2}\right)\mathrm{e}^{-(2r/a)}-\frac{1}{r^2}\right]\boldsymbol{e}_r$.

1.12　$\boldsymbol{E}=\rho\boldsymbol{a}/(3\varepsilon_0)$，$\boldsymbol{a}$ 为连接带正电球心与带负电球心的矢量.

1.14　$\boldsymbol{E}=\frac{a^2\rho_0}{2\varepsilon_0(a^2+r^2)}\boldsymbol{r}$.

1.15　(1) $A=\frac{qQ}{6\pi\varepsilon_0 l}$；(2) $A=\frac{qQ}{6\pi\varepsilon_0 l}$.

1.17　$U=\frac{ql^2}{4\pi\varepsilon_0 r^3}(3\cos^2\theta-1)$，$\boldsymbol{E}=\frac{3ql^2}{4\pi\varepsilon_0 r^4}[(3\cos^2\theta-1)\boldsymbol{e}_r+2\sin\theta\cos\theta\boldsymbol{e}_\theta]$.

*1.18　$U=-\frac{3ql^2\sin\theta\cos\theta}{4\pi\varepsilon_0 r^3}$；$E_r=-\frac{9ql^2\sin\theta\cos\theta}{4\pi\varepsilon_0 r^4}$，$E_\theta=\frac{3ql^2\cos2\theta}{4\pi\varepsilon_0 r^4}$.

1.19　(1) $U=0\ (r\geqslant b)$，$U=[\lambda_e/(2\pi\varepsilon_0)]\ln(b/r)\ (a\leqslant r\leqslant b)$，$U=[\lambda_e/(2\pi\varepsilon_0)]\ln(b/a)\ (r\leqslant a)$；
(2) $\Delta U=[\lambda_e/(2\pi\varepsilon_0)]\ln(b/a)$.

1.20　(1) $U=\frac{q}{4\pi\varepsilon_0}\left[\left(\frac{1}{a}+\frac{1}{r}\right)\mathrm{e}^{-2r/a}-\frac{1}{r}\right]$；(2) $U=\frac{q}{4\pi\varepsilon_0}\left(\frac{1}{a}+\frac{1}{r}\right)\mathrm{e}^{-2r/a}$.

*1.21　$U\approx\begin{cases}\frac{\sigma l}{2\varepsilon_0}\left(1-\frac{x}{\sqrt{x^2+R^2}}\right), & x>\frac{l}{2}\\ -\frac{\sigma l}{2\varepsilon_0}\left(1+\frac{x}{\sqrt{x^2+R^2}}\right), & x<-\frac{l}{2}\\ \frac{\sigma x}{\varepsilon_0}, & -\frac{l}{2}<x<\frac{l}{2}\end{cases}$

$$\boldsymbol{E}\approx\begin{cases}\dfrac{\sigma lR^2}{2\varepsilon_0}\dfrac{1}{(x^2+R^2)^{3/2}}\boldsymbol{e}_x, & x>\dfrac{l}{2};\\ \dfrac{\sigma lR^2}{2\varepsilon_0}\dfrac{1}{(x^2+R^2)^{3/2}}\boldsymbol{e}_x, & x<-\dfrac{l}{2};\\ -\dfrac{\sigma}{\varepsilon_0}\boldsymbol{e}_x, & -\dfrac{l}{2}<x<\dfrac{l}{2}.\end{cases}$$

第 2 章　静电场中的导体和电介质

2.1　$Q_{11}=Q_{24}=(Q_1+Q_2)/2$，$Q_{12}=(Q_1-Q_2)/2$，$Q_{23}=(Q_2-Q_1)/2$.

2.2　$q=\dfrac{R_1R_2Q}{R_1R_3-R_1R_2-R_2R_3}$，$U=\dfrac{Q}{4\pi\varepsilon_0}\dfrac{R_1-R_2}{R_1R_3-R_1R_2-R_2R_3}$.

2.5　$\boldsymbol{F}_{q1}=\boldsymbol{F}_{q2}=0$，$\boldsymbol{F}_q=-\boldsymbol{F}_A=\dfrac{1}{4\pi\varepsilon_0}\dfrac{(q_1+q_2)q}{r^3}\boldsymbol{r}$.

2.6　(1) 1.06×10^2 pF；(2) 外箔片 $1.95\times10^{-5}\,\mathrm{C\cdot m^{-2}}$，中间箔片 $-3.90\times10^{-5}\,\mathrm{C\cdot m^{-2}}$.

2.7　$C=\dfrac{\varepsilon_0S(2d-t)}{2d(d-t)}$.

2.8　$U_1=U_5=240\mathrm{V}$，$U_2=U_4=360\mathrm{V}$，$U_3=120\mathrm{V}$.

2.9　$C=2\pi\varepsilon_0 l\dfrac{\ln\left(\dfrac{d}{a}\right)}{\ln\left(\dfrac{b}{a}\right)\ln\left(\dfrac{d}{b}\right)}$.

2.10　$1.2\times10^{-4}\,\mathrm{C\cdot m^{-2}}$.

2.11　(1) $8.85\times10^{-3}\,\mathrm{C\cdot m^{-2}}$；(2) 0.2%.

2.12　(1) $P_1=1.4\times10^{-5}\,\mathrm{C\cdot m^{-2}}$，$P_2=8.9\times10^{-6}\,\mathrm{C\cdot m^{-2}}$；

(2) 3.8kV，3.0kV.

2.13　(1) $\boldsymbol{E}=\lambda_0\boldsymbol{e}_r/(2\pi\varepsilon r)$，$\boldsymbol{D}=\lambda_0\boldsymbol{e}_r/(2\pi r)$，$\boldsymbol{P}=(\varepsilon-\varepsilon_0)\lambda_0\boldsymbol{e}_r/(2\pi\varepsilon r)$，

$\rho'=0$，$\sigma_1'=-(\varepsilon-\varepsilon_0)\lambda_0/(2\pi\varepsilon R_1)$，$\sigma_2'=(\varepsilon-\varepsilon_0)\lambda_0/(2\pi\varepsilon R_2)$；

(2) $\Delta U=\lambda_0\ln(R_2/R_1)/(2\pi\varepsilon)$；(3) $C=2\pi\varepsilon l/\ln(R_2/R_1)$.

2.14　(1) $C=\dfrac{4\pi\varepsilon_0 ab}{b-a+abk\ln(b/a)}$；(2) $\rho'=\dfrac{kQ}{4\pi r^2}$；(3) $\sigma_a'=\dfrac{kQ}{4\pi a}$，$\sigma_b'=-\dfrac{kQ}{4\pi b}$.

2.15　$U=\dfrac{5q_0}{168\pi\varepsilon_0R}$.

2.16　(1) $P=0$, $E=100\,\mathrm{V\cdot m^{-1}}$，$D=8.85\times10^{-10}\,\mathrm{C\cdot m^{-2}}$（介质外），

$P=4.43\times10^{-10}\,\mathrm{C\cdot m^{-2}}$，$E=50\,\mathrm{V\cdot m^{-1}}$，$D=8.85\times10^{-10}\,\mathrm{C\cdot m^{-2}}$（介质中）；

(2) $V=100x$ $(0\leqslant x\leqslant0.01\mathrm{m})$，$V=50x+0.5$ $(0.01\mathrm{m}\leqslant x\leqslant0.02\mathrm{m})$，

$V=100x-0.5$ $(0.02\mathrm{m}\leqslant x\leqslant0.03\mathrm{m})$.

2.17　(1) $C=\dfrac{4\pi\varepsilon_1\varepsilon_2R_1R_2r}{(\varepsilon_1-\varepsilon_2)R_1R_2+(\varepsilon_2R_2-\varepsilon_1R_1)r}$；

(2) $\sigma'|_r=-\dfrac{\varepsilon_0Q}{4\pi r^2}\dfrac{\varepsilon_1-\varepsilon_2}{\varepsilon_1\varepsilon_2}$，$\sigma_1'=(\varepsilon_1-\varepsilon_0)Q/(4\pi\varepsilon_1R_1^2)$，$\sigma_2'=-(\varepsilon_2-\varepsilon_0)Q/(4\pi\varepsilon_2R_2^2)$.

2.19　$\boldsymbol{E}=\dfrac{q}{2\pi(\varepsilon_1+\varepsilon_2)r^2}\boldsymbol{e}_r$，$\sigma_1=\dfrac{\varepsilon_1q}{2\pi(\varepsilon_1+\varepsilon_2)a^2}$，$\sigma_2=\dfrac{\varepsilon_2q}{2\pi(\varepsilon_1+\varepsilon_2)a^2}$.

2.20　(1) 相等，都等于未放入介质时的场强；(2)相等，都等于未放入介质时的 $2\varepsilon_0/(\varepsilon+\varepsilon_0)$倍.

*2.21　$F=-q^2/(16\pi\varepsilon_1a^2)$，引力.

2.22 (1) 3 个像电荷：$U=U_1+U_2+U_3+U_4$，式中

$$U_1=\frac{q}{4\pi\varepsilon_0\sqrt{(x-a)^2+(y-b)^2+z^2}},\quad U_2=-\frac{q}{4\pi\varepsilon_0\sqrt{(x+a)^2+(y-b)^2+z^2}},$$

$$U_3=\frac{q}{4\pi\varepsilon_0\sqrt{(x+a)^2+(y+b)^2+z^2}},\quad U_4=-\frac{q}{4\pi\varepsilon_0\sqrt{(x-a)^2+(y+b)^2+z^2}},$$

$\boldsymbol{E}$ 的表达式略；

(2) $\sigma_e(x,0,z)=-\frac{qb}{2\pi}\{[(x-a)^2+b^2+z^2]^{-3/2}-[(x+a)^2+b^2+z^2]^{-3/2}\}$.

*2.23 (1) $U_1=\frac{q}{4\pi\varepsilon_0}\left(\frac{1}{\sqrt{r^2+d^2-2rd\cos\theta}}-\frac{R}{\sqrt{r^2d^2+R^4-2rdR^2\cos\theta}}\right)$，$\boldsymbol{E}$ 的表达式略；

(2) $U_2=U_1+\frac{Q+q}{4\pi\varepsilon_0 R}$，$\boldsymbol{E}$ 的表达式略.

*2.24 $C=2\pi\varepsilon_0/\ln(2b/a)$.

*2.26 $F=\frac{Q^2}{4\pi\varepsilon_0 d^2}-\frac{Q^2R^3}{\pi\varepsilon_0 d^5}+O\left(\frac{1}{d^8}\right)$.

第 3 章 静电能

3.1 3.8×10^{-14} J, 6.4N.

3.2 (1) $W_{12}=-q^2/(2\pi\varepsilon_0 a)$, $W_{23}=-q^2/(2\pi\varepsilon_0 a)$, $W_{13}=q^2/(8\pi\varepsilon_0 a)$；

(2) $W_{互}=-7q^2/(8\pi\varepsilon_0 a)$.

3.3 (1) $W=\frac{3Q^2}{4\pi\varepsilon_0 a}\left(\frac{2}{\sqrt{3}}-\frac{5}{2}\right)$； (2) $A=\frac{Q^2}{4\pi\varepsilon_0 a}\left[3-\frac{4\sqrt{3}}{3}\right]$.

3.4 (1) $r=e^2/(8\pi\varepsilon_0 mc^2)$； (2) $r=3e^2/(20\pi\varepsilon_0 mc^2)$； (3) $r_0=2.8\times10^{-15}$ m.

3.5 1.82×10^{-4} J, 8.09×10^{-5} J

3.6 (1) 795MeV(1.27×10^{-10} J)； (2) 294MeV(4.70×10^{-11} J)；

(3) 7.5×10^{26} MeV(1.2×10^{14} J).

3.7 (1) $w_e=Q^2/(8\pi^2\varepsilon r^2 l^2)$； (2) $W=Q^2\ln(b/a)/(4\pi\varepsilon l)$.

3.9 (1) $R_1=R_2/e$； (2) $R_1=R_2/\sqrt{e}$；

(3) 在情况(1)下 $U_{max}=1.1\times10^4$ V，在情况(2)下 $U_{max}=9.1\times10^3$ V.

3.10 (1) $W_{自}(+Q)=\frac{Q^2}{8\pi\varepsilon_0 R_1}$, $W_{自}(-Q)=\frac{Q^2}{8\pi\varepsilon_0 R_2}$； (2) $W_{互}=-\frac{Q^2}{4\pi\varepsilon_0 R_2}$；

(3) $W=\frac{Q^2}{8\pi\varepsilon_0}\left(\frac{1}{R_1}-\frac{1}{R_2}\right)$.

*3.11 $F=\pi(\varepsilon-\varepsilon_0)V^2/\ln(b/a)$，向外.

*3.13 (1) $\frac{\varepsilon_0\varepsilon_r(\varepsilon_r-1)StV^2}{2[\varepsilon_r d-(\varepsilon_r-1)t]^2}$； (2) $\frac{\varepsilon_0(\varepsilon_r-1)StV^2}{2[\varepsilon_r d-(\varepsilon_r-1)t]d}$； (3) $\frac{\varepsilon_0 StV^2}{2(d-t)^2}$, $\frac{\varepsilon_0 StV^2}{2(d-t)d}$.

*3.14 (1) $F=\frac{(2\sqrt{2}-1)}{32}\frac{q^2}{\pi\varepsilon_0 a^2}$，指向原点； (2) $A=-\frac{(4-\sqrt{2})}{16}\frac{q^2}{\pi\varepsilon_0 a}$；

(3) $\sigma=\frac{q}{2\pi a^2}\left(\frac{1}{5\sqrt{5}}-1\right)$.

*3.15 (1) $p_e=4\pi\varepsilon_0 a^3E_0$；

(2) $$\begin{cases}U=-E_0 r\cos\theta+\dfrac{q}{4\pi\varepsilon_0 r}+\dfrac{E_0a^3}{r^2}\cos\theta+U_0 & (r>a)\\ U=\dfrac{q}{4\pi\varepsilon_0 a}+U_0 & (r<a)\end{cases}$$

(3) $W=2\pi\varepsilon_0 a^3 E_0^2$.

3.16 $A=\dfrac{q^2}{16\pi\varepsilon_0 z}\left(\dfrac{\varepsilon_r-1}{\varepsilon_r+1}\right)$.

3.17 $A=\dfrac{1}{8\pi\varepsilon_0}\left(\dfrac{q^2R}{d^2-R^2}-\dfrac{2Qq}{d}-\dfrac{q^2R}{d^2}\right)$.

第 4 章　稳恒电流

4.1 $j=3Q\omega r/(4\pi R^3)$.

4.2 (1) $1.7\times10^{-7}\mathrm{m\cdot s^{-1}}$; (2) $1.2\times10^{5}\mathrm{m\cdot s^{-1}}$; (3) $1.4\times10^{-14}\mathrm{s}$;
(4) $1.7\times10^{-9}\mathrm{m}$; (5) $1.4\times10^{-4}\mathrm{V\cdot m^{-1}}$.

4.3 $R=\dfrac{l}{\pi\sigma ab}$.

4.4 $R_{ab}=\dfrac{(R_1+R_2)R_3R_4+(R_3+R_4)R_1R_2+(R_1+R_2)(R_3+R_4)r}{(R_1+R_3)(R_2+R_4)+(R_1+R_2+R_3+R_4)r}$.

4.5 $R=\dfrac{1}{4\pi\sigma}\left(\dfrac{1}{a}-\dfrac{1}{b}\right)$.

4.6 $R_{AB}=\left(1-\dfrac{2}{21}\sqrt{21}\right)r$.

4.7 $x=20\mathrm{km}$.

4.8 (1) $R=\dfrac{\rho}{2\pi l}\ln\dfrac{b}{a}$; (2) $C=\dfrac{2\pi\varepsilon l}{\ln(b/a)}$; (3) $RC=\varepsilon\rho$.

4.9 $U_4=12/7\mathrm{V}$, $I_2=8/7\mathrm{A}$.

4.10 $U_{ab}=0.63\mathrm{V}$.

4.11 (1) $U_{ab}=0$; (2) $I_1=0.4\mathrm{A}$.

4.12 $I_1=3\mathrm{A}$, $I_2=7\mathrm{A}$, $I_3=0.8\mathrm{A}$.

*4.13 (1) $I(t)=(\sigma q/\varepsilon)\mathrm{e}^{-\sigma t/\varepsilon}$; (2) $W=q^2(b-a)/(8\pi\varepsilon ab)$.

*4.14 (1) $R=\dfrac{1}{2\pi L}\left(\dfrac{1}{\sigma_a}\ln\dfrac{R_0}{R_1}+\dfrac{1}{\sigma_b}\ln\dfrac{R_2}{R_0}\right)$, $I=\dfrac{U}{R}$;

(2) 内表面 $\sigma_1=\varepsilon_a I/(2\pi\sigma_a LR_1)$,外表面 $\sigma_2=-\varepsilon_b I/(2\pi\sigma_b LR_2)$,
分界面 $\sigma=I(\sigma_a\varepsilon_b-\sigma_b\varepsilon_a)/(2\pi LR_0\sigma_a\sigma_b)$.

4.15 $C=\dfrac{\varepsilon}{\sigma R}=7.08\times10^{-11}\mathrm{F}$.

*4.17 (1)
$$\begin{cases}\varphi_1=-\dfrac{3\sigma_0}{\sigma+2\sigma_0}E_0 r\cos\theta=-\dfrac{3}{\sigma+2\sigma_0}j_0 r\cos\theta, r<R\\ \varphi_2=-\dfrac{j_0}{\sigma_0}r\cos\theta+\dfrac{\sigma-\sigma_0}{\sigma+2\sigma_0}\dfrac{R^3}{r^2}\dfrac{j_0}{\sigma_0}\cos\theta, r>R\end{cases}$$

$$\begin{cases}\boldsymbol{E}_1=\dfrac{3}{\sigma+2\sigma_0}\boldsymbol{j}_0, r<R\\ \boldsymbol{E}_2=\left(1+\dfrac{\sigma-\sigma_0}{\sigma+2\sigma_0}\dfrac{2R^3}{r^3}\right)\dfrac{j_0}{\sigma_0}\cos\theta\,\boldsymbol{e}_r+\left(\dfrac{\sigma-\sigma_0}{\sigma+2\sigma_0}\dfrac{R^3}{r^3}-1\right)\dfrac{j_0}{\sigma_0}\sin\theta\,\boldsymbol{e}_\theta, r>R;\end{cases}$$

(2) $p=\dfrac{\sigma-\sigma_0}{\sigma+2\sigma_0}4\pi\varepsilon_0R^3\dfrac{j_0}{\sigma_0}$;

(3) $\sigma=2\sigma_0$, $P_{\text{功}}=\dfrac{3}{2\sigma_0}j_0^2\pi R^3$.

*4.18
$$\begin{cases}\varphi_1=-\dfrac{j_0}{\sigma_0}r\cos\theta-\dfrac{j_0R^3}{2\sigma_0 r^2}\cos\theta,\ r\geqslant R\\ \varphi_2=-\dfrac{3j_0}{2\sigma_0}r\cos\theta, r\leqslant R\end{cases}$$

$$\begin{cases} \boldsymbol{E}_1 = \dfrac{j_0}{\sigma_0}(\cos\theta\,\boldsymbol{e}_r - \sin\theta\,\boldsymbol{e}_\theta) - \dfrac{j_0}{2\sigma_0}\dfrac{R^3}{r^3}(2\cos\theta\,\boldsymbol{e}_r + \sin\theta\,\boldsymbol{e}_\theta),\ r > R \\ \boldsymbol{E}_2 = \dfrac{3j_0}{2\sigma_0}(\cos\theta\,\boldsymbol{e}_r - \sin\theta\,\boldsymbol{e}_\theta) = \dfrac{3\boldsymbol{j}_0}{2\sigma_0},\ r < R \end{cases}$$

第 5 章　真空中的静磁场

5.1　7.4×10^{-12}N.

*5.2　(1) $2\sqrt{2}\mu_0 I/\pi a$；　(2) $\dfrac{4\mu_0 Ia^2}{\pi(4z^2+a^2)(4z^2+2a^2)^{1/2}}$.

5.3　$B=\dfrac{\mu_0 I}{4\pi b}\left(\dfrac{l-a}{\sqrt{b^2+(l-a)^2}}+\dfrac{a}{\sqrt{b^2+a^2}}\right)$,垂直于纸面向内.

5.4　$B=\mu_0 I/(8R)$,垂直于纸面向内.

*5.5　$B=(\mu_0 IR^2/2)\{[R^2+(x+a/2)^2]^{-3/2}+[R^2+(x-a/2)^2]^{-3/2}\}$,
　　B 的方向沿轴线向右.

5.6　$m\approx8.64\times10^{22}\,\mathrm{A\cdot m^2}$.

5.7　(1) 6.1×10^{-4}T；　(2) 5.6×10^{-4}T.

5.8　$\mu_0 I\arctan(a/x)/(2\pi a)$,方向沿 y 轴正向.

*5.9　球内轴线上 $B=\dfrac{\mu_0 q\omega}{6\pi R}$，　球外轴线上 $B=\dfrac{\mu_0 q\omega R^2}{6\pi z^3}$，　磁矩 $m=\dfrac{q\omega R^2}{3}$.

5.10　(1) $r<a$，　$B=\dfrac{\mu_0 Ir}{2\pi a^2}$；　(2) $a<r<b$，　$B=\dfrac{\mu_0 I}{2\pi r}$；　(3) $b<r<c$，　$B=\dfrac{\mu_0 I(c^2-r^2)}{2\pi r(c^2-b^2)}$；
　　(4) $r>c$，　$B=0$.

5.11　(1) $\dfrac{\mu_0 IR_2^2}{2\pi a(R_1^2-R_2^2)}$；　(2) $\dfrac{\mu_0 Ia}{2\pi(R_1^2-R_2^2)}$；
　　(3) 在 O 处 $B_0=2\times10^{-6}$(T),在 O' 处 $B'=2\times10^{-4}$T.

5.12　0，　$\mu_0 \boldsymbol{i}\boldsymbol{e}_x$，　0，　$-\mu_0\boldsymbol{i}\boldsymbol{e}_x$.

5.13　$\mu_0 NI/(2\pi r)$,沿环向,逆时针.

5.14　8.2×10^{-8}N，　3.5×10^{-5}N,磁力是电力的 430 倍.

5.15　(1) $7.6\times10^6\,\mathrm{m\cdot s^{-1}}$；　(2)沿 y 轴正向.

5.16　(1) n 型；　(2) $2.9\times10^{14}\,\mathrm{cm^{-3}}$.

5.17　$v=v_0\sqrt{B/B_0}$，　$r=mv_0/(e\sqrt{BB_0})$.

5.18　$1-\sqrt{3}/2$.

*5.19　(1) $\boldsymbol{m}=-\dfrac{2\pi}{\mu_0}R^3\boldsymbol{B}_0$；(2) $\boldsymbol{i}=\dfrac{3}{2\mu_0}B_0\sin\theta\,\boldsymbol{e}_\varphi$；(3) $\boldsymbol{m}=-\dfrac{2\pi}{\mu_0}R^3\boldsymbol{B}_0$.

第 6 章　静磁场中的磁介质

6.1　$\boldsymbol{F}=(1.706\boldsymbol{e}_x+0.647\boldsymbol{e}_y-0.294\boldsymbol{e}_z)$N.

6.2　(1) $F=\sqrt{2}aIB$,方向垂直纸面向外；　(2)与电桥是否平衡无关.

6.3　(1) $T=IRB$；　(2) 0.35N.

6.4　(1) $m\sqrt{2gh}/(lB)$；　(2) 3.1C.

6.5　2.45A.

*6.7　$F=\mu_0 I^2/(4\pi^2 a)$.

6.8　446 倍.

6.9　(1)$r<R_1$: $H=Ir/(2\pi R_1^2)$, $B=\mu_0 Ir/(2\pi R_1^2)$; $R_1<r<R_2$: $H=I/(2\pi r)$, $B=\mu I/(2\pi r)$; $r>R_2$: $H=I/(2\pi r)$, $B=\mu_0 I/(2\pi r)$.

(2)$i_{内}=(\mu-\mu_0)I/(2\pi\mu_0 R_1)$, $i_{外}=-(\mu-\mu_0)I/(2\pi\mu_0 R_2)$.

6.10　1.1×10^{-12} N,斥力.

6.11　(1) $2.0\times10^4\ \text{A}\cdot\text{m}^{-1}$;　(2) $7.76\times10^5\ \text{A}\cdot\text{m}^{-1}$;　(3) 38.8;

(4) $7.76\times10^5\ \text{A}\cdot\text{m}^{-1}$,　39.8.

6.12　$H=I/(2\pi r)$,　$B=\mu I/(2\pi r)$,　$i'=-(\mu-\mu_0)I/(2\pi\mu_0 a)$.

6.13　5.6′.

*6.14　$$B_x=\frac{2\mu_1\mu_2\mu_0 Iy}{\pi(2\mu_2\mu_0+\mu_1\mu_0+\mu_1\mu_2)}\left[\frac{1}{(x-a)^2+y^2}-\frac{1}{(x+a)^2+y^2}\right],$$

$$B_y=\frac{2\mu_1\mu_2\mu_0 I}{\pi(2\mu_2\mu_0+\mu_1\mu_0+\mu_1\mu_2)}\left[\frac{x+a}{(x+a)^2+y^2}-\frac{x-a}{(x-a)^2+y^2}\right].$$

*6.15　$$B_z=\frac{\mu_0 a^2 I}{2}\left\{\frac{1}{[a^2+(z-d)^2]^{3/2}}-\frac{1}{[a^2+(z+d)^2]^{3/2}}\right\},\quad F=\frac{3\mu_0\pi I^2 a^4}{32d^4}.$$

*6.16　$$F=\frac{\mu_0(\mu-\mu_0)I^2a^2}{2\pi(\mu+\mu_0)(d^2-a^2)d}.$$

6.17　$$B=\frac{\mu\mu_0 NI}{d(\mu-\mu_0)+4\mu_0 l}.$$

6.18　$P=9.5\times10^4$ W,　$m=3.8\times10^2$ kg,　$F_m=8\times10^5$ N.

6.19　0.1T.

*6.20　$F=n^2I^2(\mu-\mu_0)^2S/(2\mu_0)$.

*6.21　(1) 9.4×10^{-5} Wb;　(2) $7.5\ \text{A}\cdot\text{m}^2$;

(3) $H=4.739\times10^3\ \text{A}\cdot\text{m}^{-1}$,　$B=1.194$T,方向相反.

*6.22　(1) $H=\frac{\sigma_m}{2\mu_0}\left\{\frac{x+l/2}{[R^2+(x+l/2)^2]^{1/2}}-\frac{x-l/2}{[R^2+(x-l/2)^2]^{1/2}}\right\}$,方向向右;

(2) $p_m=\sigma_m\pi R^2 l$,　$m=\sigma_m\pi R^2 l/\mu_0$,方向向右.

*6.23　$$\begin{cases}\boldsymbol{B}=\dfrac{3\mu_r}{\mu_r+2}\boldsymbol{B}_0,\ r<R\\ \boldsymbol{B}_{外}=\left(\dfrac{2(\mu_r-1)R^3}{(\mu_r+2)r^3}+1\right)B_0\cos\theta\boldsymbol{e}_r+\left(\dfrac{(\mu_r-1)R^3}{(\mu_r+2)r^3}-1\right)B_0\sin\theta\boldsymbol{e}_\theta,\ r>R\end{cases}$$

$$W=\frac{2\pi(\mu_r-1)^2R^3B_0^2}{\mu_0(\mu_r+2)^2}$$

*6.24　$$\boldsymbol{B}=\begin{cases}\dfrac{3\mu_{r2}}{(\mu_{r2}+2\mu_{r1})}\boldsymbol{B}_0,\ r<R\\ \left(\dfrac{2(\mu_{r2}-\mu_{r1})}{(\mu_{r2}+2\mu_{r1})}\left(\dfrac{R}{r}\right)^3+1\right)B_0\cos\theta\boldsymbol{e}_r+\left(\dfrac{(\mu_{r2}-\mu_{r1})}{(\mu_{r2}+2\mu_{r1})}\left(\dfrac{R}{r}\right)^3-1\right)B_0\sin\theta\boldsymbol{e}_\theta,\ r>R\end{cases}$$

$$\boldsymbol{m}=\frac{4\pi(\mu_{r2}-\mu_{r1})}{\mu_0\mu_{r1}(\mu_{r2}+2\mu_{r1})}\boldsymbol{B}_0R^3$$

第 7 章　电磁感应

7.1　(1) $\mathscr{E}=vBa$,　$F=-vB^2a^2/R$,与 v 反向;　(2) $\mathscr{E}=\dfrac{\mu_0 Iab}{2\pi t(vt+b)}$.

7.2 $\mathscr{E}_{PC}=-\mu_0\mu\omega/(4\pi R)$.

7.3 $V_{AC}=V_{CB}=-(\sqrt{3}/24)B\omega a^2\sin\theta$, $V_{BA}=(\sqrt{3}/12)B\omega a^2\sin\theta$,这里 θ 为线圈平面法向与 $\boldsymbol{B}$ 的夹角.

7.4 (1) $\mathscr{E}=B\omega a^2/2$; (2) $R=r/4, P_{\max}=B^2\omega^2 a^4/(4r)$.

7.5 (1) 2.6×10^{-3}V; (2) 0; (3) $9.1\times10^{-15}\text{C}\cdot\text{m}^{-2}$.

7.6 (1) $E_\varphi=-\dfrac{R^2}{2\rho}\dfrac{\mathrm{d}B_0}{\mathrm{d}t}$ $(\rho\geqslant R)$, $E_\varphi=-\dfrac{\rho}{2}\dfrac{\mathrm{d}B_0}{\mathrm{d}t}$ $(\rho\leqslant R)$; (2) $\boldsymbol{j}=\sigma E_\varphi\hat{\boldsymbol{\phi}}$.

7.7 (1) 94.2V; (2) $0.790\sin(209t)$V.

7.8 (1) $L=\dfrac{\mu_0 N^2 h}{2\pi}\ln\dfrac{R+a}{R-a}$; (2) $M=\dfrac{\mu_0 Nh}{2\pi}\ln\dfrac{R+a}{R-a}$.

7.9 (1) $B=0.795$T; (2) $L=1.14$H.

7.10 (1) $L=1.58\times10^{-8}$H; (2) $C=4.43\times10^{-12}$F; (3) $\omega_0=3.78\times10^{9}\,\text{rad}\cdot\text{s}^{-1}$.

7.11 (1) $M_{AC}=2.09$H; (2) $M_{AB}=16.8$H.

7.12 (1) $B=\dfrac{\mu\mu_0 Vr^2}{2a\rho(2\pi\mu_0 b+\mu w)}$; (2) $P=\dfrac{V^2r^2}{2a\rho N}$; (3) $\tau=\dfrac{\mu\mu_0 Na\pi r^2}{2\rho(2\pi\mu_0 b+\mu w)}$.

*7.13 (1) $I=\dfrac{mg}{Bl}\left[1-\exp\left(-\dfrac{B^2l^2}{mR}t\right)\right], v=\dfrac{mgR}{B^2l^2}\left[1-\exp\left(-\dfrac{B^2l^2}{mR}t\right)\right]$;

(2) $I=\dfrac{mg}{Bl}(1-\cos\omega t)$, $\omega=\dfrac{Bl}{(mL)^{1/2}}$, $v=\dfrac{g}{\omega}\sin\omega t$.

7.14 $L=2.51\times10^{-4}$H, $M=2.51\times10^{-5}$H, $q=2.51\times10^{-8}$C.

*7.15 (1) $I=Blx/L$; (2) $m\dfrac{\mathrm{d}^2x}{\mathrm{d}t^2}=F-B^2l^2x/L$;

(3) $x(t)=\dfrac{FL}{B^2l^2}(1-\cos\omega t)$, $\omega=Bl/\sqrt{mL}$.

7.16 (1) $9.55\times10^{-7}\text{C}\cdot\text{s}^{-1}$; (2) 1.08×10^{-6}W; (3) 2.74×10^{-6}W;
(4) 3.82×10^{-6}W.

*7.17 $$\boldsymbol{B}=\begin{cases}0, r<a\\ -\dfrac{\mu_0 Q\omega}{2\pi h}\boldsymbol{e}_z, a<r<b\\ 0, r>b\end{cases}$$

$$\left|\frac{f_{Eb}}{f_{Bb}}\right|=\frac{1}{\varepsilon_0\mu_0 b^2\omega^2}=\frac{c^2}{v_b^2}$$

$$W_B=\frac{\mu_0 Q^2\omega^2}{8\pi h}(b^2-a^2)$$

$$L_a=\frac{\mu_0\pi}{h}a^2, L_b=\frac{\mu_0\pi}{h}b^2, M=\frac{\mu_0\pi}{h}a^2.$$

*7.18 $\boldsymbol{E}_{涡}=-\dfrac{\mu_0}{4\pi}\dfrac{Nkhwa}{(a^2+z^2)^{3/2}}\boldsymbol{e}_z$.

第 8 章 磁能

8.1 $L=9.87\times10^{-4}$H, $R=7.76\Omega$. (1) $2.03\times10^{3}\text{A}\cdot\text{s}^{-1}$; (2) 0.258A;
(3) $\tau=1.27\times10^{-4}$s, $t=0.88\times10^{-4}$s;
(4) $W=3.28\times10^{-5}$J, $w_m=4.18\text{J}\cdot\text{m}^{-3}$.

8.2 (1) $L=\dfrac{\mu_0}{2\pi}\ln\dfrac{b}{a}$; (2) $\Delta W=\dfrac{\mu_0 I^2}{4\pi}\ln2$;

(3) 磁场做功$=\frac{\mu_0 I^2}{4\pi}\ln 2$,电池供能$=\mu_0 I^2\ln 2/(2\pi)$,电池供能=磁场做功+磁能增加.

8.3 $W=\mu_0 I_1 I_2[d-(d^2-R^2)^{1/2}]$.

8.4 (1) $I=\frac{\mu_0 mb^2}{2L(b^2+z^2)^{3/2}}$; (2) $W=-\frac{\mu_0^2 m^2 b^4}{4L(b^2+z^2)^3}$.

8.5 $\frac{\mu_0}{8\pi}+\frac{\mu_0}{2\pi}\ln\frac{b}{a}$.

*8.6 $F=\frac{\mu_0 I^2}{4\pi}\ln\frac{r_2}{r_1}$.

*8.7 在 x 很小时,与 x 无关.

*8.8 $F_{z|z=d}=\frac{3\mu_0\mu^2}{64\pi d^4}(1+\cos^2\theta)$, $\tau=\frac{\mu_0\mu^2}{64\pi d^3}\sin 2\theta$.

$\theta_1=0$,不稳定平衡;$\theta_2=\pm\pi/2$,稳定平衡

$T=2\pi\left(\frac{3\mu_0\mu^2}{8\pi m}\frac{1}{d^5}\right)^{-1/2}$; $\boldsymbol{j}=-\frac{3\mu}{2\pi}\frac{d(y\boldsymbol{e}_x+x\boldsymbol{e}_y)}{(r^2+d^2)^{5/2}}$

*8.9 $W=\frac{N^2 aI^2}{2\pi}\left(\mu_1\ln 2+\mu_2\ln\frac{3}{2}\right)$.

第 9 章 交流电路

9.1 (1) $\omega L=3.1\times10^3\,\Omega$, $3.8\times10^3\,\Omega$, $3.8\times10^4\,\Omega$;

(2) $1/(\omega C)=3.2\times10^2\,\Omega$, $2.7\times10^2\,\Omega$, 27Ω;

(3) $L=0.265$H, $C=26.5\mu$F.

9.2 (1) 10Ω, 22A; (2) 40Ω, 5.5A.

9.3 (1) 51.4Ω; (2)$\varphi=-0.678$rad; (3) $V_{mL}=0.611$V, $V_{mC}=1.24$V, $V_{mR}=0.778$V.

9.4 28mH.

9.5 (1) 0.78; (2) 2.75 A; (3) 152W.

9.6 (1) 626Ω,500Ω; (2) 先上升,在 $\omega=745\,\text{rad}\cdot\text{s}^{-1}$ 时电流极大,然后下降;

(3) $\varphi=-61.4°$,电流超前电压; (4) 119Hz, $\cos\varphi=1$; (5) 119Hz, 0.354A.

9.7 (1) 1592Hz, $1\times10^4\,\text{rad}\cdot\text{s}^{-1}$; (2) 1.0A; (3) 1.0A; (4) 0.1A;

(5) 5×10^{-4}J, 5×10^{-4}J.

9.8 15 匝, 20 匝, 1050 匝; 0.13A.

9.9 200 匝,6600 匝.

*9.10 (1)$\tilde{Z}_1/\tilde{Z}_2=\tilde{Z}_3/\tilde{Z}_4$; (2)一般说来,电流将会通过 G;

(3)$R=R_2R_3/R_1$, $L=R_3L_2/R_1$.

第 10 章 麦克斯韦电磁理论

10.1 (1) 2.0×10^{-3}A; (2) 1.0s; (3) 0.89×10^{-9}T, 1.8×10^{-9}T, 2.7×10^{-9}T.

10.2 (1) $\sigma/(\omega\varepsilon_0)$; (2) 2.1×10^{16}, 3.5×10^6.

10.3 $H=\frac{\omega Q_0}{2\pi r}\cos\omega t$ $(r>a)$, $H=\frac{r\omega Q_0}{2\pi a^2}\cos\omega t$ $(r<a)$.

10.5 (1) $1.89\times10^8\,\text{m}\cdot\text{s}^{-1}$; (2) 3.77cm; (3)$42.2\,\mu\text{A}\cdot\text{m}^{-1}$.

10.6 (1) $H=40\mu A\cdot m^{-1}$; (2) $k=1.66m^{-1}$; (3) $\lambda=3.78m$; (4) $P=37.5kW$.

10.7 $E_z=\rho I/\pi a^2$, $H_\theta=Ir/(2\pi a^2)$, $S_r=-\rho rI^2/(2\pi^2 a^4)$, $p=-2\pi rlS_r$.

10.8 (1) $6.21\times10^7 W\cdot m^{-2}$; (2) $153kV\cdot m^{-1}$; (3) $406A\cdot m^{-1}$.

10.9 (1) $p=(2S/c)\cos^2\theta$; (2) $p=[(2-a)S/c]\cos^2\theta$.

10.10 $\bar{\omega}=QB(r_2^2-r_1^2)/(3I)$,沿磁场看为逆时针旋转.

10.11 $\boldsymbol{H}=\sqrt{\dfrac{\varepsilon_0}{\mu_0}}E_0\cos(\omega\sqrt{\mu_0\varepsilon_0}z-\omega t)\boldsymbol{e}_y$

$$w=\varepsilon_0E_0^2\cos^2(\omega\sqrt{\mu_0\varepsilon_0}z-\omega t),\ \bar{w}=\frac{1}{2}\varepsilon_0E_0^2$$

$$\boldsymbol{S}=E_0^2\sqrt{\frac{\varepsilon_0}{\mu_0}}\cos^2(\omega\sqrt{\mu_0\varepsilon_0}z-\omega t)\boldsymbol{e}_z,\ \boldsymbol{S}_{av}=\frac{1}{2}\sqrt{\frac{\varepsilon_0}{\mu_0}}E_0^2\boldsymbol{e}_z$$

*第 11 章 相对论电磁学

11.1 $w=\sqrt{\dfrac{2v^2(1-\cos2\theta)-\dfrac{v^4}{c^2}\sin^2 2\theta}{1-\dfrac{v^2}{c^2}\cos2\theta}}$.

11.2 $E_\mu=0.1098GeV, E_\nu=0.0298GeV$.

11.3 (1)打靶 $E_{th}\approx2\times10^8GeV$;(2) 对撞 $E_{th}\approx10^4GeV$.

11.4 $\boldsymbol{F}_{12}=-\boldsymbol{F}_{21}=\sqrt{1-\dfrac{v^2}{c^2}}\dfrac{q_1q_2}{4\pi\varepsilon_0a^2}\boldsymbol{e}_r$,其中 $\boldsymbol{e}_r$ 为两个电荷连线的单位矢量.

11.5 $v=\dfrac{qBR}{m_0\sqrt{1+\left(\dfrac{qBR}{m_0c}\right)^2}}$.

11.7 $x=\dfrac{m_0c^2\gamma_u}{qE}\left[\sqrt{1+\left(\dfrac{qE}{m_0c\gamma_u^2}t\right)^2}-1\right], y=0, z=ut$.

11.9 $\boldsymbol{j}=\dfrac{\sigma}{\sqrt{1-\dfrac{v^2}{c^2}}}\left[\boldsymbol{E}+\boldsymbol{v}\times\boldsymbol{B}-\left(\dfrac{\boldsymbol{v}\cdot\boldsymbol{E}}{c}\right)\dfrac{\boldsymbol{v}}{c}\right]+\dfrac{1}{c^2}(\boldsymbol{v}\cdot\boldsymbol{j})\boldsymbol{v}$.

11.11 $V_{AC}=-\dfrac{1}{2}\omega B_0R^2$.

11.12 $\sigma=\varepsilon_0(\varepsilon_r-1)vB$.

11.13 (1)$\boldsymbol{E}=-\omega rB_0\sin^2\theta\,\boldsymbol{e}_r-\omega rB_0\sin\theta\cos\theta\,\boldsymbol{e}_\theta$, $\rho=-2\varepsilon_0\omega B_0$;(2) $a=-\dfrac{1}{6}\omega B_0R^6$;

(3) $\sigma=\dfrac{1}{2}\varepsilon_0\omega B_0R(3-5\cos^2\theta)$.

11.14 $i_{0a}=\dfrac{\omega Q}{4\pi a}\left(1-\dfrac{1}{\varepsilon_r\mu_r}\right)\sin\theta$, $i_{0b}=\dfrac{\omega Q}{4\pi b}\left(1-\dfrac{1}{\varepsilon_r\mu_r}\right)\sin\theta$, $i_a'=-i_{0a}$, $i_b'=-i_{0b}$.

参 考 书 目

陈秉乾，舒幼生，胡望雨. 2001. 电磁学专题研究. 北京：高等教育出版社

陈慧余. 2004. 课余谈磁. 合肥：安徽科学技术出版社

程稼夫，胡友秋，尤峻汉. 1990. 经典力学　电磁学　电动力学. 合肥：中国科学技术大学出版社

费恩曼，莱顿，桑兹. 2005. 费恩曼物理学讲义（第 2 卷）. 李洪芳，王子辅，钟万蘅，译. 上海：上海科学技术出版社

胡友秋. 2012. 电磁学单位制. 合肥：中国科学技术大学出版社

贾起民，郑永令，陈暨耀. 2001. 电磁学. 2 版. 北京：高等教育出版社

李国栋. 1999. 当代磁学. 合肥：中国科学技术大学出版社

梁灿彬. 2004. 电磁学. 2 版. 北京：高等教育出版社

刘金英，等. 2018. 物理学大题典：电磁学与电动力学. 2 版. 北京：科学出版社

阮图南. 1994. 大学物理解题法诠释. 合肥：安徽教育出版社

徐游. 2004. 电磁学. 2 版. 北京：科学出版社

严济慈. 2013. 电磁学. 合肥：中国科学技术大学出版社

张之翔. 2002. 电磁学千题解. 北京：科学出版社

赵凯华，陈熙谋. 2003. 电磁学. 北京：高等教育出版社

钟锡华. 2014. 电磁学通论. 北京：北京大学出版社

David. J. Griffiths. 2011. Introduction to Electrodynamics. 3rd ed. New Jersey：Prentice Hall，Upper Saddle River

Halliday D，Resnick R，Walker J. 2003. Fundamentals of Physics. 6th ed. Singapore：John Wiley & Sons（Asia）Pte. Ltd

Hucht E. 2004. Physics：Calculus. 2nd ed. Singapore Brooks/Cole，a division of Thomson Learning Asia Pte. Ltd

Serway R A，Jewett J W. 2003. Principles of Physics. 3rd ed. New Jersey：Harcourt College Publishers，a division of Thomson Learning Asia Pte. Ltd

附录Ⅰ　科学家中英文姓名对照表

安培	Ampère A. M. ,(1775～1836),法国
艾皮努斯	Aepinus F. U. T. ,(1724～1802),德国
毕奥	Biot J. B. ,(1774～1862),法国
玻尔兹曼	Boltzmann L. ,(1844～1906),奥地利
卡文迪什	Cavendish H. ,(1731～1810),英国
库仑	de Coulomb C. A. ,(1736～1806),法国
居里	Curie P. ,(1859～1906),法国
丹聂耳	Daniell J. F. ,(1790～ 1845),英国
杜菲	du Fay C. F. ,(1698～1739),法国
爱因斯坦	Einstein A. ,(1879～1955),德国
法拉第	Faraday M. ,(1791～1867),英国
傅里叶	Fourier J. B. J. ,(1768～1830),法国
富兰克林	Franklin B. ,(1706～1790),美国
伽伐尼	Galvani L. ,(1737～1798),意大利
高斯	Gauss C. F. ,(1777～1855),德国
吉尔伯特	Gilbert W. ,(1544～1603),英国
霍尔	Hall E. H. ,(1855～1938),美国
亨利	Henry J. ,(1797～1878),美国
亥姆霍兹	Helmholtz H. V. ,(1821～1894),德国
赫兹	Hertz H. R. ,(1857～1894),德国
焦耳	Joule J. P. ,(1818～1889),英国
康德	Kant I. ,(1724～1804),德国
开尔文	Kelvin(William Thomson),(1824～1907),英国
基尔霍夫	Kirchhoff G. R. ,(1824～1887),德国
拉普拉斯	Laplace P. -S. ,(1749～1827),法国
拉莫尔	Larmor J. ,(1857～1942),爱尔兰
楞次	Lenz H. F. E. ,(1804～1865),俄国
洛伦兹	Lorentz H. A. ,(1853～1928),荷兰
麦克斯韦	Maxwell J. C. ,(1831～1879),英国
密立根	Millikan R. A. ,(1868～1953),美国
奈耳	Neel L. E. F. ,(1904～2000),法国
纽曼	Neumann F. (1798～1895),德国
奥斯特	Oersted H. C. ,(1777～1851),丹麦
欧姆	Ohm G. S. ,(1789～1854),德国
坡印亭	Poynting J. H. ,(1852～1914),英国
普里斯特利	Priestley J. ,(1733～1804),英国
萨伐尔	Savart F. ,(1791～1841),法国

谢林	Schelling F. ,德国
塞贝克	Seebeck T. J. ,(1770～1831),德国
西门子	Siemens E. W. ,(1816～1892),德国
斯托克斯	Stokes G. G. ,(1819～1903),英国
特斯拉	Tesla N. ,(1856～1943),美国
汤姆孙	Thomson J. J. ,(1856～1940),英国
范德格拉夫	van de Graff R. J. ,(1901～1967),美国
伏打	Volta A. ,(1745～1827),意大利
瓦特	Watt J. ,(1736～1819),英国
韦伯	Weber W. E. ,(1804～1891),德国
外斯	Weiss P. ,(1865～1940),法国
范艾仑	Van Allen,美国

附录Ⅱ　单位制和单位制间的公式变换

电磁学的单位制因历史的原因达十余种，其中书刊文献中常见的也有静电制(CGSE)、电磁制(CGSM)、高斯制和国际单位制(MKSA)四种. 虽然国际计量部门一再呼吁统一采用国际单位制，但一些人仍习惯于各行其是. 考虑到最常用的还是国际单位制和高斯制两种，权宜之计是同时学会这两种，以应对既成事实. 另外，掌握不同单位制中单位和公式的相互转换，对查阅书刊文献将会带来方便.

Ⅱ.1　单位制

构成物理学的要素是物理量，如长度、质量、时间、力、能量、温度、电流强度、电场强度等，只有用它们才能表述物理定律. 定义一个物理量(如电流强度)，首先要规定一种测量方法，并要给它规定一种单位(如安[培](A))，即确定一个标准. 因此，一个物理量的测量结果包括所得到的数值和所使用的单位，缺一不可. 物理量虽然很多，但相互之间并不全是独立的，我们可以从所有可能的物理量中挑选出少数几个作为基本量，并对每一个量规定一个单位，这些单位叫基本单位. 其他物理量统称导出量，相应单位都可以由它们与基本量的关系式导出，称为导出单位. 一组这样确定的基本单位和导出单位就构成一种单位制. 既然全部导出单位来自基本单位，故一组基本单位基本上就决定了一种单位制. 用以规定导出单位的物理公式，称为该导出单位的定义方程. 同一个导出量的单位可以选择不同的定义方程，但在一个确定的单位制中，它是唯一的. 定义方程的选择有两种方案. 一种是直接选择导出量的定义式作为定义方程，如 $q=It$，由此导出电量的单位安[培]·秒(A·s)，即库[仑](C)；另一种是选择包含该导出量的某条物理定律作为定义方程，如在高斯制中将通过点电荷相互作用的库仑定律(取比例系数为 1)作为电量的定义方程，据此导出电量的单位.

建立一种单位制必须考虑三个问题：应选择哪些量为基本量？应选择多少个基本量？其单位如何确定？应该指出，确定基本量和基本单位带有一定的任意性，基本量和基本单位选择不同，就会构成不同的单位制. 但是，从使用方便的角度出发，我们仍然可以总结出一般的选择原则.

(1) 基本量应该是在各种公式中出现得较多的，即与其他物理量的联系较为广泛. 这样才容易得出导出量的单位.

(2) 基本量的个数不宜选得太多或太少. 过多会使物理公式中出现过多的换算系数；而过少往往使本质不同的物理量具有相同的单位，使其物理意义相互混淆. 通常在力学中通过牛顿运动方程 $\boldsymbol{F}=m\boldsymbol{a}=m\mathrm{d}^2\boldsymbol{r}/\mathrm{d}t^2$，确定出三个基本量，即长度、质量和时间. 若定出它们的基本单位，则其他的力学量的单位都可由这三个基本单位导出. 在这种情况下，各基本单位的选择通常采取两种形式，形成了两种单位制，即 CGS 制和 MKS 制. CGS 制取长度单位为厘米(cm)、质量单位为克(g)、时间单位为秒(s)；MKS 制取长度单位为米(m)、质量单位为千克(kg)、时间单位为秒(s). 在这两种单位制下，具有独立单位的物理量的数目为 3. 电磁学中的高斯制也只选取了长度(厘米)、质量(克)和时间(秒)三个基本量；当取电感的单位为电磁(CGSM)单位时，电容和电感都以长度为单位，这样便混淆了电容、电感和长度的物理内涵. 在国际单位制(MKSA)中，增加到四个基本量，即长度(米)、质量(千克)、时间(秒)和电流强度(安培)，避免了上述混乱，但公式中多出了一个常数. 在高斯制中，公式里出现的常数是光速 c；而在国际单位制中，公式里出现的常数是两个：ε_0 和 μ_0. 在电磁学单位制中，没有选五个基本量的.

(3) 若基本量选定后，确定其单位便是关键. 其原则是：标准单位容易获得，并使得相关物理量的测量结果不至于出现太大或太小的数值. 在国际单位制中的长度单位是米，它是氪(^{86}Kr)的 $2p_{10}$ 和 $5d_5$ 能级之间跃迁辐射在真空中的波长的 1650763.73 倍. 时间单位是秒，它是铯原子(^{133}Cs)基态的两个超精细能级之间跃迁所对应的辐射的周期的 9 192 631 770 倍. 质量单位是千克，它是 6.022045×10^{26} 个原子质量单位，而 1 个原子质量规定为碳原子(^{12}C)质量的 1/12. 电流强度的单位是安培(A). 1A 是一稳恒电流强度,当它通过真空中相距 1m 的两根无限长圆截面(截面积可忽略)平行直导线时,其中任一条导线每米长度所受的作用力等于 2×10^{-7}N. 这些规定由国际计量大会正式通过,所以命名为国际单位制.

Ⅱ.2　量纲

在国际单位制下,用 L、M、T 和 I 分别表示长度、质量、时间和电流 4 个基本量,则任何物理量 Q 均通过定义方程与 L、M、T 和 I 的一定幂次成比例. 该比例式称为 Q 的量纲,记为$[Q]=L^{\alpha}M^{\beta}T^{\gamma}I^{\delta}$,其中 α、β、γ 和 δ 称为量纲指数,可为正、负数. 当量纲指数全为零时,称 Q 为无量纲量. 例如,电量,取其定义方程为 $q=It$,则其量纲为$[q]=IT$;能量,取其定义方程为 $W=mv^2/2$,则其量纲为$[W]=L^2MT^{-2}$;电势,取其定义方程为 $U=W/q$,则其量纲为$[U]=L^2M\cdot T^{-3}I^{-1}$;电容,取其定义方程为 $C=q/U$,则其量纲为$[C]=L^{-2}M^{-1}T^4I^2$. 应该注意的是,在不同单位制中,同一个物理量可以有不同的量纲. 例如,在高斯制中,当取电感的单位为电磁(CGSM)单位时,电量$[q]=L^{3/2}M^{1/2}T^{-1}$,电容$[C]=L$,电感$[L]=L$,其中电容与电感的量纲相同;而在国际制中,电量$[q]=TI$,电容$[C]=L^{-2}M^{-1}T^4I^2$,电感$[L]=L^2MT^{-2}I^{-2}$,显然与高斯制中对应的物理量的量纲不同,而且电容与电感具有不同的量纲.

量纲的最重要的用途是检验公式的正确性. 只有公式两边的量纲相同,公式才成立;也只有量纲相同的量才能加、减. 例如,在国际单位制中,$\boldsymbol{D}=\varepsilon_0\boldsymbol{E}+\boldsymbol{P}$,$\boldsymbol{B}=\mu_0(\boldsymbol{H}+\boldsymbol{M})$,由此公式我们知道 $\boldsymbol{D}$ 与 $\boldsymbol{P}$ 有相同量纲,$\boldsymbol{D}$ 与 $\boldsymbol{E}$ 有不同量纲,ε_0 是个有量纲的常数;$\boldsymbol{H}$ 与 $\boldsymbol{M}$ 有相同量纲,而与 $\boldsymbol{B}$ 有不同量纲,μ_0 是个有量纲的常数. 如果推导出来的公式或等式中相加、减的项中某一项量纲与其他项的量纲不同,则这个公式或等式一定是错的. 此外,如果在两种不同单位制中某一物理量的量纲表达式相同,则我们可以用它进行单位换算. 例如,在米、千克、秒(MKS)制和厘米、克、秒(CGS)制中,能量的单位分别为焦耳(J)和尔格(erg),且能量的量纲式都为$[W]=L^2MT^{-2}$,则可以通过该量纲表达式直接进行单位换算:$1J=1m^2\cdot kg\cdot s^{-2}=10^4cm^2\cdot10^3g\cdot s^{-2}=10^7cm^2\cdot g\cdot s^{-2}=10^7erg$.

Ⅱ.3　国际单位制和高斯单位制

1. 国际单位制

国际单位制是由 1960 年第十一届国际计量大会正式通过并被命名的单位制,以后的国际计量大会又对它作了修改和补充,使其更加完善,其国际简称为 SI. 国际单位制的基本单位共七个:米、千克、秒、安培、开尔文(K)、摩尔(物质的量,mol)和坎德拉(发光强度,cd). 仅前四个与电磁学有关,它们组成了电磁学的国际单位制(MKSA 制). 另外国际单位制中有两个辅助单位:弧度(角度单位)和球面度(立体角单位).

如上所述,在基本量和基本单位选定之后,其他的物理量(导出量)的单位也就通过选择适当的定义方程而确定了. 在一选定单位制下表述物理定律时,如果定律中的各个物理量的单位都已确定,其比例系数只能由实验确定. 例如,在国际制下,库仑定律 $F=q_1q_2/(4\pi\varepsilon_0r^2)$中的各物理量的单位全已确定:$q$ 以库[仑]为单位,r 以米为单位,F 以牛[顿]为单位,以至于式中的 ε_0 只能通过实验加以确定:$\varepsilon_0=8.85\times10^{-12}C^2\cdot N^{-1}\cdot m^{-2}$(真空介电常量或电容率). 类似情况出现于安培定律 $F=\mu_0l_1l_2I_1I_2/(4\pi r^2)$之中,其中 μ_0 由实验确定,$\mu_0=4\pi\times10^{-7}N\cdot A^{-2}$(真空磁导率). μ_0 和 ε_0 是 MKSA 制中两个极重要的常系数量. 前述库仑定律和安培定律中引入因子 4π,是为了使包含场源的麦克斯韦方程中不出现这个因子,从物理上显得更加“合理”. 因此,MKSA 制又称有理化单位制.

2. 高斯单位制

高斯制是一种混合单位制,由静电制(CGSE 制)和电磁制(CGSM 制)混合而成,三种单位制的基本单位都是三个:厘米(cm)、克(g)、秒(s). 静电制和电磁制的导出单位一般没有特别名称,分别通称为 CGSE 单位和 CGSM 单位. 在高斯制下,电学量使用 CGSE 单位,磁学量则使用 CGSM 单位. 对于 CGSE 制,首先定义导出单位的电磁学量是电量,定义方程为真空中的库仑定律 $F=kq_1q_2/r^2$,令 $k=1$. 于是,相距 1 厘米(cm)、作用力为 1 达因(dyn)的两个同样的点电荷,它们所带的电量为 1CGSE(q). 与此相应,电量的量纲为$[q]=\mathrm{L}^{3/2}\cdot\mathrm{M}^{1/2}\mathrm{T}^{-1}$. 电流强度也属于导出量,其定义方程为 $I=q/t$,相应导出单位记为 1CGSE(I)=1CGSE(q)/s. 对于 CGSM 制,首先定义导出单位的电磁学量是电流强度,定义方程为真空中两根电流强度同为 I 的无穷长平行载流导线的相互作用力公式 $F=2lI^2/r$,式中 l 为考察受力导线段的长度,r 为两导线的垂直距离,导线截面积远小于 r. 我们将相距 $r=2\mathrm{cm}$、作用在长度 $l=1\mathrm{cm}$ 的导线段上的力为 $F=1\mathrm{dyn}$ 时的 I 定义为电流强度的单位,称为 1CGSM(I). 于是,静电制和电磁制各自定义了电流强度的单位,这两种单位之间的关系只能由实验来确定,结果是电流的静电单位为电磁单位的 c 分之一($c=3\times10^{10}\mathrm{cm\cdot s^{-1}}$,等于真空中电磁波的传播速度). 考虑到读数与单位大小成反比,两种单位制下同一电流强度的读数满足关系 $I_{\mathrm{CGSE}}=cI_{\mathrm{CGSM}}$. 高斯制启用静电制的电流强度单位. 关于高斯制的电感单位的取法,目前存在两种方案:一种是启用静电单位;另一种是启用电磁单位;电感的静电单位为电磁单位的 c^2 倍. 与此相应,两种方案下同一电感的读数满足关系 $L_{\mathrm{CGSE}}=c^{-2}L_{\mathrm{CGSM}}$. 电感(含互感)作为联系电学量(电流强度)和磁学量(磁通量)的物理参数,既可视为电学量,又可视为磁学量. 如果将其归入磁学量,即启用电磁单位,则相应高斯制中涉及电感的相关公式将会出现真空光速 c 的幂次,例如 LC 电路谐振频率、感抗、自感电动势和自感磁能的表达式将会变成

$$\omega=\frac{c}{\sqrt{L_{\mathrm{CGSM}}C}},\quad Z_L=\frac{\omega L_{\mathrm{CGSM}}}{c^2}$$

$$\mathscr{E}_L=-\frac{L_{\mathrm{CGSM}}}{c^2}\frac{\mathrm{d}I}{\mathrm{d}t},\quad W=\frac{1}{2c^2}L_{\mathrm{CGSM}}I^2$$

如果视电感为电学量,即改用静电单位,则上述公式中的自感读数 L_{CGSM} 代之以 c^2L_{CGSE} ,从而这些公式中出现的 c 被消去,与电工电子学相应公式完全一致. 上述两种方案均见诸书刊文献,读者应注意识别. 以下所提的高斯制,指的是启用电感静电单位的方案.

在高斯制中,仅含纯电学量的公式简单,不出现国际制中同类公式中所含的 ε_0;仅含纯磁学量的公式也简单,不出现国际制中同类公式中所含的 μ_0. 换句话说,在高斯制下有 $\varepsilon_0=\mu_0=1$. 由于电学量和磁学量的单位分别以不同方式定义,故当公式中同时出现电学量和磁学量时,将出现常系数量 c. 例如,在高斯制下安培环路定理的微分形式为

$$\nabla\times\boldsymbol{H}=\frac{4\pi}{c}\boldsymbol{j}_0+\frac{1}{c}\frac{\partial\boldsymbol{D}}{\partial t}$$

式中,左边是磁学量,右边是电学量,因此会出现的系数 $4\pi/c$ 和 $1/c$,二者均包含真空光速 c. 注意,该常系数量应在高斯制下取值,亦即 $c=3\times10^{10}\mathrm{cm\cdot s^{-1}}$. 高斯制比国际制少选一个基本单位,因而方程中出现的常系数量的数目由两个(ε_0 和 μ_0)减至一个(c).

附录末尾表 1 列出国际制和高斯制的主要方程,表 2 列出两种单位制下主要电磁学量的量纲,表 3 列出两种单位制下主要电磁学量的单位和单位比数.

Ⅱ.4 单位制间的公式变换和单位换算

不同的单位制下,物理意义相同的公式将有不同的常系数量. 我们首先需要掌握 MKSA 制,熟悉该单位制下的基本物理公式和单位,因为它为国际所公认. 其次,在不少书刊、文献中常常使用高斯制,我们也需加以了解. 或许还会碰到某些特殊工程领域里出现的我们不熟悉的单位制. 要记住各种单位制中的物理公式和单位是不可能的,这便要求我们掌握不同单位制间的转换方法,以应付不时之需.

1. 不同单位制间的公式转换

已知某公式在甲单位制中的形式,知道了公式中出现的物理量在甲、乙两种单位制下的单位比数,就可以写出该公式在乙单位制下的具体形式,下面举例说明转换方法.

例Ⅱ.1

已知在国际单位制下，平行板电容器的电容为 $C=\varepsilon_r\varepsilon_0 S/d$，式中 ε_r 为相对介电常量，求在高斯制下平行板电容器的电容公式.

解　(1) 在国际单位制中，$C=\varepsilon_r\varepsilon_0 S/d$，其中 ε_r 为无量纲常数，ε_0 为有量纲常数，数值为 $10^{-9}/(36\pi)$.

(2) 由表 3 查出两单位制下电容的单位比数(国际单位/高斯单位)$\alpha_C=9\times10^{11}$，加上已知的面积和间距的单位比数 $\alpha_S=10^4$，$\alpha_d=10^2$.

(3) 由单位比数求出国际单位制和高斯制下相应物理量的量值(换算)关系：

$$C_{SI}=\frac{1}{\alpha_C}C_G=\frac{1}{9\times10^{11}}C_G$$

$$S_{SI}=\frac{1}{\alpha_S}S_G=\frac{1}{10^4}S_G$$

$$d_{SI}=\frac{1}{\alpha_d}d_G=\frac{1}{10^2}d_G$$

(4) 将量值关系及常系数量代入已知国际单位制中的公式

$$\frac{1}{9\times10^{11}}C_G=\varepsilon_r\frac{10^{-9}}{36\pi}\frac{1}{10^4}S_G\div\left(\frac{1}{10^2}d_G\right)$$

得 $C_G=\varepsilon_r S_G/(4\pi d_G)$. 这就是高斯制下的电容公式，它代表在该单位制下有关物理量的量值关系. 因此，不同单位制下物理公式的转换实质上是公式中全部物理量的量值关系的转换.

例Ⅱ.2

在高斯制下，具偶极矩 $\boldsymbol{p}$ 的电偶极子的电场为 $\boldsymbol{E}=-\nabla(\boldsymbol{p}\cdot\boldsymbol{r}/r^3)$，求其在国际单位制下的形式.

解　(1) 由表 3 查出两单位制下的电场强度、电偶极矩的单位比数(高斯单位/国际单位)：$\alpha_E=3\times10^4$，因为 $\alpha_r=10^{-2}$，$\alpha_q=1/(3\times10^9)$，所以 $\alpha_p=1/(3\times10^{11})$，加上已知的距离的单位比数 $\alpha_r=10^{-2}$.

(2) 由单位比数求出高斯制和国际单位制下的量值关系：

$$\boldsymbol{E}_G=\frac{1}{\alpha_E}\boldsymbol{E}_{SI}=\frac{1}{3\times10^4}\boldsymbol{E}_{SI}$$

$$\boldsymbol{p}_G=\frac{1}{\alpha_p}\boldsymbol{p}_{SI}=3\times10^{11}\boldsymbol{p}_{SI}$$

$$\boldsymbol{r}_G=\frac{1}{\alpha_r}\boldsymbol{r}_{SI}=10^2\boldsymbol{r}_{SI}$$

$$\nabla_G=\alpha_r\nabla_{SI}=10^{-2}\nabla_{SI}$$

(3) 将量值关系代入已知的高斯制公式：

$$\frac{1}{3\times10^4}\boldsymbol{E}_{SI}=-10^{-2}\nabla_{SI}\left(\frac{3\times10^{11}\boldsymbol{p}_{SI}\cdot10^2\boldsymbol{r}_{SI}}{10^6r_{SI}^3}\right)$$

$$\boldsymbol{E}_{SI}=-9\times10^9\nabla_{SI}\left(\frac{\boldsymbol{p}_{SI}\cdot\boldsymbol{r}_{SI}}{r_{SI}^3}\right)$$

2. 求某物理量在两种单位制下的单位比数

已知涉及某物理量的任何一个公式在两种单位制下的形式，以及该公式中其他物理量的单位比数，就可以求出该物理量的单位比数，下面举例说明.

例Ⅱ.3

推出国际单位制和高斯制下的磁荷的单位比数.

解　(1) 找到一个涉及磁荷的受力公式 $\boldsymbol{F}=q_{\mathrm{m}}\boldsymbol{H}$,该公式属于定义式,在所要研究的两种单位制下形式相同

$$q_{\mathrm{m}}=\frac{\boldsymbol{F}}{\boldsymbol{H}}$$

(2) 由表 3 查出其他物理量的单位比数(国际单位/高斯单位):$\alpha_F=10^5$,$\alpha_H=4\pi/10^3$,并设待求单位比数为 α_q.

(3) 量值换算关系为

$$q_{\mathrm{m,SI}}=\frac{1}{\alpha_q}q_{\mathrm{m,G}},\quad \boldsymbol{F}_{\mathrm{SI}}=\frac{1}{\alpha_F}\boldsymbol{F}_{\mathrm{G}},\quad \boldsymbol{H}_{\mathrm{SI}}=\frac{1}{\alpha_H}\boldsymbol{H}_{\mathrm{G}}$$

(4) 将量值换算关系代入(1)中公式

$$\frac{1}{\alpha_q}q_{\mathrm{m,G}}=\frac{\boldsymbol{F}_{\mathrm{G}}/\alpha_F}{\boldsymbol{H}_{\mathrm{G}}/\alpha_H}=\frac{\alpha_H}{\alpha_F}\frac{\boldsymbol{F}_{\mathrm{G}}}{\boldsymbol{H}_{\mathrm{G}}}$$

再将已知的高斯制下公式与它相比得

$$\alpha_q=\frac{\alpha_F}{\alpha_H}=\frac{10^5}{4\pi/10^3}=\frac{10^8}{4\pi}$$

即　$1\mathrm{MKSA}(q_{\mathrm{m}})=10^8/(4\pi)\mathrm{CGSM}(q_{\mathrm{m}})$.

如果你所记得的是其他的公式,如静磁学中点磁荷相互作用的库仑定律,它在国际制和高斯制下的形式分别为 $F=q_{\mathrm{m}}^2/(4\pi\mu_0 r^2)$和 $F=q_{\mathrm{m}}^2/r^2$. 从这些公式出发,同样先查出单位比数 $\alpha_F=10^5$ 和 $\alpha_r=10^2$,并设 α_q 待求;然后写出量值关系

$$F_{\mathrm{SI}}=\frac{1}{10^5}\boldsymbol{F}_{\mathrm{G}},\quad r_{\mathrm{SI}}=\frac{1}{10^2}r_{\mathrm{G}},\quad q_{\mathrm{m,SI}}=\frac{1}{\alpha_q}q_{\mathrm{m,G}}$$

将其代入国际单位制公式得

$$\frac{1}{10^5}\boldsymbol{F}_{\mathrm{G}}=\frac{1}{4\pi\mu_0}\frac{(q_{\mathrm{m,G}}/\alpha_q)^2}{10^{-4}r_{\mathrm{G}}^2},\quad \boldsymbol{F}_{\mathrm{G}}=\frac{10^9}{4\pi\mu_0\alpha_q^2}\frac{q_{\mathrm{m,G}}^2}{r_{\mathrm{G}}^2}$$

再与高斯制中公式比较,得

$$1=\frac{10^{16}}{(4\pi)^2\alpha_q^2},\quad \alpha_q=\frac{10^8}{4\pi}$$

这里可看出,虽然所用的公式不同,但是所得的结果一样.

表 1　国际制和高斯制的主要方程

	国际制	高斯制
麦克斯韦方程	$\nabla\cdot\boldsymbol{D}=\rho_0$	$\nabla\cdot\boldsymbol{D}=4\pi\rho_0$
	$\nabla\times\boldsymbol{E}=-\frac{\partial\boldsymbol{B}}{\partial t}$	$\nabla\times\boldsymbol{E}=-\frac{1}{c}\frac{\partial\boldsymbol{B}}{\partial t}$
	$\nabla\cdot\boldsymbol{B}=0$	$\nabla\cdot\boldsymbol{B}=0$
	$\nabla\times\boldsymbol{H}=\boldsymbol{j}_0+\frac{\partial\boldsymbol{D}}{\partial t}$	$\nabla\times\boldsymbol{H}=\frac{4\pi}{c}\boldsymbol{j}_0+\frac{1}{c}\frac{\partial\boldsymbol{D}}{\partial t}$
辅助矢量	$\boldsymbol{D}=\varepsilon_0\boldsymbol{E}+\boldsymbol{P}$	$\boldsymbol{D}=\boldsymbol{E}+4\pi\boldsymbol{P}$
	$\boldsymbol{H}=\frac{\boldsymbol{B}}{\mu_0}-\boldsymbol{M}$	$\boldsymbol{H}=\boldsymbol{B}-4\pi\boldsymbol{M}$
介质性能方程	$\boldsymbol{D}=\varepsilon_{\mathrm{r}}\varepsilon_0\boldsymbol{E}$	$\boldsymbol{D}=\varepsilon_{\mathrm{r}}\boldsymbol{E}$
(各向同性介质)	$\boldsymbol{B}=\mu_{\mathrm{r}}\mu_0\boldsymbol{H}$	$\boldsymbol{B}=\mu_{\mathrm{r}}\boldsymbol{H}$

续表

	国际制	高斯制
	$\varepsilon_r=1+\chi_e$	$\varepsilon_r=1+4\pi\chi_e$
	$\mu_r=1+\chi_m$	$\mu_r=1+4\pi\chi_m$
电极化强度矢量	$\boldsymbol{P}=\chi_e\varepsilon_0\boldsymbol{E}$	$\boldsymbol{P}=\chi_e\boldsymbol{E}$
磁化强度矢量	$\boldsymbol{M}=\chi_m\boldsymbol{H}$	$\boldsymbol{M}=\chi_m\boldsymbol{H}$
洛伦兹力	$\boldsymbol{F}=q(\boldsymbol{E}+\boldsymbol{v}\times\boldsymbol{B})$	$\boldsymbol{F}=q(\boldsymbol{E}+\boldsymbol{v}\times\boldsymbol{B}/c)$
电荷守恒定律	$\nabla\cdot\boldsymbol{j}+\frac{\partial\rho}{\partial t}=0$	$\nabla\cdot\boldsymbol{j}+\frac{\partial\rho}{\partial t}=0$
能量密度	$w=\frac{1}{2}\varepsilon_r\varepsilon_0E^2+\frac{1}{2}\mu_r\mu_0H^2$	$w=\frac{\varepsilon_r}{8\pi}E^2+\frac{\mu_r}{8\pi}H^2$
能流密度	$\boldsymbol{S}=\boldsymbol{E}\times\boldsymbol{H}$	$\boldsymbol{S}=c\boldsymbol{E}\times\boldsymbol{H}/(4\pi)$
动量密度	$\boldsymbol{g}=\frac{1}{c^2}\boldsymbol{S}=\frac{1}{c^2}\boldsymbol{E}\times\boldsymbol{H}$	$\boldsymbol{g}=\frac{1}{c^2}\boldsymbol{S}=\frac{1}{4\pi c}\boldsymbol{E}\times\boldsymbol{H}$
库仑定律(真空)	$\boldsymbol{F}=\frac{1}{4\pi\varepsilon_0}\frac{q_1q_2}{r_{12}^3}\boldsymbol{r}_{12}$	$\boldsymbol{F}=\frac{q_1q_2}{r_{12}^3}\boldsymbol{r}_{12}$
安培定律(真空)	$\mathrm{d}\boldsymbol{F}=\frac{\mu_0}{4\pi}\frac{I_1I_2\mathrm{d}\boldsymbol{l}_2\times(\mathrm{d}\boldsymbol{l}_1\times\boldsymbol{r}_{12})}{r_{12}^3}$	$\mathrm{d}\boldsymbol{F}=\frac{1}{c^2}\frac{I_1I_2\mathrm{d}\boldsymbol{l}_2\times(\mathrm{d}\boldsymbol{l}_1\times\boldsymbol{r}_{12})}{r_{12}^3}$
毕奥-萨伐尔定律(真空)	$\mathrm{d}\boldsymbol{B}=\frac{\mu_0}{4\pi}\frac{I\mathrm{d}\boldsymbol{l}\times\boldsymbol{r}}{r^3}$	$\mathrm{d}\boldsymbol{B}=\frac{1}{c}\frac{I\mathrm{d}\boldsymbol{l}\times\boldsymbol{r}}{r^3}$
电磁感应定律	$\mathscr{E}=-\frac{\mathrm{d}\Phi_m}{\mathrm{d}t}$	$\mathscr{E}=-\frac{1}{c}\frac{\mathrm{d}\Phi_m}{\mathrm{d}t}$
自感	$\Phi_m=LI$	$\Phi_m=cLI$
	$\mathscr{E}_L=-L\frac{\mathrm{d}I}{\mathrm{d}t}$	$\mathscr{E}_L=-L\frac{\mathrm{d}I}{\mathrm{d}t}$
电容	$C=q/U$	$C=q/U$
平行板电容器的电容	$C=\frac{\varepsilon_r\varepsilon_0S}{d}$	$C=\frac{\varepsilon_rS}{4\pi d}$
电偶极矩	$p=ql$	$p=ql$
电偶极子:场	$\boldsymbol{E}=-\frac{1}{4\pi\varepsilon_0}\nabla\left(\frac{\boldsymbol{p}\cdot\boldsymbol{r}}{r^3}\right)$	$\boldsymbol{E}=-\nabla\left(\frac{\boldsymbol{p}\cdot\boldsymbol{r}}{r^3}\right)$
(真空)力	$\boldsymbol{F}=(\boldsymbol{p}\cdot\nabla)\boldsymbol{E}$	$\boldsymbol{F}=(\boldsymbol{p}\cdot\nabla)\boldsymbol{E}$
力矩	$\boldsymbol{L}=\boldsymbol{p}\times\boldsymbol{E}$	$\boldsymbol{L}=\boldsymbol{p}\times\boldsymbol{E}$
能量	$W=-\boldsymbol{p}\cdot\boldsymbol{E}$	$W=-\boldsymbol{p}\cdot\boldsymbol{E}$
电流环的磁矩	$\boldsymbol{m}=I\boldsymbol{S}$	$\boldsymbol{m}=I\boldsymbol{S}/c$
磁偶极子:场	$\boldsymbol{B}=-\frac{\mu_0}{4\pi}\nabla\left(\frac{\boldsymbol{m}\cdot\boldsymbol{r}}{r^3}\right)$	$\boldsymbol{B}=-\nabla\left(\frac{\boldsymbol{m}\cdot\boldsymbol{r}}{r^3}\right)$
(真空)力	$\boldsymbol{F}=(\boldsymbol{m}\cdot\nabla)\boldsymbol{B}$	$\boldsymbol{F}=(\boldsymbol{m}\cdot\nabla)\boldsymbol{B}$
力矩	$\boldsymbol{L}=\boldsymbol{m}\times\boldsymbol{B}$	$\boldsymbol{L}=\boldsymbol{m}\times\boldsymbol{B}$
能量	$W=\boldsymbol{m}\cdot\boldsymbol{B}$	$W=\boldsymbol{m}\cdot\boldsymbol{B}$

表 2　国际制和高斯制主要物理量的量纲

物理量	国际制量纲	高斯制量纲
长度 l	L	L
质量 m	M	M
时间 t	T	T
物质密度 d	ML^{-3}	ML^{-3}
频率 ν	T^{-1}	T^{-1}
速度 v	LT^{-1}	LT^{-1}
加速度 a	LT^{-2}	LT^{-2}
动量 p'	LMT^{-1}	LMT^{-1}
角动量 L'	L^2MT^{-1}	L^2MT^{-1}
能量(功)W	L^2MT^{-2}	L^2MT^{-2}
力 F	LMT^{-2}	LMT^{-2}
功率 P'	L^2MT^{-3}	L^2MT^{-3}
能流密度 S	MT^{-3}	MT^{-3}
电量 q	TI	$L^{3/2}M^{1/2}T^{-1}$
电荷密度 ρ	$L^{-3}TI$	$L^{-3/2}M^{1/2}T^{-1}$
电流强度 I	I	$L^{3/2}M^{1/2}T^{-2}$
电流密度 j	$L^{-2}I$	$L^{-1/2}M^{1/2}T^{-2}$
电势 U，电动势 E	$L^2MT^{-3}I^{-1}$	$L^{1/2}M^{1/2}T^{-1}$
电场强度 E	$LMT^{-3}I^{-1}$	$L^{-1/2}M^{1/2}T^{-1}$
电通量 Φ_E	$L^3MT^{-3}I^{-1}$	$L^{3/2}M^{1/2}T^{-1}$
极化强度 P	$L^{-2}TI$	$L^{-1/2}M^{1/2}T^{-1}$
电位移矢量 D	$L^{-2}TI$	$L^{-1/2}M^{1/2}T^{-1}$
电导率 σ	$L^{-3}M^{-1}T^3I^2$	T^{-1}
电阻 R	$L^2MT^{-3}I^{-2}$	$L^{-1}T$
电容 C	$L^{-2}M^{-1}T^4I^2$	L
电感 L	$L^2MT^{-2}I^{-2}$	$L^{-1}T^2$
磁感应强度 B	$MT^{-2}I^{-1}$	$L^{-1/2}M^{1/2}T^{-1}$
磁化强度 M	$L^{-1}I$	$L^{-1/2}M^{1/2}T^{-1}$
磁极化强度 J	$MT^{-2}I^{-1}$	$L^{-1/2}M^{1/2}T^{-1}$
磁场强度 H	$L^{-1}I$	$L^{-1/2}M^{1/2}T^{-1}$
磁通量 Φ	$L^2MT^{-2}I^{-1}$	$L^{3/2}M^{1/2}T^{-1}$
磁矩 m	L^2I	$L^{5/2}M^{1/2}T^{-1}$
磁荷 q_m	$L^2MT^{-2}I^{-1}$	$L^{3/2}M^{1/2}T^{-1}$
电偶极矩 p	LTI	$L^{5/2}M^{1/2}T^{-1}$
磁偶极矩 p_m	$L^3MT^{-2}I^{-1}$	$L^{5/2}M^{1/2}T^{-1}$
真空介电常量 ε_0	$L^{-3}M^{-1}T^4I^2$	$=1$
真空磁导率 μ_0	$LMT^{-2}I^{-2}$	$=1$

注：高斯制中的电感取静电单位.

表 3　国际制和高斯制下主要电磁学量的单位及单位比数

物理量	国际制	高斯制	单位比数$\left(\frac{\text{国际单位}}{\text{高斯单位}}\right)$
电量 q	库[仑](C)	CGSE(q)	3×10^9
电流强度 I	安[培](A)	CGSE(I)	3×10^9
电势,电动势(U,$\mathscr{E}$)	伏[特](V)	CGSE(U)	1/300
电场强度 E	伏[特]/米(V/m)	CGSE(E)	$10^{-4}/3$
电极化强度 P	库[仑]/米²($\mathrm{C\cdot m^{-2}}$)	CGSE(P)	3×10^5
电位移矢量 D	库[仑]/米²($\mathrm{C\cdot m^{-2}}$)	CGSE(D)	$12\pi\times10^5$
电阻 R	欧[姆](Ω)	CGSE($\mathrm{s\cdot cm^{-1}}$)	$10^{-11}/9$
电容 C	法[拉](F)	CGSE(cm)	9×10^{11}
电感 L	亨[利](H)	CGSE(cm)	$10^{-11}/9$
磁通量 Φ_m	韦[伯](Wb)	麦克斯韦(Mx)	10^8
磁感应强度 B	特[斯拉](T)	高斯(G)	10^4
磁化强度 M	安[培]/米(A/m)	CGSM(M)	10^{-3}
磁场强度 H	安[培]/米(A/m)	奥斯特(Oe)	$4\pi\times10^{-3}$
磁矩 m	安[培]·米²($\mathrm{A\cdot m^2}$)	CGSM(m)	10^3
磁荷 q_m	伏[特]·秒(V·s)	CGSM(q_m)	$10^8/(4\pi)$
能量 W	焦[耳](J)	尔格(erg)	10^7
力 F	牛[顿](N)	达因(dyn)	10^5

练　习　题

1. 求磁荷在国际单位制下的量纲表达式.

2. 求电感在高斯单位制下的量纲表达式.

3. 将国际单位制下的电感磁通公式 $\Phi=LI$ 转换到高斯单位制.

4. 电子回旋频率 $\omega\propto B$. 若 ω 的单位用弧度/秒($\mathrm{rad\cdot s^{-1}}$),B 的单位用伽马[1 伽马$=10^{-5}$高斯(G)],求比例系数的数值.

5. 已知 $1\mathrm{C}=3\times10^9\,\mathrm{CGSE}(q)$,$1\mathrm{V}=(1/300)\mathrm{CGSE}(V)$,问 1 法[拉]电容等于多少高斯电容单位?

6. 将以下各式从国际单位制转换到高斯单位制:

(1) $\boldsymbol{D}=\varepsilon_0\boldsymbol{E}+\boldsymbol{P}$ 和 $\boldsymbol{B}=\mu_0(\boldsymbol{H}+\boldsymbol{M})$;

(2) $\boldsymbol{F}=q(\boldsymbol{E}+\boldsymbol{v}\times\boldsymbol{B})$;

(3) 电场能量 $w_e=\boldsymbol{D}\cdot\boldsymbol{E}/2$.

7. 将以下各式从高斯单位制转换到国际单位制:

(1) 法拉第电磁感应定律 $\mathscr{E}=-(1/c)\mathrm{d}\Phi/\mathrm{d}t$;

(2) 螺线管内磁感应强度 $B=4\pi\mu_r nI/c$;

(3) 点电荷的场强(真空)$E=q/r^2$.

8. 给出下列各量的(a)量的名称,(b)在国际单位制中的量纲式和单位:

(1) $\mathrm{d}l/\mathrm{d}t$,其中 l 为长度;

(2) $f(x)\mathrm{d}l$,其中 $f(x)$为力,$\mathrm{d}l$ 为位移;

(3) ∇V,其中 V 为电势;

(4) $\iint_S \boldsymbol{D}\cdot\mathrm{d}\boldsymbol{S}$,其中 $\boldsymbol{D}$ 为电位移矢量,$\mathrm{d}\boldsymbol{S}$ 为面积元矢量.

练习题答案:

1. $[q_{\mathrm{m}}]=\mathrm{L}^2\mathrm{MT}^{-2}\mathrm{I}^{-1}$.
2. $[L]=\mathrm{L}^{-1}\mathrm{T}^2$.
3. $\Phi=cLI$.
4. $\omega=1.76\times10^2 B$.
5. $1\mathrm{F}=9\times10^{11}$ CGSE 单位(即厘米).
6. (1) $\boldsymbol{D}=\boldsymbol{E}+4\pi\boldsymbol{P}$, $\boldsymbol{B}=\boldsymbol{H}+4\pi\boldsymbol{M}$; (2) $\boldsymbol{F}=q(\boldsymbol{E}+\boldsymbol{v}\times\boldsymbol{B}/c)$; (3) $w_{\mathrm{e}}=\boldsymbol{D}\cdot\boldsymbol{E}/(8\pi)$.
7. (1) $\mathscr{E}=-\mathrm{d}\Phi/\mathrm{d}t$; (2) $B=\mu_r\mu_0 nI$; (3) $E=q/(4\pi\varepsilon_0 r^2)$.
8. (1)速度,LT^{-1},$\mathrm{m\cdot s^{-1}}$; (2) 功,$\mathrm{ML}^2\mathrm{T}^{-2}$,J;
   (3) 电势梯度,$\mathrm{LMT}^{-3}\mathrm{I}^{-1}$,伏特每米即 $\mathrm{V\cdot m^{-1}}$;
   (4) 电位移通量,TI,C.

附录Ⅲ 物理常量[*]

真空中光速	$c=2.997\ 924\ 58\times10^{8}\,\mathrm{m\cdot s^{-1}}$
真空介电常量	$\varepsilon_0=8.854\ 187\ 817\cdots\times10^{-12}\,\mathrm{F\cdot m^{-1}}$
真空磁导率	$\mu_0=4\pi\times10^{-7}=1.256\ 637\ 061\ 4\cdots\times10^{-6}\,\mathrm{H\cdot m^{-1}}$
元电荷	$e=1.602\ 176\ 53(14)\times10^{-19}\,\mathrm{C}$
电子静止质量	$m_e=9.109\ 382\ 6(16)\times10^{-31}\,\mathrm{kg}$
质子静止质量	$m_p=1.672\ 621\ 171(29)\times10^{-27}\,\mathrm{kg}$
原子质量单位	$1\mathrm{u}=m_u=1.660\ 538\ 86(28)\times10^{-27}\,\mathrm{kg}$
经典的电子半径	$r_e=e^2/4\pi\varepsilon_0 m_e c^2$
	$=2.817\ 940\ 325(28)\times10^{-15}\,\mathrm{m}$
玻尔半径	$a_0=5.291\ 772\ 108(18)\times10^{-11}\,\mathrm{m}$
玻尔磁子磁矩	$\mu_B=9.274\ 009\ 49(80)\times10^{-24}\,\mathrm{J\cdot T^{-1}}$
电子磁矩	$\mu_e=-9.284\ 764\ 12(80)\times10^{-24}\,\mathrm{J\cdot T^{-1}}$
质子磁矩	$\mu_p=1.410\ 606\ 71(12)\times10^{-26}\,\mathrm{J\cdot T^{-1}}$
核磁子磁矩	$\mu_N=5.050\ 783\ 43(43)\times10^{-27}\,\mathrm{J\cdot T^{-1}}$
电子伏[特]	$1\mathrm{eV}=1.602\ 176\ 53(14)\times10^{-19}\,\mathrm{J}$
与 1eV 相当的温度	$1\mathrm{eV}/k=1.160\ 450\ 5(20)\times10^{4}\,\mathrm{K}$
与 1eV 相当的频率	$1\mathrm{eV}/h=2.417\ 989\ 40(21)\times10^{14}\,\mathrm{Hz}$
与 1eV 相当的波长	$hc/1\mathrm{eV}=1.239\ 841\cdots\times10^{-6}\,\mathrm{m}$
引力常量	$G=6.674\ 2(10)\times10^{-11}\,\mathrm{m^3\cdot kg^{-1}\cdot s^{-2}}$
普朗克常量	$h=6.626\ 069\ 3(11)\times10^{-34}\,\mathrm{J\cdot s}$
玻尔兹曼常量	$k=1.380\ 650\ 5(24)\times10^{-23}\,\mathrm{J\cdot K^{-1}}$
阿伏伽德罗常量	$N_A=6.022\ 141\ 5(10)\times10^{23}\,\mathrm{mol^{-1}}$
斯特藩-玻尔兹曼常量	$\sigma=5.670\ 400(40)\times10^{-8}\,\mathrm{W\cdot m^{-2}\cdot K^{-4}}$

* CODATA(国际数据委员会)的基本物理常数推荐值，摘自 Mohr P J，Taylor B N. Rev. Mod. Phys. 2005. 1：771. 括号内的数是给定值最后两位的标准偏差. “…”表示计算时按四舍五入的近似.

附录Ⅳ　矢量分析中的常用公式

Ⅳ.1　三个常用坐标系下的坐标变换和体积元

1. 直角坐标系

如图Ⅳ.1所示，空间中一点 $M(x,y,z)$ 位置由 OM 在三个坐标轴上的投影值 x、y 和 z 表示. 单位矢量 $\hat{\boldsymbol{x}}$、$\hat{\boldsymbol{y}}$、$\hat{\boldsymbol{z}}$ 相互正交，分别表示三个方向、一个矢量 $\mathbf{A}$ 可表示为

$$\mathbf{A} = A_x\hat{\boldsymbol{x}} + A_y\hat{\boldsymbol{y}} + A_z\hat{\boldsymbol{z}} \tag{Ⅳ.1}$$

$\mathbf{A}$ 的大小为

$$|\mathbf{A}| = (A_x^2 + A_y^2 + A_z^2)^{1/2} \tag{Ⅳ.2}$$

积分用的体积元为

$$\mathrm{d}V = \mathrm{d}x\mathrm{d}y\mathrm{d}z \tag{Ⅳ.3}$$

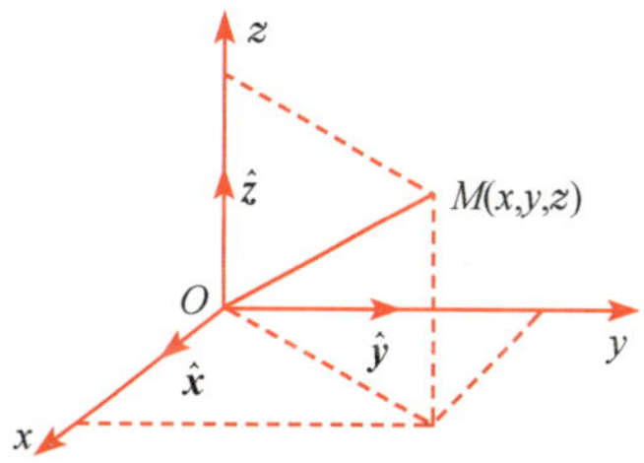

图Ⅳ.1　直角坐标系(右手系)

2. 圆柱坐标系

如图Ⅳ.2所示，空间中一点 $M(\rho,\phi,z)$，ρ、ϕ 为点 M 在 Oxy 平面上的投影的极坐标，z 为点 M 到 Oxy 平面的距离，圆柱坐标与直角坐标的互换公式为

$$\begin{cases} x = \rho\cos\phi, \\ y = \rho\sin\phi, \\ z = z, \end{cases} \qquad \begin{cases} \rho = \sqrt{x^2 + y^2} \\ \phi = \arctan\dfrac{y}{x} \\ z = z \end{cases} \tag{Ⅳ.4}$$

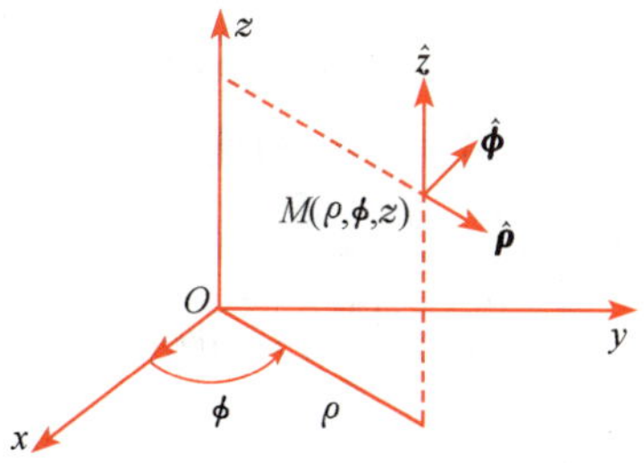

图Ⅳ.2　圆柱坐标系

一个矢量 $\mathbf{A}$ 可表示为

$$\mathbf{A} = A_\rho\hat{\boldsymbol{\rho}} + A_\phi\hat{\boldsymbol{\phi}} + A_z\hat{\boldsymbol{z}} \tag{Ⅳ.5}$$

式中，$\hat{\boldsymbol{\rho}}$、$\hat{\boldsymbol{\phi}}$、$\hat{\boldsymbol{z}}$ 是矢量 $\mathbf{A}$ 所在空间点的圆柱坐标的单位矢量，$\hat{\boldsymbol{\rho}}$、$\hat{\boldsymbol{\phi}}$ 的方向随矢量 $\mathbf{A}$ 所在空间点的位置不同而不同，图Ⅳ.2标出了在 M 点的 $\hat{\boldsymbol{\rho}}$、$\hat{\boldsymbol{\phi}}$、$\hat{\boldsymbol{z}}$.

积分用的柱面面积元为

$$\mathrm{d}S = \rho\mathrm{d}\phi\mathrm{d}z \tag{Ⅳ.6}$$

积分用的体积元为

$$dV = \rho d\phi dz d\rho \tag{Ⅳ.7}$$

3. 球坐标系

如图Ⅳ.3 所示,空间中一点 $M(r,\phi,\theta)$, r 为 OM 的长度, ϕ 为经度, θ 为纬度. 球坐标与直角坐标的互换公式为

$$\begin{cases} x = r\sin\theta\cos\phi, \\ y = r\sin\theta\sin\phi, \\ z = r\cos\theta, \end{cases} \qquad \begin{cases} r = \sqrt{x^2+y^2+z^2} \\ \phi = \arctan\dfrac{y}{x} \\ \theta = \arctan\dfrac{\sqrt{x^2+y^2}}{z} \end{cases} \tag{Ⅳ.8}$$

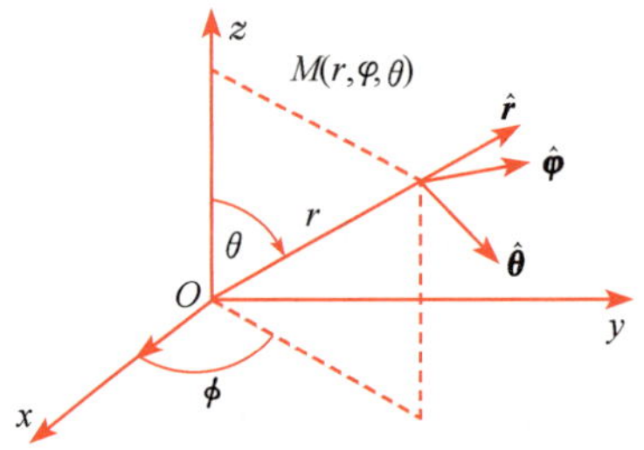

图Ⅳ.3　球坐标系

一个矢量 **A** 可表示为

$$\mathbf{A} = A_r\hat{\boldsymbol{r}} + A_\varphi\hat{\boldsymbol{\phi}} + A_\theta\hat{\boldsymbol{\theta}} \tag{Ⅳ.9}$$

式中, $\hat{\boldsymbol{r}}$、$\hat{\boldsymbol{\phi}}$、$\hat{\boldsymbol{\theta}}$ 是矢量 **A** 所在空间点的球坐标的单位矢量,所以它们的方向随矢量 **A** 所在空间点的位置不同而不同. 积分用的球面面积元为

$$dS = r^2\sin\theta d\theta d\phi \tag{Ⅳ.10}$$

积分用的体积元为

$$dV = r^2\sin\theta dr d\theta d\phi \tag{Ⅳ.11}$$

立体角元为

$$d\Omega = \frac{dS}{r^2} = \sin\theta d\theta d\phi \tag{Ⅳ.12}$$

Ⅳ.2　矢量代数运算公式

两个矢量的标量积(或称点积、内积)

$$\boldsymbol{A}\cdot\boldsymbol{B} = \boldsymbol{B}\cdot\boldsymbol{A} = |\boldsymbol{A}||\boldsymbol{B}|\cos\alpha \tag{Ⅳ.13}$$

α 是矢量 $\boldsymbol{A}$ 与 $\boldsymbol{B}$ 之间的夹角. 标量积又可表示为

$$\boldsymbol{A}\cdot\boldsymbol{B} = A_xB_x + A_yB_y + A_zB_z \tag{Ⅳ.14}$$

两个矢量的矢量积(或称叉积、外积)

$$\boldsymbol{A}\times\boldsymbol{B}=-\boldsymbol{B}\times\boldsymbol{A}=\begin{vmatrix}\hat{\boldsymbol{x}} & \hat{\boldsymbol{y}} & \hat{\boldsymbol{z}}\\ A_x & A_y & A_z\\ B_x & B_y & B_z\end{vmatrix}$$

$$=(A_yB_z-A_zB_y)\hat{\boldsymbol{x}}+(A_zB_x-A_xB_z)\hat{\boldsymbol{y}}+(A_xB_y-A_yB_x)\hat{\boldsymbol{z}} \tag{Ⅳ.15}$$

又有

$$|\boldsymbol{A}\times\boldsymbol{B}|=|\boldsymbol{A}||\boldsymbol{B}|\sin\alpha \quad (0\leqslant\alpha\leqslant\pi) \tag{Ⅳ.16}$$

A、**B** 与 **A**×**B** 三个矢量构成右手系，如图Ⅳ.4 所示.

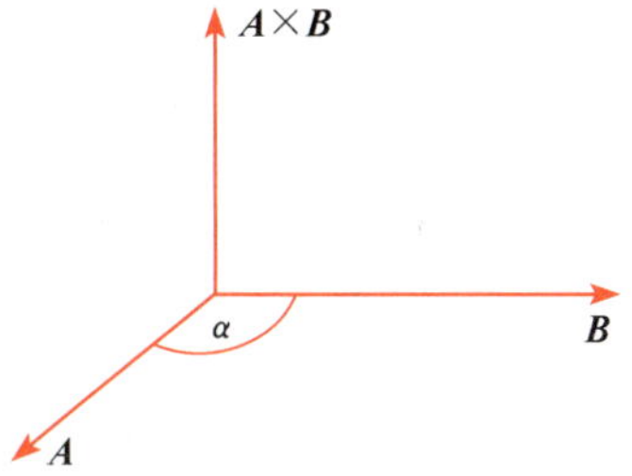

图 4.4　矢量 **A**、**B**、**A**×**B** 构成右手系

三个矢量的混合积

$$\boldsymbol{A}\cdot(\boldsymbol{B}\times\boldsymbol{C})=\begin{vmatrix}A_x & A_y & A_z\\ B_x & B_y & B_z\\ C_x & C_y & C_z\end{vmatrix}=A_x(B_yC_z-B_zC_y)+A_y(B_zC_x-B_xC_z)+A_z(B_xC_y-B_yC_x)$$

$$=\boldsymbol{C}\cdot(\boldsymbol{A}\times\boldsymbol{B})=\boldsymbol{B}\cdot(\boldsymbol{C}\times\boldsymbol{A}) \tag{Ⅳ.17}$$

混合积式(Ⅳ.17)是一个数，它的绝对值等于以 **A**、**B**、**C** 为边的平行六面体的体积.

三重矢积

$$\boldsymbol{A}\times(\boldsymbol{B}\times\boldsymbol{C})=\boldsymbol{B}(\boldsymbol{A}\cdot\boldsymbol{C})-\boldsymbol{C}(\boldsymbol{A}\cdot\boldsymbol{B}) \tag{Ⅳ.18}$$

Ⅳ.3　在三种坐标系下的矢量分析常用公式

1. 直角坐标系

散度

$$\nabla\cdot\boldsymbol{A}=\operatorname{div}\boldsymbol{A}=\frac{\partial A_x}{\partial x}+\frac{\partial A_y}{\partial y}+\frac{\partial A_z}{\partial z} \tag{Ⅳ.19}$$

旋度

$$\nabla\times\boldsymbol{A}=\operatorname{rot}\boldsymbol{A}=\begin{vmatrix}\hat{\boldsymbol{x}} & \hat{\boldsymbol{y}} & \hat{\boldsymbol{z}}\\ \frac{\partial}{\partial x} & \frac{\partial}{\partial y} & \frac{\partial}{\partial z}\\ A_x & A_y & A_z\end{vmatrix}$$

$$=\left(\frac{\partial A_z}{\partial y}-\frac{\partial A_y}{\partial z}\right)\hat{\boldsymbol{x}}+\left(\frac{\partial A_x}{\partial z}-\frac{\partial A_z}{\partial x}\right)\hat{\boldsymbol{y}}$$

$$+\left(\frac{\partial A_y}{\partial x}-\frac{\partial A_x}{\partial y}\right)\hat{\boldsymbol{z}} \tag{Ⅳ.20}$$

梯度

$$\nabla\Phi = \mathrm{grad}\Phi = \frac{\partial\Phi}{\partial x}\hat{\boldsymbol{x}} + \frac{\partial\Phi}{\partial y}\hat{\boldsymbol{y}} + \frac{\partial\Phi}{\partial z}\hat{\boldsymbol{z}} \tag{Ⅳ.21}$$

拉普拉斯算符∇^2运算

$$\nabla^2\Phi = \frac{\partial^2\Phi}{\partial x^2} + \frac{\partial^2\Phi}{\partial y^2} + \frac{\partial^2\Phi}{\partial z^2} \tag{Ⅳ.22}$$

2. 圆柱坐标

散度

$$\nabla\cdot\boldsymbol{A} = \frac{1}{\rho}\frac{\partial}{\partial\rho}(\rho A_\rho) + \frac{1}{\rho}\frac{\partial A_\phi}{\partial\phi} + \frac{\partial A_z}{\partial z} \tag{Ⅳ.23}$$

旋度

$$\nabla\times\boldsymbol{A} = \left(\frac{1}{\rho}\frac{\partial A_z}{\partial\phi} - \frac{\partial A_\phi}{\partial z}\right)\hat{\boldsymbol{\rho}} + \left(\frac{\partial A_\rho}{\partial z} - \frac{\partial A_z}{\partial\rho}\right)\hat{\boldsymbol{\phi}} + \frac{1}{\rho}\left[\frac{\partial}{\partial\rho}(\rho A_\phi) - \frac{\partial A_\rho}{\partial\phi}\right]\hat{\boldsymbol{z}} \tag{Ⅳ.24}$$

梯度

$$\nabla\Phi = \frac{\partial\Phi}{\partial\rho}\hat{\boldsymbol{\rho}} + \frac{1}{\rho}\frac{\partial\Phi}{\partial\phi}\hat{\boldsymbol{\phi}} + \frac{\partial\Phi}{\partial z}\hat{\boldsymbol{z}} \tag{Ⅳ.25}$$

拉普拉斯算符∇^2运算

$$\nabla^2\Phi = \frac{1}{\rho}\frac{\partial}{\partial\rho}\left(\rho\frac{\partial\Phi}{\partial\rho}\right) + \frac{1}{\rho^2}\frac{\partial^2\Phi}{\partial\phi^2} + \frac{\partial^2\Phi}{\partial z^2} \tag{Ⅳ.26}$$

3. 球坐标

散度

$$\nabla\cdot\boldsymbol{A} = \frac{1}{r^2}\frac{\partial}{\partial r}(r^2 A_r) + \frac{1}{r\sin\theta}\frac{\partial}{\partial\theta}(A_\theta\sin\theta) + \frac{1}{r\sin\theta}\frac{\partial A_\phi}{\partial\phi} \tag{Ⅳ.27}$$

旋度

$$\begin{aligned}\nabla\times\boldsymbol{A} =& \frac{1}{r\sin\theta}\left[\frac{\partial}{\partial\theta}(A_\phi\sin\theta) - \frac{\partial A_\theta}{\partial\phi}\right]\hat{\boldsymbol{r}} + \frac{1}{r}\left[\frac{1}{\sin\theta}\frac{\partial A_r}{\partial\phi} - \frac{\partial}{\partial r}(rA_\phi)\right]\hat{\boldsymbol{\theta}} \\ &+ \frac{1}{r}\left[\frac{\partial}{\partial r}(rA_\theta) - \frac{\partial A_r}{\partial\theta}\right]\hat{\boldsymbol{\phi}}\end{aligned} \tag{Ⅳ.28}$$

梯度

$$\nabla\Phi = \frac{\partial\Phi}{\partial r}\hat{\boldsymbol{r}} + \frac{1}{r}\frac{\partial\Phi}{\partial\theta}\hat{\boldsymbol{\theta}} + \frac{1}{r\sin\theta}\frac{\partial\Phi}{\partial\phi}\hat{\boldsymbol{\phi}} \tag{Ⅳ.29}$$

拉普拉斯算符∇^2运算

$$\nabla^2\Phi = \frac{1}{r^2}\frac{\partial}{\partial r}\left(r^2\frac{\partial\Phi}{\partial r}\right) + \frac{1}{r^2\sin\theta}\frac{\partial}{\partial\theta}\left(\sin\theta\frac{\partial\Phi}{\partial\theta}\right) + \frac{1}{r^2\sin^2\theta}\frac{\partial^2\Phi}{\partial\phi^2} \tag{Ⅳ.30}$$

4. ∇算符的运算公式

f 和 g 是空间位置的标量函数，$\boldsymbol{A}$ 和 $\boldsymbol{B}$ 是空间位置的矢量函数，则有

$$\nabla(f+g) = \nabla f + \nabla g \tag{Ⅳ.31}$$

$$\nabla\cdot(\boldsymbol{A}+\boldsymbol{B}) = \nabla\cdot\boldsymbol{A} + \nabla\cdot\boldsymbol{B} \tag{Ⅳ.32}$$

$$\nabla\times(\boldsymbol{A}+\boldsymbol{B})=\nabla\times\boldsymbol{A}+\nabla\times\boldsymbol{B} \tag{Ⅳ.33}$$

$$\nabla(fg)=(\nabla f)g+f(\nabla g) \tag{Ⅳ.34}$$

$$\nabla\cdot(f\boldsymbol{A})=(\nabla f)\cdot\boldsymbol{A}+f(\nabla\cdot\boldsymbol{A}) \tag{Ⅳ.35}$$

$$\nabla\times(f\boldsymbol{A})=(\nabla f)\times\boldsymbol{A}+f(\nabla\times\boldsymbol{A}) \tag{Ⅳ.36}$$

$$\nabla(\boldsymbol{A}\cdot\boldsymbol{B})=(\boldsymbol{B}\cdot\nabla)\boldsymbol{A}+\boldsymbol{B}\times(\nabla\times\boldsymbol{A})+(\boldsymbol{A}\cdot\nabla)\boldsymbol{B}+\boldsymbol{A}\times(\nabla\times\boldsymbol{B}) \tag{Ⅳ.37}$$

$$\nabla\cdot(\boldsymbol{A}\times\boldsymbol{B})=\boldsymbol{B}\cdot(\nabla\times\boldsymbol{A})-\boldsymbol{A}\cdot(\nabla\times\boldsymbol{B}) \tag{Ⅳ.38}$$

$$\nabla\times(\boldsymbol{A}\times\boldsymbol{B})=(\boldsymbol{B}\cdot\nabla)\boldsymbol{A}+\boldsymbol{A}(\nabla\cdot\boldsymbol{B})-(\boldsymbol{A}\cdot\nabla)\boldsymbol{B}-\boldsymbol{B}(\nabla\cdot\boldsymbol{A}) \tag{Ⅳ.39}$$

$$\nabla\times(\nabla f)=0 \tag{Ⅳ.40}$$

$$\nabla\cdot(\nabla\times\boldsymbol{A})=0 \tag{Ⅳ.41}$$

$$\nabla\cdot(\nabla f)=\nabla^2 f \tag{Ⅳ.42}$$

Ⅳ.4 矢量积分的两个公式

1. 高斯公式

$$\oint\!\!\!\oint_S \boldsymbol{A}\cdot\mathrm{d}\boldsymbol{S}=\iiint_V \nabla\cdot\boldsymbol{A}\mathrm{d}V \tag{Ⅳ.43}$$

式中，V 为闭曲面 S 所围的体积.

2. 斯托克斯公式

$$\oint_L \boldsymbol{A}\cdot\mathrm{d}\boldsymbol{l}=\iint_S(\nabla\times\boldsymbol{A})\cdot\mathrm{d}\boldsymbol{S} \tag{Ⅳ.44}$$

式中，S 为以 L 闭曲线为边界的曲面，且 L 的正向与 S 曲面的法线方向(即 $\mathrm{d}\boldsymbol{S}$ 的方向)遵循右手定则.